Java

核心技术 卷 I

基础知识（原书第11版）

Core Java Volume I–Fundamentals
(Eleventh Edition)

［美］凯·S. 霍斯特曼（Cay S. Horstmann） 著

林琪 苏钰涵 等译

机械工业出版社

China Machine Press

图书在版编目（CIP）数据

Java 核心技术 卷 I 基础知识（原书第 11 版）/（美）凯·S. 霍斯特曼（Cay S. Horstmann）著；林琪等译 . —北京：机械工业出版社，2019.9（2022.4 重印）

（Java 核心技术系列）

书名原文：Core Java, Volume I—Fundamentals (Eleventh Edition)

ISBN 978-7-111-63666-3

I. J… II. ①凯… ②林… III. JAVA 语言 – 程序设计 IV. TP312.8

中国版本图书馆 CIP 数据核字（2019）第 198657 号

北京市版权局著作权合同登记 图字：01-2018-8484 号。

Java 核心技术 卷 I 基础知识（原书第 11 版）

出版发行：机械工业出版社（北京市西城区百万庄大街 22 号 邮政编码：100037）	
责任编辑：关 敏	责任校对：李秋荣
印 刷：北京诚信伟业印刷有限公司	版 次：2022 年 4 月第 1 版第 10 次印刷
开 本：186mm×240mm 1/16	印 张：40.75
书 号：ISBN 978-7-111-63666-3	定 价：149.00 元

客服电话：（010）88361066 88379833 68326294 投稿热线：（010）88379604
华章网站：www.hzbook.com 读者信箱：hzjsj@hzbook.com

版权所有·侵权必究
封底无防伪标均为盗版

译 者 序

书写 Java 传奇的 Sun 公司曾经堪称"日不落"帝国，但服务器市场的萎缩让这个声名赫赫的庞大帝国从蓬勃走向没落。在 2009 年被 Oracle 公司收购之后，Sun 公司逐渐淡出了人们的视线，而与此同时，我们也在很长一段时间内没能看到 Java 当初活跃的身影。

Java 就这样退出历史舞台了吗？当然不是！Sun 公司从 2006 年 12 月发布 Java 6 后，经过 5 年多的不懈努力，在 2011 年 7 月底发布了 Java 7 正式版。3 年后，被冠名为"跳票王"的 Oracle 终于发布了 Java 8 的正式版。又是 3 年后，Java 9 发布，而且从 2018 年开始，为了更快地引入新特性，每 6 个月就会发布一个 Java 版本，目前已经发布到 Java 11 版。

值得一提的是，伴随着 Java 的成长，《Java 核心技术》也从第 1 版到第 10 版一路走来，得到了广大 Java 程序设计人员的青睐，成为一本畅销不衰的 Java 经典图书。2019 年，针对 Java SE 9、10 和 11，《Java 核心技术》第 11 版新鲜出炉，这一版有了大幅的修订和更新，不仅补充了 Java 新版本的最新特性，还对之前比较晦涩的部分做了删改，用更清晰明了的示例加以解释，特别是对内容结构做了调整，从而更有利于读者学习和应用。它将续写从前的辉煌，使人们能及时跟上 Java 前进的脚步。

本书由林琪、苏钰涵等主译，耿文东、丁哲峰、王鹏、汪荣峰、陈浩光、管清波、邓友义、肖斌、庄锦山、黄文清、戴增刚、陈凌云、张志威、张守玉、宋芳参与了全书的修改整理，并完善了关键部分的翻译。全体人员共同完成了本书的翻译工作。特别感谢之前版本的译者叶乃文、邝劲筠和杜永萍，他们的辛勤工作为新版本的翻译奠定了很好的基础。

书中文字与内容力求忠实原著，不过由于译者水平有限，译文肯定有不当之处，敬请批评指正。

译者
2019 年 5 月于北京

前　言

致读者

1995 年年底，Java 语言在 Internet 舞台一亮相便名声大噪。原因在于它将有望成为连接用户与信息的万能胶，而不论这些信息来自 Web 服务器、数据库、信息提供商，还是任何其他可以想象的渠道。事实上，就发展前景而言，Java 的地位是独一无二的。它是一种完全可信赖的程序设计语言，并得到了广泛认可。其固有的可靠性与安全性不仅令 Java 程序员放心，也令使用 Java 程序的用户放心。Java 内建了对网络编程、数据库连接和并发等高级程序设计任务的支持。

1995 年以来，已经发布了 Java 开发工具包（Java Development Kit）的 11 个主要版本。在过去的 20 年中，应用程序编程接口（API）已经从 200 个类扩展到超过 4000 个类。现在这些 API 覆盖了用户界面构建、数据库管理、国际化、安全性以及 XML 处理等各个不同的领域。

本书是《Java 核心技术》第 11 版的卷 I。自《Java 核心技术》出版以来，每个新版本都尽可能快地跟上 Java 开发工具包发展的步伐，而且每一版都重新改写了部分内容，以便利用 Java 的最新特性。这一版经过修订，反映了 Java 标准版（Java SE）9、10 和 11 的特性。

与本书前几版一样，这一版仍然将读者群定位为那些打算将 Java 应用到实际工程项目中的程序设计人员。本书假设读者是一名具有程序设计语言（除 Java 之外）坚实背景知识的程序员，并且不希望书中充斥着玩具式的示例（诸如，烤面包机、动物园的动物或神经质的跳动文本）。这些内容绝对不会在本书中出现。本书的目标是让读者充分理解书中介绍的 Java 语言及 Java 类库的相关特性，而不会产生任何误解。

在本书中，我们选用大量的示例代码演示所讨论的每一个语言特性和类库特性。我们有意使用简单的示例程序以突出重点，然而，其中的大部分既不是赝品也没有偷工减料。它们将成为读者自己编写代码的良好开端。

我们假定读者愿意（甚至渴望）学习 Java 提供的所有高级特性。例如，本书将详细介绍下列内容：

- 面向对象程序设计
- 反射与代理
- 接口与内部类
- 异常处理
- 泛型程序设计
- 集合框架

- 事件监听器模型
- 图形用户界面设计
- 并发

随着 Java 类库的爆炸式增长，只用一卷无法涵盖程序员需要了解的所有 Java 特性。因此，我们决定将本书分为两卷。卷 I（本书）集中介绍 Java 语言的基本概念以及用户界面程序设计的基础知识。卷 II（高级特性）涉及企业特性以及高级的用户界面程序设计，其中详细讨论下列内容：

- 流 API
- 文件处理与正则表达式
- 数据库
- XML 处理
- 注解
- 国际化
- 网络编程
- 高级 GUI 组件
- 高级图形
- 原生方法

本书中难免出现错误和不准确之处。我们很想知道这些错误，当然，也希望同一个问题只被告知一次。我们在网页 http://horstmann.com/corejava 中以列表的形式给出了常见的问题、bug 修正和解决方法。在勘误页（建议先阅读一遍）最后附有用来报告 bug 并提出修改意见的表单。如果我们不能回答每一个问题或没有及时回复，请不要失望。我们会认真地阅读所有的来信，感谢您的建议使本书后续的版本更清晰、更有指导价值。

关于本书

第 1 章概述 Java 与其他程序设计语言不同的功能。解释这种语言的设计初衷，以及在哪些方面达到了预期。然后，简要叙述 Java 诞生和发展的历史。

第 2 章详细论述如何下载和安装 JDK 以及本书的程序示例。然后，通过编译和运行 3 个典型的 Java 程序（一个控制台应用、一个图形应用、一个 applet），指导读者使用简易的 JDK、启用 Java 的文本编辑器以及一个 Java IDE。

第 3 章开始讨论 Java 语言。这一章涉及的基础知识有变量、循环以及简单的函数。对于 C 或 C++ 程序员来说，学习这一章的内容将会感觉一帆风顺，因为这些语言特性的语法本质上与 C 语言相同。对于没有 C 语言程序设计背景，但使用过其他程序设计语言（如 Visual Basic）的程序员来说，仔细阅读这一章是非常必要的。

面向对象程序设计（Object-Oriented Programming，OOP）是当今程序设计的主流，而 Java 是一种面向对象的语言。第 4 章将介绍面向对象两大基石中最重要的一个——封装概念，以及 Java 语言实现封装的机制，即类与方法。除了 Java 语言规则之外，还对如何完成合理的 OOP 设计给出了忠告。最后，介绍奇妙的 javadoc 工具，它将代码注释转换为一组包含超链接的网页。熟悉 C++ 的程序员可以快速地浏览这一章，而没有面向对象程序设计背景的程序员在进一步学习 Java 之前应当先花一些时间了解 OOP 的有关概念。

类与封装仅仅是 OOP 中的一部分，第 5 章将介绍另一部分——继承。继承使程序员可以使用现有的类，并根据需要进行修改。这是 Java 程序设计中的一个基础技术。Java 中的继承机制与 C++ 的继承机制十分相似。重申一次，C++ 程序员可以只关注两种语言的不同之处。

第 6 章展示如何使用 Java 的接口。接口可以让你的理解超越第 5 章中的简单继承模型。掌握接口可以充分获得 Java 的完全面向对象的程序设计能力。介绍接口之后，我们将转而介绍 lambda 表达式（lambda expression），这是一种简洁的方法，用来表述可以在以后某个时间点执行的代码块。本章还将介绍 Java 的一个有用的技术特性——内部类。

第 7 章讨论异常处理（exception handling），这是 Java 的一种健壮机制，用于处理正常运行的程序可能出现意外的情况。异常提供了一种将正常处理代码与错误处理代码分开的有效手段。当然，即使程序能够处理所有异常条件，仍然有可能无法按照预计的方式工作。这一章的后半部分将给出大量实用的调试技巧。

第 8 章概要介绍泛型程序设计。泛型程序设计可以让程序更可读、更安全。我们会展示如何使用强类型机制，而舍弃不好看也不安全的强制类型转换，以及如何处理与老版本 Java 兼容所带来的复杂问题。

第 9 章讨论的是 Java 平台的集合框架。如果希望收集多个对象并在以后获取这些对象，就应当使用集合，这是这种情况下最适用的做法，不要简单地把这些元素放在一个数组中。这一章会介绍如何充分利用内建的标准集合。

第 10 章介绍 GUI 程序设计。我们会讨论如何建立窗口、如何在窗口中绘图、如何利用几何图形绘图、如何采用多种字体格式化文本，以及如何显示图像。接下来你会了解如何编写代码来响应事件，如鼠标点击事件或按键事件。

第 11 章详细讨论 Swing GUI 工具包。Swing 工具包允许建立跨平台的图形用户界面。在这里你会了解各种按钮、文本组件、边框、滑块、列表框、菜单以及对话框的有关内容。不过，一些更高级的组件会在卷 II 中讨论。

第 12 章是本书的最后一章，这一章将讨论并发，并发能够让程序任务并行执行。在当今这个时代，大多数处理器都有多个内核，你通常希望这些内核都在工作，并发是 Java 技术的一个重要而且令人振奋的应用。

还有关于 JavaFX 的额外的一章，其中会给出 JavaFX 的简要介绍，这是开发桌面应用的一个现代 GUI 工具包。如果你看的是本书的纸质版，可以从本书英文版网站 http://horstmann.com/corejava 或华章公司网站 http://www.hzbook.com 下载这一章。

附录列出了 Java 语言的保留字。

约定

与很多计算机图书一样，本书使用等宽字体（monospace type）表示计算机代码。

▤ **注释**："注释"信息会用这样的图标标志。

✔ **提示**："提示"信息会用这样的图标标志。

⚠ **警告**：对于可能出现的危险，我们用这样的图标做出警示。

C++ **C++ 注释**：在本书中有许多用来解释 Java 与 C++ 之间差别的 C++ 注释。没有 C++ 程序设计背景，或者不擅长 C++ 程序设计而把它当作一场噩梦不愿再想起的程序员可以跳过这些注释。

Java 提供了一个很大的程序设计库，即应用程序编程接口。第一次使用某个 API 调用时，我们会在该节的结尾给出它的概要描述。这些描述有些不太正式，但我们希望能够比联机 API 文档提供更多的信息。类、接口或方法名后面的编号是引入该特性的 JDK 版本号，如下例所示：

API **应用程序编程接口** 9

源代码在本书英文版网站上以程序清单形式给出，例如：

程序清单 1-1 InputTest/InputTest.java

示例代码

本书英文版网站 http://horstmann.com/corejava 提供了书中的所有示例代码。有关安装 Java 开发工具包和示例代码的详细信息请参看第 2 章。

致　谢

写一本书需要投入大量的精力，升级一本书也并不像想象的那样轻松，尤其是 Java 技术一直在持续不断地更新。出版一本书会让很多人耗费很多心血，在此衷心地感谢《 Java 核心技术》小组的每一位成员。

Pearson 公司的许多人提供了非常有价值的帮助，却甘愿做幕后英雄。在此，我希望大家都能够知道我对他们努力的感恩。与以往一样，我要真诚地感谢我的编辑 Greg Doench，从本书的写作到出版他一直在给予我们指导，同时感谢那些不知其姓名的为本书做出贡献的幕后人士。非常感谢 Julie Nahil 在图书制作方面给予的支持，感谢 Dmitry Kirsanov 和 Alina Kirsanova 完成手稿的编辑与排版工作。我还要感谢早期版本中我的合作者 Gary Cornell，他已经转向了其他行业。

感谢早期版本的许多读者，他们指出了许多令人尴尬的错误并给出了许多具有建设性的修改意见。我还要特别感谢本书优秀的审校小组，他们仔细地审阅我的手稿，使本书减少了许多错误。

本书及早期版本的审校专家包括：Chuck Allison（ Utah Valley 大学）、Lance Andersen（ Oracle）、Paul Anderson（ Anderson Software Group）、Alec Beaton（ IBM）、Cliff Berg、Andrew Binstock（ Oracle）、Joshua Bloch、David Brown、Corky Cartwright、Frank Cohen（ PushToTest）、Chris Crane（ devXsolution）、Dr. Nicholas J. De Lillo（ Manhattan 学院）、RakeshDhoopar（ Oracle）、David Geary（ Clarity Training）、Jim Gish（ Oracle）、Brian Goetz（ Oracle）、Angela Gordon、Dan Gordon（ Electric Cloud）、Rob Gordon、John Gray（ Hartford 大学）、Cameron Gregory（ olabs.com）、Marty Hall（ coreservlets.com 公司）、Vincent Hardy（ Adobe Systems）、Dan Harkey（ San Jose 州立大学）、William Higgins（ IBM）、Vladimir Ivanovic（ PointBase）、Jerry Jackson（ CA Technologies）、Tim Kimmet（ Walmart）、Chris Laffra、Charlie Lai（ Apple）、Angelika Langer、Doug Langston、Hang Lau（ McGill 大学）、Mark Lawrence、Doug Lea（ SUNY Oswego）、Gregory Longshore、Bob Lynch（ Lynch Associates）、Philip Milne（顾问）、Mark Morrissey（ Oregon 研究院）、Mahesh Neelakanta（ Florida Atlantic 大学）、Hao Pham、Paul Philion、Blake Ragsdell、Stuart Reges（ Arizona 大学）、Simon Ritter（ Azul Systems）、Rich Rosen（ Interactive Data Corporation）、Peter Sanders（法国尼斯 ESSI 大学）、Dr. Paul Sanghera（圣何塞州立大学 Brooks 学院）、Paul Sevinc（ Teamup AG）、Devang Shah（ Sun Microsystems）、Yoshiki Shibata、Bradley A. Smith、Steven Stelting（ Oracle）、Christopher Taylor、Luke Taylor（ Valtech）、George Thiruvathukal、Kim Topley（ StreamingEdge）、Janet Traub、Paul Tyma（顾问）、Peter van der Linden、Christian Ullenboom、Burt Walsh、Dan Xu（ Oracle）和 John Zavgren（ Oracle）。

Cay Horstmann

2018 年 6 月于加州旧金山

目 录

第 1 章　Java 程序设计概述

▲ Java 程序设计平台　　　　　　　　▲ Java 发展简史
▲ Java "白皮书"的关键术语　　　　　▲ 关于 Java 的常见误解
▲ Java applet 与 Internet

　　1996 年 Java 第一次发布就引起了人们的极大兴趣。关注 Java 的人士不仅限于计算机出版界，还有诸如《纽约时报》《华盛顿邮报》和《商业周刊》这样的主流媒体。Java 是第一种也是唯一一种在 National Public Radio 上占用了 10 分钟时间进行介绍的程序设计语言，并且还得到了 100 000 000 美元的风险投资基金。这些基金全部用来支持用这种特别的计算机语言开发的产品。重温那些令人兴奋的日子是很有意思的。本章将简要地介绍 Java 语言的发展历史。

1.1　Java 程序设计平台

　　在本书的第 1 版中，我和合著者 Gary Cornell 是这样描述 Java 的：
　　　　"作为一种计算机语言，Java 的广告词确实有点夸大其词。当然，Java 的确是一种**优秀的**程序设计语言。作为一个名副其实的程序设计人员，使用 Java 无疑是一个比较好的选择。我们认为：Java 本来**有潜力**成为一种卓越的程序设计语言，但可能有些为时过晚。一旦一种语言得到广泛应用，与现存代码尴尬的兼容性问题就摆在了人们的面前。"
　　关于这段文字，我们的编辑受到 Sun 公司某高层人士的严厉批评（Sun 是最早开发 Java 的公司）。Java 有许多非常优秀的语言特性，本章稍后会详细地讨论这些特性。但它也确实有缺点，由于兼容性需求，新增的一些特性就没有原有特性那么简洁精练。

　　但是，正像我们在第 1 版中已经指出的那样，Java 并不只是一种语言。在此之前出现的那么多种语言都没有引起那么大的轰动。Java 是一个完整的平台，有一个庞大的库，其中包含了很多可重用的代码，以及一个提供诸如安全性、跨操作系统的可移植性以及自动垃圾收集等服务的执行环境。

　　作为一名程序设计人员，常常希望能够有一种语言，它具有令人赏心悦目的语法和易于理解的语义（C++ 不是这样的）。与许多其他的优秀语言一样，Java 完全满足了这些要求。有些语言提供了可移植性、垃圾收集等，但是，没有提供一个大型的库。如果想要有酷炫的绘图功能、网络连接功能或数据库存取功能，就必须自己动手编写代码。Java 具备所有这些特性，它是一种功能齐全的出色语言，是一个高质量的执行环境，还提供了一个庞大的库。正是因为它集多种优势于一身，所以对广大的程序设计人员有着不可抗拒的吸引力。

1.2　Java "白皮书" 的关键术语

Java 的设计者已经编写了颇有影响力的 "白皮书"，用来解释设计的初衷以及完成的情况，并且发布了一个简短的摘要。这个摘要用下面 11 个关键术语进行组织：

1）简单性　　　　　　　　　　　　7）可移植性

2）面向对象　　　　　　　　　　　8）解释型

3）分布式　　　　　　　　　　　　9）高性能

4）健壮性　　　　　　　　　　　　10）多线程

5）安全性　　　　　　　　　　　　11）动态性

6）体系结构中立

在后面的小节中，我们将提供一个小结，给出白皮书中相关的说明，这是 Java 设计者对各个关键术语的论述，另外我们还会根据自己对 Java 当前版本的使用经验，给出对这些术语的理解。

> 📄　**注释：** 白皮书可以在 www.oracle.com/technetwork/java/langenv-140151.html 上找到。关于 11 个关键术语的概述请参看 http://horstmann.com/corejava/java-an-overview/7Gosling.pdf。

1.2.1　简单性

我们希望构建一个无须深奥的专业训练就可以进行编程的系统，并且要符合当今的标准惯例。因此，尽管我们发现 C++ 不太适用，但在设计 Java 的时候还是尽可能地接近 C++，以便系统更易于理解。Java 剔除了 C++ 中许多很少使用、难以理解、容易混淆的特性。在我们看来，这些特性带来的麻烦远远多于它们的好处。

的确，Java 语法是 C++ 语法的一个 "纯净" 版本。这里没有头文件、指针运算（甚至指针语法）、结构、联合、操作符重载、虚基类等（请参阅本书各个章节给出的 C++ 注释，其中比较详细地解释了 Java 与 C++ 之间的区别）。然而，设计者并没有试图清除 C++ 中所有不适当的特性。例如，switch 语句的语法在 Java 中就没有改变。如果你了解 C++，就会发现可以轻而易举地转换到 Java 语法。

Java 发布时，实际上 C++ 并不是最常用的程序设计语言。很多开发人员都在使用 Visual Basic 和它的拖放式编程环境。这些开发人员并不觉得 Java 简单。很多年之后 Java 开发环境才迎头赶上。如今，Java 开发环境已经远远超出了大多数其他编程语言的开发环境。

"简单" 的另一个方面是小。Java 的目标之一是支持开发能够在小型机器上独立运行的软件。基本的解释器以及类支持大约仅为 40KB，再加上基础的标准类库和对线程的支持（基本上是一个自包含的微内核），大约需要增加 175KB。

在当时，这是一个了不起的成就。当然，由于不断的扩展，类库已经相当庞大了。现在有一个独立的具有较小类库的 Java 微型版（Java Micro Edition），这个版本适用于嵌入式设备。

1.2.2　面向对象

简单地讲，面向对象设计是一种程序设计技术。它将重点放在数据（即对象）和对象的接口上。用木匠打一个比方：一个"面向对象的"木匠始终首先关注的是所制作的椅子，其次才是所使用的工具；一个"非面向对象的"木匠主要考虑的是所用的工具。在本质上，Java 的面向对象能力与 C++ 是一样的。

开发 Java 时面向对象技术已经相当成熟。Java 的面向对象特性与 C++ 旗鼓相当。Java 与 C++ 的主要不同点在于多重继承，在 Java 中，取而代之的是更简单的接口概念。与 C++ 相比，Java 提供了更丰富的运行时自省功能（有关这部分内容将在第 5 章中讨论）。

1.2.3　分布式

Java 有一个丰富的例程库，用于处理像 HTTP 和 FTP 之类的 TCP/IP 协议。Java 应用程序能够通过 URL 打开和访问网络上的对象，其便捷程度就好像访问本地文件一样。

如今，这一点被认为是理所当然的，不过在 1995 年，主要还是从 C++ 或 Visual Basic 程序连接 Web 服务器。

1.2.4　健壮性

Java 的设计目标之一在于使得 Java 编写的程序具有多方面的可靠性。Java 非常强调进行早期的问题检测、后期动态的（运行时）检测，以及消除容易出错的情况……Java 与 C/C++ 最大的不同在于 Java 采用的指针模型可以消除重写内存和损坏数据的可能性。

Java 编译器能够检测许多在其他语言中仅在运行时才能够检测出来的问题。至于第二点，对于曾经花费几个小时来检查由于指针 bug 而引起内存冲突的人来说，一定很喜欢 Java 的这一特性。

1.2.5　安全性

Java 要适用于网络 / 分布式环境。为了实现这个目标，安全性颇受重视。使用 Java 可以构建防病毒、防篡改的系统。

从一开始，Java 就设计成能够防范各种攻击，其中包括：

- 运行时堆栈溢出，这是蠕虫和病毒常用的攻击手段。
- 破坏自己的进程空间之外的内存。
- 未经授权读写文件。

原先，Java 对下载代码的态度是"尽管来吧！"。不可信代码在一个沙箱环境中执行，在这里它不会影响主系统。用户可以确信不会发生不好的事情，因为 Java 代码不论来自哪里，都不能脱离沙箱。

不过，Java 的安全模型很复杂。Java 开发包（Java Development Kit，JDK）的第一版发布之后不久，普林斯顿大学的一些安全专家就发现一些小 bug 会允许不可信的代码攻击主系统。

最初，安全 bug 可以快速修复。遗憾的是，经过一段时间之后，黑客已经很擅长找出安全体系结构实现中的小漏洞。Sun 以及之后的 Oracle 为不断修复 bug 经历了一段很是艰难的日子。

遭遇多次高调攻击之后，浏览器开发商和 Oracle 开始越来越谨慎。Java 浏览器插件不再信任远程代码，除非代码有数字签名而且用户同意执行这个代码。

> 注释：现在看来，尽管 Java 安全模型没有原先预想的那么成功，但 Java 在那个时代确实相当超前。微软提供了一种与之竞争的代码交付机制，其安全性完全依赖于数字签名。显然这是不够的，因为微软自身产品的任何用户都可以证实，一些知名开发商的程序确实会崩溃并对系统产生危害。

1.2.6 体系结构中立

编译器生成一个体系结构中立的目标文件格式，这是一种编译过的代码，只要有 Java 运行时系统，这些编译后的代码可以在许多处理器上运行。Java 编译器通过生成与特定的计算机体系结构无关的字节码指令来实现这一特性。精心设计的字节码不仅可以很容易地在任何机器上解释执行，而且还可以动态地转换成本地机器代码。

当时，为"虚拟机"生成代码并不是一个新思路。诸如 Lisp、Smalltalk 和 Pascal 等编程语言多年前就已经采用了这种技术。

当然，解释型虚拟机指令肯定会比全速运行机器指令慢很多。不过，虚拟机有一个选项，可以将执行最频繁的字节码序列转换成机器码，这一过程称为即时编译。

Java 虚拟机还有一些其他优点。它可以检查指令序列的行为，从而增强其安全性。

1.2.7 可移植性

与 C 和 C++ 不同，Java 规范中没有"依赖具体实现"的地方。基本数据类型的大小以及有关运算的行为都有明确的说明。

例如，Java 中的 int 永远为 32 位的整数，而在 C/C++ 中，int 可能是 16 位整数、32 位整数，也可能是编译器开发商指定的任何其他大小。唯一的限制只是 int 类型的字节数不能低于 short int，并且不能高于 long int。在 Java 中，数值类型有固定的字节数，这消除了代码移植时一个令人头痛的主要问题。二进制数据以固定的格式进行存储和传输，消除了字节顺序的困扰。字符串则采用标准的 Unicode 格式存储。

作为系统组成部分的类库，定义了可移植的接口。例如，有一个抽象的 Window 类，并给出了在 UNIX、Windows 和 Macintosh 环境下的不同实现。

选择 Window 类作为例子可能并不太合适。凡是尝试过的人都知道，要编写一个在 Windows、Macintosh 和 10 种不同风格的 UNIX 上看起来都不错的程序有多么困难。Java 1.0 就尝试着做了这么一个壮举，发布了一个简单的工具包，为多个不同平台提供了常用的用户界面元素。遗憾的是，尽管花费了大量的心血，结果却不尽如人意，这个库并不能提供在不同系统上都让人接受的结果。原先的用户界面工具包已经重写，而且后来又再次重写，不过跨平台的可移植性仍然是个问题。

不过，除了与用户界面有关的部分外，所有其他 Java 库确实能很好地支持平台独立性。你可以处理文件、正则表达式、XML、日期和时间、数据库、网络连接、线程等，而不用操心底层操作系统。不仅程序是可移植的，Java API 往往也比原生 API 质量更高。

1.2.8　解释型

Java 解释器可以在任何移植了解释器的机器上直接执行 Java 字节码。由于连接是一个增量式且轻量级的过程，所以，开发过程也变得更加快捷，更加具有探索性。

这看上去很不错。用过 Lisp、Smalltalk、Visual Basic、Python、R 或 Scala 的人都知道"快捷而且具有探索性"的开发过程是怎样的。你可以做些尝试，然后就能立即看到结果。在 Java 发展的前 20 年里，开发环境并没有把重点放在这种体验上。直到 Java 9 才提供了 jshell 工具支持快捷而且具有探索性的编程。

1.2.9　高性能

尽管对解释后的字节码性能已经比较满意，但在有些场合下还需要更高的性能。字节码可以（在运行时）动态地转换成对应运行这个应用的特定 CPU 的机器码。

使用 Java 的头几年，许多用户不同意"对性能已经比较满意"的说法。不过，现在的即时编译器已经非常出色，可以与传统编译器相媲美，而且在某些情况下甚至超越了传统编译器，原因是它们有更多的可用信息。例如，即时编译器可以监控哪些代码频繁执行，并优化这些代码以提高速度。更为复杂的优化是消除函数调用（即"内联"）。即时编译器知道哪些类已经加载。基于当前加载的类集合，如果一个特定的函数不会被覆盖，就可以使用内联。必要时，以后还可以撤销这种优化。

1.2.10　多线程

多线程可以带来更快的交互响应和实时行为。

如今，我们非常关注并发性，因为摩尔定律即将走到尽头。我们不再追求更快的处理器，而是着眼于获得更多的处理器，而且要让它们一直保持工作。不过，可以看到，大多数编程语言对于这个问题并没有显示出足够的重视。

Java 在当时很超前。它是第一个支持并发程序设计的主流语言。从白皮书中可以看到，它的出发点稍有些不同。当时，多核处理器还很神秘，而 Web 编程才刚刚起步，处理器要花很长时间等待服务器响应，需要并发程序设计来确保用户界面不会"冻住"。

并发程序设计绝非易事，不过 Java 在这方面表现很出色，可以很好地管理这个工作。

1.2.11　动态性

从很多方面来看，Java 与 C 或 C++ 相比更加具有动态性。它能够适应不断发展的环境。库中可以自由地添加新方法和实例变量，而对客户端却没有任何影响。

在 Java 中找出运行时类型信息十分简单。

当需要为正在运行的程序增加代码时，动态性将是一个非常重要的特性。一个很好的例子是：从 Internet 下载代码，然后在浏览器上运行。如果使用 C 或 C++，这确实难度很大，不过 Java 设计者很清楚动态语言可以很容易地实现运行程序的演进。最终，他们将这一特性引入这个主流程序设计语言中。

📑 **注释**：Java 成功地推出后不久，微软就发布了一个叫作 J++ 的产品，它与 Java 有几乎相同的编程语言和虚拟机。现在，微软不再支持 J++，取而代之的是另一个名为 C# 的语言。C# 与 Java 有很多相似之处，不过在一个不同的虚拟机上运行。本书不准备介绍 J++ 或 C# 语言。

1.3　Java applet 与 Internet

这里的想法很简单：用户从 Internet 下载 Java 字节码，并在自己的机器上运行。在网页中运行的 Java 程序称为 applet。要使用 applet，只需要一个启用 Java 的 Web 浏览器，它会为你执行字节码。不需要安装任何软件。任何时候只要访问包含 applet 的网页，都会得到程序的最新版本。最重要的是，要感谢虚拟机的安全性，它让我们不必再担心来自恶意代码的攻击。

在网页中插入一个 applet 就如同在网页中嵌入一幅图片。applet 会成为页面的一部分。文本环绕在 applet 所占据的空间周围。关键的一点是，这个图片是活动的。它可以对用户命令做出响应，改变外观，在运行它的计算机与提供它的计算机之间交换数据。

图 1-1 展示了 Jmol applet，它会显示分子结构。可以利用鼠标旋转和放大分子，以便更好地理解分子结构。在发明 applet 的时代，这种直接的操作用网页是无法实现的，那时只有基本的 JavaScript 而没有 HTML 画布。

当 applet 首次出现时，人们欣喜若狂。许多人相信 applet 的魅力会让 Java 迅速流行起来。然而，初期的兴奋很快就变成了沮丧。不同版本的 Netscape 与 Internet Explorer 运行不同版本的 Java，其中有些早已过时。这种糟糕的情况导致更加难于利用 Java 的最新版本开发 applet。实际上，为了在浏览器中得到动态效果，Adobe 的 Flash 技术变得相当流行。后来，Java 遭遇了严重的安全问题，浏览器和 Java 浏览器插件变得限制越来越多。如今，要在浏览器中使用 applet，这不仅需要一定的水平，而且要付出很大的努力。例如，如果访问 Jmol 网站（http://jmol.sourceforge.net/demo/aminoacids/），可能会看到一个消息，警告你要适当地配置浏览器以允许运行 applet。

图 1-1　Jmol applet

1.4　Java 发展简史

本节将介绍 Java 的发展简史。这些内容来自很多已发布的资料（最重要的是 SunWorld 的在线杂志 1995 年 7 月刊上对 Java 创建者的专访）。

Java 的历史要追溯到 1991 年，由 Patrick Naughton 和 James Gosling（一个全能的计算机奇才，Sun 公司会士）带领的 Sun 公司的工程师小组想要设计一种小型的计算机语言，主要用于像有线电视转换盒这类消费设备。由于这些消费设备的处理能力和内存都很有限，所以语言必须非常小且能够生成非常紧凑的代码。另外，由于不同的厂商会选择不同的中央处理器（CPU），因此很重要的一点是这种语言不应与任何特定的体系结构绑定。这个项目被命名为"Green"。

代码短小、紧凑且与平台无关，这些要求促使开发团队设计出一个可移植的语言，可以为虚拟机生成中间代码。

不过，Sun 公司的人都有 UNIX 的应用背景。因此，所开发的语言以 C++ 为基础，而不是 Lisp、Smalltalk 或 Pascal。不过，就像 Gosling 在专访中谈道："毕竟，语言只是实现目标的工具，而不是目标本身。"Gosling 把这种语言称为"Oak"（这么起名大概是因为他非常喜欢自己办公室窗外的一棵橡树）。Sun 公司的人后来发现，Oak 是一种已有的计算机语言的名字，于是，将其改名为 Java。事实证明这是一个很有灵感的选择。

1992 年，Green 项目发布了它的第一个产品，称之为"*7"。这个产品可以提供非常智能的远程控制。遗憾的是，Sun 公司对生产这个产品并不感兴趣，Green 项目组的人员必须找出其他的方法来将他们的技术推向市场。然而，仍然没有任何一家标准消费品电子公司对此感兴趣。于是，Green 项目组投标了一个设计有线电视盒的项目，它能提供视频点播等新型有线服务，但他们没能拿到这个合同（有趣的是，得到这个项目的公司的领导恰恰是开创 Netscape 公司的 Jim Clark。Netscape 公司后来对 Java 的成功给予了很大的帮助）。

Green 项目（这时换了一个新名字——"First Person 公司"）在 1993 年一整年以及 1994 年的上半年，一直在苦苦寻求买家购买他们的技术。然而，一个也没有找到（Patrick Naughton——项目组的创始人之一，也是完成大多数营销工作的人，声称为了销售这项技术，已累计飞行了 300 000 英里⊖）。1994 年 First Person 公司解散了。

当这一切在 Sun 公司发生的时候，Internet 的万维网也在日渐发展壮大。万维网的关键是浏览器把超文本页面转换到屏幕上。1994 年大多数人都在使用 Mosaic，这是 1993 年出自伊利诺伊大学超级计算中心的一个非商业化的 Web 浏览器（Mosaic 的一部分是由 Marc Andreessen 编写的。当时，他作为一名参加半工半读项目的本科生，编写了这个软件，每小时的薪水只有 6.85 美元。他后来成了 Netscape 公司的创始人之一和技术总监，可谓名利双收）。

在接受 SunWorld 采访的时候，Gosling 说，在 1994 年中期，Java 语言的开发者意识到："我们能够建立一个相当酷的浏览器。在客户 / 服务器主流框架中，浏览器恰好需要我们已经完成的一些工作：体系结构中立、实时、可靠、安全——这些问题在工作站环境并不太重要，所以，我们决定开发浏览器。"

实际的浏览器是由 Patrick Naughton 和 Jonathan Payne 开发的，并演变为 HotJava 浏览器。HotJava 浏览器采用 Java 编写，以炫耀 Java 语言超强的能力。这个浏览器能够在网页中执行内嵌的 Java 代码。这一 "技术证明" 在 1995 年 5 月 23 日的 SunWorld'95 大会上展示，同时引发了人们延续至今的对 Java 的狂热追逐。

1996 年年初，Sun 发布了 Java 的第 1 个版本。人们很快地意识到 Java 1.0 不能用来进行真正的应用开发。的确，可以使用 Java 1.0 来实现在画布上随机跳动的神经质的文本 applet，但它却没有提供打印功能。坦率地说，Java 1.0 的确没有为其黄金时期的到来做好准备。后来的 Java 1.1 弥补了其中的大多明显的缺陷，大大改进了反射能力，并为 GUI 编程增加了新的事件处理模型。不过它仍然有很大的局限性。

1998 年 JavaOne 会议的头号新闻是即将发布 Java 1.2 版。这个版本将早期玩具式的 GUI 和图形工具包代之以复杂而且可伸缩的工具包。在 1998 年 12 月 Java 1.2 发布仅 3 天之后，Sun 公司市场部将它改名为更加吸引人的 "Java 2 标准版软件开发包 1.2 版"。

除了 "标准版"（Standard Edition）之外，Sun 公司还推出了两个其他的版本：一个是用于手机等嵌入式设备的 "微型版"（Micro Edition）；另一个是用于服务器端处理的 "企业版"（Enterprise Edition）。本书主要介绍标准版。

标准版的 1.3 和 1.4 版本对最初的 Java 2 版本做出了增量式的改进，提供了不断扩展的

⊖　1 英里 = 1609.344 米。——编辑注

标准类库，提高了性能，当然，还修正了一些 bug。在此期间，原先对 Java applet 和客户端应用的炒作逐渐消退，但 Java 则成为服务器端应用的首选平台。

5.0 版是自 1.1 版以来第一个对 Java 语言做出重大改进的版本（这一版本原来定为 1.5 版，在 2004 年的 JavaOne 会议之后，版本号直接升至 5.0）。经过了多年的研究，这个版本添加了泛型类型（generic type，大致相当于 C++ 的模板），其挑战性在于添加这一特性而不需要对虚拟机做出任何修改。另外，受到 C# 的启发，还增加了几个很有用的语言特性："for each"循环、自动装箱和注解。

版本 6（没有后缀 .0）于 2006 年年末发布。同样，这个版本没有对语言方面再进行修改，而是做了其他性能改进，并增强了类库。

随着数据中心越来越依赖于商业硬件而不是专用服务器，Sun 公司终于沦陷，于 2009 年被 Oracle 收购。Java 的开发停滞了很长一段时间。直到 2011 年 Oracle 发布了 Java 的一个新版本——Java 7，其中只做了一些简单的改进。

2014 年，Java 8 终于发布，在近 20 年中这个版本发生的改变最大。Java 8 包含了一种"函数式"编程方式，可以很容易地表述并发执行的计算。所有编程语言都必须与时俱进，Java 在这方面显示出了非凡的能力。

Java 9 的主要特性要一直追溯到 2008 年。那时，Java 平台的首席工程师 Mark Reinhold 开始着力分解这个庞大的 Java 平台。为此引入了模块，模块是提供一个特定功能的自包含的代码单元。设计和实现一个适用于 Java 平台的模块系统前后用了 11 年，而它是否也适用于 Java 应用和类库还有待观察。Java 9 于 2017 年发布，它提供了另外一些吸引人的特性，我们将在本书中介绍这些特性。

从 2018 年开始，每 6 个月就会发布一个 Java 版本，以支持更快地引入新特性。某些版本（如 Java 11）设计为长期支持的版本。

表 1-1 展示了 Java 语言及其类库的演进。可以看到，应用编程接口（API）的规模有了惊人的增长。

表 1-1　Java 语言的演进

版本	年份	新语言特性	类与接口的数量
1.0	1996	语言本身	211
1.1	1997	内部类	477
1.2	1998	strictfp 修饰符	1524
1.3	2000	无	1840
1.4	2002	断言	2723
5.0	2004	泛型类、"for each"循环、可变元参数、自动装箱、元数据、枚举、静态导入	3279
6	2006	无	3793
7	2011	基于字符串的选择语句、菱形运算符、二进制字面量、异常处理增强	4024
8	2014	lambda 表达式、包含默认方法的接口、流和日期 / 时间库	4240
9	2017	模块、其他的语言和类库增强	6005

1.5 关于 Java 的常见误解

在结束本章之前，我们将列出关于 Java 的一些常见误解，同时给出解释。

1. Java 是 HTML 的扩展。

Java 是一种程序设计语言；HTML 是一种描述网页结构的方式。除了用于在网页上放置 Java applet 的 HTML 扩展之外，两者没有任何共同之处。

2. 使用 XML，所以不需要 Java。

Java 是一种程序设计语言；XML 是一种描述数据的方式。可以使用任何一种程序设计语言处理 XML 数据，而 Java API 对 XML 处理提供了很好的支持。此外，许多重要的 XML 工具都采用 Java 编写。有关这方面更加详细的信息请参看卷 II。

3. Java 是一种非常容易学习的程序设计语言。

像 Java 这种功能强大的语言大都不太容易学习。首先，必须将编写玩具式程序的轻松与开发实际项目的艰难区分开来。另外，需要注意的是：本书只用了 7 章讨论 Java 语言。两卷中的其他章节都是介绍如何使用 Java 类库将 Java 语言应用到实际中去。Java 类库包含数千个类和接口以及数万个函数。幸运的是，并不需要知道它们中的每一个，然而，要想利用 Java 解决实际问题，还是需要了解不少内容的。

4. Java 将成为适用于所有平台的通用性编程语言。

从理论上讲，这是完全有可能的。但在实际中，某些领域其他语言有更出色的表现，比如，Objective C 和后来的 Swift 在 iOS 设备上就有着无可取代的地位。浏览器中的处理几乎完全由 JavaScript 掌控。Windows 程序通常都用 C++ 或 C# 编写。Java 在服务器端编程和跨平台客户端应用领域则很有优势。

5. Java 只不过是另外一种程序设计语言。

Java 是一种很好的程序设计语言，很多程序设计人员喜欢 Java 胜过 C、C++ 和 C#。有几百种好的程序设计语言没有广泛流行，而带有明显缺陷的语言（如 C++ 和 Visual Basic）却大行其道。

这是为什么呢？程序设计语言的成功更多地取决于其支撑系统的能力，而不是语法的精巧性。人们主要关注的是：是否提供了有用、便捷和标准的库能实现你需要的功能？是否有工具开发商能建立强大的编程和调试环境？语言和工具集是否与计算基础架构的其他部分整合在一起？ Java 的成功缘于其类库能够让人们轻松地完成原本有一定难度的事情，例如网络连接、Web 应用和并发。Java 减少了指针错误，这是一个额外的好处，因此使用 Java 编程的效率更高。但这些并不是 Java 成功的全部原因。

6. Java 是专用的，应该避免使用。

最初创建 Java 时，Sun 公司为发布者和最终用户提供了免费许可。尽管 Sun 公司对 Java 拥有最终的控制权，不过在语言版本的不断发展和新库的设计过程中还涉及很多其他公司。虚拟机和类库的源代码可以免费获得，不过仅限于查看，而不能修改和再发布。Java 是"闭源的，不过可以很好地使用"。

这种状况在 2007 年发生了戏剧性的变化，Sun 公司声称 Java 未来的版本将在 General Public License（GPL）下提供。Linux 使用的是同一个开放源代码许可。Oracle 公司一直致力于保持 Java 开源。只有一点美中不足——专利。根据 GPL，任何人都可以得到专利许可，允许其使用和修改 Java，不过仅限于桌面和服务器平台。如果你想在嵌入式系统中使用 Java，就需要另外一个不同的许可，这很可能需要付费。不过，这些专利在未来十年就会到期，那时 Java 就完全免费了。

7. Java 是解释型的，因此对于关键的应用程序速度太慢了。

早期的 Java 是解释型的。现在 Java 虚拟机使用了即时编译器，因此采用 Java 编写的"热点"代码运行速度与 C++ 相差无几，有些情况下甚至更快。

8. 所有的 Java 程序都是在网页中运行的。

所有的 Java applet 都在 Web 浏览器中运行。这也恰恰是 applet 的定义，即一种在浏览器中运行的 Java 程序。然而，大多数 Java 程序是运行在 Web 浏览器之外的独立应用程序。实际上，很多 Java 程序都在 Web 服务器上运行并生成用于网页的代码。

9. Java 程序存在重大安全风险。

对于早期的 Java，有过关于 Java 安全系统失效的报道，曾经引起过公众关注。研究人员努力找出 Java 的漏洞，并质疑 applet 安全模型的强度和复杂度，将这视为一种挑战。人们很快就解决了引发问题的所有技术因素。后来又发现了更严重的漏洞，而 Sun 公司以及后来的 Oracle 公司反应却过于迟缓。浏览器制造商则有些反应过度，他们甚至默认禁用了 Java。客观地讲，针对 Windows 可执行文件存在更大量的病毒攻击，并造成了巨大的损害，不过奇怪的是却很少有人批评被攻击平台的脆弱性。尽管距离 Java 诞生已经 20 年之久，与其他常用的执行平台相比，Java 还是安全得多。

10. JavaScript 是 Java 的简易版。

JavaScript 是一种可以在网页中使用的脚本语言，它由 Netscape 发明，最初的名字是 LiveScript。JavaScript 的语法让人想到 Java，另外名字也有些相像，但除此之外，两者并无任何关系。尤其是，Java 是强类型的，编译器能捕获类型滥用导致的很多错误。而在 JavaScript 中，只有当程序运行时才能发现这些错误，所以消除错误会更费劲。

11. 使用 Java 可以用廉价的 Internet 设备取代桌面计算机。

当 Java 刚刚发布的时候，一些人打赌这肯定会发生。一些公司已经生产出支持 Java 的网络计算机原型，不过用户还不打算放弃功能强大而便利的桌面计算机，而去使用没有本地存储而且功能有限的网络设备。当然，如今世界已经发生改变，对于大多数最终用户，常用的平台往往是手机或平板电脑。这些设备大多使用 Android（安卓）平台，这个平台也是 Java 的衍生产物。学习 Java 编程对 Android 编程肯定也很有帮助。

第 2 章　Java 程序设计环境

▲ 安装 Java 开发工具包　　　　　　　▲ 使用集成开发环境

▲ 使用命令行工具　　　　　　　　　　▲ JShell

本章主要介绍如何安装 Java 开发工具包（JDK）以及如何编译和运行不同类型的程序：控制台程序、图形化应用程序以及 applet。可以在终端窗口中键入命令来运行 JDK 工具。然而，很多程序员更喜欢使用集成开发环境。为此，稍后将介绍如何使用一个免费的开发环境编译和运行 Java 程序。一旦掌握了本章的技术，并选定了自己的开发工具，就可以继续学习第 3 章，开始研究 Java 程序设计语言。

2.1　安装 Java 开发工具包

Oracle 公司为 Linux、Mac OS、Solaris 和 Windows 提供了最新、最完备的 Java 开发工具包版本。对于很多其他平台，也有处于不同开发阶段的 JDK 版本，不过，这些版本要由相应平台的开发商授权和分发。

2.1.1　下载 JDK

要想下载 Java 开发工具包，可以访问 Oracle 公司的网站：www.oracle.com/technetwork/java/javase/downloads。在得到所需的软件之前，必须弄清楚大量专业术语。请看表 2-1 的概述。

表 2-1　Java 术语

术语名	缩写	解释
Java Development Kit（Java 开发工具包）	JDK	编写 Java 程序的程序员使用的软件
Java Runtime Environment（Java 运行时环境）	JRE	运行 Java 程序的用户使用的软件
Server JRE（服务器 JRE）	—	在服务器上运行 Java 程序的软件
Standard Edition（标准版）	SE	用于桌面或简单服务器应用的 Java 平台
Enterprise Edition（企业版）	EE	用于复杂服务器应用的 Java 平台
Micro Edition（微型版）	ME	用于小型设备的 Java 平台
Java FX	—	用于图形化用户界面的一个备选工具包，在 Java 11 之前的某些 Java SE 发布版本中提供
OpenJDK	—	Java SE 的一个免费开源实现
Java 2	J2	一个过时的术语，用于描述 1998 ～ 2006 之间的 Java 版本

（续）

术语名	缩写	解释
Software Development Kit（软件开发工具包）	SDK	一个过时的术语，用于描述 1998 ～ 2006 年之间的 JDK
Update	u	Oracle 公司的术语，表示 Java 8 之前的 bug 修正版本
NetBeans	—	Oracle 公司的集成开发环境

你已经看到，JDK 是 Java Development Kit 的缩写。有点混乱的是：这个工具包的版本 1.2 ～版本 1.4 被称为 Java SDK。在某些场合下，还可以看到这个过时的术语。在 Java 10 之前，还有一个术语是 Java 运行时环境（JRE），它只包含虚拟机。这并不是开发人员想要的，只是专门为不需要编译器的用户提供。

接下来，你会看到大量的 Java SE，相对于 Java EE 和 Java ME，Java SE 是 Java 标准版。

Java 2 这种提法始于 1998 年。当时 Sun 公司的销售人员感觉以增加小数点后面数值的方式改变版本号并没有反映出 JDK 1.2 的重大改进。但是，由于在发布之后才意识到这个问题，所以他们决定开发工具包的版本号仍然沿用 1.2，接下来的版本是 1.3、1.4 和 5.0。不过，Java 平台被重新命名为 Java 2。因此，就有了 Java 2 Standard Edition Software Development Kit（Java 2 标准版软件开发包）5.0 版，即 J2SE SDK 5.0。

幸运的是，2006 年版本号得到简化。Java 标准版的下一个版本取名为 Java SE 6，后来又有了 Java SE 7 和 Java SE 8。

不过，"内部"版本号却分别是 1.6.0、1.7.0 和 1.8.0。到了 Java SE 9，这种混乱终于终结，版本号变为 9，以及后来的 9.0.1。（为什么没有使用 9.0.0 作为初始版本呢？为了保留一点兴奋感，版本号规范要求在主版本和第一次安全更新之间的短暂间隔中删除版本号末尾的零。）

📄 **注释**：在本书后面我们会省去缩写"SE"。如果你看到"Java 9"，这就表示"Java SE 9"。

在 Java 9 之前，有 32 位和 64 位两个版本的 Java 开发工具包。现在 Oracle 公司不再开发 32 位版本。要使用 Oracle JDK，你需要有一个 64 位的操作系统。

对于 Linux，还可以在 RPM 文件和 .tar.gz 文件之间做出选择。我们建议使用后者，这样可以在你希望的任何位置直接解压缩这个压缩包。

现在你已经了解了如何选择适当的 JDK。下面做一个小结：

- 你需要的是 JDK（Java SE 开发工具包），而不是 JRE。
- 对于 Linux，选择 .tar.gz 版本。

接受许可协议，然后下载文件。

📄 **注释**：取决于具体情况，Oracle 公司可能会提供一个捆绑包，其中包含 Java 开发工具包（JDK）和 NetBeans 集成开发环境。建议现在不要安装任何捆绑包，目前只需要安装 Java 开发工具包。如果以后你打算使用 NetBeans，可以再从 http://netbeans.org 下载。

2.1.2 设置 JDK

下载 JDK 之后，需要安装这个开发工具包并明确要在哪里安装，后面还会需要这个信息。

- 在 Windows 上，启动安装程序，会询问你要在哪里安装 JDK。最好不要接受路径名中包含空格的默认位置，如 c:\Program Files\Java\jdk-11.0.*x*。取出路径名中的 Program Files 部分就可以了。
- 在 Mac 上，运行安装程序。这会把软件安装到 /Library/Java/JavaVirtualMachines/jdk-11.0.*x*.jdk/Contents/Home。用查找功能找到这个目录。
- 在 Linux 上，只需要把 .tar.gz 文件解压缩到你选择的某个位置，如你的主目录，或者 /opt。如果从 RPM 文件安装，则要反复检查是否安装在 /usr/java/jdk-11.0.*x* 上。

在本书中，安装目录用 *jdk* 表示。例如，谈到 *jdk*/bin 目录时，是指 /opt/jdk-11.0.4/bin 或 c:\Java\jdk-11.0.4\bin 目录。

在 Windows 或 Linux 上安装 JDK 时，还需要另外完成一个步骤：将 *jdk*/bin 目录添加到可执行路径中——可执行路径是操作系统查找可执行文件时所遍历的目录列表。

- 在 Linux 中，需要在 ~/.bashrc 或 ~/.bash_profile 文件的最后增加这样一行：

  ```
  export PATH=jdk/bin:$PATH
  ```

    一定要使用 JDK 的正确路径，如 /opt/jdk-11.0.4。
- 在 Windows 10 中，在 Windows Settings（Windows 设置）的搜索栏中键入 environment（环境），选择 Edit environment variables for your account（编辑账户的环境变量，参见图 2-1）。会出现一个 Environment Variables（环境变量）对话框。（它可能隐藏在 Windows 设置对话框后面。如果实在找不到，可以同时按住 Windows 和 R 键打开 Run（运行）对话框，从这个对话框运行 sysdm.cpl，然后选择 Advanced（高级）标签页，再点击 Environment Variables（环境变量）按钮。）在 User Variables（用户变量）列表中找到并选择一个名为 Path 的变量。点击 Edit（编辑）按钮，再点击 New（新建）按钮，增加一个变量，值为 *jdk*\bin 目录（参见图 2-2）。

    保存所做的设置。之后新打开的所有命令提示窗口都会有正确的路径。

可以按如下方式测试设置是否正确：打开一个终端窗口，键入

```
javac --version
```

然后按回车键。应该能看到显示以下信息：

```
javac 9.0.4
```

如果得到诸如 "javac: command not found"（javac：命令未找到）或 "The name specified is not recognized as an internal or external command, operable program or batch file"（指定名不是一个内部或外部命令、可执行的程序或批文件）的信息，就需要退回去反复检查你的安装。

图 2-1 在 Windows 10 中设置系统属性

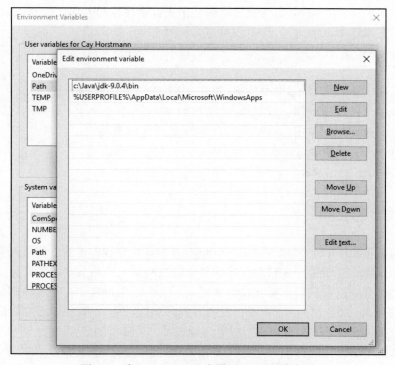

图 2-2 在 Windows 10 中设置 Path 环境变量

2.1.3　安装库源文件和文档

类库源文件在 JDK 中以压缩文件 lib/src.zip 的形式发布，将其解压缩后才能够访问源代码。只需完成以下步骤：

1. 确保 JDK 已经安装，而且 *jdk*/bin 目录在可执行路径中。
2. 在主目录中建立一个目录 javasrc。如果愿意，可以从一个终端窗口完成这个步骤。

```
mkdir javasrc
```

3. 在 *jdk*/lib 目录下找到文件 src.zip。
4. 将 src.zip 文件解压缩到 javasrc 目录。在一个终端窗口中，可以执行以下命令：

```
cd javasrc
jar xvf jdk/lib/src.zip
cd ..
```

> ✅ **提示**：src.zip 文件中包含了所有公共类库的源代码。要想获得更多的源代码（例如编译器、虚拟机、原生方法以及私有辅助类），请访问网站 http://openjdk.java.net。

文档包含在一个压缩文件中，它是一个独立于 JDK 的压缩文件。可以直接从网站 http://www.oracle.com/technetwork/java/javase/downloads 下载这个文档。步骤如下：

1. 下载文档压缩文件。这个文件名为 jdk-11.0.*x*_doc-all.zip。
2. 解压缩这个文件，将 doc 目录重命名为一个更有描述性的名字，如 javadoc。如果愿意，可以从命令行完成这个工作：

```
jar xvf Downloads/jdk-11.0.x_doc-all.zip
mv docs jdk-11-docs
```

3. 在浏览器中导航到 jdk-11-docs/index.html，将这个页面增加到书签。

还要安装本书的程序示例。可以从 http://horstmann.com/corejava 下载示例。这些程序打包在一个 zip 文件 corejava.zip 中。可以将程序解压缩到你的主目录。它们会放在目录 corejava 中。如果愿意，可以从命令行完成这个工作：

```
jar xvf Downloads/corejava.zip
```

2.2　使用命令行工具

如果以前有过使用 Microsoft Visual Studio 等开发环境编程的经验，你可能会习惯于有一个内置文本编辑器、用于编译和启动程序的菜单以及调试工具的系统。JDK 完全没有这些功能。所有工作都要在终端窗口中键入命令来完成。这听起来很麻烦，不过确实是一个基本技能。第一次安装 Java 时，你可能希望在安装开发环境之前先检查 Java 的安装是否正确。另外，通过自己执行这些基本步骤，你可以更好地理解开发环境的后台工作。

不过，掌握了编译和运行 Java 程序的基本步骤之后，你可能就会希望使用专业的开发环境。下一节会介绍如何使用开发环境。

首先介绍比较难的方法：从命令行编译并运行 Java 程序。

1. 打开一个终端窗口。

2. 进入 corejava/v1ch02/Welcome 目录（corejava 是安装本书示例源代码的目录，请参看 2.1.3 节的解释）。

3. 键入下面的命令：

```
javac Welcome.java
java Welcome
```

然后，将会在终端窗口中看到图 2-3 所示的输出。

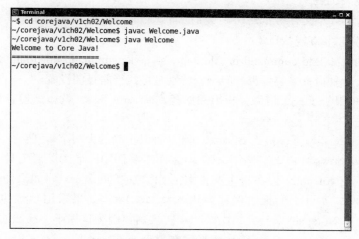

图 2-3　编译并运行 Welcome.java

祝贺你！你已经编译并运行了第一个 Java 程序。

那么，刚才都发生了什么？ javac 程序是一个 Java 编译器，它将文件 Welcome.java 编译成 Welcome.class。java 程序启动 Java 虚拟机，虚拟机执行编译器编译到类文件中的字节码。

Welcome 程序非常简单，它只是向终端输出了一条消息。你可能想查看程序清单 2-1 的程序代码。下一章中将解释它是如何工作的。

程序清单 2-1　Welcome/Welcome.java

```
1  /**
2   * This program displays a greeting for the reader.
3   * @version 1.30 2014-02-27
4   * @author Cay Horstmann
5   */
6  public class Welcome
7  {
8     public static void main(String[] args)
9     {
10       String greeting = "Welcome to Core Java!";
11       System.out.println(greeting);
12       for (int i = 0; i < greeting.length(); i++)
```

```
13            System.out.print("=");
14        System.out.println();
15    }
16  }
```

在使用集成开发环境的年代，许多程序员对于在终端窗口中运行程序已经很生疏了。常常会出现很多错误，最终导致令人沮丧的结果。

一定要注意以下几点：

- 如果手工输入源程序，一定要注意正确地输入大小写。例如，类名为 Welcome，而不是 welcome 或 WELCOME。
- 编译器需要一个文件名（Welcome.java），而运行程序时，只需要指定类名（Welcome），不要带扩展名 .java 或 .class。
- 如果看到诸如 Bad command or file name 或 javac:command not found 之类的消息，就要返回去反复检查安装是否有问题，特别是可执行路径的设置。
- 如果 javac 报告了一个错误，指出无法找到 Welcome.java，就应该检查目录中是否存在这个文件。

  在 Linux 环境下，检查 Welcome.java 是否以正确的大写字母开头。

  在 Windows 环境下，使用命令 dir，而不要使用图形浏览器工具。有些文本编辑器（特别是 Notepad）会在每个文件名后面添加扩展名 .txt。如果使用 Notepad 编辑 Welcome.java，实际上会把它保存为 Welcome.java.txt。如果采用默认的 Windows 设置，浏览器会与 Notepad "勾结"，隐藏 .txt 扩展名，因为这属于 "已知的文件类型"。对于这种情况，需要使用命令 ren 重新命名这个文件，或是另存一次，在文件名两边加一对双引号，如："Welcome.java"。
- 运行程序之后，如果收到关于 java.lang.NoClassDefFoundError 的错误消息，就应该仔细地检查出问题的类名。

  如果收到关于 welcome（w 为小写）的错误消息，就应该重新执行命令：java Welcome（W 为大写）。记住，Java 区分大小写。

  如果收到有关 Welcome/java 的错误信息，这说明你错误地键入了 java Welcome.java，应该重新执行命令 java Welcome。
- 如果键入 java Welcome，而虚拟机没有找到 Welcome 类，就应该检查是否有人设置了系统的 CLASSPATH 环境变量（将这个变量设置为全局并不是提倡的做法，然而，Windows 中有些比较差的软件安装程序确实会这样做）。可以像设置 PATH 环境变量一样设置 CLASSPATH，不过这里将删除这个设置。

✔ **提示**：在 http://docs.oracle.com/javase/tutorial/getStarted/cupojava/ 上有一个很好的教程，其中提到了初学者经常容易犯的一些错误。

📄 **注释**：在 JDK 11 中，单个源文件不再需要 javac 命令。这个特性是为了支持以 "shebang"

（#!）行（#!/path/to/java）开头的 shell 脚本。

这个 Welcome 程序没有太大意思。接下来再来尝试一个图形化应用。这个程序是一个简单的图像文件查看器，可以加载和显示一个图像。与前面一样，从命令行编译和运行这个程序。

1. 打开一个终端窗口。

2. 切换到目录 corejava/v1ch02/ImageViewer。

3. 输入以下命令：

```
javac ImageViewer.java
java ImageViewer
```

会弹出一个新的程序窗口（ImageViewer 应用）。现在选择 File → Open，找到一个要打开的图像文件。（这个目录下有两个示例文件。）然后会显示这个文件（参见图 2-4）。要关闭这个程序，可以点击标题栏上的关闭钮，或者从菜单选择 File → Exit。

可以简单浏览这个源代码（代码清单 2-2）。这个程序比第一个程序长多了，不过只要想一想用 C 或 C++ 编写类似功能的应用程序所需要的代码量，就不会觉得它复杂了。第 10 章将学习如何编写类似这样的图形用户界面。

图 2-4　运行 ImageViewer 应用

代码清单 2-2　ImageViewer/ImageViewer.java

```
 1  import java.awt.*;
 2  import java.io.*;
 3  import javax.swing.*;
 4
 5  /**
 6   * A program for viewing images.
 7   * @version 1.31 2018-04-10
 8   * @author Cay Horstmann
 9   */
10  public class ImageViewer
11  {
12      public static void main(String[] args)
13      {
14          EventQueue.invokeLater(() -> {
15              var frame = new ImageViewerFrame();
16              frame.setTitle("ImageViewer");
17              frame.setDefaultCloseOperation(JFrame.EXIT_ON_CLOSE);
18              frame.setVisible(true);
19          });
20      }
21  }
22
23  /**
24   * A frame with a label to show an image.
```

```
25    */
26  class ImageViewerFrame extends JFrame
27  {
28     private static final int DEFAULT_WIDTH = 300;
29     private static final int DEFAULT_HEIGHT = 400;
30
31     public ImageViewerFrame()
32     {
33        setSize(DEFAULT_WIDTH, DEFAULT_HEIGHT);
34
35        // use a label to display the images
36        var label = new JLabel();
37        add(label);
38
39        // set up the file chooser
40        var chooser = new JFileChooser();
41        chooser.setCurrentDirectory(new File("."));
42
43        // set up the menu bar
44        var menuBar = new JMenuBar();
45        setJMenuBar(menuBar);
46
47        var menu = new JMenu("File");
48        menuBar.add(menu);
49
50        var openItem = new JMenuItem("Open");
51        menu.add(openItem);
52        openItem.addActionListener(event -> {
53           // show file chooser dialog
54           int result = chooser.showOpenDialog(null);
55
56           // if file selected, set it as icon of the label
57           if (result == JFileChooser.APPROVE_OPTION)
58           {
59              String name = chooser.getSelectedFile().getPath();
60              label.setIcon(new ImageIcon(name));
61           }
62        });
63
64        var exitItem = new JMenuItem("Exit");
65        menu.add(exitItem);
66        exitItem.addActionListener(event -> System.exit(0));
67     }
68  }
```

2.3 使用集成开发环境

上一节中，你已经了解了如何从命令行编译和运行一个 Java 程序。这是一个很有用的排错技能，不过对于大多数日常工作来说，还是应当使用集成开发环境。这些环境非常强大，非常方便，不使用这些集成环境简直有些不合情理。我们可以免费得到一些很棒的开发环境，如 Eclipse、IntelliJ IDEA 和 NetBeans。这一章中，我们将学习如何从 Eclipse 起步。当然，如果你喜欢其他开发环境，学习本书时也完全可以使用你喜欢的环境。

　　首先从网站 http://eclipse.org/downloads 下载 Eclipse。Eclipse 已经有面向 Linux、Mac OS X 和 Windows 的版本。运行安装程序，并选择 "Eclipse IDE for Java Developers"。

　　下面是用 Eclipse 编写程序的一般步骤：

　　1. 启动 Eclipse 之后，从菜单选择 File → New → Project。

　　2. 从向导对话框中选择 Java Project（如图 2-5 所示）。

　　3. 点击 Next 按钮，不选中 "Use default location" 复选框。点击 Browse 导航到 core-java/v1ch02/Welcome 目录（见图 2-6）。

图 2-5　新建 Eclipse 工程对话框

图 2-6　配置 Eclipse 工程

4. 点击 Finish 按钮。这个工程已经创建完成了。

5. 点击工程窗口左边窗格中的三角，直到找到 Welcome.java 并双击这个文件。现在应该看到一个包含程序代码的窗格（如图 2-7 所示）。

图 2-7   使用 Eclipse 编辑源文件

6. 用鼠标右键点击左侧窗格中的工程名（Welcome），选择 Run → Run As → Java Application。程序输出会显示在控制台窗格中。

之前假定这个程序没有输入错误或 bug（毕竟，这段代码只有几行）。为了说明问题，假设在代码中不小心出现了录入错误（或者甚至语法错误）。试着将原来的程序修改一下，让它包含一些录入错误，例如，将 String 的大小写弄错：

```
string greeting = "Welcome to Core Java!";
```

注意 string 下面的波浪线。点击源代码下标签页中的 Problems，展开小三角，直到看到一个错误消息指出有一个未知的 string 类型（见图 2-8）。点击这个错误消息。光标会移到编辑窗格中相应的代码行，可以在这里纠正错误。利用这个特性可以快速地修正错误。

✅ **提示：** 通常，Eclipse 错误报告会伴有一个灯泡图标。点击这个图标可以得到解决这个错误的建议方案列表。

图 2-8 Eclipse 中的错误消息

2.4 JShell

上一节中，你已经看到了如何编译和运行一个 Java 程序。Java 9 引入了另一种使用 Java 的方法。JShell 程序提供了一个"读取 – 计算 – 打印循环"（Read-Evaluate-Print Loop，REPL）。键入一个 Java 表达式；JShell 会评估你的输入，打印结果，等待你的下一个输入。

要启动 JShell，只需要在终端窗口中键入 jshell（参见图 2-9）。

JShell 首先向你显示一个问候语，后面是一个提示符：

```
| Welcome to JShell -- Version 9.0.1
| For an introduction type: /help intro

jshell>
```

现在键入一个表达式，如下：

```
"Core Java".length()
```

JShell 会回应一个结果——在这里就是字符串"Core Java"中的字符个数。

```
$1 ==> 9
```

注意，你并没有键入 System.out.println。JShell 会自动打印你输入的每一个表达式的值。输出中的 $1 表示这个结果可以用于将来的计算。例如，如果你键入：

```
5 * $1 - 3
```

图 2-9 运行 JShell

就会得到：

```
$2 ==> 42
```

如果需要多次使用一个变量，可以给它指定一个容易记忆的名字。不过，一定要遵循
Java 语法，需要同时指定类型和变量名。（我们将在第 3 章介绍这个语法。）例如，

```
jshell> int answer = 6 * 7
answer ==> 42
```

另一个有用的特性是"tab 补全"。如果键入：

```
Math.
```

然后再按一次 Tab 键。你会得到可以在 generator 变量上调用的所有方法的一个列表：

```
jshell> Math.
E                   IEEEremainder(    PI                abs(
acos(               addExact(         asin(             atan(
atan2(              cbrt(             ceil(             class
copySign(           cos(              cosh(             decrementExact(
exp(                expm1(            floor(            floorDiv(
floorMod(           fma(              getExponent(      hypot(
incrementExact(     log(              log10(            log1p(
max(                min(              multiplyExact(    multiplyFull(
multiplyHigh(       negateExact(      nextAfter(        nextDown(
nextUp(             pow(              random()          rint(
round(              scalb(            signum(           sin(
sinh(               sqrt(             subtractExact(    tan(
tanh(               toDegrees(        toIntExact(       toRadians(
ulp(
```

现在键入 l，然后再按一次 Tab 键。方法名会补全为 log，现在你会得到一个比较小的列表：

```
jshell> Math.log
log(    log10(   log1p(
```

接下来你可以手工填入其余的部分：

```
jshell> Math.log10(0.001)
$3 ==> -3.0
```

要重复运行一个命令，可以连续按↑键，直到看到想要重新运行或编辑的命令行。可以用←和→键移动命令行中的光标位置，然后增加或删除字符。编辑完命令后再按回车。例如，把命令行中的 0.001 替换为 1000，然后按回车：

```
jshell> Math.log10(1000)
$4 ==> 3.0
```

JShell 会让 Java 语言和类库的学习变得轻松而有趣，它不要求你启动一个庞大的开发环境，不会让你再为 public static void main 而困扰。

在本章中，我们学习了有关编译和运行 Java 程序的机制。现在可以进入第 3 章开始学习 Java 语言了。

第 3 章　Java 的基本程序设计结构

▲ 一个简单的 Java 应用程序　　　　▲ 字符串
▲ 注释　　　　　　　　　　　　　　▲ 输入输出
▲ 数据类型　　　　　　　　　　　　▲ 控制流
▲ 变量与常量　　　　　　　　　　　▲ 大数
▲ 运算符　　　　　　　　　　　　　▲ 数组

现在，假定已经成功地安装了 JDK，并且能够运行第 2 章中给出的示例程序。我们将从现在开始介绍程序设计。本章主要介绍程序设计的基本概念（如数据类型、分支以及循环）在 Java 中的实现方式。

3.1　一个简单的 Java 应用程序

下面看一个最简单的 Java 应用程序，它只发送一条消息到控制台窗口中：

```java
public class FirstSample
{
   public static void main(String[] args)
   {
      System.out.println("We will not use 'Hello, World!'");
   }
}
```

这个程序虽然很简单，但所有的 Java 应用程序都具有这种结构，因此还是值得花一些时间来研究的。首先，Java 区分大小写。如果出现了大小写拼写错误（例如，将 main 拼写成 Main），程序将无法运行。

下面逐行地查看这段源代码。关键字 public 称为访问修饰符（access modifier），这些修饰符用于控制程序的其他部分对这段代码的访问级别。在第 5 章中将会更加详细地介绍访问修饰符的具体内容。关键字 class 表明 Java 程序中的全部内容都包含在类中。尽管我们会在下一章用大量的篇幅介绍 Java 类，不过现在只需要将类作为程序逻辑的一个容器，程序逻辑定义了应用程序的行为。正如第 1 章所述，类是构建所有 Java 应用程序和 applet 的构建块。Java 应用程序中的全部内容都必须放置在类中。

关键字 class 后面紧跟类名。Java 中定义类名的规则很宽松。名字必须以字母开头，后面可以跟字母和数字的任意组合。长度基本上没有限制。但是不能使用 Java 保留字（例如，public 或 class）作为类名（保留字列表请参看附录）。

标准的命名规范为（类名 FirstSample 就遵循了这个规范）：类名是以大写字母开头的名词。如果名字由多个单词组成，每个单词的第一个字母都应该大写（这种在一个单词中间使用大写字母的方式称为骆驼命名法（camel case）。以其自身为例，应该写成 CamelCase）。

源代码的文件名必须与公共类的名字相同，并用 .java 作为扩展名。因此，存储这段源代码的文件名必须为 FirstSample.java（再次提醒大家注意，大小写是非常重要的，千万不能写成 firstsample.java）。

如果已经正确地命名了这个文件，并且源代码中没有任何录入错误，在编译这段源代码之后就会得到一个包含这个类字节码的文件。Java 编译器将字节码文件自动地命名为 FirstSample.class，并存储在源文件的同一个目录下。最后，使用下面这行命令运行这个程序：

　　java FirstSample

（请记住，不要添加 .class 扩展名。）程序执行之后，控制台上将会显示 " We will not use 'Hello,World'!"。

当使用

　　java ClassName

运行已编译的程序时，Java 虚拟机总是从指定类中的 main 方法的代码开始执行（这里的"方法"就是 Java 中的"函数"），因此为了代码能够执行，在类的源文件中必须包含一个 main 方法。当然，也可以将用户自定义的方法添加到类中，并在 main 方法中调用这些方法（第 4 章将介绍如何自定义方法）。

> 📄 **注释：** 根据 Java 语言规范，main 方法必须声明为 public（Java 语言规范是描述 Java 语言的官方文档。可以从网站 http://docs.oracle.com/javase/specs 上阅读或下载）。
>
> 　　不过，当 main 方法不是 public 时，有些版本的 Java 解释器也可以执行 Java 应用程序。有个程序员报告了这个 bug。如果感兴趣的话，可以在网站 http://bugs.java.com/bugdatabase/ index.jsp 上输入 bug 号码 4252539 查看。1999 年这个 bug 被标记为"关闭，不予修复。"（Closed，Will not be fixed.）Sun 公司的一个工程师解释说：Java 虚拟机规范（在 http://docs.oracle.com/javase/specs/jvms/se8/html）并没有强制要求 main 方法一定是公有的（public），并且"修复这个 bug 有可能带来其他的隐患"。好在，这个问题最终得到了解决。在 Java 1.4 及以后的版本中强制 main 方法必须是 public。
>
> 　　从上面这段话可以发现几个有趣的方面。一方面，让质量保证工程师关于 bug 报告做出决定不仅让人生疑，也让他们自己很头疼，因为他们的工作量很大，并且工程师对 Java 的所有细节也未必了解得很清楚。另一方面，Sun 公司在 Java 开源很久以前就把 bug 报告及其解决方案放在网站上让所有人监督检查，这是一种非常了不起的举动。某些情况下，Sun 公司甚至允许程序员为他们最厌恶的 bug 投票，并用投票结果来决定发布的下一个 JDK 版本将修复哪些 bug。

需要注意源代码中的大括号 { }。在 Java 中，像在 C/C++ 中一样，用大括号划分程序的各个部分（通常称为块）。Java 中任何方法的代码都用"{"开始，用"}"结束。

大括号的使用风格曾经引发过许多无意义的争论。我们的习惯是把匹配的大括号上下对齐。不过，由于空白符会被 Java 编译器忽略，所以你可以选用自己喜欢的大括号风格。在下面讲述各种循环语句时，我们还会详细地介绍大括号的使用。

我们暂且不去理睬关键字 static void，而仅把它们当作编译 Java 应用程序必要的部分就行了。在学习完第 4 章后，这些内容的作用就会揭晓。现在需要记住：每个 Java 应用程序都必须有一个 main 方法，其声明格式如下所示：

```java
public class ClassName
{
    public static void main(String[] args)
    {
        program statements
    }
}
```

C++ 注释： 作为一名 C++ 程序员，你一定知道类的概念。Java 的类与 C++ 的类很相似，但有些差异还是会使人感到困惑。例如，Java 中的**所有**函数都是某个类的方法（标准术语将其称为方法，而不是成员函数）。因此，Java 中的 main 方法必须有一个外壳（shell）类。读者有可能对 C++ 中的静态成员函数（static member function）十分熟悉。这些成员函数定义在类的内部，并且不对对象进行操作。Java 中的 main 方法必须是静态的。最后，与 C/C++ 一样，关键字 void 表示这个方法没有返回值，所不同的是 main 方法没有为操作系统返回"退出码"。如果 main 方法正常退出，那么 Java 应用程序的退出码为 0，表示成功地运行了程序。如果希望在终止程序时返回其他的退出码，那就需要使用 System.exit 方法。

接下来研究以下代码：

```java
{
    System.out.println("We will not use 'Hello, World!'");
}
```

一对大括号表示方法体的开始与结束，在这个方法中只包含一条语句。与大多数程序设计语言一样，可以将 Java 语句看成是语言中的句子。在 Java 中，每个句子必须用分号结束。特别需要说明，回车不是语句的结束标志，因此，如果需要可以将一条语句写在多行上。

在上面这个 main 方法体中只包含了一条语句，其功能是将一个文本行输出到控制台上。

在这里，我们使用 System.out 对象并调用了它的 println 方法。注意，点号（.）用于调用方法。Java 使用的通用语法是

object.method(parameters)

这等价于函数调用。

在这个示例中，调用了 println 方法并传递给它一个字符串参数。这个方法将传递给它的字符串参数显示在控制台上。然后，终止这个输出行，使得每次调用 println 都会在新的一行上显示输出。需要注意一点，Java 与 C/C++ 一样，都采用双引号界定字符串。（本章稍后将

会详细讲解有关字符串的知识。)

与其他程序设计语言中的函数一样，Java 中的方法可以没有参数，也可以有一个或多个参数（有的程序员把参数叫做实参）。即使一个方法没有参数，也需要使用空括号。例如，不带参数的 println 方法只打印一个空行。使用下面的语句来调用：

```
System.out.println();
```

注释：System.out 还有一个 print 方法，它不在输出之后增加换行符。例如，System.out. print("Hello") 打印 "Hello" 之后不换行，后面的输出紧跟在字母 "o" 之后。

3.2 注释

与大多数程序设计语言一样，Java 中的注释也不会出现在可执行程序中。因此，可以在源程序中根据需要添加任意多的注释，而不必担心可执行代码会膨胀。在 Java 中，有 3 种标记注释的方式。最常用的方式是使用 //，其注释内容从 // 开始到本行结尾。

```
System.out.println("We will not use 'Hello, World!'"); // is this too cute?
```

当需要更长的注释时，既可以在每行的注释前面标记 //，也可以使用 /* 和 */ 注释界定符将一段比较长的注释括起来。

最后，第 3 种注释可以用来自动地生成文档。这种注释以 /** 开始，以 */ 结束。请参见程序清单 3-1。有关这种注释的更多详细内容和自动生成文档的具体方法请参见第 4 章。

程序清单 3-1　FirstSample/FirstSample.java

```
 1  /**
 2   * This is the first sample program in Core Java Chapter 3
 3   * @version 1.01 1997-03-22
 4   * @author Gary Cornell
 5   */
 6  public class FirstSample
 7  {
 8     public static void main(String[] args)
 9     {
10        System.out.println("We will not use 'Hello, World!'");
11     }
12  }
```

警告：在 Java 中，/* */ 注释不能嵌套。也就是说，不能简单地把代码用 /* 和 */ 括起来作为注释，因为这段代码本身可能也包含一个 */ 界定符。

3.3 数据类型

Java 是一种强类型语言。这就意味着必须为每一个变量声明一种类型。在 Java 中，一共有 8 种基本类型（primitive type），其中有 4 种整型、2 种浮点类型、1 种字符类型 char（用于表示 Unicode 编码的代码单元，请参见介绍 char 类型的 3.3.3 节）和 1 种用于表示真值的 boolean 类型。

> 📋 **注释：** Java 有一个能够表示任意精度的算术包，通常称为"大数"（big number）。虽然被称为大数，但它并不是一种基本 Java 类型，而是一个 Java **对象**。本章稍后将会详细地介绍它的用法。

3.3.1　整型

整型用于表示没有小数部分的数值，允许是负数。Java 提供了 4 种整型，具体内容如表 3-1 所示。

表 3-1　Java 整型

类型	存储需求	取值范围
int	4 字节	–2 147 483 648 ～ 2 147 483 647（刚刚超过 20 亿）
short	2 字节	–32 768 ～ 32 767
long	8 字节	–9 223 372 036 854 775 808 ～ 9 223 372 036 854 775 807
byte	1 字节	–128 ～ 127

在通常情况下，int 类型最常用。但如果想要表示整个地球的居住人口，就需要使用 long 类型了。byte 和 short 类型主要用于特定的应用场合，例如，底层的文件处理或者存储空间很宝贵时的大数组。

在 Java 中，整型的范围与运行 Java 代码的机器无关。这就解决了软件从一个平台移植到另一个平台，或者在同一个平台中的不同操作系统之间进行移植给程序员带来的诸多问题。与此相反，C 和 C++ 程序会针对不同的处理器选择最为高效的整型，这样就会造成一个在 32 位处理器上运行很好的 C 程序在 16 位系统上运行时却发生整数溢出。由于 Java 程序必须保证在所有机器上都能够得到相同的运行结果，所以各种数据类型的取值范围必须固定。

长整型数值有一个后缀 L 或 l（如 4000000000L）。十六进制数值有一个前缀 0x 或 0X（如 0xCAFE）。八进制有一个前缀 0，例如，010 对应十进制中的 8。很显然，八进制表示法比较容易混淆，所以建议最好不要使用八进制常数。

从 Java 7 开始，加上前缀 0b 或 0B 就可以写二进制数。例如，0b1001 就是 9。另外，同样是从 Java 7 开始，还可以为数字字面量加下划线，如用 1_000_000（或 0b1111_0100_0010_0100_0000）表示 100 万。这些下划线只是为了让人更易读。Java 编译器会去除这些下划线。

> © **C++ 注释：** 在 C 和 C++ 中，int 和 long 等类型的大小与目标平台相关。在 8086 这样的 16 位处理器上整数占 2 字节；不过，在 32 位处理器（比如 Pentium 或 SPARC）上，整数则为 4 字节。类似地，在 32 位处理器上 long 值为 4 字节，在 64 位处理器上则为

8 字节。由于存在这些差别，这对编写跨平台程序带来了很大难度。在 Java 中，所有的数值类型所占据的字节数与平台无关。

注意，Java 没有任何无符号（unsigned）形式的 int、long、short 或 byte 类型。

注释： 如果要使用不可能为负的整数值而且确实需要额外的一位（bit），也可以把有符号整数值解释为无符号数，但是要非常仔细。例如，一个 byte 值 b 可以不表示范围 –128 到 127，如果你想表示 0 到 255 的范围，也可以存储在一个 byte 中。基于二进制算术运算的性质，只要不溢出，加法、减法和乘法都能正常计算。但对于其他运算，需要调用 Byte.toUnsignedInt(b) 来得到一个 0 到 255 的 int 值，然后处理这个整数值，再把它转换回 byte。Integer 和 Long 类都提供了处理无符号除法和求余数的方法。

3.3.2　浮点类型

浮点类型用于表示有小数部分的数值。在 Java 中有两种浮点类型，具体内容如表 3-2 所示。

表 3-2　浮点类型

类型	存储需求	取值范围
float	4 字节	大约 ± 3.402 823 47E+38F（有效位数为 6 ～ 7 位）
double	8 字节	大约 ± 1.797 693 134 862 315 70E+308（有效位数为 15 位）

double 表示这种类型的数值精度是 float 类型的两倍（有人称之为双精度数值）。在很多情况下，float 类型的精度（6 ～ 7 位有效数字）并不能满足需求。实际上，只有很少的情况适合使用 float 类型，例如，需要单精度数的库，或者需要存储大量数据时。

float 类型的数值有一个后缀 F 或 f（例如，3.14F）。没有后缀 F 的浮点数值（如 3.14）总是默认为 double 类型。当然，也可以在浮点数值后面添加后缀 D 或 d（例如，3.14D）。

注释： 可以使用十六进制表示浮点数值。例如，$0.125 = 2^{-3}$ 可以表示成 0x1.0p-3。在十六进制表示法中，使用 p 表示指数，而不是 e。（e 是一个十六进制数位。）注意，尾数采用十六进制，指数采用十进制。指数的基数是 2，而不是 10。

所有的浮点数值计算都遵循 IEEE 754 规范。具体来说，下面是用于表示溢出和出错情况的三个特殊的浮点数值：

- 正无穷大
- 负无穷大
- NaN（不是一个数字）

例如，一个正整数除以 0 的结果为正无穷大。计算 0/0 或者负数的平方根结果为 NaN。

注释： 常量 Double.POSITIVE_INFINITY、Double.NEGATIVE_INFINITY 和 Double.NaN（以及相应的 Float 类型的常量）分别表示这三个特殊的值，但在实际应用中很少遇到。特别要说明的是，不能如下检测一个特定值是否等于 Double.NaN：

```
if (x == Double.NaN) // is never true
```

所有"非数值"的值都认为是不相同的。不过，可以如下使用 Double.isNaN 方法来判断：

```
if (Double.isNaN(x)) // check whether x is "not a number"
```

⚠ **警告：**浮点数值不适用于无法接受舍入误差的金融计算。例如，命令 System.out.println (2.0-1.1) 将打印出 0.8999999999999999，而不是人们期望的 0.9。这种舍入误差的主要原因是浮点数值采用二进制系统表示，而在二进制系统中无法精确地表示分数 1/10。这就好像十进制无法精确地表示分数 1/3 一样。如果在数值计算中不允许有任何舍入误差，就应该使用 BigDecimal 类，本章稍后将介绍这个类。

3.3.3　char 类型

char 类型原本用于表示单个字符。不过，现在情况已经有所变化。如今，有些 Unicode 字符可以用一个 char 值描述，另外一些 Unicode 字符则需要两个 char 值。有关的详细信息请阅读下一节。

char 类型的字面量值要用单引号括起来。例如：'A' 是编码值为 65 的字符常量。它与 "A" 不同，"A" 是包含一个字符 A 的字符串。char 类型的值可以表示为十六进制值，其范围从 \u0000 到 \uFFFF。例如，\u2122 表示商标符号 (™)，\u03C0 表示希腊字母 π。

除了转义序列 \u 之外，还有一些用于表示特殊字符的转义序列，请参看表 3-3。所有这些转义序列都可以出现在加引号的字符字面量或字符串中。例如，'\u2122' 或 "Hello\n"。转义序列 \u 还可以出现在加引号的字符常量或字符串之外（而其他所有转义序列不可以）。例如：

```
public static void main(String\u005B\u005D args)
```

就完全符合语法规则，\u005B 和 \u005D 分别是 [和] 的编码。

表 3-3　特殊字符的转义序列

转义序列	名称	Unicode 值	转义序列	名称	Unicode 值
\b	退格	\u0008	\"	双引号	\u0022
\t	制表	\u0009	\'	单引号	\u0027
\n	换行	\u000a	\\	反斜杠	\u005c
\r	回车	\u000d			

⚠ **警告：**Unicode 转义序列会在解析代码之前得到处理。例如，"\u0022+\u0022" 并不是一个由引号（U+0022）包围加号构成的字符串。实际上，\u0022 会在解析之前转换为 "，这会得到 ""+""，也就是一个空串。

更隐秘地，一定要当心注释中的 \u。注释

```
// \u000A is a newline
```

会产生一个语法错误，因为读程序时 \u00A0 会替换为一个换行符。类似地，下面这个注释

```
// look inside c:\users
```

也会产生一个语法错误，因为 \u 后面并没有跟着 4 个十六进制数。

3.3.4　Unicode 和 char 类型

要想弄清 char 类型，就必须了解 Unicode 编码机制。Unicode 打破了传统字符编码机制的限制。在 Unicode 出现之前，已经有许多种不同的标准：美国的 ASCII、西欧语言中的 ISO 8859-1、俄罗斯的 KOI-8、中国的 GB 18030 和 BIG-5 等。这样就产生了下面两个问题：一个是对于任意给定的代码值，在不同的编码方案下有可能对应不同的字母；二是采用大字符集的语言其编码长度有可能不同。例如，有些常用的字符采用单字节编码，而另一些字符则需要两个或多个字节。

设计 Unicode 编码的目的就是要解决这些问题。在 20 世纪 80 年代开始启动统一工作时，人们认为两个字节的代码宽度足以对世界上各种语言的所有字符进行编码，并有足够的空间留给未来扩展，当时所有人都这么想。在 1991 年发布了 Unicode 1.0，当时仅占用 65 536 个代码值中不到一半的部分。在设计 Java 时决定采用 16 位的 Unicode 字符集，这比使用 8 位字符集的其他程序设计语言有了很大的改进。

十分遗憾的是，经过一段时间后，不可避免的事情发生了。Unicode 字符超过了 65 536 个，其主要原因是增加了大量的汉语、日语和韩语中的表意文字。现在，16 位的 char 类型已经不能满足描述所有 Unicode 字符的需要了。

下面利用一些专用术语来解释 Java 语言从 Java 5 开始如何解决这个问题。码点（code point）是指与一个编码表中的某个字符对应的代码值。在 Unicode 标准中，码点采用十六进制书写，并加上前缀 U+，例如 U+0041 就是拉丁字母 A 的码点。Unicode 的码点可以分成 17 个代码平面（code plane）。第一个代码平面称为基本多语言平面（basic multilingual plane），包括码点从 U+0000 到 U+FFFF 的 "经典" Unicode 代码；其余的 16 个平面的码点为从 U+10000 到 U+10FFFF，包括辅助字符（supplementary character）。

UTF-16 编码采用不同长度的编码表示所有 Unicode 码点。在基本多语言平面中，每个字符用 16 位表示，通常称为代码单元（code unit）；而辅助字符编码为一对连续的代码单元。采用这种编码对表示的各个值落入基本多语言平面中未用的 2048 个值范围内，通常称为替代区域（surrogate area）（U+D800 ~ U+DBFF 用于第一个代码单元，U+DC00 ~ U+DFFF 用于第二个代码单元）。这样设计十分巧妙，我们可以从中迅速知道一个代码单元是一个字符的编码，还是一个辅助字符的第一或第二部分。例如，◎是八元数集（http://math.ucr.edu/home/baez/octonions）

的一个数学符号，码点为 U+1D546，编码为两个代码单元 U+D835 和 U+DD46。（关于编码算法的具体描述见 https://tools.ietf.org/html/rfc2781。）

在 Java 中，char 类型描述了 UTF-16 编码中的一个代码单元。

我们强烈建议不要在程序中使用 char 类型，除非确实需要处理 UTF-16 代码单元。最好将字符串作为抽象数据类型处理（有关这方面的内容将在 3.6 节讨论）。

3.3.5　boolean 类型

boolean（布尔）类型有两个值：false 和 true，用来判定逻辑条件。整型值和布尔值之间不能进行相互转换。

> **C++ 注释：** 在 C++ 中，数值甚至指针可以代替 boolean 值。值 0 相当于布尔值 false，非 0 值相当于布尔值 true。在 Java 中则**不是**这样。因此，Java 程序员不会遇到下述麻烦：
>
> ```
> if (x = 0) // oops... meant x == 0
> ```
>
> 在 C++ 中这个测试可以编译运行，其结果总是 false。而在 Java 中，这个测试将不能通过编译，其原因是整数表达式 x = 0 不能转换为布尔值。

3.4　变量与常量

与所有程序设计语言一样，Java 也使用变量来存储值。常量就是值不变的变量。在下面几节中，你会了解如何声明变量和常量。

3.4.1　声明变量

在 Java 中，每个变量都有一个类型（type）。在声明变量时，先指定变量的类型，然后是变量名。这里列举一些声明变量的示例：

```
double salary;
int vacationDays;
long earthPopulation;
boolean done;
```

可以看到，每个声明都以分号结束。由于声明是一条完整的 Java 语句，而所有 Java 语句都以分号结束，所以这里的分号是必需的。

变量名必须是一个以字母开头并由字母或数字构成的序列。需要注意，与大多程序设计语言相比，Java 中“字母”和“数字”的范围更大。字母包括 'A' ~ 'Z'、'a' ~ 'z'、'_'、'$' 或在某种语言中表示字母的任何 Unicode 字符。例如，德国的用户可以在变量名中使用字母 'ä'；希腊人可以用 π。同样，数字包括 '0' ~ '9' 和在某种语言中表示数字的任何 Unicode 字符。但 '+' 和 '©' 这样的符号不能出现在变量名中，空格也不行。变量名中所有的字符都是有意义的，并且大小写敏感。变量名的长度基本上没有限制。

> 💡 **提示：** 如果想要知道哪些 Unicode 字符属于 Java 中的“字母”，可以使用 Character 类

的 isJavaIdentifierStart 和 isJavaIdentifierPart 方法来检查。

✅ **提示**：尽管 $ 是一个合法的 Java 字符，但不要在你自己的代码中使用这个字符。它只用在 Java 编译器或其他工具生成的名字中。

另外，不能使用 Java 保留字作为变量名。

在 Java 9 中，单下划线 _ 不能作为变量名。不过，将来的版本可能使用 _ 作为通配符。

可以在一行中声明多个变量：

```
int i, j; // both are integers
```

不过，不提倡使用这种风格。逐一声明每一个变量可以提高程序的可读性。

📋 **注释**：如前所述，变量名对大小写敏感，例如，hireday 和 hireDay 是两个不同的变量名。一般来讲，在对两个不同的变量进行命名时，最好不要只存在大小写上的差异。不过，在有些时候，可能确实很难给变量取一个好的名字。于是，许多程序员将变量名命名为类型名，例如：

```
Box box; // "Box" is the type and "box" is the variable name
```

还有一些程序员更加喜欢在变量名前加上前缀"a"：

```
Box aBox;
```

3.4.2 变量初始化

声明一个变量之后，必须用赋值语句对变量进行显式初始化，千万不要使用未初始化的变量的值。例如，Java 编译器认为下面的语句序列是错误的：

```
int vacationDays;
System.out.println(vacationDays); // ERROR--variable not initialized
```

要想对一个已经声明过的变量进行赋值，就需要将变量名放在等号 (=) 左侧，再把一个适当取值的 Java 表达式放在等号的右侧。

```
int vacationDays;
vacationDays = 12;
```

也可以将变量的声明和初始化放在同一行中。例如：

```
int vacationDays = 12;
```

最后，在 Java 中可以将声明放在代码中的任何地方。例如，以下代码在 Java 中都是合法的：

```
double salary = 65000.0;
System.out.println(salary);
int vacationDays = 12; // OK to declare a variable here
```

在 Java 中，变量的声明尽可能地靠近变量第一次使用的地方，这是一种良好的程序编写风格。

注释：从 Java 10 开始，对于局部变量，如果可以从变量的初始值推断出它的类型，就不再需要声明类型。只需要使用关键字 var 而无须指定类型：

```
var vacationDays = 12; // vacationDays is an int
var greeting = "Hello"; // greeting is a String
```

下一章我们就开始使用这个特性。

C++ 注释：C 和 C++ 区分变量的声明与定义。例如：

```
int i = 10;
```

是一个定义，而

```
extern int i;
```

是一个声明。在 Java 中，并不区分变量的声明和定义。

3.4.3　常量

在 Java 中，利用关键字 final 指示常量。例如：

```
public class Constants
{
    public static void main(String[] args)
    {
        final double CM_PER_INCH = 2.54;
        double paperWidth = 8.5;
        double paperHeight = 11;
        System.out.println("Paper size in centimeters: "
            + paperWidth * CM_PER_INCH + " by " + paperHeight * CM_PER_INCH);
    }
}
```

关键字 final 表示这个变量只能被赋值一次。一旦被赋值之后，就不能够再更改了。习惯上，常量名使用全大写。

在 Java 中，经常希望某个常量可以在一个类的多个方法中使用，通常将这些常量称为类常量（class constant）。可以使用关键字 static final 设置一个类常量。下面是使用类常量的示例：

```
public class Constants2
{
    public static final double CM_PER_INCH = 2.54;

    public static void main(String[] args)
    {
        double paperWidth = 8.5;
        double paperHeight = 11;
        System.out.println("Paper size in centimeters: "
            + paperWidth * CM_PER_INCH + " by " + paperHeight * CM_PER_INCH);
    }
}
```

需要注意，类常量的定义位于 main 方法的外部。因此，在同一个类的其他方法中也可以使用这个常量。而且，如果一个常量被声明为 public，那么其他类的方法也可以使用这个常量。如这个示例中的 Constants2.CM_PER-INCH。

> **C++ 注释**：const 是 Java 保留的关键字，但目前并没有使用。在 Java 中，必须使用 final 定义常量。

3.4.4　枚举类型

有时候，变量的取值只在一个有限的集合内。例如，销售的服装或比萨只有小、中、大和超大这四种尺寸。当然，可以将这些尺寸分别编码为 1、2、3、4 或 S、M、L、X。但这种设置很容易出错。很可能在变量中保存的是一个错误的值（如 0 或 m）。

针对这种情况，可以自定义枚举类型。枚举类型包括有限个命名的值。例如，

```
enum Size { SMALL, MEDIUM, LARGE, EXTRA_LARGE };
```

现在，可以声明这种类型的变量：

```
Size s = Size.MEDIUM;
```

Size 类型的变量只能存储这个类型声明中给定的某个枚举值，或者特殊值 null，null 表示这个变量没有设置任何值。

有关枚举类型的详细内容将在第 5 章介绍。

3.5　运算符

运算符用于连接值。在后面几节可以看到，Java 提供了一组丰富的算术和逻辑运算符以及数学函数。

3.5.1　算术运算符

在 Java 中，使用算术运算符 +、-、*、/ 表示加、减、乘、除运算。当参与 / 运算的两个操作数都是整数时，表示整数除法；否则，表示浮点除法。整数的求余操作（有时称为取模）用 % 表示。例如，15/2 等于 7，15%2 等于 1，15.0/2 等于 7.5。

需要注意，整数被 0 除将会产生一个异常，而浮点数被 0 除将会得到无穷大或 NaN 结果。

> **注释**：可移植性是 Java 语言的设计目标之一。无论在哪个虚拟机上运行，同一运算应该得到同样的结果。对于浮点数的算术运算，实现这样的可移植性是相当困难的。double 类型使用 64 位存储一个数值，而有些处理器则使用 80 位浮点寄存器。这些寄存器增加了中间过程的计算精度。例如，以下运算：
>
> ```
> double w = x * y / z;
> ```
>
> 很多 Intel 处理器计算 x * y，并且将结果存储在 80 位的寄存器中，再除以 z 并将结果截断为 64 位。这样可以得到一个更加精确的计算结果，并且还能够避免产生指数

溢出。但是，这个结果可能与始终使用 64 位计算的结果**不一样**。因此，Java 虚拟机的最初规范规定所有的中间计算都必须进行截断。这种做法遭到了数字社区的反对。截断计算不仅可能导致溢出，而且由于截断操作需要消耗时间，所以在计算速度上实际上要比精确计算慢。为此，Java 程序设计语言承认了最优性能与理想的可再生性之间存在的冲突，并给予了改进。在默认情况下，现在虚拟机设计者允许对中间计算结果采用扩展的精度。但是，对于使用 strictfp 关键字标记的方法必须使用严格的浮点计算来生成可再生的结果。

例如，可以把 main 方法标记为

```
public static strictfp void main(String[] args)
```

那么，main 方法中的所有指令都将使用严格的浮点计算。如果将一个类标记为 strictfp，这个类中的所有方法都要使用严格的浮点计算。

具体的计算细节取决于 Intel 处理器的行为。在默认情况下，中间结果允许使用扩展的指数，但不允许使用扩展的尾数（Intel 芯片支持截断尾数时并不损失性能）。因此，这两种方式的区别仅仅是采用默认方式不会产生溢出，而采用严格的计算有可能产生溢出。

如果没有仔细阅读这个注释，也没有什么关系。对大多数程序来说，浮点溢出不属于大问题。在本书中，将不使用 strictfp 关键字。

3.5.2　数学函数与常量

在 Math 类中，包含了各种各样的数学函数。在编写不同类别的程序时，可能需要的函数也不同。

要想计算一个数值的平方根，可以使用 sqrt 方法：

```
double x = 4;
double y = Math.sqrt(x);
System.out.println(y); // prints 2.0
```

📓 **注释**：println 方法和 sqrt 方法存在微小的差异。println 方法处理 System.out 对象。但是，Math 类中的 sqrt 方法并不处理任何对象，这样的方法被称为**静态**方法。有关静态方法的详细内容请参看第 4 章。

在 Java 中，没有幂运算，因此需要借助于 Math 类的 pow 方法。以下语句：

```
double y = Math.pow(x, a);
```

将 y 的值设置为 x 的 a 次幂（x^a）。pow 方法有两个 double 类型的参数，其返回结果也为 double 类型。

floorMod 方法的目的是解决一个长期存在的有关整数余数的问题。考虑表达式 n % 2。所有人都知道，如果 n 是偶数，这个表达式为 0；如果 n 是奇数，表达式则为 1。当然，除非 n 是负数。如果 n 为负，这个表达式则为 -1。为什么呢？设计最早的计算机时，必须有人制定规则，明确整数除法和求余对负数操作数该如何处理。数学家们几百年来都知道这样一个最优（或称"欧几里得"）规则：余数总是要 ≥ 0。不过，最早制定规则的人并没有翻开数学书好好研究，而是提出了一些看似合理但实际上很不方便的规则。

下面考虑这样一个问题：计算一个时钟时针的位置。这里要做一个时间调整，而且要归一化为一个 0 ~ 11 之间的数。这很简单：(position + adjustment) % 12。不过，如果这个调整为负会怎么样呢？你可能会得到一个负数。所以要引入一个分支，或者使用 ((position + adjustment) % 12 + 12) % 12。不管怎样都很麻烦。

floorMod 方法就让这个问题变得容易了：floorMod(position + adjustment, 12) 总会得到一个 0 ~ 11 之间的数。（遗憾的是，对于负除数，floorMod 会得到负数结果，不过这种情况在实际中很少出现。）

Math 类提供了一些常用的三角函数：

```
Math.sin
Math.cos
Math.tan
Math.atan
Math.atan2
```

还有指数函数以及它的反函数——自然对数以及以 10 为底的对数：

```
Math.exp
Math.log
Math.log10
```

最后，Java 还提供了两个用于表示 π 和 e 常量的最接近的近似值：

```
Math.PI
Math.E
```

> ✅ **提示**：不必在数学方法名和常量名前添加前缀 "Math"，只要在源文件的顶部加上下面这行代码就可以了。
>
> ```
> import static java.lang.Math.*;
> ```
>
> 例如：
>
> ```
> System.out.println("The square root of \u03C0 is " + sqrt(PI));
> ```
>
> 在第 4 章中将讨论静态导入。

> 📋 **注释**：在 Math 类中，为了达到最佳的性能，所有的方法都使用计算机浮点单元中的例程。如果得到一个完全可预测的结果比运行速度更重要的话，那么就应该使用 StrictMath 类。它实现了"可自由分发的数学库（Freely Distributable Math Library，FDLIBM）"的算法（www.netlib.org/fdlibm），确保在所有平台上得到相同的结果。

> 📋 **注释**：Math 类提供了一些方法使整数有更好的运算安全性。如果一个计算溢出，数学运算符只是悄悄地返回错误的结果而不做任何提醒。例如，10 亿乘以 3 (1000000000 * 3)

的计算结果将是 -1294967296，因为最大的 int 值也只是刚刚超过 20 亿。不过，如果调用 Math.multiplyExact(1000000000, 3)，就会生成一个异常。你可以捕获这个异常或者让程序终止，而不是允许它给出一个错误的结果然后悄无声息地继续运行。另外还有一些方法（addExact、subtractExact、incrementExact、decrementExact 和 negateExact）也可以正确地处理 int 和 long 参数。

3.5.3 数值类型之间的转换

我们经常需要将一种数值类型转换为另一种数值类型。图 3-1 给出了数值类型之间的合法转换。

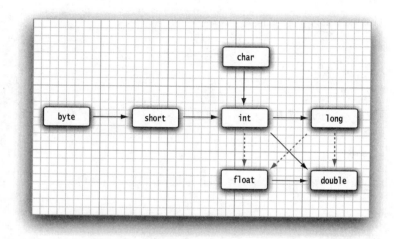

图 3-1　数值类型之间的合法转换

在图 3-1 中有 6 个实线箭头，表示无信息丢失的转换；另外有 3 个虚线箭头，表示可能有精度损失的转换。例如，123 456 789 是一个大整数，它所包含的位数比 float 类型所能够表示的位数多。当将这个整数转换为 float 类型时，将会得到正确的大小，但是会损失一些精度。

```
int n = 123456789;
float f = n; // f is 1.23456792E8
```

当用一个二元运算符连接两个值时（例如 n + f，n 是整数，f 是浮点数），先要将两个操作数转换为同一种类型，然后再进行计算。

- 如果两个操作数中有一个是 double 类型，另一个操作数就会转换为 double 类型。
- 否则，如果其中一个操作数是 float 类型，另一个操作数将会转换为 float 类型。
- 否则，如果其中一个操作数是 long 类型，另一个操作数将会转换为 long 类型。
- 否则，两个操作数都将被转换为 int 类型。

3.5.4 强制类型转换

在上一小节中我们看到，在必要的时候，int 类型的值将会自动地转换为 double 类型。但另一方面，有时也需要将 double 转换成 int。在 Java 中，允许进行这种数值之间的类型转换，当然，有可能会丢失一些信息。这种可能损失信息的转换要通过强制类型转换（cast）来完成。强制类型转换的语法格式是在圆括号中给出想要转换的目标类型，后面紧跟待转换的变量名。例如：

```
double x = 9.997;
int nx = (int) x;
```

这样，变量 nx 的值为 9，因为强制类型转换通过截断小数部分将浮点值转换为整型。

如果想对浮点数进行舍入运算，以便得到最接近的整数（在很多情况下，这种操作更有用），那就需要使用 Math.round 方法：

```
double x = 9.997;
int nx = (int) Math.round(x);
```

现在，变量 nx 的值为 10。当调用 round 的时候，仍然需要使用强制类型转换（int）。其原因是 round 方法返回的结果为 long 类型，由于存在信息丢失的可能性，所以只有使用显式的强制类型转换才能够将 long 类型转换成 int 类型。

> ⚠ **警告**：如果试图将一个数值从一种类型强制转换为另一种类型，而又超出了目标类型的表示范围，结果就会截断成一个完全不同的值。例如，(byte) 300 的实际值为 44。

> **C++ 注释**：不要在 boolean 类型与任何数值类型之间进行强制类型转换，这样可以防止发生一些常见的错误。只有极少数的情况才需要将布尔类型转换为数值类型，这时可以使用条件表达式 b? 1:0。

3.5.5 结合赋值和运算符

可以在赋值中使用二元运算符，这是一种很方便的简写形式。例如，

```
x += 4;
```

等价于：

```
x = x + 4;
```

（一般来说，要把运算符放在 = 号左边，如 *= 或 %=）。

> 📄 **注释**：如果运算符得到一个值，其类型与左侧操作数的类型不同，就会发生强制类型转换。例如，如果 x 是一个 int，则以下语句
>
> ```
> x += 3.5;
> ```
>
> 是合法的，将把 x 设置为 (int)(x + 3.5)。

3.5.6 自增与自减运算符

当然，程序员都知道加 1、减 1 是数值变量最常见的操作。在 Java 中，借鉴了 C 和 C++

中的做法，也提供了自增、自减运算符：n++ 将变量 n 的当前值加 1，n-- 则将 n 的值减 1。例如，以下代码：

```
int n = 12;
n++;
```

将 n 的值改为 13。由于这些运算符改变的是变量的值，所以它们不能应用于数值本身。例如，4++ 就不是一个合法的语句。

实际上，这些运算符有两种形式；上面介绍的是运算符放在操作数后面的"后缀"形式。还有一种"前缀"形式：++n。后缀和前缀形式都会使变量值加 1 或减 1。但用在表达式中时，二者就有区别了。前缀形式会先完成加 1；而后缀形式会使用变量原来的值。

```
int m = 7;
int n = 7;
int a = 2 * ++m; // now a is 16, m is 8
int b = 2 * n++; // now b is 14, n is 8
```

建议不要在表达式中使用 ++，因为这样的代码很容易让人困惑，而且会带来烦人的 bug。

3.5.7　关系和 boolean 运算符

Java 包含丰富的关系运算符。要检测相等性，可以使用两个等号 ==。例如，

```
3 == 7
```

的值为 false。

另外可以使用 != 检测不相等。例如，

```
3 != 7
```

的值为 true。

最后，还有经常使用的 <（小于）、>（大于）、<=（小于等于）和 >=（大于等于）运算符。

Java 沿用了 C++ 的做法，使用 && 表示逻辑"与"运算符，使用 || 表示逻辑"或"运算符。从 != 运算符可以想到，感叹号 ! 就是逻辑非运算符。&& 和 || 运算符是按照"短路"方式来求值的：如果第一个操作数已经能够确定表达式的值，第二个操作数就不必计算了。如果用 && 运算符合并两个表达式，

expression$_1$ **&&** *expression*$_2$

而且已经计算得到第一个表达式的真值为 false，那么结果就不可能为 true。因此，第二个表达式就不必计算了。可以利用这一点来避免错误。例如，在下面的表达式中：

```
x != 0 && 1 / x > x + y // no division by 0
```

如果 x 等于 0，那么第二部分就不会计算。因此，如果 x 为 0，也就不会计算 1 / x，除以 0 的错误就不会出现。

类似地，如果第一个表达式为 true，*expression*$_1$ || *expression*$_2$ 的值就自动为 true，而无须计算第二个表达式。

最后一点，Java 支持三元操作符 ?:，这个操作符有时很有用。如果条件为 true，下面的

表达式

    condition ? *expression*₁ : *expression*₂

就为第一个表达式的值，否则计算为第二个表达式的值。例如，

    x < y ? x : y

会返回 x 和 y 中较小的一个。

3.5.8　位运算符

处理整型类型时，可以直接对组成整数的各个位完成操作。这意味着可以使用掩码技术得到整数中的各个位。位运算符包括：

    & ("and")　| ("or")　^ ("xor")　~ ("not")

这些运算符按位模式处理。例如，如果 n 是一个整数变量，而且用二进制表示的 n 从右边数第 4 位为 1，则

```
int fourthBitFromRight = (n & 0b1000) / 0b1000;
```

会返回 1，否则返回 0。利用 & 并结合使用适当的 2 的幂，可以把其他位掩掉，而只留下其中的某一位。

> **注释**：应用在布尔值上时，& 和 | 运算符也会得到一个布尔值。这些运算符与 && 和 ||运算符很类似，不过 & 和 | 运算符不采用"短路"方式来求值，也就是说，得到计算结果之前两个操作数都需要计算。

另外，还有 >> 和 << 运算符可以将位模式左移或右移。需要建立位模式来完成位掩码时，这两个运算符会很方便：

```
int fourthBitFromRight = (n & (1 << 3)) >> 3;
```

最后，>>> 运算符会用 0 填充高位，这与 >> 不同，它会用符号位填充高位。不存在 <<< 运算符。

> **警告**：移位运算符的右操作数要完成模 32 的运算（除非左操作数是 long 类型，在这种情况下需要对右操作数模 64）。例如，1 << 35 的值等同于 1 << 3 或 8。

> **C++ 注释**：在 C/C++ 中，不能保证 >> 是完成算术移位（扩展符号位）还是逻辑移位（填充 0）。实现者可以选择其中更高效的任何一种做法。这意味着 C/C++ 中的 >> 运算符对于负数生成的结果可能会依赖于具体的实现。Java 则消除了这种不确定性。

3.5.9　括号与运算符级别

表 3-4 给出了运算符的优先级。如果不使用圆括号，就按照给出的运算符优先级次序进行计算。同一个级别的运算符按照从左到右的次序进行计算（但右结合运算符除外，如表中

所示)。例如,由于 && 的优先级比 || 的优先级高,所以表达式

    a && b || c

等价于

    (a && b) || c

又因为 += 是右结合运算符,所以表达式

    a += b += c

等价于

    a += (b += c)

也就是将 b += c 的结果(加上 c 之后的 b)加到 a 上。

> **C++** **C++ 注释**:与 C 或 C++ 不同,Java 不使用逗号运算符。不过,可以在 for 语句的第 1 和第 3 部分中使用逗号分隔表达式列表。

表 3-4 运算符优先级

运算符	结合性
[ ] . ( ) (方法调用)	从左向右
! ~ ++ -- +(一元运算) - (一元运算) ( ) (强制类型转换) new	从右向左
* / %	从左向右
+ -	从左向右
<< >> >>>	从左向右
< <= > >= instanceof	从左向右
== !=	从左向右
&	从左向右
^	从左向右
|	从左向右
&&	从左向右
||	从左向右
?:	从右向左
= += -= *= /= %= &= |= ^= <<= >>= >>>=	从右向左

3.6 字符串

从概念上讲,Java 字符串就是 Unicode 字符序列。例如,字符串 "Java\u2122" 由 5 个 Unicode 字符 J、a、v、a 和 ™ 组成。Java 没有内置的字符串类型,而是在标准 Java 类库中提供了一个预定义类,很自然地叫做 String。每个用双引号括起来的字符串都是 String 类的一个实例:

```
String e = ""; // an empty string
String greeting = "Hello";
```

3.6.1 子串

String 类的 substring 方法可以从一个较大的字符串提取出一个子串。例如：

```
String greeting = "Hello";
String s = greeting.substring(0, 3);
```

创建一个由字符 "Hel" 组成的字符串。

📋 **注释**：类似于 C 和 C++，Java 字符串中的代码单元和代码点从 0 开始计数。

substring 方法的第二个参数是不想复制的第一个位置。这里要复制位置为 0、1 和 2（从 0 到 2，包括 0 和 2）的字符。在 substring 中从 0 开始计数，直到 3 为止，但不包含 3。

substring 的工作方式有一个优点：容易计算子串的长度。字符串 s.substring(a, b) 的长度为 b-a。例如，子串 "Hel" 的长度为 3-0=3。

3.6.2 拼接

与绝大多数程序设计语言一样，Java 语言允许使用 + 号连接（拼接）两个字符串。

```
String expletive = "Expletive";
String PG13 = "deleted";
String message = expletive + PG13;
```

上述代码将 "Expletivedeleted" 赋给变量 message（注意，单词之间没有空格，+ 号完全按照给定的次序将两个字符串拼接起来）。

当将一个字符串与一个非字符串的值进行拼接时，后者会转换成字符串（在第 5 章中可以看到，任何一个 Java 对象都可以转换成字符串）。例如：

```
int age = 13;
String rating = "PG" + age;
```

将 rating 设置为 "PG13"。

这种特性通常用在输出语句中。例如：

```
System.out.println("The answer is " + answer);
```

这是一条合法的语句，并且会打印出所希望的结果（因为单词 is 后面加了一个空格，输出时也会加上这个空格）。

如果需要把多个字符串放在一起，用一个界定符分隔，可以使用静态 join 方法：

```
String all = String.join(" / ", "S", "M", "L", "XL");
    // all is the string "S / M / L / XL"
```

在 Java 11 中，还提供了一个 repeat 方法：

```
String repeated = "Java".repeat(3); // repeated is "JavaJavaJava"
```

3.6.3 不可变字符串

String 类没有提供修改字符串中某个字符的方法。如果希望将 greeting 的内容修改为

"Help!"，不能直接将 greeting 的最后两个位置的字符修改为 'p' 和 '!'。对于 C 程序员来说，这会让他们茫然无措。如何修改这个字符串呢？在 Java 中实现这项操作非常容易。可以提取想要保留的子串，再与希望替换的字符拼接：

```
greeting = greeting.substring(0, 3) + "p!";
```

上面这条语句将 greeting 变量的当前值修改为 "Help!"。

由于不能修改 Java 字符串中的单个字符，所以在 Java 文档中将 String 类对象称为是不可变的（immutable），如同数字 3 永远是数字 3 一样，字符串 "Hello" 永远包含字符 H、e、l、l 和 o 的代码单元序列。你不能修改这些值，不过，可以修改字符串变量 greeting，让它引用另外一个字符串，这就如同可以让原本存放 3 的数值变量改成存放 4 一样。

这样做是否会降低运行效率呢？看起来好像修改一个代码单元要比从头创建一个新字符串更加简洁。答案是：也对，也不对。的确，通过拼接 "Hel" 和 "p!" 来创建一个新字符串的效率确实不高。但是，不可变字符串却有一个优点：编译器可以让字符串共享。

为了弄清具体的工作方式，可以想象将各种字符串存放在公共的存储池中。字符串变量指向存储池中相应的位置。如果复制一个字符串变量，原始字符串与复制的字符串共享相同的字符。

总而言之，Java 的设计者认为共享带来的高效率远远胜过于提取子串、拼接字符串所带来的低效率。可以看看你自己的程序，我们发现：大多数情况下都不会修改字符串，而只是需要对字符串进行比较（有一种例外情况，将来自于文件或键盘的单个字符或较短的字符串组装成字符串。为此，Java 提供了一个单独的类，在 3.6.9 节中将详细介绍）。

> **C++ 注释**：在 C 程序员第一次接触 Java 字符串的时候，常常会感到迷惑，因为他们总将字符串认为是字符数组：
>
> ```
> char greeting[] = "Hello";
> ```
>
> 这种认识是错误的，Java 字符串大致类似于 char* 指针，
>
> ```
> char* greeting = "Hello";
> ```
>
> 当把 greeting 替换为另一个字符串的时候，Java 代码大致进行下列操作：
>
> ```
> char* temp = malloc(6);
> strncpy(temp, greeting, 3);
> strncpy(temp + 3, "p!", 3);
> greeting = temp;
> ```
>
> 的确，现在 greeting 指向字符串 "Help!"。即使最顽固的 C 程序员也得承认 Java 语法要比一连串的 strncpy 调用舒服得多。不过，如果对 greeting 做另一个赋值会怎么样呢？
>
> ```
> greeting = "Howdy";
> ```
>
> 这样做会不会产生内存泄漏呢？毕竟，原始字符串在堆中分配。十分幸运，Java 将自动地进行垃圾回收。如果一个内存块不再使用了，系统最终会将其回收。

如果你是 C++ 程序员，习惯使用 ANSI C++ 定义的 string 类，会感觉使用 Java 的 String 类型更舒服。C++ string 对象也会自动地进行内存的分配与回收。内存管理是通过构造器、赋值操作和析构器显式执行的。不过，C++ 字符串是可修改的，也就是说，可以修改字符串中的单个字符。

3.6.4　检测字符串是否相等

可以使用 equals 方法检测两个字符串是否相等。对于表达式：

```
s.equals(t)
```

如果字符串 s 与字符串 t 相等，则返回 true；否则，返回 false。需要注意的是，s 与 t 可以是字符串变量，也可以是字符串字面量。例如，以下表达式是合法的：

```
"Hello".equals(greeting)
```

要想检测两个字符串是否相等，而不区分大小写，可以使用 equalsIgnoreCase 方法。

```
"Hello".equalsIgnoreCase("hello")
```

一定不要使用 == 运算符检测两个字符串是否相等！这个运算符只能够确定两个字符串是否存放在同一个位置上。当然，如果字符串在同一个位置上，它们必然相等。但是，完全有可能将内容相同的多个字符串副本放置在不同的位置上。

```
String greeting = "Hello"; // initialize greeting to a string
if (greeting == "Hello") . . .
   // probably true
if (greeting.substring(0, 3) == "Hel") . . .
   // probably false
```

如果虚拟机始终将相同的字符串共享，就可以使用 == 运算符检测是否相等。但实际上只有字符串字面量是共享的，而 + 或 substring 等操作得到的字符串并不共享。因此，千万不要使用 == 运算符测试字符串的相等性，以免在程序中出现这种最糟糕的 bug，看起来这种 bug 就像随机产生的间歇性错误。

C++ 注释：对于习惯使用 C++ 的 string 类的人来说，在进行相等性检测的时候一定要特别小心。C++ 的 string 类重载了 == 运算符以便检测字符串内容的相等性。可惜 Java 没有采用这种方式，它的字符串 "外观" 看起来就像数值一样，但进行相等性测试时，表现得又类似于指针。Java 语言的设计者本来也可以像对 + 那样进行特殊处理，为字符串重新定义 == 运算符。当然，每一种语言都会存在一些不太一致的地方。

C 程序员从不使用 == 对字符串进行比较，而是使用 strcmp 函数。Java 的 compareTo 方法完全类似于 strcmp，因此，可以如下这样使用：

```
if (greeting.compareTo("Hello") == 0) . . .
```

不过，使用 equals 看起来更为清晰。

3.6.5 空串与 Null 串

空串 "" 是长度为 0 的字符串。可以调用以下代码检查一个字符串是否为空：

```
if (str.length() == 0)
```

或

```
if (str.equals(""))
```

空串是一个 Java 对象，有自己的串长度（0）和内容（空）。不过，String 变量还可以存放一个特殊的值，名为 null，表示目前没有任何对象与该变量关联（关于 null 的更多信息请参见第 4 章）。要检查一个字符串是否为 null，要使用以下条件：

```
if (str == null)
```

有时要检查一个字符串既不是 null 也不是空串，这种情况下就需要使用以下条件：

```
if (str != null && str.length() != 0)
```

首先要检查 str 不为 null。在第 4 章会看到，如果在一个 null 值上调用方法，会出现错误。

3.6.6 码点与代码单元

Java 字符串由 char 值序列组成。从 3.3.3 节已经看到，char 数据类型是一个采用 UTF-16 编码表示 Unicode 码点的代码单元。最常用的 Unicode 字符使用一个代码单元就可以表示，而辅助字符需要一对代码单元表示。

length 方法将返回采用 UTF-16 编码表示给定字符串所需要的代码单元数量。例如：

```
String greeting = "Hello";
int n = greeting.length(); // is 5
```

要想得到实际的长度，即码点数量，可以调用：

```
int cpCount = greeting.codePointCount(0, greeting.length());
```

调用 s.charAt(n) 将返回位置 n 的代码单元，n 介于 0 ~ s.length()-1 之间。例如：

```
char first = greeting.charAt(0); // first is 'H'
char last = greeting.charAt(4); // last is 'o'
```

要想得到第 i 个码点，应该使用下列语句

```
int index = greeting.offsetByCodePoints(0, i);
int cp = greeting.codePointAt(index);
```

为什么会对代码单元如此大惊小怪？请考虑以下语句：

𝕆 is the set of octonions.

使用 UTF-16 编码表示字符 𝕆 (U+1D546) 需要两个代码单元。调用

```
char ch = sentence.charAt(1)
```

返回的不是一个空格，而是 𝕆 的第二个代码单元。为了避免这个问题，不要使用 char 类型。

这太底层了。

> **注释**：不要以为可以忽略包含 U+FFFF 以上代码单元的奇怪字符，喜欢 emoji 表情符号的用户可能会在字符串中加入类似 🍺 (U+1F37A，啤酒杯) 的字符。

如果想要遍历一个字符串，并且依次查看每一个码点，可以使用下列语句：

```
int cp = sentence.codePointAt(i);
if (Character.isSupplementaryCodePoint(cp)) i += 2;
else i++;
```

可以使用下列语句实现反向遍历：

```
i--;
if (Character.isSurrogate(sentence.charAt(i))) i--;
int cp = sentence.codePointAt(i);
```

显然，这很麻烦。更容易的办法是使用 codePoints 方法，它会生成一个 int 值的 "流"，每个 int 值对应一个码点。(流将在卷 II 的第 2 章中讨论。) 可以将它转换为一个数组 (见 3.10 节)，再完成遍历。

```
int[] codePoints = str.codePoints().toArray();
```

反之，要把一个码点数组转换为一个字符串，可以使用构造器 (我们将在第 4 章详细讨论构造器和 new 操作符)。

```
String str = new String(codePoints, 0, codePoints.length);
```

> **注释**：虚拟机不一定把字符串实现为代码单元序列。在 Java 9 中，只包含单字节代码单元的字符串使用 byte 数组实现，所有其他字符串使用 char 数组。

3.6.7 String API

Java 中的 String 类包含了 50 多个方法。令人惊讶的是它们绝大多数都很有用，可以想见使用的频率非常高。下面的 API 注释汇总了一部分最常用的方法。

本书中给出的 API 注释可以帮助你理解 Java 应用编程接口 (API)。每一个 API 的注释都以类名开始，如 java.lang.String。(java.lang 包名的重要性将在第 4 章给出解释。) 类名之后是一个或多个方法的名字、解释和参数描述。

在这里，一般不列出某个类的所有方法，而是选择一些最常用的方法，并以简洁的方式给予描述。完整的方法列表请参看联机文档 (请参看 3.6.8 节)。

这里还会列出所介绍的类的版本号。如果某个方法是在这个版本之后添加的，就会给出一个单独的版本号。

API java.lang.String 1.0

- char charAt(int index)

  返回给定位置的代码单元。除非对底层的代码单元感兴趣，否则不需要调用这个方法。

- int codePointAt(int index) **5**

返回从给定位置开始的码点。

- `int offsetByCodePoints(int startIndex, int cpCount)` **5**

  返回从 startIndex 码点开始，cpCount 个码点后的码点索引。

- `int compareTo(String other)`

  按照字典顺序，如果字符串位于 other 之前，返回一个负数；如果字符串位于 other 之后，返回一个正数；如果两个字符串相等，返回 0。

- `IntStream codePoints()` **8**

  将这个字符串的码点作为一个流返回。调用 toArray 将它们放在一个数组中。

- `new String(int[] codePoints, int offset, int count)` **5**

  用数组中从 offset 开始的 count 个码点构造一个字符串。

- `boolean empty()`

- `boolean blank()` **11**

  如果字符串为空或者由空格组成，返回 true。

- `boolean equals(Object other)`

  如果字符串与 other 相等，返回 true。

- `boolean equalsIgnoreCase(String other)`

  如果字符串与 other 相等（忽略大小写），返回 true。

- `boolean startsWith(String prefix)`

- `boolean endsWith(String suffix)`

  如果字符串以 prefix 开头或以 suffix 或结尾，则返回 true。

- `int indexOf(String str)`

- `int indexOf(String str, int fromIndex)`

- `int indexOf(int cp)`

- `int indexOf(int cp, int fromIndex)`

  返回与字符串 str 或码点 cp 匹配的第一个子串的开始位置。从索引 0 或 fromIndex 开始匹配。如果在原始字符串中不存在 str，则返回 -1。

- `int lastIndexOf(String str)`

- `int lastIndexOf(String str, int fromIndex)`

- `int lastindexOf(int cp)`

- `int lastindexOf(int cp, int fromIndex)`

  返回与字符串 str 或码点 cp 匹配的最后一个子串的开始位置。从原始字符串末尾或 fromIndex 开始匹配。

- `int length()`

  返回字符串代码单元的个数。

- `int codePointCount(int startIndex, int endIndex)` **5**

  返回 startIndex 和 endIndex-1 之间的码点个数。

- String replace(CharSequence oldString, CharSequence newString)

  返回一个新字符串。这个字符串用 newString 代替原始字符串中所有的 oldString。可以用 String 或 StringBuilder 对象作为 CharSequence 参数。
- String substring(int beginIndex)
- String substring(int beginIndex, int endIndex)

  返回一个新字符串。这个字符串包含原始字符串中从 beginIndex 到字符串末尾或 endIndex-1 的所有代码单元。
- String toLowerCase()
- String toUpperCase()

  返回一个新字符串。这个字符串将原始字符串中的大写字母改为小写，或者将原始字符串中的所有小写字母改成大写字母。
- String trim()
- String strip() **11**

  返回一个新字符串。这个字符串将删除原始字符串头部和尾部小于等于 U+0020 的字符 (trim) 或空格 (strip)。
- String join(CharSequence delimiter, CharSequence... elements) **8**

  返回一个新字符串，用给定的定界符连接所有元素。
- String repeat(int count) **11**

  返回一个字符串，将当前字符串重复 count 次。

> **注释：** 在 API 注释中，有一些 CharSequence 类型的参数。这是一种**接口**类型，所有字符串都属于这个接口。第 6 章将介绍更多有关接口类型的内容。现在只需要知道，当看到一个 CharSequence 形参（parameter）时，完全可以传入 String 类型的实参（argument）。

3.6.8 阅读联机 API 文档

正如前面所看到的，String 类包含许多方法。而且，在标准库中有几千个类，方法数量更加惊人。要想记住所有的类和方法是一件不太不可能的事情。因此，学会使用联机 API 文档十分重要，从中可以查阅标准类库中的所有类和方法。可以从 Oracle 下载 API 文档，并保存在本地。也可以在浏览器中访问 http://docs.oracle.com/javase/9/docs/api。

在 Java 9 中，API 文档有一个搜索框（见图 3-2）。较老的版本则有一些窗框，分别包含包列表和类列表。仍然可以点击 Frames 菜单项得到这些列表。例如，要获得有关 String 类方法的更多信息，可以在搜索框中键入 " String"，选择类型 java.lang.String，或者在窗框中找到 String 链接，然后点击这个链接。你会看到这个类的描述，如图 3-3 所示。

接下来，向下滚动，直到看见按字母顺序排列的所有方法的小结（请参看图 3-4）。点击任何一个方法名便可以查看这个方法的详细描述（参见图 3-5）。例如，如果点击 compareToIgnoreCase 链接，就会看到 compareToIgnoreCase 方法的描述。

图 3-2　Java API 文档

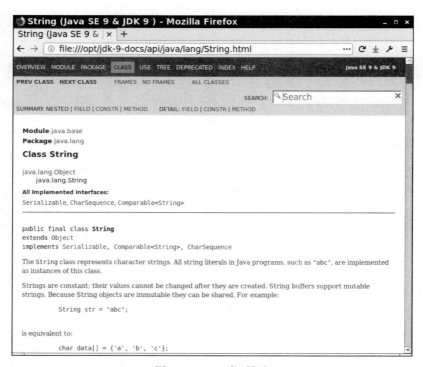

图 3-3　String 类的描述

✅ **提示**：如果还没有下载，现在就请按第 2 章中的介绍下载 JDK 文档。马上在浏览器中为 `jdk-9-docs/index.html` 页面建一个书签。

图 3-4 `String` 类方法的小结

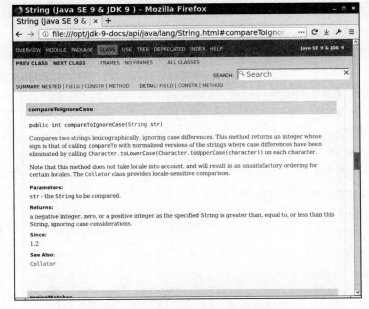

图 3-5 一个 `String` 方法的详细描述

3.6.9　构建字符串

有些时候，需要由较短的字符串构建字符串，例如，按键或来自文件中的单词。如果采用字符串拼接的方式来达到这个目的，效率会比较低。每次拼接字符串时，都会构建一个新的 String 对象，既耗时，又浪费空间。使用 StringBuilder 类就可以避免这个问题的发生。

如果需要用许多小段的字符串来构建一个字符串，那么应该按照下列步骤进行。首先，构建一个空的字符串构建器：

```
StringBuilder builder = new StringBuilder();
```

当每次需要添加一部分内容时，就调用 append 方法。

```
builder.append(ch); // appends a single character
builder.append(str); // appends a string
```

在字符串构建完成时就调用 toString 方法，将可以得到一个 String 对象，其中包含了构建器中的字符序列。

```
String completedString = builder.toString();
```

> 📄 **注释**：StringBuilder 类在 Java 5 中引入。这个类的前身是 StringBuffer，它的效率稍有些低，但允许采用多线程的方式添加或删除字符。如果所有字符串编辑操作都在单个线程中执行（通常都是这样），则应该使用 StringBuilder。这两个类的 API 是一样的。

下面的 API 注释包含了 StringBuilder 类中的重要方法。

API **java.lang.StringBuilder** 5

- StringBuilder()

  构造一个空的字符串构建器。

- int length()

  返回构建器或缓冲器中的代码单元数量。

- StringBuilder append(String str)

  追加一个字符串并返回 this。

- StringBuilder append(char c)

  追加一个代码单元并返回 this。

- StringBuilder appendCodePoint(int cp)

  追加一个码点，并将其转换为一个或两个代码单元并返回 this。

- void setCharAt(int i, char c)

  将第 i 个代码单元设置为 c。

- StringBuilder insert(int offset, String str)

  在 offset 位置插入一个字符串并返回 this。

- StringBuilder insert(int offset, char c)

在 offset 位置插入一个代码单元并返回 this。
- StringBuilder delete(int startIndex, int endIndex)
  删除偏移量从 startIndex 到 endIndex-1 的代码单元并返回 this。
- String toString()
  返回一个与构建器或缓冲器内容相同的字符串。

3.7 输入与输出

为了增加后面示例程序的趣味性，需要程序能够接受输入，并适当地格式化程序输出。当然，现代的程序都使用 GUI 收集用户的输入，然而，编写这种界面的程序需要使用较多的工具与技术，目前还不具备这些条件。我们的第一要务是熟悉 Java 程序设计语言，因此我们要使用基本的控制台来实现输入输出。

3.7.1 读取输入

前面已经看到，将输出打印到"标准输出流"（即控制台窗口）是一件非常容易的事情，只要调用 System.out.println 即可。然而，读取"标准输入流" System.in 就没有那么简单了。要想通过控制台进行输入，首先需要构造一个与"标准输入流" System.in 关联的 Scanner 对象。

```
Scanner in = new Scanner(System.in);
```

（构造器和 new 操作符将在第 4 章中详细介绍。）

现在，就可以使用 Scanner 类的各种方法读取输入了。例如，nextLine 方法将读取一行输入。

```
System.out.print("What is your name? ");
String name = in.nextLine();
```

在这里，使用 nextLine 方法是因为在输入行中有可能包含空格。要想读取一个单词（以空白符作为分隔符），可以调用

```
String firstName = in.next();
```

要想读取一个整数，就调用 nextInt 方法。

```
System.out.print("How old are you? ");
int age = in.nextInt();
```

与此类似，要想读取下一个浮点数，就调用 nextDouble 方法。

在程序清单 3-2 的程序中，首先询问用户姓名和年龄，然后打印一条如下的消息：

```
Hello, Cay. Next year, you'll be 57
```

最后，在程序的最前面添加一行代码：

```
import java.util.*;
```

Scanner 类定义在 java.util 包中。当使用的类不是定义在基本 java.lang 包中时，一定要使

用 import 指令导入相应的包。有关包与 import 指令的详细描述请参看第 4 章。

程序清单 3-2　InputTest/InputTest.java

```
1 import java.util.*;
2
3 /**
4  * This program demonstrates console input.
5  * @version 1.10 2004-02-10
6  * @author Cay Horstmann
7  */
8 public class InputTest
9 {
10    public static void main(String[] args)
11    {
12       Scanner in = new Scanner(System.in);
13
14       // get first input
15       System.out.print("What is your name? ");
16       String name = in.nextLine();
17
18       // get second input
19       System.out.print("How old are you? ");
20       int age = in.nextInt();
21
22       // display output on console
23       System.out.println("Hello, " + name + ". Next year, you'll be " + (age + 1));
24    }
25 }
```

📄 **注释**: 因为输入是可见的, 所以 Scanner 类不适用于从控制台读取密码。Java 6 特别引入了 Console 类来实现这个目的。要想读取一个密码, 可以使用下列代码:

```
Console cons = System.console();
String username = cons.readLine("User name: ");
char[] passwd = cons.readPassword("Password: ");
```

为安全起见, 返回的密码存放在一个字符数组中, 而不是字符串中。在对密码处理完成之后, 应该马上用一个填充值覆盖数组元素 (数组处理将在 3.10 节介绍)。

采用 Console 对象处理输入不如采用 Scanner 方便。必须每次读取一行输入, 而没有能够读取单个单词或数值的方法。

API **java.util.Scanner** 5

- Scanner(InputStream in)

  用给定的输入流创建一个 Scanner 对象。

- String nextLine()

  读取输入的下一行内容。

- String next()

读取输入的下一个单词（以空格作为分隔符）。

- int nextInt()
- double nextDouble()

读取并转换下一个表示整数或浮点数的字符序列。

- boolean hasNext()

检测输入中是否还有其他单词。

- boolean hasNextInt()
- boolean hasNextDouble()

检测是否还有下一个表示整数或浮点数的字符序列。

API `java.lang.System` 1.0

- static Console console() **6**

如果可以进行交互，就返回一个 Console 对象通过控制台窗口与用户交互，否则返回 null。对于任何一个在控制台窗口启动的程序，都可使用 Console 对象。否则，是否可用取决于所使用的系统。

API `java.io.Console` 6

- static char[] readPassword(String prompt, Object... args)
- static String readLine(String prompt, Object... args)

显示字符串 prompt（提示符）并读取用户输入，直到输入行结束。args 参数可以用来提供格式参数。有关这部分内容将在下一节中介绍。

3.7.2 格式化输出

可以使用语句 System.out.print(x) 将数值 x 输出到控制台。这条命令将以 x 的类型所允许的最大非 0 数位个数打印输出 x。例如：

```
double x = 10000.0 / 3.0;
System.out.print(x);
```

打印

```
3333.3333333333335
```

如果希望显示美元、美分数，这就会有问题。

在早期的 Java 版本中，格式化数值曾引起过一些争议。庆幸的是，Java 5 沿用了 C 语言函数库中的 printf 方法。例如，调用

```
System.out.printf("%8.2f", x);
```

会以一个字段宽度（field width）打印 x：这包括 8 个字符，另外精度为小数点后 2 个字符。也就是说，这会打印一个前导的空格和 7 个字符，如下所示：

```
3333.33
```

可以为 printf 提供多个参数，例如：

```
System.out.printf("Hello, %s. Next year, you'll be %d", name, age);
```

每一个以 % 字符开始的格式说明符都用相应的参数替换。格式说明符尾部的转换符指示要格式化的数值的类型：f 表示浮点数，s 表示字符串，d 表示十进制整数。表 3-5 列出了所有转换符。

表 3-5 用于 printf 的转换符

转换符	类型	示例	转换符	类型	示例
d	十进制整数	159	s	字符串	Hello
x	十六进制整数	9f	c	字符	H
o	八进制整数	237	b	布尔	true
f	定点浮点数	15.9	h	散列码	42628b2
e	指数浮点数	1.59e+01	tx 或 Tx	日期时间（T 强制大写）	已经过时，应当改为使用 java.time 类，参见卷 II 第 6 章
g	通用浮点数（e 和 f 中较短的一个）	—	%	百分号	%
a	十六进制浮点数	0x1.fccdp3	n	与平台有关的行分隔符	—

另外，还可以指定控制格式化输出外观的各种标志。表 3-6 列出了所有的标志。例如，逗号标志可以增加分组分隔符。即

```
System.out.printf("%,.2f", 10000.0 / 3.0);
```

会打印

```
3,333.33
```

可以使用多个标志，例如，"%, (.2f" 会使用分组分隔符并将负数括在括号内。

表 3-6 用于 printf 的标志

标志	目的	示例
+	打印正数和负数的符号	+3333.33
空格	在正数之前添加空格	| 3333.33|
0	数字前面补 0	003333.33
-	左对齐	|3333.33 |
(	将负数括在括号内	(3333.33)
,	添加分组分隔符	3,333.33
#（对于 f 格式）	包含小数点	3,333.
#（对于 x 或 0 格式）	添加前缀 0x 或 0	0xcafe
$	指定要格式化的参数索引。例如，%1$d %1$x 将以十进制和十六进制格式打印第 1 个参数	159 9F
<	格式化前面说明的数值。例如，%d%<x 将以十进制和十六进制打印同一个数值	159 9F

📋 **注释**：可以使用 s 转换符格式化任意的对象。对于实现了 Formattable 接口的任意对象，将调用这个对象的 formatTo 方法；否则调用 toString 方法将这个对象转换为字符串。在第 5 章中将讨论 toString 方法，在第 6 章中将讨论接口。

可以使用静态的 String.format 方法创建一个格式化的字符串，而不打印输出：

```
String message = String.format("Hello, %s. Next year, you'll be %d", name, age);
```

基于完整性的考虑，下面简略地介绍 printf 方法中日期与时间的格式化选项。对于新的代码，应当使用卷 Ⅱ 第 6 章中介绍的 java.time 包的方法。不过你可能会在遗留代码中看到 Date 类和相关的格式化选项。这个格式包括两个字母，以 t 开始，以表 3-7 中的任意字母结束。

例如，

```
System.out.printf("%tc", new Date());
```

这条语句将用下面的格式打印当前的日期和时间：

```
Mon Feb 09 18:05:19 PST 2015
```

表 3-7　日期和时间的转换符

转换符	类型	示例
c	完整的日期和时间	Mon Feb 09 18:05:19 PST2015
F	ISO 8601 日期	2015-02-09
D	美国格式的日期（月/日/年）	02/09/2015
T	24 小时时间	18:05:19
r	12 小时时间	06:05:19 pm
R	24 小时时间，没有秒	18:05
Y	4 位数字的年（前面补 0）	2015
y	年的后两位数字（前面补 0）	15
C	年的前两位数字（前面补 0）	20
B	月的完整拼写	February
b 或 h	月的缩写	Feb
m	两位数字的月（前面补 0）	02
d	两位数字的日（前面补 0）	09
e	两位数字的日（前面不补 0）	9
A	星期几的完整拼写	Monday
a	星期几的缩写	Mon
j	三位数的年中第几天（前面补 0），在 001 到 366 之间	069
H	两位数字的小时（前面补 0），在 0 到 23 之间	18
k	两位数字的小时（前面不补 0），在 0 到 23 之间	18
I	两位数字的小时（前面补 0），在 01 到 12 之间	06
l	两位数字的小时（前面不补 0），在 1 到 12 之间	6
M	两位数字的分钟（前面补 0）	05

（续）

转换符	类型	示例
S	两位数字的秒（前面补 0）	19
L	三位数字的毫秒（前面补 0）	047
N	九位数字的毫微秒（前面补 0）	047000000
p	上午或下午的标志	pm
z	从 GMT 起，RFC 822 数字位移	-0800
Z	时区	PST
s	从格林尼治时间 1970-01-01 00:00:00 起的秒数	1078884319
Q	从格林尼治时间 1970-01-01 00:00:00 起的毫秒数	1078884319047

从表 3-7 可以看到，某些格式只给出了指定日期的部分信息。例如，只有日期或月份。如果需要多次提供日期来分别格式化每一部分就太笨拙了。为此，可以用一个格式字符串指示要格式化的参数索引。索引必须紧跟在 % 后面，并以 $ 终止。例如，

```
System.out.printf("%1$s %2$tB %2$te, %2$tY", "Due date:", new Date());
```

会打印

```
Due date: February 9, 2015
```

还可以选择使用 < 标志。它指示前面格式说明中的参数将被再次使用。也就是说，以下语句将产生与前面语句同样的输出结果：

```
System.out.printf("%s %tB %<te, %<tY", "Due date:", new Date());
```

⬥ **警告：** 参数索引值从 1 开始，而不是从 0 开始，%1$... 对第 1 个参数格式化。这就避免了与 0 标志混淆。

现在，我们已经了解了 printf 方法的所有特性。图 3-6 给出了格式说明符的语法图。

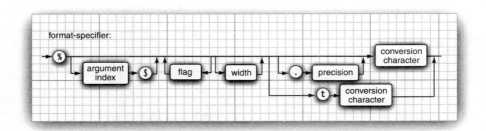

图 3-6　格式说明符语法

📄 **注释：** 数字和日期的格式化规则是**特定于本地化环境的**。例如，在德国，分组分隔符是点号而不是逗号，另外 Monday 被格式化为 Montag。在卷 Ⅱ 第 7 章中将介绍如何控制应用的国际化行为。

3.7.3　文件输入与输出

要想读取一个文件，需要构造一个 Scanner 对象，如下所示：

```
Scanner in = new Scanner(Path.of("myfile.txt"), StandardCharsets.UTF_8);
```

如果文件名中包含反斜杠符号，就要记住在每个反斜杠之前再加一个额外的反斜杠转义："c:\\mydirectory\\myfile.txt"。

> **注释：** 在这里指定了 UTF-8 字符编码，这对于互联网上的文件很常见（不过并不是普遍适用）。读取一个文本文件时，要知道它的字符编码（更多信息参见卷 II 第 2 章）。如果省略字符编码，则会使用运行这个 Java 程序的机器的"默认编码"。这不是一个好主意，如果在不同的机器上运行这个程序，可能会有不同的表现。

现在，就可以利用前面介绍的任何一个 Scanner 方法对文件进行读取。

要想写入文件，就需要构造一个 PrintWriter 对象。在构造器（constructor）中，需要提供文件名和字符编码：

```
PrintWriter out = new PrintWriter("myfile.txt", StandardCharsets.UTF_8);
```

如果文件不存在，创建该文件。可以像输出到 System.out 一样使用 print、println 以及 printf 命令。

> **警告：** 可以构造一个带有字符串参数的 Scanner，但这个 Scanner 会把字符串解释为数据，而不是文件名。例如，如果调用：
>
> ```
> Scanner in = new Scanner("myfile.txt"); // ERROR?
> ```
>
> 这个 scanner 会将参数看作包含 10 个字符（'m'、'y'、'f' 等）的数据。这可能不是我们原本想要的。

> **注释：** 当指定一个相对文件名时，例如，"myfile.txt""mydirectory/myfile.txt" 或 "../myfile.txt"，文件位于相对于 Java 虚拟机启动目录的位置。如果在命令行方式下执行以下命令启动程序：
>
> ```
> java MyProg
> ```
>
> 启动目录就是命令解释器的当前目录。然而，如果使用集成开发环境，那么启动目录将由 IDE 控制。可以使用下面的调用找到这个目录的位置：
>
> ```
> String dir = System.getProperty("user.dir");
> ```
>
> 如果觉得定位文件太麻烦，可以考虑使用绝对路径名，例如："c:\\mydirectory\\myfile.txt" 或者 "/home/me/mydirectory/myfile.txt"。

正如读者所看到的，访问文件与使用 System.in 和 System.out 一样容易。要记住一点：如果用一个不存在的文件构造一个 Scanner，或者用一个无法创建的文件名构造一个 PrintWriter，就会产生异常。Java 编译器认为这些异常比"被零除"异常更严重。在第 7 章中，将会学习各种处理异常的方式。至于现在，只需要告诉编译器：你已经知道有可能出现"输入 / 输出"异常。这需要在 main 方法中用 throws 子句标记，如下所示：

```
public static void main(String[] args) throws IOException
{
    Scanner in = new Scanner(Path.of("myfile.txt"), StandardCharsets.UTF_8);
    . . .
}
```

现在你已经学习了如何读写包含文本数据的文件。对于更高级的内容，例如，处理不同的字符编码、处理二进制数据、读取目录以及写压缩文件，请参看卷 II 第 2 章。

> 📄 **注释**：当采用命令行方式启动一个程序时，可以利用 shell 的重定向语法将任意文件关联到 System.in 和 System.out：
>
> ```
> java MyProg < myfile.txt > output.txt
> ```
>
> 这样，就不必担心处理 IOException 异常了。

API `java.util.Scanner 5`

- `Scanner(Path p, String encoding)`
  构造一个使用给定字符编码从给定路径读取数据的 Scanner。
- `Scanner(String data)`
  构造一个从给定字符串读取数据的 Scanner。

API `java.io.PrintWriter 1.1`

- `PrintWriter(String fileName)`
  构造一个将数据写入文件的 PrintWriter。文件名由参数指定。

API `java.nio.file.Path`

- `static Path of(String pathname) 11`
  根据给定的路径名构造一个 Path。

3.8 控制流程

与任何程序设计语言一样，Java 使用条件语句和循环结构确定控制流程。本节先讨论条件语句，然后讨论循环语句，最后介绍有些麻烦的 switch 语句。当需要对某个表达式的多个值进行检测时，可以使用 switch 语句。

> 🔵 **C++ 注释**：Java 的控制流程结构与 C 和 C++ 的控制流程结构一样，只有很少的例外情况。Java 中没有 goto 语句，但 break 语句可以带标签，可以利用它从内层循环跳出

（对于这种情况，C 语言中可能就要使用 goto 语句了）。最后，还有一种变形的 for 循环，它有点类似于 C++ 中基于范围的 for 循环和 C# 中的 foreach 循环。

3.8.1　块作用域

在深入学习控制结构之前，需要了解块（block）的概念。

块（即复合语句）是指由若干条 Java 语句组成的语句，并用一对大括号括起来。块确定了变量的作用域。一个块可以嵌套在另一个块中。下面就是嵌套在 main 方法块中的一个块。

```java
public static void main(String[] args)
{
   int n;
   . . .
   {
      int k;
      . . .
   } // k is only defined up to here
}
```

但是，不能在嵌套的两个块中声明同名的变量。例如，下面的代码就有错误，而无法通过编译：

```java
public static void main(String[] args)
{
   int n;
   . . .
   {
      int k;
      int n; // ERROR--can't redefine n in inner block
      . . .
   }
}
```

C++ 注释： 在 C++ 中，可以在嵌套的块中重定义一个变量。在内层定义的变量会覆盖在外层定义的变量。这就有可能带来编程错误，因此 Java 中不允许这样做。

3.8.2　条件语句

在 Java 中，条件语句的形式为

if (*condition*) *statement*

这里的条件必须用小括号括起来。

与绝大多数程序设计语言一样，Java 常常希望在某个条件为真时执行多条语句。在这种情况下，就可以使用块语句（block statement），形式为

```
{
   statement₁
   statement₂
   . . .
}
```

例如:

```
if (yourSales >= target)
{
   performance = "Satisfactory";
   bonus = 100;
}
```

当 yourSales 大于或等于 target 时, 将执行大括号中的所有语句 (请参看图 3-7)。

> 📋 **注释**: 使用块 (有时称为**复合语句**) 可以在 Java 程序结构中原本只能放置一条 (简单) 语句的地方放置多条语句。

在 Java 中, 更一般的条件语句如下所示 (请参看图 3-8):

if (*condition*) *statement₁* else *statement₂*

图 3-7　if 语句的流程图

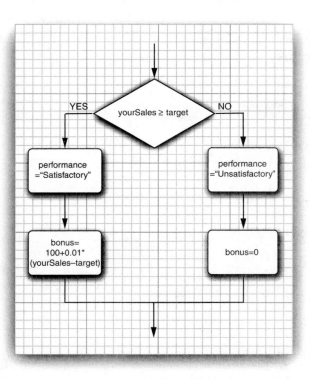

图 3-8　if/else 语句的流程图

例如:

```java
if (yourSales >= target)
{
   performance = "Satisfactory";
   bonus = 100 + 0.01 * (yourSales - target);
}
else
{
   performance = "Unsatisfactory";
   bonus = 0;
}
```

其中 else 部分总是可选的。else 子句与最邻近的 if 构成一组。因此，在语句

```java
if (x <= 0) if (x == 0) sign = 0; else sign = -1;
```

中 else 与第 2 个 if 配对。当然，使用大括号会让这段代码更加清晰：

```java
if (x <= 0) { if (x == 0) sign = 0; else sign = -1; }
```

反复使用 if...else if... 很常见（请参看图 3-9）。例如：

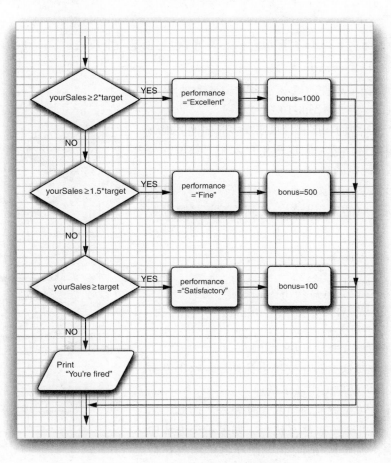

图 3-9　if/else if（多分支）的流程图

```java
if (yourSales >= 2 * target)
{
   performance = "Excellent";
   bonus = 1000;
}
else if (yourSales >= 1.5 * target)
{
   performance = "Fine";
   bonus = 500;
}
else if (yourSales >= target)
{
   performance = "Satisfactory";
   bonus = 100;
}
else
{
   System.out.println("You're fired");
}
```

3.8.3　循环

当条件为 true 时，while 循环执行一条语句（也可以是一个块语句）。一般形式如下

    while *(condition) statement*

如果开始时循环条件的值就为 false，那么 while 循环一次也不执行（请参看图 3-10）。

程序清单 3-3 中的程序将计算需要多长时间才能够存储一定数量的退休金，假定每年存入相同数量的金额，而且利率是固定的。

在这个示例中，我们会让一个计数器递增，并在循环体中更新当前的累积金额，直到总额超过目标金额为止。

```java
while (balance < goal)
{
   balance += payment;
   double interest = balance * interestRate / 100;
   balance += interest;
   years++;
}
System.out.println(years + " years.");
```

（千万不要依赖这个程序安排退休计划。这里没有考虑通货膨胀和你期望的生活水准。）

while 循环语句在最前面检测循环条件。因此，循环体中的代码有可能一次都不执行。如果希望循环体至少执行一次，需要使用 do/while 循环将检测放在最后。它的语法如下：

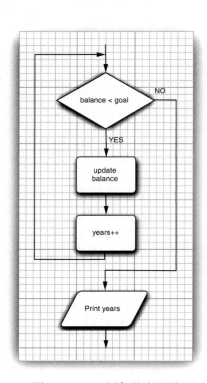

图 3-10　while 语句的流程图

```
do statement while (condition);
```

这种循环语句先执行语句（通常是一个语句块），然后再检测循环条件。如果为 true，就重复执行语句，然后再次检测循环条件，以此类推。在程序清单 3-4 中，首先计算退休账户中新的余额，然后再询问是否打算退休：

```
do
{
    balance += payment;
    double interest = balance * interestRate / 100;
    balance += interest;
    year++;
    // print current balance
    . . .
    // ask if ready to retire and get input
    . . .
}
while (input.equals("N"));
```

只要用户回答 "N"，循环就重复执行（见图 3-11）。这是一个需要至少执行一次的循环的很好的示例，因为用户必须先看到余额才能知道是否满足退休所用。

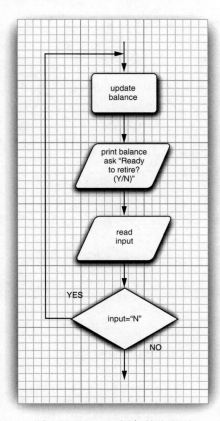

图 3-11　do/while 语句的流程图

程序清单 3-3　Retirement/Retirement.java

```java
import java.util.*;

/**
 * This program demonstrates a <code>while</code> loop.
 * @version 1.20 2004-02-10
 * @author Cay Horstmann
 */
public class Retirement
{
   public static void main(String[] args)
   {
      // read inputs
      Scanner in = new Scanner(System.in);

      System.out.print("How much money do you need to retire? ");
      double goal = in.nextDouble();

      System.out.print("How much money will you contribute every year? ");
      double payment = in.nextDouble();

      System.out.print("Interest rate in %: ");
      double interestRate = in.nextDouble();

      double balance = 0;
      int years = 0;

      // update account balance while goal isn't reached
      while (balance < goal)
      {
         // add this year's payment and interest
         balance += payment;
         double interest = balance * interestRate / 100;
         balance += interest;
         years++;
      }

      System.out.println("You can retire in " + years + " years.");
   }
}
```

程序清单 3-4　Retirement2/Retirement2.java

```java
import java.util.*;

/**
 * This program demonstrates a <code>do/while</code> loop.
 * @version 1.20 2004-02-10
 * @author Cay Horstmann
 */
public class Retirement2
{
```

```
10    public static void main(String[] args)
11    {
12       Scanner in = new Scanner(System.in);
13
14       System.out.print("How much money will you contribute every year? ");
15       double payment = in.nextDouble();
16
17       System.out.print("Interest rate in %: ");
18       double interestRate = in.nextDouble();
19
20       double balance = 0;
21       int year = 0;
22
23       String input;
24
25       // update account balance while user isn't ready to retire
26       do
27       {
28          // add this year's payment and interest
29          balance += payment;
30          double interest = balance * interestRate / 100;
31          balance += interest;
32
33          year++;
34
35          // print current balance
36          System.out.printf("After year %d, your balance is %,.2f%n", year, balance);
37
38          // ask if ready to retire and get input
39          System.out.print("Ready to retire? (Y/N) ");
40          input = in.next();
41       }
42       while (input.equals("N"));
43    }
44 }
```

3.8.4 确定循环

for 循环语句是支持迭代的一种通用结构，由一个计数器或类似的变量控制迭代次数，每次迭代后这个变量将会更新。如图 3-12 所示，下面的循环将数字 1 ~ 10 输出到屏幕上。

```
for (int i = 1; i <= 10; i++)
   System.out.println(i);
```

for 语句的第 1 部分通常是对计数器初始化；第 2 部分给出每次新一轮循环执行前要检测的循环条件；第 3 部分指定如何更新计数器。

与 C++ 一样，尽管 Java 允许在 for 循环的各个部分放置任何表达式，但有一条不成文的规则：for 语句的 3 个部分应该对同一个计数器变量进行初始化、检测和更新。若不遵守这一规则，编写的循环常常晦涩难懂。

即使遵守了这条规则，也还有可能出现很多问题。例如，下面这个倒计数的循环：

```
for (int i = 10; i > 0; i--)
    System.out.println("Counting down . . . " + i);
System.out.println("Blastoff!");
```

⚠️ **警告**：在循环中，检测两个浮点数是否相等需要格外小心。下面的 for 循环

```
        for (double x = 0; x != 10; x += 0.1) . . .
```

可能永远不会结束。由于舍入的误差，可能永远达不到精确的最终值。例如，在上面的循环中，因为 0.1 无法精确地用二进制表示，所以，x 将从 9.999 999 999 999 98 跳到 10.099 999 999 999 98。

当在 for 语句的第 1 部分中声明了一个变量之后，这个变量的作用域就扩展到这个 for 循环体的末尾。

```
for (int i = 1; i <= 10; i++)
{
    . . .
}
// i no longer defined here
```

特别指出，如果在 for 语句内部定义一个变量，这个变量就不能在循环体之外使用。因此，如果希望在 for 循环体之外使用循环计数器的最终值，就要确保这个变量在循环之外声明！

```
int i;
for (i = 1; i <= 10; i++)
{
    . . .
}
// i is still defined here
```

另一方面，可以在不同的 for 循环中定义同名的变量：

```
for (int i = 1; i <= 10; i++)
{
    . . .
}
. . .
for (int i = 11; i <= 20; i++) // OK to define another variable named i
{
    . . .
}
```

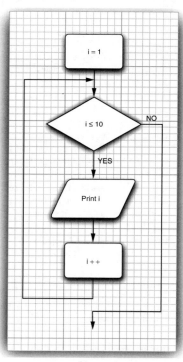

图 3-12 for 语句的流程图

for 循环语句只不过是 while 循环的一种简化形式。例如，

```
for (int i = 10; i > 0; i--)
    System.out.println("Counting down . . . " + i);
```

可以重写为：

```
int i = 10;
while (i > 0)
{
   System.out.println("Counting down . . . " + i);
   i--;
}
```

程序清单 3-5 给出了一个 for 循环的典型示例。

这个程序用来计算抽奖中奖的概率。例如，如果必须从 1 ~ 50 的数字中取 6 个数字来抽奖，那么会有 $(50 \times 49 \times 48 \times 47 \times 46 \times 45)/(1 \times 2 \times 3 \times 4 \times 5 \times 6)$ 种可能的结果，所以中奖的概率是 1/15 890 700。祝你好运！

一般情况下，如果从 n 个数字中抽取 k 个数字，就会有

$$\frac{n \times (n - 1) \times (n - 2) \times \cdots \times (n - k + 1)}{1 \times 2 \times 3 \times 4 \times \cdots \times k}$$

种可能。下面的 for 循环语句可以计算这个值：

```
int lotteryOdds = 1;
for (int i = 1; i <= k; i++)
   lotteryOdds = lotteryOdds * (n - i + 1) / i;
```

> **注释：** 3.10.3 节将会介绍"泛型 for 循环"（又称为 for each 循环），这是 Java 5 增加的一种循环结构。

程序清单 3-5   LotteryOdds/LotteryOdds.java

```
1   import java.util.*;
2
3   /**
4    * This program demonstrates a <code>for</code> loop.
5    * @version 1.20 2004-02-10
6    * @author Cay Horstmann
7    */
8   public class LotteryOdds
9   {
10     public static void main(String[] args)
11     {
12        Scanner in = new Scanner(System.in);
13
14        System.out.print("How many numbers do you need to draw? ");
15        int k = in.nextInt();
16
17        System.out.print("What is the highest number you can draw? ");
18        int n = in.nextInt();
19
20        /*
21         * compute binomial coefficient n*(n-1)*(n-2)*...*(n-k+1)/(1*2*3*...*k)
22         */
23
24        int lotteryOdds = 1;
25        for (int i = 1; i <= k; i++)
26           lotteryOdds = lotteryOdds * (n - i + 1) / i;
```

```
27
28          System.out.println("Your odds are 1 in " + lotteryOdds + ". Good luck!");
29      }
30 }
```

3.8.5 多重选择：switch 语句

在处理多个选项时，使用 if/else 结构显得有些笨拙。Java 有一个与 C/C++ 完全一样的 switch 语句。

例如，如果建立一个如图 3-13 所示的包含 4 个选项的菜单系统，可以使用下列代码：

```
Scanner in = new Scanner(System.in);
System.out.print("Select an option (1, 2, 3, 4) ");
int choice = in.nextInt();
switch (choice)
{
    case 1:
        . . .
        break;
    case 2:
        . . .
        break;
    case 3:
        . . .
        break;
    case 4:
        . . .
        break;
    default:
        // bad input
        . . .
        break;
}
```

switch 语句将从与选项值相匹配的 case 标签开始执行，直到遇到 break 语句，或者执行到 switch 语句的结束处为止。如果没有相匹配的 case 标签，而有 default 子句，就执行这个子句。

⚠ **警告**：有可能触发多个 case 分支。如果在 case 分支语句的末尾没有 break 语句，那么就会接着执行下一个 case 分支语句。这种情况相当危险，常常会引发错误。为此，我们在程序中从不使用 switch 语句。

　　如果你比我们更喜欢 switch 语句，编译代码时可以考虑加上 -Xlint:fallthrough 选项，如下所示：

　　javac -Xlint:fallthrough Test.java

　　这样一来，如果某个分支最后缺少一个 break 语句，编译器就会给出一个警告消息。

　　如果你确实正是想使用这种"直通式"（fallthrough）行为，可以为其外围方法加一个注解 @SuppressWarnings("fallthrough")。这样就不会对这个方法生成警告了。（注解是为编译器或处理 Java 源文件或类文件的工具提供信息的一种机制。我们将在卷 II 的第 8 章中详细讨论注解。)

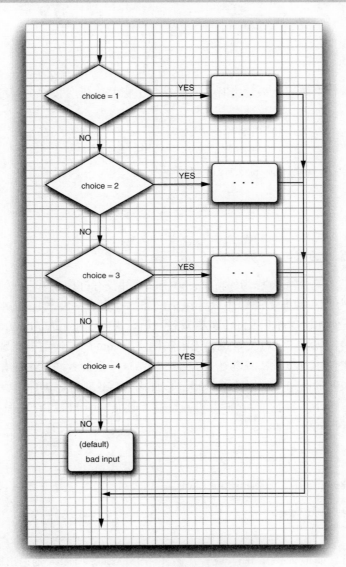

图 3-13 switch 语句的流程图

case 标签可以是:

- 类型为 char、byte、short 或 int 的常量表达式。
- 枚举常量。
- 从 Java 7 开始,case 标签还可以是字符串字面量。

例如：

```
String input = . . .;
switch (input.toLowerCase())
{
   case "yes": // OK since Java 7
      . . .
      break;
   . . .
}
```

当在 switch 语句中使用枚举常量时，不必在每个标签中指明枚举名，可以由 switch 的表达式值推导得出。例如：

```
Size sz = . . .;
switch (sz)
{
   case SMALL: // no need to use Size.SMALL
      . . .
      break;
   . . .
}
```

3.8.6 中断控制流程的语句

尽管 Java 的设计者将 goto 作为保留字，但实际上并没有打算在语言中使用它。通常，使用 goto 语句被认为是一种拙劣的程序设计风格。当然，也有一些程序员认为反对 goto 的呼声似乎有些过分（例如，Donald Knuth 就曾写过一篇名为《 Structured Programming with goto statements 》的著名文章）。这篇文章说，无限制地使用 goto 语句确实很容易导致错误，但在有些情况下，偶尔使用 goto 跳出循环还是有益处的。Java 设计者同意这种看法，甚至在 Java 语言中增加了一条新的语句：带标签的 break，以此来支持这种程序设计风格。

下面首先看一下不带标签的 break 语句。与用于退出 switch 语句的 break 语句一样，它也可以用于退出循环语句。例如，

```
while (years <= 100)
{
   balance += payment;
   double interest = balance * interestRate / 100;
   balance += interest;
   if (balance >= goal) break;
   years++;
}
```

在循环开始时，如果 years > 100，或者在循环体中 balance ≥ goal，则退出循环语句。当然，也可以在不使用 break 的情况下计算 years 的值，如下所示：

```
while (years <= 100 && balance < goal)
{
   balance += payment;
   double interest = balance * interestRate / 100;
   balance += interest;
   if (balance < goal)
```

```
      years++;
   }
```

但是需要注意，在这个版本中，检测了两次 balance < goal。为了避免重复检测，有些程序员更加偏爱使用 break 语句。

与 C++ 不同，Java 还提供了一种带标签的 break 语句，用于跳出多重嵌套的循环语句。有时候，在嵌套很深的循环语句中会发生一些不可预料的事情。此时可能更加希望完全跳出所有嵌套循环之外。如果只是为各层循环检测添加一些额外的条件，这会很不方便。

这里有一个示例说明了 break 语句的工作状态。请注意，标签必须放在希望跳出的最外层循环之前，并且必须紧跟一个冒号。

```java
Scanner in = new Scanner(System.in);
int n;
read_data:
while (. . .) // this loop statement is tagged with the label
{
   . . .
   for (. . .) // this inner loop is not labeled
   {
      System.out.print("Enter a number >= 0: ");
      n = in.nextInt();
      if (n < 0) // should never happen–can't go on
         break read_data;
         // break out of read_data loop
      . . .
   }
}
// this statement is executed immediately after the labeled break
if (n < 0) // check for bad situation
{
   // deal with bad situation
}
else
{
   // carry out normal processing
}
```

如果输入有误，执行带标签的 break 会跳转到带标签的语句块末尾。与任何使用 break 语句的代码一样，然后需要检测循环是正常结束，还是由 break 跳出。

> **注释：**事实上，可以将标签应用到任何语句，甚至可以将其应用到 if 语句或者块语句，如下所示：
>
> ```java
> label:
> {
>    . . .
>    if (condition) break label; // exits block
>    . . .
> }
> // jumps here when the break statement executes
> ```
>
> 因此，如果确实希望使用 goto 语句，而且一个代码块恰好在你想要跳到的位置之

前结束，就可以使用 break 语句！当然，并不提倡使用这种方式。另外需要注意，只能跳出语句块，而不能跳入语句块。

最后，还有一个 continue 语句。与 break 语句一样，它将中断正常的控制流程。continue 语句将控制转移到最内层循环的首部。例如：

```
Scanner in = new Scanner(System.in);
while (sum < goal)
{
    System.out.print("Enter a number: ");
    n = in.nextInt();
    if (n < 0) continue;
    sum += n; // not executed if n < 0
}
```

如果 n<0，则 continue 语句越过了当前循环体的剩余部分，立刻跳到循环首部。

如果将 continue 语句用于 for 循环中，就可以跳到 for 循环的"更新"部分。例如，下面这个循环：

```
for (count = 1; count <= 100; count++)
{
    System.out.print("Enter a number, -1 to quit: ");
    n = in.nextInt();
    if (n < 0) continue;
    sum += n; // not executed if n < 0
}
```

如果 n<0，则 continue 语句将跳到 count++ 语句。

还有一种带标签的 continue 语句，将跳到与标签匹配的循环的首部。

✅ **提示**：许多程序员发现很容易混淆 break 和 continue 语句。这些语句完全是可选的，即不使用它们也可以表达同样的逻辑含义。在本书中，我们不会使用 break 和 continue。

3.9　大数

如果基本的整数和浮点数精度不能够满足需求，那么可以使用 java.math 包中两个很有用的类：BigInteger 和 BigDecimal。这两个类可以处理包含任意长度数字序列的数值。BigInteger 类实现任意精度的整数运算，BigDecimal 实现任意精度的浮点数运算。

使用静态的 valueOf 方法可以将普通的数值转换为大数：

```
BigInteger a = BigInteger.valueOf(100);
```

对于更大的数，可以使用一个带字符串参数的构造器：

```
BigInteger reallyBig
    = new BigInteger("222232244629420445529739893461909967206666939096499764990979600");
```

另外还有一些常量：BigInteger.ZERO、BigInteger.ONE 和 BigInteger.TEN，Java 9 之后还增加

了 BigInteger.TWO。

遗憾的是，不能使用人们熟悉的算术运算符（如：+ 和 *）处理大数，而需要使用大数类中的 add 和 multiply 方法。

```
BigInteger c = a.add(b); // c = a + b
BigInteger d = c.multiply(b.add(BigInteger.valueOf(2))); // d = c * (b + 2)
```

> **C++ 注释：** 与 C++ 不同，Java 没有提供运算符重载功能。程序员无法重定义 + 和 * 运算符来提供 BigInteger 类的 add 和 multiply 运算。Java 语言的设计者确实为字符串的连接重载了 + 运算符，但没有重载其他的运算符，也没有给 Java 程序员在自己的类中重载运算符的机会。

程序清单 3-6 是对程序清单 3-5 中彩概率程序的改进，使其可以处理大数。假设你被邀请参加抽奖活动，并从 490 个可能的数值中抽取 60 个，这个程序会告诉你中彩的概率是 1/716395 8434619955574151162254009293341171761278926349349335101345948110466884。祝你好运！

在程序清单 3-5 中，用于计算的语句是

```
lotteryOdds = lotteryOdds * (n - i + 1) / i;
```

如果使用大数，则相应的语句为：

```
lotteryOdds
  = lotteryOdds.multiply(BigInteger.valueOf(n - i + 1)).divide(BigInteger.valueOf(i));
```

程序清单 3-6　BigIntegerTest/BigIntegerTest.java

```java
 1 import java.math.*;
 2 import java.util.*;
 3
 4 /**
 5  * This program uses big numbers to compute the odds of winning the grand prize in a lottery.
 6  * @version 1.20 2004-02-10
 7  * @author Cay Horstmann
 8  */
 9 public class BigIntegerTest
10 {
11     public static void main(String[] args)
12     {
13         Scanner in = new Scanner(System.in);
14
15         System.out.print("How many numbers do you need to draw? ");
16         int k = in.nextInt();
17
18         System.out.print("What is the highest number you can draw? ");
19         int n = in.nextInt();
20
21         /*
22          * compute binomial coefficient n*(n-1)*(n-2)*...*(n-k+1)/(1*2*3*...*k)
23          */
24
```

```
25        BigInteger lotteryOdds = BigInteger.valueOf(1);
26
27        for (int i = 1; i <= k; i++)
28          lotteryOdds = lotteryOdds.multiply(BigInteger.valueOf(n - i + 1)).divide(
29            BigInteger.valueOf(i));
30
31        System.out.println("Your odds are 1 in " + lotteryOdds + ". Good luck!");
32      }
33 }
```

API **java.math.BigInteger** 1.1

- BigInteger add(BigInteger other)

- BigInteger subtract(BigInteger other)

- BigInteger multiply(BigInteger other)

- BigInteger divide(BigInteger other)

- BigInteger mod(BigInteger other)

  返回这个大整数和另一个大整数 other 的和、差、积、商以及余数。

- BigInteger sqrt() **9**

  得到这个 BigInteger 的平方根。

- int compareTo(BigInteger other)

  如果这个大整数与另一个大整数 other 相等，返回 0；如果这个大整数小于另一个大整数 other，返回负数；否则，返回正数。

- static BigInteger valueOf(long x)

  返回值等于 x 的大整数。

API **java.math.BigDecimal** 1.1

- BigDecimal add(BigDecimal other)

- BigDecimal subtract(BigDecimal other)

- BigDecimal multiply(BigDecimal other)

- BigDecimal divide(BigDecimal other)

- BigDecimal divide(BigDecimal other, RoundingMode mode) **5**

  返回这个大实数与 other 的和、差、积、商。如果商是个无限循环小数，第一个 divide 方法会抛出一个异常。要得到一个舍入的结果，就要使用第二个方法。RoundingMode.HALF_UP 是在学校中学习的四舍五入方式（即，0 到 4 舍去，5 到 9 进位）。它适用于常规的计算。有关其他的舍入方式请参看 API 文档。

- int compareTo(BigDecimal other)

  如果这个大实数与 other 相等，返回 0；如果这个大实数小于 other，返回负数；否则，返回正数。

- static BigDecimal valueOf(long x)
- static BigDecimal valueOf(long x, int scale)

  返回值等于 x 或 x / 10^{scale} 的一个大实数。

3.10　数组

数组存储相同类型值的序列。下面几小节中，我们将学习在 Java 中如何使用数组。

3.10.1　声明数组

数组是一种数据结构，用来存储同一类型值的集合。通过一个整型下标（index，或称索引）可以访问数组中的每一个值。例如，如果 a 是一个整型数组，a[i] 就是数组中下标为 i 的整数。

在声明数组变量时，需要指出数组类型（数据元素类型紧跟 []）和数组变量的名字。下面声明了整型数组 a：

```
int[] a;
```

不过，这条语句只声明了变量 a，并没有将 a 初始化为一个真正的数组。应该使用 new 操作符创建数组。

```
int[] a = new int[100]; // or var a = new int[100];
```

这条语句声明并初始化了一个可以存储 100 个整数的数组。

数组长度不要求是常量：new int[n] 会创建一个长度为 n 的数组。

一旦创建了数组，就不能再改变它的长度（不过，当然可以改变单个的数组元素）。如果程序运行中需要经常扩展数组的大小，就应该使用另一种数据结构——数组列表（array list）。有关数组列表的详细内容请参看第 5 章。

> 📋 **注释**：可以使用下面两种形式定义一个数组变量：
>
> ```
> int[] a;
> ```
> 或
> ```
> int a[];
> ```
>
> 大多数 Java 应用程序员喜欢使用第一种风格，因为它可以将类型 int[]（整型数组）与变量名清晰地分开。

在 Java 中，提供了一种创建数组对象并同时提供初始值的简写形式。下面是一个例子：

```
int[] smallPrimes = { 2, 3, 5, 7, 11, 13 };
```

请注意，这个语法中不需要使用 new，甚至不用指定长度。

最后一个值后面允许有逗号，如果你要不断为数组增加值，这会很方便：

```
String[] authors = {
    "James Gosling",
    "Bill Joy",
    "Guy Steele",
    // add more names here and put a comma after each name
};
```

还可以声明一个匿名数组：

```
new int[] { 17, 19, 23, 29, 31, 37 }
```

这会分配一个新数组并填入大括号中提供的值。它会统计初始值个数，并相应地设置数组大小。可以使用这种语法重新初始化一个数组而无须创建新变量。例如：

```
smallPrimes = new int[] { 17, 19, 23, 29, 31, 37 };
```

这是下列语句的简写形式：

```
int[] anonymous = { 17, 19, 23, 29, 31, 37 };
smallPrimes = anonymous;
```

> **📋 注释**：在 Java 中，允许有长度为 0 的数组。在编写一个结果为数组的方法时，如果碰巧结果为空，这样一个长度为 0 的数组就很有用。可以如下创建长度为 0 的数组：
>
> 　　new *elementType*[0]
>
> 或
>
> 　　new *elementType*[] {}
>
> 注意，长度为 0 的数组与 null 并不相同。

3.10.2　访问数组元素

前面的数组元素的下标为从 0 ～ 99（不是 1 ～ 100）。一旦创建了数组，就可以在数组中填入元素。例如，使用一个循环：

```
int[] a = new int[100];
for (int i = 0; i < 100; i++)
    a[i] = i; // fills the array with numbers 0 to 99
```

创建一个数字数组时，所有元素都初始化为 0。boolean 数组的元素会初始化为 false。对象数组的元素则初始化为一个特殊值 null，表示这些元素（还）未存放任何对象。初学者对此可能有些不解。例如，

```
String[] names = new String[10];
```

会创建一个包含 10 个字符串的数组，所有字符串都为 null。如果希望这个数组包含空串，必须为元素指定空串：

```
for (int i = 0; i < 10; i++) names[i] = "";
```

> **◆ 警告**：如果创建了一个 100 个元素的数组，并且试图访问元素 a[100]（或在 0 ～ 99 之外的任何下标），就会引发 "array index out of bounds" 异常。

要想获得数组中的元素个数，可以使用 *array*.length。例如，

```java
for (int i = 0; i < a.length; i++)
    System.out.println(a[i]);
```

3.10.3　for each 循环

Java 有一种功能很强的循环结构，可以用来依次处理数组（或者其他元素集合）中的每个元素，而不必考虑指定下标值。

这种增强的 for 循环的语句格式为：

for (*variable* : *collection*) *statement*

它定义一个变量用于暂存集合中的每一个元素，并执行相应的语句（当然，也可以是语句块）。*collection* 这一集合表达式必须是一个数组或者是一个实现了 Iterable 接口的类对象（例如 ArrayList）。有关数组列表的内容将在第 5 章中讨论，有关 Iterable 接口的内容将在第 9 章中讨论。

例如，

```java
for (int element : a)
    System.out.println(element);
```

打印数组 a 的每一个元素，一个元素占一行。

这个循环应该读作"循环 a 中的每一个元素"（for each element in a）。Java 语言的设计者认为应该使用诸如 foreach、in 这样的关键字，但这种循环语句并不是最初就包含在 Java 语言中的，而是后来添加进去的，而且没有人希望破坏已经包含同名（例如 System.in）方法或变量的旧代码。

当然，使用传统的 for 循环也可以获得同样的效果：

```java
for (int i = 0; i < a.length; i++)
    System.out.println(a[i]);
```

但是，for each 循环语句显得更加简洁、更不易出错，因为你不必为下标的起始值和终止值而操心。

注释： for each 循环语句的循环变量将会遍历数组中的每个元素，而不是下标值。

如果需要处理一个集合中的所有元素，for each 循环语句相对于传统循环语句所做的改进很让人欣喜。然而，在很多情况下还是需要使用传统的 for 循环。例如，如果不希望遍历整个集合，或者在循环内部需要使用下标值时。

提示： 有一个更加简单的方式可以打印数组中的所有值，即利用 Arrays 类的 toString 方法。调用 Arrays.toString(a)，返回一个包含数组元素的字符串，这些元素包围在中括号内，并用逗号分隔，例如，"[2,3,5,7,11,13]"。要想打印数组，只需要调用

```java
System.out.println(Arrays.toString(a));
```

3.10.4 数组拷贝

在 Java 中，允许将一个数组变量拷贝到另一个数组变量。这时，两个变量将引用同一个数组：

```
int[] luckyNumbers = smallPrimes;
luckyNumbers[5] = 12; // now smallPrimes[5] is also 12
```

图 3-14 显示了拷贝的结果。如果希望将一个数组的所有值拷贝到一个新的数组中去，就要使用 Arrays 类的 copyOf 方法：

```
int[] copiedLuckyNumbers = Arrays.copyOf(luckyNumbers, luckyNumbers.length);
```

第 2 个参数是新数组的长度。这个方法通常用来增加数组的大小：

```
luckyNumbers = Arrays.copyOf(luckyNumbers, 2 * luckyNumbers.length);
```

如果数组元素是数值型，那么额外的元素将被赋值为 0；如果数组元素是布尔型，则将赋值为 false。相反，如果长度小于原始数组的长度，则只拷贝前面的值。

图 3-14 拷贝一个数组变量

> **C++ 注释**：Java 数组与堆栈上的 C++ 数组有很大不同，但基本上与在**堆**（heap）上分配的数组指针一样。也就是说，
>
> ```
> int[] a = new int[100]; // Java
> ```
>
> 不同于
>
> ```
> int a[100]; // C++
> ```
>
> 而等同于
>
> ```
> int* a = new int[100]; // C++
> ```
>
> Java 中的 [ ] 运算符被预定义为会完成**越界检查**，而且没有指针运算，即不能通过 a 加 1 得到数组中的下一个元素。

3.10.5 命令行参数

前面已经看到一个 Java 数组重复出现过很多次。每一个 Java 应用程序都有一个带 String arg[] 参数的 main 方法。这个参数表明 main 方法将接收一个字符串数组，也就是命令行上指

定的参数。

例如，来看下面这个程序：

```java
public class Message
{
    public static void main(String[] args)
    {
        if (args.length == 0 || args[0].equals("-h"))
            System.out.print("Hello,");
        else if (args[0].equals("-g"))
            System.out.print("Goodbye,");
        // print the other command-line arguments
        for (int i = 1; i < args.length; i++)
            System.out.print(" " + args[i]);
        System.out.println("!");
    }
}
```

如果使用下面这种形式调用这个程序：

```
java Message -g cruel world
```

args 数组将包含以下内容：

```
args[0]: "-g"
args[1]: "cruel"
args[2]: "world"
```

这个程序会显示下面这个消息：

```
Goodbye, cruel world!
```

C++ **C++ 注释**：在 Java 应用程序的 main 方法中，程序名并没有存储在 args 数组中。例如，当从命令行使用以下命令运行程序时

```
java Message -h world
```

args[0] 是 "-h"，而不是 "Message" 或 "java"。

3.10.6　数组排序

要想对数值型数组进行排序，可以使用 Arrays 类中的 sort 方法：

```java
int[] a = new int[10000];
...
Arrays.sort(a)
```

这个方法使用了优化的快速排序（QuickSort）算法。快速排序算法对于大多数数据集合来说都是效率比较高的。Arrays 类还提供了另外一些很便捷的方法，在这一节最后的 API 注释中将介绍这些方法。

程序清单 3-7 中的程序具体使用了数组，它产生一个抽彩游戏中的随机数字组合。假如抽彩是从 49 个数字中抽取 6 个，那么程序可能的输出结果为：

```
Bet the following combination. It'll make you rich!
    4
    7
    8
    19
    30
    44
```

要想选择这样一个随机的数字集合，就要首先将值 1,2,…,n 存入数组 numbers 中：

```
int[] numbers = new int[n];
for (int i = 0; i < numbers.length; i++)
    numbers[i] = i + 1;
```

而用第二个数组存放抽取出来的数：

```
int[] result = new int[k];
```

现在，就可以开始抽取 k 个数了。Math.random 方法将返回一个 0 到 1 之间（包含 0、不包含 1）的随机浮点数。用 n 乘以这个浮点数，就可以得到从 0 到 n-1 之间的一个随机数。

```
int r = (int) (Math.random() * n);
```

下面将 result 的第 i 个元素设置为 numbers[r] 存放的数值，最初是 r+1。但正如所看到的，numbers 数组的内容在每一次抽取之后都会发生变化。

```
result[i] = numbers[r];
```

现在，必须确保不会再次抽取到那个数，因为所有抽彩的数必须不相同。因此，这里用数组中的最后一个数覆盖 number[r]，并将 n 减 1。

```
numbers[r] = numbers[n - 1];
n--;
```

关键在于每次抽取的都是下标，而不是实际的值。下标指向数组中包含尚未抽取过的值。

在抽取了 k 个数之后，可以对 result 数组进行排序，这样可以让输出效果更好：

```
Arrays.sort(result);
for (int r : result)
    System.out.println(r);
```

程序清单 3-7　LotteryDrawing/LotteryDrawing.java

```
1  import java.util.*;
2
3  /**
4   * This program demonstrates array manipulation.
5   * @version 1.20 2004-02-10
6   * @author Cay Horstmann
7   */
8  public class LotteryDrawing
9  {
10     public static void main(String[] args)
11     {
12         Scanner in = new Scanner(System.in);
```

```
13
14        System.out.print("How many numbers do you need to draw? ");
15        int k = in.nextInt();
16
17        System.out.print("What is the highest number you can draw? ");
18        int n = in.nextInt();
19
20        // fill an array with numbers 1 2 3 . . . n
21        int[] numbers = new int[n];
22        for (int i = 0; i < numbers.length; i++)
23           numbers[i] = i + 1;
24
25        // draw k numbers and put them into a second array
26        int[] result = new int[k];
27        for (int i = 0; i < result.length; i++)
28        {
29           // make a random index between 0 and n - 1
30           int r = (int) (Math.random() * n);
31
32           // pick the element at the random location
33           result[i] = numbers[r];
34
35           // move the last element into the random location
36           numbers[r] = numbers[n - 1];
37           n--;
38        }
39
40        // print the sorted array
41        Arrays.sort(result);
42        System.out.println("Bet the following combination. It'll make you rich!");
43        for (int r : result)
44           System.out.println(r);
45     }
46 }
```

API **java.util.Arrays 1.2**

- static String toString(*xxx*[] a) **5**
  返回包含 a 中元素的一个字符串，这些元素用中括号包围，并用逗号分隔。在这个方法以及后面的方法中，数组元素类型 *xxx* 可以是 int、long、short、char、byte、boolean、float 或 double。

- static *xxx*[] copyOf(*xxx*[] a, int end) **6**

- static *xxx*[] copyOfRange(*xxx*[] a, int start, int end) **6**
  返回与 a 类型相同的一个数组，其长度为 length 或者 end-start，数组元素为 a 的值。如果 end 大于 a.length，结果会填充 0 或 false 值。

- static void sort(*xxx*[] a)
  使用优化的快速排序算法对数组进行排序。

- static int binarySearch(*xxx*[] a, *xxx* v)

- static int binarySearch(*xxx*[] a, int start, int end, *xxx* v)　**6**

使用二分查找算法在有序数组 a 中查找值 v。如果找到 v，则返回相应的下标；否则，返回一个负数值 r。-r-1 是 v 应插入的位置（为保持 a 有序）。

- static void fill(*xxx*[] a, *xxx* v)

将数组的所有数据元素设置为 v。

- static boolean equals(*xxx*[] a, *xxx*[] b)

如果两个数组大小相同，并且下标相同的元素都对应相等，返回 true。

3.10.7　多维数组

多维数组将使用多个下标访问数组元素，它适用于表示表格或更加复杂的排列形式。这一节的内容可以先跳过，等到需要使用这种存储机制时再返回来学习。

假设需要建立一个数值表格，用来显示在不同利率下投资 10 000 美元会增长多少，利息每年兑现并复投（见表 3-8）。

表 3-8　不同利率下的投资增长情况

10%	11%	12%	13%	14%	15%
10 000.00	10 000.00	10 000.00	10 000.00	10 000.00	10 000.00
11 000.00	11 100.00	11 200.00	11 300.00	11 400.00	11 500.00
12 100.00	12 321.00	12 544.00	12 769.00	12 996.00	13 225.00
13 310.00	13 676.31	14 049.28	14 428.97	14 815.44	15 208.75
14 641 00	15 180.70	15 735.19	16 304.74	16 889.60	17 490.06
16 105.10	16 850.58	17 623.42	18 424 .35	19 254.15	20 113.57
17 715.61	18 704.15	19 738.23	20 819.52	21 949.73	23 130.61
19 487.17	20 761.60	22 106.81	23 526.05	25 022.69	26 600.20
21 435.89	23 045.38	24 759.63	26 584.44	28 525.86	30 590.23
23 579.48	25 580.37	27 730.79	30 040.42	32 519.49	35 178.76

可以使用一个二维数组（也称为矩阵）来存储这些信息。这个数组被命名为 balances。在 Java 中，声明一个二维数组相当简单。例如：

```
double[][] balances;
```

对数组进行初始化之前是不能使用的。在这里可以如下初始化：

```
balances = new double[NYEARS][NRATES];
```

另外，如果知道数组元素，就可以不调用 new，而直接使用简写形式对多维数组进行初始化。例如：

```
int[][] magicSquare =
   {
      {16, 3, 2, 13},
      {5, 10, 11, 8},
      {9, 6, 7, 12},
```

```
    {4, 15, 14, 1}
};
```

一旦数组初始化，就可以利用两个中括号访问各个元素，例如，balances[i][j]。

在示例程序中用到了一个存储利率的一维数组 interest 与一个存储余额的二维数组 balances，一维用于表示年，另一维表示利率，使用初始余额来初始化这个数组的第一行：

```
for (int j = 0; j < balances[0].length; j++)
    balances[0][j] = 10000;
```

然后计算其他行，如下所示：

```
for (int i = 1; i < balances.length; i++)
{
    for (int j = 0; j < balances[i].length; j++)
    {
        double oldBalance = balances[i - 1][j];
        double interest = . . .;
        balances[i][j] = oldBalance + interest;
    }
}
```

程序清单 3-8 给出了完整的程序。

> 📋 **注释**：for each 循环语句不能自动处理二维数组的每一个元素。它会循环处理行，而这些行本身就是一维数组。要想访问二维数组 a 的所有元素，需要使用两个嵌套的循环，如下所示：
>
> ```
> for (double[] row : a)
>     for (double value : row)
>         do something with value
> ```

> ✅ **提示**：要想快速地打印一个二维数组的数据元素列表，可以调用：
>
> ```
> System.out.println(Arrays.deepToString(a));
> ```
>
> 输出格式为：
>
> ```
> [[16, 3, 2, 13], [5, 10, 11, 8], [9, 6, 7, 12], [4, 15, 14, 1]]
> ```

程序清单 3-8　CompoundInterest/CompoundInterest.java

```
1  /**
2   * This program shows how to store tabular data in a 2D array.
3   * @version 1.40 2004-02-10
4   * @author Cay Horstmann
5   */
6  public class CompoundInterest
7  {
8      public static void main(String[] args)
9      {
10         final double STARTRATE = 10;
11         final int NRATES = 6;
12         final int NYEARS = 10;
13
```

```
14        // set interest rates to 10 . . . 15%
15        double[] interestRate = new double[NRATES];
16        for (int j = 0; j < interestRate.length; j++)
17           interestRate[j] = (STARTRATE + j) / 100.0;
18
19        double[][] balances = new double[NYEARS][NRATES];
20
21        // set initial balances to 10000
22        for (int j = 0; j < balances[0].length; j++)
23           balances[0][j] = 10000;
24
25        // compute interest for future years
26        for (int i = 1; i < balances.length; i++)
27        {
28           for (int j = 0; j < balances[i].length; j++)
29           {
30              // get last year's balances from previous row
31              double oldBalance = balances[i - 1][j];
32
33              // compute interest
34              double interest = oldBalance * interestRate[j];
35
36              // compute this year's balances
37              balances[i][j] = oldBalance + interest;
38           }
39        }
40
41        // print one row of interest rates
42        for (int j = 0; j < interestRate.length; j++)
43           System.out.printf("%9.0f%%", 100 * interestRate[j]);
44
45        System.out.println();
46
47        // print balance table
48        for (double[] row : balances)
49        {
50           // print table row
51           for (double b : row)
52              System.out.printf("%10.2f", b);
53
54           System.out.println();
55        }
56     }
57 }
```

3.10.8 不规则数组

到目前为止，我们看到的数组与其他程序设计语言中提供的数组没有多大区别。但在底层实际存在着一些细微的差异，有时你可以充分利用这一点：Java 实际上没有多维数组，只有一维数组。多维数组被解释为"数组的数组"。

例如，在前面的示例中，balances 数组实际上是一个包含 10 个元素的数组，而每个元素又是一个由 6 个浮点数组成的数组（请参看图 3-15）。

图 3-15 一个二维数组

表达式 balances[i] 引用第 i 个子数组，也就是表格的第 i 行。它本身也是一个数组，balances[i][j] 引用这个数组的第 j 个元素。

由于可以单独地访问数组的某一行，所以可以让两行交换。

```
double[] temp = balances[i];
balances[i] = balances[i + 1];
balances[i + 1] = temp;
```

还可以方便地构造一个"不规则"数组，即数组的每一行有不同的长度。下面是一个标准的示例。我们将创建一个数组，第 i 行第 j 列将存放"从 i 个数中抽取 j 个数"可能的结果数。

```
1
1 1
1 2 1
1 3 3 1
1 4 6 4 1
1 5 10 10 5 1
1 6 15 20 15 6 1
```

由于 j 不可能大于 i，所以矩阵是三角形的。第 i 行有 i + 1 个元素（允许抽取 0 个元素，这种选择只有一种可能）。要想创建这样一个不规则的数组，首先需要分配一个数组包含这些行：

```
int[][] odds = new int[NMAX + 1][];
```

接下来，分配这些行：

```
for (int n = 0; n <= NMAX; n++)
    odds[n] = new int[n + 1];
```

在分配了数组之后，假定没有超出边界，就可以采用通常的方式访问其中的元素了。

```
for (int n = 0; n < odds.length; n++)
    for (int k = 0; k < odds[n].length; k++)
    {
        // compute lotteryOdds
        . . .
        odds[n][k] = lotteryOdds;
    }
```

程序清单 3-9 给出了完整的程序。

> **C++ 注释**：在 C++ 中，Java 声明
>
> ```
> double[][] balances = new double[10][6]; // Java
> ```
>
> 不同于
>
> ```
> double balances[10][6]; // C++
> ```
>
> 也不同于
>
> ```
> double (*balances)[6] = new double[10][6]; // C++
> ```
>
> 而是分配了一个包含 10 个指针的数组：
>
> ```
> double** balances = new double*[10]; // C++
> ```
>
> 然后，指针数组的每一个元素被填充了一个包含 6 个数字的数组：
>
> ```
> for (i = 0; i < 10; i++)
>     balances[i] = new double[6];
> ```
>
> 庆幸的是，当调用 new double[10][6] 时，这个循环是自动的。当需要不规则的数组时，只能单独地分配行数组。

程序清单 3-9　LotteryArray/LotteryArray.java

```
1  /**
2   * This program demonstrates a triangular array.
3   * @version 1.20 2004-02-10
4   * @author Cay Horstmann
5   */
6  public class LotteryArray
7  {
8     public static void main(String[] args)
9     {
10        final int NMAX = 10;
11
```

```
12        // allocate triangular array
13        int[][] odds = new int[NMAX + 1][];
14        for (int n = 0; n <= NMAX; n++)
15           odds[n] = new int[n + 1];
16
17        // fill triangular array
18        for (int n = 0; n < odds.length; n++)
19           for (int k = 0; k < odds[n].length; k++)
20           {
21              /*
22               * compute binomial coefficient n*(n-1)*(n-2)*...*(n-k+1)/(1*2*3*...*k)
23               */
24              int lotteryOdds = 1;
25              for (int i = 1; i <= k; i++)
26                 lotteryOdds = lotteryOdds * (n - i + 1) / i;
27
28              odds[n][k] = lotteryOdds;
29           }
30
31        // print triangular array
32        for (int[] row : odds)
33        {
34           for (int odd : row)
35              System.out.printf("%4d", odd);
36           System.out.println();
37        }
38     }
39  }
```

现在，我们已经了解了 Java 语言的基本程序结构，下一章将介绍 Java 中的面向对象的程序设计。

第4章 对象与类

▲ 面向对象程序设计概述   ▲ 对象构造
▲ 使用预定义类   ▲ 包
▲ 用户自定义类   ▲ JAR 文件
▲ 静态字段与静态方法   ▲ 文档注释
▲ 方法参数   ▲ 类设计技巧

这一章将主要介绍如下内容:

- 面向对象程序设计入门;
- 如何创建标准 Java 类库中类的对象;
- 如何编写自己的类。

如果你没有面向对象程序设计的应用背景,就一定要认真地阅读本章的内容。面向对象程序设计与面向过程的语言在思维方式上存在着很大的差别。改变思维方式并不是一件很容易的事情,但是为了继续学习 Java,一定要熟悉对象的概念。

对于有经验的 C++ 程序员来说,与上一章一样,对本章的内容不会感到太陌生,但这两种语言还是存在着很多不同之处,所以要认真阅读本章的后半部分内容,你将发现“ C++ 注释”对于你转换思维方式会很有帮助。

4.1 面向对象程序设计概述

面向对象程序设计(object-oriented programming,OOP)是当今主流的程序设计范型,它取代了 20 世纪 70 年代的“结构化”或过程式编程技术。由于 Java 是面向对象的,所以你必须熟悉 OOP 才能够很好地使用 Java。

面向对象的程序是由对象组成的,每个对象包含对用户公开的特定功能部分和隐藏的实现部分。程序中的很多对象来自标准库,还有一些是自定义的。究竟是自己构造对象,还是从外界购买对象完全取决于开发项目的预算和时间。但是,从根本上说,只要对象能够满足要求,就不必关心其功能到底是如何实现的。

传统的结构化程序设计通过设计一系列的过程(即算法)来求解问题。一旦确定了这些过程,就要开始考虑存储数据的适当方式。这就是 Pascal 语言的设计者 Niklaus Wirth 将其著作命名为《算法 + 数据结构 = 程序》(Algorithms + Data Structures = Programs, Prentice Hall, 1975)的原因。需要注意的是,在 Wirth 的这个书名中,算法是第一位的,数据结构是第二位的,这就明确地表述了程序员的工作方式。首先要确定如何操作数据,然后再决定如何组织数据的结构，以便于操作数据。而 OOP 却调换了这个次序，将数据放在第一位，然后再考虑操作数据的算法。

对于一些规模较小的问题，将其分解为过程的开发方式比较理想。面向对象更加适合解决规模较大的问题。要想实现一个简单的 Web 浏览器可能需要大约 2000 个过程，这些过程可能需要对一组全局数据进行操作。采用面向对象的设计风格，可能只需要大约 100 个类，每个类平均包含 20 个方法（如图 4-1 所示）。后者更易于程序员掌握，也容易找到 bug。假设给定对象的数据出错了，在访问这个数据项的 20 个方法中查找错误要比在 2000 个过程中查找容易得多。

图 4-1　面向过程与面向对象的程序设计对比

4.1.1　类

类（class）是构造对象的模板或蓝图。我们可以将类想象成制作小甜饼的模具，将对象想象为小甜饼。由类构造（construct）对象的过程称为创建类的实例（instance）。

正如前面所看到的，用 Java 编写的所有代码都位于某个类里面。标准 Java 库提供了几千个类，可用于各种目的，如用户界面设计、日期、日历和网络编程。尽管如此，在 Java 中还是需要创建一些自己的类，以便描述你的应用程序所对应的问题领域中的对象。

封装（encapsulation，有时称为数据隐藏）是处理对象的一个重要概念。从形式上看，封装就是将数据和行为组合在一个包中，并对对象的使用者隐藏具体的实现方式。对象中的数据称为实例字段（instance field），操作数据的过程称为方法（method）。作为一个类的实例，特定对象都有一组特定的实例字段值。这些值的集合就是这个对象的当前状态（state）。无论何时，只要在对象上调用一个方法，它的状态就有可能发生改变。

实现封装的关键在于，绝对不能让类中的方法直接访问其他类的实例字段。程序只能通过对象的方法与对象数据进行交互。封装给对象赋予了"黑盒"特征，这是提高重用性和可靠性的关键。这意味着一个类可以完全改变存储数据的方式，只要仍旧使用同样的方法操作数据，其他对象就不会知道也不用关心这个类所发生的变化。

OOP 的另一个原则会让用户自定义 Java 类变得更为容易，这就是：可以通过扩展其他类来构建新类。事实上，在 Java 中，所有的类都源自一个"神通广大的超类"，它就是 Object。所有其他类都扩展自这个 Object 类。在下一章中，你会看到有关 Object 类的详细介绍。

在扩展一个已有的类时，这个扩展后的新类具有被扩展的类的全部属性和方法。你只需要在新类中提供适用于这个新类的新方法和数据字段就可以了。通过扩展一个类来建立另外一个类的过程称为继承（inheritance），有关继承的详细内容请参看下一章。

4.1.2 对象

要想使用 OOP，一定要清楚对象的三个主要特性：

- 对象的行为（behavior）——可以对对象完成哪些操作，或者可以对对象应用哪些方法？
- 对象的状态（state）——当调用那些方法时，对象会如何响应？
- 对象的标识（identity）——如何区分具有相同行为与状态的不同对象？

同一个类的所有对象实例，由于支持相同的行为而具有家族式的相似性。对象的行为是用可调用的方法来定义的。

此外，每个对象都保存着描述当前状况的信息。这就是对象的状态。对象的状态可能会随着时间而发生改变，但这种改变不会是自发的。对象状态的改变必须通过调用方法实现（如果不经过方法调用就可以改变对象状态，只能说明破坏了封装性）。

但是，对象的状态并不能完全描述一个对象。每个对象都有一个唯一的标识（identity，或称身份）。例如，在一个订单处理系统中，任何两个订单都存在着不同之处，即使所订购的货物完全相同，它们也是不同的订单。需要注意，作为同一个类的实例，每个对象的标识总是不同的，状态也往往存在着差异。

对象的这些关键特性会彼此相互影响。例如，对象的状态影响它的行为（如果一个订单"已送货"或"已付款"，就应该拒绝调用要求增删订单中商品的方法。反过来，如果订单是"空的"，即还没有预订任何商品，这个订单就不应该"送货"）。

4.1.3 识别类

传统的过程式程序中，必须从顶部的 main 函数开始编写程序。在面向对象程序设计时没有所谓的"顶部"。学习 OOP 的初学者因而常常会感觉无从下手。答案是：首先从识别类开始，然后再为各个类添加方法。

识别类的一个简单经验是在分析问题的过程中寻找名词，而方法对应着动词。

例如，在订单处理系统中，有这样一些名词：

- 商品（Item）；
- 订单（Order）；
- 送货地址（Shipping address）；
- 付款（Payment）；
- 账户（Account）。

从这些名词就可以得到类 Item、Order 等。

接下来查看动词。商品被添加到订单中，订单会发货或取消，另外可以对订单完成付款。对于每一个动词，如"添加""发货""取消"以及"完成付款"，都要识别出负责完成相应动作的对象。例如，当一个新的商品添加到订单中时，那个订单对象就是负责的对象，因为它知道如何存储商品以及如何对商品进行排序。也就是说，add 应该是 Order 类的一个方法，它要取一个 Item 对象作为参数。

当然，这种"名词与动词"原则只是一种经验，在创建类的时候，只有经验才能帮助你确定哪些名词和动词重要。

4.1.4 类之间的关系

在类之间，最常见的关系有

- 依赖（"uses-a"）；
- 聚合（"has-a"）；
- 继承（"is-a"）。

依赖（dependence），即"uses-a"关系，是一种最明显的、最常见的关系。例如，Order类使用 Account 类是因为 Order 对象需要访问 Account 对象查看信用状态。但是 Item 类不依赖于 Account 类，因为 Item 对象不需要考虑客户账户。因此，如果一个类的方法使用或操纵另一个类的对象，我们就说一个类依赖于另一个类。

应该尽可能地将相互依赖的类减至最少。这里的关键是，如果类 A 不知道 B 的存在，它就不会关心 B 的任何改变（这意味着 B 的改变不会导致 A 产生任何 bug）。用软件工程的术语来说，就是尽可能减少类之间的耦合。

聚合（aggregation），即"has-a"关系，很容易理解，因为这种关系很具体。例如，一个 Order 对象包含一些 Item 对象。包容关系意味着类 A 的对象包含类 B 的对象。

> 📰 **注释**：有些方法学家不喜欢聚合这个概念，而更加喜欢使用更一般的"关联"关系。从建模的角度看，这是可以理解的。但对于程序员来说，"has-a"关系更加形象。我们喜欢使用聚合还有另一个原因：关联的标准记法不是很清楚，请参看表 4-1。

表 4-1　表达类关系的 UML 符号

关系	UML 连接符
继承	——————▷
接口实现	- - - - - - ▷
依赖	- - - - - - →
聚合	◇———————
关联	———————
直接关联	——————→

继承（inheritance），即"is-a"关系，表示一个更特殊的类与一个更一般的类之间的关系。例如，RushOrder 类由 Order 类继承而来。在更特殊的 RushOrder 类中包含了一些用于优先处理的特殊方法，还提供了一个计算运费的不同方法；而其他的方法，如添加商品、生成账单等都是从 Order 类继承来的。一般而言，如果类 A 扩展类 B，类 A 不但包含从类 B 继承的方法，还会有一些额外的功能（下一章将详细讨论继承，其中会用较多的篇幅讲述这个重要的概念）。

很多程序员采用 UML（Unified Modeling Language，统一建模语言）绘制类图，用来描述类之间的关系。图 4-2 就是这样一个例子。类用矩形表示，类之间的关系用带有各种修饰的箭头表示。表 4-1 给出了 UML 中最常见的箭头样式。

图 4-2　类图

4.2　使用预定义类

在 Java 中，没有类就无法做任何事情，我们前面曾经接触过几个类。然而，并不是所有的类都表现出面向对象的典型特征。例如，Math 类。你已经看到，可以直接使用 Math 类的方法，如 Math.random，而不必了解它具体是如何实现的，你只需要知道方法名和参数（如果有的话）。这正是封装的关键所在，当然所有类都是这样。但 Math 类只封装了功能，它不需要也不必隐藏数据。由于没有数据，因此也不必考虑创建对象和初始化它们的实例字段，因为根本没有实例字段！

下一节将会介绍一个更典型的类——Date 类，从中可以看到如何构造对象，以及如何调用类的方法。

4.2.1　对象与对象变量

要想使用对象，首先必须构造对象，并指定其初始状态。然后对对象应用方法。

在 Java 程序设计语言中，要使用构造器（constructor，或称构造函数）构造新实例。构造器是一种特殊的方法，用来构造并初始化对象。下面看一个例子。在标准 Java 库中包含一个 Date 类。它的对象可以描述一个时间点，例如，"December 31, 1999, 23:59:59 GMT"。

> 📋 **注释**：你可能会感到奇怪：为什么用类描述时间，而不像其他语言那样用一个内置的（built-in）类型？例如，在 Visual Basic 中有一个内置的 date 类型，程序员可以采用 #6/1/1995# 的格式指定日期。从表面上看这似乎很方便，因为程序员只需要使用内置的 date 类型，而不必为设计类而操心。但实际上，Visual Basic 这样设计的适应性如何呢？在有些地区，日期表示为月/日/年，而另一些地区则表示为日/月/年。语言设计者是否能够预见这些问题呢？如果没有处理好这类问题，语言就有可能陷入混乱，对此感到不满的程序员也会丧失使用这种语言的热情。如果使用类，这些设计任务就交给了类库的设计者。如果类设计得不完善，其他的程序员可以很容易地编写自己的类，以便增强或替代（replace）系统提供的类（作为印证：Java 的日期类库开始时有些混乱，现在已经重新设计了两次）。

构造器的名字应该与类名相同。因此 Date 类的构造器名为 Date。要想构造一个 Date 对象，需要在构造器前面加上 new 操作符，如下所示：

```
new Date()
```

这个表达式构造了一个新对象。这个对象被初始化为当前的日期和时间。

如果需要的话，也可以将这个对象传递给一个方法：

```
System.out.println(new Date());
```

或者，也可以对刚刚创建的对象应用一个方法。Date 类中有一个 toString 方法。这个方法将返回日期的字符串描述。下面的语句可以说明如何对新构造的 Date 对象应用 toString 方法。

```
String s = new Date().toString();
```

在这两个例子中，构造的对象仅使用了一次。通常，你会希望构造的对象可以多次使用，因此，需要将对象存放在一个变量中：

```
Date birthday = new Date();
```

图 4-3 显示了对象变量 birthday，它引用了新构造的对象。

图 4-3　创建一个新对象

在对象与对象变量之间存在着一个重要的区别。例如，以下语句

```
Date deadline; // deadline doesn't refer to any object
```

定义了一个对象变量 deadline，它可以引用 Date 类型的对象。但是，一定要认识到：变量 deadline 不是一个对象，而且实际上它也没有引用任何对象。此时还不能在这个变量上使用任何 Date 方法。下面的语句

```
s = deadline.toString(); // not yet
```

将产生编译错误。

必须首先初始化变量 deadline，这里有两个选择。当然，可以初始化这个变量，让它引用一个新构造的对象：

```
deadline = new Date();
```

也可以设置这个变量，让它引用一个已有的对象：

```
deadline = birthday;
```

现在，这两个变量都引用同一个对象（请参见图 4-4）。

要认识到重要的一点：对象变量并没有实际包含一个对象，它只是引用一个对象。

在 Java 中，任何对象变量的值都是对存储在另外一个地方的某个对象的引用。new 操作符的返回值也是一个引用。下面的语句：

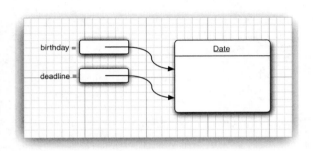

图 4-4 引用同一个对象的对象变量

```
Date deadline = new Date();
```

有两个部分。表达式 new Date() 构造了一个 Date 类型的对象，它的值是对新创建对象的一个引用。这个引用存储在变量 deadline 中。

可以显式地将对象变量设置为 null，指示这个对象变量目前没有引用任何对象。

```
deadline = null;
. . .
if (deadline != null)
    System.out.println(deadline);
```

我们将在 4.3.6 节更详细地讨论 null。

C++ 注释：很多人错误地认为 Java 中的对象变量就相当于 C++ 中的引用。然而，在 C++ 中没有 null 引用，而且引用不能赋值。可以把 Java 中的对象变量看作类似于 C++ 的**对象指针**。例如，

```
Date birthday; // Java
```

实际上，等同于

```
Date* birthday; // C++
```

一旦理解了这一点，一切问题就迎刃而解了。当然，Date* 指针只有使用 new 调用才会初始化。就这一点而言，C++ 与 Java 的语法几乎是一样的。

```
Date* birthday = new Date(); // C++
```

如果把一个变量复制到另一个变量，两个变量就指向同一个日期，即它们是同一个对象的指针。Java 中的 null 引用对应于 C++ 中的 NULL 指针。

　　所有的 Java 对象都存储在堆中。当一个对象包含另一个对象变量时，它只是包含着另一个堆对象的指针。

　　在 C++ 中，指针十分令人头疼，因为它们很容易出错。稍不小心就会创建一个错误的指针，或者内存管理出问题。在 Java 语言中，这些问题都不复存在。如果使用一个没有初始化的指针，运行时系统将会产生一个运行时错误，而不是生成一个随机的结果。同时，你不必担心内存管理问题，垃圾回收器会处理相关的事宜。

　　C++ 确实做了很大的努力，它通过支持复制构造器和赋值运算符来实现对象的自动复制。例如，一个链表（linked list）的副本是一个新链表，其内容与原始链表相同，但是有一组独立的链接。这样一来就可以相应地设计类，使它们与内置类型有相同的复制行为。在 Java 中，必须使用 clone 方法获得对象的完整副本。

4.2.2　Java 类库中的 LocalDate 类

　　在前面的例子中，已经使用了 Java 标准类库中的 Date 类。Date 类的实例有一个状态，即特定的时间点。

　　尽管在使用 Date 类时不必知道这一点，但时间是用距离一个固定时间点的毫秒数（可正可负）表示的，这个时间点就是所谓的纪元（epoch），它是 UTC 时间 1970 年 1 月 1 日 00:00:00。UTC 就是 Coordinated Universal Time（国际协调时间），与大家熟悉的 GMT（即 Greenwich Mean Time，格林尼治时间）一样，是一种实用的科学标准时间。

　　但是，Date 类对于处理人类记录日期的日历信息并不是很有用，如"December 31, 1999"。这种特定的日期描述遵循了世界上大多数地区使用的 Gregorian 阳历。但是，同样的这个时间点采用中国或希伯来的阴历来描述就很不一样了，倘若我们有来自火星的顾客，基于他们使用的火星历来描述这个时间点就更不一样了。

> 📑 **注释：** 有史以来，人类的文明与历法的设计息息相关，日历会为日期指定名字，指定太阳和月亮的周期次序。有关世界上各种日历的有趣解释，从法国大革命的日历到玛雅人计算日期的方法，请参看 Nachum Dershowitz 和 Edward M. Reingold 编写的《Calendrical Calculations》第 3 版（剑桥大学出版社，2007 年）。

　　类库设计者决定将保存时间与给时间点命名分开。所以标准 Java 类库分别包含了两个类：一个是用来表示时间点的 Date 类；另一个是用大家熟悉的日历表示法表示日期的 LocalDate 类。Java 8 引入了另外一些类来处理日期和时间的不同方面——有关内容参见卷 II 第 6 章。

　　将时间度量与日历分开是一种很好的面向对象设计。通常，最好使用不同的类表示不同的概念。

　　不要使用构造器来构造 LocalDate 类的对象。实际上，应当使用静态工厂方法（factory method），它会代表你调用构造器。下面的表达式：

```
LocalDate.now()
```

会构造一个新对象，表示构造这个对象时的日期。

可以提供年、月和日来构造对应一个特定日期的对象：

```
LocalDate.of(1999, 12, 31)
```

当然，通常我们都希望将构造的对象保存在一个对象变量中：

```
LocalDate newYearsEve = LocalDate.of(1999, 12, 31);
```

一旦有了一个 LocalDate 对象，可以用方法 getYear、getMonthValue 和 getDayOfMonth 得到年、月和日：

```
int year = newYearsEve.getYear(); // 1999
int month = newYearsEve.getMonthValue(); // 12
int day = newYearsEve.getDayOfMonth(); // 31
```

看起来这似乎没有多大的意义，因为这正是构造对象时使用的那些值。不过，有时可能有一个计算得到的日期，然后你希望调用这些方法来了解它的更多信息。例如，plusDays 方法会得到一个新的 LocalDate，如果把应用这个方法的对象称为当前对象，这个新日期对象则是距当前对象指定天数的一个新日期：

```
LocalDate aThousandDaysLater = newYearsEve.plusDays(1000);
year = aThousandDaysLater.getYear(); // 2002
month = aThousandDaysLater.getMonthValue(); // 09
day = aThousandDaysLater.getDayOfMonth(); // 26
```

LocalDate 类封装了实例字段来维护所设置的日期。如果不查看源代码，就不可能知道类内部的日期表示。当然，封装的意义就在于内部表示并不重要，重要的是类对外提供的方法。

📋 **注释：** 实际上，Date 类也有得到日、月、年的方法，分别是 getDay、getMonth 以及 getYear，不过这些方法**已经废弃**。当类库设计者意识到某个方法最初就不该引入时，就把它标记为废弃，不鼓励使用。

类库设计者意识到应当单独提供类来处理日历，不过在此之前这些方法已经是 Date 类的一部分了。Java 1.1 中引入较早的一组日历类时，Date 方法被标为废弃不用。虽然仍然可以在程序中使用这些方法，不过如果这样做，编译时会出现警告。最好还是不要使用这些废弃的方法，因为将来的某个类库版本很有可能会将它们完全删除。

✅ **提示：** JDK 提供了 jdeprscan 工具来检查你的代码中是否使用了 Java API 已经废弃的特性。有关说明参见 https://docs.oracle.com/javase/9/tools/jdeprscan.htm。

4.2.3　更改器方法与访问器方法

再来看上一节中的 plusDays 方法调用：

```
LocalDate aThousandDaysLater = newYearsEve.plusDays(1000);
```

这个调用之后 newYearsEve 会有什么变化？它会改为 1000 天之后的日期吗？事实上，并没有。plusDays 方法会生成一个新的 LocalDate 对象，然后把这个新对象赋给 aThousandDaysLater 变量。原来的对象不做任何改动。我们说 plusDays 方法没有更改调用这个方法的对象。（这类似于第 3 章中见过的 String 类的 toUpperCase 方法。在一个字符串上调用 toUpperCase 时，这个字符串仍保持不变，会返回一个将字符大写的新字符串。）

Java 库的一个较早版本曾经有另一个处理日历的类，名为 GregorianCalendar。可以如下为这个类表示的一个日期增加 1000 天：

```
GregorianCalendar someDay = new GregorianCalendar(1999, 11, 31);
    // odd feature of that class: month numbers go from 0 to 11
someDay.add(Calendar.DAY_OF_MONTH, 1000);
```

与 LocalDate.plusDays 方法不同，GregorianCalendar.add 方法是一个更改器方法（mutator method）。调用这个方法后，someDay 对象的状态会改变。可以如下查看新状态：

```
year = someDay.get(Calendar.YEAR); // 2002
month = someDay.get(Calendar.MONTH) + 1; // 09
day = someDay.get(Calendar.DAY_OF_MONTH); // 26
```

正是因为这个原因，我们将变量命名为 someDay 而不是 newYearsEve——调用这个更改器方法之后，它不再是新年前夜。

相反，只访问对象而不修改对象的方法有时称为访问器方法（accessor method）。例如，LocalDate.getYear 和 GregorianCalendar.get 就是访问器方法。

> **C++** **C++ 注释：** 在 C++ 中，带有 const 后缀的方法是访问器方法；没有声明为 const 的方法默认为更改器方法。但是，在 Java 语言中，访问器方法与更改器方法在语法上没有明显的区别。

下面用一个应用 LocalDate 类的程序来结束本节内容的介绍。这个程序将显示当前月的日历，其格式为：

```
Mon Tue Wed Thu Fri Sat Sun
                          1
  2   3   4   5   6   7   8
  9  10  11  12  13  14  15
 16  17  18  19  20  21  22
 23  24  25  26* 27  28  29
 30
```

当前日期用一个 * 号标记。可以看到，这个程序需要知道如何计算某月份的天数以及一个给定日期相应是星期几。

下面看一下这个程序的关键步骤。首先构造一个对象，并用当前的日期初始化。

```
LocalDate date = LocalDate.now();
```

下面获得当前的月份和日期。

```
int month = date.getMonthValue();
int today = date.getDayOfMonth();
```

然后，将 date 设置为这个月的第一天，并得到这一天为星期几。

```
date = date.minusDays(today - 1); // set to start of month
DayOfWeek weekday = date.getDayOfWeek();
int value = weekday.getValue(); // 1 = Monday, . . . , 7 = Sunday
```

变量 weekday 设置为 DayOfWeek 类型的对象。我们调用这个对象的 getValue 方法来得到星期几的一个数值。这会得到一个整数，这里遵循国际惯例，即周末是一周的末尾，星期一就返回 1，星期二返回 2，依此类推。星期日则返回 7。

注意，日历的第一行是缩进的，这样可使月份的第一天指向相应的星期几。下面的代码会打印表头和第一行的缩进：

```
System.out.println("Mon Tue Wed Thu Fri Sat Sun");
for (int i = 1; i < value; i++)
   System.out.print("    ");
```

现在我们来打印日历的主体。进入一个循环，其中 date 遍历一个月中的每一天。

每次迭代时，打印日期值。如果 date 是当前日期，这个日期则用一个 * 标记。接下来，把 date 推进到下一天。如果到达新的一周的第一天，则换行打印：

```
while (date.getMonthValue() == month)
{
   System.out.printf("%3d", date.getDayOfMonth());
   if (date.getDayOfMonth() == today)
      System.out.print("*");
   else
      System.out.print(" ");
   date = date.plusDays(1);
   if (date.getDayOfWeek().getValue() == 1) System.out.println();
}
```

什么时候结束呢？我们不知道这个月有几天，是 31 天、30 天、29 天还是 28 天。实际上，只要 date 还在当月就要继续迭代。

程序清单 4-1 给出了完整的程序。

可以看到，利用 LocalDate 类可以编写一个日历程序，能处理星期几以及各月天数不同等复杂问题。你并不需要知道 LocalDate 类如何计算月和星期几。只需要使用这个类的接口，如 plusDays 和 getDayOfWeek 等方法。

这个示例程序的重点是向你展示如何使用一个类的接口来完成相当复杂的任务，而无须了解实现细节。

程序清单 4-1　CalendarTest/CalendarTest.java

```
1 import java.time.*;
2
3 /**
4  * @version 1.5 2015-05-08
5  * @author Cay Horstmann
6  */
7 public class CalendarTest
8 {
9    public static void main(String[] args)
```

```
10    {
11       LocalDate date = LocalDate.now();
12       int month = date.getMonthValue();
13       int today = date.getDayOfMonth();
14
15       date = date.minusDays(today - 1); // set to start of month
16       DayOfWeek weekday = date.getDayOfWeek();
17       int value = weekday.getValue(); // 1 = Monday, . . . , 7 = Sunday
18
19       System.out.println("Mon Tue Wed Thu Fri Sat Sun");
20       for (int i = 1; i < value; i++)
21          System.out.print("    ");
22       while (date.getMonthValue() == month)
23       {
24          System.out.printf("%3d", date.getDayOfMonth());
25          if (date.getDayOfMonth() == today)
26             System.out.print("*");
27          else
28             System.out.print(" ");
29          date = date.plusDays(1);
30          if (date.getDayOfWeek().getValue() == 1) System.out.println();
31       }
32       if (date.getDayOfWeek().getValue() != 1) System.out.println();
33    }
34 }
```

API **java.time.LocalDate** 8

- static LocalDate now()
  构造一个表示当前日期的对象。
- static LocalDate of(int year, int month, int day)
  构造一个表示给定日期的对象。
- int getYear()
- int getMonthValue()
- int getDayOfMonth()
  得到当前日期的年、月和日。
- DayOfWeek getDayOfWeek
  得到当前日期是星期几，作为 DayOfWeek 类的一个实例返回。调用 getValue 来得到
  1～7 之间的一个数，表示这是星期几，1 表示星期一，7 表示星期日。
- LocalDate plusDays(int n)
- LocalDate minusDays(int n)
  生成当前日期之后或之前 n 天的日期。

4.3 用户自定义类

在第 3 章中，我们已经编写了一些简单的类。但是，那些类都只包含一个简单的 main 方

法。现在来学习如何编写复杂应用程序所需要的那种主力类（workhorse class）。通常，这些类没有 main 方法，却有自己的实例字段和实例方法。要想构建一个完整的程序，会结合使用多个类，其中只有一个类有 main 方法。

4.3.1 Employee 类

在 Java 中，最简单的类定义形式为：

```
class ClassName
{
    field₁
    field₂
    . . .
    constructor₁
    constructor₂
    . . .
    method₁
    method₂
    . . .
}
```

下面看一个非常简单的 Employee 类。在编写工资管理系统时可能会用到。

```
class Employee
{
    // instance fields
    private String name;
    private double salary;
    private LocalDate hireDay;

    // constructor
    public Employee(String n, double s, int year, int month, int day)
    {
        name = n;
        salary = s;
        hireDay = LocalDate.of(year, month, day);
    }

    // a method
    public String getName()
    {
        return name;
    }

    // more methods
    . . .
}
```

这里将这个类的实现细节分成以下几个部分，并分别在稍后的几节中介绍。下面先看看程序清单 4-2，这个程序显示了一个 Employee 类的实际使用。

程序清单 4-2 **EmployeeTest/EmployeeTest.java**

```
1  import java.time.*;
2
```

```
3  /**
4   * This program tests the Employee class.
5   * @version 1.13 2018-04-10
6   * @author Cay Horstmann
7   */
8  public class EmployeeTest
9  {
10     public static void main(String[] args)
11     {
12        // fill the staff array with three Employee objects
13        Employee[] staff = new Employee[3];
14
15        staff[0] = new Employee("Carl Cracker", 75000, 1987, 12, 15);
16        staff[1] = new Employee("Harry Hacker", 50000, 1989, 10, 1);
17        staff[2] = new Employee("Tony Tester", 40000, 1990, 3, 15);
18
19        // raise everyone's salary by 5%
20        for (Employee e : staff)
21           e.raiseSalary(5);
22
23        // print out information about all Employee objects
24        for (Employee e : staff)
25           System.out.println("name=" + e.getName() + ",salary=" + e.getSalary() + ",hireDay="
26              + e.getHireDay());
27     }
28  }
29
30  class Employee
31  {
32     private String name;
33     private double salary;
34     private LocalDate hireDay;
35
36     public Employee(String n, double s, int year, int month, int day)
37     {
38        name = n;
39        salary = s;
40        hireDay = LocalDate.of(year, month, day);
41     }
42
43     public String getName()
44     {
45        return name;
46     }
47
48     public double getSalary()
49     {
50        return salary;
51     }
52
53     public LocalDate getHireDay()
54     {
55        return hireDay;
56     }
57
```

```
58      public void raiseSalary(double byPercent)
59      {
60          double raise = salary * byPercent / 100;
61          salary += raise;
62      }
63  }
```

在这个程序中，我们构造了一个 Employee 数组，并填入了 3 个 Employee 对象：

```
Employee[] staff = new Employee[3];

staff[0] = new Employee("Carl Cracker", . . .);
staff[1] = new Employee("Harry Hacker", . . .);
staff[2] = new Employee("Tony Tester", . . .);
```

接下来，使用 Employee 类的 raiseSalary 方法将每个员工的薪水提高 5%：

```
for (Employee e : staff)
    e.raiseSalary(5);
```

最后，调用 getName 方法、getSalary 方法和 getHireDay 方法打印各个员工的信息：

```
for (Employee e : staff)
    System.out.println("name=" + e.getName()
        + ",salary=" + e.getSalary()
        + ",hireDay=" + e.getHireDay());
```

注意，在这个示例程序中包含两个类：Employee 类和带有 public 访问修饰符的 EmployeeTest 类。EmployeeTest 类包含了 main 方法，其中使用了前面介绍的指令。

源文件名是 EmployeeTest.java，这是因为文件名必须与 public 类的名字相匹配。在一个源文件中，只能有一个公共类，但可以有任意数目的非公共类。

接下来，当编译这段源代码的时候，编译器将在目录下创建两个类文件：EmployeeTest.class 和 Employee.class。

将程序中包含 main 方法的类名提供给字节码解释器，以启动这个程序：

```
java EmployeeTest
```

字节码解释器开始运行 EmployeeTest 类的 main 方法中的代码。在这段代码中，先后构造了 3 个新 Employee 对象，并显示它们的状态。

4.3.2   多个源文件的使用

在程序清单 4-2 中，一个源文件包含了两个类。许多程序员习惯于将每一个类存放在一个单独的源文件中。例如，将 Employee 类存放在文件 Employee.java 中，将 EmployeeTest 类存放在文件 EmployeeTest.java 中。

如果喜欢这样组织文件，可以有两种编译源程序的方法。一种是使用通配符调用 Java 编译器：

```
javac Employee*.java
```

这样一来，所有与通配符匹配的源文件都将被编译成类文件。或者键入以下命令：

```
javac EmployeeTest.java
```

你可能会感到惊讶，使用第二种方式时并没有显式地编译 Employee.java。不过，当 Java 编译器发现 EmployeeTest.java 使用了 Employee 类时，它会查找名为 Employee.class 的文件。如果没有找到这个文件，就会自动地搜索 Employee.java，然后，对它进行编译。更重要的是：如果 Employee.java 版本较已有的 Employee.class 文件版本更新，Java 编译器就会自动地重新编译这个文件。

📋 **注释**：如果熟悉 UNIX 的 make 工具（或者是 Windows 中的 nmake 等工具），可以认为 Java 编译器内置了 make 功能。

4.3.3 剖析 Employee 类

下面各小节将对 Employee 类进行剖析。首先从这个类的方法开始。通过查看源代码会发现，这个类包含一个构造器和 4 个方法：

```
public Employee(String n, double s, int year, int month, int day)
public String getName()
public double getSalary()
public LocalDate getHireDay()
public void raiseSalary(double byPercent)
```

这个类的所有方法都被标记为 public。关键字 public 意味着任何类的任何方法都可以调用这些方法（共有 4 种访问级别，将在本章和下一章中介绍）。

接下来，需要注意在 Employee 类的实例中有 3 个实例字段用来存放将要操作的数据：

```
private String name;
private double salary;
private LocalDate hireDay;
```

关键字 private 确保只有 Employee 类自身的方法能够访问这些实例字段，而其他类的方法不能够读写这些字段。

📋 **注释**：可以用 public 标记实例字段，但这是一种很不好的做法。public 数据字段允许程序中的任何方法对其进行读取和修改，这就完全破坏了封装。任何类的任何方法都可以修改 public 字段，从我们的经验来看，有些代码**将**利用这种存取权限，而这是我们最不希望看到的。因此，这里强烈建议将实例字段标记为 private。

最后，请注意，有两个实例字段本身就是对象：name 字段是 String 类对象，hireDay 字段是 LocalDate 类对象。这种情况十分常见：类包含的实例字段通常属于某个类类型。

4.3.4 从构造器开始

下面先看看 Employee 类的构造器：

```
public Employee(String n, double s, int year, int month, int day)
{
   name = n;
   salary = s;
```

```
    hireDay = LocalDate.of(year, month, day);
}
```

可以看到，构造器与类同名。在构造 Employee 类的对象时，构造器会运行，从而将实例字段初始化为所希望的初始状态。

例如，当使用下面这条代码创建 Employee 类的实例时：

```
new Employee("James Bond", 100000, 1950, 1, 1)
```

将会把实例字段设置为：

```
name = "James Bond";
salary = 100000;
hireDay = LocalDate.of(1950, 1, 1); // January 1, 1950
```

构造器与其他方法有一个重要的不同。构造器总是结合 new 运算符来调用。不能对一个已经存在的对象调用构造器来达到重新设置实例字段的目的。例如，

```
james.Employee("James Bond", 250000, 1950, 1, 1) // ERROR
```

将产生编译错误。

本章稍后还会更加详细地介绍有关构造器的内容。现在只需要记住：

- 构造器与类同名。
- 每个类可以有一个以上的构造器。
- 构造器可以有 0 个、1 个或多个参数。
- 构造器没有返回值。
- 构造器总是伴随着 new 操作符一起调用。

C++ 注释：Java 构造器的工作方式与 C++ 一样。但是，要记住所有的 Java 对象都是在堆中构造的，构造器总是结合 new 操作符一起使用。C++ 程序员最易犯的错误就是忘记 new 操作符：

```
Employee number007("James Bond", 100000, 1950, 1, 1); // C++, not Java
```

这条语句在 C++ 中能够正常运行，但在 Java 中却不行。

警告：请注意，不要在构造器中定义与实例字段同名的局部变量。例如，下面的构造器将不会设置 salary。

```
public Employee(String n, double s, . . .)
{
    String name = n; // ERROR
    double salary = s; // ERROR
    . . .
}
```

这个构造器声明了**局部**变量 name 和 salary。这些变量只能在构造器内部访问。这些变量会**遮蔽**（shadow）同名的实例字段。有些程序员偶尔会不假思索地写出这类代

码，因为他们的手指会不自觉地增加数据类型。这种错误很难检查出来，因此，必须
注意在所有的方法中都不要使用与实例字段同名的变量。

4.3.5　用 var 声明局部变量

在 Java 10 中，如果可以从变量的初始值推导出它们的类型，那么可以用 var 关键字声明
局部变量，而无须指定类型。例如，可以不这样声明：

```
Employee harry = new Employee("Harry Hacker", 50000, 1989, 10, 1);
```

只需要写以下代码：

```
var harry = new Employee("Harry Hacker", 50000, 1989, 10, 1);
```

这一点很好，因为这样可以避免重复写类型名 Employee。

从现在开始，倘若无须了解任何 Java API 就能从等号右边明显看出类型，在这种情况下
我们都将使用 var 表示法。不过我们不会对数值类型使用 var，如 int、long 或 double，使你不
用当心 0、0L 和 0.0 之间的区别。对 Java API 有了更多使用经验后，你可能会希望更多地使
用 var 关键字。

注意 var 关键字只能用于方法中的局部变量。参数和字段的类型必须声明。

4.3.6　使用 null 引用

在 4.2.1 节中我们已经了解到，一个对象变量包含一个对象的引用，或者包含一个特殊
值 null，后者表示没有引用任何对象。

听上去这是一种处理特殊情况的便捷机制，如未知的名字或雇用日期。不过使用 null 值
时要非常小心。

如果对 null 值应用一个方法，会产生一个 NullPointerException 异常。

```
LocalDate birthday = null;
String s = birthday.toString(); // NullPointerException
```

这是一个很严重的错误，类似于“索引越界”异常。如果你的程序没有“捕获”异常，
程序就会终止。正常情况下，程序并不捕获这些异常，而是依赖于程序员从一开始就不要带
来异常。

定义一个类时，最好清楚地知道哪些字段可能为 null。在我们的例子中，我们不希望
name 或 hireDay 字段为 null。（不用担心 salary 字段。这个字段是基本类型，所以不可能是
null。）

hireDay 字段肯定是非 null 的，因为它初始化为一个新的 LocalDate 对象。但是 name 可能为
null，如果调用构造器时为 n 提供的实参是 null，name 就会是 null。

对此有两种解决方法。“宽容型”方法是把 null 参数转换为一个适当的非 null 值：

```
if (n == null) name = "unknown"; else name = n;
```

在 Java 9 中，Objects 类对此提供了一个便利方法：

```
public Employee(String n, double s, int year, int month, int day)
{
    name = Objects.requireNonNullElse(n, "unknown");
    ...
}
```

"严格型"方法则是干脆拒绝 null 参数：

```
public Employee(String n, double s, int year, int month, int day)
{
    Objects.requireNonNull(n, "The name cannot be null");
    name = n;
    ...
}
```

如果有人用一个 null 名字构造了一个 Employee 对象，就会产生 NullPointerException 异常。乍看上去这种做法好像不太有用。不过这种方法有两个好处：

1. 异常报告会提供这个问题的描述。

2. 异常报告会准确地指出问题所在的位置，否则 NullPointerException 异常可能在其他地方出现，而很难追踪到真正导致问题的这个构造器参数。

> 📋 **注释：** 如果要接受一个对象引用作为构造参数，就要问问自己：是不是真的希望接受可有可无的值。如果不是，那么"严格型"方法更合适。

4.3.7 隐式参数与显式参数

方法用于操作对象以及存取它们的实例字段。例如，以下方法：

```
public void raiseSalary(double byPercent)
{
    double raise = salary * byPercent / 100;
    salary += raise;
}
```

将调用这个方法的对象的 salary 实例字段设置为一个新值。考虑下面这个调用：

```
number007.raiseSalary(5);
```

它的结果是将 number007.salary 字段的值增加 5%。具体地说，这个调用将执行下列指令：

```
double raise = number007.salary * 5 / 100;
number007.salary += raise;
```

raiseSalary 方法有两个参数。第一个参数称为隐式（implicit）参数，是出现在方法名前的 Employee 类型的对象。第二个参数是位于方法名后面括号中的数值，这是一个显式（explicit）参数。（有人把隐式参数称为方法调用的目标或接收者。）

可以看到，显式参数显式地列在方法声明中，例如 double byPercent。隐式参数没有出现在方法声明中。

在每一个方法中，关键字 this 指示隐式参数。如果喜欢的话，可以如下改写 raiseSalary 方法：

```
public void raiseSalary(double byPercent)
{
   double raise = this.salary * byPercent / 100;
   this.salary += raise;
}
```

有些程序员更偏爱这样的风格，因为这样可以将实例字段与局部变量明显地区分开来。

C++ 注释: 在 C++ 中，通常在类的外面定义方法:

```
void Employee::raiseSalary(double byPercent) // C++, not Java
{
   . . .
}
```

如果在类的内部定义方法，这个方法将自动成为内联（inline）方法。

```
class Employee
{
   . . .
   int getName() { return name; } // inline in C++
}
```

在 Java 中，所有的方法都必须在类的内部定义，但并不表示它们是内联方法。是否将某个方法设置为内联方法是 Java 虚拟机的任务。即时编译器会监视那些简短、经常调用而且没有被覆盖的方法调用，并进行优化。

4.3.8 封装的优点

最后再仔细看一下非常简单的 getName 方法、getSalary 方法和 getHireDay 方法。

```
public String getName()
{
   return name;
}

public double getSalary()
{
   return salary;
}

public LocalDate getHireDay()
{
   return hireDay;
}
```

这些都是典型的访问器方法。由于它们只返回实例字段值，因此又称为字段访问器。

如果将 name、salary 和 hireDay 字段标记为公共，而不是编写单独的访问器方法，难道不是更容易一些吗？

不过，name 是一个只读字段。一旦在构造器中设置，就没有任何办法可以对它进行修改，这样我们可以确保 name 字段不会受到外界的破坏。

虽然 salary 不是只读字段，但是它只能用 raiseSalary 方法修改。特别是一旦这个值出现了错误，只需要调试这个方法就可以了。如果 salary 字段是公共的，破坏这个字段值的捣乱者有可能会出没在任何地方（那就很难调试了）。

有些时候，可能想要获得或设置实例字段的值。那么你需要提供下面三项内容：

- 一个私有的数据字段；
- 一个公共的字段访问器方法；
- 一个公共的字段更改器方法。

这样做要比提供一个简单的公共数据字段复杂些，但却有着下列明显的好处：

首先，可以改变内部实现，而除了该类的方法之外，这不会影响其他代码。例如，如果将存储名字的字段改为：

```
String firstName;
String lastName;
```

那么 getName 方法可以改为返回

```
firstName + " " + lastName
```

这个改变对于程序的其他部分是完全不可见的。

当然，为了进行新旧数据表示之间的转换，访问器方法和更改器方法可能需要做许多工作。但是，这将为我们带来第二点好处：更改器方法可以完成错误检查，而只对字段赋值的代码可能没有这个麻烦。例如，setSalary 方法可以检查工资是否小于 0。

> ◆ **警告**：注意不要编写返回可变对象引用的访问器方法。在本书的前一版中，我们的 Employee 类就违反了这个设计原则，其中的 getHireDay 方法返回了一个 Date 类对象：
>
> ```
> class Employee
> {
>     private Date hireDay;
>     . . .
>     public Date getHireDay()
>     {
>         return hireDay; // BAD
>     }
>     . . .
> }
> ```
>
> LocalDate 类没有更改器方法，与之不同，Date 类有一个更改器方法 setTime，可以在这里设置毫秒数。
>
> Date 对象是可变的，这一点就破坏了封装性！请看下面这段代码：
>
> ```
> Employee harry = . . .;
> Date d = harry.getHireDay();
> double tenYearsInMilliSeconds = 10 * 365.25 * 24 * 60 * 60 * 1000;
> d.setTime(d.getTime() - (long) tenYearsInMilliSeconds);
> // let's give Harry ten years of added seniority
> ```
>
> 出错的原因很微妙。d 和 harry.hireDay 引用同一个对象（请参见图 4-5）。对 d 调用更改器方法就可以自动地改变这个 Employee 对象的私有状态！

如果需要返回一个可变对象的引用，首先应该对它进行**克隆**（clone）。对象克隆是指存放在另一个新位置上的对象副本。有关对象克隆的详细内容将在第 6 章中讨论。下面是修改后的代码：

```
class Employee
{
    . . .
    public Date getHireDay()
    {
        return (Date) hireDay.clone(); // OK
    }
    . . .
}
```

这里有一个经验，如果需要返回一个可变数据字段的副本，就应该使用 clone。

图 4-5　返回可变数据字段的引用

4.3.9　基于类的访问权限

从前面已经知道，方法可以访问调用这个方法的对象的私有数据。一个方法可以访问所属类的所有对象的私有数据，这令很多人感到奇怪！例如，下面看一下用来比较两个员工的 equals 方法。

```
class Employee
{
    . . .
    public boolean equals(Employee other)
    {
        return name.equals(other.name);
    }
}
```

典型的调用方式是

```
if (harry.equals(boss)) . . .
```

这个方法访问 harry 的私有字段，这点并不会让人奇怪，不过，它还访问了 boss 的私有字段。这是合法的，其原因是 boss 是 Employee 类型的对象，而 Employee 类的方法可以访问任何 Employee 类型对象的私有字段。

> **C++ 注释：** *C++ 也有同样的原则。方法可以访问所属类任何对象的私有特性（feature），而不仅限于隐式参数。*

4.3.10　私有方法

在实现一个类时，由于公共数据非常危险，所以应该将所有的数据字段都设置为私有的。然而，方法又应该如何设计呢？尽管绝大多数方法都被设计为公共的，但在某些特殊情况下，将方法设计为私有可能很有用。有时，你可能希望将一个计算代码分解成若干个独立的辅助方法。通常，这些辅助方法不应该成为公共接口的一部分，这是由于它们往往与当前实现关系非常紧密，或者需要一个特殊协议或者调用次序。最好将这样的方法设计为私有方法。

在 Java 中，要实现私有方法，只需将关键字 public 改为 private 即可。

通过将方法设计为私有，如果你改变了方法的实现方式，将没有义务保证这个方法依然可用。如果数据的表示发生了变化，这个方法可能会变得难以实现，或者不再需要；这并不重要。重点在于，只要方法是私有的，类的设计者就可以确信它不会在别处使用，所以可以将其删去。如果一个方法是公共的，就不能简单地将其删除，因为可能会有其他代码依赖这个方法。

4.3.11　final 实例字段

可以将实例字段定义为 final。这样的字段必须在构造对象时初始化。也就是说，必须确保在每一个构造器执行之后，这个字段的值已经设置，并且以后不能再修改这个字段。例如，可以将 Employee 类中的 name 字段声明为 final，因为在对象构造之后，这个值不会再改变，即没有 setName 方法。

```
class Employee
{
    private final String name;
    . . .
}
```

final 修饰符对于类型为基本类型或者不可变类的字段尤其有用。（如果类中的所有方法都不会改变其对象，这样的类就是不可变的类。例如，String 类就是不可变的。）

对于可变的类，使用 final 修饰符可能会造成混乱。例如，考虑以下字段：

```
private final StringBuilder evaluations;
```

它在 Employee 构造器中初始化为

```
evaluations = new StringBuilder();
```

final 关键字只是表示存储在 evaluations 变量中的对象引用不会再指示另一个不同的
StringBuilder 对象。不过这个对象可以更改:

```
public void giveGoldStar()
{
   evaluations.append(LocalDate.now() + ": Gold star!\n");
}
```

4.4　静态字段与静态方法

在前面给出的示例程序中, main 方法都被标记了 static 修饰符。下面来讨论这个修饰符
的含义。

4.4.1　静态字段

如果将一个字段定义为 static, 每个类只有一个这样的字段。而对于非静态的实例字段,
每个对象都有自己的一个副本。例如, 假设需要给每一个员工赋予唯一的标识码。这里给
Employee 类添加一个实例字段 id 和一个静态字段 nextId:

```
class Employee
{
   private static int nextId = 1;

   private int id;
   ...
}
```

现在, 每一个 Employee 对象都有一个自己的 id 字段, 但这个类的所有实例将共享一个
nextId 字段。换句话说, 如果有 1000 个 Employee 类对象, 则有 1000 个实例字段 id, 分别对
应每一个对象。但是, 只有一个静态字段 nextId。即使没有 Employee 对象, 静态字段 nextId 也
存在。它属于类, 而不属于任何单个的对象。

> **注释:** 在一些面向对象程序设计语言中, 静态字段被称为**类字段**。术语"静态"只是
> 沿用了 C++ 的叫法, 并无实际意义。

下面实现一个简单的方法:

```
public void setId()
{
   id = nextId;
   nextId++;
}
```

假定为 harry 设置员工标识码:

```
harry.setId();
```

harry 的 id 字段被设置为静态字段 nextId 当前的值, 并且静态字段 nextId 的值加 1:

```
harry.id = Employee.nextId;
Employee.nextId++;
```

4.4.2　静态常量

静态变量使用得比较少，但静态常量却很常用。例如，在 Math 类中定义一个静态常量：

```
public class Math
{
    . . .
    public static final double PI = 3.14159265358979323846;
    . . .
}
```

在程序中，可以用 Math.PI 来访问这个常量。

如果省略关键字 static，PI 就变成了 Math 类的一个实例字段。也就是说，需要通过 Math 类的一个对象来访问 PI，并且每一个 Math 对象都有它自己的一个 PI 副本。

你已经多次使用的另一个静态常量是 System.out。它在 System 类中声明如下：

```
public class System
{
    . . .
    public static final PrintStream out = . . .;
    . . .
}
```

前面曾经多次提到过，由于每个类对象都可以修改公共字段，所以，最好不要有公共字段。然而，公共常量（即 final 字段）却没问题。因为 out 被声明为 final，所以，不允许再将它重新赋值为另一个打印流：

```
System.out = new PrintStream(. . .); // ERROR--out is final
```

> 📄 **注释**：如果查看 System 类，就会发现有一个 setOut 方法可以将 System.out 设置为不同的流。你可能会感到奇怪，为什么这个方法可以修改 final 变量的值。原因在于，setOut 方法是一个**原生**方法，而不是在 Java 语言中实现的。原生方法可以绕过 Java 语言的访问控制机制。这是一种特殊的解决方法，你自己编写程序时不要模仿这种做法。

4.4.3　静态方法

静态方法是不在对象上执行的方法。例如，Math 类的 pow 方法就是一个静态方法。表达式

```
Math.pow(x, a)
```

会计算幂 x^a。在完成运算时，它并不使用任何 Math 对象。换句话说，它没有隐式参数。

可以认为静态方法是没有 this 参数的方法（在一个非静态的方法中，this 参数指示这个方法的隐式参数，参见 4.3.7 节）。

Employee 类的静态方法不能访问 id 实例字段，因为它不能在对象上执行操作。但是，静态方法可以访问静态字段。下面是这样一个静态方法的示例：

```
public static int getNextId()
{
    return nextId; // returns static field
}
```

可以提供类名来调用这个方法：

```
int n = Employee.getNextId();
```

这个方法可以省略关键字 static 吗？答案是肯定的。但是，这样一来，你就需要通过 Employee 类对象的引用来调用这个方法。

> **注释：** 可以使用对象调用静态方法，这是合法的。例如，如果 harry 是一个 Employee 对象，可以用 harry.getNextId( ) 代替 Employee.getNextId( )。不过，这种写法很容易造成混淆，其原因是 getNextId 方法计算的结果与 harry 毫无关系。我们建议使用类名而不是对象来调用静态方法。

在下面两种情况下可以使用静态方法：

- 方法不需要访问对象状态，因为它需要的所有参数都通过显式参数提供（例如：Math. pow）。
- 方法只需要访问类的静态字段（例如：Employee.getNextId）。

> **C++ 注释：** Java 中的静态字段与静态方法在功能上与 C++ 相同。但是，语法上稍有所不同。在 C++ 中，要使用 :: 操作符访问作用域之外的静态字段和静态方法，如 Math::PI。
>
> 　　术语"静态"有一段不寻常的历史。起初，C 引入关键字 static 是为了表示退出一个块后依然存在的局部变量。在这种情况下，术语"静态"是有意义的：变量一直保留，当再次进入该块时仍然存在。随后，static 在 C 中有了第二种含义，表示不能从其他文件访问的全局变量和函数。为了避免引入一个新的关键字，所以重用了关键字 static。最后，C++ 第三次重用了这个关键字，与前面赋予的含义完全无关，它指示属于类而不属于任何类对象的变量和函数。这个含义与 Java 中这个关键字的含义相同。

4.4.4 工厂方法

静态方法还有另外一种常见的用途。类似 LocalDate 和 NumberFormat 的类使用静态工厂方法（factory method）来构造对象。你已经见过工厂方法 LocalDate.now 和 LocalDate.of。NumberFormat 类如下生成不同风格的格式化对象：

```
NumberFormat currencyFormatter = NumberFormat.getCurrencyInstance();
NumberFormat percentFormatter = NumberFormat.getPercentInstance();
double x = 0.1;
System.out.println(currencyFormatter.format(x)); // prints $0.10
System.out.println(percentFormatter.format(x)); // prints 10%
```

为什么 NumberFormat 类不利用构造器完成这些操作呢？这主要有两个原因：

- 无法命名构造器。构造器的名字必须与类名相同。但是，这里希望有两个不同的名字，分别得到货币实例和百分比实例。
- 使用构造器时，无法改变所构造对象的类型。而工厂方法实际上将返回 DecimalFormat 类的对象，这是 NumberFormat 的一个子类（有关继承的更多详细内容请参看第 5 章）。

4.4.5　main 方法

需要注意，可以调用静态方法而不需要任何对象。例如，不需要构造 Math 类的任何对象就可以调用 Math.pow。

同理，main 方法也是一个静态方法。

```
public class Application
{
    public static void main(String[] args)
    {
        // construct objects here
        . . .
    }
}
```

main 方法不对任何对象进行操作。事实上，在启动程序时还没有任何对象。静态的 main 方法将执行并构造程序所需要的对象。

> ✓ **提示**：每一个类可以有一个 main 方法。这是常用于对类进行单元测试的一个技巧。例如，可以在 Employee 类中添加一个 main 方法：
>
> ```
> class Employee
> {
>     public Employee(String n, double s, int year, int month, int day)
>     {
>         name = n;
>         salary = s;
>         hireDay = LocalDate.of(year, month, day);
>     }
>     . . .
>
>     public static void main(String[] args) // unit test
>     {
>         var e = new Employee("Romeo", 50000, 2003, 3, 31);
>         e.raiseSalary(10);
>         System.out.println(e.getName() + " " + e.getSalary());
>     }
>     . . .
> }
> ```
>
> 如果想要独立地测试 Employee 类，只需要执行
>
> ```
> java Employee
> ```
>
> 如果 Employee 类是一个更大型应用程序的一部分，就可以使用下面这条语句运行程序

java Application

Employee 类的 main 方法永远不会执行。

程序清单 4-3 中的程序包含了 Employee 类的一个简单版本，其中有一个静态字段 nextId 和一个静态方法 getNextId。这里将三个 Employee 对象填入一个数组，然后打印员工信息。最后，打印出下一个可用的员工标识码来展示静态方法。

需要注意，Employee 类也有一个静态的 main 方法用于单元测试。试试运行

java Employee

和

java StaticTest

执行两个 main 方法。

程序清单 4-3　StaticTest/StaticTest.java

```java
 1  /**
 2   * This program demonstrates static methods.
 3   * @version 1.02 2008-04-10
 4   * @author Cay Horstmann
 5   */
 6  public class StaticTest
 7  {
 8     public static void main(String[] args)
 9     {
10        // fill the staff array with three Employee objects
11        var staff = new Employee[3];
12
13        staff[0] = new Employee("Tom", 40000);
14        staff[1] = new Employee("Dick", 60000);
15        staff[2] = new Employee("Harry", 65000);
16
17        // print out information about all Employee objects
18        for (Employee e : staff)
19        {
20           e.setId();
21           System.out.println("name=" + e.getName() + ",id=" + e.getId() + ",salary="
22              + e.getSalary());
23        }
24
25        int n = Employee.getNextId(); // calls static method
26        System.out.println("Next available id=" + n);
27     }
28  }
29
30  class Employee
31  {
32     private static int nextId = 1;
33
34     private String name;
35     private double salary;
```

```
36       private int id;
37
38       public Employee(String n, double s)
39       {
40          name = n;
41          salary = s;
42          id = 0;
43       }
44
45       public String getName()
46       {
47          return name;
48       }
49
50       public double getSalary()
51       {
52          return salary;
53       }
54
55       public int getId()
56       {
57          return id;
58       }
59
60       public void setId()
61       {
62          id = nextId; // set id to next available id
63          nextId++;
64       }
65
66       public static int getNextId()
67       {
68          return nextId; // returns static field
69       }
70
71       public static void main(String[] args) // unit test
72       {
73          var e = new Employee("Harry", 50000);
74          System.out.println(e.getName() + " " + e.getSalary());
75       }
76 }
```

API **java.util.Objects 7**

- static <T> void requireNonNull(T obj)

- static <T> void requireNonNull(T obj, String message)

- static <T> void requireNonNull(T obj, Supplier<String> messageSupplier) **8**

    如果 obj 为 null，这些方法会抛出一个 NullPointerException 异常而没有消息或者给定的消息。（第 6 章会解释如何利用供应者以懒方式得到一个值。第 8 章会解释 <T> 语法。）

- static <T> T requireNonNullElse(T obj, T defaultObj)

- static <T> T requireNonNullElseGet(T obj, Supplier<T> defaultSupplier)

  如果 obj 不为 null 则返回 obj, 或者如果 obj 为 null 则返回默认对象。

4.5 方法参数

首先回顾一下在程序设计语言中关于如何将参数传递给方法（或函数）的一些专业术语。按值调用（call by value）表示方法接收的是调用者提供的值。而按引用调用（call by reference）表示方法接收的是调用者提供的变量地址。方法可以修改按引用传递的变量的值，而不能修改按值传递的变量的值。"按……调用"（call by）是一个标准的计算机科学术语，用来描述各种程序设计语言（不只是 Java）中方法参数的传递方式（事实上，以前还有按名调用（call by name），Algol 程序设计语言是最古老的高级程序设计语言之一，它使用的就是这种参数传递方式。不过，这种传递方式已经成为历史）。

Java 程序设计语言总是采用按值调用。也就是说，方法得到的是所有参数值的一个副本。具体来讲，方法不能修改传递给它的任何参数变量的内容。

例如，考虑下面的调用：

```
double percent = 10;
harry.raiseSalary(percent);
```

不论这个方法具体如何实现，我们知道，在这个方法调用之后，percent 的值还是 10。下面再仔细研究一下这种情况。假定一个方法试图将一个参数值增加至 3 倍：

```
public static void tripleValue(double x) // doesn't work
{
    x = 3 * x;
}
```

然后调用这个方法：

```
double percent = 10;
tripleValue(percent);
```

不过，这样并不能起作用。调用这个方法之后，percent 的值还是 10。下面看一下具体的执行过程：

1. x 初始化为 percent 值的一个副本（也就是 10）。

2. x 乘以 3 后等于 30, 但是 percent 仍然是 10（如图 4-6 所示）。

3. 这个方法结束之后，参数变量 x 不再使用。

然而，有两种类型的方法参数：

- 基本数据类型（数字、布尔值）。
- 对象引用。

你已经看到，一个方法不可能修改基本数据

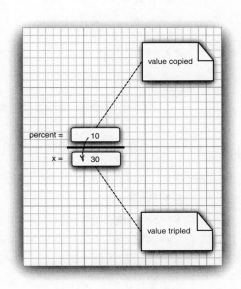

图 4-6 修改数值参数没有持久效果

类型的参数，而对象引用作为参数就不同了，可以很容易地利用下面这个方法将一个员工的
工资增至三倍：

```
public static void tripleSalary(Employee x) // works
{
    x.raiseSalary(200);
}
```

当调用

```
harry = new Employee(. . .);
tripleSalary(harry);
```

时，具体的执行过程为：

1. x 初始化为 harry 值的一个副本，这里就是一个对象引用。

2. raiseSalary 方法应用于这个对象引用。x 和 harry 同时引用的那个 Employee 对象的工资
提高了 200%。

3. 方法结束后，参数变量 x 不再使用。当然，对象变量 harry 继续引用那个工资增至 3 倍
的员工对象（如图 4-7 所示）。

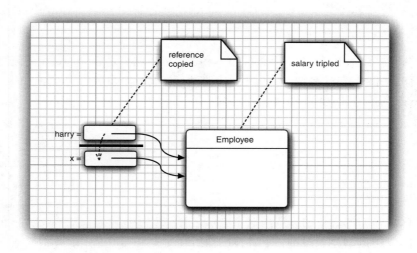

图 4-7　修改对象参数有持久效果

可以看到，实现一个改变对象参数状态的方法是完全可以的，实际上也相当常见。理由
很简单，方法得到的是对象引用的副本，原来的对象引用和这个副本都引用同一个对象。

很多程序设计语言（特别是 C++ 和 Pascal）提供了两种参数传递的方式：按值调用和按
引用调用。有些程序员（甚至有些书的作者）认为 Java 程序设计语言对对象采用的是按引用
调用，实际上，这种理解是不对的。由于这种误解具有一定的普遍性，所以很有必要给出一
个反例来详细地说明一下这个问题。

首先，编写一个交换两个 Employee 对象的方法：

```
public static void swap(Employee x, Employee y) // doesn't work
{
    Employee temp = x;
    x = y;
    y = temp;
}
```

如果 Java 对对象采用的是按引用调用，那么这个方法就应该能够实现交换：

```
var a = new Employee("Alice", . . .);
var b = new Employee("Bob", . . .);
swap(a, b);
// does a now refer to Bob, b to Alice?
```

但是，这个方法并没有改变存储在变量 a 和 b 中的对象引用。swap 方法的参数 x 和 y 被初始化为两个对象引用的副本，这个方法交换的是这两个副本。

```
// x refers to Alice, y to Bob
Employee temp = x;
x = y;
y = temp;
// now x refers to Bob, y to Alice
```

最终，白费力气。在方法结束时参数变量 x 和 y 被丢弃了。原来的变量 a 和 b 仍然引用这个方法调用之前所引用的对象（如图 4-8 所示）。

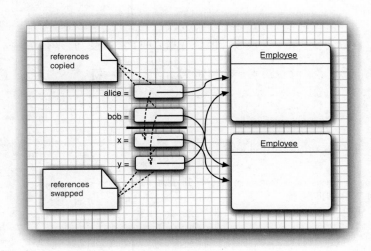

图 4-8　交换对象参数没有持久效果

这个过程说明：Java 程序设计语言对对象采用的不是按引用调用，实际上，对象引用是按值传递的。

下面总结一下在 Java 中对方法参数能做什么和不能做什么：

- 方法不能修改基本数据类型的参数（即数值型或布尔型）。
- 方法可以改变对象参数的状态。

- 方法不能让一个对象参数引用一个新的对象。

程序清单 4-4 中的程序展示了这几点。在这个程序中，首先试图将一个数值参数的值增至三倍，但没有成功：

```
Testing tripleValue:
Before: percent=10.0
End of method: x=30.0
After: percent=10.0
```

随后，成功地将一个员工的工资增至三倍：

```
Testing tripleSalary:
Before: salary=50000.0
End of method: salary=150000.0
After: salary=150000.0
```

方法结束之后，harry 引用的对象状态发生了改变。这是因为这个方法可以通过对象引用的副本修改所引用对象的状态。

最后，程序演示了 swap 方法的失败效果：

```
Testing swap:
Before: a=Alice
Before: b=Bob
End of method: x=Bob
End of method: y=Alice
After: a=Alice
After: b=Bob
```

可以看出，参数变量 x 和 y 交换了，但是变量 a 和 b 没有受到影响。

C++ **C++ 注释**：C++ 中有按值调用和按引用调用。引用参数标有 & 符号。例如，可以轻松地实现 void tripleValue(double& x) 方法或 void swap(Employee& x, Employee& y) 方法来修改它们的引用参数。

程序清单 4-4   ParamTest/ParamTest.java

```
 1  /**
 2   * This program demonstrates parameter passing in Java.
 3   * @version 1.01 2018-04-10
 4   * @author Cay Horstmann
 5   */
 6  public class ParamTest
 7  {
 8     public static void main(String[] args)
 9     {
10        /*
11         * Test 1: Methods can't modify numeric parameters
12         */
13        System.out.println("Testing tripleValue:");
14        double percent = 10;
15        System.out.println("Before: percent=" + percent);
16        tripleValue(percent);
17        System.out.println("After: percent=" + percent);
```

```
18
19      /*
20       * Test 2: Methods can change the state of object parameters
21       */
22      System.out.println("\nTesting tripleSalary:");
23      var harry = new Employee("Harry", 50000);
24      System.out.println("Before: salary=" + harry.getSalary());
25      tripleSalary(harry);
26      System.out.println("After: salary=" + harry.getSalary());
27
28      /*
29       * Test 3: Methods can't attach new objects to object parameters
30       */
31      System.out.println("\nTesting swap:");
32      var a = new Employee("Alice", 70000);
33      var b = new Employee("Bob", 60000);
34      System.out.println("Before: a=" + a.getName());
35      System.out.println("Before: b=" + b.getName());
36      swap(a, b);
37      System.out.println("After: a=" + a.getName());
38      System.out.println("After: b=" + b.getName());
39   }
40
41   public static void tripleValue(double x) // doesn't work
42   {
43      x = 3 * x;
44      System.out.println("End of method: x=" + x);
45   }
46
47   public static void tripleSalary(Employee x) // works
48   {
49      x.raiseSalary(200);
50      System.out.println("End of method: salary=" + x.getSalary());
51   }
52
53   public static void swap(Employee x, Employee y)
54   {
55      Employee temp = x;
56      x = y;
57      y = temp;
58      System.out.println("End of method: x=" + x.getName());
59      System.out.println("End of method: y=" + y.getName());
60   }
61 }
62
63 class Employee // simplified Employee class
64 {
65    private String name;
66    private double salary;
67
68    public Employee(String n, double s)
69    {
70       name = n;
71       salary = s;
72    }
```

```
73
74      public String getName()
75      {
76         return name;
77      }
78
79      public double getSalary()
80      {
81         return salary;
82      }
83
84      public void raiseSalary(double byPercent)
85      {
86         double raise = salary * byPercent / 100;
87         salary += raise;
88      }
89   }
```

4.6 对象构造

前面已经学习了编写简单的构造器，可以定义对象的初始状态。但是，由于对象构造非常重要，所以 Java 提供了多种编写构造器的机制。下面将详细介绍这些机制。

4.6.1 重载

有些类有多个构造器。例如，可以如下构造一个空的 StringBuilder 对象：

```
var messages = new StringBuilder();
```

或者，可以指定一个初始字符串：

```
var todoList = new StringBuilder("To do:\n");
```

这种功能叫做重载（overloading）。如果多个方法（比如，StringBuilder 构造器方法）有相同的名字、不同的参数，便出现了重载。编译器必须挑选出具体调用哪个方法。它用各个方法首部中的参数类型与特定方法调用中所使用的值类型进行匹配，来选出正确的方法。如果编译器找不到匹配的参数，就会产生编译时错误，因为根本不存在匹配，或者没有一个比其他的更好（这个查找匹配的过程被称为重载解析（overloading resolution））。

> **注释：**Java 允许重载任何方法，而不只是构造器方法。因此，要完整地描述一个方法，需要指定方法名以及参数类型。这叫作方法的**签名**（signature）。例如，String 类有 4 个名为 indexOf 的公共方法。它们的签名是
>
> ```
> indexOf(int)
> indexOf(int, int)
> indexOf(String)
> indexOf(String, int)
> ```

> 返回类型不是方法签名的一部分。也就是说，不能有两个名字相同、参数类型也相同却有不同返回类型的方法。

4.6.2　默认字段初始化

如果在构造器中没有显式地为字段设置初值，那么就会被自动地赋为默认值：数值为 0、布尔值为 false、对象引用为 null。有些人认为依赖默认值的做法是一种不好的编程实践。确实，如果不明确地对字段进行初始化，就会影响程序代码的可读性。

> 📓 **注释：** 这是字段与局部变量的一个重要区别。方法中的局部变量必须明确地初始化。但是在类中，如果没有初始化类中的字段，将会自动初始化为默认值（0、false 或 null）。

例如，考虑 Employee 类。假定没有在构造器中指定如何初始化某些字段，默认情况下，就会将 salary 字段初始化为 0，将 name 和 hireDay 字段初始化为 null。

但是，这并不是一个好主意。如果此时调用 getName 方法或 getHireDay 方法，就会得到一个 null 引用，这应该不是我们所希望的结果：

```
LocalDate h = harry.getHireDay();
int year = h.getYear(); // throws exception if h is null
```

4.6.3　无参数的构造器

很多类都包含一个无参数的构造器，由无参数构造器创建对象时，对象的状态会设置为适当的默认值。例如，以下是 Employee 类的无参数构造器：

```
public Employee()
{
   name = "";
   salary = 0;
   hireDay = LocalDate.now();
}
```

如果写一个类时没有编写构造器，就会为你提供一个无参数构造器。这个构造器将所有的实例字段设置为默认值。于是，实例字段中的数值型数据设置为 0，布尔型数据设置为 false，所有对象变量将设置为 null。

如果类中提供了至少一个构造器，但是没有提供无参数的构造器，那么构造对象时如果不提供参数就是不合法的。例如，程序清单 4-2 中的 Employee 类提供了一个简单的构造器：

```
public Employee(String n, double s, int year, int month, int day)
```

对于这个类，构造默认的员工就是不合法的。也就是说，调用

```
e = new Employee();
```

将会产生错误。

> ❗ **警告**：请记住，**仅**当类没有任何其他构造器的时候，你才会得到一个默认的无参数构造器。编写类的时候，如果写了一个你自己的构造器，要想让这个类的用户能够通过以下调用构造一个实例：
>
> ```
> new ClassName()
> ```
>
> 你就必须提供一个无参数的构造器。当然，如果希望所有字段被赋予默认值，只需要提供以下代码：
>
> ```
> public ClassName()
> {
> }
> ```

4.6.4　显式字段初始化

通过重载类的构造器方法，可以采用多种形式设置类的实例字段的初始状态。不管怎样调用构造器，每个实例字段都要设置为一个有意义的初值，确保这一点总是一个好主意。

可以在类定义中直接为任何字段赋值。例如：

```java
class Employee
{
    private String name = "";
    . . .
}
```

在执行构造器之前先完成这个赋值操作。如果一个类的所有构造器都希望把某个特定的实例字段设置为同一个值，这个语法就特别有用。

初始值不一定是常量值。在下面的例子中，就是利用方法调用初始化一个字段。考虑以下 Employee 类，其中每个员工有一个 id 字段。可以使用下列方式进行初始化：

```java
class Employee
{
    private static int nextId;
    private int id = assignId();
    . . .
    private static int assignId()
    {
        int r = nextId;
        nextId++;
        return r;
    }
    . . .
}
```

> **C++ 注释**：在 C++ 中，不能直接初始化类的实例字段。所有的字段必须在构造器中设置。但是，C++ 有一个特殊的初始化器列表语法，如下所示：
>
> ```
> Employee::Employee(String n, double s, int y, int m, int d) // C++
> : name(n),
>   salary(s),
> ```

```
        hireDay(y, m, d)
    {
    }
```

　　C++ 使用这种特殊的语法来调用字段构造器。在 Java 中没有这种必要，因为对象
没有子对象，只有指向其他对象的指针。

4.6.5　参数名

　　在编写很小的构造器时（这十分常见），常常在参数命名时感到困惑。

　　我们通常喜欢用单个字母作为参数名：

```
public Employee(String n, double s)
{
    name = n;
    salary = s;
}
```

　　但这样做有一个缺点：只有阅读代码才能够了解参数 n 和参数 s 的含义。

　　有些程序员在每个参数前面加上一个前缀 "a"：

```
public Employee(String aName, double aSalary)
{
    name = aName;
    salary = aSalary;
}
```

　　这样很清晰。读者一眼就能够看懂参数的含义。

　　还一种常用的技巧，它基于这样的事实：参数变量会遮蔽同名的实例字段。例如，如
果将参数命名为 salary，salary 将指示这个参数，而不是实例字段。但是，还是可以用 this.
salary 访问实例字段。回想一下，this 指示隐式参数，也就是所构造的对象。下面是一个
示例：

```
public Employee(String name, double salary)
{
    this.name = name;
    this.salary = salary;
}
```

　　C++ 注释：在 C++ 中，经常用下划线或某个固定的字母（一般选用 m 或 x）作为实例
字段的前缀。例如，salary 字段可能被命名为 _salary、mSalary 或 xSalary。Java 程序员
通常不这样做。

4.6.6　调用另一个构造器

　　关键字 this 指示一个方法的隐式参数。不过，这个关键字还有另外一个含义。

　　如果构造器的第一个语句形如 this(...)，这个构造器将调用同一个类的另一个构造器。
下面是一个典型的例子：

```
public Employee(double s)
{
   // calls Employee(String, double)
   this("Employee #" + nextId, s);
   nextId++;
}
```

当调用 new Employee(60000) 时，Employee(double) 构造器将调用 Employee(String, double) 构造器。采用这种方式使用 this 关键字非常有用，这样对公共的构造器代码只需要编写一次即可。

C++ 注释： 在 Java 中，this 引用等价于 C++ 中的 this 指针。但是，在 C++ 中，一个构造器不能调用另一个构造器。在 C++ 中，必须将抽取出的公共初始化代码编写成一个独立的方法。

4.6.7 初始化块

前面已经讲过两种初始化数据字段的方法：
- 在构造器中设置值；
- 在声明中赋值。

实际上，Java 还有第三种机制，称为*初始化块*（initialization block）。在一个类的声明中，可以包含任意多个代码块。只要构造这个类的对象，这些块就会被执行。例如，

```
class Employee
{
   private static int nextId;

   private int id;
   private String name;
   private double salary;

   // object initialization block
   {
      id = nextId;
      nextId++;
   }

   public Employee(String n, double s)
   {
      name = n;
      salary = s;
   }

   public Employee()
   {
      name = "";
      salary = 0;
   }
   . . .
}
```

在这个示例中，无论使用哪个构造器构造对象，id 字段都会在对象初始化块中初始化。

首先运行初始化块, 然后才运行构造器的主体部分。

这种机制不是必需的, 也不常见。通常会直接将初始化代码放在构造器中。

> **注释:** 可以在初始化块中设置字段, 即使这些字段在类后面才定义, 这是合法的。但是, 为了避免循环定义, 不允许读取在后面初始化的字段。具体规则请参看 Java 语言规范的 8.3.2.3 节 (http://docs.oracle.com/javase/specs)。这些规则太过复杂, 让编译器的实现者都很头疼, 所以较早的 Java 版本中这些规则的实现存在一些小错误。因此建议总是将初始化块放在字段定义之后。

由于初始化数据字段有多种途径, 所以列出构造过程的所有路径可能让人很困惑。下面是调用构造器的具体处理步骤:

1. 如果构造器的第一行调用了另一个构造器, 则基于所提供的参数执行第二个构造器。

2. 否则,

   a) 所有数据字段初始化为其默认值 (0、false 或 null)。

   b) 按照在类声明中出现的顺序, 执行所有字段初始化方法和初始化块。

3. 执行构造器主体代码。

当然, 应该精心地组织好初始化代码, 这样有利于其他程序员理解。例如, 如果让类的构造器依赖于数据字段声明的顺序, 那就会显得很奇怪并且容易引起错误。

可以通过提供一个初始值, 或者使用一个静态的初始化块来初始化静态字段。前面已经介绍过第一种机制:

```
private static int nextId = 1;
```

如果类的静态字段需要很复杂的初始化代码, 那么可以使用静态的初始化块。

将代码放在一个块中, 并标记关键字 static。下面是一个示例。其功能是将员工 ID 的起始值赋予一个小于 10 000 的随机整数。

```
// static initialization block
static
{
   var generator = new Random();
   nextId = generator.nextInt(10000);
}
```

在类第一次加载的时候, 将会进行静态字段的初始化。与实例字段一样, 除非将静态字段显式地设置成其他值, 否则默认的初始值是 0、false 或 null。所有的静态字段初始化方法以及静态初始化块都将依照类声明中出现的顺序执行。

> **注释:** 让人惊讶的是, 在 JDK 6 之前, 都可以用 Java 编写一个没有 main 方法的 "Hello, World" 程序。
>
> ```
> public class Hello
> {
>    static
>    {
> ```

```
        System.out.println("Hello, World");
    }
}
```

当用 java Hello 调用这个类时，就会加载这个类，静态初始化块将会打印 "Hello, World"。在此之后才会显示一个消息指出 main 未定义。从 Java 7 以后，java 程序首先会检查是否有一个 main 方法。

程序清单 4-5 中的程序展示了本节讨论的很多特性：

- 重载构造器；
- 用 this(...) 调用另一个构造器；
- 无参数构造器；
- 对象初始化块；
- 静态初始化块；
- 实例字段初始化。

程序清单 4-5   ConstructorTest/ConstructorTest.java

```
1   import java.util.*;
2
3   /**
4    * This program demonstrates object construction.
5    * @version 1.02 2018-04-10
6    * @author Cay Horstmann
7    */
8   public class ConstructorTest
9   {
10      public static void main(String[] args)
11      {
12         // fill the staff array with three Employee objects
13         var staff = new Employee[3];
14
15         staff[0] = new Employee("Harry", 40000);
16         staff[1] = new Employee(60000);
17         staff[2] = new Employee();
18
19         // print out information about all Employee objects
20         for (Employee e : staff)
21            System.out.println("name=" + e.getName() + ",id=" + e.getId() + ",salary="
22               + e.getSalary());
23      }
24   }
25
26   class Employee
27   {
28      private static int nextId;
29
30      private int id;
31      private String name = ""; // instance field initialization
```

```java
32      private double salary;
33
34      // static initialization block
35      static
36      {
37         var generator = new Random();
38         // set nextId to a random number between 0 and 9999
39         nextId = generator.nextInt(10000);
40      }
41
42      // object initialization block
43      {
44         id = nextId;
45         nextId++;
46      }
47
48      // three overloaded constructors
49      public Employee(String n, double s)
50      {
51         name = n;
52         salary = s;
53      }
54
55      public Employee(double s)
56      {
57         // calls the Employee(String, double) constructor
58         this("Employee #" + nextId, s);
59      }
60
61      // the default constructor
62      public Employee()
63      {
64         // name initialized to ""--see above
65         // salary not explicitly set--initialized to 0
66         // id initialized in initialization block
67      }
68
69      public String getName()
70      {
71         return name;
72      }
73
74      public double getSalary()
75      {
76         return salary;
77      }
78
79      public int getId()
80      {
81         return id;
82      }
83   }
```

API `java.util.Random` **1.0**

- `Random()`

  构造一个新的随机数生成器。

- `int nextInt(int n)` **1.2**

  返回一个 0 ~ n-1 之间的随机数。

4.6.8　对象析构与 `finalize` 方法

有些面向对象的程序设计语言，特别是 C++，有显式的析构器方法，其中放置一些当对象不再使用时需要执行的清理代码。在析构器中，最常见的操作是回收分配给对象的存储空间。由于 Java 会完成自动的垃圾回收，不需要人工回收内存，所以 Java 不支持析构器。

当然，某些对象使用了内存之外的其他资源，例如，文件或使用了系统资源的另一个对象的句柄。在这种情况下，当资源不再需要时，将其回收和再利用显得十分重要。

如果一个资源一旦使用完就需要立即关闭，那么应当提供一个 close 方法来完成必要的清理工作。可以在对象使用完时调用这个 close 方法。第 7 章将介绍如何确保自动调用这个方法。

如果可以等到虚拟机退出，那么可以用方法 Runtime.addShutdownHook 增加一个"关闭钩"（shutdown hook）。在 Java 9 中，可以使用 Cleaner 类注册一个动作，当对象不再可达时（除了清洁器还能访问，其他对象都无法访问这个对象），就会完成这个动作。在实际中这些情况很少见。可以参见 API 文档来了解这两种方法的详细内容。

⚠ **警告：** *不要使用 finalize 方法来完成清理。这个方法原本要在垃圾回收器清理对象之前调用。不过，你并不能知道这个方法到底什么时候调用，而且该方法已经被废弃。*

4.7　包

Java 允许使用包（package）将类组织在一个集合中。借助包可以方便地组织自己的代码，并将自己的代码与别人提供的代码库分开管理。下面我们将介绍如何使用和创建包。

4.7.1　包名

使用包的主要原因是确保类名的唯一性。假如两个程序员不约而同地建立了 Employee 类。只要将这些类放置在不同的包中，就不会产生冲突。事实上，为了保证包名的绝对唯一性，要用一个因特网域名（这显然是唯一的）以逆序的形式作为包名，然后对于不同的工程使用不同的子包。例如，考虑域名 horstmann.com。如果逆序来写，就得到了包名 com.horstmann。然后可以追加一个工程名，如 com.horstmann.corejava。如果再把 Employee 类放在这个包里，那么这个类的"完全限定"名就是 com.horstmann.corejava.Employee。

> 📄 **注释**：从编译器的角度来看，嵌套的包之间没有任何关系。例如，java.util 包与 java.util.jar 包毫无关系。每一个包都是独立的类集合。

4.7.2　类的导入

一个类可以使用所属包中的所有类，以及其他包中的公共类（public class）。

我们可以采用两种方式访问另一个包中的公共类。第一种方式就是使用完全限定名（fully qualified name）；就是包名后面跟着类名。例如：

```
java.time.LocalDate today = java.time.LocalDate.now();
```

这显然很烦琐。更简单且更常用的方式是使用 import 语句。import 语句是一种引用包中各个类的简捷方式。一旦使用了 import 语句，在使用类时，就不必写出类的全名了。

可以使用 import 语句导入一个特定的类或者整个包。import 语句应该位于源文件的顶部（但位于 package 语句的后面）。例如，可以使用下面这条语句导入 java.util 包中的所有类。

```
import java.time.*;
```

然后，就可以使用

```
LocalDate today = LocalDate.now();
```

而无须在前面加上包前缀。还可以导入一个包中的特定类：

```
import java.time.LocalDate;
```

java.time.* 的语法比较简单，对代码的规模也没有任何负面影响。不过，如果能够明确地指出所导入的类，代码的读者就能更加准确地知道你使用了哪些类。

> ✅ **提示**：在 Eclipse 中，可以使用菜单选项 Source → Organize Imports。诸如 import java.util.*; 等包语句将会自动扩展为一组特定的导入语句，如：
>
> ```
> import java.util.ArrayList;
> import java.util.Date;
> ```
>
> 这是一个十分便捷的特性。

但是，需要注意的是，只能使用星号（*）导入一个包，而不能使用 import java.* 或 import java.*.* 导入以 java 为前缀的所有包。

在大多数情况下，可以只导入你需要的包，并不必过多地考虑它们。但在发生命名冲突的时候，就要注意包了。例如，java.util 和 java.sql 包都有 Date 类。如果在程序中导入了这两个包：

```
import java.util.*;
import java.sql.*;
```

在程序中使用 Date 类的时候，就会出现一个编译错误：

```
Date today; // ERROR--java.util.Date or java.sql.Date?
```

此时编译器无法确定你想使用的是哪一个 Date 类。可以增加一个特定的 import 语句来解决这个问题：

```
import java.util.*;
import java.sql.*;
import java.util.Date;
```

如果这两个 Date 类都需要使用，又该怎么办呢？答案是，在每个类名的前面加上完整的包名。

```
var deadline = new java.util.Date();
var today = new java.sql.Date(. . .);
```

在包中定位类是编译器（compiler）的工作。类文件中的字节码总是使用完整的包名引用其他类。

> **C++** **注释**：C++ 程序员经常将 import 与 #include 弄混。实际上，这两者之间并没有共同之处。在 C++ 中，必须使用 #include 来加载外部特性的声明，这是因为，除了正在编译的文件以及在头文件中明确包含的文件，C++ 编译器无法查看任何其他文件的内部。Java 编译器则不同，可以查看其他文件的内部，只要告诉它到哪里去查看就可以了。
>
> 在 Java 中，通过显式地给出类名，如 java.util.Date，可以完全避免使用 import 机制；而在 C++ 中，则无法避免使用 #include 指令。
>
> import 语句的唯一的好处是简捷。可以使用简短的名字而不是完整的包名来引用一个类。例如，在 import java.util.*（或 import java.util.Date）语句之后，可以只用 Date 来引用 java.util.Date 类。
>
> 在 C++ 中，与包机制类似的是命名空间（namespace）特性。可以认为 Java 中的 package 和 import 语句类似于 C++ 中的 namespace 和 using 指令。

4.7.3　静态导入

有一种 import 语句允许导入静态方法和静态字段，而不只是类。

例如，如果在源文件顶部，添加一条指令：

```
import static java.lang.System.*;
```

就可以使用 System 类的静态方法和静态字段，而不必加类名前缀：

```
out.println("Goodbye, World!"); // i.e., System.out
exit(0); // i.e., System.exit
```

另外，还可以导入特定的方法或字段：

```
import static java.lang.System.out;
```

实际上，是否有很多程序员想要用简写 System.out 或 System.exit，这一点很让人怀疑。这样写出的代码看起来不太清晰。不过，

```
sqrt(pow(x, 2) + pow(y, 2))
```

看起来比

```
Math.sqrt(Math.pow(x, 2) + Math.pow(y, 2))
```

清晰得多。

4.7.4　在包中增加类

要想将类放入包中，就必须将包的名字放在源文件的开头，即放在定义这个包中各个类的代码之前。例如，程序清单 4-7 中的文件 Employee.java 开头是这样的：

```
package com.horstmann.corejava;

public class Employee
{
    . . .
}
```

如果没有在源文件中放置 package 语句，这个源文件中的类就属于无名包（unnamed package）。无名包没有包名。到目前为止，我们定义的所有类都在这个无名包中。

将源文件放到与完整包名匹配的子目录中。例如，com.horstmann.corejava 包中的所有源文件应该放置在子目录 com/horstmann/corejava 中（Windows 中则是 com\horstmann\corejava）。编译器将类文件也放在相同的目录结构中。

程序清单 4-6 和程序清单 4-7 中的程序分放在两个包中：PackageTest 类属于无名包；Employee 类属于 com.horstmann.corejava 包。因此，Employee.java 文件必须包含在子目录 com/horstmann/ corejava 中。换句话说，目录结构如下所示：

```
. (base directory)
├─ PackageText.java
├─ PackageText.class
└─ com/
      └─ horstmann/
            └─ corejava/
                  ├─ Employee.java
                  └─ Employee.class
```

要想编译这个程序，只需切换到基目录，并运行命令

```
javac PackageTest.java
```

编译器就会自动地查找文件 com/horstmann/corejava/Employee.java 并进行编译。

下面看一个更加实际的例子。在这里不使用无名包，而是将类分别放在不同的包中（com. horstmann.corejava 和 com.mycompany）。

```
. (base directory)
└─ com/
      ├─ horstmann/
      │     └─ corejava/
      │           ├─ Employee.java
      │           └─ Employee.class
      └─ mycompany/
```

```
├─ PayrollApp.java
└─ PayrollApp.class
```

在这种情况下，仍然要从基目录编译和运行类，即包含 com 目录的目录：

```
javac com/mycompany/PayrollApp.java
java com.mycompany.PayrollApp
```

需要注意，编译器处理文件（带有文件分隔符和扩展名 .java 的文件），而 Java 解释器加载类（带有 . 分隔符）。

✅ **提示：** 从下一章开始，我们将对源代码使用包。这样一来，就可以为各章建立一个 IDE 工程，而不是各小节分别建立工程。

❗ **警告：** 编译器在编译源文件的时候**不检查目录结构**。例如，假定一个源文件开头有以下指令：

```
package com.mycompany;
```

即使这个源文件不在子目录 com/mycompany 下，也可以进行编译。**如果它不依赖于其他包**，就可以通过编译而不会出现编译错误。但是，最终的程序将无法运行，除非先将所有类文件移到正确的位置上。如果包与目录不匹配，**虚拟机就找不到类**。

程序清单 4-6　PackageTest/PackageTest.java

```java
 1  import com.horstmann.corejava.*;
 2  // the Employee class is defined in that package
 3
 4  import static java.lang.System.*;
 5
 6  /**
 7   * This program demonstrates the use of packages.
 8   * @version 1.11 2004-02-19
 9   * @author Cay Horstmann
10   */
11  public class PackageTest
12  {
13     public static void main(String[] args)
14     {
15        // because of the import statement, we don't have to use
16        // com.horstmann.corejava.Employee here
17        var harry = new Employee("Harry Hacker", 50000, 1989, 10, 1);
18
19        harry.raiseSalary(5);
20
21        // because of the static import statement, we don't have to use System.out here
22        out.println("name=" + harry.getName() + ",salary=" + harry.getSalary());
23     }
24  }
```

程序清单 4-7   PackageTest/com/horstmann/corejava/Employee.java

```java
1   package com.horstmann.corejava;
2
3   // the classes in this file are part of this package
4
5   import java.time.*;
6
7   // import statements come after the package statement
8
9   /**
10   * @version 1.11 2015-05-08
11   * @author Cay Horstmann
12   */
13  public class Employee
14  {
15     private String name;
16     private double salary;
17     private LocalDate hireDay;
18
19     public Employee(String name, double salary, int year, int month, int day)
20     {
21        this.name = name;
22        this.salary = salary;
23        hireDay = LocalDate.of(year, month, day);
24     }
25
26     public String getName()
27     {
28        return name;
29     }
30
31     public double getSalary()
32     {
33        return salary;
34     }
35
36     public LocalDate getHireDay()
37     {
38        return hireDay;
39     }
40
41     public void raiseSalary(double byPercent)
42     {
43        double raise = salary * byPercent / 100;
44        salary += raise;
45     }
46  }
```

4.7.5 包访问

前面已经接触过访问修饰符 public 和 private。标记为 public 的部分可以由任意类使用；标记为 private 的部分只能由定义它们的类使用。如果没有指定 public 或 private，这个部分

（类、方法或变量）可以被同一个包中的所有方法访问。

下面再来考虑程序清单 4-2。在这个程序中，没有将 Employee 类定义为公共类，因此只有在同一个包（在此是无名的包）中的其他类可以访问，例如 EmployeeTest。对于类来说，这种默认方式是合乎情理的。但是，对于变量来说就有些不适宜了，变量必须显式地标记为 private，不然的话将默认为包可访问。显然，这样做会破坏封装性。问题是人们经常忘记键入关键字 private。java.awt 包中的 Window 类就是一个典型的示例。java.awt 包是 JDK 提供的部分源代码：

```java
public class Window extends Container
{
    String warningString;
    . . .
}
```

请注意，这里的 warningString 变量不是 private！这意味着 java.awt 包中的所有类的方法都可以访问该变量，并将它设置为任意值（例如，"Trust me!"）。实际上，只有 Window 类的方法访问这个变量，因此本应该将它设置为私有变量才合适。可能是程序员敲代码时匆忙之中忘记 private 修饰符了？也可能是没有人关心这个问题？已经 20 多年了，这个变量仍然不是私有变量。不仅如此，这个类还陆续增加了一些新的字段，而其中大约有一半也不是私有的。

这可能会成为一个问题。在默认情况下，包不是封闭的实体。也就是说，任何人都可以向包中添加更多的类。当然，有恶意或低水平的程序员很可能利用包的可见性添加一些能修改变量的代码。例如，在 Java 程序设计语言的早期版本中，只需要将以下这条语句放在类文件的开头，就可以很容易地在 java.awt 包中混入其他类：

```java
package java.awt;
```

然后，把得到的类文件放置在类路径上某处的 java/awt 子目录下，这样就可以访问 java.awt 包的内部了。使用这一手段，完全可以设置警告字符串（如图 4-9 所示）。

从 1.2 版开始，JDK 的实现者修改了类加载器，明确地禁止加载包名以 "java." 开头的用户自定义的类！当然，用户自定义的类无法从这种保护中受益。另一种机制是让 JAR 文件声明包为密封的（sealed），以防止第三方修改，但这种机制已经过时。现在应当使用模块封装包。我们会在卷 II 的第 9 章详细讨论模块。

图 4-9　改变一个 applet 窗口
　　　　的警告字符串

4.7.6　类路径

在前面已经看到，类存储在文件系统的子目录中。类的路径必须与包名匹配。

另外，类文件也可以存储在 JAR（Java 归档）文件中。在一个 JAR 文件中，可以包含多个压缩形式的类文件和子目录，这样既可以节省空间又可以改善性能。在程序中用到第三方的库文件时，你通常要得到一个或多个需要包含的 JAR 文件。第 11 章将介绍如何创建你自己的 JAR 文件。

✅ **提示：** JAR 文件使用 ZIP 格式组织文件和子目录。可以使用任何 ZIP 工具查看 JAR 文件。

为了使类能够被多个程序共享，需要做到下面几点：

1. 把类文件放到一个目录中，例如 /home/user/classdir。需要注意，这个目录是包树状结构的基目录。如果希望增加 com.horstmann.corejava.Employee 类，那么 Employee.class 类文件就必须位于子目录 /home/user/classdir/com/horstmann/corejava 中。

2. 将 JAR 文件放在一个目录中，例如：/home/user/archives。

3. 设置类路径（class path）。类路径是所有包含类文件的路径的集合。

在 UNIX 环境中，类路径中的各项之间用冒号（:）分隔：

```
/home/user/classdir:.:/home/user/archives/archive.jar
```

而在 Windows 环境中，则以分号（;）分隔：

```
c:\classdir;.;c:\archives\archive.jar
```

不论是 UNIX 还是 Windows，都用句点（.）表示当前目录。

类路径包括：

- 基目录 /home/user/classdir 或 c:\classes；
- 当前目录 (.)；
- JAR 文件 /home/user/archives/archive.jar 或 c:\archives\archive.jar。

从 Java 6 开始，可以在 JAR 文件目录中指定通配符，如下：

```
/home/user/classdir:.:/home/user/archives/'*'
```

或者

```
c:\classdir;.;c:\archives\*
```

在 UNIX 中，* 必须转义以防止 shell 扩展。

archives 目录中的所有 JAR 文件（但不包括 .class 文件）都包含在这个类路径中。

由于总是会搜索 Java API 的类，所以不必显式地包含在类路径中。

⚠ **警告：** javac 编译器总是在当前目录中查找文件，但 java 虚拟机仅在类路径中包含"."目录的时候才查看当前目录。如果没有设置类路径，那么没有什么问题，因为默认的类路径会包含"."目录。但是如果你设置了类路径却忘记包含"."目录，那么尽管你的程序可以没有错误地通过编译，但不能运行。

类路径所列出的目录和归档文件是搜寻类的起始点。下面看一个类路径示例：

```
/home/user/classdir:.:/home/user/archives/archive.jar
```

假定虚拟机要搜寻 com.horstmann.corejava.Employee 类的类文件。它首先要查看 Java API 类。显然，在那里找不到相应的类文件，所以转而查看类路径。然后查找以下文件：

- /home/user/classdir/com/horstmann/corejava/Employee.class

- com/horstmann/corejava/Employee.class（从当前目录开始）
- com/horstmann/corejava/Employee.class（/home/user/archives/archive.jar 中）

编译器查找文件要比虚拟机复杂得多。如果引用了一个类，而没有指定这个类的包，那么编译器将首先查找包含这个类的包。它会查看所有的 import 指令，确定其中是否包含这个类。例如，假定源文件包含指令：

```
import java.util.*;
import com.horstmann.corejava.*;
```

并且源代码引用了 Employee 类。编译器将尝试查找 java.lang.Employee（因为 java.lang 包总是会默认导入）、java.util.Employee、com.horstmann.corejava.Employee 和当前包中的 Employee。它会在类路径所有位置中搜索以上各个类。如果找到了一个以上的类，就会产生编译时错误（因为完全限定类名必须是唯一的，所以 import 语句的次序并不重要）。

编译器的任务不止这些，它还要查看源文件是否比类文件新。如果是这样的话，那么源文件就被自动地重新编译。在前面已经知道，只可以导入其他包中的公共类。一个源文件只能包含一个公共类，并且文件名与公共类名必须匹配。因此，编译器很容易找到公共类的源文件。不过，还可以从当前包中导入非公共类。这些类有可能在与类名不同的源文件中定义。如果从当前包中导入一个类，编译器就要搜索当前包中的所有源文件，查看哪个源文件定义了这个类。

4.7.7　设置类路径

最好使用 -classpath（或 -cp，或者 Java 9 中的 --class-path）选项指定类路径：

```
java -classpath /home/user/classdir:.:/home/user/archives/archive.jar MyProg
```

或者

```
java -classpath c:\classdir;.;c:\archives\archive.jar MyProg
```

整个指令必须写在一行中。将这样一个很长的命令行放在一个 shell 脚本或一个批处理文件中是个不错的主意。

利用 -classpath 选项设置类路径是首选的方法，也可以通过设置 CLASSPATH 环境变量来指定。具体细节依赖于所使用的 shell。在 Bourne Again shell（bash）中，命令如下：

```
export CLASSPATH=/home/user/classdir:.:/home/user/archives/archive.jar
```

在 Windows shell，命令如下：

```
set CLASSPATH=c:\classdir;.;c:\archives\archive.jar
```

直到退出 shell 为止，类路径设置均有效。

⚠ **警告：**有人建议将 CLASSPATH 环境变量设置为永久不变的值。一般来说这是一个糟糕的想法。人们有可能会忘记全局设置，因此，当他们的类没有正确地加载时，就会感到很奇怪。一个应该受到谴责的示例是 Windows 中 Apple 的 QuickTime 安装程序。很多年来，它都将 CLASSPATH 全局设置为指向它需要的一个 JAR 文件，而没有在类路径中包含当前路径。因此，当程序编译后却不能运行时，无数 Java 程序员不得不花费很多精力去解决这个问题。

⚠️ **警告**：过去，有人建议完全绕开类路径，将所有的文件都放在 jre/lib/ext 目录中。这种机制在 Java 9 中已经过时，不过不管怎样这都是一个不好的建议。很可能会从扩展目录加载一些已经遗忘很久的类，这会让人非常困惑。

📋 **注释**：在 Java 9 中，还可以从**模块路径**加载类。本书卷 II 的第 9 章将讨论模块和模块路径。

4.8　JAR 文件

在将应用程序打包时，你一定希望只向用户提供一个单独的文件，而不是一个包含大量类文件的目录结构，Java 归档（JAR）文件就是为此目的而设计的。一个 JAR 文件既可以包含类文件，也可以包含诸如图像和声音等其他类型的文件。此外，JAR 文件是压缩的，它使用了我们熟悉的 ZIP 压缩格式。

4.8.1　创建 JAR 文件

可以使用 jar 工具制作 JAR 文件（在默认的 JDK 安装中，这个工具位于 *jdk*/bin 目录下）。创建一个新 JAR 文件最常用的命令使用以下语法：

　　jar cvf *jarFileName* file₁ file₂ . . .

例如：

　　jar cvf CalculatorClasses.jar *.class icon.gif

通常，jar 命令的格式如下：

　　jar *options* file₁ file₂ . . .

表 4-2 列出了 jar 程序的所有选项。它们类似于 UNIX tar 命令的选项。

可以将应用程序和代码库打包在 JAR 文件中。例如，如果想在一个 Java 程序中发送邮件，就可以使用打包在文件 javax.mail.jar 中的一个库。

表 4-2　jar 程序选项

选项	说明
c	创建一个新的或者空的存档文件并加入文件。如果指定的文件名是目录，jar 程序将会对它们进行递归处理
C	临时改变目录，例如： 　　jar cvf jarFileName.jar -C classes *.class 切换到 classes 子目录以便增加类文件

（续）

选项	说明
e	在清单文件中创建一个入口点（请参看 4.8.3 节）
f	指定 JAR 文件名作为第二个命令行参数。如果没有这个参数，jar 命令会将结果写至标准输出（在创建 JAR 文件时）或者从标准输入读取（在解压或者列出 JAR 文件内容时）
i	建立索引文件（用于加快大型归档中的查找）
m	将一个清单文件添加到 JAR 文件中。清单是对归档内容和来源的一个说明。每个归档有一个默认的清单文件。但是，如果想验证归档文件的内容，可以提供自己的清单文件
M	不为条目创建清单文件
t	显示内容表
u	更新一个已有的 JAR 文件
v	生成详细的输出结果
x	解压文件。如果提供一个或多个文件名，只解压这些文件；否则，解压所有文件
0	存储，但不进行 ZIP 压缩

4.8.2　清单文件

除了类文件、图像和其他资源外，每个 JAR 文件还包含一个清单文件（manifest），用于描述归档文件的特殊特性。

清单文件被命名为 MANIFEST.MF，它位于 JAR 文件的一个特殊的 META-INF 子目录中。符合标准的最小清单文件极其简单：

```
Manifest-Version: 1.0
```

复杂的清单文件可能包含更多条目。这些清单条目被分成多个节。第一节被称为主节（main section）。它作用于整个 JAR 文件。随后的条目用来指定命名实体的属性，如单个文件、包或者 URL。它们都必须以一个 Name 条目开始。节与节之间用空行分开。例如：

```
Manifest-Version: 1.0
lines describing this archive

Name: Woozle.class
lines describing this file
Name: com/mycompany/mypkg/
lines describing this package
```

要想编辑清单文件，需要将希望添加到清单文件中的行放到文本文件中，然后运行：

```
jar cfm jarFileName manifestFileName . . .
```

例如，要创建一个包含清单文件的 JAR 文件，应该运行：

```
jar cfm MyArchive.jar manifest.mf com/mycompany/mypkg/*.class
```

要想更新一个已有的 JAR 文件的清单，则需要将增加的部分放置到一个文本文件中，然后执行以下命令：

```
jar ufm MyArchive.jar manifest-additions.mf
```

> 📋 **注释**：请参看 https://docs.oracle.com/javase/10/docs/specs/jar/jar.html 获得有关 JAR 文件和清单文件格式的更多信息。

4.8.3 可执行 JAR 文件

可以使用 jar 命令中的 e 选项指定程序的入口点，即通常需要在调用 java 程序启动器时指定的类：

```
jar cvfe MyProgram.jar com.mycompany.mypkg.MainAppClass files to add
```

或者，可以在清单文件中指定程序的主类，包括以下形式的语句：

```
Main-Class: com.mycompany.mypkg.MainAppClass
```

不要为主类名增加扩展名 .class。

> ❗ **警告**：清单文件的最后一行必须以换行符结束。否则，清单文件将无法被正确地读取。常见的一个错误是创建了一个只包含 Main-Class 行而没有行结束符的文本文件。

不论使用哪一种方法，用户可以简单地通过下面的命令来启动程序：

```
java -jar MyProgram.jar
```

取决于操作系统的配置，用户甚至可以通过双击 JAR 文件图标来启动应用程序。下面是各种操作系统的操作方式：

- 在 Windows 平台中，Java 运行时安装程序将为 ".jar" 扩展名创建一个文件关联，会用 javaw -jar 命令启动文件（与 java 命令不同，javaw 命令不打开 shell 窗口）。
- 在 Mac OS X 平台中，操作系统能够识别 ".jar" 扩展名文件。双击 JAR 文件时就会执行 Java 程序。

不过，人们对 JAR 文件中的 Java 程序与原生应用还是感觉不同。在 Windows 平台中，可以使用第三方的包装器工具将 JAR 文件转换成 Windows 可执行文件。包装器是一个 Windows 程序，有大家熟悉的扩展名 .exe，它可以查找和加载 Java 虚拟机（JVM），或者在没有找到 JVM 时会告诉用户应该做些什么。有许多商业的和开源的产品，例如，Launch4J（http://launch4j.sourceforge.net）和 IzPack（http://izpack.org）。

4.8.4 多版本 JAR 文件

随着模块和包强封装的引入，之前可以访问的一些内部 API 不再可用。例如，JavaFX 8 有一个内部类 com.sun.javafx.css.CssParser。如果用它解析一个样式表，你会发现你的程序不再能正常编译了。补救很简单，只需要改用 Java 9 提供的 javafx.css.CssParser。不过这样会有一个问题。你需要向 Java 8 和 Java 9 用户发布不同的应用程序，或者需要利用类加载和反射等一些技巧。

为了解决类似这样的问题，Java 9 引入了多版本 JAR（multi-release JAR），其中可以包含面向不同 Java 版本的类文件。

为了保证向后兼容，额外的类文件放在 META-INF/versions 目录中：

```
Application.class
BuildingBlocks.class
Util.class
META-INF
  ├─ MANIFEST.MF (with line Multi-Release: true)
  ├─ versions
  ├─ 9
  │   ├─ Application.class
  │   └─ BuildingBlocks.class
  └─ 10
      └─ BuildingBlocks.class
```

假设 Application 类使用了 CssParser 类。那么遗留版本的 Application.class 文件可以使用 com.sun.javafx.css.CssParser，而 Java 9 版本可以使用 javafx.css.CssParser。

Java 8 完全不知道 META-INF/versions 目录，它只会加载遗留的类。Java 9 读取这个 JAR 文件时，则会使用新版本。

要增加不同版本的类文件，可以使用 --release 标志：

```
jar uf MyProgram.jar --release 9 Application.class
```

要从头构建一个多版本 JAR 文件，可以使用 -C 选项，对应每个版本要切换到一个不同的类文件目录：

```
jar cf MyProgram.jar -C bin/8 . --release 9 -C bin/9 Application.class
```

面向不同版本编译时，要使用 --release 标志和 -d 标志来指定输出目录：

```
javac -d bin/8 --release 8 . . .
```

在 Java 9 中，-d 选项会创建这个目录（如果原先该目录不存在）。

--release 标志也是 Java 9 新增的。在较早的版本中，需要使用 -source、-target 和 -boot-classpath 标志。JDK 现在为之前的两个 API 版本提供了符号文件。在 Java 9 中，编译时可以将 --release 设置为 9、8 或 7。

多版本 JAR 并不适用于不同版本的程序或库。对于不同的版本，所有类的公共 API 都应当是一样的。多版本 JAR 的唯一目的是支持你的某个特定版本的程序或库能够在多个不同的 JDK 版本上运行。如果你增加了功能或者改变了一个 API，那就应当提供一个新版本的 JAR。

> 📋 **注释**：javap 之类的工具并没有改造为可以处理多版本 JAR 文件。如果调用：
>
> ```
> javap -classpath MyProgram.jar Application.class
> ```
>
> 你会得到类的基本版本（毕竟，它与更新的版本应该有相同的公共 API）。如果必须查看更新的版本，可以调用：
>
> ```
> javap -classpath MyProgram.jar\!/META-INF/versions/9/Application.class
> ```

4.8.5   关于命令行选项的说明

Java 开发包（JDK）的命令行选项一直以来都使用单个短横线加多字母选项名的形

式，如：

```
java -jar ...
javac -Xlint:unchecked -classpath ...
```

但 jar 命令是个例外，这个命令遵循经典的 tar 命令选项格式，而没有短横线：

```
jar cvf ...
```

从 Java 9 开始，Java 工具开始转向一种更常用的选项格式，多字母选项名前面加两个短横线，另外对于常用的选项可以使用单字母快捷方式。例如，调用 Linux ls 命令时可以提供一个"human-readable"选项：

```
ls --human-readable
```

或者

```
ls -h
```

在 Java 9 中，可以使用 --version 而不是 -version，另外可以使用 --class-path 而不是 -classpath。在本书卷 II 的第 9 章中可以看到，--module-path 选项有一个快捷方式 -p。

详细内容可以参见 JEP 293 增强请求（http://openjdk.java.net/jeps/293）。在所有清理工作中，作者还提出要标准化选项参数。带 -- 和多字母的选项的参数用空格或者一个等号 (=) 分隔：

```
javac --class-path /home/user/classdir ...
```

或

```
javac --class-path=/home/user/classdir ...
```

单字母选项的参数可以用空格分隔，或者直接跟在选项后面：

```
javac -p moduledir ...
```

或

```
javac -pmoduledir ...
```

⚠ **警告**：后一种方式现在不能使用，而且一般来讲这也不是一个好主意。如果模块目录恰好是 arameters 或 rocessor，这就很容易与遗留的选项发生冲突，这又何必呢？

无参数的单字母选项可以组合在一起：

```
jar -cvf MyProgram.jar -e mypackage.MyProgram */*.class
```

⚠ **警告**：目前不能使用这种方式。这肯定会带来混淆。假设 javac 有一个 -c 选项。那么 javac -cp 是指 javac -c -p 还是 -cp？

这就会带来一些混乱，希望过段时间能够解决这个问题。尽管我们想要远离这些古老的 jar 选项，但最好还是等到尘埃落定为妙。不过，如果你想做到最现代化，那么可以安全地使用 jar 命令的长选项：

```
jar --create --verbose --file jarFileName file₁ file₂ . . .
```

对于单字母选项，如果不组合，也是可以使用的：

```
jar -c -v -f jarFileName file₁ file₂ . . .
```

4.9　文档注释

JDK 包含一个很有用的工具，叫做 javadoc，它可以由源文件生成一个 HTML 文档。事实上，在第 3 章介绍的联机 API 文档就是通过对标准 Java 类库的源代码运行 javadoc 生成的。

如果在源代码中添加以特殊定界符 /** 开始的注释，你也可以很容易地生成一个看上去具有专业水准的文档。这是一种很好的方法，因为这样可以将代码与注释放在一个地方。如果将文档存放在一个独立的文件中，就有可能会随着时间的推移出现代码和注释不一致的问题。然而，由于文档注释与源代码在同一个文件中，在修改源代码的同时，重新运行 javadoc 就可以轻而易举地保持两者的一致性。

4.9.1　注释的插入

javadoc 实用工具从下面几项中抽取信息：

- 模块；
- 包；
- 公共类与接口；
- 公共的和受保护的字段；
- 公共的和受保护的构造器及方法。

在第 5 章中将介绍受保护特性，第 6 章中将介绍接口，模块在卷 II 的第 9 章介绍。

可以（而且应该）为以上各个特性编写注释。注释放置在所描述特性的前面。注释以 /** 开始，并以 */ 结束。

每个 /** ...*/ 文档注释包含标记以及之后紧跟着的自由格式文本（free-form text）。标记以 @ 开始，如 @ since 或 @param。

自由格式文本的第一句应该是一个概要性的句子。javadoc 工具自动地将这些句子抽取出来生成概要页。

在自由格式文本中，可以使用 HTML 修饰符，例如，用于强调的 ...、用于着重强调的 ...、用于项目符号列表的 <ul>/<li> 以及用于包含图像的 <img ...> 等。要键入等宽代码，需要使用 {@code ... } 而不是 <code>...</code>——这样一来，就不用操心对代码中的 < 字符转义了。

> 📄 **注释**：如果文档中有到其他文件的链接，如图像文件（例如，图表或用户界面组件的图像），就应该将这些文件放到包含源文件的目录下的一个子目录 doc-files 中。javadoc 工具将从源目录将 doc-files 目录及其内容拷贝到文档目录中。在链接中需要使用 doc-files 目录，例如：<img src="doc-files/uml.png" alt="UML diagram"/>。

4.9.2 类注释

类注释必须放在 import 语句之后，类定义之前。

下面是一个类注释的例子：

```
/**
 * A {@code Card} object represents a playing card, such
 * as "Queen of Hearts". A card has a suit (Diamond, Heart,
 * Spade or Club) and a value (1 = Ace, 2 . . . 10, 11 = Jack,
 * 12 = Queen, 13 = King)
 */
public class Card
{
   . . .
}
```

> **注释**：没有必要在每一行的开始都添加星号 *，例如，以下注释同样是合法的：
>
> ```
> /**
>    A <code>Card</code> object represents a playing card, such
>    as "Queen of Hearts". A card has a suit (Diamond, Heart,
>    Spade or Club) and a value (1 = Ace, 2 . . . 10, 11 = Jack,
>    12 = Queen, 13 = King).
> */
> ```
>
> 不过，大部分 IDE 会自动提供星号 *，而且换行改变时，还会重新放置星号。

4.9.3 方法注释

每一个方法注释必须放在所描述的方法之前。除了通用标记之外，还可以使用下面的标记：

- @param *variable description*

  这个标记将给当前方法的"parameters"（参数）部分添加一个条目。这个描述可以占据多行，并且可以使用 HTML 标记。一个方法的所有 @param 标记必须放在一起。

- @return *description*

  这个标记将给当前方法添加"returns"（返回）部分。这个描述可以跨多行，并且可以使用 HTML 标记。

- @throws *class description*

  这个标记将添加一个注释，表示这个方法有可能抛出异常。有关异常的详细内容将在第 7 章中讨论。

下面是一个方法注释的示例：

```
/**
 * Raises the salary of an employee.
 * @param  byPercent the percentage by which to raise the salary (e.g., 10 means 10%)
 * @return  the amount of the raise
 */
public double raiseSalary(double byPercent)
```

```
{
    double raise = salary * byPercent / 100;
    salary += raise;
    return raise;
}
```

4.9.4 字段注释

只需要对公共字段（通常指的是静态常量）建立文档。例如，

```
/**
 * The "Hearts" card suit
 */
public static final int HEARTS = 1;
```

4.9.5 通用注释

标记 @since *text* 会建立一个"since"（始于）条目。*text*（文本）可以是引入这个特性的版本的任何描述。例如，@since 1.7.1。

下面的标记可以用在类文档注释中。

- @author *name*

  这个标记将产生一个"author"（作者）条目。可以使用多个 @author 标记，每个 @author 标记对应一个作者。并不是非得使用这个标记，你的版本控制系统能够更好地跟踪作者。

- @version *text*

  这个标记将产生一个"version"（版本）条目。这里的文本可以是对当前版本的任何描述。

通过 @see 和 @link 标记，可以使用超链接，链接到 javadoc 文档的相关部分或外部文档。

标记 @see *reference* 将在"see also"（参见）部分增加一个超链接。它可以用于类中，也可以用于方法中。这里的 *reference*（引用）可以有以下选择：

```
package.class#feature label
<a href="...">label</a>
"text"
```

第一种情况是最有用的。只要提供类、方法或变量的名字，javadoc 就在文档中插入一个超链接。例如，

```
@see com.horstmann.corejava.Employee#raiseSalary(double)
```

这会建立一个链接到 com.horstmann.corejava.Employee 类的 raiseSalary(double) 方法的超链接。可以省略包名，甚至把包名和类名都省去，这样一来，这会位于当前包或当前类中。

需要注意，一定要使用井号（#），而不要使用句号（.）分隔类名与方法名，或类名与变量名。Java 编译器自身可以熟练地确定句点在分隔包、子包、类、内部类与方法和变量时的不同含义。但是 javadoc 工具就没有这么聪明了，因此必须对它提供帮助。

如果 @see 标记后面有一个 < 字符，就需要指定一个超链接。可以超链接到任何 URL。

例如：

@see <a href="www.horstmann.com/corejava.html">The Core Java home page</a>

在上述各种情况下，都可以指定一个可选的标签（label）作为链接锚（link anchor）。如果省略了标签，用户看到的锚就是目标代码名或 URL。

如果 @see 标记后面有一个双引号（"）字符，文本就会显示在"see also"部分。例如，

@see "Core Java 2 volume 2"

可以为一个特性添加多个 @see 标记，但必须将它们放在一起。

如果愿意，还可以在文档注释中的任何位置放置指向其他类或方法的超链接。可以在注释中的任何位置插入一个形式如下的特殊标记：

{@link *package.class#feature label*}

这里的特性描述规则与 @see 标记的规则相同。

最后，在 Java 9 中，还可以使用 {@index *entry*} 标记为搜索框增加一个条目。

4.9.6　包注释

可以直接将类、方法和变量的注释放置在 Java 源文件中，只要用 /** . . . */ 文档注释界定就可以了。但是，要想产生包注释，就需要在每一个包目录中添加一个单独的文件。可以有如下两个选择：

1. 提供一个名为 package-info.java 的 Java 文件。这个文件必须包含一个初始的以 /** 和 */ 界定的 Javadoc 注释，后面是一个 package 语句。它不能包含更多的代码或注释。

2. 提供一个名为 package.html 的 HTML 文件。会抽取标记 <body>...</body> 之间的所有文本。

4.9.7　注释抽取

在这里，假设你希望 HTML 文件将放在名为 docDirectory 的目录下。执行以下步骤：

1. 切换到包含想要生成文档的源文件的目录。如果有嵌套的包要生成文档，例如 com.horstmann.corejava，就必须切换到包含子目录 com 的目录（如果提供了 overview.html 文件的话，这就是这个文件所在的目录）。

2. 如果是一个包，应该运行命令：

javadoc -d *docDirectory nameOfPackage*

或者，如果要为多个包生成文档，运行：

javadoc -d *docDirectory nameOfPackage*$_1$ *nameOfPackage*$_2$. . .

如果文件在无名的包中，就应该运行：

javadoc -d *docDirectory* *.java

如果省略了 -d *docDirectory* 选项，那 HTML 文件就会被提取到当前目录下。这样有可能

会带来混乱，因此不提倡这种做法。

可以使用很多命令行选项对 javadoc 程序进行优化。例如，可以使用 -author 和 -version 选项在文档中包含 @author 和 @version 标记（默认情况下，这些标记会被省略）。另一个很有用的选项是 -link，用来为标准类添加超链接。例如，如果使用命令

```
javadoc -link http://docs.oracle.com/javase/9/docs/api *.java
```

那么，所有的标准类库类都会自动地链接到 Oracle 网站的文档。

如果使用 -linksource 选项，每个源文件将会转换为 HTML（不对代码着色，但包含行号），并且每个类和方法名将变为指向源代码的超链接。

还可以为所有的源文件提供一个概要注释。把它放在一个类似 overview.html 的文件中，运行 javadoc 工具，并提供命令行选项 -overview *filename*。将抽取标记 \<body\>... \</body\> 之间的所有文本。当用户从导航栏中选择"Overview"时，就会显示出这些内容。

有关其他的选项，请查阅 javadoc 工具的联机文档 https://docs.oracle.com/javase/9/javadoc/javadoc.htm。

4.10　类设计技巧

我们不会面面俱到，也不希望过于沉闷，所以在这一章结束之前先简单地介绍几点技巧。应用这些技巧可以使你设计的类更能得到专业 OOP 圈子的认可。

1. 一定要保证数据私有。

这是最重要的；绝对不要破坏封装性。有时候，可能需要编写一个访问器方法或更改器方法，但是最好还是保持实例字段的私有性。很多惨痛的教训告诉我们，数据的表示形式很可能会改变，但它们的使用方式却不会经变化。当数据保持私有时，表示形式的变化不会对类的使用者产生影响，而且也更容易检测 bug。

2. 一定要对数据进行初始化。

Java 不会为你初始化局部变量，但是会对对象的实例字段进行初始化。最好不要依赖于系统的默认值，而是应该显式地初始化所有的数据，可以提供默认值，也可以在所有构造器中设置默认值。

3. 不要在类中使用过多的基本类型。

这个想法是要用其他的类替换使用多个相关的基本类型。这样会使类更易于理解，也更易于修改。例如，用一个名为 Address 的新类替换一个 Customer 类中以下的实例字段：

```
private String street;
private String city;
private String state;
private int zip;
```

这样一来，可以很容易地处理地址的变化，例如，可能需要处理国际地址。

4. 不是所有的字段都需要单独的字段访问器和字段更改器。

你可能需要获得或设置员工的工资。而一旦构造了员工对象，肯定不需要更改雇用日期。另外，在对象中，常常包含一些不希望别人获得或设置的实例字段，例如，Address 类中的州缩写数组。

5. 分解有过多职责的类。

这样说似乎有点含糊，究竟多少算是"过多"？每个人的看法都不同。但是，如果明显地可以将一个复杂的类分解成两个更为简单的类，就应该将其分解（但另一方面，也不要走极端。如果设计 10 个类，每个类只有一个方法，显然就有些矫枉过正了）。

下面是一个反面的设计示例。

```java
public class CardDeck // bad design
{
   private int[] value;
   private int[] suit;

   public CardDeck() { . . . }
   public void shuffle() { . . . }
   public int getTopValue() { . . . }
   public int getTopSuit() { . . . }
   public void draw() { . . . }
}
```

实际上，这个类实现了两个独立的概念：一副牌（包含 shuffle 方法和 draw 方法）和一张牌（包含查看面值和花色的方法）。最好引入一个表示一张牌的 Card 类。现在有两个类，每个类完成自己的职责：

```java
public class CardDeck
{
   private Card[] cards;

   public CardDeck() { . . . }
   public void shuffle() { . . . }
   public Card getTop() { . . . }
   public void draw() { . . . }
}

public class Card
{
   private int value;
   private int suit;
   public Card(int aValue, int aSuit) { . . . }
   public int getValue() { . . . }
   public int getSuit() { . . . }
}
```

6. 类名和方法名要能够体现它们的职责。

与变量应该有一个能够反映其含义的名字一样，类也应该如此（在标准类库中，也存在着一些含义不明确的例子，如 Date 类实际上是一个用于描述时间的类）。

对此有一个很好的惯例：类名应当是一个名词（Order），或者是前面有形容词修饰的名词（RushOrder），或者是有动名词（有 "-ing" 后缀）修饰的名词（例如，BillingAddress）。对于方法来说，要遵循标准惯例：访问器方法用小写 get 开头（getSalary），更改器方法用小写的 set 开头（setSalary）。

7. 优先使用不可变的类。

LocalDate 类以及 java.time 包中的其他类是不可变的——没有方法能修改对象的状态。类似 plusDays 的方法并不是更改对象，而是返回状态已修改的新对象。

更改对象的问题在于，如果多个线程试图同时更新一个对象，就会发生并发更改。其结果是不可预料的。如果类是不可变的，就可以安全地在多个线程间共享其对象。

因此，要尽可能让类是不可变的，这是一个很好的想法。对于表示值的类，如一个字符串或一个时间点，这尤其容易。计算会生成新值，而不是更新原来的值。

当然，并不是所有类都应当是不可变的。如果员工加薪时让 raiseSalary 方法返回一个新的 Employee 对象，这会很奇怪。

本章介绍了有关对象和类的基础知识，这使得 Java 可以作为一种 "基于对象" 的语言。要真正做到面向对象，程序设计语言还必须支持继承和多态。Java 提供了对这些特性的支持，具体内容将在下一章中介绍。

第5章 继 承

▲ 类、超类和子类　　　　　　　　　　▲ 参数数量可变的方法
▲ Object：所有类的超类　　　　　　　▲ 枚举类
▲ 泛型数组列表　　　　　　　　　　　▲ 反射
▲ 对象包装器与自动装箱　　　　　　　▲ 继承的设计技巧

　　第 4 章主要阐述了类和对象的概念，本章将学习面向对象程序设计的另外一个基本概念：继承（inheritance）。继承的基本思想是，可以基于已有的类创建新的类。继承已存在的类就是复用（继承）这些类的方法，而且可以增加一些新的方法和字段，使新类能够适应新的情况。这是 Java 程序设计中的一项核心技术。

　　另外，本章还阐述了反射（reflection）的概念。反射是指在程序运行期间更多地了解类及其属性的能力。反射是一个功能强大的特性，不过，不可否认它也相当复杂。由于主要是开发软件工具而不是编写应用程序的程序员对反射更感兴趣，因此对于这部分内容，可以先浏览一下，待日后再返回来学习。

5.1 类、超类和子类

　　现在让我们回忆一下在前一章中讨论过的 Employee 类。假设你在某个公司工作，这个公司里经理的待遇与普通员工的待遇存在着一些差异。不过，他们之间也存在着很多相同的地方，例如，他们都领取薪水。只是普通员工在完成本职任务之后仅领取薪水，而经理在完成了预期的业绩之后还能得到奖金。这种情形就需要使用继承。为什么呢？因为需要为经理定义一个新类 Manager，并增加一些新功能。但可以重用 Employee 类中已经编写的部分代码，并保留原来 Employee 类中的所有字段。从理论上讲，在 Manager 与 Employee 之间存在着明显的"is-a"（是）关系，每个经理都是一个员工："is-a"关系是继承的一个明显特征。

> 📖 **注释**：这一章中，我们使用了员工和经理的经典示例，不过必须提醒你的是对这个例子要有所保留。在真实世界里，员工也可能会成为经理，所以你建模时可能希望经理也是员工，而不是员工的一个子类。不过，在我们的例子中，假设公司里只有两类人：一些人永远是员工，另一些人一直是经理。

5.1.1 定义子类

可以如下继承 Employee 类来定义 Manager 类，这里使用关键字 extends 表示继承。

```
public class Manager extends Employee
{
    added methods and fields
}
```

> C++ **C++ 注释**：Java 与 C++ 定义继承的方式十分相似。Java 用关键字 extends 代替了 C++ 中的冒号（：）。在 Java 中，所有的继承都是公共继承，而没有 C++ 中的私有继承和保护继承。

关键字 extends 表明正在构造的新类派生于一个已存在的类。这个已存在的类称为超类（superclass）、基类（base class）或父类（parent class）；新类称为子类（subclass）、派生类（derived class）或孩子类（child class）。超类和子类是 Java 程序员最常用的两个术语，而了解其他语言的程序员可能更加偏爱使用父类和孩子类，这也能很贴切地体现"继承"。

尽管 Employee 类是一个超类，但并不是因为它优于子类或者拥有比子类更多的功能。实际上恰恰相反，子类比超类拥有的功能更多。例如，看过 Manager 类的源代码之后就会发现，Manager 类比超类 Employee 封装了更多的数据，拥有更多的功能。

> 📄 **注释**：前缀"超"（super）和"子"（sub）来源于计算机科学与数学理论中集合语言的术语。所有员工组成的集合包含所有经理组成的集合。可以这样说，员工集合是经理集合的超集，也可以说，经理集合是员工集合的子集。

在 Manager 类中，增加了一个用于存储奖金信息的字段，以及一个用于设置这个字段的新方法：

```
public class Manager extends Employee
{
    private double bonus;
    . . .
    public void setBonus(double bonus)
    {
        this.bonus = bonus;
    }
}
```

这里定义的方法和字段并没有什么特别之处。如果有一个 Manager 对象，就可以使用 setBonus 方法。

```
Manager boss = . . .;
boss.setBonus(5000);
```

当然，由于 setBonus 方法不是在 Employee 类中定义的，所以属于 Employee 类的对象不能使用它。

然而，尽管在 Manager 类中没有显式地定义 getName 和 getHireDay 等方法，但是可以对 Manager 对象使用这些方法，这是因为 Manager 类自动地继承了超类 Employee 中的这些方法。

类似地，从超类中还继承了 name、salary 和 hireDay 这 3 个字段。这样一来，每个 Manager 对象就包含了 4 个字段：name、salary、hireDay 和 bonus。

通过扩展超类定义子类的时候，只需要指出子类与超类的不同之处。因此在设计类的时候，应该将最一般的方法放在超类中，而将更特殊的方法放在子类中，这种将通用功能抽取到超类的做法在面向对象程序设计中十分普遍。

5.1.2 覆盖方法

超类中的有些方法对子类 Manager 并不一定适用。具体来说，Manager 类中的 getSalary 方法应该返回薪水和奖金的总和。为此，需要提供一个新的方法来覆盖（override）超类中的这个方法：

```
public class Manager extends Employee
{
    . . .
    public double getSalary()
    {
        . . .
    }
    . . .
}
```

应该如何实现这个方法呢？乍看起来似乎很简单，只要返回 salary 和 bonus 字段的总和就可以了：

```
public double getSalary()
{
    return salary + bonus; // won't work
}
```

不过，这样做是不行的。回想一下，只有 Employee 方法能直接访问 Employee 类的私有字段。这意味着，Manager 类的 getSalary 方法不能直接访问 salary 字段。如果 Manager 类的方法想要访问那些私有字段，就要像所有其他方法一样使用公共接口，在这里就是要使用 Employee 类中的公共方法 getSalary。

现在，再试一下。你需要调用 getSalary 方法而不是直接访问 salary 字段：

```
public double getSalary()
{
    double baseSalary = getSalary(); // still won't work
    return baseSalary + bonus;
}
```

上面这段代码仍然有问题。问题出现在调用 getSalary 的语句上，它只是在调用自身，这是因为 Manager 类也有一个 getSalary 方法（就是我们正在实现的这个方法），所以这条语句将会导致无限次地调用自己，直到整个程序最终崩溃。

这里需要指出：我们希望调用超类 Employee 中的 getSalary 方法，而不是当前类的这个方法。为此，可以使用特殊的关键字 super 解决这个问题：

```
super.getSalary()
```

这个语句调用的是 Employee 类中的 getSalary 方法。下面是 Manager 类中 getSalary 方法的正确版本：

```
public double getSalary()
```

```
{
    double baseSalary = super.getSalary();
    return baseSalary + bonus;
}
```

📖 **注释**：有些人认为 super 与 this 引用是类似的概念，实际上，这样比较并不太恰当。这是因为 super 不是一个对象的引用，例如，不能将值 super 赋给另一个对象变量，它只是一个指示编译器调用超类方法的特殊关键字。

正像前面所看到的那样，在子类中可以增加字段、增加方法或覆盖超类的方法，不过，继承绝对不会删除任何字段或方法。

C++ **C++ 注释**：在 Java 中使用关键字 super 调用超类的方法，而在 C++ 中则采用超类名加 :: 操作符的形式。例如，Manager 类的 getSalary 方法要调用 Employee::getSalary 而不是 super.getSalary。

5.1.3　子类构造器

在例子的最后，我们来提供一个构造器。

```
public Manager(String name, double salary, int year, int month, int day)
{
    super(name, salary, year, month, day);
    bonus = 0;
}
```

这里的关键字 super 具有不同的含义。语句

```
super(name, salary, year, month, day);
```

是"调用超类 Employee 中带有 n、s、year、month 和 day 参数的构造器"的简写形式。

由于 Manager 类的构造器不能访问 Employee 类的私有字段，所以必须通过一个构造器来初始化这些私有字段。可以利用特殊的 super 语法调用这个构造器。使用 super 调用构造器的语句必须是子类构造器的第一条语句。

如果子类的构造器没有显式地调用超类的构造器，将自动地调用超类的无参数构造器。如果超类没有无参数的构造器，并且在子类的构造器中又没有显式地调用超类的其他构造器，Java 编译器就会报告一个错误。

📖 **注释**：回想一下，关键字 this 有两个含义：一是指示隐式参数的引用，二是调用该类的其他构造器。类似地，super 关键字也有两个含义：一是调用超类的方法，二是调用超类的构造器。在调用构造器的时候，this 和 super 这两个关键字紧密相关。调用构造器的语句只能作为另一个构造器的第一条语句出现。构造器参数可以传递给当前类（this）的另一个构造器，也可以传递给超类（super）的构造器。

C++ **C++ 注释**：在 C++ 的构造器中，会使用初始化列表语法调用超类的构造器，而不调用 super。在 C++ 中，Manager 的构造器如下所示：

```
// C++
Manager::Manager(String name, double salary, int year, int month, int day)
    : Employee(name, salary, year, month, day)
{
    bonus = 0;
}
```

重新定义 Manager 对象的 getSalary 方法之后，奖金就会自动地添加到经理的薪水中。

下面给出一个例子来说明这个类的使用。我们要创建一个新经理，并设置他的奖金：

```
Manager boss = new Manager("Carl Cracker", 80000, 1987, 12, 15);
boss.setBonus(5000);
```

下面定义一个包含 3 个员工的数组：

```
var staff = new Employee[3];
```

在数组中混合填入经理和员工：

```
staff[0] = boss;
staff[1] = new Employee("Harry Hacker", 50000, 1989, 10, 1);
staff[2] = new Employee("Tony Tester", 40000, 1990, 3, 15);
```

输出每个人的薪水：

```
for (Employee e : staff)
    System.out.println(e.getName() + " " + e.getSalary());
```

运行这条循环语句将会输出下列数据：

```
Carl Cracker 85000.0
Harry Hacker 50000.0
Tommy Tester 40000.0
```

这里的 staff[1] 和 staff[2] 仅输出了基本薪水，这是因为它们是 Employee 对象，而 staff[0] 是一个 Manager 对象，它的 getSalary 方法会将奖金与基本薪水相加。

需要提醒大家的是，以下调用

```
e.getSalary()
```

能够选出应该执行的正确 getSalary 方法。请注意，尽管这里将 e 声明为 Employee 类型，但实际上 e 既可以引用 Employee 类型的对象，也可以引用 Manager 类型的对象。

当 e 引用 Employee 对象时，e.getSalary( ) 调用的是 Employee 类中的 getSalary 方法；当 e 引用 Manager 对象时，e.getSalary( ) 调用的是 Manager 类中的 getSalary 方法。虚拟机知道 e 实际引用的对象类型，因此能够正确地调用相应的方法。

一个对象变量（例如，变量 e）可以指示多种实际类型的现象称为多态（polymorphism）。在运行时能够自动地选择适当的方法，称为动态绑定（dynamic binding）。在本章中将详细地讨论这两个概念。

C++ 注释： 在 C++ 中，如果希望实现动态绑定，需要将成员函数声明为 virtual。在 Java 中，动态绑定是默认的行为。如果**不**希望让一个方法是虚拟的，可以将它标记为 final（本章稍后将介绍关键字 final）。

程序清单 5-1 的程序展示了 Employee 对象（见程序清单 5-2）与 Manager 对象（见程序清单 5-3）在薪水计算上的区别。

程序清单 5-1   inheritance/ManagerTest.java

```java
1  package inheritance;
2
3  /**
4   * This program demonstrates inheritance.
5   * @version 1.21 2004-02-21
6   * @author Cay Horstmann
7   */
8  public class ManagerTest
9  {
10    public static void main(String[] args)
11    {
12       // construct a Manager object
13       var boss = new Manager("Carl Cracker", 80000, 1987, 12, 15);
14       boss.setBonus(5000);
15
16       var staff = new Employee[3];
17
18       // fill the staff array with Manager and Employee objects
19
20       staff[0] = boss;
21       staff[1] = new Employee("Harry Hacker", 50000, 1989, 10, 1);
22       staff[2] = new Employee("Tommy Tester", 40000, 1990, 3, 15);
23
24       // print out information about all Employee objects
25       for (Employee e : staff)
26          System.out.println("name=" + e.getName() + ",salary=" + e.getSalary());
27    }
28  }
```

程序清单 5-2   inheritance/Employee.java

```java
1  package inheritance;
2
3  import java.time.*;
4
5  public class Employee
6  {
7     private String name;
8     private double salary;
9     private LocalDate hireDay;
10
11    public Employee(String name, double salary, int year, int month, int day)
12    {
13       this.name = name;
14       this.salary = salary;
15       hireDay = LocalDate.of(year, month, day);
16    }
17
18    public String getName()
```

```
19    {
20       return name;
21    }
22
23    public double getSalary()
24    {
25       return salary;
26    }
27
28    public LocalDate getHireDay()
29    {
30       return hireDay;
31    }
32
33    public void raiseSalary(double byPercent)
34    {
35       double raise = salary * byPercent / 100;
36       salary += raise;
37    }
38 }
```

程序清单 5-3　inheritance/Manager.java

```
1  package inheritance;
2
3  public class Manager extends Employee
4  {
5     private double bonus;
6
7     /**
8      * @param name the employee's name
9      * @param salary the salary
10     * @param year the hire year
11     * @param month the hire month
12     * @param day the hire day
13     */
14    public Manager(String name, double salary, int year, int month, int day)
15    {
16       super(name, salary, year, month, day);
17       bonus = 0;
18    }
19
20    public double getSalary()
21    {
22       double baseSalary = super.getSalary();
23       return baseSalary + bonus;
24    }
25
26    public void setBonus(double b)
27    {
28       bonus = b;
29    }
30 }
```

5.1.4　继承层次

继承并不仅限于一个层次。例如，可以由 Manager 类派生 Executive 类。由一个公共超类派生出来的所有类的集合称为继承层次（inheritance hierarchy），如图 5-1 所示。在继承层次中，从某个特定的类到其祖先的路径称为该类的继承链（inheritance chain）。

通常，一个祖先类可以有多个子孙链。例如，可以由 Employee 类派生出子类 Programmer 和 Secretary，它们与 Manager 类没有任何关系（它们彼此之间也没有任何关系）。必要的话，可以将这个过程一直延续下去。

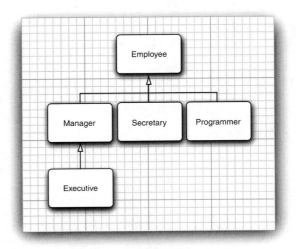

图 5-1　Employee 继承层次

> **C++ 注释：**在 C++ 中，一个类可以有多个超类。Java 不支持多重继承，但提供了一些类似多重继承的功能，有关内容请参看 6.1 节有关接口的讨论。

5.1.5　多态

有一个简单规则可以用来判断是否应该将数据设计为继承关系，这就是" is-a "规则，它指出子类的每个对象也是超类的对象。例如，每个经理都是员工，因此，将 Manager 类设计为 Employee 类的子类是有道理的；反之则不然，并不是每一名员工都是经理。

" is-a "规则的另一种表述是替换原则（substitution principle）。它指出程序中出现超类对象的任何地方都可以使用子类对象替换。

例如，可以将子类的对象赋给超类变量。

```
Employee e;
e = new Employee(. . .);  // Employee object expected
e = new Manager(. . .); // OK, Manager can be used as well
```

在 Java 程序设计语言中，对象变量是多态的（polymorphic.）。一个 Employee 类型的变量既可以引用一个 Employee 类型的对象，也可以引用 Employee 类的任何一个子类的对象（例如，Manager、Executive、Secretary 等）。

在程序清单 5-1 中，我们就利用了这个替换原则：

```
Manager boss = new Manager(. . .);
Employee[] staff = new Employee[3];
staff[0] = boss;
```

在这个例子中，变量 staff[0] 与 boss 引用同一个对象。但编译器只将 staff[0] 看成是一个 Employee 对象。

这意味着，可以这样调用

```
boss.setBonus(5000); // OK
```

但不能这样调用

```
staff[0].setBonus(5000); // ERROR
```

这是因为 staff[0] 声明的类型是 Employee，而 setBonus 不是 Employee 类的方法。

不过，不能将超类的引用赋给子类变量。例如，下面的赋值是非法的：

```
Manager m = staff[i]; // ERROR
```

原因很清楚：不是所有的员工都是经理。如果赋值成功，m 有可能引用了一个不是经理的 Employee 对象，而在后面有可能会调用 m.setBonus(...)，这就会发生运行时错误。

⚠ **警告：** 在 Java 中，子类引用的数组可以转换成超类引用的数组，而不需要使用强制类型转换。例如，下面是一个经理数组

```
Manager[] managers = new Manager[10];
```

将它转换成 Employee[] 数组完全是合法的：

```
Employee[] staff = managers; // OK
```

这样做肯定不会有问题，请思考一下其中的缘由。毕竟，如果 manager[i] 是一个 Manager，它也一定是一个 Employee。不过，实际上将会发生一些令人惊讶的事情。要切记 managers 和 staff 引用的是同一个数组。现在看一下这条语句：

```
staff[0] = new Employee("Harry Hacker", . . .);
```

编译器竟然接纳了这个赋值操作。但在这里，staff[0] 与 manager[0] 是相同的引用，似乎我们把一个普通员工擅自归入经理行列中了。这是一种很不好的情形，当调用 managers[0].setBonus(1000) 的时候，将会试图调用一个不存在的实例字段，进而搅乱相邻存储空间的内容。

为了确保不发生这类破坏，所有数组都要牢记创建时的元素类型，并负责监督仅将类型兼容的引用存储到数组中。例如，使用 new managers[10] 创建的数组是一个经理数组。如果试图存储一个 Employee 类型的引用就会引发 ArrayStoreException 异常。

5.1.6　理解方法调用

准确地理解如何在对象上应用方法调用非常重要。下面假设要调用 x.f(args)，隐式参数 x 声明为类 C 的一个对象。下面是调用过程的详细描述：

1. 编译器查看对象的声明类型和方法名。需要注意的是：有可能存在多个名字为 f 但参数类型不一样的方法。例如，可能存在方法 f(int) 和方法 f(String)。编译器将会一一列举 C 类中所有名为 f 的方法和其超类中所有名为 f 而且可访问的方法（超类的私有方法不可访问）。

至此，编译器已知道所有可能被调用的候选方法。

2. 接下来，编译器要确定方法调用中提供的参数类型。如果在所有名为 f 的方法中

存在一个与所提供参数类型完全匹配的方法，就选择这个方法。这个过程称为重载解析（overloading resolution）。例如，对于调用 x.f("Hello")，编译器将会挑选 f(String)，而不是 f(int)。由于允许类型转换（int 可以转换成 double，Manager 可以转换成 Employee，等等），所以情况可能会变得很复杂。如果编译器没有找到与参数类型匹配的方法，或者发现经过类型转换后有多个方法与之匹配，编译器就会报告一个错误。

至此，编译器已经知道需要调用的方法的名字和参数类型。

> 📋 **注释：** 前面曾经说过，方法的名字和参数列表称为方法的**签名**。例如，f(int) 和 f(String) 是两个有相同名字、不同签名的方法。如果在子类中定义了一个与超类签名相同的方法，那么子类中的这个方法就会覆盖超类中这个相同签名的方法。
>
> 返回类型不是签名的一部分。不过在覆盖一个方法时，需要保证返回类型的兼容性。允许子类将覆盖方法的返回类型改为原返回类型的子类型。例如，假设 Employee 类有以下方法：
>
> ```
> public Employee getBuddy() { . . . }
> ```
>
> 经理不会想找这种底层员工作搭档。为了反映这一点，在子类 Manager 中，可以如下覆盖这个方法：
>
> ```
> public Manager getBuddy() { . . . } // OK to change return type
> ```
>
> 我们说，这两个 getBuddy 方法有**可协变**的返回类型。

3. 如果是 private 方法、static 方法、final 方法（有关 final 修饰符的含义将在下一节讲述）或者构造器，那么编译器将可以准确地知道应该调用哪个方法。这称为静态绑定（static binding）。与此对应的是，如果要调用的方法依赖于隐式参数的实际类型，那么必须在运行时使用动态绑定。在我们的示例中，编译器会利用动态绑定生成一个调用 f (String) 的指令。

4. 程序运行并且采用动态绑定调用方法时，虚拟机必须调用与 x 所引用对象的实际类型对应的那个方法。假设 x 的实际类型是 D，它是 C 类的子类。如果 D 类定义了方法 f(String)，就会调用这个方法；否则，将在 D 类的超类中寻找 f(String)，以此类推。

每次调用方法都要完成这个搜索，时间开销相当大。因此，虚拟机预先为每个类计算了一个方法表（method table），其中列出了所有方法的签名和要调用的实际方法。这样一来，在真正调用方法的时候，虚拟机仅查找这个表就行了。在前面的例子中，虚拟机搜索 D 类的方法表，寻找与调用 f(Sting) 相匹配的方法。这个方法既有可能是 D.f(String)，也有可能是 X.f(String)，这里的 X 是 D 的某个超类。这里需要提醒一点，如果调用是 super.f(param)，那么编译器将对隐式参数超类的方法表进行搜索。

现在来详细分析程序清单 5-1 中调用 e.getSalary() 的过程。e 声明为 Employee 类型。Employee 类只有一个名叫 getSalary 的方法，这个方法没有参数。因此，在这里不必担心重载解析的问题。

由于 getSalary 不是 private 方法、static 方法或 final 方法，所以将采用动态绑定。虚拟机为 Employee 和 Manager 类生成方法表。在 Employee 的方法表中列出了这个 Employee 类本身定义的所有方法：

```
Employee:
  getName() -> Employee.getName()
  getSalary() -> Employee.getSalary()
  getHireDay() -> Employee.getHireDay()
  raiseSalary(double) -> Employee.raiseSalary(double)
```

实际上，上面列出的方法并不完整，稍后会看到 Employee 类有一个超类 Object，Employee 类从这个超类中还继承了大量方法，在此，我们略去了 Object 方法。

Manager 方法表稍微有些不同。其中有三个方法是继承而来的，一个方法是重新定义的，还有一个方法是新增加的。

```
Manager:
  getName() -> Employee.getName()
  getSalary() -> Manager.getSalary()
  getHireDay() -> Employee.getHireDay()
  raiseSalary(double) -> Employee.raiseSalary(double)
  setBonus(double) -> Manager.setBonus(double)
```

在运行时，调用 e.getSalary() 的解析过程为：

1. 首先，虚拟机获取 e 的实际类型的方法表。这可能是 Employee、Manager 的方法表，也可能是 Employee 类的其他子类的方法表。

2. 接下来，虚拟机查找定义了 getSalary() 签名的类。此时，虚拟机已经知道应该调用哪个方法。

3. 最后，虚拟机调用这个方法。

动态绑定有一个非常重要的特性：无须对现有的代码进行修改就可以对程序进行扩展。假设增加一个新类 Executive，并且变量 e 有可能引用这个类的对象，我们不需要对包含调用 e.getSalary() 的代码重新进行编译。如果 e 恰好引用一个 Executive 类的对象，就会自动地调用 Executive.getSalary() 方法。

> ⚠ **警告**：在覆盖一个方法的时候，子类方法**不能低于**超类方法的**可见性**。特别是，如果超类方法是 public，子类方法必须也要声明为 public。经常会发生这类错误：即子类方法不小心遗漏了 public 修饰符。此时，编译器就会报错，指出你试图提供更严格的访问权限。

5.1.7　阻止继承：final 类和方法

有时候，我们可能希望阻止人们利用某个类定义子类。不允许扩展的类被称为 final 类。如果在定义类的时候使用了 final 修饰符就表明这个类是 final 类。例如，假设希望阻止人们派生 Executive 类的子类，就可以在声明这个类的时候使用 final 修饰符。声明格式如下所示：

```
public final class Executive extends Manager
{
  ...
}
```

类中的某个特定方法也可以被声明为 final。如果这样做，子类就不能覆盖这个方法（final 类中的所有方法自动地成为 final 方法）。例如

```java
public class Employee
{
    . . .
    public final String getName()
    {
        return name;
    }
    . . .
}
```

> 📄 **注释**：前面曾经说过，字段也可以声明为 final。对于 final 字段来说，构造对象之后就不允许改变它们的值了。不过，如果将一个类声明为 final，只有其中的方法自动地成为 final，而不包括字段。

将方法或类声明为 final 的主要原因是：确保它们不会在子类中改变语义。例如，Calendar 类中的 getTime 和 setTime 方法都声明为 final。这表明 Calendar 类的设计者负责实现 Date 类与日历状态之间的转换，而不允许子类来添乱。同样地，String 类也是 final 类，这意味着不允许任何人定义 String 的子类。换言之，如果有一个 String 引用，它引用的一定是一个 String 对象，而不可能是其他类的对象。

有些程序员认为：除非有足够的理由使用多态性，否则应该将所有的方法都声明为 final。事实上，在 C++ 和 C# 中，如果没有特别地说明，所有的方法都不使用多态性。这两种做法可能都有些偏激。我们提倡在设计类层次时，要仔细地思考应该将哪些方法和类声明为 final。

在早期的 Java 中，有些程序员为了避免动态绑定带来的系统开销而使用 final 关键字。如果一个方法没有被覆盖并且很短，编译器就能够对它进行优化处理，这个过程称为内联（inlining）。例如，内联调用 e.getName( ) 将被替换为访问字段 e.name。这是一项很有意义的改进，CPU 在处理当前指令时，分支会扰乱预取指令的策略，所以，CPU 不喜欢分支。然而，如果 getName 在另外一个类中被覆盖，那么编译器就无法知道覆盖的代码将会做什么操作，因此也就不能对它进行内联处理了。

幸运的是，虚拟机中的即时编译器比传统编译器的处理能力强得多。这种编译器可以准确地知道类之间的继承关系，并能够检测出是否有类确实覆盖了给定的方法。如果方法很简短、被频繁调用而且确实没有被覆盖，那么即时编译器就会将这个方法进行内联处理。如果虚拟机加载了另外一个子类，而这个子类覆盖了一个内联方法，那么将会发生什么情况呢？优化器将取消对这个方法的内联。这个过程很慢，不过很少会发生这种情况。

5.1.8 强制类型转换

第 3 章曾经讲过，将一个类型强制转换成另外一个类型的过程称为强制类型转换。Java程序设计语言为强制类型转换提供了一种特殊的表示法。例如：

```
double x = 3.405;
int nx = (int) x;
```

将表达式 x 的值转换成整数类型，舍弃了小数部分。

正像有时候需要将浮点数转换成整数一样，有时候也可能需要将某个类的对象引用转换成另外一个类的对象引用。要完成对象引用的强制类型转换，转换语法与数值表达式的强制类型转换类似，仅需要用一对圆括号将目标类名括起来，并放置在需要转换的对象引用之前就可以了。例如：

```
Manager boss = (Manager) staff[0];
```

进行强制类型转换的唯一原因是：要在暂时忽视对象的实际类型之后使用对象的全部功能。例如，在 managerTest 类中，由于某些元素是普通员工，所以 staff 数组必须是 Employee 对象的数组。我们需要将数组中引用经理的元素复原成 Manager 对象，以便能够访问新增加的所有变量（需要注意，在第一节的示例代码中，为了避免强制类型转换，我们做了一些特别的处理。将 boss 变量存入数组之前，先将它初始化为一个 Manager 对象。为了设置经理的奖金，必须使用正确的类型）。

大家知道，在 Java 中，每个对象变量都有一个类型。类型描述了这个变量所引用的以及能够引用的对象类型。例如，staff[i] 引用一个 Employee 对象（因此它还可以引用 Manager 对象）。

将一个值存入变量时，编译器将检查你是否承诺过多。如果将一个子类的引用赋给一个超类变量，编译器是允许的。但将一个超类的引用赋给一个子类变量时，就承诺过多了。必须进行强制类型转换，这样才能够通过运行时的检查。

如果试图在继承链上进行向下的强制类型转换，并且"谎报"对象包含的内容，会发生什么情况呢？

```
Manager boss = (Manager) staff[1]; // ERROR
```

运行这个程序时，Java 运行时系统将注意到你的承诺不符，并产生一个 ClassCastException 异常。如果没有捕获这个异常，那么程序就会终止。因此，应该养成这样一个良好的程序设计习惯：在进行强制类型转换之前，先查看是否能够成功地转换。为此只需要使用 instanceof 操作符就可以实现。例如：

```
if (staff[1] instanceof Manager)
{
    boss = (Manager) staff[1];
    . . .
}
```

最后，如果这个类型转换不可能成功，编译器就不会让你完成这个转换。例如，下面这个强制类型转换：

```
String c = (String) staff[1];
```

将会产生编译错误，这是因为 String 不是 Employee 的子类。

综上所述：

- 只能在继承层次内进行强制类型转换。

- 在将超类强制转换成子类之前，应该使用 instanceof 进行检查。

> 📓 **注释**：如果 x 为 null，进行以下测试
>
> 　　x instanceof C
>
> 不会产生异常，只是返回 false。之所以这样处理是因为 null 没有引用任何对象，当然也不会引用 C 类型的对象。

实际上，通过强制类型转换来转换对象的类型通常并不是一种好的做法。在我们的示例中，大多数情况并不需要将 Employee 对象强制转换成 Manager 对象，两个类的对象都能够正确地调用 getSalary 方法，这是因为实现多态性的动态绑定机制能够自动地找到正确的方法。

只有在使用 Manager 中特有的方法时才需要进行强制类型转换，例如，setBonus 方法。如果出于某种原因发现需要在 Employee 对象上调用 setBonus 方法，那么就应该自问超类的设计是否合理。可能需要重新设计超类，并添加 setBonus 方法，这才是更合适的选择。请记住，只要没有捕获 ClassCastException 异常，程序就会终止执行。一般情况下，最好尽量少用强制类型转换和 instanceof 运算符。

> **C++** **注释**：Java 使用的强制类型转换语法来源于 C 语言"以往糟糕的日子"，但处理过程却有些像 C++ 的 dynamic_cast 操作。例如，
>
> 　　Manager boss = (Manager) staff[1]; // Java
>
> 等价于
>
> 　　Manager* boss = dynamic_cast<Manager*>(staff[1]); // C++
>
> 它们之间只有一点重要的区别：当强制类型转换失败时，Java 不会生成 null 对象，而是抛出一个异常。从这个意义上讲，有点像 C++ 中的**引用**（reference）转换。真是令人头疼。在 C++ 中，可以在一个操作中完成类型测试和类型转换。
>
> 　　Manager* boss = dynamic_cast<Manager*>(staff[1]); // C++
> 　　if (boss != NULL) . . .
>
> 而在 Java 中，需要将 instanceof 运算符和强制类型转换结合起来使用：
>
> 　　if (staff[1] instanceof Manager)
> 　　{
> 　　　　Manager boss = (Manager) staff[1];
> 　　　　. . .
> 　　}

5.1.9　抽象类

如果自下而上在类的继承层次结构中上移，位于上层的类更具有一般性，可能更加抽象。从某种角度看，祖先类更有一般性，人们只将它作为派生其他类的基类，而不是用来构造你想使用的特定的实例。例如，考虑扩展 Employee 类层次结构。员工是一个人，学生也是

一个人。下面扩展我们的类层次结构来加入类 Person 和类 Student。图 5-2 显示了这三个类之间的继承关系。

为什么要那么麻烦提供这样一个高层次的抽象呢？每个人都有一些属性，如姓名。学生与员工都有姓名属性，因此通过引入一个公共的超类，我们就可以把 getName 方法放在继承层次结构中更高的一层。

现在，再增加一个 getDescription 方法，它可以返回对一个人的简短描述。例如：

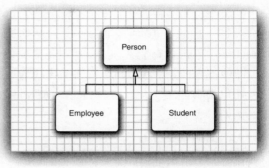

图 5-2　Person 及其子类的继承图

```
an employee with a salary of $50,000.00
a student majoring in computer science
```

在 Employee 类和 Student 类中实现这个方法很容易。但是在 Person 类中应该提供什么内容呢？除了姓名之外，Person 类对这个人一无所知。当然，可以让 Person.getDescription( ) 返回一个空字符串。不过还有一个更好的方法，就是使用 abstract 关键字，这样就完全不需要实现这个方法了。

```
public abstract String getDescription();
   // no implementation required
```

为了提高程序的清晰度，包含一个或多个抽象方法的类本身必须被声明为抽象的。

```
public abstract class Person
{
   . . .
   public abstract String getDescription();
}
```

除了抽象方法之外，抽象类还可以包含字段和具体方法。例如，Person 类还保存着一个人的姓名，另外有一个返回姓名的具体方法。

```
public abstract class Person
{
   private String name;

   public Person(String name)
   {
      this.name = name;
   }

   public abstract String getDescription();

   public String getName()
   {
      return name;
   }
}
```

✔ 提示：有些程序员认为，在抽象类中不能包含具体方法。建议尽量将通用的字段和方法（不管是否是抽象的）放在超类（不管是否是抽象类）中。

抽象方法充当着占位方法的角色，它们在子类中具体实现。扩展抽象类可以有两种选择。一种是在子类中保留抽象类中的部分或所有抽象方法仍未定义，这样就必须将子类也标记为抽象类；另一种做法是定义全部方法，这样一来，子类就不是抽象的了。

例如，通过扩展抽象 Person 类，并实现 getDescription 方法来定义 Student 类。由于在 Student 类中不再含有抽象方法，所以不需要将这个类声明为抽象类。

即使不含抽象方法，也可以将类声明为抽象类。

抽象类不能实例化。也就是说，如果将一个类声明为 abstract，就不能创建这个类的对象。例如，表达式

```
new Person("Vince Vu")
```

是错误的，但可以创建一个具体子类的对象。

需要注意，可以定义一个抽象类的对象变量，但是这样一个变量只能引用非抽象子类的对象。例如，

```
Person p = new Student("Vince Vu", "Economics");
```

这里的 p 是一个抽象类型 Person 的变量，它引用了一个非抽象子类 Student 的实例。

C++ **C++ 注释**：在 C++ 中，有一种抽象方法称为**纯虚函数**（pure virtual function），要在末尾用 =0 标记，例如：

```
class Person // C++
{
public:
   virtual string getDescription() = 0;
   . . .
};
```

如果至少有一个纯虚函数，这个 C++ 类就是抽象类。在 C++ 中，没有提供用于表示抽象类的特殊关键字。

下面定义一个扩展抽象类 Person 的具体子类 Student：

```
public class Student extends Person
{
   private String major;

   public Student(String name, String major)
   {
      super(name);
      this.major = major;
   }

   public String getDescription()
   {
      return "a student majoring in " + major;
   }
}
```

Student 类定义了 getDescription 方法。因此，在 Student 类中的全部方法都是具体的，这

个类不再是抽象类。

程序清单 5-4 的程序中定义了抽象超类 Person（见程序清单 5-5）和两个具体子类 Employee（见程序清单 5-6）和 Student（见程序清单 5-7）。下面将员工和学生对象填充到一个 Person 引用数组。

```
var people = new Person[2];
people[0] = new Employee(. . .);
people[1] = new Student(. . .);
```

然后，输出这些对象的姓名和信息描述：

```
for (Person p : people)
    System.out.println(p.getName() + ", " + p.getDescription());
```

有些人可能对下面这个调用感到困惑：

```
p.getDescription()
```

这不是调用了一个没有定义的方法吗？请牢记，由于不能构造抽象类 Person 的对象，所以变量 p 永远不会引用 Person 对象，而是引用诸如 Employee 或 Student 这样的具体子类的对象，而这些对象中都定义了 getDescription 方法。

是否可以干脆省略 Person 超类中的抽象方法，而仅在 Employee 和 Student 子类中定义 getDescription 方法呢？如果这样做，就不能在变量 p 上调用 getDescription 方法了。编译器只允许调用在类中声明的方法。

在 Java 程序设计语言中，抽象方法是一个重要的概念。在接口（interface）中将会看到更多的抽象方法。有关接口的详细介绍请参看第 6 章。

程序清单 5-4　abstractClasses/PersonTest.java

```
 1  package abstractClasses;
 2
 3  /**
 4   * This program demonstrates abstract classes.
 5   * @version 1.01 2004-02-21
 6   * @author Cay Horstmann
 7   */
 8  public class PersonTest
 9  {
10     public static void main(String[] args)
11     {
12        var people = new Person[2];
13
14        // fill the people array with Student and Employee objects
15        people[0] = new Employee("Harry Hacker", 50000, 1989, 10, 1);
16        people[1] = new Student("Maria Morris", "computer science");
17
18        // print out names and descriptions of all Person objects
19        for (Person p : people)
20           System.out.println(p.getName() + ", " + p.getDescription());
21     }
22  }
```

程序清单 5-5　abstractClasses/Person.java

```java
1  package abstractClasses;
2
3  public abstract class Person
4  {
5     public abstract String getDescription();
6     private String name;
7
8     public Person(String name)
9     {
10        this.name = name;
11    }
12
13    public String getName()
14    {
15       return name;
16    }
17 }
```

程序清单 5-6　abstractClasses/Employee.java

```java
1  package abstractClasses;
2
3  import java.time.*;
4
5  public class Employee extends Person
6  {
7     private double salary;
8     private LocalDate hireDay;
9
10    public Employee(String name, double salary, int year, int month, int day)
11    {
12       super(name);
13       this.salary = salary;
14       hireDay = LocalDate.of(year, month, day);
15    }
16
17    public double getSalary()
18    {
19       return salary;
20    }
21
22    public LocalDate getHireDay()
23    {
24       return hireDay;
25    }
26
27    public String getDescription()
28    {
29       return String.format("an employee with a salary of $%.2f", salary);
30    }
31
32    public void raiseSalary(double byPercent)
```

```
33      {
34          double raise = salary * byPercent / 100;
35          salary += raise;
36      }
37   }
```

程序清单 5-7　abstractClasses/Student.java

```
1  package abstractClasses;
2
3  public class Student extends Person
4  {
5     private String major;
6
7     /**
8      * @param name the student's name
9      * @param major the student's major
10     */
11    public Student(String name, String major)
12    {
13       // pass name to superclass constructor
14       super(name);
15       this.major = major;
16    }
17
18    public String getDescription()
19    {
20       return "a student majoring in " + major;
21    }
22 }
```

5.1.10　受保护访问

大家都知道，最好将类中的字段标记为 private，而方法标记为 public。任何声明为 private 的内容对其他类都是不可见的。前面已经看到，这对于子类来说也完全适用，即子类也不能访问超类的私有字段。

不过，在有些时候，你可能希望限制超类中的某个方法只允许子类访问，或者更少见地，可能希望允许子类的方法访问超类的某个字段。为此，需要将这些类方法或字段声明为受保护（protected）。例如，如果将超类 Employee 中的 hireDay 字段声明为 proteced，而不是 private，Manager 方法就可以直接访问这个字段。

在 Java 中，保护字段只能由同一个包中的类访问。现在考虑一个 Administrator 子类，这个子类在另一个不同的包中。Administrator 类中的方法只能查看 Administrator 对象自己的 hireDay 字段，而不能查看其他 Employee 对象的这个字段。有了这个限制，就能避免滥用保护机制，不能通过派生子类来访问受保护的字段。

在实际应用中，要谨慎使用受保护字段。假设你的类要提供给其他程序员使用，而你在设计这个类时设置了一些受保护字段。你不知道的是，其他程序员可能会由这个类再派生出新类，并开始访问你的受保护字段。在这种情况下，如果你想修改你的类的实现，就势必会影响那些程序员。这违背了 OOP 提倡数据封装的精神。

受保护的方法更具有实际意义。如果需要限制某个方法的使用，就可以将它声明为 protected。这表明子类（可能很熟悉祖先类）得到了信任，可以正确地使用这个方法，而其他类则不行。

这种方法的一个很好的示例就是 Object 类中的 clone 方法，有关的详细内容请参看第 6 章。

C++ 注释：事实上，Java 中的受保护部分对所有子类及同一个包中的所有其他类都可见。这与 C++ 中的保护机制稍有不同，Java 中的 protected 概念要比 C++ 中的安全性差。

下面对 Java 中的 4 个访问控制修饰符做个小结：

1. 仅对本类可见——private。
2. 对外部完全可见——public。
3. 对本包和所有子类可见——protected。
4. 对本包可见——默认（很遗憾），不需要修饰符。

5.2　Object：所有类的超类

Object 类是 Java 中所有类的始祖，在 Java 中每个类都扩展了 Object。但是并不需要这样写：

```
public class Employee extends Object
```

如果没有明确地指出超类，Object 就被认为是这个类的超类。由于在 Java 中每个类都是由 Object 类扩展而来的，所以，熟悉这个类提供的所有服务十分重要。本章将介绍一些基本的内容，没有提到的部分请参看后面的章节或在线文档（Object 中有几个方法只在处理并发时才会用到，有关的内容请参见第 12 章）。

5.2.1　Object 类型的变量

可以使用 Object 类型的变量引用任何类型的对象：

```
Object obj = new Employee("Harry Hacker", 35000);
```

当然，Object 类型的变量只能用于作为各种值的一个泛型容器。要想对其中的内容进行具体的操作，还需要清楚对象的原始类型，并进行相应的强制类型转换：

```
Employee e = (Employee) obj;
```

在 Java 中，只有基本类型（primitive type）不是对象，例如，数值、字符和布尔类型的值都不是对象。

所有的数组类型，不管是对象数组还是基本类型的数组都扩展了 Object 类。

```
Employee[] staff = new Employee[10];
obj = staff; // OK
obj = new int[10]; // OK
```

C++ 注释：在 C++ 中没有所有类的根类，不过，每个指针都可以转换成 void* 指针。

5.2.2 equals 方法

Object 类中的 equals 方法用于检测一个对象是否等于另外一个对象。Object 类中实现的 equals 方法将确定两个对象引用是否相等。这是一个合理的默认行为：如果两个对象引用相等，这两个对象肯定就相等。对于很多类来说，这已经足够了。例如，比较两个 PrintStream 对象是否相等并没有多大的意义。不过，经常需要基于状态检测对象的相等性，如果两个对象有相同的状态，才认为这两个对象是相等的。

例如，如果两个员工对象的姓名、薪水和雇佣日期都一样，就认为它们是相等的（在实际的员工数据库中，比较 ID 才更有意义。我们主要用下面这个示例展示 equals 方法的实现机制）。

```
public class Employee
{
    . . .
    public boolean equals(Object otherObject)
    {
        // a quick test to see if the objects are identical
        if (this == otherObject) return true;

        // must return false if the explicit parameter is null
        if (otherObject == null) return false;

        // if the classes don't match, they can't be equal
        if (getClass() != otherObject.getClass())
            return false;

        // now we know otherObject is a non-null Employee
        Employee other = (Employee) otherObject;

        // test whether the fields have identical values
        return name.equals(other.name)
            && salary == other.salary
            && hireDay.equals(other.hireDay);
    }
}
```

getClass 方法将返回一个对象所属的类，有关这个方法的详细内容稍后进行介绍。在我们的检测中，只有在两个对象属于同一个类时，才有可能相等。

提示：为了防备 name 或 hireDay 可能为 null 的情况，需要使用 Objects.equals 方法。如果两个参数都为 null，Objects.equals(a, b) 调用将返回 true；如果其中一个参数为 null，则返回 false；否则，如果两个参数都不为 null，则调用 a.equals(b)。利用这个方法，

Employee.equals 方法的最后一条语句要改写为：

```
return Objects.equals(name, other.name)
    && salary == other.salary
    && Objects.equals(hireDay, other.hireDay);
```

在子类中定义 equals 方法时，首先调用超类的 equals。如果检测失败，对象就不可能相等。如果超类中的字段都相等，就需要比较子类中的实例字段。

```
public class Manager extends Employee
{
    . . .
    public boolean equals(Object otherObject)
    {
        if (!super.equals(otherObject)) return false;
        // super.equals checked that this and otherObject belong to the same class
        Manager other = (Manager) otherObject;
        return bonus == other.bonus;
    }
}
```

5.2.3　相等测试与继承

如果隐式和显式的参数不属于同一个类，equals 方法将如何处理呢？这是一个很有争议的问题。在前面的例子中，如果发现类不匹配，equals 方法就返回 false。但是，许多程序员却喜欢使用 instanceof 进行检测：

```
if (!(otherObject instanceof Employee)) return false;
```

这样就允许 otherObject 属于一个子类。但是这种方法可能会招致一些麻烦。正因为这些麻烦，所以建议不要采用这种处理方式。Java 语言规范要求 equals 方法具有下面的特性：

1. 自反性：对于任何非空引用 x，x.equals(x) 应该返回 true。

2. 对称性：对于任何引用 x 和 y，当且仅当 y.equals(x) 返回 true 时，x.equals(y) 返回 true。

3. 传递性：对于任何引用 x、y 和 z，如果 x.equals(y) 返回 true，y.equals(z) 返回 true，x.equals(z) 也应该返回 true。

4. 一致性：如果 x 和 y 引用的对象没有发生变化，反复调用 x.equals(y) 应该返回同样的结果。

5. 对于任意非空引用 x，x.equals(null) 应该返回 false。

这些规则当然很合理。你肯定不希望类库实现者在查找数据结构中的一个元素时还要纠结调用 x.equals(y) 还是调用 y.equals(x) 的问题。

不过，就对称性规则来说，当参数不属于同一个类的时候会有一些微妙的结果。请看下面这个调用：

```
e.equals(m)
```

这里的 e 是一个 Employee 对象，m 是一个 Manager 对象，并且两个对象有相同的姓名、薪水和雇佣日期。如果在 Employee.equals 中用 instanceof 进行检测，这个调用将返回 true。然而这意味着反过来调用：

```
m.equals(e)
```

也需要返回 true。对称性规则不允许这个方法调用返回 false 或者抛出异常。

这就使得 Manager 类受到了束缚。这个类的 equals 方法必须愿意将自己与任何一个 Employee 对象进行比较，而不考虑经理特有的那部分信息！猛然间这让人感觉 instanceof 测试并不是那么好。

有些作者认为 getClass 检测是有问题的，因为它违反了替换原则。有一个经常提到的例子，就是 AbstractSet 类的 equals 方法，它将检测两个集合是否有相同的元素。AbstractSet 类有两个具体子类：TreeSet 和 HashSet，它们分别使用不同的算法查找集合元素。但无论集合采用何种方式实现，你肯定希望能够比较任意的两个集合。

不过，集合是非常特殊的一个例子，应该将 AbstractSet.equals 声明为 final，这是因为没有任何一个子类需要重新定义集合相等的语义（事实上，这个方法并没有被声明为 final。这样做是为了让子类实现更高效的算法来完成相等性检测）。

就现在来看，有两种完全不同的情形：

- 如果子类可以有自己的相等性概念，则对称性需求将强制使用 getClass 检测。
- 如果由超类决定相等性概念，那么就可以使用 instanceof 检测，这样可以在不同子类的对象之间进行相等性比较。

在员工和经理的例子中，只要对应的字段相等，就认为两个对象相等。如果两个 Manager 对象的姓名、薪水和雇佣日期均相等，而奖金不相等，就认为它们是不相同的，因此，我们要使用 getClass 检测。

但是，假设使用员工的 ID 作为相等性检测标准，并且这个相等性概念适用于所有的子类，就可以使用 instanceof 检测，而且应该将 Employee.equals 声明为 final。

> 📝 **注释：** 在标准 Java 库中包含 150 多个 equals 方法的实现，包括使用 instanceof 检测、调用 getClass、捕获 ClassCastException 或者什么也不做等各种不同做法。可以查看 java.sql.Timestamp 类的 API 文档，在这里实现人员不无尴尬地指出，他们让自己陷入了困境。Timestamp 类继承自 java.util.Date，而后者的 equals 方法使用了一个 instanceof 测试，这样一来就无法覆盖 equals，使之同时做到对称且正确。

下面给出编写一个完美的 equals 方法的建议：

1. 显式参数命名为 otherObject，稍后需要将它强制转换成另一个名为 other 的变量。

2. 检测 this 与 otherObject 是否相等：

```
if (this == otherObject) return true;
```

这条语句只是一个优化。实际上，这是一种经常采用的形式。因为检查身份要比逐个比较字段开销小。

3. 检测 otherObject 是否为 null，如果为 null，返回 false。这项检测是很必要的。

```
if (otherObject == null) return false;
```

4. 比较 this 与 otherObject 的类。如果 equals 的语义可以在子类中改变，就使用 getClass 检测：

```
if (getClass() != otherObject.getClass()) return false;
```

如果所有的子类都有相同的相等性语义，可以使用 instanceof 检测：

```
if (!(otherObject instanceof ClassName)) return false;
```

5. 将 otherObject 强制转换为相应类类型的变量：

```
ClassName other = (ClassName) otherObject
```

6. 现在根据相等性概念的要求来比较字段。使用 == 比较基本类型字段，使用 Objects. equals 比较对象字段。如果所有的字段都匹配，就返回 true；否则返回 false。

```
return field1 == other.field1
    && Objects.equals(field2, other.field2)
    && . . .;
```

如果在子类中重新定义 equals，就要在其中包含一个 super.equals(other) 调用。

✅ **提示**：对于数组类型的字段，可以使用静态的 Arrays.equals 方法检测相应的数组元素是否相等。

❗ **警告**：下面是实现 equals 方法时的一种常见的错误。可以找到其中的问题吗？

```
public class Employee
{
    public boolean equals(Employee other)
    {
        return other != null
            && getClass() == other.getClass()
            && Objects.equals(name, other.name)
            && salary == other.salary
            && Objects.equals(hireDay, other.hireDay);
    }
    . . .
}
```

这个方法声明的显式参数类型是 Employee。因此，它没有覆盖 Object 类的 equals 方法，而是定义了一个完全无关的方法。

为了避免发生这种错误，可以使用 @Override 标记要覆盖超类方法的那些子类方法：

```
@Override public boolean equals(Object other)
```

如果出现了错误，并且正在定义一个新方法，编译器就会报告一个错误。例如，假设将下面的声明添加到 Employee 类中：

```
@Override public boolean equals(Employee other)
```

就会看到报告了一个错误，因为这个方法并没有覆盖超类 Object 中的任何方法。

API **java.util.Arrays 1.2**

- static boolean equals(xxx[] a, xxx[] b) **5**

如果两个数组长度相同，并且在对应的位置上数据元素也相同，将返回 true。数组的元素类型 *xxx* 可以是 Object、int、long、short、char、byte、boolean、float 或 double。

API **java.util.Objects 7**

- static boolean equals(Object a, Object b)

  如果 a 和 b 都为 null，返回 true；如果只有其中之一为 null，则返回 false；否则返回 a.equals(b)。

5.2.4 hashCode 方法

散列码（hash code）是由对象导出的一个整型值。散列码是没有规律的。如果 x 和 y 是两个不同的对象，x.hashCode( ) 与 y.hashCode( ) 基本上不会相同。表 5-1 中列出了几个通过调用 String 类的 hashCode 方法得到的散列码。

表 5-1　hashCode 方法得到的散列码

字符串	散列码
Hello	69609650
Harry	69496448
Hacker	-2141031506

String 类使用以下算法计算散列码：

```
int hash = 0;
for (int i = 0; i < length(); i++)
    hash = 31 * hash + charAt(i);
```

由于 hashCode 方法定义在 Object 类中，因此每个对象都有一个默认的散列码，其值由对象的存储地址得出。来看下面这个例子。

```
var s = "Ok";
var sb = new StringBuilder(s);
System.out.println(s.hashCode() + " " + sb.hashCode());
var t = new String("Ok");
var tb = new StringBuilder(t);
System.out.println(t.hashCode() + " " + tb.hashCode());
```

表 5-2 列出了结果。

表 5-2　字符串和字符串构建器的散列码

对象	散列码	对象	散列码
s	2556	t	2556
sb	20526976	tb	20527144

请注意，字符串 s 与 t 有相同的散列码，这是因为字符串的散列码是由内容导出的。而字符串构建器 sb 与 tb 却有着不同的散列码，因为在 StringBuilder 类中没有定义 hashCode 方法，而 Object 类的默认 hashCode 方法会从对象的存储地址得出散列码。

如果重新定义了 equals 方法，就必须为用户可能插入散列表的对象重新定义 hashCode 方法（有关散列表的内容将在第 9 章中讨论）。

hashCode 方法应该返回一个整数（也可以是负数）。要合理地组合实例字段的散列码，以便能够让不同对象产生的散列码分布更加均匀。

例如，下面是 Employee 类的 hashCode 方法。

```java
public class Employee
{
   public int hashCode()
   {
      return 7 * name.hashCode()
         + 11 * new Double(salary).hashCode()
         + 13 * hireDay.hashCode();
   }
   . . .
}
```

不过，还可以做得更好。首先，最好使用 null 安全的方法 Objects.hashCode。如果其参数为 null，这个方法会返回 0，否则返回对参数调用 hashCode 的结果。另外，使用静态方法 Double.hashCode 来避免创建 Double 对象：

```java
public int hashCode()
{
   return 7 * Objects.hashCode(name)
      + 11 * Double.hashCode(salary)
      + 13 * Objects.hashCode(hireDay);
}
```

还有更好的做法是，需要组合多个散列值时，可以调用 Objects.hash 并提供所有这些参数。这个方法会对各个参数调用 Objects.hashCode，并组合这些散列值。这样 Employee.hashCode 方法可以简单地写为：

```java
public int hashCode()
{
   return Objects.hash(name, salary, hireDay);
}
```

equals 与 hashCode 的定义必须相容：如果 x.equals(y) 返回 true，那么 x.hashCode( ) 就必须与 y.hashCode( ) 返回相同的值。例如，如果定义 Employee.equals 比较员工的 ID，那么 hashCode 方法就需要散列 ID，而不是员工的姓名或存储地址。

> ✔ 提示：如果存在数组类型的字段，那么可以使用静态的 Arrays.hashCode 方法计算一个散列码，这个散列码由数组元素的散列码组成。

API **java.lang.Object 1.0**

- int hashCode()

  返回对象的散列码。散列码可以是任意的整数，包括正数或负数。两个相等的对象要求返回相等的散列码。

API `java.util.Objects` 7

- `static int hash(Object... objects)`

  返回一个散列码，由提供的所有对象的散列码组合而得到。

- `static int hashCode(Object a)`

  如果 a 为 null 返回 0，否则返回 a.hashCode()。

API `java.lang.(Integer|Long|Short|Byte|Double|Float|Character|Boolean)` 1.0

- `static int hashCode(xxx value)` 8

  返回给定值的散列码。这里 *xxx* 是对应给定包装器类型的基本类型。

API `java.util.Arrays` 1.2

- `static int hashCode(xxx[] a)` 5

  计算数组 a 的散列码。组成这个数组的元素类型 *xxx* 可以是 object、int、long、short、char、byte、boolean、float 或 double。

5.2.5　toString 方法

在 Object 中还有一个重要的方法，就是 toString 方法，它会返回表示对象值的一个字符串。下面是一个典型的例子。Point 类的 toString 方法将返回下面这样的字符串：

```
java.awt.Point[x=10,y=20]
```

绝大多数（但不是全部）的 toString 方法都遵循这样的格式：类的名字，随后是一对方括号括起来的字段值。下面是 Employee 类中的 toString 方法的实现：

```java
public String toString()
{
   return "Employee[name=" + name
      + ",salary=" + salary
      + ",hireDay=" + hireDay
      + "]";
}
```

实际上，还可以设计得更好一些。最好通过调用 getClass( ).getName( ) 获得类名的字符串，而不要将类名硬编码写到 toString 方法中。

```java
public String toString()
{
   return getClass().getName()
      + "[name=" + name
      + ",salary=" + salary
      + ",hireDay=" + hireDay
      + "]";
}
```

这样 toString 方法也可以由子类调用。

当然，设计子类的程序员应该定义自己的 toString 方法，并加入子类的字段。如果超类使用了 getClass( ).getName( )，那么子类只要调用 super.toString( ) 就可以了。例如，下面是

Manager 类中的 toString 方法：

```java
public class Manager extends Employee
{
    . . .
    public String toString()
    {
        return super.toString()
            + "[bonus=" + bonus
            + "]";
    }
}
```

现在，Manager 对象将打印输出如下所示的内容：

```
Manager[name=. . .,salary=. . .,hireDay=. . .][bonus=. . .]
```

随处可见 toString 方法的主要原因是：只要对象与一个字符串通过操作符"+"连接起来，Java 编译器就会自动地调用 toString 方法来获得这个对象的字符串描述。例如，

```java
var p = new Point(10, 20);
String message = "The current position is " + p;
    // automatically invokes p.toString()
```

> ✅ **提示**：可以不写为 x.toString( )，而写作 ""+x。这条语句将一个空串与 x 的字符串表示（也就是 x.toString( )）相连接。与 toString 不同的是，即使 x 是基本类型，这条语句照样能够执行。

如果 x 是一个任意对象，并调用

```java
System.out.println(x);
```

println 方法就会简单地调用 x.toString( )，并打印输出得到的字符串。

Object 类定义了 toString 方法，可以打印对象的类名和散列码。例如，调用

```java
System.out.println(System.out)
```

将生成以下输出：

```
java.io.PrintStream@2f6684
```

之所以得到这样的结果，是因为 PrintStream 类的实现者没有覆盖 toString 方法。

> ❗ **警告**：令人烦恼的是，数组继承了 object 类的 toString 方法，更有甚者，数组类型将采用一种古老的格式打印。例如：
>
> ```java
> int[] luckyNumbers = { 2, 3, 5, 7, 11, 13 };
> String s = "" + luckyNumbers;
> ```
>
> 会生成字符串 "[I@1a46e30"（前缀 [I 表明是一个整型数组）。补救的方法是调用静态方法 Arrays.toString。代码：
>
> ```java
> String s = Arrays.toString(luckyNumbers);
> ```
>
> 将生成字符串 "[2,3,5,7,11,13]"。
>
> 要想打印多维数组（即，数组的数组），则需要调用 Arrays.deepToString 方法。

　　toString 方法是一种非常有用的调试工具。在标准类库中，许多类都定义了 toString 方法，以便用户能够获得一些有关对象状态的有用信息。像下面这样显示日志信息非常有益：

```
System.out.println("Current position = " + position);
```

　　在第 7 章中将会看到，更好的解决方法是使用 Logger 类的一个对象并调用：

```
Logger.global.info("Current position = " + position);
```

> ✅ **提示**：强烈建议为自定义的每一个类添加 toString 方法。这样做不仅自己受益，所有使用这个类的程序员也会从这个日志记录支持中受益匪浅。

　　程序清单 5-8 的程序测试了 Employee 类（见程序清单 5-9）和 Manager 类（见程序清单 5-10）的 equals、hashCode 和 toString 方法。

程序清单 5-8　equals/EqualsTest.java

```
 1  package equals;
 2
 3  /**
 4   * This program demonstrates the equals method.
 5   * @version 1.12 2012-01-26
 6   * @author Cay Horstmann
 7   */
 8  public class EqualsTest
 9  {
10     public static void main(String[] args)
11     {
12        var alice1 = new Employee("Alice Adams", 75000, 1987, 12, 15);
13        var alice2 = alice1;
14        var alice3 = new Employee("Alice Adams", 75000, 1987, 12, 15);
15        var bob = new Employee("Bob Brandson", 50000, 1989, 10, 1);
16
17        System.out.println("alice1 == alice2: " + (alice1 == alice2));
18
19        System.out.println("alice1 == alice3: " + (alice1 == alice3));
20
21        System.out.println("alice1.equals(alice3): " + alice1.equals(alice3));
22
23        System.out.println("alice1.equals(bob): " + alice1.equals(bob));
24
25        System.out.println("bob.toString(): " + bob);
26
27        var carl = new Manager("Carl Cracker", 80000, 1987, 12, 15);
28        var boss = new Manager("Carl Cracker", 80000, 1987, 12, 15);
29        boss.setBonus(5000);
30        System.out.println("boss.toString(): " + boss);
31        System.out.println("carl.equals(boss): " + carl.equals(boss));
32        System.out.println("alice1.hashCode(): " + alice1.hashCode());
33        System.out.println("alice3.hashCode(): " + alice3.hashCode());
34        System.out.println("bob.hashCode(): " + bob.hashCode());
35        System.out.println("carl.hashCode(): " + carl.hashCode());
36     }
37  }
```

```
1  package equals;
2
3  import java.time.*;
4  import java.util.Objects;
5
6  public class Employee
7  {
8     private String name;
9     private double salary;
10    private LocalDate hireDay;
11
12    public Employee(String name, double salary, int year, int month, int day)
13    {
14       this.name = name;
15       this.salary = salary;
16       hireDay = LocalDate.of(year, month, day);
17    }
18
19    public String getName()
20    {
21       return name;
22    }
23
24    public double getSalary()
25    {
26       return salary;
27    }
28
29    public LocalDate getHireDay()
30    {
31       return hireDay;
32    }
33
34    public void raiseSalary(double byPercent)
35    {
36       double raise = salary * byPercent / 100;
37       salary += raise;
38    }
39
40    public boolean equals(Object otherObject)
41    {
42       // a quick test to see if the objects are identical
43       if (this == otherObject) return true;
44
45       // must return false if the explicit parameter is null
46       if (otherObject == null) return false;
47
48       // if the classes don't match, they can't be equal
49       if (getClass() != otherObject.getClass()) return false;
50
51       // now we know otherObject is a non-null Employee
52       var other = (Employee) otherObject;
53
```

```
54        // test whether the fields have identical values
55        return Objects.equals(name, other.name)
56           && salary == other.salary && Objects.equals(hireDay, other.hireDay);
57     }
58
59     public int hashCode()
60     {
61        return Objects.hash(name, salary, hireDay);
62     }
63
64     public String toString()
65     {
66        return getClass().getName() + "[name=" + name + ",salary=" + salary + ",hireDay="
67           + hireDay + "]";
68     }
69  }
```

程序清单 5-10　equals/Manager.java

```
1  package equals;
2
3  public class Manager extends Employee
4  {
5     private double bonus;
6
7     public Manager(String name, double salary, int year, int month, int day)
8     {
9        super(name, salary, year, month, day);
10       bonus = 0;
11    }
12
13    public double getSalary()
14    {
15       double baseSalary = super.getSalary();
16       return baseSalary + bonus;
17    }
18
19    public void setBonus(double bonus)
20    {
21       this.bonus = bonus;
22    }
23
24    public boolean equals(Object otherObject)
25    {
26       if (!super.equals(otherObject)) return false;
27       var other = (Manager) otherObject;
28       // super.equals checked that this and other belong to the same class
29       return bonus == other.bonus;
30    }
31
32    public int hashCode()
33    {
34       return java.util.Objects.hash(super.hashCode(), bonus);
35    }
```

```
36
37     public String toString()
38     {
39        return super.toString() + "[bonus=" + bonus + "]";
40     }
41 }
```

API **java.lang.Object 1.0**

- Class getClass()

  返回包含对象信息的类对象。本章稍后会看到 Java 提供了类的运行时表示，封装在 Class 类中。

- boolean equals(Object otherObject)

  比较两个对象是否相等，如果两个对象指向同一块存储区域，方法返回 true；否则方法返回 false。要在自定义的类中覆盖这个方法。

- String toString()

  返回表示该对象值的字符串。要在自定义的类中覆盖这个方法。

API **java.lang.Class 1.0**

- String getName()

  返回这个类的名字。

- Class getSuperclass()

  以 Class 对象的形式返回这个类的超类。

5.3　泛型数组列表

在许多程序设计语言，特别是在 C/C++ 语言中，必须在编译时就确定整个数组的大小。程序员对此十分反感，因为这样做将迫使程序员做出一些不情愿的折中。例如，一个部门有多少员工？肯定不会超过 100 人。一旦出现一个拥有 150 名员工的大型部门呢？另外，你愿意为那些仅有 10 名员工的部门浪费 90 个存储空间吗？

在 Java 中，情况就好多了。它允许在运行时确定数组的大小。

```
int actualSize = . . .;
var staff = new Employee[actualSize];
```

当然，这段代码并没有完全解决运行时动态更改数组的问题。一旦确定了数组的大小，就不能很容易地改变它了。在 Java 中，解决这个问题最简单的方法是使用 Java 中的另外一个类，名为 ArrayList。ArrayList 类类似于数组，但在添加或删除元素时，它能够自动地调整数组容量，而不需要为此编写任何代码。

ArrayList 是一个有类型参数（type parameter）的泛型类（generic class）。为了指定数组列表保存的元素对象的类型，需要用一对尖括号将类名括起来追加到 ArrayList 后面，例如，

ArrayList <Employee>。在第 8 章中将看到如何自定义一个泛型类，不过你并不需要了解使用
ArrayList 类型的任何技术细节。

下面几节将介绍如何处理数组列表。

5.3.1 声明数组列表

声明和构造一个保存 Employee 对象的数组列表：

```
ArrayList<Employee> staff = new ArrayList<Employee>();
```

在 Java 10 中，最好使用 var 关键字以避免重复写类名：

```
var staff = new ArrayList<Employee>();
```

如果没有使用 var 关键字，可以省去右边的类型参数：

```
ArrayList<Employee> staff = new ArrayList<>();
```

这称为"菱形"语法，因为空尖括号 <> 就像是一个菱形。可以结合 new 操作符使用菱形
语法。编译器会检查新值要做什么。如果赋值给一个变量，或传递给某个方法，或者从某个
方法返回，编译器会检查这个变量、参数或方法的泛型类型，然后将这个类型放在 <> 中。在
这个例子中，new ArrayList<>() 将赋值给一个类型为 ArrayList<Employee> 的变量，所以泛型类型
为 Employee。

⚠️ **警告**：如果使用 var 声明 ArrayList，就**不要**使用菱形语法。以下声明：

```
var elements = new ArrayList<>();
```

会生成一个 ArrayList<Object>。

📄 **注释**：Java 5 以前的版本没有提供泛型类，而是有一个保存 Object 类型元素的 ArrayList
类，它是一个"自适应大小"（one-size-fits-all）的集合。仍然可以使用没有后缀 <...>
的 ArrayList，这将被认为是删去了类型参数的一个"原始"类型。

📄 **注释**：在 Java 的老版本中，程序员使用 Vector 类实现动态数组。不过，ArrayList 类更
加高效，没有任何理由再使用 Vector 类。

使用 add 方法可以将元素添加到数组列表中。例如，下面展示了如何将 Employee 对象添加
到一个数组列表中：

```
staff.add(new Employee("Harry Hacker", . . .));
staff.add(new Employee("Tony Tester", . . .));
```

数组列表管理着一个内部的对象引用数组。最终，这个数组的空间有可能全部用尽。这
时就显现出数组列表的魅力了：如果调用 add 而内部数组已经满了，数组列表就会自动地创
建一个更大的数组，并将所有的对象从较小的数组中拷贝到较大的数组中。

如果已经知道或能够估计出数组可能存储的元素数量，就可以在填充数组之前调用
ensureCapacity 方法：

```
staff.ensureCapacity(100);
```

这个方法调用将分配一个包含 100 个对象的内部数组。这样一来，前 100 次 add 调用不会带来开销很大的重新分配空间。

另外，还可以把初始容量传递给 ArrayList 构造器：

```
ArrayList<Employee> staff = new ArrayList<>(100);
```

⚠️ **警告**：如下分配数组列表：

```
new ArrayList<>(100) // capacity is 100
```

这与分配一个新数组有所**不同**：

```
new Employee[100] // size is 100
```

数组列表的容量与数组的大小有一个非常重要的区别。如果分配一个有 100 个元素的数组，数组就有 100 个空位置（槽）可以使用。而容量为 100 个元素的数组列表只是**可能**保存 100 个元素（实际上也可以超过 100，不过要以重新分配空间为代价），但是在最初，甚至完成初始化构造之后，数组列表不包含任何元素。

size 方法将返回数组列表中包含的实际元素个数。例如，

```
staff.size()
```

将返回 staff 数组列表的当前元素个数，它等价于数组 a 的 a.length。

一旦能够确认数组列表的大小将保持恒定，不再发生变化，就可以调用 trimToSize 方法。这个方法将存储块的大小调整为保存当前元素数量所需要的存储空间。垃圾回收器将回收多余的存储空间。

一旦削减了数组列表的大小，添加新元素就需要花时间再次移动存储块，所以应该在确认不会再向数组列表添加任何元素时再调用 trimToSize。

C++ **注释**：ArrayList 类似于 C++ 的 vector 模板。ArrayList 与 vector 都是泛型类型。但是 C++ 的 vector 模板为了便于访问元素重载了 [ ] 运算符。由于 Java 没有运算符重载，所以必须调用显式的方法。此外，C++ 向量是按值拷贝。如果 a 和 b 是两个向量，赋值操作 a = b 将会构造一个与 b 长度相同的新向量 a，并将所有的元素由 b 拷贝到 a，而在 Java 中，这条赋值语句的操作结果是让 a 和 b 引用同一个数组列表。

API **java.util.ArrayList<E>**　1.2

- ArrayList<E>()
  构造一个空数组列表。

- ArrayList<E>(int initialCapacity)
  用指定容量构造一个空数组列表。

- boolean add(E obj)
  在数组列表的末尾追加一个元素。永远返回 true。

- int size()

  返回当前存储在数组列表中的元素个数。(当然，这个值永远不会大于数组列表的容量。)

- void ensureCapacity(int capacity)

  确保数组列表在不重新分配内部存储数组的情况下有足够的容量存储给定数量的元素。

- void trimToSize()

  将数组列表的存储容量削减到当前大小。

5.3.2 访问数组列表元素

很遗憾，天下没有免费的午餐。数组列表自动扩展容量的便利增加了访问元素语法的复杂程度。其原因是 ArrayList 类并不是 Java 程序设计语言的一部分；它只是由某个人编写并在标准库中提供的一个实用工具类。

不能使用我们喜爱的 [ ] 语法格式访问或改变数组的元素，而要使用 get 和 set 方法。

例如，要设置第 i 个元素，可以使用：

```
staff.set(i, harry);
```

它等价于对数组 a 的元素赋值 (与数组一样，下标值从 0 开始)：

```
a[i] = harry;
```

⚠ **警告**：只有当数组列表的大小大于 i 时，才能够调用 list.set(i,x)。例如，下面这段代码是错误的：

```
var list = new ArrayList<Employee>(100); // capacity 100, size 0
list.set(0, x); // no element 0 yet
```

要使用 add 方法为数组添加新元素，而不是 set 方法，set 方法只是用来替换数组中已经加入的元素。

要得到一个数组列表的元素，可以使用：

```
Employee e = staff.get(i);
```

这等价于：

```
Employee e = a[i];
```

📄 **注释**：没有泛型类时，原始的 ArrayList 类提供的 get 方法别无选择，只能返回 Object，因此，get 方法的调用者必须对返回值进行强制类型转换：

```
Employee e = (Employee) staff.get(i);
```

原始的 ArrayList 还存在一定的危险性。它的 add 和 set 方法接受任意类型的对象。对于下面这个调用

```
staff.set(i, "Harry Hacker");
```

它能正常编译而不会给出任何警告，只有在检索对象并试图对它进行强制类型转换时，才会发现有问题。如果使用 ArrayList<Employee>，编译器就会检测到这个错误。

下面这个技巧可以一举两得,既可以灵活地扩展数组,又可以方便地访问数组元素。首先,创建一个数组列表,并添加所有的元素。

```
var list = new ArrayList<X>();
while (. . .)
{
    x = . . .;
    list.add(x);
}
```

执行完上述操作后,使用 toArray 方法将数组元素拷贝到一个数组中。

```
var a = new X[list.size()];
list.toArray(a);
```

有时需要在数组列表的中间插入元素,为此可以使用 add 方法并提供一个索引参数。

```
int n = staff.size() / 2;
staff.add(n, e);
```

位置 n 及之后的所有元素都要向后移动一个位置,为新元素留出空间。插入新元素后,如果数组列表新的大小超过了容量,数组列表就会重新分配它的存储数组。

同样地,可以从数组列表中间删除一个元素:

```
Employee e = staff.remove(n);
```

位于这个位置之后的所有元素都向前移动一个位置,并且数组的大小减 1。

插入和删除元素的操作效率很低。对于较小的数组列表来说,不必担心这个问题。但如果存储的元素数比较多,又经常需要在中间插入、删除元素,就应该考虑使用链表了。有关如何用链表编程的内容将在第 9 章介绍。

可以使用"for each"循环遍历数组列表的内容:

```
for (Employee e : staff)
    do something with e
```

这个循环和下列代码具有相同的效果:

```
for (int i = 0; i < staff.size(); i++)
{
    Employee e = staff.get(i);
    do something with e
}
```

程序清单 5-11 是对第 4 章中的 EmployeeTest 做出修改后的程序。在这里,将 Employee[ ] 数组替换成了 ArrayList<Employee>。请注意下面的变化:

- 不必指定数组的大小。
- 使用 add 将任意多的元素添加到数组中。
- 使用 size() 而不是 length 统计元素个数。
- 使用 a.get(i) 而不是 a[i] 来访问元素。

程序清单 5-11　arrayList/ArrayListTest.java

```
1 package arrayList;
2
```

```
 3  import java.util.*;
 4
 5  /**
 6   * This program demonstrates the ArrayList class.
 7   * @version 1.11 2012-01-26
 8   * @author Cay Horstmann
 9   */
10  public class ArrayListTest
11  {
12     public static void main(String[] args)
13     {
14        // fill the staff array list with three Employee objects
15        var staff = new ArrayList<Employee>();
16
17        staff.add(new Employee("Carl Cracker", 75000, 1987, 12, 15));
18        staff.add(new Employee("Harry Hacker", 50000, 1989, 10, 1));
19        staff.add(new Employee("Tony Tester", 40000, 1990, 3, 15));
20
21        // raise everyone's salary by 5%
22        for (Employee e : staff)
23           e.raiseSalary(5);
24
25        // print out information about all Employee objects
26        for (Employee e : staff)
27           System.out.println("name=" + e.getName() + ",salary=" + e.getSalary() + ",hireDay="
28              + e.getHireDay());
29     }
30  }
```

API `java.util.ArrayList<E>` **1.2**

- E set(int index, E obj)

  将值 obj 放置在数组列表的指定索引位置，返回之前的内容。

- E get(int index)

  得到指定索引位置存储的值。

- void add(int index, E obj)

  后移元素从而将 obj 插入到指定索引位置。

- E remove(int index)

  删除指定索引位置的元素，并将后面的所有元素前移。返回所删除的元素。

5.3.3　类型化与原始数组列表的兼容性

在你自己的代码中，你可能总是想用类型参数来增加安全性。在本节中，你会了解如何与没有使用类型参数的遗留代码交互操作。

假设有下面这个遗留下来的类：

```
public class EmployeeDB
{
   public void update(ArrayList list) { . . . }
```

```
    public ArrayList find(String query) { . . . }
}
```

可以将一个类型化的数组列表传递给 update 方法，而并不需要进行任何强制类型转换。

```
ArrayList<Employee> staff = . . .;
employeeDB.update(staff);
```

可以将 staff 对象直接传递给 update 方法。

⚠️ **警告：**尽管编译器没有给出任何错误信息或警告，但是这样调用并不太安全。在 update 方法中，添加到数组列表中的元素可能不是 Employee 类型。访问这些元素时就会出现异常。听起来似乎很吓人，但思考一下就会发现，这种行为与 Java 中引入泛型之前是一样的。虚拟机的完整性并没有受到威胁。在这种情形下，没有降低安全性，但也未从编译时检查受益。

相反，将一个原始 ArrayList 赋给一个类型化 ArrayList 会得到一个警告。

```
ArrayList<Employee> result = employeeDB.find(query); // yields warning
```

📋 **注释：**为了能够看到警告的文本信息，编译时要提供选项 -Xlint:unchecked。

使用强制类型转换并不能避免出现警告。

```
ArrayList<Employee> result = (ArrayList<Employee>) employeeDB.find(query);
    // yields another warning
```

这样将会得到另外一个警告信息，指出类型转换有误。

这就是 Java 中不尽如人意的泛型类型限制所带来的结果。出于兼容性的考虑，编译器检查到没有发现违反规则的现象之后，就将所有的类型化数组列表转换成原始 ArrayList 对象。在程序运行时，所有的数组列表都是一样的，即虚拟机中没有类型参数。因此，强制类型转换（ArrayList）和（ArrayList<Employee>）将执行相同的运行时检查。

在这种情形下，你并不能做什么。在与遗留的代码交互时，要研究编译器的警告，确保这些警告不太严重就行了。

一旦确保问题不太严重，可以用 @SuppressWarnings("unchecked") 注解来标记接受强制类型转换的变量，如下所示：

```
@SuppressWarnings("unchecked") ArrayList<Employee> result
    = (ArrayList<Employee>) employeeDB.find(query); // yields another warning
```

5.4　对象包装器与自动装箱

有时，需要将 int 这样的基本类型转换为对象。所有的基本类型都有一个与之对应的类。例如，Integer 类对应基本类型 int。通常，这些类称为包装器（wrapper）。这些包装器类有显而易见的名字：Integer、Long、Float、Double、Short、Byte、Character 和 Boolean（前 6 个类派生于公共的超类 Number）。包装器类是不可变的，即一旦构造了包装器，就不允许更改包装在其中的值。同时，包装器类还是 final，因此不能派生它们的子类。

假设想要定义一个整型数组列表。遗憾的是，尖括号中的类型参数不允许是基本类型，也就是说，不允许写成 ArrayList<**int**>。这里就可以用到 Integer 包装器类。我们可以声明一个 Integer 对象的数组列表。

```
var list = new ArrayList<Integer>();
```

⚠ **警告**：*由于每个值分别包装在对象中，所以 ArrayList<Integer> 的效率远远低于 int[ ] 数组。因此，只有当程序员操作的方便性比执行效率更重要的时候，才会考虑对较小的集合使用这种构造。*

幸运的是，有一个很有用的特性，从而可以很容易地向 ArrayList<Integer> 添加 int 类型的元素。下面这个调用

```
list.add(3);
```

将自动地变换成

```
list.add(Integer.valueOf(3));
```

这种变换称为自动装箱（autoboxing）。

📄 **注释**：*大家可能认为**自动包装**（autowrapping）与包装器更一致，不过"装箱"（boxing）这个词源于 C#。*

相反地，当将一个 Integer 对象赋给一个 int 值时，将会自动地拆箱。也就是说，编译器将以下语句：

```
int n = list.get(i);
```

转换成

```
int n = list.get(i).intValue();
```

自动地装箱和拆箱甚至也适用于算术表达式。例如，可以将自增运算符应用于一个包装器引用：

```
Integer n = 3;
n++;
```

编译器将自动地插入一条对象拆箱的指令，然后进行自增计算，最后再将结果装箱。

大多数情况下容易有一种假象，认为基本类型与它们的对象包装器是一样的。但它们有一点有很大不同：同一性。大家知道，== 运算符可以应用于包装器对象，不过检测的是对象是否有相同的内存位置，因此，下面的比较通常会失败：

```
Integer a = 1000;
Integer b = 1000;
if (a == b) . . .
```

不过，Java 实现却有可能（如果选择这么做）让它成立。如果将经常出现的值包装到相同的对象中，这种比较就可能成功。这种不确定的结果并不是我们所希望的。解决这个问题

的办法是在比较两个包装器对象时调用 equals 方法。

> 📋 **注释**：自动装箱规范要求 boolean、byte、char≤127，介于 -128 和 127 之间的 short 和 int 被包装到固定的对象中。例如，如果在前面的例子中将 a 和 b 初始化为 100，那么它们的比较结果一定成功。

关于自动装箱还有几点需要说明。首先，由于包装器类引用可以为 null，所以自动装箱有可能会抛出一个 NullPointerException 异常：

```
Integer n = null;
System.out.println(2 * n); // throws NullPointerException
```

另外，如果在一个条件表达式中混合使用 Integer 和 Double 类型，Integer 值就会拆箱，提升为 double，再装箱为 Double：

```
Integer n = 1;
Double x = 2.0;
System.out.println(true ? n : x); // prints 1.0
```

最后强调一下，装箱和拆箱是编译器要做的工作，而不是虚拟机。编译器在生成类的字节码时会插入必要的方法调用。虚拟机只是执行这些字节码。

使用数值包装器通常还有一个原因。Java 设计者发现，可以将某些基本方法放在包装器中，这会很方便，例如，将一个数字字符串转换成数值。

要想将字符串转换成整型，可以使用下面这条语句：

```
int x = Integer.parseInt(s);
```

这里与 Integer 对象没有任何关系，parseInt 是一个静态方法。但 Integer 类是放置这个方法的一个好地方。

API 注释展示了 Integer 类中包含的一些重要方法。其他数值类也实现了相应的方法。

> ⚠ **警告**：有些人认为包装器类可以用来实现修改数值参数的方法，然而这是错误的。在第 4 章中曾经讲到，由于 Java 方法的参数总是按值传递，所以不可能编写一个能够增加整型参数值的 Java 方法。
>
> ```
> public static void triple(int x) // won't work
> {
>    x = 3 * x; // modifies local variable
> }
> ```
>
> 将 int 替换成 Integer 又会怎样呢？
>
> ```
> public static void triple(Integer x) // won't work
> {
>    ...
> }
> ```
>
> 问题是 Integer 对象是**不可变的**：包含在包装器中的内容不会改变。不能使用这些包装器类创建会修改数值参数的方法。
>
> 如果确实想编写一个修改数值参数值的方法，可以使用 org.omg.CORBA 包中定义的

某个**持有者**（holder）类型，包括 IntHolder、BooleanHolder 等。每个持有者类型都包含一个公共（!）字段 value，通过它可以访问存储在其中的值。

```
public static void triple(IntHolder x)
{
    x.value = 3 * x.value;
}
```

API **java.lang.Integer 1.0**

- int intValue()

　将这个 Integer 对象的值作为一个 int 返回（覆盖 Number 类中的 intValue 方法）。

- static String toString(int i)

　返回一个新的 String 对象，表示指定数值 i 的十进制表示。

- static String toString(int i, int radix)

　返回数值 i 基于 radix 参数指定进制的表示。

- static int parseInt(String s)
- static int parseInt(String s, int radix)
- 返回字符串 s 表示的整数，指定字符串必须表示一个十进制整数（第一种方法），或者采用 radix 参数指定的进制（第二种方法）。
- static Integer valueOf(String s)
- static Integer valueOf(String s, int radix)

　返回一个新的 Integer 对象，用字符串 s 表示的整数初始化。指定字符串必须表示一个十进制整数（第一种方法），或者采用 radix 参数指定的进制（第二种方法）。

API **java.text.NumberFormat 1.1**

- Number parse(String s)

　返回数字值，假设给定的 String 表示一个数值。

5.5　参数数量可变的方法

可以提供参数数量可变的方法（有时这些方法被称为"变参"（varargs）方法）。

前面已经看到过这样一个方法：printf。例如，下面的方法调用：

```
System.out.printf("%d", n);
```

和

```
System.out.printf("%d %s", n, "widgets");
```

这两条语句都调用同一个方法，不过一个调用有两个参数，另一个调用有三个参数。

printf 方法是这样定义的：

```
public class PrintStream
```

```
{
    public PrintStream printf(String fmt, Object... args) { return format(fmt, args); }
}
```

这里的省略号 ... 是 Java 代码的一部分，它表明这个方法可以接收任意数量的对象（除 fmt 参数之外）。

实际上，printf 方法接收两个参数，一个是格式字符串，另一个是 Object[] 数组，其中保存着所有其他参数（如果调用者提供的是整数或者其他基本类型的值，会把它们自动装箱为对象）。现在不可避免地要扫描 fmt 字符串，并将第 i 个格式说明符与 args[i] 的值匹配起来。

换句话说，对于 printf 的实现者来说，Object... 参数类型与 Object[] 完全一样。

编译器需要转换每个 printf 调用，将参数绑定到数组中，并在必要的时候进行自动装箱：

```
System.out.printf("%d %s", new Object[] { new Integer(n), "widgets" } );
```

你自己也可以定义有可变参数的方法，可以为参数指定任意类型，甚至是基本类型。下面是一个简单的示例：这个函数会计算若干个数值中的最大值（数值个数可变）。

```
public static double max(double... values)
{
    double largest = Double.NEGATIVE_INFINITY;
    for (double v : values) if (v > largest) largest = v;
    return largest;
}
```

可以像下面这样调用这个方法：

```
double m = max(3.1, 40.4, -5);
```

编译器将 new double[ ] {3.1, 40.4, –5} 传递给 max 方法。

> 📄 **注释**：允许将数组作为最后一个参数传递给有可变参数的方法。例如：
>
> ```
> System.out.printf("%d %s", new Object[] { new Integer(1), "widgets" } );
> ```
>
> 因此，如果一个已有方法的最后一个参数是数组，可以把它重新定义为有可变参数的方法，而不会破坏任何已有的代码。例如，Java 5 中就采用这种方式增强了 MessageFormat.format。如果愿意，甚至可以将 main 方法声明为以下形式：
>
> ```
> public static void main(String... args)
> ```

5.6　枚举类

我们在第 3 章已经看到如何定义枚举类型。下面是一个典型的例子：

```
public enum Size { SMALL, MEDIUM, LARGE, EXTRA_LARGE }
```

实际上，这个声明定义的类型是一个类，它刚好有 4 个实例，不可能构造新的对象。

因此，在比较两个枚举类型的值时，并不需要调用 equals，直接使用“==”就可以了。

如果需要的话，可以为枚举类型增加构造器、方法和字段。当然，构造器只是在构造枚举常量的时候调用。下面是一个示例：

```
public enum Size
{
   SMALL("S"), MEDIUM("M"), LARGE("L"), EXTRA_LARGE("XL");

   private String abbreviation;

   private Size(String abbreviation) { this.abbreviation = abbreviation; }
   public String getAbbreviation() { return abbreviation; }
}
```

枚举的构造器总是私有的。可以像前例中一样省略 private 修饰符。如果声明一个 enum 构造器为 public 或 protected，会出现语法错误。

所有的枚举类型都是 Enum 类的子类。它们继承了这个类的许多方法。其中最有用的一个是 toString，这个方法会返回枚举常量名。例如，Size.SMALL.toString() 将返回字符串 "SMALL"。

toString 的逆方法是静态方法 valueOf。例如，以下语句：

```
Size s = Enum.valueOf(Size.class, "SMALL");
```

将 s 设置成 Size.SMALL。

每个枚举类型都有一个静态的 values 方法，它将返回一个包含全部枚举值的数组。例如，如下调用

```
Size[] values = Size.values();
```

返回包含元素 Size.SMALL、Size.MEDIUM、Size.LARGE 和 Size.EXTRA_LARGE 的数组。

ordinal 方法返回 enum 声明中枚举常量的位置，位置从 0 开始计数。例如：Size.MEDIUM. ordinal() 返回 1。

程序清单 5-12 中的小程序演示了如何处理枚举类型。

> 注释：Enum 类有一个类型参数，不过为简单起见我们省略了这个类型参数。例如，实际上枚举类型 Size 扩展了 Enum<Size>。类型参数会在 compareTo 方法中使用（compareTo 方法在第 6 章中介绍，类型参数在第 8 章中介绍）。

程序清单 5-12　enums/EnumTest.java

```
 1  package enums;
 2
 3  import java.util.*;
 4
 5  /**
 6   * This program demonstrates enumerated types.
 7   * @version 1.0 2004-05-24
 8   * @author Cay Horstmann
 9   */
10  public class EnumTest
11  {
12     public static void main(String[] args)
13     {
14        var in = new Scanner(System.in);
15        System.out.print("Enter a size: (SMALL, MEDIUM, LARGE, EXTRA_LARGE) ");
```

```
16          String input = in.next().toUpperCase();
17          Size size = Enum.valueOf(Size.class, input);
18          System.out.println("size=" + size);
19          System.out.println("abbreviation=" + size.getAbbreviation());
20          if (size == Size.EXTRA_LARGE)
21             System.out.println("Good job--you paid attention to the _.");
22       }
23    }
24
25    enum Size
26    {
27       SMALL("S"), MEDIUM("M"), LARGE("L"), EXTRA_LARGE("XL");
28
29       private Size(String abbreviation) { this.abbreviation = abbreviation; }
30       public String getAbbreviation() { return abbreviation; }
31
32       private String abbreviation;
33    }
```

API **java.lang.Enum<E> 5**

- static Enum valueOf(Class enumClass, String name)
  返回给定类中有指定名字的枚举常量。
- String toString()
  返回枚举常量名。
- int ordinal()
  返回枚举常量在 enum 声明中的位置，位置从 0 开始计数。
- int compareTo(E other)
  如果枚举常量出现在 other 之前，返回一个负整数；如果 this==other，则返回 0；否则，返回一个正整数。枚举常量的出现次序在 enum 声明中给出。

5.7 反射

反射库（reflection library）提供了一个丰富且精巧的工具集，可以用来编写能够动态操纵 Java 代码的程序。使用反射，Java 可以支持用户界面生成器、对象关系映射器以及很多其他需要动态查询类能力的开发工具。

能够分析类能力的程序称为反射（reflective）。反射机制的功能极其强大，在下面几小节可以看到，反射机制可以用来：

- 在运行时分析类的能力。
- 在运行时检查对象，例如，编写一个适用于所有类的 toString 方法。
- 实现泛型数组操作代码。
- 利用 Method 对象，这个对象很像 C++ 中的函数指针。

反射是一种功能强大且复杂的机制。主要是开发工具的程序员对它感兴趣，一般的应用程序员并不需要考虑反射机制。如果你只对编写应用程序感兴趣，而不是要为其他 Java 程序员构建工具，可以跳过本章的剩余部分，等以后再返回来学习。

5.7.1 Class 类

在程序运行期间，Java 运行时系统始终为所有对象维护一个运行时类型标识。这个信息会跟踪每个对象所属的类。虚拟机利用运行时类型信息选择要执行的正确的方法。

不过，可以使用一个特殊的 Java 类访问这些信息。保存这些信息的类名为 Class，这个名字有些让人困惑。Object 类中的 getClass( ) 方法将会返回一个 Class 类型的实例。

```
Employee e;
. . .
Class cl = e.getClass();
```

就像 Employee 对象描述一个特定员工的属性一样，Class 对象会描述一个特定类的属性。可能最常用的 Class 方法就是 getName。这个方法将返回类的名字。例如，下面这条语句：

```
System.out.println(e.getClass().getName() + " " + e.getName());
```

如果 e 是一个员工，则会输出：

```
Employee Harry Hacker
```

如果 e 是经理，则会输出：

```
Manager Harry Hacker
```

如果类在一个包里，包的名字也作为类名的一部分：

```
var generator = new Random();
Class cl = generator.getClass();
String name = cl.getName(); // name is set to "java.util.Random"
```

还可以使用静态方法 forName 获得类名对应的 Class 对象。

```
String className = "java.util.Random";
Class cl = Class.forName(className);
```

如果类名保存在一个字符串中，这个字符串会在运行时变化，就可以使用这个方法。如果 className 是一个类名或接口名，这个方法可以正常执行。否则，forName 方法将抛出一个检查型异常（checked exception）。无论何时使用这个方法，都应该提供一个异常处理器（exception handler）。关于如何提供异常处理器，请参看下一节。

> ✔️ **提示：** 在启动时，包含 main 方法的类被加载。它会加载所有需要的类。这些被加载的类又要加载它们需要的类，以此类推。对于一个大型的应用程序来说，这将会花费很长时间，用户会因此感到不耐烦。可以使用下面这个技巧给用户一种启动速度比较快的假象。不过，要确保包含 main 方法的类没有显式地引用其他的类。首先，显示一个启动画面；然后，通过调用 Class.forName 手工地强制加载其他类。

获得 Class 类对象的第三种方法是一个很方便的快捷方式。如果 T 是任意的 Java 类型

(或 void 关键字)，T.class 将代表匹配的类对象。例如：

```
Class cl1 = Random.class; // if you import java.util.*;
Class cl2 = int.class;
Class cl3 = Double[].class;
```

请注意，一个 Class 对象实际上表示的是一个类型，这可能是类，也可能不是类。例如，int 不是类，但 int.class 是一个 Class 类型的对象。

📄 **注释**：Class 类实际上是一个泛型类。例如，Employee.class 的类型是 Class<Employee>。我们没有深究这个问题的原因是：它将已经很抽象的概念变得更加复杂。在大多数实际问题中，可以忽略类型参数，而使用原始的 Class 类。有关这个问题更详细的介绍请参看第 8 章。

⚠️ **警告**：鉴于历史原因，getName 方法在应用于数组类型的时候会返回有些奇怪的名字：
- Double[].class.getName() 返回 "[Ljava.lang.Double;".
- int[].class.getName() 返回 "[I".

虚拟机为每个类型管理一个唯一的 Class 对象。因此，可以利用 == 运算符实现两个类对象的比较。例如，

```
if (e.getClass() == Employee.class) . . .
```

如果 e 是一个 Employee 实例，这个测试将通过。与条件 e instanceof Employee 不同，如果 e 是某个子类（如 Manager）的实例，这个测试将失败。

如果有一个 Class 类型的对象，可以用它构造类的实例。调用 getConstructor 方法将得到一个 Constructor 类型的对象，然后使用 newInstance 方法来构造一个实例。例如：

```
var className = "java.util.Random"; // or any other name of a class with
                                    // a no-arg constructor
Class cl = Class.forName(className);
Object obj = cl.getConstructor().newInstance();
```

如果这个类没有无参数的构造器，getConstructor 方法会抛出一个异常。可以参见 5.7.7 节了解如何调用其他构造器。

📄 **注释**：有一个已经废弃的 Class.toInstance 方法，它也可以用无参数构造器构造一个实例。不过，如果构造器抛出一个检查型异常，这个异常将不做任何检查重新抛出。这违反了编译时异常检查的原则。与之不同，Constructor.newInstance 会把所有构造器异常包装到一个 InvocationTargetException 中。

C++ **注释**：newInstance 方法相当于 C++ 中的**虚拟构造器**概念。不过，C++ 中的虚拟构造器不是一个语言特性，而是需要一个专业库支持的习惯用法。Class 类类似于 C++ 中的 type_info 类，getClass 方法则等价于 typeid 运算符。不过，Java 的 Class 比 type_info 功能更全面。C++ 的 type_info 只能给出表示类型名的一个字符串，而不能创建那个类型的新对象。

API java.lang.Class 1.0

- static Class forName(String className)

  返回一个 Class 对象，表示名为 className 的类。

- Constructor getConstructor(Class... parameterTypes) **1.1**

  生成一个对象，描述有指定参数类型的构造器。参见 5.7.7 节更多地了解如何提供参数类型。

API java.lang.reflect.Constructor **1.1**

- Object newInstance(Object... params)

  将 params 传递到构造器，来构造这个构造器声明类的一个新实例。参见 5.7.7 节更多地了解如何提供参数。

API java.lang.Throwable 1.0

- void printStackTrace()

  将 Throwable 对象和堆栈轨迹打印到标准错误流。

5.7.2　声明异常入门

我们将在第 7 章中全面地介绍异常处理机制，但现在时常遇到一些可能抛出异常的方法。当运行时发生错误时，程序就会"抛出一个异常"。抛出异常比终止程序要灵活得多，这是因为可以提供一个处理器（handler）"捕获"这个异常并进行处理。

如果没有提供处理器，程序就会终止，并在控制台上打印出一个消息，给出异常的类型。你可能在前面已经看到过一些异常报告，例如，偶然使用了 null 引用或者数组越界等。

异常有两种类型：非检查型（unchecked）异常和检查型（checked）异常。对于检查型异常，编译器将会检查你（程序员）是否知道这个异常并做好准备来处理后果。不过，有很多常见的异常，例如，越界错误或者访问 null 引用，都属于非检查型异常。编译器并不期望你为这些异常提供处理器。毕竟，你应该集中精力避免这些错误的发生，而不要将精力花在编写异常处理器上。

不是所有的错误都是可以避免的。如果竭尽全力还是可能发生异常，大多数 Java API 都会抛出一个检查型异常。Class.forName 方法就是一个例子。没有办法确保有指定名字的类一定存在。在第 7 章中，将会看到几种异常处理的策略。现在我们只介绍最简单的一个策略。

如果一个方法包含一条可能抛出检查型异常的语句，则在方法名上增加一个 throws 子句。

```java
public static void doSomethingWithClass(String name)
    throws ReflectiveOperationException
{
    Class cl = Class.forName(name); // might throw exception
    do something with cl
}
```

调用这个方法的任何方法也都需要一个 throws 声明。这也包括 main 方法。如果一个异常确实出现，main 方法将终止并提供一个堆栈轨迹。（在第 7 章中你将了解如何捕获异常而不是因异常终止程序。）

只需要为检查型异常提供一个 throws 子句。很容易找出哪些方法会抛出检查型异常——只要你调用了一个可能抛出检查型异常的方法而没有提供相应的异常处理器，编译器就会报错。

5.7.3 资源

类通常有一些关联的数据文件，例如：

- 图像和声音文件。
- 包含消息字符串和按钮标签的文本文件。

在 Java 中，这些关联的文件被称为资源（resource）。

例如，考虑一个显示如下消息的对话框，如图 5-3 所示。

当然，在面板中的书名和版权年限将会在出版下一版图书时发生变化。为了易于追踪这个变化，我们希望将文本放在一个文件中，而不是以字符串的形式硬编码写到代码中。

但是应该将 about.txt 这样的文件放在哪儿呢？当然，将它与其他程序文件一起放在 JAR 文件中是最方便的。

Class 类提供了一个很有用的服务可以查找资源文件。下面给出必要的步骤：

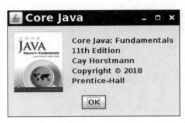

图 5-3　显示图像和文本资源

1. 获得拥有资源的类的 Class 对象，例如，ResourceTest.class。

2. 有些方法，如 ImageIcon 类的 getImage 方法，接受描述资源位置的 URL。则要调用

```
URL url = cl.getResource("about.gif");
```

3. 否则，使用 getResourceAsStream 方法得到一个输入流来读取文件中的数据。

这里的重点在于 Java 虚拟机知道如何查找一个类，所以它能搜索相同位置上的关联资源。例如，假设类 ResourceTest 在一个 resources 包中。ResourceTest.class 文件就位于 resources 目录中，可以把一个图标文件放在同一目录下。

除了可以将资源文件与类文件放在同一个目录中，还可以提供一个相对或绝对路径，如：

```
data/about.txt
/corejava/title.txt
```

文件的自动装载是利用资源加载特性完成的。没有标准的方法来解释资源文件的内容。每个程序必须有自己的方法来解释它的资源文件。

另一个经常使用资源的地方是程序的国际化。与语言相关的字符串，如消息和用户界面标签都存放在资源文件中，每种语言对应一个文件。国际化 API（internationalization API）将在卷 II 的第 7 章中讨论。这些 API 支持一种标准方法来组织和访问本地化文件。

程序清单 5-13 的程序展示了资源加载。（先不用担心读取文本和显示对话框的代码，这些内容稍后会详细介绍。）编译、构建一个 JAR 文件并执行：

```
javac resource/ResourceTest.java
jar cvfe ResourceTest.jar resources.ResourceTest \
  resources/*.class resources/*.gif resources/data/*.txt corejava/*.txt
java -jar ResourceTest.jar
```

将 JAR 文件移到另外一个不同的目录中，再运行它，以确认程序是从 JAR 文件中而不是从当前目录中读取资源。

程序清单 5-13　resource/ResourceTest.java

```
 1  package resources;
 2
 3  import java.io.*;
 4  import java.net.*;
 5  import java.nio.charset.*;
 6  import javax.swing.*;
 7
 8  /**
 9   * @version 1.5 2018-03-15
10   * @author Cay Horstmann
11   */
12  public class ResourceTest
13  {
14     public static void main(String[] args) throws IOException
15     {
16        Class cl = ResourceTest.class;
17        URL aboutURL = cl.getResource("about.gif");
18        var icon = new ImageIcon(aboutURL);
19
20        InputStream stream = cl.getResourceAsStream("data/about.txt");
21        var about = new String(stream.readAllBytes(), "UTF-8");
22
23        InputStream stream2 = cl.getResourceAsStream("/corejava/title.txt");
24        var title = new String(stream2.readAllBytes(), StandardCharsets.UTF_8).trim();
25
26        JOptionPane.showMessageDialog(null, about, title, JOptionPane.INFORMATION_MESSAGE, icon);
27     }
28  }
```

API **java.lang.Class 1.0**

- URL getResource(String name) **1.1**
- InputStream getResourceAsStream(String name) **1.1**

  找到与类位于同一位置的资源，返回一个可以用来加载资源的 URL 或者输入流。如果没有找到资源，则返回 null，所以不会抛出异常或者 I/O 错误。

5.7.4　利用反射分析类的能力

下面简要介绍反射机制最重要的内容——检查类的结构。

在 java.lang.reflect 包中有三个类 Field、Method 和 Constructor 分别用于描述类的字段、方法和构造器。这三个类都有一个叫做 getName 的方法，用来返回字段、方法或构造器的名称。

Field 类有一个 getType 方法，用来返回描述字段类型的一个对象，这个对象的类型同样是 Class。Method 和 Constructor 类有报告参数类型的方法，Method 类还有一个报告返回类型的方法。这三个类都有一个名为 getModifiers 的方法，它将返回一个整数，用不同的 0/1 位描述所使用的修饰符，如 public 和 static。另外，还可以利用 java.lang.reflect 包中 Modifier 类的静态方法分析 getModifiers 返回的这个整数。例如，可以使用 Modifier 类中的 isPublic、isPrivate 或 isFinal 判断方法或构造器是 public、private 还是 final。我们需要做的就是在 getModifiers 返回的整数上调用 Modifier 类中适当的方法，另外，还可以利用 Modifier.toString 方法将修饰符打印出来。

Class 类中的 getFields、getMethods 和 getConstructors 方法将分别返回这个类支持的公共字段、方法和构造器的数组，其中包括超类的公共成员。Class 类的 getDeclareFields、getDeclareMethods 和 getDeclaredConstructors 方法将分别返回类中声明的全部字段、方法和构造器的数组，其中包括私有成员、包成员和受保护成员，但不包括超类的成员。

程序清单 5-14 显示了如何打印一个类的全部信息。这个程序将提醒用户输入类名，然后输出类中所有的方法和构造器的签名，以及全部实例字段名。假如输入

```
java.lang.Double
```

这个程序将会输出：

```
public class java.lang.Double extends java.lang.Number
{
    public java.lang.Double(java.lang.String);
    public java.lang.Double(double);

    public int hashCode();
    public int compareTo(java.lang.Object);
    public int compareTo(java.lang.Double);
    public boolean equals(java.lang.Object);
    public java.lang.String toString();
    public static java.lang.String toString(double);
    public static java.lang.Double valueOf(java.lang.String);
    public static boolean isNaN(double);
    public boolean isNaN();
    public static boolean isInfinite(double);
    public boolean isInfinite();
    public byte byteValue();
    public short shortValue();
    public int intValue();
    public long longValue();
    public float floatValue();
    public double doubleValue();
    public static double parseDouble(java.lang.String);
    public static native long doubleToLongBits(double);
    public static native long doubleToRawLongBits(double);
    public static native double longBitsToDouble(long);

    public static final double POSITIVE_INFINITY;
    public static final double NEGATIVE_INFINITY;
    public static final double NaN;
    public static final double MAX_VALUE;
```

```
        public static final double MIN_VALUE;
        public static final java.lang.Class TYPE;
        private double value;
        private static final long serialVersionUID;
    }
```

值得注意的是，这个程序可以分析 Java 解释器能够加载的任何类，而不仅仅是编译程序时可以使用的类。在下一章中，还将使用这个程序查看 Java 编译器自动生成的内部类。

程序清单 5-14   reflection/ReflectionTest.java

```
 1  package reflection;
 2
 3  import java.util.*;
 4  import java.lang.reflect.*;
 5
 6  /**
 7   * This program uses reflection to print all features of a class.
 8   * @version 1.11 2018-03-16
 9   * @author Cay Horstmann
10   */
11  public class ReflectionTest
12  {
13     public static void main(String[] args)
14           throws ReflectiveOperationException
15     {
16        // read class name from command line args or user input
17        String name;
18        if (args.length > 0) name = args[0];
19        else
20        {
21           var in = new Scanner(System.in);
22           System.out.println("Enter class name (e.g. java.util.Date): ");
23           name = in.next();
24        }
25
26        // print class name and superclass name (if != Object)
27        Class cl = Class.forName(name);
28        Class supercl = cl.getSuperclass();
29        String modifiers = Modifier.toString(cl.getModifiers());
30        if (modifiers.length() > 0) System.out.print(modifiers + " ");
31        System.out.print("class " + name);
32        if (supercl != null && supercl != Object.class) System.out.print(" extends "
33              + supercl.getName());
34
35        System.out.print("\n{\n");
36        printConstructors(cl);
37        System.out.println();
38        printMethods(cl);
39        System.out.println();
40        printFields(cl);
41        System.out.println("}");
42     }
43
44     /**
```

```
45      * Prints all constructors of a class
46      * @param cl a class
47      */
48     public static void printConstructors(Class cl)
49     {
50        Constructor[] constructors = cl.getDeclaredConstructors();
51
52        for (Constructor c : constructors)
53        {
54           String name = c.getName();
55           System.out.print("   ");
56           String modifiers = Modifier.toString(c.getModifiers());
57           if (modifiers.length() > 0) System.out.print(modifiers + " ");
58           System.out.print(name + "(");
59
60           // print parameter types
61           Class[] paramTypes = c.getParameterTypes();
62           for (int j = 0; j < paramTypes.length; j++)
63           {
64              if (j > 0) System.out.print(", ");
65              System.out.print(paramTypes[j].getName());
66           }
67           System.out.println(");");
68        }
69     }
70
71     /**
72      * Prints all methods of a class
73      * @param cl a class
74      */
75     public static void printMethods(Class cl)
76     {
77        Method[] methods = cl.getDeclaredMethods();
78
79        for (Method m : methods)
80        {
81           Class retType = m.getReturnType();
82           String name = m.getName();
83
84           System.out.print("   ");
85           // print modifiers, return type and method name
86           String modifiers = Modifier.toString(m.getModifiers());
87           if (modifiers.length() > 0) System.out.print(modifiers + " ");
88           System.out.print(retType.getName() + " " + name + "(");
89
90           // print parameter types
91           Class[] paramTypes = m.getParameterTypes();
92           for (int j = 0; j < paramTypes.length; j++)
93           {
94              if (j > 0) System.out.print(", ");
95              System.out.print(paramTypes[j].getName());
96           }
97           System.out.println(");");
98        }
99     }
```

```
100
101    /**
102     * Prints all fields of a class
103     * @param cl a class
104     */
105    public static void printFields(Class cl)
106    {
107       Field[] fields = cl.getDeclaredFields();
108
109       for (Field f : fields)
110       {
111          Class type = f.getType();
112          String name = f.getName();
113          System.out.print("   ");
114          String modifiers = Modifier.toString(f.getModifiers());
115          if (modifiers.length() > 0) System.out.print(modifiers + " ");
116          System.out.println(type.getName() + " " + name + ";");
117       }
118    }
119 }
```

API **java.lang.Class 1.0**

- Field[] getFields() **1.1**
- Field[] getDeclaredFields() **1.1**

  getFields 方法将返回一个包含 Field 对象的数组，这些对象对应这个类或其超类的公共字段。getDeclaredField 方法也返回包含 Field 对象的数组，这些对象对应这个类的全部字段。如果类中没有字段，或者 Class 对象描述的是基本类型或数组类型，这些方法将返回一个长度为 0 的数组。

- Method[] getMethods() **1.1**
- Method[] getDeclaredMethods() **1.1**

  返回包含 Method 对象的数组：getMethods 将返回所有的公共方法，包括从超类继承来的公共方法；getDeclaredMethods 返回这个类或接口的全部方法，但不包括由超类继承的方法。

- Constructor[] getConstructors() **1.1**
- Constructor[] getDeclaredConstructors() **1.1**

  返回包含 Constructor 对象的数组，其中包含 Class 对象所表示的类的所有公共构造器（getConstructors）或全部构造器（getDeclaredConstructors）。

- String getPackageName() **9**

  得到包含这个类型的包的包名，如果这个类型是一个数组类型，则返回元素类型所属的包，或者如果这个类型是一个基本类型，则返回 "java.lang"。

API **java.lang.reflect.Field 1.1**
java.lang.reflect.Method 1.1
java.lang.reflect.Constructor 1.1

- Class getDeclaringClass()

返回一个 Class 对象，表示定义了这个构造器、方法或字段的类。

- Class[] getExceptionTypes()（在 Constructor 和 Method classes 类中）

    返回一个 Class 对象数组，其中各个对象表示这个方法所抛出异常的类型。

- int getModifiers()

    返回一个整数，描述这个构造器、方法或字段的修饰符。使用 Modifier 类中的方法来分析这个返回值。

- String getName()

    返回一个表示构造器名、方法名或字段名的字符串。

- Class[] getParameterTypes()（在 Constructor 和 Method classes 类中）

    返回一个 Class 对象数组，其中各个对象表示参数的类型。

- Class getReturnType()（在 Method 类中）

    返回一个用于表示返回类型的 Class 对象。

API **java.lang.reflect.Modifier** 1.1

- static String toString(int modifiers)

    返回一个字符串，包含对应 modifiers 中位设置的修饰符。

- static boolean isAbstract(int modifiers)
- static boolean isFinal(int modifiers)
- static boolean isInterface(int modifiers)
- static boolean isNative(int modifiers)
- static boolean isPrivate(int modifiers)
- static boolean isProtected(int modifiers)
- static boolean isPublic(int modifiers)
- static boolean isStatic(int modifiers)
- static boolean isStrict(int modifiers)
- static boolean isSynchronized(int modifiers)
- static boolean isVolatile(int modifiers)

    这些方法将检测 modifiers 值中与方法名中修饰符对应的二进制位[⊖]。

5.7.5 使用反射在运行时分析对象

从前面一节中，我们已经知道如何查看任意对象数据字段字段的名字和类型：

- 获得对应的 Class 对象。
- 在这个 Class 对象上调用 getDeclaredFields。

本节将进一步查看字段的具体内容。当然，在编写程序时，如果知道想要查看的字段名和类型，查看对象中指定字段的内容是一件很容易的事情。而利用反射机制可以查看在编译

⊖ 如 isAbstract 方法就是检查 modifiers 值中对应修饰符 abstract 的二进制位。——译者注

时还不知道的对象字段。

要做到这一点，关键方法是 Field 类中的 get 方法。如果 f 是一个 Field 类型的对象（例如，通过 getDeclaredFields 得到的对象），obj 是某个包含 f 字段的类的对象，f.get(obj) 将返回一个对象，其值为 obj 的当前字段值。这样说起来显得有点抽象，下面来看一个程序。

```
var harry = new Employee("Harry Hacker", 50000, 10, 1, 1989);
Class cl = harry.getClass();
    // the class object representing Employee
Field f = cl.getDeclaredField("name");
    // the name field of the Employee class
Object v = f.get(harry);
    // the value of the name field of the harry object, i.e.,
    // the String object "Harry Hacker"
```

当然，不仅可以获得值，也可以设置值。调用 f.set(obj,value) 将把对象 obj 的 f 表示的字段设置为新值。

实际上，这段代码存在一个问题。由于 name 是一个私有字段，所以 get 和 set 方法会抛出一个 IllegalAccessException。只能对可以访问的字段使用 get 和 set 方法。Java 安全机制允许查看一个对象有哪些字段，但是除非拥有访问权限，否则不允许读写那些字段的值。

反射机制的默认行为受限于 Java 的访问控制。不过，可以调用 Field、Method 或 Constructor 对象的 setAccessible 方法覆盖 Java 的访问控制。例如，

```
f.setAccessible(true); // now OK to call f.get(harry)
```

setAccessible 方法是 AccessibleObject 类中的一个方法，它是 Field、Method 和 Constructor 类的公共超类。这个特性是为调试、持久存储和类似机制提供的。本节稍后将利用它编写一个通用的 toString 方法。

如果不允许访问，setAccessible 调用会抛出一个异常。访问可以被模块系统（见卷 II 的第 9 章）或安全管理器（卷 II 的第 10 章）拒绝。安全管理器并不常用。不过，在 Java 9 中，由于 Java API 是模块化的，每个程序都包含模块。

由于太多的库都使用了反射，所以当你使用反射访问一个模块中的非公共特性时，Java 9 和 10 只会给出一个警告。例如，本节最后的示例程序会查看 ArrayList 和 Integer 对象的内部。运行这个程序时，控制台上会出现以下看起来不太妙的消息：

```
WARNING: An illegal reflective access operation has occurred
WARNING: Illegal reflective access by objectAnalyzer.ObjectAnalyzer (file:/home/cay
    /books/cj11/code/v1ch05/bin/) to field java.util.ArrayList.serialVersionUID
WARNING: Please consider reporting this to the maintainers of
    objectAnalyzer.ObjectAnalyzer
WARNING: Use --illegal-access=warn to enable warnings of further illegal
    reflective access operations
WARNING: All illegal access operations will be denied in a future release
```

对目前而言，可以禁用这些警告。需要把 java.base 模块中的 java.util 和 java.lang 包"打开"为"无名的模块"。详细内容参见卷 II 的第 9 章。语法如下：

```
java --add-opens java.base/java.util=ALL-UNNAMED \
    --add-opens java.base/java.lang=ALL-UNNAMED \
```

```
objectAnalyzer.ObjectAnalyzerTest
```

或者，也可以运行以下命令来查看这个程序在将来的 Java 版本中有何表现：

```
java --illegal-access=deny objectAnalyzer/ObjectAnalyzerTest
```

这个程序将以一个 IllegalAccessException 异常而失败。

> 📄 **注释：** 将来的库有可能使用**可变句柄**（variable handles）而不是反射来读写字段。Var-
> Handle 与 Field 类似。可以用它读写一个特定类任意实例的特定字段。不过，要得到一
> 个 VarHandle，库代码需要一个 Lookup 对象：
>
> ```java
> public Object getFieldValue(Object obj, String fieldName, Lookup lookup)
>     throws NoSuchFieldException, IllegalAccessException
> {
>     Class<?> cl = obj.getClass();
>     Field field = cl.getDeclaredField(fieldName);
>     VarHandle handle = MethodHandles.privateLookupIn(cl, lookup)
>         .unreflectVarHandle(field);
>     return handle.get(obj);
> }
> ```
>
> 如果生成这个 Lookup 对象的模块有访问这个字段的权限，那么这种做法是可行的。
> 模块中有些方法会直接调用 MethodHandles.lookup()，这会得到封装了调用者访问权限的
> 一个对象。采用这种方式，一个模块可以为另一个模块提供权限允许访问私有成员。
> 实际问题是如何能在提供这些权限的同时尽量减少麻烦。

尽管仍然可以这么做，不过我们来看一个可用于任意类的通用 toString 方法（见程序
清单 5-15）。这个通用 toString 方法使用 getDeclaredFileds 获得所有的数据字段，然后使用
setAccessible 便利方法将所有的字段设置为可访问的。对于每个字段，将获得名字和值。通
过递归调用 toString 方法，将每个值转换成字符串。

这个通用的 toString 方法需要解决几个复杂的问题。循环引用将有可能导致无限递归。
因此，ObjectAnalyzer 会跟踪已访问过的对象（见程序清单 5-16）。另外，为了能够查看数组
内部，需要采用一种不同的方式。有关这种方式的具体内容将在下一节中详细介绍。

可以使用这个 toString 方法查看任意对象的内部信息。例如，下面这个调用：

```java
var squares = new ArrayList<Integer>();
for (int i = 1; i <= 5; i++) squares.add(i * i);
System.out.println(new ObjectAnalyzer().toString(squares));
```

将会产生下面的打印结果：

```
java.util.ArrayList[elementData=class java.lang.Object[]{java.lang.Integer[value=1][][],
java.lang.Integer[value=4][][],java.lang.Integer[value=9][][],
   java.lang.Integer[value=16][][],
java.lang.Integer[value=25][][],null,null,null,null,null},size=5[modCount=5][][]
```

还可以使用这个通用的 toString 方法实现你的自定义类的 toString 方法，如下所示：

```java
public String toString()
```

```
    {
        return new ObjectAnalyzer().toString(this);
    }
```

这样可以轻松地提供一个通用 toString 方法，无疑也很有用。不过，先不要高兴得太早，不要以为再也不用实现 toString 了，记住：能够不受控地访问类内部的日子已经屈指可数。

程序清单 5-15 objectAnalyzer/ObjectAnalyzerTest.java

```java
 1  package objectAnalyzer;
 2
 3  import java.util.*;
 4
 5  /**
 6   * This program uses reflection to spy on objects.
 7   * @version 1.13 2018-03-16
 8   * @author Cay Horstmann
 9   */
10  public class ObjectAnalyzerTest
11  {
12      public static void main(String[] args)
13          throws ReflectiveOperationException
14      {
15          var squares = new ArrayList<Integer>();
16          for (int i = 1; i <= 5; i++)
17              squares.add(i * i);
18          System.out.println(new ObjectAnalyzer().toString(squares));
19      }
20  }
```

程序清单 5-16 objectAnalyzer/ObjectAnalyzer.java

```java
 1  package objectAnalyzer;
 2
 3  import java.lang.reflect.AccessibleObject;
 4  import java.lang.reflect.Array;
 5  import java.lang.reflect.Field;
 6  import java.lang.reflect.Modifier;
 7  import java.util.ArrayList;
 8
 9  public class ObjectAnalyzer
10  {
11      private ArrayList<Object> visited = new ArrayList<>();
12
13      /**
14       * Converts an object to a string representation that lists all fields.
15       * @param obj an object
16       * @return a string with the object's class name and all field names and values
17       */
18      public String toString(Object obj)
19          throws ReflectiveOperationException
20      {
21          if (obj == null) return "null";
22          if (visited.contains(obj)) return "...";
```

```
23        visited.add(obj);
24        Class cl = obj.getClass();
25        if (cl == String.class) return (String) obj;
26        if (cl.isArray())
27        {
28           String r = cl.getComponentType() + "[]{";
29           for (int i = 0; i < Array.getLength(obj); i++)
30           {
31              if (i > 0) r += ",";
32              Object val = Array.get(obj, i);
33              if (cl.getComponentType().isPrimitive()) r += val;
34              else r += toString(val);
35           }
36           return r + "}";
37        }
38
39        String r = cl.getName();
40        // inspect the fields of this class and all superclasses
41        do
42        {
43           r += "[";
44           Field[] fields = cl.getDeclaredFields();
45           AccessibleObject.setAccessible(fields, true);
46           // get the names and values of all fields
47           for (Field f : fields)
48           {
49              if (!Modifier.isStatic(f.getModifiers()))
50              {
51                 if (!r.endsWith("[")) r += ",";
52                 r += f.getName() + "=";
53                 Class t = f.getType();
54                 Object val = f.get(obj);
55                 if (t.isPrimitive()) r += val;
56                 else r += toString(val);
57              }
58           }
59           r += "]";
60           cl = cl.getSuperclass();
61        }
62        while (cl != null);
63
64        return r;
65     }
66  }
```

API java.lang.reflect.AccessibleObject 1.2

- void setAccessible(boolean flag)

  设置或取消这个可访问对象的可访问标志，如果拒绝访问则抛出一个 IllegalAccessException
  异常。

- void setAccessible(boolean flag)

- boolean trySetAccessible() **9**

为这个可访问的对象设置可访问标志，如果拒绝访问则返回 false。

- boolean isAccessible()

  得到这个可访问对象的可访问标志值。

- static void setAccessible(AccessibleObject[] array, boolean flag)

  这是一个便利方法，用于设置一个对象数组的可访问标志。

API java.lang.Class 1.1

- Field getField(String name)
- Field[] getFields()

  得到指定名的公共字段，或所有这些字段的一个数组。

- Field getDeclaredField(String name)
- Field[] getDeclaredFields()

  得到类中声明的指定名的字段，或者所有这些字段的一个数组。

API java.lang.reflect.Field 1.1

- Object get(Object obj)

  返回 obj 对象中用这个 Field 对象描述的字段的值。

- void set(Object obj, Object newValue)

  将 Obj 对象中这个 Field 对象描述的字段设置为一个新值。

5.7.6 使用反射编写泛型数组代码

java.lang.reflect 包中的 Array 类允许动态地创建数组。例如，Array 类中的 copyOf 方法实现就使用了这个类。回想一下，这个方法可以用于扩展一个已经填满的数组。

```
var a = new Employee[100];
. . .
// array is full
a = Arrays.copyOf(a, 2 * a.length);
```

如何编写这样一个通用的方法呢？好在 Employee[ ] 数组能够转换为 Object[ ] 数组，这会有帮助，让人感到很有希望。下面进行第一次尝试。

```
public static Object[] badCopyOf(Object[] a, int newLength) // not useful
{
    var newArray = new Object[newLength];
    System.arraycopy(a, 0, newArray, 0, Math.min(a.length, newLength));
    return newArray;
}
```

不过，在实际使用得到的数组时会遇到一个问题。这段代码返回的数组类型是一个对象数组（Object[ ]），这是因为我们使用了下面这行代码来创建这个数组：

```
new Object[newLength]
```

对象数组不能强制转换成员工数组（Employee[ ]）。如果这样做，Java 虚拟机会在运行时生成一个 ClassCastException 异常。这里的关键是，前面已经看到，Java 数组会记住每个元素的类型，即创建数组时 new 表达式中使用的元素类型。将一个 Employee[ ] 临时转换成 Object[ ] 数组，然后再把它转换回来是可以的，但一个从开始就是 Object[ ] 的数组却永远不能转换成 Employee[ ] 数组。为了编写这类通用的数组代码，需要能够创建与原数组类型相同的新数组。为此，需要 java.lang.reflect 包中 Array 类的一些方法。其中最关键的是 Array 类的静态方法 newInstance，这个方法能够构造一个新数组。在调用这个方法时必须提供两个参数，一个是数组的元素类型，一个是数组的长度。

```
Object newArray = Array.newInstance(componentType, newLength);
```

为了能够具体实现，需要获得新数组的长度和元素类型。

可以通过调用 Array.getLength(a) 获得数组的长度。Array 类的静态 getLength 方法会返回一个数组的长度。要获得新数组的元素类型，就需要完成以下工作：

1. 首先获得 a 数组的类对象。

2. 确认它确实是一个数组。

3. 使用 Class 类的 getComponentType 方法（只为表示数组的类对象定义了这个方法）确定数组的正确类型。

为什么 getLength 是 Array 的方法，而 getComponentType 是 Class 的方法呢？我们也不清楚——反射方法的分布有时候确实显得有点古怪。

下面给出这段代码：

```
public static Object goodCopyOf(Object a, int newLength)
{
    Class cl = a.getClass();
    if (!cl.isArray()) return null;
    Class componentType = cl.getComponentType();
    int length = Array.getLength(a);
    Object newArray = Array.newInstance(componentType, newLength);
    System.arraycopy(a, 0, newArray, 0, Math.min(length, newLength));
    return newArray;
}
```

请注意，这个 CopyOf 方法可以用来扩展任意类型的数组，而不仅是对象数组。

```
int[] a = { 1, 2, 3, 4, 5 };
a = (int[]) goodCopyOf(a, 10);
```

为了能够实现上述操作，应该将 goodCopyOf 的参数声明为 Object 类型，而不要声明为对象型数组（Object[]）。整型数组类型 int[] 可以转换成 Object，但不能转换成对象数组！

程序清单 5-17 展示了两个方法的具体使用。请注意，将 badCopyOf 的返回值进行强制类型转换将会抛出一个异常。

程序清单 5-17   arrays/CopyOfTest.java

```
1  package arrays;
2
3  import java.lang.reflect.*;
```

```java
4   import java.util.*;
5
6   /**
7    * This program demonstrates the use of reflection for manipulating arrays.
8    * @version 1.2 2012-05-04
9    * @author Cay Horstmann
10   */
11  public class CopyOfTest
12  {
13     public static void main(String[] args)
14     {
15        int[] a = { 1, 2, 3 };
16        a = (int[]) goodCopyOf(a, 10);
17        System.out.println(Arrays.toString(a));
18
19        String[] b = { "Tom", "Dick", "Harry" };
20        b = (String[]) goodCopyOf(b, 10);
21        System.out.println(Arrays.toString(b));
22
23        System.out.println("The following call will generate an exception.");
24        b = (String[]) badCopyOf(b, 10);
25     }
26
27     /**
28      * This method attempts to grow an array by allocating a new array and copying all elements.
29      * @param a the array to grow
30      * @param newLength the new length
31      * @return a larger array that contains all elements of a. However, the returned
32      * array has type Object[], not the same type as a
33      */
34     public static Object[] badCopyOf(Object[] a, int newLength) // not useful
35     {
36        var newArray = new Object[newLength];
37        System.arraycopy(a, 0, newArray, 0, Math.min(a.length, newLength));
38        return newArray;
39     }
40
41     /**
42      * This method grows an array by allocating a new array of the same type and
43      * copying all elements.
44      * @param a the array to grow. This can be an object array or a primitive
45      * type array
46      * @return a larger array that contains all elements of a.
47      */
48     public static Object goodCopyOf(Object a, int newLength)
49     {
50        Class cl = a.getClass();
51        if (!cl.isArray()) return null;
52        Class componentType = cl.getComponentType();
53        int length = Array.getLength(a);
54        Object newArray = Array.newInstance(componentType, newLength);
55        System.arraycopy(a, 0, newArray, 0, Math.min(length, newLength));
56        return newArray;
57     }
58  }
```

API **java.lang.reflect.Array** 1.1

- static Object get(Object array, int index)
- static *xxx* get*Xxx*(Object array, int index)

  （*xxx* 是 boolean、byte、char、double、float、int、long、short 中的一种基本类型。）这些
  方法将返回存储在给定数组中给定索引位置上的值。

- static void set(Object array, int index, Object newValue)
- static set*Xxx*(Object array, int index, *xxx* newValue)

  （*xxx* 是 boolean、byte、char、double、float、int、long、short 中的一种基本类型。）这些
  方法将一个新值存储到给定数组中的给定位置上。

- static int getLength(Object array)

  返回给定数组的长度。

- static Object newInstance(Class componentType, int length)
- static Object newInstance(Class componentType, int[] lengths)

  返回一个有给定类型、给定大小的新数组。

5.7.7　调用任意方法和构造器

在 C 和 C++ 中，可以通过一个函数指针执行任意函数。从表面上看，Java 没有提供方法
指针，也就是说，Java 没有提供途径将一个方法的存储地址传给另外一个方法，以便第二个
方法以后调用。事实上，Java 的设计者曾说过：方法指针是很危险的，而且很容易出错。他
们认为 Java 的接口（interface）和 lambda 表达式（将在下一章讨论）是一种更好的解决方案。
不过，反射机制允许你调用任意的方法。

回想一下，可以用 Field 类的 get 方法查看一个对象的字段。与之类似，Method 类有一个
invoke 方法，允许你调用包装在当前 Method 对象中的方法。invoke 方法的签名是：

```
Object invoke(Object obj, Object... args)
```

第一个参数是隐式参数，其余的对象提供了显式参数。

对于静态方法，第一个参数可以忽略，即可以将它设置为 null。

例如，假设用 ml 表示 Employee 类的 getName 方法，下面这条语句显示了如何调用这个
方法：

```
String n = (String) m1.invoke(harry);
```

如果返回类型是基本类型，invoke 方法会返回其包装器类型。例如，假设 m2 表示 Employee
类的 getSalary 方法，那么返回的对象实际上是一个 Double，必须相应地完成强制类型转换。
可以使用自动拆箱将它转换为一个 double：

```
double s = (Double) m2.invoke(harry);
```

如何得到 Method 对象呢？当然，可以调用 getDeclareMethods 方法，然后搜索返回的 Method
对象数组，直到发现想要的方法为止。也可以调用 Class 类的 getMethod 方法得到想要的方法。

它与 getField 方法类似。getField 方法根据表示字段名的字符串，返回一个 Field 对象。不过，有可能存在若干个同名的方法，因此要准确地得到想要的那个方法必须格外小心。有鉴于此，还必须提供想要的方法的参数类型。getMethod 的签名是：

```
Method getMethod(String name, Class... parameterTypes)
```

例如，下面说明了如何获得 Employee 类的 getName 方法和 raiseSalary 方法的方法指针。

```
Method m1 = Employee.class.getMethod("getName");
Method m2 = Employee.class.getMethod("raiseSalary", double.class);
```

可以使用类似的方法调用任意的构造器。将构造器的参数类型提供给 Class.getConstructor 方法，并把参数值提供给 Constructor.newInstance 方法：

```
Class cl = Random.class; // or any other class with a constructor that
                         // accepts a long parameter
Constructor cons = cl.getConstructor(long.class);
Object obj = cons.newInstance(42L);
```

到此为止，我们已经了解了使用 Method 对象的规则。下面来看如何具体使用。程序清单 5-18 中的程序会打印一个数学函数（如 Math.sqrt 或 Math.sin）的值的表格。打印的结果如下所示：

```
public static native double java.lang.Math.sqrt(double)
     1.0000 |    1.0000
     2.0000 |    1.4142
     3.0000 |    1.7321
     4.0000 |    2.0000
     5.0000 |    2.2361
     6.0000 |    2.4495
     7.0000 |    2.6458
     8.0000 |    2.8284
     9.0000 |    3.0000
    10.0000 |    3.1623
```

当然，打印表格的代码与具体要打印表格的数学函数无关。

```
double dx = (to - from) / (n - 1);
for (double x = from; x <= to; x += dx)
{
    double y = (Double) f.invoke(null, x);
    System.out.printf("%10.4f | %10.4f%n", x, y);
}
```

在这里，f 是一个 Method 类型的对象。由于正在调用的方法是一个静态方法，所以 invoke 的第一个参数是 null。

要打印 Math.sqrt 函数的值表格，需要将 f 设置为：

```
Math.class.getMethod("sqrt", double.class)
```

这是 Math 类的一个方法，名为 sqrt，有一个 double 类型的参数。

程序清单 5-18 给出了这个通用表格程序和两个测试程序的完整代码。

程序清单 5-18　methods/MethodTableTest.java

```
1  package methods;
2
```

```
3  import java.lang.reflect.*;
4
5  /**
6   * This program shows how to invoke methods through reflection.
7   * @version 1.2 2012-05-04
8   * @author Cay Horstmann
9   */
10 public class MethodTableTest
11 {
12    public static void main(String[] args)
13          throws ReflectiveOperationException
14    {
15       // get method pointers to the square and sqrt methods
16       Method square = MethodTableTest.class.getMethod("square", double.class);
17       Method sqrt = Math.class.getMethod("sqrt", double.class);
18
19       // print tables of x- and y-values
20       printTable(1, 10, 10, square);
21       printTable(1, 10, 10, sqrt);
22    }
23
24    /**
25     * Returns the square of a number
26     * @param x a number
27     * @return x squared
28     */
29    public static double square(double x)
30    {
31       return x * x;
32    }
33
34    /**
35     * Prints a table with x- and y-values for a method
36     * @param from the lower bound for the x-values
37     * @param to the upper bound for the x-values
38     * @param n the number of rows in the table
39     * @param f a method with a double parameter and double return value
40     */
41    public static void printTable(double from, double to, int n, Method f)
42          throws ReflectiveOperationException
43    {
44       // print out the method as table header
45       System.out.println(f);
46
47       double dx = (to - from) / (n - 1);
48
49       for (double x = from; x <= to; x += dx)
50       {
51          double y = (Double) f.invoke(null, x);
52          System.out.printf("%10.4f | %10.4f%n", x, y);
53       }
54    }
55 }
```

这个例子清楚地表明，利用 method 对象可以实现 C 语言中函数指针（或 C# 中的委托）所能完成的所有操作。同 C 中一样，这种编程风格不是很简便，而且总是很容易出错。如果在调用方法的时候提供了错误的参数会发生什么？ invoke 方法将会抛出一个异常。

另外，invoke 的参数和返回值必须是 Object 类型。这就意味着必须来回进行多次强制类型转换。这样一来，编译器会丧失检查代码的机会，以至于等到测试阶段才会发现错误，而这个时候查找和修正错误会麻烦得多。不仅如此，使用反射获得方法指针的代码要比直接调用方法的代码慢得多。

有鉴于此，建议仅在绝对必要的时候才在你自己的程序中使用 Method 对象。通常更好的做法是使用接口以及 Java 8 引入的 lambda 表达式（第 6 章中介绍）。特别要强调：我们建议 Java 开发者不要使用回调函数的 Method 对象。可以使用回调的接口，这样不仅代码的执行速度更快，也更易于维护。

API java.lang.reflect.Method 1.1

- public Object invoke(Object implicitParameter, Object[] explicitParameters)
  调用这个对象描述的方法，传入给定参数，并返回方法的返回值。对于静态方法，传入 null 作为隐式参数。使用包装器传递基本类型值。基本类型的返回值必须是未包装的。

5.8 继承的设计技巧

在本章的最后，我们给出对设计继承很有帮助的一些技巧。

1. 将公共操作和字段放在超类中。

这就是将姓名字段放在 Person 类中，而没有将它重复放在 Employee 和 Student 类中的原因。

2. 不要使用受保护的字段。

有些程序员认为，将大多数的实例字段定义为 protected 是一个不错的主意，"以防万一"，这样子类就能够在需要的时候访问这些字段。然而，protected 机制并不能够带来更多的保护，这有两方面的原因。第一，子类集合是无限制的，任何一个人都能够由你的类派生一个子类，然后编写代码直接访问 protected 实例字段，从而破坏了封装性。第二，在 Java 中，在同一个包中的所有类都可以访问 proteced 字段，而不管它们是否为这个类的子类。

不过，protected 方法对于指示那些不提供一般用途而应在子类中重新定义的方法很有用。

3. 使用继承实现 "is-a" 关系。

使用继承很容易达到节省代码量的目的，但有时候也会被人们滥用。例如，假设需要定义一个 Contractor 类。钟点工有姓名和雇佣日期，但是没有工资。他们按小时计薪，并且不会因为拖延时间而获得加薪。这似乎在诱导人们由 Employee 派生出子类 Contractor，然后再增加一个 hourlyWage 字段。

```
public class Contractor extends Employee
```

```
{
    private double hourlyWage;
    . . .
}
```

不过，这并不是一个好主意。因为这样一来，每个钟点工对象中都同时包含了工资和时薪这两个字段。在实现打印薪水或税单的方法时，这会带来无尽的麻烦。与不采用继承相比，使用继承来实现最后反而会多写很多代码。

钟点工与员工之间不属于"is-a"关系。钟点工不是特殊的员工。

4. 除非所有继承的方法都有意义，否则不要使用继承。

假设想编写一个 Holiday 类。毫无疑问，每个假日也是一天，并且一天可以用 Gregorian Calendar 类的实例表示，因此可以使用继承。

```
class Holiday extends GregorianCalendar { . . . }
```

很遗憾，在继承的操作中，假日集合不是封闭的。GregorianCalendar 中有一个公共方法 add，这个方法可以将假日转换成非假日：

```
Holiday christmas;
christmas.add(Calendar.DAY_OF_MONTH, 12);
```

因此，继承对于这个例子来说并不太适宜。

需要指出，如果扩展 LocalDate 就不会出现这个问题。由于这个 LocalDate 类是不可变的，所以没有任何方法能够把假日变成非假日。

5. 在覆盖方法时，不要改变预期的行为。

替换原则不仅应用于语法，更重要的是，它也适用于行为。在覆盖一个方法的时候，不应该毫无缘由地改变它的行为。就这一点而言，编译器不会提供任何帮助，即编译器不会检查重新定义的方法是否有意义。例如，可以重新定义 Holiday 类中的 add 方法来"修正"这个方法的问题，可能什么也不做，或者抛出一个异常，或者是前进到下一个假日。

然而，这样一个"修正"违反了替换原则。对于以下语句序列

```
int d1 = x.get(Calendar.DAY_OF_MONTH);
x.add(Calendar.DAY_OF_MONTH, 1);
int d2 = x.get(Calendar.DAY_OF_MONTH);
System.out.println(d2 - d1);
```

不管 x 的类型是 GregorianCalendar 还是 Holiday，执行上述语句后都应该得到预期行为。

当然，这是个难题。理智和不理智的人们可能就预期行为是什么争论不休。例如，有些人争论说，替换原则要求 Manager.equals 忽略 bonus 字段，因为 Employee.equals 就忽略了这个字段。实际上，凭空讨论这些问题毫无意义。归根结底，关键在于在子类中覆盖方法时，不要偏离最初的设计想法。

6. 使用多态，而不要使用类型信息。

只要看到类似下面的代码

```
if (x is of type 1)
    action₁(x);
```

```
else if (x is of type 2)
    action₂(x);
```

都应该考虑使用多态。

$action_1$ 与 $action_2$ 表示的是相同的概念吗？如果是相同的概念，就应该为这个概念定义一个方法，并将其放置在两个类型的超类或接口中，然后，就可以调用

```
x.action();
```

使用多态性固有的动态分派机制执行正确的动作。

使用多态方法或接口实现的代码比使用多个类型检测的代码更易于维护和扩展。

7. 不要滥用反射。

反射机制使人们可以在运行时查看字段和方法，从而能编写出更具有通用性的程序。这种功能对于编写系统程序极其有用，但是通常不适于编写应用程序。反射是很脆弱的，如果使用反射，编译器将无法帮助你查找编程错误，因此只有在运行时才会发现错误并导致异常。

现在你已经了解了 Java 如何支持面向对象编程的基础：类、继承和多态。下一章中我们将介绍两个高级主题：接口和 lambda 表达式，它们对于有效地使用 Java 非常重要。

第 6 章　接口、lambda 表达式与内部类

▲ 接口　　　　　　　　　　　　　▲ 服务加载器
▲ lambda 表达式　　　　　　　　　▲ 代理
▲ 内部类

到目前为止，你已经学习了 Java 中面向对象编程的核心概念：类和继承。本章将介绍几种常用的高级技术。尽管这些内容可能不太容易理解，但一定要掌握，以完善你的 Java 工具箱。

首先介绍第一种技术，即接口（interface），接口用来描述类应该做什么，而不指定它们具体应该如何做。一个类可以实现（implement）一个或多个接口。有些情况可能要求符合这些接口，只要有这种要求，就可以使用实现了这个接口的类（即实现类）的对象。了解接口以后，再继续介绍 lambda 表达式，这是一种很简洁的方法，用来创建可以在将来某个时间点执行的代码块。通过使用 lambda 表达式，可以用一种精巧而简洁的方式表示使用回调或可变行为的代码。

接下来，我们将讨论内部类（inner class）机制。理论上讲，内部类有些复杂，内部类定义在另外一个类的内部，它们的方法可以访问包含它们的外部类的字段。内部类技术在设计具有相互协作关系的类集合时很有用。

在本章的最后还将介绍代理（proxy），这是一种实现任意接口的对象。代理是一种非常专业的构造工具，可以用来构建系统级的工具。第一次阅读本书时可以先跳过那一节。

6.1　接口

在下面的小节中，你会了解 Java 接口是什么以及如何使用，另外还会了解 Java 最新的几个版本中接口的功能有怎样的提升。

6.1.1　接口的概念

在 Java 程序设计语言中，接口不是类，而是对希望符合这个接口的类的一组需求。

我们经常听到服务提供商这样说："如果你的类符合某个特定接口，我就会履行这项服务。"下面给出一个具体的示例。Arrays 类中的 sort 方法承诺可以对对象数组进行排序，但要求满足下面这个条件：对象所属的类必须实现 Comparable 接口。

下面是 Comparable 接口的代码：

```
public interface Comparable
{
    int compareTo(Object other);
}
```

这说明，任何实现 Comparable 接口的类都需要包含 compareTo 方法，这个方法有一个 Object 参数，并且返回一个整数。

> 📖 **注释**：在 Java 5 中，Comparable 接口已经提升为一个泛型类型。
>
> ```
> public interface Comparable<T>
> {
>     int compareTo(T other); // parameter has type T
> }
> ```
>
> 例如，在实现 Comparable<Employee> 接口的类中，必须提供以下方法
>
> ```
> int compareTo(Employee other)
> ```
>
> 仍然可以使用不带类型参数的"原始"Comparable 类型。这样一来，compareTo 方法就有一个 Object 类型的参数，你必须手动将 compareTo 方法的这个参数强制转换为所希望的类型。稍后我们就会做这个工作，所以不用担心同时出现两个新概念。

接口中的所有方法都自动是 public 方法。因此，在接口中声明方法时，不必提供关键字 public。

当然，这个接口还有一个没有明确说明的附加要求：在调用 x.compareTo(y) 的时候，这个 compareTo 方法必须确实能够比较两个对象，并返回比较的结果，即 x 和 y 哪一个更大。当 x 小于 y 时，返回一个负数；当 x 等于 y 时，返回 0；否则返回一个正数。

上面这个接口只有一个方法，而有些接口可能包含多个方法。稍后可以看到，接口还可以定义常量。不过，更重要的是要知道接口不能提供什么。接口绝不会有实例字段，在 Java 8 之前，接口中绝对不会实现方法。（在 6.1.4 节和 6.1.5 节中可以看到，现在已经可以在接口中提供简单方法了。当然，这些方法不能引用实例字段——接口没有实例。）

提供实例字段和方法实现的任务应该由实现接口的那个类来完成。因此，可以将接口看成是没有实例字段的抽象类。但是这两个概念还是有一定区别的，稍后将给出详细的解释。

现在，假设希望使用 Arrays 类的 sort 方法对 Employee 对象数组进行排序，Employee 类就必须实现 Comparable 接口。

为了让类实现一个接口，通常需要完成下面两个步骤：

1. 将类声明为实现给定的接口。

2. 对接口中的所有方法提供定义。

要将类声明为实现某个接口，需要使用关键字 implements：

```
class Employee implements Comparable
```

当然，这里的 Employee 类需要提供 compareTo 方法。假设希望根据员工的薪水进行比较。以下是 compareTo 方法的实现：

```
public int compareTo(Object otherObject)
{
   Employee other = (Employee) otherObject;
   return Double.compare(salary, other.salary);
}
```

在这里，我们使用了静态 Double.compare 方法。如果第一个参数小于第二个参数，它会返回一个负值；如果二者相等则返回 0；否则返回一个正值。

> ⚠ **警告**：在接口声明中，没有将 compareTo 方法声明为 public，这是因为在接口中的所有方法都自动是 public。不过，在实现接口时，必须把方法声明为 public；否则，编译器将认为这个方法的访问属性是包可见性，这是类的默认访问属性，之后编译器就会报错，指出你试图提供更严格的访问权限。

我们可以做得更好一些。可以为泛型 Comparable 接口提供一个类型参数。

```
class Employee implements Comparable<Employee>
{
   public int compareTo(Employee other)
   {
      return Double.compare(salary, other.salary);
   }
   . . .
}
```

请注意，对 Object 参数进行类型转换总是让人感觉不太顺眼，但现在已经不见了。

> ✅ **提示**：Comparable 接口中的 compareTo 方法将返回一个整数。如果两个对象不相等，则返回一个正值或者一个负值。在对两个整数字段进行比较时，这种灵活性非常有用。例如，假设每个员工都有一个唯一的整数 id，并希望根据 ID 对员工进行排序，那么就可以返回 id-other.id。如果第一个 ID 小于另一个 ID，则返回一个负值；如果两个 ID 相等，则返回 0；否则，返回一个正值。但有一点需要注意：整数的范围不能过大，以避免造成减法运算的溢出。如果能够确信 ID 为非负整数，或者它们的绝对值不会超过 (Integer.MAX_VALUE-1)/2，就不会出现问题。否则，调用静态 Integer.compare 方法。
>
> 　　当然，这里的相减技巧不适用于浮点值。因为在 salary 和 other.salary 很接近但又不相等的时候，它们的差经过四舍五入后有可能变成 0。当 x < y 时，Double.compare(x, y) 调用会返回 -1；如果 x > y 则返回 1。

> 📄 **注释**：Comparable 接口的文档建议 compareTo 方法应当与 equals 方法兼容。也就是说，当 x.equals(y) 时 x.compareTo(y) 就应当等于 0。Java API 中大多数实现 Comparable 接口的类都遵从了这个建议。不过有一个重要的例外，就是 BigDecimal。考虑 x = new BigDecimal("1.0") 和 y = new BigDecimal("1.00")。这里 x.equals(y) 为 false，因为两个数的精度不同。不过 x.compareTo(y) 为 0。理想结果应该不返回 0，但是没有明确的方法能够确定这两个数哪一个更大。

现在，我们已经看到，要让一个类使用排序服务必须让它实现 compareTo 方法。这是理所当然的，因为要向 sort 方法提供对象的比较方式。但是为什么不能在 Employee 类中直接提供一个 compareTo 方法，而必须实现 Comparable 接口呢？

主要原因在于 Java 程序设计语言是一种强类型（strongly typed）语言。在调用方法的时候，编译器要能检查这个方法确实存在。在 sort 方法中可能会有下面这样的语句：

```
if (a[i].compareTo(a[j]) > 0)
{
    // rearrange a[i] and a[j]
    ...
}
```

编译器必须确认 a[i] 一定有一个 compareTo 方法。如果 a 是一个 Comparable 对象的数组，就可以确保拥有 compareTo 方法，因为每个实现 Comparable 接口的类都必须提供这个方法的定义。

> **注释：** 你可能认为，如果将 Arrays 类中的 sort 方法定义为接受一个 Comparable[ ] 数组，倘若有人调用 sort 方法时所提供数组的元素类型没有实现 Comparable 接口，编译器就会报错。遗憾的是，事实并非如此。实际上，sort 方法可以接受一个 Object[ ] 数组，并使用一个笨拙的强制类型转换：
>
> ```
> // approach used in the standard library--not recommended
> if (((Comparable) a[i]).compareTo(a[j]) > 0)
> {
>     // rearrange a[i] and a[j]
>     ...
> }
> ```
>
> 如果 a[i] 不属于一个实现了 Comparable 接口的类，虚拟机就会抛出一个异常。

程序清单 6-1 给出了对一个 Employee 类（见程序清单 6-2）实例数组进行排序的完整代码。

程序清单 6-1　interfaces/EmployeeSortTest.java

```java
1  package interfaces;
2
3  import java.util.*;
4
5  /**
6   * This program demonstrates the use of the Comparable interface.
7   * @version 1.30 2004-02-27
8   * @author Cay Horstmann
9   */
10 public class EmployeeSortTest
11 {
12     public static void main(String[] args)
13     {
14         var staff = new Employee[3];
15
16         staff[0] = new Employee("Harry Hacker", 35000);
```

```
17        staff[1] = new Employee("Carl Cracker", 75000);
18        staff[2] = new Employee("Tony Tester", 38000);
19
20        Arrays.sort(staff);
21
22        // print out information about all Employee objects
23        for (Employee e : staff)
24           System.out.println("name=" + e.getName() + ",salary=" + e.getSalary());
25     }
26  }
```

程序清单 6-2 interfaces/Employee.java

```
1  package interfaces;
2
3  public class Employee implements Comparable<Employee>
4  {
5     private String name;
6     private double salary;
7
8     public Employee(String name, double salary)
9     {
10        this.name = name;
11        this.salary = salary;
12     }
13
14     public String getName()
15     {
16        return name;
17     }
18
19     public double getSalary()
20     {
21        return salary;
22     }
23
24     public void raiseSalary(double byPercent)
25     {
26        double raise = salary * byPercent / 100;
27        salary += raise;
28     }
29
30     /**
31      * Compares employees by salary
32      * @param other another Employee object
33      * @return a negative value if this employee has a lower salary than
34      * otherObject, 0 if the salaries are the same, a positive value otherwise
35      */
36     public int compareTo(Employee other)
37     {
38        return Double.compare(salary, other.salary);
39     }
40  }
```

API *java.lang.Comparable<T>* **1.0**

- int compareTo(T other)

用这个对象与 other 进行比较。如果这个对象小于 other 则返回一个负整数；如果相等则返回 0；否则返回一个正整数。

API *java.util.Arrays* **1.2**

- static void sort(Object[] a)

对数组 a 中的元素进行排序。要求数组中的元素必须属于实现了 Comparable 接口的类，并且元素之间必须是可比较的。

API *java.lang.Integer* **1.0**

- static int compare(int x, int y) **7**

如果 x < y 返回一个负整数；如果 x 和 y 相等，则返回 0；否则返回一个正整数。

API *java.lang.Double* **1.0**

- static int compare(double x, double y) **1.4**

如果 x < y 返回一个负整数；如果 x 和 y 相等则返回 0；否则返回一个正整数。

📄 **注释：**语言标准规定：对于任意的 x 和 y，实现者必须能够保证 sgn(x.compareTo(y)) = -sgn(y.compareTo(x))。（也就是说，如果 y.compareTo(x) 抛出一个异常，那么 x.compareTo(y) 也应该抛出一个异常。）这里的 "sgn" 是一个数值的符号：如果 n 是负值，sgn(n) 等于 -1；如果 n 是 0，sgn(n) 等于 0；如果 n 是正值，sgn(n) 等于 1。简单地讲，如果翻转 compareTo 的参数，结果的符号也应该翻转（但具体值不一定）。

与 equals 方法一样，在继承中有可能会出现问题。

这是因为 Manager 扩展了 Employee，而 Employee 实现的是 Comparable<Employee>，而不是 Comparable<Manager>。如果 Manager 要盖 compareTo，就必须做好准备比较经理与员工，绝不能仅仅将员工强制转换成经理。

```
class Manager extends Employee
{
    public int compareTo(Employee other)
    {
        Manager otherManager = (Manager) other; // NO
        . . .
    }
    . . .
}
```

违反了 "反对称" 规则。如果 x 是一个 Employee 对象，y 是一个 Manager 对象，调用 x.compareTo(y) 不会抛出异常，它只是将 x 和 y 都作为员工进行比较。但是反过来，y.compareTo(x) 将会抛出一个 ClassCastException。

这种情况与第 5 章中讨论的 equals 方法一样，补救方式也一样。有两种不同的情况。

如果不同子类中的比较有不同的含义，就应该将属于不同类的对象之间的比较视为非法。每个 compareTo 方法都应该在开始时进行以下检测：

```
if (getClass() != other.getClass()) throw new ClassCastException();
```

如果存在一个能够比较子类对象的通用算法，那么可以在超类中提供一个 compareTo 方法，并将这个方法声明为 final。

例如，假设不管薪水多少，你都想让经理大于员工，那么像 Executive 和 Secretary 这样的子类又该怎么办呢？如果一定要按照职务排列的话，那就应该在 Employee 类中提供一个 rank 方法。让每个子类覆盖 rank，并实现一个考虑 rank 值的 compareTo 方法。

6.1.2 接口的属性

接口不是类。具体来说，不能使用 new 运算符实例化一个接口：

```
x = new Comparable(. . .); // ERROR
```

不过，尽管不能构造接口的对象，却能声明接口的变量：

```
Comparable x; // OK
```

接口变量必须引用实现了这个接口的类对象：

```
x = new Employee(. . .); // OK provided Employee implements Comparable
```

接下来，如同使用 instanceof 检查一个对象是否属于某个特定类一样，也可以使用 instanceof 检查一个对象是否实现了某个特定的接口：

```
if (anObject instanceof Comparable) { . . . }
```

与建立类的继承层次一样，也可以扩展接口。这里允许有多条接口链，从通用性较高的接口扩展到专用性较高的接口。例如，假设有一个名为 Moveable 的接口：

```
public interface Moveable
{
    void move(double x, double y);
}
```

然后，可以假设一个名为 Powered 的接口扩展了以上 Moveable 接口：

```
public interface Powered extends Moveable
{
    double milesPerGallon();
}
```

虽然在接口中不能包含实例字段，但是可以包含常量。例如：

```
public interface Powered extends Moveable
{
    double milesPerGallon();
    double SPEED_LIMIT = 95; // a public static final constant
}
```

与接口中的方法都自动被设置为 public 一样，接口中的字段总是 public static final。

> 📖 **注释**：可以将接口方法标记为 public，将字段标记为 public static final。有些程序员出于习惯或者提高清晰度的考虑，可能会这样做。但 Java 语言规范却建议不要提供多余的关键字，本书也采纳了这个建议。

有些接口只定义常量，而没有定义方法。例如，标准库中的 SwingConstants 就是这样一个接口，其中只包含 NORTH、SOUTH 和 HORIZONTAL 等常量。任何实现 SwingConstants 接口的类都自动地继承了这些常量，并可以在方法中直接地引用 NORTH，而不必采用 SwingConstants.NORTH 这样烦琐的书写形式。不过，这样使用接口更像是退化，所以我们建议最好不要这样使用。

尽管每个类只能有一个超类，但却可以实现多个接口。这就为定义类的行为提供了极大的灵活性。例如，Java 程序设计语言有一个非常重要的内置接口，名为 Cloneable（将在 6.1.9 节中详细讨论）。如果某个类实现了这个 Cloneable 接口，Object 类中的 clone 方法就可以创建你的类对象的一个准确副本。如果希望自己设计的类拥有克隆和比较的能力，只要实现这两个接口就可以了。可以使用逗号将想要实现的各个接口分隔开。

```
class Employee implements Cloneable, Comparable
```

6.1.3 接口与抽象类

如果阅读了第 5 章中有关抽象类的那一节，那就可能会产生这样一个疑问：为什么 Java 程序设计语言的设计者要那么麻烦地引入接口概念呢？为什么不将 Comparable 直接设计成一个抽象类呢？如下所示：

```
abstract class Comparable // why not?
{
    public abstract int compareTo(Object other);
}
```

这样一来，Employee 类只需要扩展这个抽象类，并提供 compareTo 方法的实现：

```
class Employee extends Comparable // why not?
{
    public int compareTo(Object other) { . . . }
}
```

非常遗憾，使用抽象类表示通用属性存在一个严重的问题。每个类只能扩展一个类。假设 Employee 类已经扩展了另一个类，例如 Person，它就不能再扩展第二个类了。

```
class Employee extends Person, Comparable // ERROR
```

但每个类可以实现多个接口，如下所示：

```
class Employee extends Person implements Comparable // OK
```

有些程序设计语言（尤其是 C++）允许一个类有多个超类。我们将这个特性称为多重继承（multiple inheritance）。Java 的设计者选择了不支持多重继承，其主要原因是多重继承会让语言变得非常复杂（如同 C++），或者效率会降低（如同 Eiffel）。

实际上，接口可以提供多重继承的大多数好处，同时还能避免多重继承的复杂性和低效性。

> **C++** **注释**：C++ 具有多重继承特性，随之带来了一些复杂的特性，如虚基类、控制规则和横向指针类型转换，等等。很少有 C++ 程序员使用多重继承，甚至有些人说就不应该使用多重继承。也有些程序员建议只对"混合"风格的继承使用多重继承。在"混合"风格中，一个主要基类描述父对象，其他的基类（所谓的混合类）提供辅助特性。这种风格类似于一个 Java 类扩展一个基类且派生并实现多个接口。

6.1.4　静态和私有方法

在 Java 8 中，允许在接口中增加静态方法。理论上讲，没有任何理由认为这是不合法的。只是这有违于将接口作为抽象规范的初衷。

目前为止，通常的做法都是将静态方法放在伴随类中。在标准库中，你会看到成对出现的接口和实用工具类，如 Collection/Collections 或 Path/Paths。

可以由一个 URI 或者字符串序列构造一个文件或目录的路径，如 Paths.get("jdk-11", "conf", "security")。在 Java 11 中，Path 接口提供了等价的方法：

```java
public interface Path
{
    public static Path of(URI uri) { . . . }
    public static Path of(String first, String... more) { . . . }
    . . .
}
```

这样一来，Paths 类就不再是必要的了。

类似地，实现你自己的接口时，没有理由再为实用工具方法另外提供一个伴随类。

在 Java 9 中，接口中的方法可以是 private。private 方法可以是静态方法或实例方法。由于私有方法只能在接口本身的方法中使用，所以它们的用法很有限，只能作为接口中其他方法的辅助方法。

6.1.5　默认方法

可以为接口方法提供一个默认实现。必须用 default 修饰符标记这样一个方法。

```java
public interface Comparable<T>
{
    default int compareTo(T other) { return 0; }
        // by default, all elements are the same
}
```

当然，这并没有太大用处，因为 Comparable 的每一个具体实现都会覆盖这个方法。不过有些情况下，默认方法可能很有用。例如，在第 9 章会看到一个 Iterator 接口，用于访问一个数据结构中的元素。这个接口声明了一个 remove 方法，如下所示：

```java
public interface Iterator<E>
{
    boolean hasNext();
    E next();
```

```
    default void remove() { throw new UnsupportedOperationException("remove"); }
    ...
}
```

如果你要实现一个迭代器，就需要提供 hasNext 和 next 方法。这些方法没有默认实现——它们依赖于你要遍历访问的数据结构。不过，如果你的迭代器是只读的，就不用操心实现 remove 方法。

默认方法可以调用其他方法。例如，Collection 接口可以定义一个便利方法：

```
public interface Collection
{
    int size(); // an abstract method
    default boolean isEmpty() { return size() == 0; }
    ...
}
```

这样实现 Collection 的程序员就不用再操心实现 isEmpty 方法了。

> 📋 **注释**：Java API 中的 Collection 接口并没有这样做。实际上，有一个 AbstractCollection 类实现了 Collection，并根据 size 定义了 isEmpty。建议实现集合的程序员扩展 AbstractCollection。不过那个技术已经过时，现在可以直接在接口中实现方法。

默认方法的一个重要用法是"接口演化"（interface evolution）。以 Collection 接口为例，这个接口作为 Java 的一部分已经有很多年了。假设很久以前你提供了这样一个类：

```
public class Bag implements Collection
```

后来，在 Java 8 中，又为这个接口增加了一个 stream 方法。

假设 stream 方法不是一个默认方法，那么 Bag 类将不能编译，因为它没有实现这个新方法。为接口增加一个非默认方法不能保证"源代码兼容"（source compatible）。

不过，假设不重新编译这个类，而只是使用原先的一个包含这个类的 JAR 文件。这个类仍能正常加载，尽管没有这个新方法。程序仍然可以正常构造 Bag 实例，不会有意外发生。（为接口增加方法可以保证"二进制兼容"。）不过，如果程序在一个 Bag 实例上调用 stream 方法，就会出现一个 AbstractMethodError。

将方法实现为一个默认（default）方法就可以解决这两个问题。Bag 类又能正常编译了。另外如果没有重新编译而直接加载这个类，并在一个 Bag 实例上调用 stream 方法，将调用 Collection.stream 方法。

6.1.6　解决默认方法冲突

如果先在一个接口中将一个方法定义为默认方法，然后又在超类或另一个接口中定义同样的方法，会发生什么情况？诸如 Scala 和 C++ 等语言对于解决这种二义性有一些复杂的规则。幸运的是，Java 的相应规则要简单得多。规则如下：

1. 超类优先。如果超类提供了一个具体方法，同名而且有相同参数类型的默认方法会被忽略。

2. 接口冲突。如果一个接口提供了一个默认方法，另一个接口提供了一个同名而且参数类型（不论是否是默认参数）相同的方法，必须覆盖这个方法来解决冲突。

下面来看第二个规则。考虑两个包含 getName 方法的接口：

```
interface Person
{
    default String getName() { return ""; };
}

interface Named
{
    default String getName() { return getClass().getName() + "_" + hashCode(); }
}
```

如果有一个类同时实现了这两个接口会怎么样呢？

```
class Student implements Person, Named { . . . }
```

类会继承 Person 和 Named 接口提供的两个不一致的 getName 方法。并不是从中选择一个，Java 编译器会报告一个错误，让程序员来解决这个二义性问题。只需要在 Student 类中提供一个 getName 方法即可。在这个方法中，可以选择两个冲突方法中的一个，如下所示：

```
class Student implements Person, Named
{
    public String getName() { return Person.super.getName(); }
    . . .
}
```

现在假设 Named 接口没有为 getName 提供默认实现：

```
interface Named
{
    String getName();
}
```

Student 类会从 Person 接口继承默认方法吗？这好像挺合理，不过，Java 设计者更强调一致性。两个接口如何冲突并不重要。如果至少有一个接口提供了一个实现，编译器就会报告错误，程序员就必须解决这个二义性。

📋 **注释**：当然，如果两个接口都没有为共享方法提供默认实现，那么就与 Java 8 之前的情况一样，这里不存在冲突。实现类可以有两个选择：实现这个方法，或者干脆不实现。如果是后一种情况，这个类本身就是抽象的。

我们只讨论了两个接口的命名冲突。现在来考虑另一种情况，一个类扩展了一个超类，同时实现了一个接口，并从超类和接口继承了相同的方法。例如，假设 Person 是一个类，Student 定义为：

```
class Student extends Person implements Named { . . . }
```

在这种情况下，只会考虑超类方法，接口的所有默认方法都会被忽略。在我们的例子中，Student 从 Person 继承了 getName 方法，Named 接口是否为 getName 提供了默认实现并不会带来什么区别。这正是"类优先"规则。

"类优先"规则可以确保与 Java 7 的兼容性。如果为一个接口增加默认方法,这对于有这些默认方法之前能正常工作的代码不会有任何影响。

> ⚠️ **警告:** 千万不要让一个默认方法重新定义 Object 类中的某个方法。例如,不能为 toString 或 equals 定义默认方法,尽管对于 List 之类的接口这可能很有吸引力。由于 "类优先"规则,这样的方法绝对无法超越 Object.toString 或 Objects.equals。

6.1.7 接口与回调

回调(callback)是一种常见的程序设计模式。在这种模式中,可以指定某个特定事件发生时应该采取的动作。例如,按下鼠标或选择某个菜单项时,你可能希望完成某个特定的动作。不过,由于至此还没有介绍如何实现用户界面,所以只能讨论一种与此类似但更简单的情况。

在 java.swing 包中有一个 Timer 类,如果希望经过一定时间间隔就得到通知,Timer 类就很有用。例如,假如程序中有一个时钟,可以请求每秒通知一次,以便更新时钟的表盘。

构造定时器时,需要设置一个时间间隔,并告诉定时器经过这个时间间隔时需要做些什么。

如何告诉定时器要做什么呢?在很多程序设计语言中,可以提供一个函数名,定时器要定期地调用这个函数。但是,Java 标准类库中的类采用的是面向对象方法。你可以向定时器传入某个类的对象,然后,定时器调用这个对象的方法。由于对象可以携带一些附加的信息,所以传递一个对象比传递一个函数要灵活得多。

当然,定时器需要知道调用哪一个方法,并要求传递的对象所属的类实现了 java.awt.event 包的 ActionListener 接口。下面是这个接口:

```
public interface ActionListener
{
    void actionPerformed(ActionEvent event);
}
```

当到达指定的时间间隔时,定时器就调用 actionPerformed 方法。

假设希望每隔 1 秒钟打印一条消息 "At the tone, the time is ...",然后响一声,那么可以定义一个实现 ActionListener 接口的类,然后将想要执行的语句放在 actionPerformed 方法中。

```
class TimePrinter implements ActionListener
{
    public void actionPerformed(ActionEvent event)
    {
        System.out.println("At the tone, the time is "
            + Instant.ofEpochMilli(event.getWhen()));
        Toolkit.getDefaultToolkit().beep();
    }
}
```

需要注意 actionPerformed 方法的 ActionEvent 参数。这个参数提供了事件的相关信息,例如,发生这个事件的时间。event.getWhen() 调用会返回这个事件时间,表示为"纪元"(1970

年 1 月 1 日）以来的毫秒数。如果把它传入静态方法 Instant.ofEpochMilli，可以得到一个更可读的描述。

接下来，构造这个类的一个对象，并将它传递给 Timer 构造器。

```
var listener = new TimePrinter();
Timer t = new Timer(1000, listener);
```

Timer 构造器的第一个参数是一个时间间隔（单位是毫秒），即经过多长时间通知一次。这里希望每隔 1 秒钟通知一次。第二个参数是监听器对象。

最后，启动定时器：

```
t.start();
```

每隔 1 秒钟就会显示下面的消息，然后响一声铃。

```
At the tone, the time is 2017-12-16T05:01:49.550Z
```

程序清单 6-3 展示了定时器和动作监听器的具体使用。定时器启动以后，程序将弹出一个消息对话框，并等待用户点击 Ok 按钮来终止程序的执行。在程序等待用户操作的同时，每隔 1 秒显示一次当前的时间。（如果关闭这个对话框，一旦 main 方法退出，程序就终止。）

程序清单 6-3　timer/TimerTest.java

```java
1  package timer;
2
3  /**
4     @version 1.02 2017-12-14
5     @author Cay Horstmann
6  */
7
8  import java.awt.*;
9  import java.awt.event.*;
10 import java.time.*;
11 import javax.swing.*;
12
13 public class TimerTest
14 {
15    public static void main(String[] args)
16    {
17       var listener = new TimePrinter();
18
19       // construct a timer that calls the listener
20       // once every second
21       var timer = new Timer(1000, listener);
22       timer.start();
23
24       // keep program running until the user selects "OK"
25       JOptionPane.showMessageDialog(null, "Quit program?");
26       System.exit(0);
27    }
28 }
29
30 class TimePrinter implements ActionListener
```

```
31  {
32      public void actionPerformed(ActionEvent event)
33      {
34          System.out.println("At the tone, the time is "
35              + Instant.ofEpochMilli(event.getWhen()));
36          Toolkit.getDefaultToolkit().beep();
37      }
38  }
```

API **javax.swing.JOptionPane** **1.2**

- static void showMessageDialog(Component parent, Object message)

  显示一个包含一条提示消息和 OK 按钮的对话框。这个对话框位于 parent 组件的中央。如果 parent 为 null，对话框将显示在屏幕的中央。

API **javax.swing.Timer** **1.2**

- Timer(int interval, ActionListener listener)

  构造一个定时器，每经过 interval 毫秒通知 listener 一次。

- void start()

  启动定时器。一旦启动，定时器将调用监听器的 actionPerformed。

- void stop()

  停止定时器。一旦停止，定时器将不再调用监听器的 actionPerformed。

API **java.awt.Toolkit** **1.0**

- static Toolkit getDefaultToolkit()

  获得默认的工具箱。工具箱包含有关 GUI 环境的信息。

- void beep()

  发出一声铃响。

6.1.8　Comparator 接口

6.1.1 节中，我们已经了解了如何对一个对象数组进行排序，前提是这些对象是实现了 Comparable 接口的类的实例。例如，可以对一个字符串数组排序，因为 String 类实现了 Comparable<String>，而且 String.compareTo 方法可以按字典顺序比较字符串。

现在假设我们希望按长度递增的顺序对字符串进行排序，而不是按字典顺序进行排序。肯定不能让 String 类用两种不同的方式实现 compareTo 方法——更何况，String 类也不应由我们来修改。

要处理这种情况，Arrays.sort 方法还有第二个版本，有一个数组和一个比较器（comparator）作为参数，比较器是实现了 Comparator 接口的类的实例。

```
public interface Comparator<T>
{
    int compare(T first, T second);
}
```

要按长度比较字符串, 可以如下定义一个实现 Comparator<String> 的类:

```
class LengthComparator implements Comparator<String>
{
    public int compare(String first, String second)
    {
        return first.length() - second.length();
    }
}
```

具体完成比较时, 需要建立一个实例:

```
var comp = new LengthComparator();
if (comp.compare(words[i], words[j]) > 0) . . .
```

将这个调用与 words[i].compareTo(words[j]) 进行比较。这个 compare 方法要在比较器对象上调用, 而不是在字符串本身上调用。

📋 **注释**: 尽管 LengthComparator 对象没有状态, 不过还是需要建立这个对象的一个实例。我们需要这个实例来调用 compare 方法——它不是一个静态方法。

要对一个数组排序, 需要为 Arrays.sort 方法传入一个 LengthComparator 对象:

```
String[] friends = { "Peter", "Paul", "Mary" };
Arrays.sort(friends, new LengthComparator());
```

现在这个数组可能是 ["Paul", "Mary", "Peter"] 或 ["Mary", "Paul", "Peter"]。

在 6.2 节中我们会了解, 利用 lambda 表达式可以更容易地使用 Comparator。

6.1.9　对象克隆

本节我们会讨论 Cloneable 接口, 这个接口指示一个类提供了一个安全的 clone 方法。由于克隆并不太常见, 而且有关的细节技术性很强, 你可能只是想稍做了解, 等真正需要时再深入学习。

要了解克隆的具体含义, 先来回忆为一个包含对象引用的变量建立副本时会发生什么。原变量和副本都是同一个对象的引用 (见图 6-1)。这说明, 任何一个变量改变都会影响另一个变量。

```
var original = new Employee("John Public", 50000);
Employee copy = original;
copy.raiseSalary(10); // oops--also changed original
```

如果希望 copy 是一个新对象, 它的初始状态与 original 相同, 但是之后它们各自会有自己不同的状态, 这种情况下就要使用 clone 方法。

```
Employee copy = original.clone();
copy.raiseSalary(10); // OK--original unchanged
```

不过并没有这么简单。clone 方法是 Object 的一个 protected 方法, 这说明你的代码不能直接调用这个方法。只有 Employee 类可以克隆 Employee 对象。这个限制是有原因的。想想看 Object 类如何实现 clone。它对于这个对象一无所知, 所以只能逐个字段地进行拷贝。如果对象中的所有数据字段都是数值或其他基本类型，拷贝这些字段没有任何问题。但是如果对象包含子对象的引用，拷贝字段就会得到相同子对象的另一个引用，这样一来，原对象和克隆的对象仍然会共享一些信息。

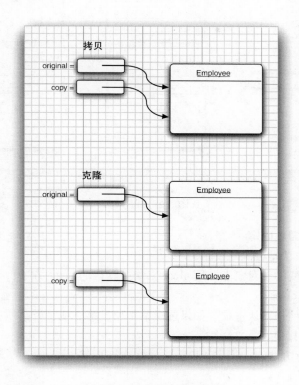

图 6-1　拷贝和克隆

为了更直观地说明这个问题，考虑第 4 章介绍过的 Employee 类。图 6-2 显示了使用 Object 类的 clone 方法克隆这样一个 Employee 对象会发生什么。可以看到，默认的克隆操作是"浅拷贝"，并没有克隆对象中引用的其他对象。（这个图显示了一个共享的 Date 对象。出于某种原因（稍后就会解释这个原因），这个例子使用了 Employee 类的老版本，其中的雇用日期仍用 Date 表示。）浅拷贝会有什么影响吗？这要看具体情况。如果原对象和浅克隆对象共享的子对象是不可变的，那么这种共享就是安全的。如果子对象属于一个不可变的类，如 String，就是这种情况。或者在对象的生命期中，子对象一直包含不变的常量，没有更改器方法会改变它，也没有方法会生成它的引用，这种情况下同样是安全的。

不过，通常子对象都是可变的，必须重新定义 clone 方法来建立一个深拷贝（deep copy），同时克隆所有子对象。在这个例子中，hireDay 字段是一个 Date，这是可变的，所以它也必须克隆。（出于这个原因，这个例子使用 Date 类型的字段而不是 LocalDate 来展示克隆过程。如果 hireDay 是不可变的 LocalDate 类的一个实例，就无须我们做任何处理了。）

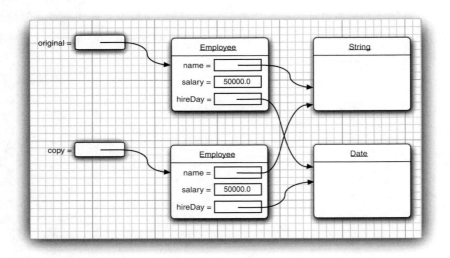

图 6-2 浅拷贝

对于每一个类，需要确定：

1. 默认的 clone 方法是否满足要求；

2. 是否可以在可变的子对象上调用 clone 来修补默认的 clone 方法；

3. 是否不该使用 clone。

实际上第 3 个选项是默认选项。如果选择第 1 项或第 2 项，类必须：

1. 实现 Cloneable 接口；

2. 重新定义 clone 方法，并指定 public 访问修饰符。

> 📖 **注释：** Object 类中的 clone 方法声明为 protected，所以你的代码不能直接调用 anObject.clone()。但是，不是所有子类都能访问受保护方法吗？不是所有类都是 Object 的子类吗？幸运的是，受保护访问的规则比较微妙（见第 5 章）。子类只能调用受保护的 clone 方法来克隆**它自己的**对象。必须重新定义 clone 为 public 才能允许所有方法克隆对象。

在这里，Cloneable 接口的出现与接口的正常使用并没有关系。具体来说，它没有指定 clone 方法，这个方法是从 Object 类继承的。这个接口只是作为一个标记，指示类设计者了解克隆过程。对象对于克隆很"偏执"，如果一个对象请求克隆，但是没有实现这个接口，就会生成一个检查型异常。

> 📖 **注释：** Cloneable 接口是 Java 提供的少数标记接口（tagging interface）之一。（有些程序员称之为**记号接口**（marker interface）。）大家应该记得，Comparable 等接口的通常用途是确保一个类实现一个或一组特定的方法。标记接口不包含任何方法；它唯一的作用就是允许在类型查询中使用 instanceof：

```
if (obj instanceof Cloneable) . . .
```

建议你自己的程序中不要使用标记接口。

即使 clone 的默认（浅拷贝）实现能够满足要求，还是需要实现 Cloneable 接口，将 clone 重新定义为 public，再调用 super.clone()。下面给出一个例子：

```
class Employee implements Cloneable
{
   // public access, change return type
   public Employee clone() throws CloneNotSupportedException
   {
      return (Employee) super.clone();
   }
   . . .
}
```

> **注释**：在 Java 1.4 之前，clone 方法的返回类型总是 Object，而现在可以为你的 clone 方法指定正确的返回类型。这是协变返回类型的一个例子（见第 5 章）。

与 Object.clone 提供的浅拷贝相比，前面看到的 clone 方法并没有为它增加任何功能。这里只是让这个方法是公共的。要建立深拷贝，还需要做更多工作，克隆对象中可变的实例字段。

下面来看创建深拷贝的 clone 方法的一个例子：

```
class Employee implements Cloneable
{
   . . .
   public Employee clone() throws CloneNotSupportedException
   {
      // call Object.clone()
      Employee cloned = (Employee) super.clone();

      // clone mutable fields
      cloned.hireDay = (Date) hireDay.clone();

      return cloned;
   }
}
```

如果在一个对象上调用 clone，但这个对象的类并没有实现 Cloneable 接口，Object 类的 clone 方法就会抛出一个 CloneNotSupportedException。当然，Employee 和 Date 类实现了 Cloneable 接口，所以不会抛出这个异常。不过，编译器并不了解这一点，因此，我们声明了这个异常：

```
public Employee clone() throws CloneNotSupportedException
```

> **注释**：捕获这个异常是不是更好一些？（关于捕获异常的详细介绍请参见第 7 章。）
>
> ```
> public Employee clone()
> {
>    try
>    {
> ```

```
        Employee cloned = (Employee) super.clone();
        . . .
    }
    catch (CloneNotSupportedException e) { return null; }
    // this won't happen, since we are Cloneable
}
```

这适用于 final 类。否则，最好还是保留 throws 说明符。这样就允许子类在不支持克隆时选择抛出一个 CloneNotSupportedException。

必须当心子类的克隆。例如，一旦为 Employee 类定义了 clone 方法，任何人都可以用它来克隆 Manager 对象。Employee 克隆方法能完成工作吗？这取决于 Manager 类的字段。在这里是没有问题的，因为 bonus 字段是基本类型。但是 Manager 可能会有需要深拷贝或不可克隆的字段。不能保证子类的实现者一定会修正 clone 方法让它正常工作。出于这个原因，在 Object 类中 clone 方法声明为 protected。不过，如果你希望类用户调用 clone，就不能这样做。

要不要在自己的类中实现 clone 呢？如果你的客户需要建立深拷贝，可能就需要实现这个方法。有些人认为应该完全避免使用 clone，而实现另一个方法来达到同样的目的。clone 相当笨拙，这一点我们也同意，不过如果让另一个方法来完成这个工作，还是会遇到同样的问题。毕竟，克隆没有你想象中那么常用。标准库中只有不到 5% 的类实现了 clone。

程序清单 6-4 中的程序克隆了 Employee 类（见程序清单 6-5）的一个实例，然后调用两个更改器方法。raiseSalary 方法会改变 salary 字段的值，而 setHireDay 方法会改变 hireDay 字段的状态。这两个更改器方法都不会影响原来的对象，因为 clone 定义为建立一个深拷贝。

📖 **注释：** 所有数组类型都有一个公共的 clone 方法，而不是受保护的。可以用这个方法建立一个新数组，包含原数组所有元素的副本。例如：

```
int[] luckyNumbers = { 2, 3, 5, 7, 11, 13 };
int[] cloned = luckyNumbers.clone();
cloned[5] = 12; // doesn't change luckyNumbers[5]
```

📖 **注释：** 卷 II 的第 2 章将展示克隆对象的另一种机制，其中使用了 Java 的对象串行化特性。这个机制很容易实现，而且很安全，但效率不高。

程序清单 6-4　clone/CloneTest.java

```
1  package clone;
2
3  /**
4   * This program demonstrates cloning.
5   * @version 1.11 2018-03-16
6   * @author Cay Horstmann
7   */
8  public class CloneTest
9  {
10     public static void main(String[] args) throws CloneNotSupportedException
11     {
```

```
12         var original = new Employee("John Q. Public", 50000);
13         original.setHireDay(2000, 1, 1);
14         Employee copy = original.clone();
15         copy.raiseSalary(10);
16         copy.setHireDay(2002, 12, 31);
17         System.out.println("original=" + original);
18         System.out.println("copy=" + copy);
19     }
20 }
```

程序清单 6-5　clone/Employee.java

```
1  package clone;
2
3  import java.util.Date;
4  import java.util.GregorianCalendar;
5
6  public class Employee implements Cloneable
7  {
8      private String name;
9      private double salary;
10     private Date hireDay;
11
12     public Employee(String name, double salary)
13     {
14         this.name = name;
15         this.salary = salary;
16         hireDay = new Date();
17     }
18
19     public Employee clone() throws CloneNotSupportedException
20     {
21         // call Object.clone()
22         Employee cloned = (Employee) super.clone();
23
24         // clone mutable fields
25         cloned.hireDay = (Date) hireDay.clone();
26
27         return cloned;
28     }
29
30     /**
31      * Set the hire day to a given date.
32      * @param year the year of the hire day
33      * @param month the month of the hire day
34      * @param day the day of the hire day
35      */
36     public void setHireDay(int year, int month, int day)
37     {
38         Date newHireDay = new GregorianCalendar(year, month - 1, day).getTime();
39
40         // example of instance field mutation
41         hireDay.setTime(newHireDay.getTime());
42     }
```

```
43
44    public void raiseSalary(double byPercent)
45    {
46       double raise = salary * byPercent / 100;
47       salary += raise;
48    }
49
50    public String toString()
51    {
52       return "Employee[name=" + name + ",salary=" + salary + ",hireDay=" + hireDay + "]";
53    }
54 }
```

6.2　lambda 表达式

接下来几节中，你会了解如何使用 lambda 表达式采用一种简洁的语法定义代码块，以及如何编写处理 lambda 表达式的代码。

6.2.1　为什么引入 lambda 表达式

lambda 表达式是一个可传递的代码块，可以在以后执行一次或多次。具体介绍语法（以及解释这个让人好奇的名字）之前，下面先退一步，观察一下我们在 Java 中的哪些地方用过这种代码块。

在 6.1.7 节中，你已经了解了如何按指定时间间隔完成工作。将这个工作放在一个 ActionListener 的 actionPerformed 方法中：

```
class Worker implements ActionListener
{
    public void actionPerformed(ActionEvent event)
    {
        // do some work
    }
}
```

想要反复执行这个代码时，可以构造 Worker 类的一个实例。然后把这个实例提交到一个 Timer 对象。

这里的重点是 actionPerformed 方法包含希望以后执行的代码。

或者可以考虑如何用一个定制比较器完成排序。如果想按长度而不是默认的字典顺序对字符串进行排序，可以向 sort 方法传入一个 Comparator 对象：

```
class LengthComparator implements Comparator<String>
{
    public int compare(String first, String second)
    {
        return first.length() - second.length();
    }
}
...
Arrays.sort(strings, new LengthComparator());
```

compare 方法不是立即调用。实际上，在数组完成排序之前，sort 方法会一直调用 compare 方法，只要元素的顺序不正确就会重新排列元素。将比较元素所需的代码段放在 sort 方法中，这个代码将与其余的排序逻辑集成（你可能不打算重新实现其余的这部分逻辑）。

这两个例子有一些共同点，都是将一个代码块传递到某个对象（一个定时器，或者一个 sort 方法）。这个代码块会在将来某个时间调用。

到目前为止，在 Java 中传递一个代码段并不容易，你不能直接传递代码段。Java 是一种面向对象语言，所以必须构造一个对象，这个对象的类需要有一个方法包含所需的代码。

在其他语言中，可以直接处理代码块。Java 设计者很长时间以来一直拒绝增加这个特性。毕竟，Java 的强大之处就在于其简单性和一致性。倘若只要一个特性能够让代码稍简洁一些，就把这个特性增加到语言中，那么这个语言很快就会变得一团糟，无法管理。不过，在另外那些语言中，并不只是创建线程或注册按钮点击事件处理器更容易；它们的大部分 API 都更简单、更一致而且更强大。在 Java 中，也可以编写类似的 API 处理实现了某个特定接口的类对象，不过这种 API 使用可能很不方便。

就现在来说，问题已经不是是否增强 Java 来支持函数式编程，而是要如何做到这一点。设计者们做了多年的尝试，终于找到一种适合 Java 的设计。下一节中，你会了解在 Java 中如何处理代码块。

6.2.2　lambda 表达式的语法

再来考虑上一节讨论的排序例子。我们传入代码来检查一个字符串是否比另一个字符串短。这里要计算：

```
first.length() - second.length()
```

first 和 second 是什么？它们都是字符串。Java 是一种强类型语言，所以我们还要指定它们的类型：

```
(String first, String second)
   -> first.length() - second.length()
```

这就是你看到的第一个 lambda 表达式。lambda 表达式就是一个代码块，以及必须传入代码的变量规范。

为什么起这个名字呢？很多年前，那时还没有计算机，逻辑学家 Alonzo Church 想要形式化地表示能有效计算的数学函数。（奇怪的是，有些函数已经知道是存在的，但是没有人知道该如何计算这些函数的值。）他使用了希腊字母 lambda（λ）来标记参数。如果他知道 Java API，可能就会写为

```
λfirst.λsecond.first.length() - second.length()
```

> 📋 **注释：** 为什么是字母 λ？Church 已经把字母表里的所有其他字母都用完了吗？实际上，权威的《数学原理》（Principia Mathematica）一书中就使用重音符 ^ 来表示自由变

量，受此启发，Church 使用大写 lambda（Λ）表示参数。不过，最后他还是改为使用小写的 lambda(λ)。从那以后，带参数变量的表达式就被称为 lambda 表达式。

你已经见过 Java 中的一种 lambda 表达式形式：参数，箭头（->）以及一个表达式。如果代码要完成的计算无法放在一个表达式中，就可以像写方法一样，把这些代码放在 {} 中，并包含显式的 return 语句。例如：

```
(String first, String second) ->
    {
        if (first.length() < second.length()) return -1;
        else if (first.length() > second.length()) return 1;
        else return 0;
    }
```

即使 lambda 表达式没有参数，仍然要提供空括号，就像无参数方法一样：

```
() -> { for (int i = 100; i >= 0; i--) System.out.println(i); }
```

如果可以推导出一个 lambda 表达式的参数类型，则可以忽略其类型。例如：

```
Comparator<String> comp
  = (first, second) // same as (String first, String second)
      -> first.length() - second.length();
```

在这里，编译器可以推导出 first 和 second 必然是字符串，因为这个 lambda 表达式将赋给一个字符串比较器。（下一节会更详细地分析这个赋值。）

如果方法只有一个参数，而且这个参数的类型可以推导得出，那么甚至还可以省略小括号：

```
ActionListener listener = event ->
    System.out.println("The time is "
        + Instant.ofEpochMilli(event.getWhen()));
        // instead of (event) -> . . . or (ActionEvent event) -> . . .
```

无须指定 lambda 表达式的返回类型。lambda 表达式的返回类型总是会由上下文推导得出。例如，下面的表达式

```
(String first, String second) -> first.length() - second.length()
```

可以在需要 int 类型结果的上下文中使用。

📄 **注释**：如果一个 lambda 表达式只在某些分支返回一个值，而另外一些分支不返回值，这是不合法的。例如，(int x) -> { if (x >= 0) return 1; } 就不合法。

程序清单 6-6 中的程序显示了如何对一个比较器和一个动作监听器使用 lambda 表达式。

程序清单 6-6　lambda/LambdaTest.java

```
1 package lambda;
2
3 import java.util.*;
4
5 import javax.swing.*;
```

```
 6  import javax.swing.Timer;
 7
 8  /**
 9   * This program demonstrates the use of lambda expressions.
10   * @version 1.0 2015-05-12
11   * @author Cay Horstmann
12   */
13  public class LambdaTest
14  {
15     public static void main(String[] args)
16     {
17        var planets = new String[] { "Mercury", "Venus", "Earth", "Mars",
18           "Jupiter", "Saturn", "Uranus", "Neptune" };
19        System.out.println(Arrays.toString(planets));
20        System.out.println("Sorted in dictionary order:");
21        Arrays.sort(planets);
22        System.out.println(Arrays.toString(planets));
23        System.out.println("Sorted by length:");
24        Arrays.sort(planets, (first, second) -> first.length() - second.length());
25        System.out.println(Arrays.toString(planets));
26
27        var timer = new Timer(1000, event ->
28           System.out.println("The time is " + new Date()));
29        timer.start();
30
31        // keep program running until user selects "OK"
32        JOptionPane.showMessageDialog(null, "Quit program?");
33        System.exit(0);
34     }
35  }
```

6.2.3　函数式接口

前面已经讨论论过，Java 中有很多封装代码块的接口，如 ActionListener 或 Comparator。lambda 表达式与这些接口是兼容的。

对于只有一个抽象方法的接口，需要这种接口的对象时，就可以提供一个 lambda 表达式。这种接口称为函数式接口（functional interface）。

> 📋 **注释：** 你可能想知道为什么函数式接口必须有一个抽象方法。不是接口中的所有方法都是抽象的吗？实际上，接口完全有可能重新声明 Object 类的方法，如 toString 或 clone，这些声明有可能会让方法不再是抽象的。（Java API 中的一些接口会重新声明 Object 方法来附加 javadoc 注释。Comparator API 就是这样一个例子。）更重要的是，正如 6.1.5 节所述，接口可以声明非抽象方法。

为了展示如何转换为函数式接口，下面考虑 Arrays.sort 方法。它的第二个参数需要一个 Comparator 实例，Comparator 就是只有一个方法的接口，所以可以提供一个 lambda 表达式：

```
Arrays.sort(words,
   (first, second) -> first.length() - second.length());
```

在底层，Arrays.sort 方法会接收实现了 Comparator<String> 的某个类的对象。在这个对象上调用 compare 方法会执行这个 lambda 表达式的体。这些对象和类的管理完全取决于具体实现，与使用传统的内联类相比，这样可能要高效得多。最好把 lambda 表达式看作是一个函数，而不是一个对象，另外要接受 lambda 表达式可以传递到函数式接口。

lambda 表达式可以转换为接口，这一点让 lambda 表达式很有吸引力。具体的语法很简短。下面再来看一个例子：

```
var timer = new Timer(1000, event ->
    {
        System.out.println("At the tone, the time is "
            + Instant.ofEpochMilli(event.getWhen()));
        Toolkit.getDefaultToolkit().beep();
    });
```

与使用实现了 ActionListener 接口的类相比，这段代码的可读性要好得多。

实际上，在 Java 中，对 lambda 表达式所能做的也只是转换为函数式接口。在其他支持函数字面量的程序设计语言中，可以声明函数类型（如 (String, String) -> int），声明这些类型的变量，还可以使用变量保存函数表达式。不过，Java 设计者还是决定保持我们熟悉的接口概念，没有为 Java 语言增加函数类型。

📄 **注释：**甚至不能把 lambda 表达式赋给类型为 Object 的变量，Object 不是函数式接口。

Java API 在 java.util.function 包中定义了很多非常通用的函数式接口。其中一个接口 BiFunction<T, U, R> 描述了参数类型为 T 和 U 而且返回类型为 R 的函数。可以把我们的字符串比较 lambda 表达式保存在这个类型的变量中：

```
BiFunction<String, String, Integer> comp
    = (first, second) -> first.length() - second.length();
```

不过，这对于排序并没有帮助。没有哪个 Arrays.sort 方法想要接收一个 BiFunction。如果你之前用过某种函数式程序设计语言，可能会发现这很奇怪。不过，对于 Java 程序员而言，这非常自然。类似 Comparator 的接口往往有一个特定的用途，而不只是提供一个有指定参数和返回类型的方法。想要用 lambda 表达式做某些处理，还是要谨记表达式的用途，为它建立一个特定的函数式接口。

java.util.function 包中有一个尤其有用的接口 Predicate：

```
public interface Predicate<T>
{
    boolean test(T t);
    // additional default and static methods
}
```

ArrayList 类有一个 removeIf 方法，它的参数就是一个 Predicate。这个接口专门用来传递 lambda 表达式。例如，下面的语句将从一个数组列表删除所有 null 值：

```
list.removeIf(e -> e == null);
```

另一个有用的函数式接口是 Supplier<T>：

```
public interface Supplier<T>
{
    T get();
}
```

供应者（supplier）没有参数，调用时会生成一个 T 类型的值。供应者用于实现懒计算。例如，考虑以下调用：

```
LocalDate hireDay = Objects.requireNonNullOrElse(day,
    new LocalDate(1970, 1, 1));
```

这不是最优的。我们预计 day 很少为 null，所以希望只在必要时才构造默认的 LocalDate。通过使用供应者，我们就能延迟这个计算：

```
LocalDate hireDay = Objects.requireNonNullOrElseGet(day,
    () -> new LocalDate(1970, 1, 1));
```

requireNonNullOrElseGet 方法只在需要值时才调用供应者。

6.2.4 方法引用

有时，lambda 表达式涉及一个方法。例如，假设你希望只要出现一个定时器事件就打印这个事件对象。当然，为此也可以调用：

```
var timer = new Timer(1000, event -> System.out.println(event));
```

但是，如果直接把 println 方法传递到 Timer 构造器就更好了。具体做法如下：

```
var timer = new Timer(1000, System.out::println);
```

表达式 System.out::println 是一个方法引用（method reference），它指示编译器生成一个函数式接口的实例，覆盖这个接口的抽象方法来调用给定的方法。在这个例子中，会生成一个 ActionListener，它的 actionPerformed(ActionEvent e) 方法要调用 System.out.println(e)。

> **注释**：类似于 lambda 表达式，方法引用也不是一个对象。不过，为一个类型为函数式接口的变量赋值时会生成一个对象。

> **注释**：PrintStream 类（System.out 就是 PrintStream 类的一个实例）中有 10 个重载的 println 方法。编译器需要根据上下文确定使用哪一个方法。在我们的例子中，方法引用 System.out::println 必须转换为一个包含以下方法的 ActionListener 实例：
>
> ```
> void actionPerformed(ActionEvent e)
> ```
>
> 这样会从 10 个重载的 println 方法中选出 println(Object x) 方法，因为 Object 与 ActionEvent 最匹配。调用 actionPerformed 方法时，就会打印这个事件对象。
>
> 现在假设我们把同样的这个方法引用赋至一个不同的函数式接口：
>
> ```
> Runnable task = System.out::println;
> ```
>
> 这个 Runnable 函数式接口有一个无参数的抽象方法：
>
> ```
> void run()
> ```

> 在这里，会选择无参数的 println() 方法。调用 task.run() 会向 System.out 打印一个空行。

再来看一个例子，假设你想对字符串进行排序，而不考虑字母的大小写。可以传递以下方法表达式：

```
Arrays.sort(strings, String::compareToIgnoreCase)
```

从这些例子可以看出，要用 :: 运算符分隔方法名与对象或类名。主要有 3 种情况：

1. *object*::*instanceMethod*
2. *Class*::*instanceMethod*
3. *Class*::*staticMethod*

在第 1 种情况下，方法引用等价于向方法传递参数的 lambda 表达式。对于 System.out::println，对象是 System.out，所以方法表达式等价于 x -> System.out.println(x)。

对于第 2 种情况，第 1 个参数会成为方法的隐式参数。例如，String::compareToIgnoreCase 等同于 (x, y) -> x.compareToIgnoreCase(y)。

在第 3 种情况下，所有参数都传递到静态方法：Math::pow 等价于 (x, y) -> Math.pow(x, y)。

表 6-1 提供了更多示例。

表 6-1 方法引用示例

方法引用	等价的 lambda 表达式	说明
separator::equals	x -> separator.equals(x)	这是包含一个对象和一个实例方法的方法表达式。lambda 参数作为这个方法的显式参数传入
String::trim	x -> x.trim()	这是包含一个类和一个实例方法的方法表达式。lambda 表达式会成为隐式参数
String::concat	(x, y) -> x.concat(y)	同样，这里有一个实例方法，不过这次有一个显式参数。与前面一样，第一个 lambda 参数会成为隐式参数，其余的参数会传递到方法
Integer::valueOf	x -> Integer::valueOf(x)	这是包含一个静态方法的方法表达式。lambda 参数会传递到这个静态方法
Integer::sum	(x, y) -> Integer::sum(x, y)	这是另一个静态方法，不过这一次有两个参数。两个 lambda 参数都传递到这个静态方法。Integer.sum 方法专门创建为作为一个方法引用。对于 lambda 表达式，可以只写作 (x, y) -> x + y
Integer::new	x -> new Integer(x)	这是一个构造器引用，参见 6.2.5 节。lambda 参数传递到这个构造器
Integer[]::new	n -> new Integer[n]	这是一个数组构造器引用，参见 6.2.5 节。lambda 参数是数组长度

注意，只有当 lambda 表达式的体只调用一个方法而不做其他操作时，才能把 lambda 表达式重写为方法引用。考虑以下 lambda 表达式：

```
s -> s.length() == 0
```

这里有一个方法调用。但是还有一个比较,所以这里不能使用方法引用。

> 📋 **注释:** 如果有多个同名的重载方法,编译器就会尝试从上下文中找出你指的是哪一个方法。例如,Math.max 方法有两个版本,一个用于整数,另一个用于 double 值。选择哪一个版本取决于 Math::max 转换为哪个函数式接口的方法参数。类似于 lambda 表达式,方法引用不能独立存在,总是会转换为函数式接口的实例。

> 📋 **注释:** 有时 API 包含一些专门用作方法引用的方法。例如,Objects 类有一个方法 isNull,用于测试一个对象引用是否为 null。乍看上去这好像没有什么用,因为测试 obj == null 比 Objects.isNull(obj) 更有可读性。不过可以把方法引用传递到任何有 Predicate 参数的方法。例如,要从一个列表删除所有 null 引用,就可以调用:
>
> ```
>     list.removeIf(Objects::isNull);
>         // A bit easier to read than list.removeIf(e -> e == null);
> ```

> 📋 **注释:** 包含对象的方法引用与等价的 lambda 表达式还有一个细微的差别。考虑一个方法引用,如 separator::equals。如果 separator 为 null,构造 separator::equals 时就会立即抛出一个 NullPointerException 异常。lambda 表达式 x -> separator.equals(x) 只在调用时才会抛出 NullPointerException。

可以在方法引用中使用 this 参数。例如,this::equals 等同于 x -> this.equals(x)。使用 super 也是合法的。下面的方法表达式

super::*instanceMethod*

使用 this 作为目标,会调用给定方法的超类版本。

为了展示这一点,下面给出一个假想的例子:

```
class Greeter
{
   public void greet(ActionEvent event)
   {
      System.out.println("Hello, the time is "
         + Instant.ofEpochMilli(event.getWhen()));
   }
}

class RepeatedGreeter extends Greeter
{
   public void greet(ActionEvent event)
   {
      var timer = new Timer(1000, super::greet);
      timer.start();
   }
}
```

RepeatedGreeter.greet 方法开始执行时,会构造一个 Timer,每次定时器滴答时会执行 super::greet 方法。

6.2.5　构造器引用

构造器引用与方法引用很类似，只不过方法名为 new。例如，Person::new 是 Person 构造器的一个引用。哪一个构造器呢？这取决于上下文。假设你有一个字符串列表。可以把它转换为一个 Person 对象数组，为此要在各个字符串上调用构造器，调用如下：

```
ArrayList<String> names = . . .;
Stream<Person> stream = names.stream().map(Person::new);
List<Person> people = stream.collect(Collectors.toList());
```

我们将在卷 II 的第 1 章讨论 stream、map 和 collect 方法的详细内容。就现在来说，重点是 map 方法会为各个列表元素调用 Person(String) 构造器。如果有多个 Person 构造器，编译器会选择有一个 String 参数的构造器，因为它从上下文推导出这是在调用带一个字符串的构造器。

可以用数组类型建立构造器引用。例如，int[]::new 是一个构造器引用，它有一个参数：即数组的长度。这等价于 lambda 表达式 x -> new int[x]。

Java 有一个限制，无法构造泛型类型 T 的数组。数组构造器引用对于克服这个限制很有用。表达式 new T[n] 会产生错误，因为这会改为 new Object[n]。对于开发类库的人来说，这是一个问题。例如，假设我们需要一个 Person 对象数组。Stream 接口有一个 toArray 方法可以返回 Object 数组：

```
Object[] people = stream.toArray();
```

不过，这并不让人满意。用户希望得到一个 Person 引用数组，而不是 Object 引用数组。流库利用构造器引用解决了这个问题。可以把 Person[]::new 传入 toArray 方法：

```
Person[] people = stream.toArray(Person[]::new);
```

toArray 方法调用这个构造器来得到一个有正确类型的数组。然后填充并返回这个数组。

6.2.6　变量作用域

通常，你可能希望能够在 lambda 表达式中访问外围方法或类中的变量。考虑下面这个例子：

```
public static void repeatMessage(String text, int delay)
{
    ActionListener listener = event ->
        {
            System.out.println(text);
            Toolkit.getDefaultToolkit().beep();
        };
    new Timer(delay, listener).start();
}
```

来看这样一个调用：

```
repeatMessage("Hello", 1000); // prints Hello every 1,000 milliseconds
```

现在来看 lambda 表达式中的变量 text。注意这个变量并不是在这个 lambda 表达式中定义的。实际上，这是 repeatMessage 方法的一个参数变量。

　　再想想看，这里好像有问题，尽管不那么明显。lambda 表达式的代码可能在 repeat-Message 调用返回很久以后才运行，而那时这个参数变量已经不存在了。如何保留 text 变量呢？

　　要了解到底会发生什么，下面来巩固一下我们对 lambda 表达式的理解。lambda 表达式有 3 个部分：

　　1. 一个代码块；

　　2. 参数；

　　3. 自由变量的值，这是指非参数而且不在代码中定义的变量。

　　在我们的例子中，这个 lambda 表达式有一个自由变量 text。表示 lambda 表达式的数据结构必须存储自由变量的值，在这里就是字符串 "Hello"。我们说它被 lambda 表达式捕获（captured）。（下面来看具体的实现细节。例如，可以把一个 lambda 表达式转换为包含一个方法的对象，这样自由变量的值就会复制到这个对象的实例变量中。）

> 📄 **注释：** 关于代码块以及自由变量值有一个术语：**闭包**（closure）。如果有人炫耀他们的语言有闭包，现在你也可以自信地说 Java 也有闭包。在 Java 中，lambda 表达式就是闭包。

　　可以看到，lambda 表达式可以捕获外围作用域中变量的值。在 Java 中，要确保所捕获的值是明确定义的，这里有一个重要的限制。在 lambda 表达式中，只能引用值不会改变的变量。例如，下面的做法是不合法的：

```
public static void countDown(int start, int delay)
{
   ActionListener listener = event ->
      {
         start--; // ERROR: Can't mutate captured variable
         System.out.println(start);
      };
   new Timer(delay, listener).start();
}
```

　　这个限制是有原因的。如果在 lambda 表达式中更改变量，并发执行多个动作时就会不安全。对于目前为止我们看到的动作不会发生这种情况，不过一般来讲，这确实是一个严重的问题。关于这个重要问题的更多内容参见第 12 章。

　　另外如果在 lambda 表达式中引用一个变量，而这个变量可能在外部改变，这也是不合法的。例如，下面就是不合法的：

```
public static void repeat(String text, int count)
{
   for (int i = 1; i <= count; i++)
   {
      ActionListener listener = event ->
         {
            System.out.println(i + ": " + text);
               // ERROR: Cannot refer to changing i
         };
```

```
            new Timer(1000, listener).start();
    }
}
```

这里有一条规则：lambda 表达式中捕获的变量必须实际上是事实最终变量（effectively final）。事实最终变量是指，这个变量初始化之后就不会再为它赋新值。在这里，text 总是指示同一个 String 对象，所以捕获这个变量是合法的。不过，i 的值会改变，因此不能捕获 i。

lambda 表达式的体与嵌套块有相同的作用域。这里同样适用命名冲突和遮蔽的有关规则。在 lambda 表达式中声明与一个局部变量同名的参数或局部变量是不合法的。

```
Path first = Path.of("/usr/bin");
Comparator<String> comp
    = (first, second) -> first.length() - second.length();
    // ERROR: Variable first already defined
```

在一个方法中，不能有两个同名的局部变量，因此，lambda 表达式中同样也不能有同名的局部变量。

在一个 lambda 表达式中使用 this 关键字时，是指创建这个 lambda 表达式的方法的 this 参数。例如，考虑下面的代码：

```
public class Application
{
    public void init()
    {
        ActionListener listener = event ->
            {
                System.out.println(this.toString());
                . . .
            }
        . . .
    }
}
```

表达式 this.toString() 会调用 Application 对象的 toString 方法，而不是 ActionListener 实例的方法。在 lambda 表达式中，this 的使用并没有任何特殊之处。lambda 表达式的作用域嵌套在 init 方法中，与出现在这个方法中的其他位置一样，lambda 表达式中 this 的含义并没有变化。

6.2.7　处理 lambda 表达式

到目前为止，你已经了解了如何生成 lambda 表达式，以及如何把 lambda 表达式传递到需要一个函数式接口的方法。下面来看如何编写方法处理 lambda 表达式。

使用 lambda 表达式的重点是延迟执行（deferred execution）。毕竟，如果想要立即执行代码，完全可以直接执行，而无须把它包装在一个 lambda 表达式中。之所以希望以后再执行代码，这有很多原因，如：

- 在一个单独的线程中运行代码；
- 多次运行代码；

- 在算法的适当位置运行代码（例如，排序中的比较操作）；
- 发生某种情况时执行代码（如，点击了一个按钮，数据到达，等等）；
- 只在必要时才运行代码。

下面来看一个简单的例子。假设你想要重复一个动作 n 次。将这个动作和重复次数传递到一个 repeat 方法：

```
repeat(10, () -> System.out.println("Hello, World!"));
```

要接受这个 lambda 表达式，需要选择（偶尔可能需要提供）一个函数式接口。表 6-2 列出了 Java API 中提供的最重要的函数式接口。在这里，我们可以使用 Runnable 接口：

```
public static void repeat(int n, Runnable action)
{
    for (int i = 0; i < n; i++) action.run();
}
```

表 6-2　常用函数式接口

函数式接口	参数类型	返回类型	抽象方法名	描述	其他方法
Runnable	无	void	run	作为无参数或返回值的动作运行	
Supplier<T>	无	T	get	提供一个 T 类型的值	
Consumer<T>	T	void	accept	处理一个 T 类型的值	andThen
BiConsumer<T, U>	T, U	void	accept	处理 T 和 U 类型的值	andThen
Function<T, R>	T	R	apply	有一个 T 类型参数的函数	compose, andThen, identity
BiFunction<T, U, R>	T, U	R	apply	有 T 和 U 类型参数的函数	andThen
UnaryOperator<T>	T	T	apply	类型 T 上的一元操作符	compose, andThen, identity
BinaryOperator<T>	T, T	T	apply	类型 T 上的二元操作符	andThen, maxBy, minBy
Predicate<T>	T	boolean	test	布尔值函数	and, or, negate, isEqual
BiPredicate<T, U>	T, U	boolean	test	有两个参数的布尔值函数	and, or, negate

需要说明，调用 action.run() 时会执行这个 lambda 表达式的主体。

现在让这个例子更复杂一些。我们希望告诉这个动作它出现在哪一次迭代中。为此，需要选择一个合适的函数式接口，其中要包含一个方法，这个方法有一个 int 参数而且返回类型为 void。处理 int 值的标准接口如下：

```
public interface IntConsumer
{
    void accept(int value);
}
```

下面给出 repeat 方法的改进版本：

```
public static void repeat(int n, IntConsumer action)
{
    for (int i = 0; i < n; i++) action.accept(i);
}
```

可以如下调用：

```
repeat(10, i -> System.out.println("Countdown: " + (9 - i)));
```

表 6-3 列出了基本类型 int、long 和 double 的 34 个可用的特殊化接口。在第 8 章会了解到，使用这些特殊化接口比使用通用接口更高效。出于这个原因，我在上一节的例子中使用了 IntConsumer 而不是 Consumer<Integer>。

表 6-3　基本类型的函数式接口

函数式接口	参数类型	返回类型	抽象方法名
BooleanSupplier	无	boolean	getAsBoolean
PSupplier	无	p	getAsP
PConsumer	p	void	accept
Obj$P$Consumer<T>	T, p	void	accept
PFunction<T>	p	T	apply
PToQFunction	p	q	applyAsQ
ToPFunction<T>	T	p	applyAsP
ToPBiFunction<T, U>	T, U	p	applyAsP
PUnaryOperator	p	p	applyAsP
PBinaryOperator	p, p	p	applyAsP
PPredicate	p	boolean	test

注：p、q 是 int、long、double；P、Q 是 Int、Long、Double

✅ **提示**：最好使用表 6-2 或表 6-3 中的接口。例如，假设要编写一个方法来处理满足某个特定条件的文件。对此有一个遗留接口 java.io.FileFilter，不过最好使用标准的 Predicate<File>。只有一种情况下可以不这么做，那就是你已经有很多有用的方法可以生成 FileFilter 实例。

📋 **注释**：大多数标准函数式接口都提供了非抽象方法来生成或合并函数。例如，Predicate.isEqual(a) 等同于 a::equals，不过如果 a 为 null 也能正常工作。已经提供了默认方法 and、or 和 negate 来合并谓词。例如，Predicate.isEqual(a).or(Predicate.isEqual(b)) 就等同于 x -> a.equals(x) || b.equals(x)。

📋 **注释**：如果设计你自己的接口，其中只有一个抽象方法，可以用 @FunctionalInterface 注解来标记这个接口。这样做有两个优点。如果你无意中增加了另一个抽象方法，编译器会产生一个错误消息。另外 javadoc 页里会指出你的接口是一个函数式接口。

　　并不是必须使用注解。根据定义，任何有一个抽象方法的接口都是函数式接口。不过使用 @FunctionalInterface 注解确实是一个好主意。

6.2.8　再谈 Comparator

Comparator 接口包含很多方便的静态方法来创建比较器。这些方法可以用于 lambda 表达式或方法引用。

静态 comparing 方法取一个"键提取器"函数，它将类型 T 映射为一个可比较的类型（如 String）。对要比较的对象应用这个函数，然后对返回的键完成比较。例如，假设有一个 Person 对象数组，可以如下按名字对这些对象进行排序：

```
Arrays.sort(people, Comparator.comparing(Person::getName));
```

与手动实现一个 Comparator 相比，这当然要容易得多。另外，代码也更为清晰，因为显然我们都希望按人名来进行比较。

可以把比较器与 thenComparing 方法串起来，来处理比较结果相同的情况。例如，

```
Arrays.sort(people,
    Comparator.comparing(Person::getLastName)
    .thenComparing(Person::getFirstName));
```

如果两个人的姓相同，就会使用第二个比较器。

这些方法有很多变体形式。可以为 comparing 和 thenComparing 方法提取的键指定一个比较器。例如，可以如下根据人名长度完成排序：

```
Arrays.sort(people, Comparator.comparing(Person::getName,
    (s, t) -> Integer.compare(s.length(), t.length())));
```

另外，comparing 和 thenComparing 方法都有变体形式，可以避免 int、long 或 double 值的装箱。要完成前一个操作，还有一种更容易的做法：

```
Arrays.sort(people, Comparator.comparingInt(p -> p.getName().length()));
```

如果键函数可以返回 null，可能就要用到 nullsFirst 和 nullsLast 适配器。这些静态方法会修改现有的比较器，从而在遇到 null 值时不会抛出异常，而是将这个值标记为小于或大于正常值。例如，假设一个人没有中名时 getMiddleName 会返回一个 null，就可以使用 Comparator.comparing(Person::getMiddleName(), Comparator.nullsFirst(...))。

nullsFirst 方法需要一个比较器，在这里就是比较两个字符串的比较器。naturalOrder 方法可以为任何实现了 Comparable 的类建立一个比较器。在这里，Comparator.<String>naturalOrder() 正是我们需要的。下面是一个完整的调用，可以按可能为 null 的中名进行排序。这里使用了一个静态导入 java.util.Comparator.*，使这个表达式更为简洁，更便于阅读。注意 naturalOrder 的类型可以推导得出。

```
Arrays.sort(people, comparing(Person::getMiddleName, nullsFirst(naturalOrder())));
```

静态 reverseOrder 方法会提供自然顺序的逆序。要让比较器逆序比较，可以使用 reversed 实例方法。例如 naturalOrder().reversed() 等同于 reverseOrder()。

6.3 内部类

内部类（inner class）是定义在另一个类中的类。为什么需要使用内部类呢？主要有两个原因：

- 内部类可以对同一个包中的其他类隐藏。
- 内部类方法可以访问定义这个类的作用域中的数据，包括原本私有的数据。

内部类原先对于简洁地实现回调非常重要，不过如今 lambda 表达式在这方面可以做得更好。但内部类对于构建代码还是很有用的。下面几节将详细介绍内部类。

C++ 注释： C++ 有嵌套类。被嵌套的类包含在外围类的作用域内。下面是一个典型的例子，一个链表类定义了一个保存链接的类，还包含一个类定义迭代器位置。

```
class LinkedList
{
public:
   class Iterator // a nested class
   {
   public:
      void insert(int x);
      int erase();
      . . .
   private:
      Link* current;
      LinkedList* owner;
   };
   . . .
private:
   Link* head;
   Link* tail;
};
```

嵌套类与 Java 中的内部类很类似。不过，Java 内部类还有一个额外的特性，这使得 Java 内部类比 C++ 的嵌套类功能更丰富、更有用。内部类的对象会有一个隐式引用，指向实例化这个对象的外部类对象。通过这个指针，它可以访问外部对象的全部状态。例如，在 Java 中，Iterator 类不需要一个显式指针指向它所指的 LinkedList。

在 Java 中，静态内部类没有这个附加的指针，所以 Java 的静态内部类就相当于 C++ 中的嵌套类。

6.3.1 使用内部类访问对象状态

内部类的语法相当复杂。鉴于此情况，我们选择一个简单但不太实用的例子来说明内部类的使用。我们将重构 TimerTest 示例，抽象出一个 TalkingClock 类。构造一个语音时钟时需要提供两个参数：发出通知的间隔和开关铃声的标志。

```
public class TalkingClock
{
   private int interval;
   private boolean beep;

   public TalkingClock(int interval, boolean beep) { . . . }
   public void start() { . . . }

   public class TimePrinter implements ActionListener
```

```
        // an inner class
    {
        . . .
    }
}
```

需要注意，这里的 TimePrinter 类位于 TalkingClock 类内部。这并不意味着每个 TalkingClock 都有一个 TimePrinter 实例字段。如前所示，TimePrinter 对象是由 TalkingClock 类的方法构造的。

下面是 TimePrinter 类的详细内容。需要注意一点，actionPerformed 方法在发出铃声之前会检查 beep 标志。

```
public class TimePrinter implements ActionListener
{
    public void actionPerformed(ActionEvent event)
    {
        System.out.println("At the tone, the time is "
            + Instant.ofEpochMilli(event.getWhen()));
        if (beep) Toolkit.getDefaultToolkit().beep();
    }
}
```

令人惊讶的事情发生了。TimePrinter 类没有实例字段或者名为 beep 的变量，实际上，beep 指示 TalkingClock 对象中创建这个 TimePrinter 的字段。可以看到，一个内部类方法可以访问自身的数据字段，也可以访问创建它的外围类对象的数据字段。

为此，内部类的对象总有一个隐式引用，指向创建它的外部类对象，如图 6-3 所示。

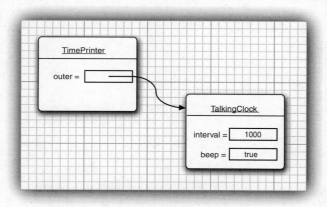

图 6-3　内部类对象有一个外围类对象的引用

这个引用在内部类的定义中是不可见的。不过，为了说明这个概念，我们将外围类对象的引用称为 outer。于是 actionPerformed 方法将等价于以下代码：

```
public void actionPerformed(ActionEvent event)
{
    System.out.println("At the tone, the time is "
        + Instant.ofEpochMilli(event.getWhen()));
    if (outer.beep) Toolkit.getDefaultToolkit().beep();
}
```

外围类的引用在构造器中设置。编译器会修改所有的内部类构造器，添加一个对应外围类引用的参数。因为 TimePrinter 类没有定义构造器，所以编译器为这个类生成了一个无参数构造器，生成的代码如下所示：

```
public TimePrinter(TalkingClock clock) // automatically generated code
{
    outer = clock;
}
```

再次强调，注意 *outer* 不是 Java 的关键字。我们只是用它说明内部类的有关机制。

在 start 方法中构造一个 TimePrinter 对象后，编译器就会将当前语音时钟的 this 引用传递给这个构造器：

```
var listener = new TimePrinter(this); // parameter automatically added
```

程序清单 6-7 给出了测试这个内部类的完整程序。下面我们再来看访问控制。如果 TimePrinter 类是一个普通的类，它就需要通过 TalkingClock 类的公共方法访问 beep 标志，而使用内部类是一个改进，现在不需要提供仅用于另外一个类的访问器。

> 📓 **注释：** 我们也可以把 TimePrinter 类声明为私有（private）。这样一来，只有 TalkingClock 方法才能够构造 TimePrinter 对象。只有内部类可以是私有的，而常规类可以有包可见性或公共可见性。

程序清单 6-7　innerClass/InnerClassTest.java

```java
 1  package innerClass;
 2
 3  import java.awt.*;
 4  import java.awt.event.*;
 5  import java.time.*;
 6
 7  import javax.swing.*;
 8
 9  /**
10   * This program demonstrates the use of inner classes.
11   * @version 1.11 2017-12-14
12   * @author Cay Horstmann
13   */
14  public class InnerClassTest
15  {
16      public static void main(String[] args)
17      {
18          var clock = new TalkingClock(1000, true);
19          clock.start();
20
21          // keep program running until the user selects "OK"
22          JOptionPane.showMessageDialog(null, "Quit program?");
23          System.exit(0);
24      }
25  }
26
```

```
27  /**
28   * A clock that prints the time in regular intervals.
29   */
30  class TalkingClock
31  {
32     private int interval;
33     private boolean beep;
34
35     /**
36      * Constructs a talking clock
37      * @param interval the interval between messages (in milliseconds)
38      * @param beep true if the clock should beep
39      */
40     public TalkingClock(int interval, boolean beep)
41     {
42        this.interval = interval;
43        this.beep = beep;
44     }
45
46     /**
47      * Starts the clock.
48      */
49     public void start()
50     {
51        var listener = new TimePrinter();
52        var timer = new Timer(interval, listener);
53        timer.start();
54     }
55
56     public class TimePrinter implements ActionListener
57     {
58        public void actionPerformed(ActionEvent event)
59        {
60           System.out.println("At the tone, the time is "
61              + Instant.ofEpochMilli(event.getWhen()));
62           if (beep) Toolkit.getDefaultToolkit().beep();
63        }
64     }
65  }
```

6.3.2　内部类的特殊语法规则

在上一节中，我们解释了内部类有一个外围类的引用，我们把它叫作 outer。事实上，使用外围类引用的正规语法还要更复杂一些。表达式

　　OuterClass.this

表示外围类引用。例如，可以像下面这样编写 TimePrinter 内部类的 actionPerformed 方法：

```
public void actionPerformed(ActionEvent event)
{
   . . .
   if (TalkingClock.this.beep) Toolkit.getDefaultToolkit().beep();
}
```

反过来，可以采用以下语法更加明确地编写内部类对象的构造器：

outerObject.new *InnerClass*(*construction parameters*)

例如，

```
ActionListener listener = this.new TimePrinter();
```

在这里，最新构造的 TimePrinter 对象的外围类引用被设置为创建内部类对象的方法的 this 引用。这是一种最常见的情况。通常，this. 限定词是多余的。不过，也可以通过显式地命名将外围类引用设置为其他的对象。例如，由于 TimePrinter 是一个公共内部类，对于任意的语音时钟都可以构造一个 TimePrinter：

```
var jabberer = new TalkingClock(1000, true);
TalkingClock.TimePrinter listener = jabberer.new TimePrinter();
```

需要注意，在外围类的作用域之外，可以这样引用内部类：

OuterClass.*InnerClass*

📓 **注释**：内部类中声明的所有静态字段都必须是 final，并初始化为一个编译时常量。如果这个字段不是一个常量，就可能不唯一。

　　内部类不能有 static 方法。Java 语言规范对这个限制没有做任何解释。也可以允许有静态方法，但只能访问外围类的静态字段和方法。显然，Java 设计者认为相对于这种复杂性来说，它带来的好处有些得不偿失。

6.3.3　内部类是否有用、必要和安全

当 Java 语言在 Java 1.1 中增加内部类时，很多程序员都认为这是一项很重要的新特性，但这违背了 Java 要比 C++ 更加简单的设计理念。不能否认，内部类的语法很复杂（本章稍后介绍匿名内部类时，语法还会更加复杂）。它与访问控制和安全性等其他语言特性没有明显的关联。

通过增加看似精巧有趣、实属没必要的特性，Java 是不是也开始走上让许多语言饱受折磨的毁灭性道路？

我们并不打算就这个问题给出一个完备的答案。需要指出，内部类是一个编译器现象，与虚拟机无关。编译器将会把内部类转换为常规的类文件，用 $（美元符号）分隔外部类名与内部类名，而虚拟机则对此一无所知。

例如，TalkingClock 类内部的 TimePrinter 类将被转换成类文件 TalkingClock$Time Printer. class。为了查看它的实际工作，可以尝试下面的实验：运行第 5 章中的程序 ReflectionTest，并提供类 TalkingClock$TimePrinter 来完成反射。也可以简单地直接使用 javap 工具，如下所示：

```
javap -private ClassName
```

📓 **注释**：如果使用 UNIX，并在命令行上提供类名，就需要记住将 $ 字符进行转义。也就是说，应该如下运行 ReflectionTest 或 javap 程序：

```
java reflection.ReflectionTest innerClass.TalkingClock\$TimePrinter
```

或

```
javap -private innerClass.TalkingClock\$TimePrinter
```

这时会看到下面的输出结果：

```
public class innerClass.TalkingClock$TimePrinter
    implements java.awt.event.ActionListener
{
    final innerClass.TalkingClock this$0;
    public innerClass.TalkingClock$TimePrinter(innerClass.TalkingClock);
    public void actionPerformed(java.awt.event.ActionEvent);
}
```

可以清楚地看到，编译器生成了一个额外的实例字段 this$0，对应外围类的引用。（名字 this$0 是编译器合成的，在你自己编写的代码中不能引用这个字段。）另外，还可以看到构造器的 TalkingClock 参数。

如果编译器能够自动完成这个转换，那么能不能自己编写程序实现这种机制呢？让我们试试看。将 TimePrinter 定义成一个常规类，并把它置于 TalkingClock 类的外部。在构造 TimePrinter 对象的时候，传入创建它的对象的 this 指针。

```
class TalkingClock
{
    . . .
    public void start()
    {
        var listener = new TimePrinter(this);
        var timer = new Timer(interval, listener);
        timer.start();
    }
}
class TimePrinter implements ActionListener
{
    private TalkingClock outer;
    . . .
    public TimePrinter(TalkingClock clock)
    {
        outer = clock;
    }
}
```

现在来看 actionPerformed 方法，它需要访问 outer.beep。

```
if (outer.beep) . . . // ERROR
```

这就遇到了一个问题。内部类可以访问外围类的私有数据，但我们的外部 TimePrinter 类则不行。

可见，由于内部类拥有更大的访问权限，所以天生就比常规类功能更加强大。

可能有人会好奇，既然内部类会转换成名字古怪的常规类（而虚拟机对此一点也不了解），内部类又如何得到那些额外的访问权限呢？为了揭开这个谜团，让我们再次利用

ReflectTest 程序查看一下 TalkingClock 类：

```
class TalkingClock
{
    private int interval;
    private boolean beep;

    public TalkingClock(int, boolean);

    static boolean access$0(TalkingClock);
    public void start();
}
```

请注意编译器在外围类添加的静态方法 access$0。它将返回作为参数传递的那个对象的 beep 字段。（方法名可能稍有不同，如可能是 access$000，这取决于你的编译器。）

内部类方法将调用那个方法。在 TimePrinter 类的 actionPerformed 方法中，以下语句：

```
if (beep)
```

实际上会产生以下调用：

```
if (TalkingClock.access$0(outer))
```

这样做不是存在安全风险吗？这种担心是很有道理的。任何人都可以通过调用 access$0 方法很容易地读取到私有字段 beep。当然，access$0 不是 Java 的合法方法名。但熟悉类文件结构的黑客可以使用十六进制编辑器轻松地创建一个类文件，其中利用虚拟机指令调用那个方法。由于隐秘方法需要拥有包可见性，所以攻击代码需要与被攻击类放在同一个包中。

总而言之，如果内部类访问了私有数据字段，就有可能通过外围类所在包中增加的其他类访问那些字段，但做这些事情需要技巧和决心。程序员不可能无意之中就获得对类的访问权限，而必须刻意地构建或修改类文件才有可能达到这个目的。

📓 **注释：** 合成构造器和方法可能非常复杂（如果你很害怕，可以跳过这个注释）。假设将 TimePrinter 转换为一个私有内部类。在虚拟机中不存在私有类，因此编译器会生成一个近乎最好的结果，生成的这个类有包可见性和一个私有构造器：

```
private TalkingClock$TimePrinter(TalkingClock);
```

当然，没有人可以调用这个构造器，因此，还有第二个包可见的构造器：

```
TalkingClock$TimePrinter(TalkingClock, TalkingClock$1);
```

它将调用第一个构造器。合成 TalkingClock$1 类只是为了将这个构造器与其他构造器区分开。

编译器将 TalkingClock 类 start 方法中的构造器调用转换为：

```
new TalkingClock$TimePrinter(this, null)
```

6.3.4　局部内部类

如果仔细查看 TalkingClock 示例的代码就会发现，类型 TimePrinter 的名字只出现了一次：

只是在 start 方法中创建这个类型的对象时使用了一次。

当遇到这类情况时，可以在一个方法中局部地定义这个类。

```
public void start()
{
   class TimePrinter implements ActionListener
   {
      public void actionPerformed(ActionEvent event)
      {
         System.out.println("At the tone, the time is "
               + Instant.ofEpochMilli(event.getWhen()));
         if (beep) Toolkit.getDefaultToolkit().beep();
      }
   }

   var listener = new TimePrinter();
   var timer = new Timer(interval, listener);
   timer.start();
}
```

声明局部类时不能有访问说明符（即 public 或 private）。局部类的作用域被限定在声明这个局部类的块中。

局部类有一个很大的优势，即对外部世界完全隐藏，甚至 TalkingClock 类中的其他代码也不能访问它。除 start 方法之外，没有任何方法知道 TimePrinter 类的存在。

6.3.5 由外部方法访问变量

与其他内部类相比较，局部类还有一个优点。它们不仅能够访问外部类的字段，还可以访问局部变量！不过，那些局部变量必须是事实最终变量（effectively final）。这说明，它们一旦赋值就绝不会改变。

下面是一个典型的示例。这里，将 TalkingClock 构造器的参数 interval 和 beep 移至 start 方法。

```
public void start(int interval, boolean beep)
{
   class TimePrinter implements ActionListener
   {
      public void actionPerformed(ActionEvent event)
      {
         System.out.println("At the tone, the time is "
               + Instant.ofEpochMilli(event.getWhen()));
         if (beep) Toolkit.getDefaultToolkit().beep();
      }
   }

   var listener = new TimePrinter();
   var timer = new Timer(interval, listener);
   timer.start();
}
```

请注意，TalkingClock 类不再需要存储实例变量 beep。它只是引用 start 方法中的 beep 参数变量。

这看起来好像没什么值得大惊小怪的。代码行

```
if (beep) . . .
```

毕竟最后会在 start 方法内部，为什么不能访问 beep 变量的值呢？

为了能够清楚地看到内部的问题，让我们仔细地考查这个控制流程。

1. 调用 start 方法。

2. 调用内部类 TimePrinter 的构造器，以便初始化对象变量 listener。

3. 将 listener 引用传递给 Timer 构造器，定时器开始计时，start 方法退出。此时，start 方法的 beep 参数变量不复存在。

4. 1 秒之后，actionPerformed 方法执行 if (beep)...。

为了能够让 actionPerformed 方法中的代码工作，TimePrinter 类在 beep 参数值消失之前必须将 beep 字段复制为 start 方法的局部变量。实际上也是这样做的。在我们的例子中，编译器为这个局部内部类合成了名字 TalkingClock$TimePrinter。如果再次使用 ReflectionTest 程序查看 TalkingClock$Time Printer 类，就会看到下列结果：

```
class TalkingClock$1TimePrinter
{
    TalkingClock$1TimePrinter(TalkingClock, boolean);

    public void actionPerformed(java.awt.event.ActionEvent);

    final boolean val$beep;
    final TalkingClock this$0;
}
```

请注意构造器的 boolean 参数和 val$beep 实例变量。当创建一个对象的时候，beep 值就会传递给构造器，并存储在 val$beep 字段中。编译器检测对局部变量的访问，为每一个变量建立相应的实例字段，并将局部变量复制到构造器，从而能初始化这些实例字段。

6.3.6　匿名内部类

使用局部内部类时，通常还可以再进一步。假如只想创建这个类的一个对象，甚至不需要为类指定名字。这样一个类被称为*匿名内部类*（anonymous inner class）。

```
public void start(int interval, boolean beep)
{
    var listener = new ActionListener()
        {
            public void actionPerformed(ActionEvent event)
            {
                System.out.println("At the tone, the time is "
                    + Instant.ofEpochMilli(event.getWhen()));
                if (beep) Toolkit.getDefaultToolkit().beep();
            }
        };
    var timer = new Timer(interval, listener);
    timer.start();
}
```

这个语法确实很晦涩难懂。它的含义是：创建一个类的新对象，这个类实现了 Action-Listener 接口，需要实现的方法 actionPerformed 在括号 {} 内定义。

一般地，语法如下：

```
new SuperType(construction parameters)
    {
        inner class methods and data
    }
```

其中，*SuperType* 可以是接口，如 ActionListener，如果是这样，内部类就要实现这个接口。*SuperType* 也可以是一个类，如果是这样，内部类就要扩展这个类。

由于构造器的名字必须与类名相同，而匿名部内类没有类名，所以，匿名内部类不能有构造器。实际上，构造参数要传递给超类（superclass）构造器。具体地，只要内部类实现一个接口，就不能有任何构造参数。不过，仍然要提供一组小括号，如下所示：

```
new InterfaceType()
    {
        methods and data
    }
```

必须仔细研究构造一个类的新对象与构造一个扩展了那个类的匿名内部类的对象之间有什么差别。

```
var queen = new Person("Mary");
    // a Person object
var count = new Person("Dracula") { . . . };
    // an object of an inner class extending Person
```

如果构造参数列表的结束小括号后面跟一个开始大括号，就是在定义匿名内部类。

> **注释：** 尽管匿名类不能有构造器，但可以提供一个对象初始化块：
>
> ```
> var count = new Person("Dracula")
>     {
>         { initialization }
>         . . .
>     };
> ```

程序清单 6-8 包含了有一个匿名内部类的语音时钟程序的全部源代码。将这个程序与程序清单 6-7 相比较，就会发现使用匿名内部类的解决方案比较简短，而且多加练习之后，你会发现这类代码也很容易理解。

多年来，Java 程序员习惯的做法是用匿名内部类实现事件监听器和其他回调。如今最好还是使用 lambda 表达式。例如，本节前面给出的 start 方法用 lambda 表达式来写会简洁得多，如下所示：

```
public void start(int interval, boolean beep)
{
    var timer = new Timer(interval, event -> {
        System.out.println("At the tone, the time is "
            + Instant.ofEpochMilli(event.getWhen()));
        if (beep) Toolkit.getDefaultToolkit().beep();
    });
```

```
      timer.start();
   }
```

```
 1  package anonymousInnerClass;
 2
 3  import java.awt.*;
 4  import java.awt.event.*;
 5  import java.time.*;
 6
 7  import javax.swing.*;
 8
 9  /**
10   * This program demonstrates anonymous inner classes.
11   * @version 1.12 2017-12-14
12   * @author Cay Horstmann
13   */
14  public class AnonymousInnerClassTest
15  {
16     public static void main(String[] args)
17     {
18        var clock = new TalkingClock();
19        clock.start(1000, true);
20
21        // keep program running until the user selects "OK"
22        JOptionPane.showMessageDialog(null, "Quit program?");
23        System.exit(0);
24     }
25  }
26
27  /**
28   * A clock that prints the time in regular intervals.
29   */
30  class TalkingClock
31  {
32     /**
33      * Starts the clock.
34      * @param interval the interval between messages (in milliseconds)
35      * @param beep true if the clock should beep
36      */
37     public void start(int interval, boolean beep)
38     {
39        var listener = new ActionListener()
40           {
41              public void actionPerformed(ActionEvent event)
42              {
43                 System.out.println("At the tone, the time is "
44                    + Instant.ofEpochMilli(event.getWhen()));
45                 if (beep) Toolkit.getDefaultToolkit().beep();
46              }
47           };
48        var timer = new Timer(interval, listener);
49        timer.start();
50     }
51  }
```

> 📓 **注释**：下面的技巧称为"双括号初始化"（double brace initialization），这里利用了内部类语法。假设你想构造一个数组列表，并将它传递到一个方法：
>
> ```
> var friends = new ArrayList<String>();
> friends.add("Harry");
> friends.add("Tony");
> invite(friends);
> ```
>
> 如果不再需要这个数组列表，最好让它作为一个匿名列表。不过作为一个匿名列表，该如何为它添加元素呢？方法如下：
>
> ```
> invite(new ArrayList<String>() {{ add("Harry"); add("Tony"); }});
> ```
>
> 注意这里的双括号。外层括号建立了 ArrayList 的一个匿名子类。内层括号则是一个对象初始化块（见第 4 章）。
>
> 在实际中，这个技巧很少使用。大多数情况下，invite 方法会接受任何 List<String>，所以可以直接传入 List.of("Harry", "Tony")。

> ⚠ **警告**：建立一个与超类大体类似（但不完全相同）的匿名子类通常会很方便。不过，对于 equals 方法要特别当心。第 5 章中，我们曾建议 equals 方法最好使用以下测试：
>
> ```
> if (getClass() != other.getClass()) return false;
> ```
>
> 但是对匿名子类做这个测试会失败。

> ✔ **提示**：生成日志或调试消息时，通常希望包含当前类的类名，如：
>
> ```
> System.err.println("Something awful happened in " + getClass());
> ```
>
> 不过，这对于静态方法不奏效。毕竟，调用 getClass 时调用的是 this.getClass()，而静态方法没有 this。所以应该使用以下表达式：
>
> ```
> new Object(){}.getClass().getEnclosingClass() // gets class of static method
> ```
>
> 在这里，new Object(){} 会建立 Object 的匿名子类的一个匿名对象，getEnclosingClass 则得到其外围类，也就是包含这个静态方法的类。

6.3.7 静态内部类

有时候，使用内部类只是为了把一个类隐藏在另外一个类的内部，并不需要内部类有外围类对象的一个引用。为此，可以将内部类声明为 static，这样就不会生成那个引用。

下面是一个想要使用静态内部类的典型例子。考虑这样一个任务：计算数组中的最小值和最大值。当然，可以编写两个方法，一个方法用于计算最小值，另一个方法用于计算最大值。在调用这两个方法的时候，数组被遍历两次。如果只遍历数组一次，并能够同时计算出最小值和最大值，那么就可以大大地提高效率了。

```
double min = Double.POSITIVE_INFINITY;
double max = Double.NEGATIVE_INFINITY;
for (double v : values)
```

```
{
    if (min > v) min = v;
    if (max < v) max = v;
}
```

然而，这个方法必须返回两个数，为此，可以定义一个包含两个值的类 Pair：

```
class Pair
{
    private double first;
    private double second;

    public Pair(double f, double s)
    {
        first = f;
        second = s;
    }
    public double getFirst() { return first; }
    public double getSecond() {  return second; }
}
```

minmax 方法可以返回一个 Pair 类型的对象。

```
class ArrayAlg
{
    public static Pair minmax(double[] values)
    {
        . . .
        return new Pair(min, max);
    }
}
```

这个方法的调用者可以使用 getFirst 和 getSecond 方法获得答案：

```
Pair p = ArrayAlg.minmax(d);
System.out.println("min = " + p.getFirst());
System.out.println("max = " + p.getSecond());
```

当然，Pair 是一个十分大众化的名字。在大型项目中，其他程序员也很有可能使用这个名字，只不过可能会定义一个 Pair 类包含一对字符串。这样就会产生名字冲突，解决这个问题的办法是将 Pair 定义为 ArrayAlg 的一个公共内部类。此后，就可以通过 ArrayAlg.Pair 访问它了：

ArrayAlg.Pair p = ArrayAlg.minmax(d);

不过，与前面例子中所使用的内部类不同，在 Pair 对象中不需要任何其他对象的引用，为此，可以将这个内部类声明为 static，从而不生成那个引用：

```
class ArrayAlg
{
    public static class Pair
    {
        . . .
    }
    . . .
}
```

当然，只有内部类可以声明为 static。静态内部类就类似于其他内部类，只不过静态内部类的对象没有生成它的外围类对象的引用。在我们的示例中，必须使用静态内部类，这是由于内部类对象是在静态方法中构造的：

```java
public static Pair minmax(double[] d)
{
    . . .
    return new Pair(min, max);
}
```

如果没有将 Pair 类声明为 static，那么编译器将会报错，指出没有可用的隐式 ArrayAlg 类型对象来初始化内部类对象。

📑 **注释：** 只要内部类不需要访问外围类对象，就应该使用静态内部类。有些程序员用**嵌套类**（nested class）表示静态内部类。

📑 **注释：** 与常规内部类不同，静态内部类可以有静态字段和方法。

📑 **注释：** 在接口中声明的内部类自动是 static 和 public。

程序清单 6-9 包含 ArrayAlg 类和嵌套 Pair 类的全部源代码。

程序清单 6-9　staticInnerClass/StaticInnerClassTest.java

```java
 1  package staticInnerClass;
 2
 3  /**
 4   * This program demonstrates the use of static inner classes.
 5   * @version 1.02 2015-05-12
 6   * @author Cay Horstmann
 7   */
 8  public class StaticInnerClassTest
 9  {
10     public static void main(String[] args)
11     {
12        var values = new double[20];
13        for (int i = 0; i < values.length; i++)
14           values[i] = 100 * Math.random();
15        ArrayAlg.Pair p = ArrayAlg.minmax(values);
16        System.out.println("min = " + p.getFirst());
17        System.out.println("max = " + p.getSecond());
18     }
19  }
20
21  class ArrayAlg
22  {
23     /**
24      * A pair of floating-point numbers
25      */
26     public static class Pair
27     {
28        private double first;
29        private double second;
```

```
30
31      /**
32       * Constructs a pair from two floating-point numbers
33       * @param f the first number
34       * @param s the second number
35       */
36      public Pair(double f, double s)
37      {
38         first = f;
39         second = s;
40      }
41
42      /**
43       * Returns the first number of the pair
44       * @return the first number
45       */
46      public double getFirst()
47      {
48         return first;
49      }
50
51      /**
52       * Returns the second number of the pair
53       * @return the second number
54       */
55      public double getSecond()
56      {
57         return second;
58      }
59   }
60
61   /**
62    * Computes both the minimum and the maximum of an array
63    * @param values an array of floating-point numbers
64    * @return a pair whose first element is the minimum and whose second element
65    * is the maximum
66    */
67   public static Pair minmax(double[] values)
68   {
69      double min = Double.POSITIVE_INFINITY;
70      double max = Double.NEGATIVE_INFINITY;
71      for (double v : values)
72      {
73         if (min > v) min = v;
74         if (max < v) max = v;
75      }
76      return new Pair(min, max);
77   }
78 }
```

6.4　服务加载器

有时会开发采用一个服务架构的应用。有些平台支持这种方法，如 OSGi(http://osgi.

org)，可以用于开发环境、应用服务器和其他复杂的应用。这些平台超出了本书讨论的范畴，不过 JDK 还提供了一个加载服务的简单机制（这里会介绍）。这种机制由 Java 平台模块系统提供支持，详细内容参见本书卷 II 第 9 章。

　　通常提供一个服务时，程序希望服务设计者能有一些自由，能够确定如何实现服务的特性。另外还希望有多个实现以供选择。利用 ServiceLoader 类可以很容易地加载符合一个公共接口的服务。

　　定义一个接口（或者，如果愿意也可以定义一个超类），其中包含服务的各个实例应当提供的方法。例如，假设你的服务要提供加密。

```
package serviceLoader;

public interface Cipher
{
    byte[] encrypt(byte[] source, byte[] key);
    byte[] decrypt(byte[] source, byte[] key);
    int strength();
}
```

服务提供者可以提供一个或多个实现这个服务的类，例如：

```
package serviceLoader.impl;

public class CaesarCipher implements Cipher
{
    public byte[] encrypt(byte[] source, byte[] key)
    {
        var result = new byte[source.length];
        for (int i = 0; i < source.length; i++)
            result[i] = (byte)(source[i] + key[0]);
        return result;
    }
    public byte[] decrypt(byte[] source, byte[] key)
    {
        return encrypt(source, new byte[] { (byte) -key[0] });
    }
    public int strength() { return 1; }
}
```

　　实现类可以放在任意的包中，而不一定是服务接口所在的包。每个实现类必须有一个无参数构造器。

　　现在把这些类的类名增加到 META-INF/services 目录下的一个 UTF-8 编码文本文件中，文件名必须与完全限定类名一致。在我们的例子中，文件 META-INF/services/serviceLoader.Cipher 必须包含这样一行：

```
serviceLoader.impl.CaesarCipher
```

在这个例子中，我们提供了一个实现类。还可以提供多个类，以后可以从中选择。

　　完成这个准备工作之后，程序可以如下初始化一个服务加载器：

```
public static ServiceLoader<Cipher> cipherLoader = ServiceLoader.load(Cipher.class);
```

这个初始化工作只在程序中完成一次。

服务加载器的 iterator 方法会返回一个迭代器来迭代处理所提供的所有服务实现。(有关迭代器的更多信息参见第 9 章。)最容易的做法是使用一个增强的 for 循环进行遍历。在循环中,选择一个适当的对象来完成服务。

```java
public static Cipher getCipher(int minStrength)
{
   for (Cipher cipher : cipherLoader) // implicitly calls cipherLoader.iterator()
   {
      if (cipher.strength() >= minStrength) return cipher;
   }
   return null;
}
```

或者,也可以使用流(见本书卷 II 的第 1 章)查找所要的服务。stream 方法会生成 Service-Loader.Provider 实例的一个流。这个接口包含 type 和 get 方法,可以用来得到提供者类和提供者实例。如果按类型选择一个提供者,只需要调用 type,而没有必要实例化任何服务实例。

```java
public static Optional<Cipher> getCipher2(int minStrength)
{
   return cipherLoader.stream()
      .filter(descr -> descr.type() == serviceLoader.impl.CaesarCipher.class)
      .findFirst()
      .map(ServiceLoader.Provider::get);
}
```

最后,如果想要得到任何服务实例,只需要调用 findFirst:

```java
Optional<Cipher> cipher = cipherLoader.findFirst();
```

Optional 类会在本书卷 II 的第 1 章详细解释。

API *java.util.ServiceLoader<S>* 1.6

- static <S> ServiceLoader<S> load(Class<S> service)

  创建一个服务加载器来加载实现给定服务接口的类。

- Iterator<S> iterator()

  生成一个以"懒"方式加载服务类的迭代器。也就是说,迭代器推进时才会加载类。

- Stream<ServiceLoader.Provider<S>> stream() 9

  返回提供者描述符的一个流,从而可以采用懒方式加载所要的类的提供者。

- Optional<S> findFirst() 9

  查找第一个可用的服务提供者(如果有)。

API *java.util.ServiceLoader.Provider<S>* 9

- Class<? extends S> type()

  获得这个提供者的类型。

- S get()

  获得这个提供者的实例。

6.5　代理

在本章的最后，我们来讨论代理（proxy）。利用代理可以在运行时创建实现了一组给定接口的新类。只有在编译时期无法确定需要实现哪个接口时才有必要使用代理。对于编写应用程序的程序员来说，这种情况很少见，所以如果对这种高级技术不感兴趣，可以跳过本节内容。不过，对于某些系统应用程序，代理带来的灵活性可能十分重要。

6.5.1　何时使用代理

假设你想构造一个类的对象，这个类实现了一个或多个接口，但是在编译时你可能并不知道这些接口到底是什么。这个问题确实有些难度。要想构造一个具体的类，只需要使用 newInstance 方法或者使用反射找出构造器。但是，不能实例化接口。需要在运行的程序中定义一个新类。

为了解决这个问题，有些程序会生成代码，将这些代码放在一个文件中，调用编译器，然后再加载得到的类文件。很自然地，这样做的速度会比较慢，并且需要将编译器连同程序一起部署。而代理机制则是一种更好的解决方案。代理类可以在运行时创建全新的类。这样的代理类能够实现你指定的接口。具体地，代理类包含以下方法：

- 指定接口所需要的全部方法。
- Object 类中的全部方法，例如，toString、equals 等。

不过，不能在运行时为这些方法定义新代码。实际上，必须提供一个调用处理器（invocation handler）。调用处理器是实现了 InvocationHandler 接口的类的对象。这个接口只有一个方法：

```
Object invoke(Object proxy, Method method, Object[] args)
```

无论何时调用代理对象的方法，调用处理器的 invoke 方法都会被调用，并向其传递 Method 对象和原调用的参数。之后调用处理器必须确定如何处理这个调用。

6.5.2　创建代理对象

要想创建一个代理对象，需要使用 Proxy 类的 newProxyInstance 方法。这个方法有三个参数：

- 一个类加载器（class loader）。作为 Java 安全模型的一部分，可以对平台和应用类、从因特网下载的类等使用不同的类加载器。有关类加载器的详细内容将在卷 II 第 9 章中讨论。在这个例子中，我们指定"系统类加载器"加载平台和应用类。
- 一个 Class 对象数组，每个元素对应需要实现的各个接口。
- 一个调用处理器。

还有两个需要解决的问题。如何定义处理器？另外，对于得到的代理对象能够做些什么？当然，这两个问题的答案取决于我们想要用代理机制解决什么问题。使用代理可能出于很多目的，例如：

- 将方法调用路由到远程服务器。
- 在运行的程序中将用户界面事件与动作关联起来。
- 为了调试，跟踪方法调用。

在示例程序中，我们要使用代理和调用处理器跟踪方法调用。我们定义了一个 TraceHandler 包装器类存储包装的对象，其中的 invoke 方法会打印所调用方法的名字和参数，随后用包装的对象作为隐式参数调用这个方法。

```java
class TraceHandler implements InvocationHandler
{
   private Object target;

   public TraceHandler(Object t)
   {
      target = t;
   }

   public Object invoke(Object proxy, Method m, Object[] args)
         throws Throwable
   {
      // print method name and parameters
      . . .
      // invoke actual method
      return m.invoke(target, args);
   }
}
```

下面说明如何构造可以跟踪方法调用的代理对象。

```java
Object value = . . .;
// construct wrapper
var handler = new TraceHandler(value);
// construct proxy for one or more interfaces
var interfaces = new Class[] { Comparable.class};
Object proxy = Proxy.newProxyInstance(
   ClassLoader.getSystemClassLoader(),
   new Class[] { Comparable.class } , handler);
```

现在，只要在 proxy 上调用了某个接口的方法，就会打印这个方法的名字和参数，之后再用 value 调用这个方法。

在程序清单 6-10 所示的程序中，我们使用代理对象跟踪一个二分查找。这里首先在数组中填充整数 1 ~ 1000 的代理，然后调用 Arrays 类的 binarySearch 方法在数组中查找一个随机整数。最后，打印出匹配的元素。

```java
var elements = new Object[1000];
// fill elements with proxies for the integers 1 . . . 1000
for (int i = 0; i < elements.length; i++)
{
   Integer value = i + 1;
   elements[i] = Proxy.newProxyInstance(. . .); // proxy for value;
}

// construct a random integer
```

```
Integer key = new Random().nextInt(elements.length) + 1;

// search for the key
int result = Arrays.binarySearch(elements, key);

// print match if found
if (result >= 0) System.out.println(elements[result]);
```

Integer 类实现了 Comparable 接口。代理对象属于在运行时定义的一个类（它有一个名字，如 $Proxy0）。这个类也实现了 Comparable 接口。不过，它的 compareTo 方法调用了代理对象处理器的 invoke 方法。

> 📓 **注释**：在本章前面已经看到，Integer 类实际上实现了 Comparable<Integer>。不过，在运行时，所有的泛型类型都会取消，会用对应原始 Comparable 类的类对象构造代理。

binarySearch 方法会有以下调用：

```
if (elements[i].compareTo(key) < 0) . . .
```

由于数组中填充了代理对象，所以 compareTo 调用了 TraceHander 类中的 invoke 方法。这个方法打印出了方法名和参数，之后在包装的 Integer 对象上调用 compareTo。

最后，在示例程序的最后调用：

```
System.out.println(elements[result]);
```

这个 println 方法调用代理对象的 toString，这个调用也会被重定向到调用处理器。

下面是程序运行得到的全部跟踪结果：

```
500.compareTo(288)
250.compareTo(288)
375.compareTo(288)
312.compareTo(288)
281.compareTo(288)
296.compareTo(288)
288.compareTo(288)
288.toString()
```

可以看到二分查找算法查找关键字的过程，即每一步都将查找区间缩减一半。注意，尽管不属于 Comparable 接口，toString 方法也会被代理。在下一节中会看到，某些 Object 方法总是会被代理。

程序清单 6-10　proxy/ProxyTest.java

```
 1  package proxy;
 2
 3  import java.lang.reflect.*;
 4  import java.util.*;
 5
 6  /**
 7   * This program demonstrates the use of proxies.
 8   * @version 1.01 2018-04-10
 9   * @author Cay Horstmann
10   */
```

```
11  public class ProxyTest
12  {
13     public static void main(String[] args)
14     {
15        var elements = new Object[1000];
16
17        // fill elements with proxies for the integers 1 . . . 1000
18        for (int i = 0; i < elements.length; i++)
19        {
20           Integer value = i + 1;
21           var handler = new TraceHandler(value);
22           Object proxy = Proxy.newProxyInstance(
23              ClassLoader.getSystemClassLoader(),
24              new Class[] { Comparable.class } , handler);
25           elements[i] = proxy;
26        }
27
28        // construct a random integer
29        Integer key = new Random().nextInt(elements.length) + 1;
30
31        // search for the key
32        int result = Arrays.binarySearch(elements, key);
33
34        // print match if found
35        if (result >= 0) System.out.println(elements[result]);
36     }
37  }
38
39  /**
40   * An invocation handler that prints out the method name and parameters, then
41   * invokes the original method
42   */
43  class TraceHandler implements InvocationHandler
44  {
45     private Object target;
46
47     /**
48      * Constructs a TraceHandler
49      * @param t the implicit parameter of the method call
50      */
51     public TraceHandler(Object t)
52     {
53        target = t;
54     }
55
56     public Object invoke(Object proxy, Method m, Object[] args) throws Throwable
57     {
58        // print implicit argument
59        System.out.print(target);
60        // print method name
61        System.out.print("." + m.getName() + "(");
62        // print explicit arguments
63        if (args != null)
64        {
```

```
65              for (int i = 0; i < args.length; i++)
66              {
67                  System.out.print(args[i]);
68                  if (i < args.length - 1) System.out.print(", ");
69              }
70          }
71          System.out.println(")");
72
73          // invoke actual method
74          return m.invoke(target, args);
75      }
76 }
```

6.5.3 代理类的特性

现在，我们已经看到了代理类的应用，接下来了解它们的一些特性。需要记住，代理类是在程序运行过程中动态创建的。然而，一旦被创建，它们就变成了常规类，与虚拟机中的任何其他类没有什么区别。

所有的代理类都扩展 Proxy 类。一个代理类只有一个实例字段——即调用处理器，它在 Proxy 超类中定义。完成代理对象任务所需要的任何额外数据都必须存储在调用处理器中。例如，在程序清单 6-10 给出的程序中，代理 Comparable 对象时，TraceHandler 就包装了实际的对象。

所有的代理类都要覆盖 Object 类的 toString、equals 和 hashCode 方法。如同所有代理方法一样，这些方法只是在调用处理器上调用 invoke。Object 类中的其他方法（如 clone 和 getClass）没有重新定义。

没有定义代理类的名字，Oracle 虚拟机中的 Proxy 类将生成一个以字符串 $Proxy 开头的类名。

对于一个特定的类加载器和预设的一组接口来说，只能有一个代理类。也就是说，如果使用同一个类加载器和接口数组调用两次 newProxyInstance 方法，将得到同一个类的两个对象。也可以利用 getProxyClass 方法获得这个类：

```
Class proxyClass = Proxy.getProxyClass(null, interfaces);
```

代理类总是 public 和 final。如果代理类实现的所有接口都是 public，这个代理类就不属于任何特定的包；否则，所有非公共的接口都必须属于同一个包，同时，代理类也属于这个包。

可以通过调用 Proxy 类的 isProxyClass 方法检测一个特定的 Class 对象是否表示一个代理类。

API *java.lang.reflect.InvocationHandler* 1.3

- Object invoke(Object proxy, Method method, Object[] args)

  定义这个方法包含一个动作，你希望只要在代理对象上调用一个方法就完成这个动作。

API `java.lang.reflect.Proxy` `1.3`

- static Class<?> getProxyClass(ClassLoader loader, Class<?>... interfaces)

  返回实现指定接口的代理类。

- static Object newProxyInstance(ClassLoader loader, Class<?>[] interfaces, InvocationHandler handler)

  构造实现指定接口的代理类的一个新实例。所有方法都调用给定处理器对象的 invoke 方法。

- static boolean isProxyClass(Class<?> cl)

  如果 cl 是一个代理类则返回 true。

到此为止，Java 程序设计语言的面向对象特性就介绍完毕了。接口、lambda 表达式和内部类是我们经常会遇到的几个概念，不过，克隆、服务加载器和代理等高级技术主要是设计库及构建工具的程序员感兴趣，它们对开发应用程序的程序员的吸引力不大。接下来可以在第 7 章学习如何处理程序中的异常情况。

第 7 章　异常、断言和日志

▲ 处理错误　　　　　　　　　　　▲ 使用断言

▲ 捕获异常　　　　　　　　　　　▲ 日志

▲ 使用异常的技巧　　　　　　　　▲ 调试技巧

在理想世界里，用户输入数据的格式永远都是正确的，选择打开的文件也一定存在，代码永远不会出现 bug。迄今为止，本书呈现给大家的代码似乎都处在这样一个理想世界中。然而，在现实世界中却充满了不良的数据和有问题的代码，现在该讨论 Java 程序设计语言处理这些问题的机制了。

人们在遇到错误时会感觉不爽。如果由于程序的错误或一些外部环境的影响，导致用户在运行程序期间做的所有工作统统丢失，这个用户就有可能不会再使用这个程序了。为了尽量避免这类事情的发生，至少应该做到以下几点：

- 向用户通知错误；
- 保存所有的工作；
- 允许用户妥善地退出程序。

对于异常情况，例如，可能造成程序崩溃的错误输入，Java 使用了一种称为异常处理（exception handing）的错误捕获机制。Java 中的异常处理与 C++ 或 Delphi 中的异常处理十分类似。本章的第 1 部分先介绍 Java 的异常。

在测试期间，需要运行大量的检查以确保程序操作的正确性。然而，这些检查可能非常耗时，在测试完成后也没有必要保留。也可以简单地将这些检查删除，需要另做测试时再将它们粘贴回来，不过这样做会很烦琐。本章的第 2 部分将介绍如何使用断言有选择地启用检查。

当程序出现错误时，并不总是能够与用户或终端进行通信。此时，我们可能希望记录出现的问题，以备日后进行分析。本章的第 3 部分将讨论标准 Java 日志框架。

7.1　处理错误

假设在一个 Java 程序运行期间出现了一个错误。这个错误可能是由于文件包含错误信息，或者网络连接出现问题造成的，也有可能（我们真是不想提到这一点）是因为使用了无效的数组下标，或者试图使用一个没有被赋值的对象引用而造成的。用户期望在出现错误时，程序能够采取合理的行为。如果由于出现错误而使得某些操作没有完成，程序应该：

- 返回到一种安全状态，并能够让用户执行其他的命令；或者
- 允许用户保存所有工作的结果，并以妥善的方式终止程序。

要做到这些并不是一件很容易的事情。其原因是检测（或者甚至引发）错误条件的代码通常与那些能够让数据恢复到安全状态或者能够保存用户工作并妥善退出程序的代码相距很远。异常处理的任务就是将控制权从产生错误的地方转移到能够处理这种情况的错误处理器。为了能够处理程序中的异常情况，必须考虑到程序中可能会出现的错误和问题。那么需要考虑哪些问题呢？

- 用户输入错误。除了那些不可避免的键盘输入错误外，有些用户喜欢自行其是，而不遵守程序的要求。例如，假设有一个用户请求连接一个 URL，而这个 URL 语法却不正确。你的代码应该对此进行检查，如果没有检查，网络层就会报错。
- 设备错误。硬件并不总是让它做什么，它就做什么。打印机可能被关掉了。网页可能临时性地不能浏览。在任务的处理过程中，硬件经常会出现问题。例如，打印机在打印过程中可能没有纸了。
- 物理限制。磁盘已满，你可能已经用尽了所有可用的存储空间。
- 代码错误。程序方法有可能没有正确地完成工作。例如，方法可能返回了一个错误的答案，或者错误地调用了其他的方法。计算一个无效的数组索引，试图在散列表中查找一个不存在的记录，或者试图让一个空栈执行弹出操作，这些都属于代码错误。

对于方法中的错误，传统的做法是返回一个特殊的错误码，由调用方法分析。例如，对于从文件中读取信息的方法，返回值通常不是标准字符，而是一个 –1，表示文件结束。这对于处理很多异常状况都是很高效的方法。还有一种表示错误状况的常用返回值是 null 引用。

遗憾的是，并不是任何情况下都能够返回一个错误码。有可能无法明确地将有效数据与无效数据加以区分。一个返回整型的方法就不能简单地通过返回 –1 表示错误，因为 –1 很可能是一个完全合法的结果。

正如第 5 章中所提到的那样，在 Java 中，如果某个方法不能够采用正常的途径完成它的任务，可以通过另外一个路径退出方法。在这种情况下，方法并不返回任何值，而是抛出（throw）一个封装了错误信息的对象。需要注意的是，这个方法将会立刻退出，并不返回正常值（或任何值）。此外，也不会从调用这个方法的代码继续执行，取而代之的是，异常处理机制开始搜索能够处理这种异常状况的异常处理器（exception handler）。

异常有自己的语法和特定的继承层次结构。下面首先介绍语法，然后再给出有效地使用这种语言特性的技巧。

7.1.1　异常分类

在 Java 程序设计语言中，异常对象都是派生于 Throwable 类的一个类实例。稍后还可以看到，如果 Java 中内置的异常类不能满足需求，用户还可以创建自己的异常类。

图 7-1 是 Java 异常层次结构的一个简化示意图。

需要注意的是，所有的异常都是由 Throwable 继承而来，但在下一层立即分解为两个分支：Error 和 Exception。

Error 类层次结构描述了 Java 运行时系统的内部错误和资源耗尽错误。你的应用程序不应该抛出这种类型的对象。如果出现了这样的内部错误,除了通知用户,并尽力妥善地终止程序之外,你几乎无能为力。这种情况很少出现。

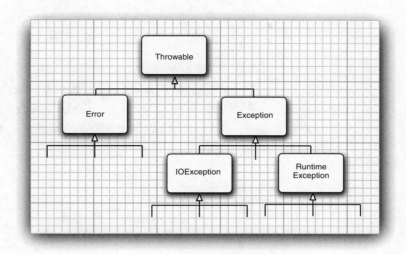

图 7-1   Java 中的异常层次结构

在设计 Java 程序时,要重点关注 Exception 层次结构。这个层次结构又分解为两个分支:一个分支派生于 RuntimeException;另一个分支包含其他异常。一般规则是:由编程错误导致的异常属于 RuntimeException;如果程序本身没有问题,但由于像 I/O 错误这类问题导致的异常属于其他异常。

派生于 RuntimeException 的异常包括以下问题:

- 错误的强制类型转换。
- 数组访问越界。
- 访问 null 指针。

不是派生于 RuntimeException 的异常包括:

- 试图超越文件末尾继续读取数据。
- 试图打开一个不存在的文件。
- 试图根据给定的字符串查找 Class 对象,而这个字符串表示的类并不存在。

"如果出现 RuntimeException 异常,那么就一定是你的问题",这个规则很有道理。应该通过检测数组下标是否越界来避免 ArrayIndexOutOfBoundsException 异常;应该在使用变量之前通过检测它是否为 null 来杜绝 NullPointerException 异常的发生。

如何处理不存在的文件呢?难道不能先检查文件是否存在再打开它吗?嗯,这个文件有可能在你检查它是否存在之后就立即被删除了。因此,"是否存在"取决于环境,而不只是取决于你的代码。

Java 语言规范将派生于 Error 类或 RuntimeException 类的所有异常称为非检查型(unchecked)

异常，所有其他的异常称为检查型（checked）异常。这是很有用的术语，在后面还会用到。编译器将检查你是否为所有的检查型异常提供了异常处理器。

> 📓 **注释**：RuntimeException 这个名字很容易让人混淆。当然了，现在讨论的所有错误都发生在运行时。

> **C++** **C++ 注释**：如果熟悉标准 C++ 类库中（更为受限）的异常层次结构，可能会很困惑。C++ 有两个基本的异常类，一个是 runtime_error；另一个是 logic_error。logic_error 类相当于 Java 中的 RuntimeException，也表示程序中的逻辑错误；runtime_error 类是所有由于不可预测的原因所引发的异常的基类。它相当于 Java 中非 RuntimeException 类型的异常。

7.1.2　声明检查型异常

如果遇到了无法处理的情况，Java 方法可以抛出一个异常。这个道理很简单：方法不仅需要告诉编译器将要返回什么值，还要告诉编译器有可能发生什么错误。例如，一段读取文件的代码知道有可能读取的文件不存在，或者文件内容为空，因此，试图处理文件信息的代码就需要通知编译器可能会抛出 IOException 类的异常。

要在方法的首部指出这个方法可能抛出一个异常，所以要修改方法首部，以反映这个方法可能抛出的检查型异常。例如，下面是标准类库中 FileInputStream 类的一个构造器的声明（有关输入和输出的更多信息请参看卷 II 的第 1 章）。

```
public FileInputStream(String name) throws FileNotFoundException
```

这个声明表示这个构造器将根据给定的 String 参数产生一个 FileInputStream 对象，但也有可能出错而抛出一个 FileNotFoundException 异常。如果发生了这种糟糕情况，构造器将不会初始化一个新的 FileInputStream 对象，而是抛出一个 FileNotFoundException 类对象。如果这个方法真的抛出了这样一个异常对象，运行时系统就会开始搜索知道如何处理 FileNotFoundException 对象的异常处理器。

在自己编写方法时，不必声明这个方法可能抛出的所有异常。至于什么时候需要在方法中用 throws 子句声明异常，以及要用 throws 子句声明哪些异常，需要记住在遇到下面 4 种情况时会抛出异常：

- 调用了一个抛出检查型异常的方法，例如，FileInputStream 构造器。
- 检测到一个错误，并且利用 throw 语句抛出一个检查型异常（下一节将详细介绍 throw 语句）。
- 程序出现错误，例如，a[-1]=0 会抛出一个非检查型异常（这里会抛出 ArrayIndexOutOfBoundsException）。
- Java 虚拟机或运行时库出现内部错误。

如果出现前两种情况，则必须告诉调用这个方法的程序员有可能抛出异常。为什么？因为任何一个抛出异常的方法都有可能是一个死亡陷阱。如果没有处理器捕获这个异常，当前执行的线程就会终止。

有些 Java 方法包含在对外提供的类中，对于这些方法，应该通过方法首部的异常规范（exception specification）声明这个方法可能抛出异常。

```
class MyAnimation
{
    . . .
    public Image loadImage(String s) throws IOException
    {
        . . .
    }
}
```

如果一个方法有可能抛出多个检查型异常类型，那么就必须在方法的首部列出所有的异常类。每个异常类之间用逗号隔开。如下面这个例子所示：

```
class MyAnimation
{
    . . .
    public Image loadImage(String s) throws FileNotFoundException, EOFException
    {
        . . .
    }
}
```

但是，不需要声明 Java 的内部错误，即从 Error 继承的异常。任何程序代码都有可能抛出那些异常，而我们对此完全无法控制。

同样，也不应该声明从 RuntimeException 继承的那些非检查型异常。

```
class MyAnimation
{
    . . .
    void drawImage(int i) throws ArrayIndexOutOfBoundsException // bad style
    {
        . . .
    }
}
```

这些运行时错误完全在我们的控制之中。如果特别担心数组下标错误，就应该多花时间修正这些错误，而不只是声明这些错误有可能发生。

总之，一个方法必须声明所有可能抛出的检查型异常，而非检查型异常要么在你的控制之外（Error），要么是由从一开始就应该避免的情况所导致的（RuntimeException）。如果你的方法没有声明所有可能发生的检查型异常，编译器就会发出一个错误消息。

当然，从前面的示例中可以知道：不只是声明异常，你还可以捕获异常。这样就不会从这个方法抛出这个异常，所以也没有必要使用 throws。本章后面将会讨论如何决定究竟是捕获一个异常，还是将其抛出由其他人捕获。

⬥ **警告：**如果在子类中覆盖了超类的一个方法，子类方法中声明的检查型异常不能比超类方法中声明的异常更通用（子类方法可以抛出更特定的异常，或者根本不抛出任何异常）。特别需要说明的是，如果超类方法没有抛出任何检查型异常，子类也不能抛出任何检查型异常。例如，如果覆盖 JComponent.paintComponent 方法，由于超类中这个方法没有抛出任何检查型异常，所以，你的 paintComponent 也不能抛出任何检查型异常。

如果类中的一个方法声明它会抛出一个异常，而这个异常是某个特定类的实例，那么这个方法抛出的异常可能属于这个类，也可能属于这个类的任意一个子类。例如，FileInputStream 构造器声明有可能抛出一个 IOExcetion 异常，在这种情况下，你并不知道具体是哪种 IOException 异常。它既可能是 IOException 异常，也可能是其某个子类的对象，例如，FileNotFoundException。

C++ 注释：Java 中的 throws 说明符与 C++ 中的 throw 说明符基本类似，但有一点重要的区别。在 C++ 中，throw 说明符在运行时执行，而不是在编译时执行。也就是说，C++ 编译器将不处理任何异常规范。但是，如果函数抛出的异常没有出现在 throw 列表中，就会调用 unexpected 函数，默认情况下，程序会终止。

另外，在 C++ 中，如果没有给出 throw 说明，函数可能会抛出任何异常。而在 Java 中，没有 throws 说明符的方法将根本不能抛出任何检查型异常。

7.1.3　如何抛出异常

现在假设在程序代码中发生了糟糕的事情。一个名为 readData 的方法正在读取一个文件，文件首部包含以下信息，承诺文件长度为 1024 个字符：

```
Content-length: 1024
```

然而，读到 733 个字符之后文件就结束了。你可能认为这是一种不正常的情况，希望抛出一个异常。

首先要决定应该抛出什么类型的异常。可能某种 IOException 是个不错的选择。仔细地阅读 Java API 文档之后会发现：EOFException 异常的描述是："指示输入过程中意外遇到了 EOF"。完美，这正是我们要抛出的异常。下面是抛出这个异常的语句：

```
throw new EOFException();
```

或者，也可以是

```
var e = new EOFException();
throw e;
```

下面将这些代码放在一起：

```
String readData(Scanner in) throws EOFException
{
   . . .
   while (. . .)
   {
      if (!in.hasNext()) // EOF encountered
      {
         if (n < len)
```

```
        throw new EOFException();
    }
    . . .
}
return s;
}
```

EOFException 类还有一个带一个字符串参数的构造器。你可以很好地利用这个构造器，更细致地描述异常。

```
String gripe = "Content-length: " + len + ", Received: " + n;
throw new EOFException(gripe);
```

在前面已经看到，如果一个已有的异常类能够满足你的要求，抛出这个异常非常容易。在这种情况下：

1. 找到一个合适的异常类。

2. 创建这个类的一个对象。

3. 将对象抛出。

一旦方法抛出了异常，这个方法就不会返回到调用者。也就是说，不必操心建立一个默认的返回值或错误码。

> **C++ 注释**：在 C++ 与 Java 中，抛出异常的过程基本相同，只有一点微小的差别。在 Java 中，只能抛出 Throwable 子类的对象，而在 C++ 中，却可以抛出任何类型的值。

7.1.4　创建异常类

你的代码可能会遇到任何标准异常类都无法描述清楚的问题。在这种情况下，创建自己的异常类就是一件顺理成章的事情了。我们需要做的只是定义一个派生于 Exception 的类，或者派生于 Exception 的某个子类，如 IOException。习惯做法是，自定义的这个类应该包含两个构造器，一个是默认的构造器，另一个是包含详细描述信息的构造器（超类 Throwable 的 toString 方法会返回一个字符串，其中包含这个详细信息，这在调试中非常有用）。

```
class FileFormatException extends IOException
{
    public FileFormatException() {}
    public FileFormatException(String gripe)
    {
        super(gripe);
    }
}
```

现在，就可以抛出你自己定义的异常类型了。

```
String readData(BufferedReader in) throws FileFormatException
{
    . . .
    while (. . .)
    {
        if (ch == -1) // EOF encountered
        {
```

```
        if (n < len)
            throw new FileFormatException();
    }
    . . .
    }
    return s;
}
```

API **java.lang.Throwable 1.0**

- Throwable()

  构造一个新的 Throwable 对象，但没有详细的描述信息。

- Throwable(String message)

  构造一个新的 Throwable 对象，带有指定的详细描述信息。按惯例，所有派生的异常类都支持一个默认构造器和一个带有详细描述信息的构造器。

- String getMessage()

  获得 Throwable 对象的详细描述信息。

7.2　捕获异常

你现在已经知道了如何抛出一个异常。这个过程十分容易，只要将其抛出就不用理睬了。当然，有些代码必须捕获异常。捕获异常需要做更多规划。这正是下面几节要介绍的内容。

7.2.1　捕获异常

如果发生了某个异常，但没有在任何地方捕获这个异常，程序就会终止，并在控制台上打印一个消息，其中包括这个异常的类型和一个堆栈轨迹。图形用户界面（GUI）程序（包括 applet 和应用程序）会捕获异常，打印堆栈轨迹消息，然后返回用户界面处理循环（在调试 GUI 程序时，最好保证控制台窗口可见，并且没有最小化）。

要想捕获一个异常，需要设置 try/catch 语句块。最简单的 try 语句块如下所示：

```
try
{
    code
    more code
    more code
}
catch (ExceptionType e)
{
    handler for this type
}
```

如果 try 语句块中的任何代码抛出了 catch 子句中指定的一个异常类，那么

1. 程序将跳过 try 语句块的其余代码。

2. 程序将执行 catch 子句中的处理器代码。

如果 try 语句块中的代码没有抛出任何异常，那么程序将跳过 catch 子句。

如果方法中的任何代码抛出了 catch 子句中没有声明的一个异常类型，那么这个方法就会立即退出（希望它的调用者为这种类型的异常提供了 catch 子句）。

为了展示捕获异常的处理过程，下面给出一个很典型的读取数据的代码：

```java
public void read(String filename)
{
   try
   {
      var in = new FileInputStream(filename);
      int b;
      while ((b = in.read()) != -1)
      {
         process input
      }
   }
   catch (IOException exception)
   {
      exception.printStackTrace();
   }
}
```

需要注意的是，try 子句中的大多数代码都很容易理解：读取并处理字节，直到遇到文件结束符为止。正如在 Java API 中看到的那样，read 方法有可能抛出一个 IOException 异常。在这种情况下，将跳出整个 while 循环，进入 catch 子句，并生成一个堆栈轨迹。对于一个 "玩具类" 的简单程序来说，这样处理异常看上去很有道理。还有其他的选择吗？

通常，最好的选择是什么也不做，而是将异常传递给调用者。如果 read 方法出现了错误，就让 read 方法的调用者去操心这个问题！如果采用这种处理方式，就必须声明这个方法可能会抛出一个 IOException。

```java
public void read(String filename) throws IOException
{
   var in = new FileInputStream(filename);
   int b;
   while ((b = in.read()) != -1)
   {
      process input
   }
}
```

请记住，编译器严格地执行 throws 说明符。如果调用了一个抛出检查型异常的方法，就必须处理这个异常，或者继续传递这个异常。

哪种方法更好呢？一般经验是，要捕获那些你知道如何处理的异常，而继续传播那些你不知道怎样处理的异常。

如果想传播一个异常，就必须在方法的首部添加一个 throws 说明符，提醒调用者这个方法可能会抛出异常。

查看 Java API 文档，可以看到每个方法可能会抛出哪些异常，然后再决定是由自己处理，还是添加到 throws 列表中。对于后一种选择，不用感到难堪。将异常交给胜任的处理器进行处理要比压制这个异常更好。

同时请记住，这个规则也有一个例外。前面曾经提到过：如果编写一个方法覆盖超类的方法，而这个超类方法没有抛出异常（如 JComponent 中的 paintComponent），你就必须捕获你的方法代码中出现的每一个检查型异常。不允许在子类的 throws 说明符中出现超类方法未列出的异常类。

> **C++ 注释**：在 Java 与 C++ 中，捕获异常的方式基本相同。严格地说，以下代码
>
>   catch (Exception e) // Java
>
> 与
>
>   catch (Exception& e) // C++
>
> 是一样的。
>
> 在 Java 中，没有与 C++ 中 catch(...) 对应的东西。这在 Java 中并不需要，因为所有异常类都派生于一个公共的超类。

7.2.2　捕获多个异常

在一个 try 语句块中可以捕获多个异常类型，并对不同类型的异常做出不同的处理。要为每个异常类型使用一个单独的 catch 子句，如下例所示：

```
try
{
    code that might throw exceptions
}
catch (FileNotFoundException e)
{
    emergency action for missing files
}
catch (UnknownHostException e)
{
    emergency action for unknown hosts
}
catch (IOException e)
{
    emergency action for all other I/O problems
}
```

异常对象可能包含有关异常性质的信息。要想获得这个对象的更多信息，可以尝试使用

```
e.getMessage()
```

得到详细的错误消息（如果有的话），或者使用

```
e.getClass().getName()
```

得到异常对象的实际类型。

在 Java 7 中，同一个 catch 子句中可以捕获多个异常类型。例如，假设对应缺少文件和未知主机异常的动作是一样的，就可以合并 catch 子句：

```
try
{
    code that might throw exceptions
}
catch (FileNotFoundException | UnknownHostException e)
{
    emergency action for missing files and unknown hosts
}
catch (IOException e)
{
    emergency action for all other I/O problems
}
```

只有当捕获的异常类型彼此之间不存在子类关系时才需要这个特性。

> **注释：**捕获多个异常时，异常变量隐含为 final 变量。例如，在以下子句体中不能为 e 赋不同的值：
>
> ```
> catch (FileNotFoundException | UnknownHostException e) { . . . }
> ```

> **注释：**捕获多个异常不仅会让你的代码看起来更简单，还会更高效。生成的字节码只包含对应公共 catch 子句的一个代码块。

7.2.3　再次抛出异常与异常链

可以在 catch 子句中抛出一个异常。通常，希望改变异常的类型时会这样做。如果开发了一个供其他程序员使用的子系统，可以使用一个指示子系统故障的异常类型，这很有道理。ServletException 就是这样一个异常类型的例子。执行一个 servlet 的代码可能不想知道发生错误的细节原因，但希望明确地知道 servlet 是否有问题。

可以如下捕获异常并将它再次抛出：

```
try
{
    access the database
}
catch (SQLException e)
{
    throw new ServletException("database error: " + e.getMessage());
}
```

在这里，构造 ServleException 时提供了异常的消息文本。

不过，可以有一种更好的处理方法，可以把原始异常设置为新异常的"原因"：

```
try
{
    access the database
}
catch (SQLException original)
{
    var e = new ServletException("database error");
    e.initCause(original);
    throw e;
}
```

捕获到这个异常时，可以使用下面这条语句获取原始异常：

```
Throwable original = caughtException.getCause();
```

强烈建议使用这种包装技术。这样可以在子系统中抛出高层异常，而不会丢失原始异常的细节。

> ✅ **提示：** *如果在一个方法中发生了一个检查型异常，但这个方法不允许抛出检查型异常，那么包装技术也很有用。我们可以捕获这个检查型异常，并将它包装成一个运行时异常。*

有时你可能只想记录一个异常，再将它重新抛出，而不做任何改变：

```
try
{
    access the database
}
catch (Exception e)
{
    logger.log(level, message, e);
    throw e;
}
```

在 Java 7 之前，这种方法存在一个问题。假设这个代码在以下方法中：

```
public void updateRecord() throws SQLException
```

Java 编译器查看 catch 块中的 throw 语句，然后查看 e 的类型，会指出这个方法可以抛出任何 Exception 而不只是 SQLException。现在这个问题已经得到改进。编译器会跟踪到 e 来自 try 块。假设这个 try 块中仅有的检查型异常是 SQLException 实例，另外，假设 e 在 catch 块中未改变，将外围方法声明为 throws SQLException 就是合法的。

7.2.4　finally 子句

代码抛出一个异常时，就会停止处理这个方法中剩余的代码，并退出这个方法。如果这个方法已经获得了只有它自己知道一些本地资源，而且这些资源必须清理，这就会有问题。一种解决方案是捕获所有异常，完成资源的清理，再重新抛出异常。但是，这种解决方案比较烦琐，这是因为需要在两个地方清理资源分配。一个在正常的代码中；另一个在异常代码中。finally 子句可以解决这个问题。

> 📄 **注释：** *在 Java 7 之后，还有一种更精巧的解决方案，即 try-with-resources 语句（下一节将介绍这个内容）。我们之所以要详细讨论 finally 机制，是因为这是概念基础。不过在实际中，try-with-resources 语句可能比 finally 子句更常用。*

不管是否有异常被捕获，finally 子句中的代码都会执行。在下面的示例中，所有情况下程序都将关闭输入流。

```
var in = new FileInputStream(. . .);
try
{
    // 1
```

```
    code that might throw exceptions
    // 2
}
catch (IOException e)
{
    // 3
    show error message
    // 4
}
finally
{
    // 5
    in.close();
}
// 6
```

这个程序可能在以下 3 种情况执行 finally 子句：

1. 代码没有抛出异常。在这种情况下，程序首先执行 try 语句块中的全部代码，然后执行 finally 子句中的代码。随后，继续执行 finally 子句之后的第一条语句。也就是说，执行的顺序是 1、2、5、6。

2. 代码抛出一个异常，并在一个 catch 子句中捕获。在上面的示例中就是 IOException 异常。在这种情况下，程序将执行 try 语句块中的所有代码，直到抛出异常为止。此时，将跳过 try 语句块中的剩余代码，转去执行与该异常匹配的 catch 子句中的代码，最后执行 finally 子句中的代码。

如果 catch 子句没有抛出异常，程序将执行 finally 子句之后的第一条语句。在这种情况下，执行顺序是 1、3、4、5、6。

如果 catch 子句抛出了一个异常，异常将被抛回到这个方法的调用者。执行顺序则只是 1、3、5。

3. 代码抛出了一个异常，但没有任何 catch 子句捕获这个异常。在这种情况下，程序将执行 try 语句块中的所有语句，直到抛出异常为止。此时，将跳过 try 语句块中的剩余代码，然后执行 finally 子句中的语句，并将异常抛回给这个方法的调用者。在这里，执行顺序只是 1、5。

try 语句可以只有 finally 子句，而没有 catch 子句。例如，下面这条 try 语句：

```
InputStream in = . . .;
try
{
    code that might throw exceptions
}
finally
{
    in.close();
}
```

无论在 try 语句块中是否遇到异常，finally 子句中的 in.close() 语句都会执行。当然，如果真的遇到一个异常，这个异常将会被重新抛出，并且必须由另一个 catch 子句捕获。

```
InputStream in = . . .;
try
{
   try
   {
      code that might throw exceptions
   }
   finally
   {
      in.close();
   }
}
catch (IOException e)
{
   show error message
}
```

内层的 try 语句块只有一个职责，就是确保关闭输入流。外层的 try 语句块也只有一个职责，就是确保报告出现的错误。这种解决方案不仅清楚，而且功能更强：将会报告 finally 子句中出现的错误。

⚠️ **警告：** 当 finally 子句包含 return 语句时，有可能产生意想不到的结果。假设利用 return 语句从 try 语句块中间退出。在方法返回前，会执行 finally 子句块。如果 finally 块也有一个 return 语句，这个返回值将会遮蔽原来的返回值。来看下面这个例子：

```
public static int parseInt(String s)
{
   try
   {
      return Integer.parseInt(s);
   }
   finally
   {
      return 0; // ERROR
   }
}
```

看起来在 parseInt("42") 调用中，try 块的体会返回整数 42。不过，这个方法真正返回之前，会执行 finally 子句，这就使得方法最后会返回 0，而忽略原先的返回值。

更糟糕的是，考虑调用 parseInt("zero")。Integer.parseInt 方法会抛出一个 NumberFormatException。然后执行 finally 子句，return 语句甚至会 "吞掉" 这个异常！

finally 子句的体要用于清理资源。不要把改变控制流的语句（return, throw, break, continue）放在 finally 子句中。

7.2.5　try-with-Resources 语句

在 Java 7 中，对于以下代码模式：

```
open a resource
try
{
```

```
    work with the resource
}
finally
{
    close the resource
}
```

假设资源属于一个实现了 AutoCloseable 接口的类，Java 7 为这种代码模式提供了一个很有用的快捷方式。AutoCloseable 接口有一个方法：

```
void close() throws Exception
```

> **注释**：另外，还有一个 Closeable 接口。这是 AutoCloseable 的子接口，也只包含一个 close 方法。不过，这个方法声明为抛出一个 IOException。

try-with-resources 语句（带资源的 try 语句）的最简形式为：

```
try (Resource res = . . .)
{
    work with res
}
```

try 块退出时，会自动调用 res.close()。下面给出一个典型的例子，这里要读取一个文件中的所有单词：

```
try (var in = new Scanner(
        new FileInputStream("/usr/share/dict/words"), StandardCharsets.UTF_8))
{
    while (in.hasNext())
        System.out.println(in.next());
}
```

这个块正常退出时，或者存在一个异常时，都会调用 in.close() 方法，就好像使用了 finally 块一样。

还可以指定多个资源。例如：

```
try (var in = new Scanner(
        new FileInputStream("/usr/share/dict/words"), StandardCharsets.UTF_8);
    var out = new PrintWriter("out.txt", StandardCharsets.UTF_8))
{
    while (in.hasNext())
        out.println(in.next().toUpperCase());
}
```

不论这个块如何退出，in 和 out 都会关闭。如果你用常规方式手动编程，就需要两个嵌套的 try/finally 语句。

在 Java 9 中，可以在 try 首部中提供之前声明的事实最终变量：

```
public static void printAll(String[] lines, PrintWriter out)
{
    try (out) { // effectively final variable
        for (String line : lines)
            out.println(line);
    } // out.close() called here
}
```

如果 try 块抛出一个异常，而且 close 方法也抛出一个异常，这就会带来一个难题。try-with-resources 语句可以很好地处理这种情况。原来的异常会重新抛出，而 close 方法抛出的异常会"被抑制"。这些异常将自动捕获，并由 addSuppressed 方法增加到原来的异常。如果对这些异常感兴趣，可以调用 getSuppressed 方法，它会生成从 close 方法抛出并被抑制的异常数组。

你肯定不想采用这种常规方式编程。只要需要关闭资源，就要尽可能使用 try-with-resources 语句。

> **注释**：try-with-resources 语句自身也可以有 catch 子句，甚至还可以有一个 finally 子句。这些子句会在关闭资源之后执行。

7.2.6　分析堆栈轨迹元素

堆栈轨迹（stack trace）是程序执行过程中某个特定点上所有挂起的方法调用的一个列表。你肯定已经看到过这种堆栈轨迹列表，当 Java 程序因为一个未捕获的异常而终止时，就会显示堆栈轨迹。

可以调用 Throwable 类的 printStackTrace 方法访问堆栈轨迹的文本描述信息。

```
var t = new Throwable();
var out = new StringWriter();
t.printStackTrace(new PrintWriter(out));
String description = out.toString();
```

一种更灵活的方法是使用 StackWalker 类，它会生成一个 StackWalker.StackFrame 实例流，其中每个实例分别描述一个栈帧（stack frame）。可以利用以下调用迭代处理这些栈帧：

```
StackWalker walker = StackWalker.getInstance();
walker.forEach(frame -> analyze frame)
```

如果想要以懒方式处理 Stream<StackWalker.StackFrame>，可以调用：

```
walker.walk(stream -> process stream)
```

流处理将在本书卷 II 的第 1 章详细介绍。

利用 StackWalker.StackFrame 类的一些方法可以得到所执行代码行的文件名和行号，以及类对象和方法名。toString 方法会生成一个格式化字符串，其中包含所有这些信息。

> **注释**：在 Java 9 之前，Throwable.getStackTrace 方法会生成一个 StackTraceElement[] 数组，其中包含与 StackWalker.StackFrame 实例流类似的信息。不过，这个调用的效率不高，因为它要得到整个堆栈，即使调用者可能只需要几个栈帧。另外它只允许访问挂起方法的类名，而不能访问类对象。

程序清单 7-1 打印了递归阶乘函数的堆栈轨迹。例如，如果计算 factorial(3)，会有以下输出：

```
factorial(3):
stackTrace.StackTraceTest.factorial(StackTraceTest.java:20)
```

```
stackTrace.StackTraceTest.main(StackTraceTest.java:36)
factorial(2):
stackTrace.StackTraceTest.factorial(StackTraceTest.java:20)
stackTrace.StackTraceTest.factorial(StackTraceTest.java:26)
stackTrace.StackTraceTest.main(StackTraceTest.java:36)
factorial(1):
stackTrace.StackTraceTest.factorial(StackTraceTest.java:20)
stackTrace.StackTraceTest.factorial(StackTraceTest.java:26)
stackTrace.StackTraceTest.factorial(StackTraceTest.java:26)
stackTrace.StackTraceTest.main(StackTraceTest.java:36)
return 1
return 2
return 6
```

程序清单 7-1　stackTrace/StackTraceTest.java

```java
 1  package stackTrace;
 2
 3  import java.util.*;
 4
 5  /**
 6   * A program that displays a trace feature of a recursive method call.
 7   * @version 1.10 2017-12-14
 8   * @author Cay Horstmann
 9   */
10  public class StackTraceTest
11  {
12     /**
13      * Computes the factorial of a number
14      * @param n a non-negative integer
15      * @return n! = 1 * 2 * . . . * n
16      */
17     public static int factorial(int n)
18     {
19        System.out.println("factorial(" + n + "):");
20        var walker = StackWalker.getInstance();
21        walker.forEach(System.out::println);
22        int r;
23        if (n <= 1) r = 1;
24        else r = n * factorial(n - 1);
25        System.out.println("return " + r);
26        return r;
27     }
28
29     public static void main(String[] args)
30     {
31        try (var in = new Scanner(System.in))
32        {
33           System.out.print("Enter n: ");
34           int n = in.nextInt();
35           factorial(n);
36        }
37     }
38  }
```

API `java.lang.Throwable` **1.0**

- `Throwable(Throwable cause)` **1.4**
- `Throwable(String message, Throwable cause)` **1.4**

  用给定的 cause（原因）构造一个 Throwable 对象。
- `Throwable initCause(Throwable cause)` **1.4**

  为这个对象设置原因，如果这个对象已经有原因，则抛出一个异常。返回 this。
- `Throwable getCause()` **1.4**

  获得设置为这个对象的原因的异常对象。如果没有设置原因，则返回 null。
- `StackTraceElement[] getStackTrace()` **1.4**

  获得构造这个对象时调用堆栈的轨迹。
- `void addSuppressed(Throwable t)` **7**

  为这个异常增加一个"抑制的"异常。这出现在 try-with-resources 语句中，其中 t 是 close 方法抛出的一个异常。
- `Throwable[] getSuppressed()` **7**

  得到这个异常的所有"抑制的"异常。一般来说，这些是 try-with-resources 语句中 close 方法抛出的异常。

API `java.lang.Exception` **1.0**

- `Exception(Throwable cause)` **1.4**
- `Exception(String message, Throwable cause)`

  用给定的 cause（原因）构造一个 Exception 对象。

API `java.lang.RuntimeException` **1.0**

- `RuntimeException(Throwable cause)` **1.4**
- `RuntimeException(String message, Throwable cause)` **1.4**

  用给定的 cause（原因）构造一个 RuntimeException 对象。

API `java.lang.StackWalker` **9**

- `static StackWalker getInstance()`
- `static StackWalker getInstance(StackWalker.Option option)`
- `static StackWalker getInstance(Set<StackWalker.Option> options)`

  得到一个 StackWalker 实例。选项包括 StackWalker.Option 枚举中的 RETAIN_CLASS_REFERENCE、SHOW_HIDDEN_FRAMES 和 SHOW_REFLECT_FRAMES。
- `forEach(Consumer<? super StackWalker.StackFrame> action)`

  在每个栈帧上完成给定的动作，从最近调用的方法开始。
- `walk(Function<? super Stream<StackWalker.StackFrame>,? extends T> function)`

  对一个栈帧流应用给定的函数，返回这个函数的结果。

API `java.lang.StackWalker.StackFrame` 9

- `String getFileName()`

  得到包含该元素执行点的源文件的文件名，如果这个信息不可用则返回 null。

- `int getLineNumber()`

  得到包含该元素执行点的源文件的行号，如果这个信息不可用则返回 –1。

- `String getClassName()`

  得到方法包含该元素执行点的类的完全限定名。

- `String getDeclaringClass()`

  得到方法包含该元素执行点的类的 Class 对象。如果这个栈遍历器（stack walker）不是用 RETAIN_CLASS_REFERENCE 选项构造的，则会抛出一个异常。

- `String getMethodName()`

  得到包含该元素执行点的方法的方法名。构造器的方法名为 <init>。静态初始化器的方法名为 <clinit>。无法区分同名的重载方法。

- `boolean isNativeMethod()`

  如果这个元素的执行点在一个原生方法中，则返回 true。

- `String toString()`

  返回一个格式化字符串，包含类和方法名、文件名以及行号（如果这些信息可用）。

API `java.lang.StackTraceElement` 1.4

- `String getFileName()`

  得到包含该元素执行点的源文件的文件名，如果这个信息不可用则返回 null。

- `int getLineNumber()`

  得到包含该元素执行点的源文件的行号，如果这个信息不可用则返回 –1。

- `String getClassName()`

  得到包含该元素执行点的类的完全限定名。

- `String getMethodName()`

  得到包含该元素执行点的方法的方法名。构造器的方法名为 <init>。静态初始化器的方法名为 <clinit>。无法区分同名的重载方法。

- `boolean isNativeMethod()`

  如果这个元素的执行点在一个原生方法中，则返回 true。

- `String toString()`

  返回一个格式化字符串，包含类和方法名、文件名以及行号（如果这些信息可用）。

7.3　使用异常的技巧

关于如何适当地使用异常还有很大的争议。有些程序员认为所有的检查型异常都令人厌恶，也有些程序员认为抛出的异常还不够多。我们认为异常（甚至是检查型异常）还是有其存在的意义。下面给出使用异常的一些技巧。

1. 异常处理不能代替简单的测试。

作为一个示例，在这里编写了一段代码，试着将一个空栈弹出 10 000 000 次。首先，在弹栈之前先查看栈是否为空。

```
if (!s.empty()) s.pop();
```

接下来，我们强制要求不论栈是否为空都执行弹出操作，然后捕获 EmptyStackException 异常来指出我们不能这样做。

```
try
{
    s.pop();
}
catch (EmptyStackException e)
{
}
```

在我们的测试机器上，调用 isEmpty 的版本运行时间为 646 毫秒。捕获 EmptyStackException 的版本运行时间为 21 739 毫秒。

可以看出，与完成简单的测试相比，捕获异常所花费的时间大大超过了前者，因此使用异常的基本规则是：只在异常情况下使用异常。

2. 不要过分地细化异常。

很多程序员习惯将每一条语句都分装在一个独立的 try 语句块中。

```
PrintStream out;
Stack s;

for (i = 0; i < 100; i++)
{
    try
    {
        n = s.pop();
    }
    catch (EmptyStackException e)
    {
        // stack was empty
    }
    try
    {
        out.writeInt(n);
    }
    catch (IOException e)
    {
        // problem writing to file
    }
}
```

这种编程方式将导致代码量的急剧膨胀。首先来看你希望这段代码完成的任务。在这里，我们希望从栈中弹出 100 个数，将它们存入一个文件中。（别考虑为什么，这只是一个

"玩具"例子。）如果出现问题，我们什么也做不了。如果栈是空的，它不会变成非空状态；如果文件包含错误，这个错误也不会魔法般地消失。因此，有必要将整个任务包在一个 try 语句块中，这样，当任何一个操作出现问题时，就可以取消整个任务。

```
try
{
    for (i = 0; i < 100; i++)
    {
        n = s.pop();
        out.writeInt(n);
    }
}
catch (IOException e)
{
    // problem writing to file
}
catch (EmptyStackException e)
{
    // stack was empty
}
```

这段代码看起来清晰多了。这样也满足了异常处理的一个承诺：将正常处理与错误处理分开。

3. 充分利用异常层次结构。

不要只抛出 RuntimeException 异常。应该寻找一个适合的子类或创建自己的异常类。

不要只捕获 Throwable 异常，否则，这会使你的代码更难读、更难维护。

考虑检查型异常与非检查型异常的区别。检查型异常本来就很庞大，不要为逻辑错误抛出这些异常。（例如，反射库的做法就不正确。调用者经常需要捕获那些早已知道不可能发生的异常。）

如果能够将一种异常转换成另一种更加适合的异常，那么不要犹豫。例如，在解析某个文件中的一个整数时，可以捕获 NumberFormatException 异常，然后将它转换成 IOException 的一个子类或 MySubsystemException。

4. 不要压制异常。

在 Java 中，往往非常希望关闭异常。如果你编写了一个方法要调用另一个方法，而那个方法有可能 100 年才抛出一个异常，但是，如果没有在你的方法的 throws 列表中声明这个异常，编译器就会报错。你不想把它放在 throws 列表中，因为这样一来，编译器会对调用了你的方法的所有方法报错。因此，你会将这个异常关闭：

```
public Image loadImage(String s)
{
    try
    {
        code that threatens to throw checked exceptions
    }
    catch (Exception e)
    {} // so there
}
```

现在你的代码可以通过编译了。除非出现异常，否则它也能很好地运行。但是一旦出现异常，这个异常会悄无声息地被忽略。如果你认为异常都非常重要，就应该适当地进行处理。

5. 在检测错误时，"苛刻"要比放任更好。

当检测到错误的时候，有些程序员对抛出异常很担心。在用无效的参数调用一个方法时，返回一个虚拟值是不是比抛出一个异常更好？例如，当栈为空时，Stack.pop 是该返回一个 null，还是要抛出一个异常？我们认为：最好在出错的地方抛出一个 EmptyStackException 异常，这要好于以后抛出一个 NullPointerException 异常。

6. 不要羞于传递异常。

很多程序员都感觉应该捕获抛出的全部异常。如果调用了一个抛出异常的方法，例如，FileInputStream 构造器或 readLine 方法，它们就会本能地捕获这些可能产生的异常。其实，最好继续传递这个异常，而不是自己捕获：

```
public void readStuff(String filename) throws IOException // not a sign of shame!
{
    var in = new FileInputStream(filename, StandardCharsets.UTF_8);
    . . .
}
```

更高层的方法通常可以更好地通知用户发生了错误，或者放弃不成功的命令。

📄 **注释**：规则 5、6 可以归纳为"早抛出，晚捕获"。

7.4　使用断言

在一个具有自我保护能力的程序中，断言很常用。在下面的小节中，你会了解如何有效地使用断言。

7.4.1　断言的概念

假设确信某个属性符合要求，并且代码的执行依赖于这个属性。例如，需要计算

```
double y = Math.sqrt(x);
```

你确信这里的 x 是一个非负数。原因是：x 是另外一个计算的结果，而这个结果不可能是负值；或者 x 是一个方法的参数，这个方法要求它的调用者只能提供一个正数输入。不过，你可能还是想再做一次检查，不希望计算中潜入让人困惑的"不是一个数"（NaN）浮点值。当然，也可以抛出一个异常：

```
if (x < 0) throw new IllegalArgumentException("x < 0");
```

但是即使测试完毕后，这个代码还会一直保留在程序中。如果在程序中含有大量这种检查，程序运行起来慢很多。

断言机制允许在测试期间向代码中插入一些检查，而在生产代码中会自动删除这些检查。

Java 语言引入了关键字 assert。这个关键字有两种形式：

```
assert condition;
```

和

```
assert condition : expression;
```

这两个语句都会计算条件，如果结果为 false，则抛出一个 AssertionError 异常。在第二个语句中，表达式将传入 AssertionError 对象的构造器，并转换成一个消息字符串。

> 📄 **注释：** "表达式"（expression）部分的唯一目的是产生一个消息字符串。AssertionError 对象并不存储具体的表达式值，因此，以后无法得到这个表达式值。正如 JDK 文档所描述的那样：如果使用表达式的值，就会鼓励程序员尝试从断言失败恢复程序的运行，这不符合断言机制的初衷。

要想断言 x 是一个非负数，只需要简单地使用下面这条语句

```
assert x >= 0;
```

或者将 x 的实际值传递给 AssertionError 对象，以便以后显示。

```
assert x >= 0 : x;
```

> **C++** **注释：** C 语言中的 assert 宏将断言中的条件转换成一个字符串。当断言失败时，就会打印这个字符串。例如，若 assert(x>=0) 失败，那么将打印出失败条件 "x>=0"。在 Java 中，条件并不会自动地成为错误报告中的一部分。如果希望看到这个条件，就必须将它以字符串的形式传递给 AssertionError 对象：assert x >= 0 : "x >= 0"。

7.4.2　启用和禁用断言

在默认情况下，断言是禁用的。可以在运行程序时用 -enableassertions 或 -ea 选项启用断言：

```
java -enableassertions MyApp
```

需要注意的是，不必重新编译程序来启用或禁用断言。启用或禁用断言是类加载器（class loader）的功能。禁用断言时，类加载器会去除断言代码，因此，不会降低程序运行的速度。

也可以在某个类或整个包中启用断言，例如：

```
java -ea:MyClass -ea:com.mycompany.mylib MyApp
```

这条命令将为 MyClass 类以及 com.mycompany.mylib 包和它的子包中的所有类打开断言。选项 -ea 将打开无名包中所有类的断言。

也可以用选项 -disableassertions 或 -da 在某个特定类和包中禁用断言：

```
java -ea:... -da:MyClass MyApp
```

有些类不是由类加载器加载，而是直接由虚拟机加载的。可以使用这些开关有选择地启用或禁用那些类中的断言。

不过，启用和禁用所有断言的 -ea 和 -da 开关不能应用到那些没有类加载器的"系统类"上。对于这些系统类，需要使用 -enablesystemassertions/-esa 开关启用断言。

也可以通过编程控制类加载器的断言状态。有关这方面的内容请参看本节末尾的 API 注释。

7.4.3　使用断言完成参数检查

在 Java 语言中，给出了 3 种处理系统错误的机制：

- 抛出一个异常。
- 日志。
- 使用断言。

什么时候应该选择使用断言呢？请记住下面几点：

- 断言失败是致命的、不可恢复的错误。
- 断言检查只是在开发和测试阶段打开（这种做法有时候被戏称为"在靠近海岸时穿上救生衣，但在海里就把救生衣抛掉"）。

因此，不应该使用断言向程序的其他部分通知发生了可恢复性的错误，或者，不应该利用断言与程序用户沟通问题。断言只应该用于在测试阶段确定程序内部错误的位置。

下面看一个十分常见的情况：检查方法的参数。是否应该使用断言来检查非法的下标值或 null 引用呢？要想回答这个问题，首先阅读一下这个方法的文档。假设实现一个排序方法。

```
/**
    Sorts the specified range of the specified array in ascending numerical order.
    The range to be sorted extends from fromIndex, inclusive, to toIndex, exclusive.
    @param a the array to be sorted.
    @param fromIndex the index of the first element (inclusive) to be sorted.
    @param toIndex the index of the last element (exclusive) to be sorted.
    @throws IllegalArgumentException if fromIndex > toIndex
    @throws ArrayIndexOutOfBoundsException if fromIndex < 0 or toIndex > a.length
*/
static void sort(int[] a, int fromIndex, int toIndex)
```

文档指出，如果方法中使用了错误的下标值，就会抛出一个异常。这是方法与其调用者之间约定的行为。如果实现这个方法，那就必须要遵守这个约定，抛出表示下标值有误的异常。因此，这里使用断言不太适宜。

是否应该断言 a 不是 null 呢？这也不太合适。这个方法的文档没有指出当 a 是 null 时应该采取什么行为。在这种情况下，调用者可以认为这个方法将会成功地返回，而不会抛出一个断言错误。

不过，假设对这个方法的约定做一点微小的改动：

```
@param a the array to be sorted (must not be null).
```

现在，这个方法的调用者就必须注意：对 null 数组调用这个方法是不合法的。这样一来，就可以在这个方法的开头使用断言：

```
assert a != null;
```

计算机科学家将这种约定称为前置条件（Precondition）。最初的方法对参数没有前置条件，即承诺在任何情况下都有正确的行为。修改后的方法有一个前置条件，即 a 非 null。如果调用者在调用这个方法时没有满足这个前置条件，断言会失败，这个方法就能"为所欲为"。事实上，由于有这个断言，当方法被非法调用时，它的行为将是难以预料的。有时候会抛出一个断言错误，有时候会产生一个 null 指针异常，这完全取决于类加载器的配置。

7.4.4　使用断言提供假设文档

很多程序员使用注释来提供底层假设的文档。考虑 http://docs.oracle.com/javase/8/docs/technotes/guides/language/assert.html 上的一个示例：

```
if (i % 3 == 0)
    ...
else if (i % 3 == 1)
    ...
else // (i % 3 == 2)
    ...
```

在这个示例中，使用断言会更好。

```
if (i % 3 == 0)
    ...
else if (i % 3 == 1)
    ...
else
{
    assert i % 3 == 2;
    ...
}
```

当然，如果仔细地考虑这个问题，会发现一个更有意思的内容。i%3 的值会是什么？如果 i 是正值，那么余数肯定是 0、1 或 2。如果 i 是负值，余数可以是 –1 和 –2。因此，实际的假设是 i 是非负值，因此，最好是在 if 语句之前使用以下断言：

```
assert i >= 0;
```

无论如何，这个示例说明了程序员应该如何使用断言来进行自我检查。前面已经知道，断言是一种测试和调试阶段使用的战术性工具；与之不同，日志是一种在程序整个生命周期都可以使用的战略性工具。下一节将介绍日志。

API `java.lang.ClassLoader` **1.0**

- `void setDefaultAssertionStatus(boolean b)` **1.4**
  为通过类加载器加载的类（没有显式的类或包断言状态）启用或禁用断言。

- void setClassAssertionStatus(String className, boolean b) **1.4**

  为给定的类和它的内部类启用或禁用断言。
- void setPackageAssertionStatus(String packageName, boolean b) **1.4**

  为给定包及其子包中的所有类启用或禁用断言。
- void clearAssertionStatus() **1.4**

  删除所有显式的类和包断言状态设置，并禁用通过这个类加载器加载的所有类的断言。

7.5　日志

每个 Java 程序员都很熟悉在有问题的代码中插入一些 System.out.println 方法调用来帮助观察程序的行为。当然，一旦发现问题的根源，就要将这些 print 语句从代码中删去。如果接下来又出现了问题，就需要再插入几个调用 System.out.println 方法的语句。日志 API 就是为了解决这个问题而设计的。下面先讨论这个 API 的主要优点。

- 可以很容易地取消全部日志记录，或者仅仅取消某个级别以下的日志，而且可以很容易地再次打开日志开关。
- 可以很简单地禁止日志记录，因此，将这些日志代码留在程序中的开销很小。
- 日志记录可以被定向到不同的处理器，如在控制台显示、写至文件，等等。
- 日志记录器和处理器都可以对记录进行过滤。过滤器可以根据过滤器实现器指定的标准丢弃那些无用的记录项。
- 日志记录可以采用不同的方式格式化，例如，纯文本或 XML。
- 应用程序可以使用多个日志记录器，它们使用与包名类似的有层次结构的名字，例如，com.mycompany.myapp。
- 日志系统的配置由配置文件控制。

注释： 很多应用会使用其他日志框架，如 Log4J 2（https://logging.apache.org/log4j/2.x）和 Logback（https://logback.qos.ch），它们能提供比标准 Java 日志框架更高的性能。这些框架的 API 稍有区别。SLF4J（https://www.slf4j.org）和 Commons Logging（https://commons.apache.org/proper/commons-logging）等日志门面（Logging façades）提供了一个统一的 API，利用这个 API，你无须重写应用就可以替换日志框架。让人更混乱的是，Log4J 2 也可以是使用 SLF4J 的组件的门面。在本书中，我们只介绍标准 Java 日志框架。在很多用途方面这个框架已经足够好，而且学习这个框架的 API 也可以让你做好准备去理解其他的框架。

注释： 在 Java 9 中，Java 平台有一个单独的轻量级日志系统，它不依赖于 java.logging 模块（这个模块包含标准 Java 日志框架）。这个系统只用于 Java API。如果有 java.logging 模块，日志消息会自动地转发给它。第三方日志框架可以提供适配器来接收平台日志消息。我们不打算介绍平台日志，因为开发应用程序的程序员不太会用到平台日志。

7.5.1　基本日志

要生成简单的日志记录，可以使用全局日志记录器（global logger）并调用其 info 方法：

```
Logger.getGlobal().info("File->Open menu item selected");
```

在默认情况下，会如下打印这个记录：

```
May 10, 2013 10:12:15 PM LoggingImageViewer fileOpen
INFO: File->Open menu item selected
```

但是，如果在适当的地方（如 main 的最前面）调用

```
Logger.getGlobal().setLevel(Level.OFF);
```

将会取消所有日志。

7.5.2　高级日志

既然已经了解了基本日志，下面再来看更高级的行业级日志。在一个专业的应用程序中，你肯定不想将所有的日志都记录到一个全局日志记录器中。你可以定义自己的日志记录器。

可以调用 getLogger 方法创建或获取日志记录器：

```
private static final Logger myLogger = Logger.getLogger("com.mycompany.myapp");
```

> ✅ **提示：** 未被任何变量引用的日志记录器可能会被垃圾回收。为了防止这种情况发生，要像上面的例子中一样，用静态变量存储日志记录器的引用。

与包名类似，日志记录器名也具有层次结构。事实上，与包相比，日志记录器的层次性更强。对于包来说，包与父包之间没有语义关系，但是日志记录器的父与子之间将共享某些属性。例如，如果对日志记录器 "com.mycompany" 设置了日志级别，它的子日志记录器也会继承这个级别。

通常，有以下 7 个日志级别：

- SEVERE
- WARNING
- INFO
- CONFIG
- FINE
- FINER
- FINEST

在默认情况下，实际上只记录前 3 个级别。也可以设置一个不同的级别，例如，

```
logger.setLevel(Level.FINE);
```

现在，FINE 以及所有更高级别的日志都会记录。

另外，还可以使用 Level.ALL 开启所有级别的日志记录，或者使用 Level.OFF 关闭所有级别

的日志记录。

所有级别都有日志记录方法，如：

```
logger.warning(message);
logger.fine(message);
```

或者，还可以使用 log 方法并指定级别，例如：

```
logger.log(Level.FINE, message);
```

> ✅ **提示**：默认的日志配置会记录 INFO 或更高级别的所有日志，因此，应该使用 CONFIG、FINE、FINER 和 FINEST 级别来记录那些有助于诊断但对用户意义不大的调试信息。

> ⚠ **警告**：如果将记录级别设置为比 INFO 更低的级别，还需要修改日志处理器的配置。默认的日志处理器会抑制低于 INFO 级别的消息。有关的详细内容请参看下一节。

默认的日志记录将显示根据调用堆栈得出的包含日志调用的类名和方法名。不过，如果虚拟机对执行过程进行了优化，就得不到准确的调用信息。此时，可以使用 logp 方法获得调用类和方法的确切位置，这个方法的签名为：

```
void logp(Level l, String className, String methodName, String message)
```

有一些用来跟踪执行流的便利方法：

```
void entering(String className, String methodName)
void entering(String className, String methodName, Object param)
void entering(String className, String methodName, Object[] params)
void exiting(String className, String methodName)
void exiting(String className, String methodName, Object result)
```

例如：

```
int read(String file, String pattern)
{
    logger.entering("com.mycompany.mylib.Reader", "read",
        new Object[] { file, pattern });
    . . .
    logger.exiting("com.mycompany.mylib.Reader", "read", count);
    return count;
}
```

这些调用将生成 FINER 级别而且以字符串 ENTRY 和 RETURN 开头的日志记录。

> 📋 **注释**：在将来某个时候，带 Object[] 参数的日志记录方法可能会被重写，以支持可变参数列表（"varargs"）。那时就可以建立类似 logger.entering ("com.mycompany.mylib. Reader", "read", file, pattern) 的调用了。

记录日志的常见用途是记录那些预料之外的异常。可以使用下面两个便利方法在日志记录中包含异常的描述。

```
void throwing(String className, String methodName, Throwable t)
void log(Level l, String message, Throwable t)
```

典型的用法是：

```
if (. . .)
{
    var e = new IOException(". . .");
    logger.throwing("com.mycompany.mylib.Reader", "read", e);
    throw e;
}
```

和

```
try
{
    . . .
}
catch (IOException e)
{
    Logger.getLogger("com.mycompany.myapp").log(Level.WARNING, "Reading image", e);
}
```

throwing 调用可以记录一条 FINER 级别的日志记录和一条以 THROW 开始的消息。

7.5.3 修改日志管理器配置

可以通过编辑配置文件来修改日志系统的各个属性。在默认情况下，配置文件位于：

```
conf/logging.properties
```

（或者在 Java9 之前，位于 *jre*/lib/logging.properties。）

要想使用另一个配置文件，就要将 java.util.logging.config.file 属性设置为那个文件的位置，为此要用以下命令启动应用程序：

```
java -Djava.util.logging.config.file=configFile MainClass
```

要想修改默认的日志级别，就需要编辑配置文件，并修改以下命令行

```
.level=INFO
```

可以通过添加下面这一行来指定自定义日志记录器的日志级别：

```
com.mycompany.myapp.level=FINE
```

也就是说，在日志记录器名后面追加后缀 .level。

稍后可以看到，日志记录器并不将消息发送到控制台，那是处理器的任务。处理器也有级别。要想在控制台上看到 FINE 级别的消息，就需要进行以下设置

```
java.util.logging.ConsoleHandler.level=FINE
```

> ⚠ **警告**：日志管理器配置中的属性设置不是系统属性，因此，用 -Dcom.mycompany.myapp.level= FINE 启动程序不会对日志记录器产生任何影响。

日志管理器在虚拟机启动时初始化，也就是在 main 方法执行前。如果想要定制日志属性，但是没有用 -Djava.util.logging.config.file 命令行选项启动应用，可以在程序中调用 System.setProperty("java.util.logging.config.file", file)。不过，这样一来，你还必须调用

LogManager.getLogManager().readConfiguration() 重新初始化日志管理器。

　　在 Java 9 中，可以通过调用以下方法更新日志配置：

```
LogManager.getLogManager().updateConfiguration(mapper);
```

　　这样就会从 java.util.logging.config.file 系统属性指定的位置读取一个新配置。然后应用这个映射器来解析老配置或新配置中所有键的值。映射器是一个 Function<String,BiFunction<String,String,String>>。它将现有配置中的键映射到替换函数。每个替换函数接收到与键关联的老值和新值（或者，如果没有关联的值则得到 null），生成一个替换，或者如果要在更新中删除这个键则返回 null。

　　这听起来相当复杂，所以我们来看几个例子。一种很有用的映射机制是合并老配置和新配置，如果一个键在老配置和新配置中都出现，则优先选择新值。这样一个映射器（mapper）就是：

```
key -> ((oldValue, newValue) -> newValue == null ? oldValue : newValue)
```

　　或者你可能只想更新以 com.mycompany 开头的键，而其他的键保持不变：

```
key -> key.startsWith("com.mycompany")
    ? ((oldValue, newValue) -> newValue)
    : ((oldValue, newValue) -> oldValue)
```

　　还可以使用 jconsole 程序改变一个正在运行的程序的日志级别。有关的信息参见 www.oracle.com/technetwork/articles/java/jconsole-1564139.html#LoggingControl。

> 📖 **注释：** 日志属性文件由 java.util.logging.LogManager 类处理。可以通过将 java.util.logging.manager 系统属性设置为某个子类的名字来指定一个不同的日志管理器。或者，可以保留标准日志管理器，而绕过从日志属性文件初始化。可以将 java.util.logging.config.class 系统属性设置为某个类名，该类再以另外某种方式设置日志管理器属性。有关 LogManager 类的更多信息请参看 API 文档。

7.5.4　本地化

　　你可能希望将日志消息本地化，以便全球用户都可以阅读。应用程序的国际化问题将在卷 II 的第 7 章中讨论。下面简要说明本地化日志消息时需要牢记的一些要点。

　　本地化的应用程序包含资源包（resource bundle）中的本地特定信息。资源包括一组映射，分别对应各个本地化环境（locale，如美国或德国）。例如，一个资源包可能将字符串 "readingFile" 映射成英文的 "Reading file" 或者德文的 "Achtung! Datei wird eingelesen"。

　　一个程序可以包含多个资源包，例如一个用于菜单，另一个用于日志消息。每个资源包都有一个名字（如 "com.mycompany.logmessages"）。要想为资源包增加映射，需要对应每个本地化环境提供一个文件。英文消息映射位于 com/mycompany/logmessages_en.properties 文件中；德文消息映射位于 com/mycompany/logmessages_de.properties 文件中。（en 和 de 是语言编码。）可以将这些文件与应用程序的类文件放在一起，以便 ResourceBundle 类自动找到它们。这些文件都是纯文本文件，包含如下所示的条目：

```
readingFile=Achtung! Datei wird eingelesen
renamingFile=Datei wird umbenannt
. . .
```

请求一个日志记录器时，可以指定一个资源包：

```
Logger logger = Logger.getLogger(loggerName, "com.mycompany.logmessages");
```

然后，为日志消息指定资源包的键，而不是实际的日志消息字符串。

```
logger.info("readingFile");
```

通常需要在本地化的消息中增加一些参数，因此，消息可能包括占位符 {0}、{1} 等。例如，要想在日志消息中包含文件名，可以如下使用占位符：

```
Reading file {0}.
Achtung! Datei {0} wird eingelesen.
```

然后，通过调用下面的一个方法向占位符传递具体的值：

```
logger.log(Level.INFO, "readingFile", fileName);
logger.log(Level.INFO, "renamingFile", new Object[] { oldName, newName });
```

或者在 Java 9 中，可以在 logrb 方法中指定资源包对象（而不是名字）：

```
logger.logrb(Level.INFO, bundle, "renamingFile", oldName, newName);
```

📑 **注释**：这是唯一一个使用可变参数表示消息参数的日志记录方法。

7.5.5 处理器

在默认情况下，日志记录器将记录发送到 ConsoleHandler，并由它输出到 System.err 流。具体地，日志记录器会把记录发送到父处理器，而最终的祖先处理器（名为 ""）有一个 ConsoleHandler。

与日志记录器一样，处理器也有日志级别。对于一个要记录的日志记录，它的日志级别必须高于日志记录器和处理器二者的阈值。日志管理器配置文件将默认的控制台处理器的日志级别设置为

```
java.util.logging.ConsoleHandler.level=INFO
```

要想记录 FINE 级别的日志，就必须修改配置文件中的默认日志记录器级别和处理器级别。另外，还可以绕过配置文件，安装你自己的处理器。

```
Logger logger = Logger.getLogger("com.mycompany.myapp");
logger.setLevel(Level.FINE);
logger.setUseParentHandlers(false);
var handler = new ConsoleHandler();
handler.setLevel(Level.FINE);
logger.addHandler(handler);
```

在默认情况下，日志记录器将记录发送到自己的处理器和父日志记录器的处理器。我们的日志记录器是祖先日志记录器（名为 ""）的子类，而这个祖先日志记录器会把所有等于

或高于 INFO 级别的记录发送到控制台。不过，我们并不想两次看到这些记录，因此应该将 useParentHandlers 属性设置为 false。

　　要想将日志记录发送到其他地方，就要添加其他的处理器。日志 API 为此提供了两个很有用的处理器，一个是 FileHandler；另一个是 SocketHandler。SocketHandler 将记录发送到指定的主机和端口。而更令人感兴趣的是 FileHandler，它可以将记录收集到文件中。

　　可以如下直接将记录发送到默认文件处理器：

```
var handler = new FileHandler();
logger.addHandler(handler);
```

　　这些记录被发送到用户主目录的 java*n*.log 文件中，*n* 是保证文件唯一的一个编号。如果用户系统没有主目录的概念（例如，在 Windows95/98/ME 中），文件就存储在一个默认位置（如 C:\Windows）。默认情况下，记录会格式化为 XML。一个典型的日志记录形式如下：

```
<record>
  <date>2002-02-04T07:45:15</date>
  <millis>1012837515710</millis>
  <sequence>1</sequence>
  <logger>com.mycompany.myapp</logger>
  <level>INFO</level>
  <class>com.mycompany.mylib.Reader</class>
  <method>read</method>
  <thread>10</thread>
  <message>Reading file corejava.gif</message>
</record>
```

　　可以通过设置日志管理器配置文件中的不同参数（请参看表 7-1），或者使用另一个构造器（请参看本节后面给出的 API 注释），来修改文件处理器的默认行为。

表 7-1　文件处理器配置参数

配置属性	描述	默认值
java.util.logging.FileHandler.level	处理器级别	Level.ALL
java.util.logging.FileHandler.append	控制处理器应该追加到一个已经存在的文件末尾，还是应该为每个运行的程序打开一个新文件	false
java.util.logging.FileHandler.limit	在打开另一个文件之前允许写入一个文件的近似最大字节数（0 表示无限制）	在 FileHandler 类中为 0（表示无限制）；在默认的日志管理器配置文件中为 50000
java.util.logging.FileHandler.pattern	日志文件名的模式。参看表 7-2 中的模式变量	%h/java%u.log
java.util.logging.FileHandler.count	循环序列中的日志记录数量	1（不循环）
java.util.logging.FileHandler.filter	要使用的过滤器类	不过滤
java.util.logging.FileHandler.encoding	要使用的字符编码	平台的编码
java.util.logging.FileHandler.formatter	记录格式化器	java.util.logging.XMLFormatter

也有可能不想使用默认的日志文件名，因此，应该使用另一种模式，例如，%h/myapp.log（有关模式变量的解释请参看表 7-2）。

表 7-2　日志记录文件模式变量

变量	描述
%h	系统属性 user.home 的值
%t	系统临时目录
%u	用于解决冲突的唯一编号
%g	循环日志的生成号（如果指定了循环而且模式不包含 %g 时，使用 .%g 后缀）
%%	% 字符

如果多个应用程序（或者同一个应用程序的多个副本）使用同一个日志文件，就应该开启 append 标志。另外，应该在文件名模式中使用 %u，以便每个应用程序创建日志的唯一副本。

开启文件循环功能也是一个不错的主意。日志文件以循环序列的形式保存（如 myapp.log.0，myapp.log.1，myapp.log.2 等）。只要文件超出了大小限制，最老的文件就会被删除，其他的文件将重新命名，同时创建一个新文件，其生成号为 0。

✔️ **提示：**很多程序员将日志记录作为辅助文档提供给技术支持人员。如果程序的行为有误，用户可以发回日志文件来查看原因。在这种情况下，应该打开"append"标志，或者使用循环日志，也可以二者同时使用。

还可以通过扩展 Handler 类或 StreamHandler 类自定义处理器。在本节末尾的示例程序中就定义了这样一个处理器。这个处理器将在窗口中显示日志记录（如图 7-2 所示）。

图 7-2　在窗口中显示日志记录的日志处理器

这个处理器扩展了 StreamHandler 类，并安装了一个流，这个流的 write 方法将流输出显示到一个文本区中。

```
class WindowHandler extends StreamHandler
{
    public WindowHandler()
    {
        . . .
        var output = new JTextArea();

        setOutputStream(new
          OutputStream()
          {
              public void write(int b) {} // not called
              public void write(byte[] b, int off, int len)
              {
                  output.append(new String(b, off, len));
              }
          });
    }
    . . .
}
```

使用这种方式只存在一个问题，这就是处理器会缓存记录，并且只有在缓冲区满的时候才将它们写入流中，因此，需要覆盖 publish 方法，以便在处理器获得每个记录之后刷新输出缓冲区。

```
class WindowHandler extends StreamHandler
{
    . . .
    public void publish(LogRecord record)
    {
        super.publish(record);
        flush();
    }
}
```

如果希望编写更加复杂的流处理器，就应该扩展 Handler 类，并定义 publish、flush 和 close 方法。

7.5.6　过滤器

在默认情况下，会根据日志记录的级别进行过滤。每个日志记录器和处理器都有一个可选的过滤器来完成附加的过滤。要定义一个过滤器，需要实现 Filter 接口并定义以下方法：

```
boolean isLoggable(LogRecord record)
```

在这个方法中，可以使用你喜欢的标准分析日志记录，对那些应该包含在日志中的记录返回 true。例如，某个过滤器可能只对 entering 方法和 exiting 方法生成的消息感兴趣，这个过滤器就可以调用 record.getMessage() 方法，并检查消息是否以 ENTRY 或 RETURN 开头。

要想将一个过滤器安装到一个日志记录器或处理器中，只需要调用 setFilter 方法就可以了。注意，同一时刻最多只能有一个过滤器。

7.5.7　格式化器

ConsoleHandler 类和 FileHandler 类可以生成文本和 XML 格式的日志记录。不过，你也可以自定义格式。这需要扩展 Formatter 类并覆盖下面这个方法：

```
String format(LogRecord record)
```

可以根据自己的需要以任何方式对记录中的信息进行格式化，并返回结果字符串。在 format 方法中，可能会调用下面这个方法：

```
String formatMessage(LogRecord record)
```

这个方法对记录中的消息部分进行格式化，将替换参数并应用本地化处理。

很多文件格式（如 XML）需要在已格式化的记录的前后加上一个头部和尾部。为此，要覆盖下面两个方法：

```
String getHead(Handler h)
String getTail(Handler h)
```

最后，调用 setFormatter 方法将格式化器安装到处理器中。

7.5.8　日志技巧

面对日志记录如此之多的选项，很容易让人忘记最基本的东西。下面的技巧总结了一些最常用的操作。

1. 对一个简单的应用，选择一个日志记录器。可以把日志记录器命名为与主应用包一样的名字，例如，com.mycompany.myprog，这是一个好主意。总是可以通过调用以下方法得到日志记录器。

```
Logger logger = Logger.getLogger("com.mycompany.myprog");
```

为方便起见，你可能希望为有大量日志记录活动的类增加静态字段：

```
private static final Logger logger = Logger.getLogger("com.mycompany.myprog");
```

2. 默认的日志配置会把级别等于或高于 INFO 的所有消息记录到控制台。用户可以覆盖这个默认配置。但是正如前面所述，改变配置的过程有些复杂。因此，最好在你的应用中安装一个更合适的默认配置。

以下代码确保将所有的消息记录到应用特定的一个文件中。可以将这段代码放置在应用程序的 main 方法中。

```
if (System.getProperty("java.util.logging.config.class") == null
    && System.getProperty("java.util.logging.config.file") == null)
{
   try
   {
      Logger.getLogger("").setLevel(Level.ALL);
      final int LOG_ROTATION_COUNT = 10;
      var handler = new FileHandler("%h/myapp.log", 0, LOG_ROTATION_COUNT);
      Logger.getLogger("").addHandler(handler);
   }
```

```
    catch (IOException e)
    {
        logger.log(Level.SEVERE, "Can't create log file handler", e);
    }
}
```

3. 现在，可以记录自己想要的内容了。但需要牢记：所有级别为 INFO、WARNING 和 SEVERE 的消息都将显示到控制台上。因此，最好只将对程序用户有意义的消息设置为这几个级别。将程序员想要的日志消息设定为 FINE 级别是一个很好的选择。

想要调用 System.out.println 时，可以换成发出以下的日志消息：

```
logger.fine("File open dialog canceled");
```

记录那些预料之外的异常也是一个不错的想法，例如：

```
try
{
    . . .
}
catch (SomeException e)
{
    logger.log(Level.FINE, "explanation", e);
}
```

程序清单 7-2 具体使用了上述技巧，还稍做了一点调整：日志记录消息还会显示在一个日志窗口中。

程序清单 7-2　logging/LoggingImageViewer.java

```
 1 package logging;
 2
 3 import java.awt.*;
 4 import java.awt.event.*;
 5 import java.io.*;
 6 import java.util.logging.*;
 7 import javax.swing.*;
 8
 9 /**
10  * A modification of the image viewer program that logs various events.
11  * @version 1.03 2015-08-20
12  * @author Cay Horstmann
13  */
14 public class LoggingImageViewer
15 {
16     public static void main(String[] args)
17     {
18         if (System.getProperty("java.util.logging.config.class") == null
19             && System.getProperty("java.util.logging.config.file") == null)
20         {
21             try
22             {
23                 Logger.getLogger("com.horstmann.corejava").setLevel(Level.ALL);
24                 final int LOG_ROTATION_COUNT = 10;
25                 var handler = new FileHandler("%h/LoggingImageViewer.log", 0, LOG_ROTATION_COUNT);
```

```
26              Logger.getLogger("com.horstmann.corejava").addHandler(handler);
27          }
28          catch (IOException e)
29          {
30              Logger.getLogger("com.horstmann.corejava").log(Level.SEVERE,
31                  "Can't create log file handler", e);
32          }
33      }
34
35      EventQueue.invokeLater(() ->
36          {
37              var windowHandler = new WindowHandler();
38              windowHandler.setLevel(Level.ALL);
39              Logger.getLogger("com.horstmann.corejava").addHandler(windowHandler);
40
41              var frame = new ImageViewerFrame();
42              frame.setTitle("LoggingImageViewer");
43              frame.setDefaultCloseOperation(JFrame.EXIT_ON_CLOSE);
44
45              Logger.getLogger("com.horstmann.corejava").fine("Showing frame");
46              frame.setVisible(true);
47          });
48      }
49 }
50
51 /**
52  * The frame that shows the image.
53  */
54 class ImageViewerFrame extends JFrame
55 {
56     private static final int DEFAULT_WIDTH = 300;
57     private static final int DEFAULT_HEIGHT = 400;
58
59     private JLabel label;
60     private static Logger logger = Logger.getLogger("com.horstmann.corejava");
61
62     public ImageViewerFrame()
63     {
64         logger.entering("ImageViewerFrame", "<init>");
65         setSize(DEFAULT_WIDTH, DEFAULT_HEIGHT);
66
67         // set up menu bar
68         var menuBar = new JMenuBar();
69         setJMenuBar(menuBar);
70
71         var menu = new JMenu("File");
72         menuBar.add(menu);
73
74         var openItem = new JMenuItem("Open");
75         menu.add(openItem);
76         openItem.addActionListener(new FileOpenListener());
77
78         var exitItem = new JMenuItem("Exit");
79         menu.add(exitItem);
```

```
80        exitItem.addActionListener(new ActionListener()
81           {
82              public void actionPerformed(ActionEvent event)
83              {
84                 logger.fine("Exiting.");
85                 System.exit(0);
86              }
87           });
88
89        // use a label to display the images
90        label = new JLabel();
91        add(label);
92        logger.exiting("ImageViewerFrame", "<init>");
93     }
94
95     private class FileOpenListener implements ActionListener
96     {
97        public void actionPerformed(ActionEvent event)
98        {
99           logger.entering("ImageViewerFrame.FileOpenListener", "actionPerformed", event);
100
101          // set up file chooser
102          var chooser = new JFileChooser();
103          chooser.setCurrentDirectory(new File("."));
104
105          // accept all files ending with .gif
106          chooser.setFileFilter(new javax.swing.filechooser.FileFilter()
107             {
108                public boolean accept(File f)
109                {
110                   return f.getName().toLowerCase().endsWith(".gif") || f.isDirectory();
111                }
112
113                public String getDescription()
114                {
115                   return "GIF Images";
116                }
117             });
118
119          // show file chooser dialog
120          int r = chooser.showOpenDialog(ImageViewerFrame.this);
121
122          // if image file accepted, set it as icon of the label
123          if (r == JFileChooser.APPROVE_OPTION)
124          {
125             String name = chooser.getSelectedFile().getPath();
126             logger.log(Level.FINE, "Reading file {0}", name);
127             label.setIcon(new ImageIcon(name));
128          }
129          else logger.fine("File open dialog canceled.");
130          logger.exiting("ImageViewerFrame.FileOpenListener", "actionPerformed");
131       }
132    }
133 }
```

```
134
135  /**
136   * A handler for displaying log records in a window.
137   */
138  class WindowHandler extends StreamHandler
139  {
140     private JFrame frame;
141
142     public WindowHandler()
143     {
144        frame = new JFrame();
145        var output = new JTextArea();
146        output.setEditable(false);
147        frame.setSize(200, 200);
148        frame.add(new JScrollPane(output));
149        frame.setFocusableWindowState(false);
150        frame.setVisible(true);
151        setOutputStream(new OutputStream()
152           {
153              public void write(int b)
154              {
155              } // not called
156
157              public void write(byte[] b, int off, int len)
158              {
159                 output.append(new String(b, off, len));
160              }
161           });
162     }
163
164     public void publish(LogRecord record)
165     {
166        if (!frame.isVisible()) return;
167        super.publish(record);
168        flush();
169     }
170  }
```

API **java.util.logging.Logger** 1.4

- Logger getLogger(String loggerName)
- Logger getLogger(String loggerName, String bundleName)

  获得给定名字的日志记录器。如果这个日志记录器不存在，就创建一个日志记录器。
  本地化消息位于名为 bundleName 的资源包中。

- void severe(String message)
- void warning(String message)
- void info(String message)
- void config(String message)
- void fine(String message)

- void finer(String message)
- void finest(String message)

  记录一个日志记录，包含方法名指示的级别和给定的消息。

- void entering(String className, String methodName)
- void entering(String className, String methodName, Object param)
- void entering(String className, String methodName, Object[] param)
- void exiting(String className, String methodName)
- void exiting(String className, String methodName, Object result)

  记录一个描述进入 / 退出方法（有给定的参数和返回值）的日志记录。

- void throwing(String className, String methodName, Throwable t)

  记录一个描述抛出给定异常对象的日志记录。

- void log(Level level, String message)
- void log(Level level, String message, Object obj)
- void log(Level level, String message, Object[] objs)
- void log(Level level, String message, Throwable t)

  记录一个有给定级别和消息的日志记录，其中可以包括对象或者可抛出对象。要包括
  对象，消息中必须包含格式化占位符 {0}、{1} 等。

- void logp(Level level, String className, String methodName, String message)
- void logp(Level level, String className, String methodName, String message, Object obj)
- void logp(Level level, String className, String methodName, String message, Object[] objs)
- void logp(Level level, String className, String methodName, String message, Throwable t)

  记录一个有给定级别、准确的调用者信息和消息的日志记录，其中可以包括对象或可
  抛出对象。

- void logrb(Level level, String className, String methodName, ResourceBundle bundle, String message, Object... params) **9**
- void logrb(Level level, String className, String methodName, ResourceBundle bundle, String message, Throwable thrown) **9**

  记录一个有给定级别、准确的调用者信息、资源包和消息的日志记录，其中可以包括
  对象或可抛出对象。

- Level getLevel()
- void setLevel(Level l)

  获得和设置这个日志记录器的级别。

- Logger getParent()
- void setParent(Logger l)

  获得和设置这个日志记录器的父日志记录器。

- Handler[] getHandlers()

获得这个日志记录器的所有处理器。

- void addHandler(Handler h)
- void removeHandler(Handler h)

增加或删除这个日志记录器中的一个处理器。

- boolean getUseParentHandlers()
- void setUseParentHandlers(boolean b)

获得和设置"使用父处理器"属性。如果这个属性是 true，日志记录器会将全部的日志记录转发给它的父处理器。

- Filter getFilter()
- void setFilter(Filter f)

获得和设置这个日志记录器的过滤器。

API java.util.logging.Handler 1.4

- abstract void publish(LogRecord record)

将日志记录发送到希望的目的地。

- abstract void flush()

刷新输出所有已缓冲的数据。

- abstract void close()

刷新输出所有已缓冲的数据，并释放所有相关的资源。

- Filter getFilter()
- void setFilter(Filter f)

获得和设置这个处理器的过滤器。

- Formatter getFormatter()
- void setFormatter(Formatter f)

获得和设置这个处理器的格式化器。

- Level getLevel()
- void setLevel(Level l)

获得和设置这个处理器的级别。

API java.util.logging.ConsoleHandler 1.4

- ConsoleHandler()

构造一个新的控制台处理器。

API java.util.logging.FileHandler 1.4

- FileHandler(String pattern)
- FileHandler(String pattern, boolean append)
- FileHandler(String pattern, int limit, int count)
- FileHandler(String pattern, int limit, int count, boolean append)

- FileHandler(String pattern, long limit, int count, boolean append) **9**

  构造一个文件处理器。模式格式参见表 7-2。limit 是在打开一个新日志文件之前，日志文件可以包含的近似最大字节数。count 是循环序列的文件数量。如果 append 为 true，记录则应该追加在一个已存在的日志文件末尾。

API **java.util.logging.LogRecord** 1.4

- Level getLevel()

  获得这个日志记录的日志级别。

- String getLoggerName()

  获得正在记录这个日志记录的日志记录器的名字。

- ResourceBundle getResourceBundle()

- String getResourceBundleName()

  获得用于本地化消息的资源包或资源包名。如果没有提供，则返回 null。

- String getMessage()

  获得本地化或格式化之前的"原始"消息。

- Object[] getParameters()

  获得参数对象。如果没有提供，则返回 null。

- Throwable getThrown()

  获得所抛出的对象。如果没有提供，则返回 null。

- String getSourceClassName()

- String getSourceMethodName()

  获得记录这个日志记录的代码区域。这个信息有可能是由日志记录代码提供的，也有可能是自动从运行时堆栈推测出来的。如果日志记录代码提供的值有误，或者运行时代码由于优化而无法推测出确切的位置，这两个方法的返回值就有可能不准确。

- long getMillis()

  获得创建时间。以毫秒为单位（从 1970 年开始）。

- Instant getInstant() **9**

  获得创建时间，作为 java.time.Instant 返回（参见本书卷 II 的第 6 章）。

- long getSequenceNumber()

  获得这个日志记录的唯一序列号。

- int getThreadID()

  获得创建这个日志记录的线程的唯一 ID。这些 ID 是由 LogRecord 类分配的，与其他线程的 ID 无关。

API **java.util.logging.LogManager** 1.4

- static LogManager getLogManager()

  获得全局 LogManager 实例。

- void readConfiguration()
- void readConfiguration(InputStream in)

  从系统属性 java.util.logging.config.file 指定的文件或者给定的输入流读取日志配置。
- void updateConfiguration(InputStream in, Function<String,BiFunction<String,String,String>> mapper) **9**
- void updateConfiguration(Function<String,BiFunction<String,String,String>> mapper) **9**

  将日志配置与系统属性 java.util.logging.config.file 指定的文件或给定的输入流合并，参见 7.5.3 节，其中给出了映射器参数的描述。

API *java.util.logging.Filter* **1.4**

- boolean isLoggable(LogRecord record)

  如果给定日志记录需要记录，则返回 true。

API *java.util.logging.Formatter* **1.4**

- abstract String format(LogRecord record)

  返回格式化给定日志记录后得到的字符串。
- String getHead(Handler h)
- String getTail(Handler h)

  返回应该出现在包含日志记录的文档开头和结尾的字符串。Formatter 超类将这些方法定义为只返回空字符串。如果必要，可以覆盖这些方法。
- String formatMessage(LogRecord record)

  返回日志记录的本地化和格式化消息部分。

7.6　调试技巧

假设你写了一个程序，捕获并且恰当地处理了所有的异常以保证它万无一失。然后，运行这个程序，但还是出现问题，现在该怎么办呢？（如果你从来没有遇到过这种情况，可以跳过本章的剩余部分。）

当然，最好有一个方便且功能强大的调试器。像 Eclipse、IntelliJ 和 NetBeans 之类的专业集成开发环境都提供了调试器。不过在使用调试器之前，这一节中我们会告诉你一些值得尝试的技巧。

1. 可以用下面的方法打印或记录任意变量的值：

```
System.out.println("x=" + x);
```

或

```
Logger.getGlobal().info("x=" + x);
```

如果 x 是一个数值，则会被转换成等价的字符串。如果 x 是一个对象，那么 Java 会调用这个对象的 toString 方法。要想获得隐式参数对象的状态，可以打印 this 对象的状态。

```
Logger.getGlobal().info("this=" + this);
```

Java 类库中的绝大多数类都覆盖了 toString 方法，以便能够提供有用的类信息。这样会使调试更加便捷。在你自定义的类中也应该这样做。

2. 还有一个不太为人所知但非常有效的技巧，可以在每一个类中放置一个单独的 main 方法。这样就可以提供一个单元测试桩（stub），能够独立地测试类。

```java
public class MyClass
{
    methods and fields
    . . .
    public static void main(String[] args)
    {
        test code
    }
}
```

可以建立一些对象，调用所有的方法，检查每个方法是否能够正确地完成工作。另外，可以保留所有这些 main 方法，然后分别对各个文件启用 Java 虚拟机来运行测试。在运行 applet 时，这些 main 方法不会被调用，而在运行应用程序时，Java 虚拟机只调用启动类的 main 方法。

3. 如果喜欢使用前面介绍的那个技巧，就应该到 http://junit.org 网站上查看 JUnit。JUnit 是一个非常流行的单元测试框架，利用它可以很容易地组织测试用例套件。只要对类做了修改，就需要运行测试。一旦发现 bug，还要再补充另一个测试用例。

4. 日志代理（logging proxy）是一个子类的对象，它可以截获方法调用，记录日志，然后调用超类中的方法。例如，如果在调用 Random 类的 nextDouble 方法时出现了问题，就可以如下创建一个代理对象，这是一个匿名子类的实例：

```java
var generator = new Random()
    {
        public double nextDouble()
        {
            double result = super.nextDouble();
            Logger.getGlobal().info("nextDouble: " + result);
            return result;
        }
    };
```

只要调用 nextDouble 方法，就会生成一个日志消息。

要想知道谁调用了这个方法，可以生成一个堆栈轨迹。

5. 利用 Throwable 类的 printStackTrace 方法，可以从任意的异常对象获得堆栈轨迹。下面的代码将捕获任意的异常，打印这个异常对象和堆栈轨迹，然后，重新抛出异常，以便找到相应的处理器。

```java
try
{
    . . .
}
```

```
catch (Throwable t)
{
    t.printStackTrace();
    throw t;
}
```

不一定要通过捕获异常来生成堆栈轨迹。只要在代码的某个位置插入下面这条语句就可以获得堆栈轨迹：

```
Thread.dumpStack();
```

6. 一般来说，堆栈轨迹显示在 System.err 上。如果想要记录或显示堆栈轨迹，可以如下将它捕获到一个字符串中：

```
var out = new StringWriter();
new Throwable().printStackTrace(new PrintWriter(out));
String description = out.toString();
```

7. 通常，将程序错误记入一个文件会很有用。不过，错误会发送到 System.err，而不是 System.out。因此，不能通过运行下面的命令来获取：

```
java MyProgram > errors.txt
```

而应当如下捕获错误流：

```
java MyProgram 2> errors.txt
```

要想在同一个文件中同时捕获 System.err 和 System.out，需要使用以下命令

```
java MyProgram 1> errors.txt 2>&1
```

这条命令在 bash 和 Windows shell 中都有效。

8. 在 System.err 中显示未捕获的异常的堆栈轨迹并不是一个理想的方法。如果最终用户碰巧看到了这些消息，就会很慌乱，而且在真正需要诊断错误原因时却又无法得到这些消息。更好的方法是将这些消息记录到一个文件中。可以用静态方法 Thread.setDefaultUncaughtExceptionHandler 改变未捕获异常的处理器：

```
Thread.setDefaultUncaughtExceptionHandler(
    new Thread.UncaughtExceptionHandler()
    {
        public void uncaughtException(Thread t, Throwable e)
        {
            save information in log file
        };
    });
```

9. 要想观察类的加载过程，启动 Java 虚拟机时可以使用 -verbose 标志。这样就可以看到如下所示的输出结果：

```
[0.012s][info][class,load] opened: /opt/jdk-9.0.1/lib/modules
[0.034s][info][class,load] java.lang.Object source: jrt:java.base
[0.035s][info][class,load] java.io.Serializable source: jrt:java.base
[0.035s][info][class,load] java.lang.Comparable source: jrt:java.base
[0.035s][info][class,load] java.lang.CharSequence source: jrt:java.base
[0.035s][info][class,load] java.lang.String source: jrt:java.base
```

```
[0.036s][info][class,load] java.lang.reflect.AnnotatedElement source: jrt:/java.base
[0.036s][info][class,load] java.lang.reflect.GenericDeclaration source: jrt:/java.base
[0.036s][info][class,load] java.lang.reflect.Type source: jrt:/java.base
[0.036s][info][class,load] java.lang.Class source: jrt:/java.base
[0.036s][info][class,load] java.lang.Cloneable source: jrt:/java.base
[0.037s][info][class,load] java.lang.ClassLoader source: jrt:/java.base
[0.037s][info][class,load] java.lang.System source: jrt:/java.base
[0.037s][info][class,load] java.lang.Throwable source: jrt:/java.base
[0.037s][info][class,load] java.lang.Error source: jrt:/java.base
[0.037s][info][class,load] java.lang.ThreadDeath source: jrt:/java.base
[0.037s][info][class,load] java.lang.Exception source: jrt:/java.base
[0.037s][info][class,load] java.lang.RuntimeException source: jrt:/java.base
[0.038s][info][class,load] java.lang.SecurityManager source: jrt:/java.base
. . .
```

有时候，这种方法对诊断类路径问题会很有帮助。

10. -Xlint 选项告诉编译器找出常见的代码问题。例如，如果使用下面这条命令编译：

```
javac -Xlint sourceFiles
```

当 switch 语句中缺少 break 语句时，编译器就会报告这个问题（术语 "lint" 最初用来描述一种查找 C 程序中潜在问题的工具，不过现在通常用来描述查找问题代码的工具，这些工具可以找出代码中有问题但不违背语法规则的构造）。

你会得到类似下面的消息：

```
warning: [fallthrough] possible fall-through into case
```

中括号内的字符串标识了警告类型。可以启用和禁用各种类型。因为它们大多数都很有用，所以最好还是保留这些警告，只禁用那些你不感兴趣的消息，如下所示：

```
javac -Xlint:all,-fallthrough,-serial sourceFiles
```

可以用以下命令得到所有警告的一个列表：

```
javac --help -X
```

11. Java 虚拟机增加了对 Java 应用程序的监控（monitoring）和管理（management）支持，允许在虚拟机中安装代理来跟踪内存消耗、线程使用、类加载等情况。这个特性对于规模很大而且长时间运行的 Java 程序（如应用服务器）尤其重要。作为展示这些功能的一个例子，JDK 提供了一个名为 jconsole 的图形工具，可以显示有关虚拟机性能的统计结果，如图 7-3 所示。启动你的程序，然后启动 jconsole，从正在运行的 Java 程序列表中选择你的程序。

控制台会给出有关运行程序的大量信息。更详细的信息参见 www.oracle.com/technetwork/articles/java/jconsole-1564139.html。

12. Java 任务控制器（Java Mission Control）是一个专业级性能分析和诊断工具，包含在 Oracle JDK 中，可以免费用于开发。如果在生产环境使用则需要有商业授权。目前 OpenJDK 中提供了一个开源版本。类似于 jconsole，Java Mission Control 可以关联到正在运行的虚拟机。它还能分析 Java 飞行记录器（Java Flight Recorder）的输出，这个工具可以从一个正在运行的 Java 应用程序收集诊断和性能分析数据。有关这些工具的更多信息参见 https://docs.oracle.com/javacomponents/index.html。

图 7-3　jconsole 程序

本章介绍了异常处理和日志，另外还了解了关于测试和调试的一些有用的技巧。接下来两章会介绍泛型程序设计和它最重要的应用：Java 集合框架。

第8章　泛型程序设计

▲ 为什么要使用泛型程序设计　　　　▲ 限制与局限性

▲ 定义简单泛型类　　　　　　　　　▲ 泛型类型的继承规则

▲ 泛型方法　　　　　　　　　　　　▲ 通配符类型

▲ 类型变量的限定　　　　　　　　　▲ 反射和泛型

▲ 泛型代码和虚拟机

泛型类和泛型方法有类型参数，这使得它们可以准确地描述用特定类型实例化时会发生什么。在有泛型类之前，程序员必须使用 Object 编写适用于多种类型的代码。这很烦琐，也很不安全。

随着泛型的引入，Java 有了一个表述能力很强的类型系统，允许设计者详细地描述变量和方法的类型要如何变化。对于简单的情况，你会发现实现泛型代码很容易。不过，在更高级的情况下，对于实现者来说这会相当复杂。其目标是提供让其他程序员可以轻松使用的类和方法而不会出现意外。

Java 5 中泛型的引入成为 Java 程序设计语言自最初发行以来最显著的变化。Java 的一个主要设计目标是支持与之前版本的兼容性。因此，Java 的泛型有一些让人不快的局限性。在这一章中，你会了解泛型程序设计的优点以及存在的问题。

8.1　为什么要使用泛型程序设计

泛型程序设计（generic programming）意味着编写的代码可以对多种不同类型的对象重用。例如，你并不希望为收集 String 和 File 对象分别编写不同的类。实际上，也不需要这样做，因为一个 ArrayList 类就可以收集任何类的对象。这就是泛型程序设计的一个例子。

实际上，在 Java 有泛型类之前已经有一个 ArrayList 类。下面来研究泛型程序设计的机制是如何演变的，另外还会介绍这对于用户和实现者来说意味着什么。

8.1.1　类型参数的好处

在 Java 中增加泛型类之前，泛型程序设计是用继承实现的。ArrayList 类只维护一个 Object 引用的数组：

```
public class ArrayList // before generic classes
{
   private Object[] elementData;
   . . .
```

```
    public Object get(int i) { . . . }
    public void add(Object o) { . . . }
}
```

这种方法存在两个问题。当获取一个值时必须进行强制类型转换。

```
ArrayList files = new ArrayList();
. . .
String filename = (String) files.get(0);
```

此外，这里没有错误检查。可以向数组列表中添加任何类的值。

```
files.add(new File(". . ."));
```

对于这个调用，编译和运行都不会出错。不过在其他地方，如果将 get 的结果强制类型转换为 String 类型，就会产生一个错误。

泛型提供了一个更好的解决方案：类型参数（type parameter）。ArrayList 类有一个类型参数用来指示元素的类型：

```
var files = new ArrayList<String>();
```

这使得代码具有更好的可读性。人们一看就知道这个数组列表中包含的是 String 对象。

> 📋 **注释：** 如果用一个明确的类型而不是 var 声明一个变量，则可以通过使用"菱形"语法省略构造器中的类型参数：
>
> ```
> ArrayList<String> files = new ArrayList<>();
> ```
>
> 省略的类型可以从变量的类型推断得出。
>
> Java 9 扩展了菱形语法的使用范围，原先不接受这种语法的地方现在也可以使用了。例如，现在可以对匿名子类使用菱形语法：
>
> ```
> ArrayList<String> passwords = new ArrayList<>() // diamond OK in Java 9
>     {
>         public String get(int n) { return super.get(n).replaceAll(".", "*"); }
>     };
> ```

编译器也可以充分利用这个类型信息。调用 get 的时候，不需要进行强制类型转换。编译器知道返回值类型为 String，而不是 Object：

```
String filename = files.get(0);
```

编译器还知道 ArrayList<String> 的 add 方法有一个类型为 String 的参数，这比有一个 Object 类型的参数要安全得多。现在，编译器可以检查，防止你插入错误类型的对象。例如，以下语句

```
files.add(new File(". . .")); // can only add String objects to an ArrayList<String>
```

是无法通过编译的。不过，出现编译错误要比运行时出现类的强制类型转换异常好得多。

这正是类型参数的魅力所在：它们会让你的程序更易读，也更安全。

8.1.2　谁想成为泛型程序员

使用类似 ArrayList 的泛型类很容易。大多数 Java 程序员都会使用类似 ArrayList<String> 这样的类型，就好像它们是 Java 内置的类型一样（就像 String[] 数组）。（当然，数组列表比数组更好，因为数组列表可以自动扩展。）

但是，实现一个泛型类可没有那么容易。使用你的代码的程序员可能会插入各种各样的类作为类型参数。他们希望一切都能正常工作，不会有恼人的限制，也不会有让人混乱的错误消息。因此，作为一个泛型程序员，你的任务就是要预计到你的泛型类所有可能的用法。

这个任务会有多难呢？下面是让标准类库的设计者们饱受折磨的一个典型问题。ArrayList 类有一个方法 addAll，用来添加另一个集合的全部元素。一个程序员可能想要将一个 ArrayList<Manager> 中的所有元素添加到一个 ArrayList<Employee> 中去。不过，当然反过来就不行了。如何允许前一个调用，而不允许后一个调用呢？ Java 语言的设计者发明了一个具有独创性的新概念来解决这个问题，即通配符类型（wildcard type）。通配符类型非常抽象，不过，利用通配符类型，构建类库的程序员可以编写出尽可能灵活的方法。

泛型程序设计可以分为 3 个能力水平。基本水平是，仅仅使用泛型类（比较典型的是像 ArrayList 这样的集合），而不考虑它们如何工作以及为什么这样做。大多数应用程序员都希望保持在这一水平，除非出现了问题。不过，当混合使用不同的泛型类时，或者要与对类型参数一无所知的遗留代码交互时，你可能会看到让人困惑的错误消息。那时你就需要对 Java 泛型有足够的了解，才能系统地解决问题，而不是胡乱地猜测。当然，最终你可能想要实现自己的泛型类与泛型方法。

应用程序员很可能不会编写太多的泛型代码。JDK 开发人员已经做出了很大的努力，为所有的集合类提供了类型参数。凭经验来说，如果代码中原本涉及大量通用类型（如 Object 或 Comparable 接口）的强制类型转换，只有这些代码才会因使用类型参数而受益。

本章将介绍实现自己的泛型代码所需了解的全部知识。不过，希望大多数读者主要利用这些知识来帮助排除代码的问题，以及满足想要了解参数化集合类内部工作原理的好奇心。

8.2　定义简单泛型类

泛型类（generic class）就是有一个或多个类型变量的类。本章使用一个简单的 Pair 类作为例子。这个类使我们可以只关注泛型，而不用为数据存储的细节而分心。下面是泛型 Pair 类的代码：

```
public class Pair<T>
{
   private T first;
   private T second;

   public Pair() { first = null; second = null; }
   public Pair(T first, T second) { this.first = first; this.second = second; }
```

```
    public T getFirst() { return first; }
    public T getSecond() { return second; }

    public void setFirst(T newValue) { first = newValue; }
    public void setSecond(T newValue) { second = newValue; }
}
```

Pair 类引入了一个类型变量 T，用尖括号（<>）括起来，放在类名的后面。泛型类可以有多个类型变量。例如，可以定义 Pair 类，其中第一个字段和第二个字段使用不同的类型：

```
public class Pair<T, U> { . . . }
```

类型变量在整个类定义中用于指定方法的返回类型以及字段和局部变量的类型。例如，

```
private T first; // uses the type variable
```

📋 **注释**：常见的做法是类型变量使用大写字母，而且很简短。Java 库使用变量 E 表示集合的元素类型，K 和 V 分别表示表的键和值的类型。T（必要时还可以用相邻的字母 U 和 S）表示"任意类型"。

可以用具体的类型替换类型变量来实例化（instantiate）泛型类型，例如：

```
Pair<String>
```

可以把结果想象成一个普通类，它有以下构造器：

```
Pair<String>()
Pair<String>(String, String)
```

以及以下方法：

```
String getFirst()
String getSecond()
void setFirst(String)
void setSecond(String)
```

换句话说，泛型类相当于普通类的工厂。

程序清单 8-1 中的程序具体使用了 Pair 类。静态的 minmax 方法遍历了数组并同时计算出最小值和最大值。它用一个 Pair 对象返回两个结果。回想一下：用 compareTo 方法比较两个字符串，如果字符串相同则返回 0；按照字典顺序，如果第一个字符串比第二个字符串靠前，就返回一个负整数，否则返回一个正整数。

C++ **C++ 注释**：从表面上看，Java 的泛型类类似于 C++ 的模板类。唯一明显的不同是 Java 没有特殊的 template 关键字。但是，在本章中你将会看到，这两种机制有着本质的区别。

程序清单 8-1　pair1/PairTest1.java

```
1 package pair1;
2
3 /**
4  * @version 1.01 2012-01-26
5  * @author Cay Horstmann
6  */
```

```
 7  public class PairTest1
 8  {
 9     public static void main(String[] args)
10     {
11        String[] words = { "Mary", "had", "a", "little", "lamb" };
12        Pair<String> mm = ArrayAlg.minmax(words);
13        System.out.println("min = " + mm.getFirst());
14        System.out.println("max = " + mm.getSecond());
15     }
16  }
17
18  class ArrayAlg
19  {
20     /**
21      * Gets the minimum and maximum of an array of strings.
22      * @param a an array of strings
23      * @return a pair with the min and max values, or null if a is null or empty
24      */
25     public static Pair<String> minmax(String[] a)
26     {
27        if (a == null || a.length == 0) return null;
28        String min = a[0];
29        String max = a[0];
30        for (int i = 1; i < a.length; i++)
31        {
32           if (min.compareTo(a[i]) > 0) min = a[i];
33           if (max.compareTo(a[i]) < 0) max = a[i];
34        }
35        return new Pair<>(min, max);
36     }
37  }
```

8.3　泛型方法

上一节已经介绍了如何定义一个泛型类。还可以定义一个带有类型参数的方法。

```
class ArrayAlg
{
   public static <T> T getMiddle(T... a)
   {
      return a[a.length / 2];
   }
}
```

这个方法是在普通类中定义的，而不是在泛型类中。不过，这是一个泛型方法，可以从尖括号和类型变量看出这一点。注意，类型变量放在修饰符（这里的修饰符就是 public static）的后面，并在返回类型的前面。

泛型方法可以在普通类中定义，也可以在泛型类中定义。

当调用一个泛型方法时，可以把具体类型包围在尖括号中，放在方法名前面：

```
String middle = ArrayAlg.<String>getMiddle("John", "Q.", "Public");
```

在这种情况下（实际也是大多数情况下），方法调用中可以省略 <String> 类型参数。编译器有足够的信息推断出你想要的方法。它将参数的类型与泛型类型 T 进行匹配，推断出 T 一定是 String。也就是说，可以简单地调用

```
String middle = ArrayAlg.getMiddle("John", "Q.", "Public");
```

几乎在所有情况下，泛型方法的类型推导都能正常工作。偶尔，编译器也会提示错误，此时你就需要解译错误报告。考虑下面这个示例：

```
double middle = ArrayAlg.getMiddle(3.14, 1729, 0);
```

错误消息以晦涩的方式指出（不同的编译器给出的错误消息可能有所不同）：解释这个代码有两种方式，而且这两种方式都是合法的。简单地说，编译器将把参数自动装箱为 1 个 Double 和 2 个 Integer 对象，然后寻找这些类的共同超类型。事实上，它找到了 2 个超类型：Number 和 Comparable 接口，Comparable 接口本身也是一个泛型类型。在这种情况下，可以采取的补救措施是将所有的参数都写为 double 值。

> ✅ **提示**：如果想知道编译器对一个泛型方法调用最终推断出哪种类型，Peter von der Ahé 推荐了这样一个窍门：故意引入一个错误，然后研究所产生的错误消息。例如，考虑调用 ArrayAlg.getMiddle("Hello",0,null)。将结果赋给 JButton，这肯定是不正确的。将会得到一个错误报告：
>
> ```
> found:
> java.lang.Object&java.io.Serializable&java.lang.Comparable<? extends
> java.lang.Object&java.io.Serializable&java.lang.Comparable<?>>
> ```
>
> 大致的意思是：可以将结果赋给 Object、Serializable 或 Comparable。

> **C++** **C++ 注释**：在 C++ 中，要将类型参数放在方法名后面。这有可能会导致解析的二义性。例如，g(f<a, b>(c)) 可以理解为"用 f<a, b>(c) 的结果调用 g"，或者理解为"用两个布尔值 f<a 和 b>(c) 调用 g"。

8.4　类型变量的限定

有时，类或方法需要对类型变量加以约束。下面是一个典型的例子。我们要计算数组中的最小元素：

```
class ArrayAlg
{
    public static <T> T min(T[] a) // almost correct
    {
        if (a == null || a.length == 0) return null;
        T smallest = a[0];
        for (int i = 1; i < a.length; i++)
            if (smallest.compareTo(a[i]) > 0) smallest = a[i];
        return smallest;
    }
}
```

但是，这里有一个问题。请看 min 方法的代码。变量 smallest 的类型为 T，这意味着它可以是任何一个类的对象。如何知道 T 所属的类有一个 compareTo 方法呢？

解决这个问题的办法是限制 T 只能是实现了 Comparable 接口（包含一个方法 compareTo 的标准接口）的类。可以通过对类型变量 T 设置一个限定（bound）来实现这一点：

```
public static <T extends Comparable> T min(T[] a) . . .
```

实际上 Comparable 接口本身就是一个泛型类型。目前，我们忽略其复杂性以及编译器产生的警告。8.8 节会讨论如何在 Comparable 接口中适当地使用类型参数。

现在，泛型方法 min 只能在实现了 Comparable 接口的类（如 String、LocalDate 等）的数组上调用。由于 Rectangle 类没有实现 Comparable 接口，所以在 Rectangle 数组上调用 min 将会产生一个编译错误。

> **C++ 注释：** 在 C++ 中，不能对模板参数的类型加以限制。如果程序员用一个不适当的类型实例化一个模板，将会在模板代码中报告一个（通常是含糊不清的）错误消息。

你或许会感到奇怪——在这里我们为什么使用关键字 extends 而不是 implements？毕竟，Comparable 是一个接口。下面的记法

```
<T extends BoundingType>
```

表示 T 应该是限定类型（bounding type）的子类型（subtype）。T 和限定类型可以是类，也可以是接口。选择关键字 extends 的原因是它更接近子类型的概念，并且 Java 的设计者也不打算在语言中再添加一个新的关键字（如 sub）。

一个类型变量或通配符可以有多个限定，例如：

```
T extends Comparable & Serializable
```

限定类型用 "&" 分隔，而逗号用来分隔类型变量。

在 Java 的继承中，可以根据需要拥有多个接口超类型，但最多有一个限定可以是类。如果有一个类作为限定，它必须是限定列表中的第一个限定。

在程序清单 8-2 的程序中，我们把 minmax 重写为一个泛型方法。这个方法可以计算泛型数组的最大值和最小值，并返回一个 Pair<T>。

程序清单 8-2   pair2/PairTest2.java

```java
1  package pair2;
2
3  import java.time.*;
4
5  /**
6   * @version 1.02 2015-06-21
7   * @author Cay Horstmann
8   */
9  public class PairTest2
10 {
11    public static void main(String[] args)
12    {
```

```
13          LocalDate[] birthdays =
14             {
15                LocalDate.of(1906, 12, 9), // G. Hopper
16                LocalDate.of(1815, 12, 10), // A. Lovelace
17                LocalDate.of(1903, 12, 3), // J. von Neumann
18                LocalDate.of(1910, 6, 22), // K. Zuse
19             };
20          Pair<LocalDate> mm = ArrayAlg.minmax(birthdays);
21          System.out.println("min = " + mm.getFirst());
22          System.out.println("max = " + mm.getSecond());
23       }
24    }
25
26    class ArrayAlg
27    {
28       /**
29          Gets the minimum and maximum of an array of objects of type T.
30          @param a an array of objects of type T
31          @return a pair with the min and max values, or null if a is null or empty
32       */
33       public static <T extends Comparable> Pair<T> minmax(T[] a)
34       {
35          if (a == null || a.length == 0) return null;
36          T min = a[0];
37          T max = a[0];
38          for (int i = 1; i < a.length; i++)
39          {
40             if (min.compareTo(a[i]) > 0) min = a[i];
41             if (max.compareTo(a[i]) < 0) max = a[i];
42          }
43          return new Pair<>(min, max);
44       }
45    }
```

8.5   泛型代码和虚拟机

虚拟机没有泛型类型对象——所有对象都属于普通类。在泛型实现的早期版本中，甚至能够将使用泛型的程序编译为在 1.0 虚拟机上运行的类文件！在下面的小节中你会看到编译器如何"擦除"类型参数，以及这个过程对 Java 程序员有什么影响。

8.5.1   类型擦除

无论何时定义一个泛型类型，都会自动提供一个相应的原始类型（raw type）。这个原始类型的名字就是去掉类型参数后的泛型类型名。类型变量会被擦除（erased），并替换为其限定类型（或者，对于无限定的变量则替换为 Object）。

例如，Pair<T> 的原始类型如下所示：

```
public class Pair
{
   private Object first;
```

```
    private Object second;

    public Pair(Object first, Object second)
    {
        this.first = first;
        this.second = second;
    }

    public Object getFirst() { return first; }
    public Object getSecond() { return second; }

    public void setFirst(Object newValue) { first = newValue; }
    public void setSecond(Object newValue) { second = newValue; }
}
```

因为 T 是一个无限定的变量，所以直接用 Object 替换。

结果是一个普通的类，就好像 Java 语言中引入泛型之前实现的类一样。

在程序中可以包含不同类型的 Pair，例如，Pair<String> 或 Pair<LocalDate>。不过擦除类型后，它们都会变成原始的 Pair 类型。

C++ 注释：就这点而言，Java 泛型与 C++ 模板有很大的区别。C++ 会为每个模板的实例化产生不同的类型，这一现象称为"模板代码膨胀"。Java 不存在这个问题的困扰。

原始类型用第一个限定来替换类型变量，或者，如果没有给定限定，就替换为 Object。例如，类 Pair<T> 中的类型变量没有显式的限定，因此，原始类型用 Object 替换 T。假定我们声明了一个稍有不同的类型：

```
public class Interval<T extends Comparable & Serializable> implements Serializable
{
    private T lower;
    private T upper;
    . . .
    public Interval(T first, T second)
    {
        if (first.compareTo(second) <= 0) { lower = first; upper = second; }
        else { lower = second; upper = first; }
    }
}
```

原始类型 Interval 如下所示：

```
public class Interval implements Serializable
{
    private Comparable lower;
    private Comparable upper;
    . . .
    public Interval(Comparable first, Comparable second) { . . . }
}
```

注释：你可能想要知道限定切换为 class Interval<T extends Serializable & Comparable> 会发生什么。如果这样做，原始类型会用 Serializable 替换 T，而编译器在必要时要向 Comparable 插入强制类型转换。为了提高效率，应该将标签（tagging）接口（即没有方法的接口）放在限定列表的末尾。

8.5.2 转换泛型表达式

编写一个泛型方法调用时，如果擦除了返回类型，编译器会插入强制类型转换。例如，对于下面这个语句序列，

```
Pair<Employee> buddies = . . .;
Employee buddy = buddies.getFirst();
```

getFirst 擦除类型后的返回类型是 Object。编译器自动插入转换到 Employee 的强制类型转换。也就是说，编译器把这个方法调用转换为两条虚拟机指令：

- 对原始方法 Pair.getFirst 的调用。
- 将返回的 Object 类型强制转换为 Employee 类型。

当访问一个泛型字段时也要插入强制类型转换。假设 Pair 类的 first 字段和 second 字段都是公共的（也许这不是一种好的编程风格，但在 Java 中是合法的）。表达式

```
Employee buddy = buddies.first;
```

也会在结果字节码中插入强制类型转换。

8.5.3 转换泛型方法

类型擦除也会出现在泛型方法中。程序员通常认为类似下面的泛型方法

```
public static <T extends Comparable> T min(T[] a)
```

是整个一组方法，而擦除类型之后，只剩下一个方法：

```
public static Comparable min(Comparable[] a)
```

注意，类型参数 T 已经被擦除了，只留下了限定类型 Comparable。
方法的擦除带来了两个复杂问题。看一看下面这个示例：

```
class DateInterval extends Pair<LocalDate>
{
   public void setSecond(LocalDate second)
   {
      if (second.compareTo(getFirst()) >= 0)
         super.setSecond(second);
   }
   . . .
}
```

日期区间是一对 LocalDate 对象，而且我们需要覆盖这个方法来确保第二个值永远不小于第一个值。这个类擦除后变成

```
class DateInterval extends Pair // after erasure
{
   public void setSecond(LocalDate second) { . . . }
   . . .
}
```

令人感到奇怪的是，还有另一个从 Pair 继承的 setSecond 方法，即

```
public void setSecond(Object second)
```

这显然是一个不同的方法，因为它有一个不同类型的参数——Object，而不是 LocalDate。不过，不应该不一样。考虑下面的语句序列：

```
var interval = new DateInterval(. . .);
Pair<LocalDate> pair = interval; // OK--assignment to superclass
pair.setSecond(aDate);
```

这里，我们希望 setSecond 调用具有多态性，会调用最合适的那个方法。由于 pair 引用一个 DateInterval 对象，所以应该调用 DateInterval.setSecond。问题在于类型擦除与多态发生了冲突。为了解决这个问题，编译器在 DateInterval 类中生成一个桥方法（bridge method）：

```
public void setSecond(Object second) { setSecond((LocalDate) second); }
```

要想了解为什么这样可行，请仔细跟踪以下语句的执行：

```
pair.setSecond(aDate)
```

变量 pair 已经声明为类型 Pair<LocalDate>，并且这个类型只有一个名为 setSecond 的方法，即 setSecond(Object)。虚拟机在 pair 引用的对象上调用这个方法。这个对象是 DateInterval 类型，因而将会调用 DateInterval.setSecond(Object) 方法。这个方法是合成的桥方法。它会调用 DateInterval.setSecond(LocalDate)，这正是我们想要的。

桥方法可能会变得更奇怪。假设 DateInterval 类也覆盖了 getSecond 方法：

```
class DateInterval extends Pair<LocalDate>
{
    public LocalDate getSecond() { return (LocalDate) super.getSecond(); }
    . . .
}
```

在 DateInterval 类中，有两个 getSecond 方法：

```
LocalDate getSecond() // defined in DateInterval
Object getSecond() // overrides the method defined in Pair to call the first method
```

不能这样编写 Java 代码（两个方法有相同的参数类型是不合法的，在这里，两个方法都没有参数）。但是，在虚拟机中，会由参数类型和返回类型共同指定一个方法。因此，编译器可以为两个仅返回类型不同的方法生成字节码，虚拟机能够正确地处理这种情况。

> 📄 **注释**：桥方法不仅用于泛型类型。第 5 章已经讲过，一个方法覆盖另一个方法时，可以指定一个更严格的返回类型，这是合法的。例如：
>
> ```
> public class Employee implements Cloneable
> {
>     public Employee clone() throws CloneNotSupportedException { . . . }
> }
> ```
>
> Object.clone 和 Employee.clone 方法被称为**有协变的返回类型**（covariant return type）。实际上，Employee 类有**两个克隆方法**：
>
> ```
> Employee clone() // defined above
> Object clone() // synthesized bridge method, overrides Object.clone
> ```
>
> 合成的桥方法会调用新定义的方法。

总之，对于 Java 泛型的转换，需要记住以下几个事实：

- 虚拟机中没有泛型，只有普通的类和方法。
- 所有的类型参数都会替换为它们的限定类型。
- 会合成桥方法来保持多态。
- 为保持类型安全性，必要时会插入强制类型转换。

8.5.4 调用遗留代码

设计 Java 泛型时，主要目标是允许泛型代码和遗留代码之间能够互操作。下面看有关遗留代码的一个具体示例。Swing 用户界面工具包提供了一个 JSlider 类，它的"刻度"（tick）可以定制为包含文本或图像的标签。这些标签用以下调用设置：

```
void setLabelTable(Dictionary table)
```

Dictionary 类将整数映射到标签。在 Java 5 之前，这个类实现为一个 Object 实例映射。Java 5 把 Dictionary 实现为一个泛型类，不过 JSlider 从未更新。目前，没有类型参数的 Dictionary 是一个原始类型。这里就存在兼容性问题。

填充字典时，可以使用泛型类型。

```
Dictionary<Integer, Component> labelTable = new Hashtable<>();
labelTable.put(0, new JLabel(new ImageIcon("nine.gif")));
labelTable.put(20, new JLabel(new ImageIcon("ten.gif")));
. . .
```

将 Dictionary<Integer, Component> 对象传递给 setLabelTable 时，编译器会发出一个警告。

```
slider.setLabelTable(labelTable); // warning
```

毕竟，编译器无法确定 setLabelTable 可能会对 Dictionary 对象做什么操作。这个方法可能会把字典的所有键替换为字符串。这就打破了键类型必须为 Integer 的承诺，未来的操作有可能导致糟糕的强制类型转换异常。

要仔细考虑这个问题，想想看 JSlider 到底会用 Dictionary 对象做什么。在这里十分清楚，JSlider 只读取这个信息，因此可以忽略这个警告。

现在看一个相反的情形，由一个遗留类得到一个原始类型的对象。可以将它赋给一个类型使用了泛型的变量，当然，这样做会看到一个警告。例如：

```
Dictionary<Integer, Components> labelTable = slider.getLabelTable(); // warning
```

没关系。下面来查看这个警告，确保标签表确实包含 Integer 和 Component 对象。当然，从来也不会有绝对的保证。恶意的程序员可能会在滑块中安装一个不同的 Dictionary。不过，这种情况并不会比有泛型之前的情况更糟糕。最差的情况也就是程序抛出一个异常。

考虑了这个警告之后，可以使用注解（annotation）使之消失。可以对一个局部变量加注解，如下所示：

```
@SuppressWarnings("unchecked")
Dictionary<Integer, Components> labelTable = slider.getLabelTable(); // no warning
```

或者，可以对整个方法加注解，如下所示：

```
@SuppressWarnings("unchecked")
public void configureSlider() { . . . }
```

这个注解会关闭对方法中所有代码的检查。

8.6 限制与局限性

在下面几节中，我们将讨论使用 Java 泛型时需要考虑的一些限制。大多数限制都是由类型擦除引起的。

8.6.1 不能用基本类型实例化类型参数

不能用基本类型代替类型参数。因此，没有 Pair<double>，只有 Pair<Double>。当然，其原因就在于类型擦除。擦除之后，Pair 类含有 Object 类型的字段，而 Object 不能存储 double 值。

这的确令人烦恼。但是，这样做与 Java 语言中基本类型的独立状态相一致。这并不是一个致命的缺陷——只有 8 种基本类型，而且即使不能接受包装器类型（wrapper type），也可以使用单独的类和方法来处理。

8.6.2 运行时类型查询只适用于原始类型

虚拟机中的对象总有一个特定的非泛型类型。因此，所有的类型查询只产生原始类型。例如，

```
if (a instanceof Pair<String>) // ERROR
```

实际上仅仅测试 a 是否是任意类型的一个 Pair。下面的测试同样如此：

```
if (a instanceof Pair<T>) // ERROR
```

或强制类型转换：

```
Pair<String> p = (Pair<String>) a; // warning--can only test that a is a Pair
```

为提醒这一风险，如果试图查询一个对象是否属于某个泛型类型，你会得到一个编译器错误（使用 instanceof 时），或者得到一个警告（使用强制类型转换时）。

同样的道理，getClass 方法总是返回原始类型。例如：

```
Pair<String> stringPair = . . .;
Pair<Employee> employeePair = . . .;
if (stringPair.getClass() == employeePair.getClass()) // they are equal
```

其比较的结果是 true，这是因为两次 getClass 调用都返回 Pair.class。

8.6.3 不能创建参数化类型的数组

不能实例化参数化类型的数组，例如：

```
var table = new Pair<String>[10]; // ERROR
```

这有什么问题呢？擦除之后，table 的类型是 Pair[]。可以把它转换为 Object[]：

```
Object[] objarray = table;
```

数组会记住它的元素类型，如果试图存储其他类型的元素，就会抛出一个 ArrayStore-Exception 异常：

```
objarray[0] = "Hello"; // ERROR--component type is Pair
```

不过对于泛型类型，擦除会使这种机制无效。以下赋值

```
objarray[0] = new Pair<Employee>();
```

尽管能够通过数组存储的检查，但仍会导致一个类型错误。出于这个原因，不允许创建参数化类型的数组。

需要说明的是，只是不允许创建这些数组，而声明类型为 Pair<String>[] 的变量仍是合法的。不过不能用 new Pair<String>[10] 初始化这个变量。

> **注释：** 可以声明通配类型的数组，然后进行强制类型转换：
>
>   var table = (Pair<String>[]) new Pair<?>[10];
>
> 结果将是不安全的。如果在 table[0] 中存储一个 Pair<Employee>，然后对 table[0].get-First() 调用一个 String 方法，会得到一个 ClassCastException 异常。

> **提示：** 如果需要收集参数化类型对象，简单地使用 ArrayList:ArrayList<Pair<String>> 更安全、有效。

8.6.4 Varargs 警告

上一节中已经了解到，Java 不支持泛型类型的数组。这一节中我们再来讨论一个相关的问题：向参数个数可变的方法传递一个泛型类型的实例。

考虑下面这个简单的方法，它的参数个数是可变的：

```
public static <T> void addAll(Collection<T> coll, T... ts)
{
    for (T t : ts) coll.add(t);
}
```

回忆一下，实际上参数 ts 是一个数组，包含提供的所有实参。

现在考虑以下调用：

```
Collection<Pair<String>> table = . . .;
Pair<String> pair1 = . . .;
Pair<String> pair2 = . . .;
addAll(table, pair1, pair2);
```

为了调用这个方法，Java 虚拟机必须建立一个 Pair<String> 数组，这就违反了前面的规则。不过，对于这种情况，规则有所放松，你只会得到一个警告，而不是错误。

可以采用两种方法来抑制这个警告。一种方法是为包含 addAll 调用的方法增加注解 @SuppressWarnings("unchecked")。或者在 Java 7 中，还可以用 @SafeVarargs 直接注解 addAll 方法：

```
@SafeVarargs
public static <T> void addAll(Collection<T> coll, T... ts)
```

现在就可以提供泛型类型来调用这个方法了。对于任何只需要读取参数数组元素的方法
（这肯定是最常见的情况），都可以使用这个注解。

@SafeVarargs 只能用于声明为 static、final 或（Java 9 中）private 的构造器和方法。所有其
他方法都可能被覆盖，使得这个注解没有什么意义。

> 📋 **注释**：可以使用 @SafeVarargs 注解来消除创建泛型数组的有关限制，方法如下：
>
> ```
> @SafeVarargs static <E> E[] array(E... array) { return array; }
> ```
>
> 现在可以调用：
>
> ```
> Pair<String>[] table = array(pair1, pair2);
> ```
>
> 这看起来很方便，不过隐藏着危险。以下代码
>
> ```
> Object[] objarray = table;
> objarray[0] = new Pair<Employee>();
> ```
>
> 能顺利运行而不会出现 ArrayStoreException 异常（因为数组存储只会检查擦除的类型），
> 但在处理 table[0] 时，你会在别处得到一个异常。

8.6.5　不能实例化类型变量

不能在类似 new T(...) 的表达式中使用类型变量。例如，下面的 Pair<T> 构造器就是非
法的：

```
public Pair() { first = new T(); second = new T(); } // ERROR
```

类型擦除将 T 变成 Object，而你肯定不希望调用 new Object()。

在 Java 8 之后，最好的解决办法是让调用者提供一个构造器表达式。例如：

```
Pair<String> p = Pair.makePair(String::new);
```

makePair 方法接收一个 Supplier<T>，这是一个函数式接口，表示一个无参数而且返回类型
为 T 的函数：

```
public static <T> Pair<T> makePair(Supplier<T> constr)
{
    return new Pair<>(constr.get(), constr.get());
}
```

比较传统的解决方法是通过反射调用 Constructor.newInstance 方法来构造泛型对象。

遗憾的是，细节有点复杂。不能调用以下方法：

```
first = T.class.getConstructor().newInstance(); // ERROR
```

表达式 T.class 是不合法的，因为它会擦除为 Object.class。必须适当地设计 API 以便得
到一个 Class 对象，如下所示：

```
public static <T> Pair<T> makePair(Class<T> cl)
{
```

```
   try {
      return new Pair<>(cl.getConstructor().newInstance(),
          cl.getConstructor().newInstance());
   }
   catch (Exception e) { return null; }
}
```

这个方法可以如下调用：

```
Pair<String> p = Pair.makePair(String.class);
```

注意，Class 类本身是泛型的。例如，String.class 是一个 Class<String> 的实例（事实上，它是唯一的实例）。因此，makePair 方法能够推断出所建立的对组（pair）的类型。

8.6.6　不能构造泛型数组

就像不能实例化泛型实例一样，也不能实例化数组。不过原因有所不同，毕竟数组可以填充 null 值，看上去好像可以安全地构造。不过，数组本身也带有类型，用来监控虚拟机中的数组存储。这个类型会被擦除。例如，考虑下面的例子：

```
public static <T extends Comparable> T[] minmax(T... a)
{
   T[] mm = new T[2]; // ERROR
   . . .
}
```

类型擦除会让这个方法总是构造 Comparable[2] 数组。

如果数组仅仅作为一个类的私有实例字段，那么可以将这个数组的元素类型声明为擦除的类型并使用强制类型转换。例如，ArrayList 类可以如下实现：

```
public class ArrayList<E>
{
   private Object[] elements;
   . . .
   @SuppressWarnings("unchecked") public E get(int n) { return (E) elements[n]; }
   public void set(int n, E e) { elements[n] = e; } // no cast needed
}
```

但实际的实现没有这么清晰：

```
public class ArrayList<E>
{
   private E[] elements;
   . . .
   public ArrayList() { elements = (E[]) new Object[10]; }
}
```

这里，强制类型转换 E[ ] 是一个假象，而类型擦除使其无法察觉。

这个技术并不适用于我们的 minmax 方法，因为 minmax 方法返回一个 T[ ] 数组，如果类型不对，就会得到运行时错误结果。假设实现以下代码：

```
public static <T extends Comparable> T[] minmax(T... a)
{
   var result = new Comparable[2]; // array of erased type
```

```
   . . .
   return (T[]) result; // compiles with warning
}
```

以下调用

```
String[] names = ArrayAlg.minmax("Tom", "Dick", "Harry");
```

编译时不会有任何警告。当方法返回后 Comparable[] 引用强制转换为 String[] 时，将会出现 ClassCastException 异常。

在这种情况下，最好让用户提供一个数组构造器表达式：

```
String[] names = ArrayAlg.minmax(String[]::new, "Tom", "Dick", "Harry");
```

构造器表达式 String::new 指示一个函数，给定所需的长度，会构造一个指定长度的 String 数组。

minmax 方法使用这个参数生成一个有正确类型的数组：

```
public static <T extends Comparable> T[] minmax(IntFunction<T[]> constr, T... a)
{
   T[] result = constr.apply(2);
   . . .
}
```

比较老式的方法是利用反射，并调用 Array.newInstance：

```
public static <T extends Comparable> T[] minmax(T... a)
{
   var result = (T[]) Array.newInstance(a.getClass().getComponentType(), 2);
   . . .
}
```

ArrayList 类的 toArray 方法就没有这么幸运。它需要生成一个 T[] 数组，但没有元素类型。因此，有下面两种不同的形式：

```
Object[] toArray()
T[] toArray(T[] result)
```

第二个方法接收一个数组参数。如果数组足够大，就使用这个数组。否则，用 result 的元素类型构造一个足够大的新数组。

8.6.7　泛型类的静态上下文中类型变量无效

不能在静态字段或方法中引用类型变量。例如，下面的做法看起来很聪明，但实际上行不通：

```
public class Singleton<T>
{
   private static T singleInstance; // ERROR

   public static T getSingleInstance() // ERROR
   {
      if (singleInstance == null) construct new instance of T
      return singleInstance;
   }
}
```

如果这样可行, 程序就可以声明一个 Singleton<Random> 共享一个随机数生成器, 另外声明一个 Singleton<JFileChooser> 共享一个文件选择器对话框。但是, 这样是行不通的。类型擦除之后, 只剩下 Singleton 类, 它只包含一个 singleInstance 字段。因此, 禁止使用带有类型变量的静态字段和方法。

8.6.8 不能抛出或捕获泛型类的实例

既不能抛出也不能捕获泛型类的对象。实际上, 泛型类扩展 Throwable 甚至都是不合法的。例如, 以下定义就不能正常编译:

```
public class Problem<T> extends Exception { /* . . . */ }
   // ERROR--can't extend Throwable
```

catch 子句中不能使用类型变量。例如, 以下方法将不能编译:

```
public static <T extends Throwable> void doWork(Class<T> t)
{
   try
   {
      do work
   }
   catch (T e) // ERROR--can't catch type variable
   {
      Logger.global.info(. . .);
   }
}
```

不过, 在异常规范中使用类型变量是允许的。以下方法是合法的:

```
public static <T extends Throwable> void d
   {
      do work
   }
   catch (Throwable realCause)
   {
      t.initCause(realCause);
      throw t;
   }
}
```

8.6.9 可以取消对检查型异常的检查

Java 异常处理的一个基本原则是, 必须为所有检查型异常提供一个处理器。不过可以利用泛型取消这个机制。关键在于以下方法:

```
@SuppressWarnings("unchecked")
static <T extends Throwable> void throwAs(Throwable t) throws T
{
   throw (T) t;
}
```

假设这个方法包含在接口 Task 中, 如果有一个检查型异常 e, 并调用

```
Task.<RuntimeException>throwAs(e);
```

编译器就会认为 e 是一个非检查型异常。以下代码会把所有异常都转换为编译器所认为的非检查型异常：

```
try
{
    do work
}
catch (Throwable t)
{
    Task.<RuntimeException>throwAs(t);
}
```

下面使用这个技术解决一个棘手的问题。要在一个线程中运行代码，需要把代码放在一个实现了 Runnable 接口的类的 run 方法中。不过这个方法不允许抛出检查型异常。我们将提供一个从 Task 到 Runnable 的适配器，它的 run 方法可以抛出任意异常。

```
interface Task
{
    void run() throws Exception;

    @SuppressWarnings("unchecked")
    static <T extends Throwable> void throwAs(Throwable t) throws T
    {
        throw (T) t;
    }

    static Runnable asRunnable(Task task)
    {
        return () ->
        {
            try
            {
                task.run();
            }
            catch (Exception e)
            {
                Task.<RuntimeException>throwAs(e);
            }
        };
    }
}
```

例如，以下程序运行了一个线程，它会抛出一个检查型异常。

```
public class Test
{
    public static void main(String[] args)
    {
        var thread = new Thread(Task.asRunnable(() ->
            {
                Thread.sleep(1000);
                System.out.println("Hello, World!");
                throw new Exception("Check this out!");
            }));
        thread.start();
    }
}
```

Thread.sleep 方法声明为抛出一个 InterruptedException，我们不再需要捕获这个异常。由于我们没有中断这个线程，这个异常不会被抛出。不过，程序会抛出一个检查型异常。运行程序时，你会得到一个堆栈轨迹。

这有什么意义呢？正常情况下，你必须捕获一个 Runable 的 run 方法中的所有检查型异常，把它们"包装"到非检查型异常中，因为 run 方法声明为不抛出任何检查型异常。

不过在这里并没有做这种"包装"。我们只是抛出异常，并"哄骗"编译器，让它相信这不是一个检查型异常。

通过使用泛型类、擦除和 @SuppressWarnings 注解，我们就能消除 Java 类型系统的部分基本限制。

8.6.10 注意擦除后的冲突

当泛型类型被擦除后，不允许创建引发冲突的条件。下面来看一个示例。假定为 Pair 类增加一个 equals 方法，如下所示：

```java
public class Pair<T>
{
    public boolean equals(T value) { return first.equals(value) && second.equals(value); }
    . . .
}
```

考虑一个 Pair<String>。从概念上讲，它有两个 equals 方法：

```java
boolean equals(String) // defined in Pair<T>
boolean equals(Object) // inherited from Object
```

但是，直觉把我们引入歧途。方法

```java
boolean equals(T)
```

擦除后就是

```java
boolean equals(Object)
```

这会与 Object.equals 方法发生冲突。

当然，补救的办法是重新命名引发冲突的方法。

泛型规范说明还引用了另外一个原则："为了支持擦除转换，我们要施加一个限制：倘若两个接口类型是同一接口的不同参数化，一个类或类型变量就不能同时作为这两个接口类型的子类。"例如，下述代码是非法的：

```java
class Employee implements Comparable<Employee> { . . . }
class Manager extends Employee implements Comparable<Manager> { . . . } // ERROR
```

Manager 会实现 Comparable<Employee> 和 Comparable<Manager>，这是同一接口的不同参数化。

这一限制与类型擦除的关系并不十分明显。毕竟，以下非泛型版本是合法的。

```java
class Employee implements Comparable { . . . }
class Manager extends Employee implements Comparable { . . . }
```

其原因非常微妙，有可能与合成的桥方法产生冲突。实现了 Comparable<X> 的类会获得一

个桥方法:

```
public int compareTo(Object other) { return compareTo((X) other); }
```

不能对不同的类型 X 有两个这样的方法。

8.7　泛型类型的继承规则

在使用泛型类时,需要了解有关继承和子类型的一些规则。下面先从许多程序员感觉不太直观的情况开始介绍。考虑一个类和一个子类,如 Employee 和 Manager。Pair<Manager> 是 Pair<Employee> 的一个子类吗? 或许人们会感到奇怪,答案是"不是"。例如,下面的代码将不能成功编译:

```
Manager[] topHonchos = . . .;
Pair<Employee> result = ArrayAlg.minmax(topHonchos); // ERROR
```

minmax 方法返回 Pair<Manager>,而不是 Pair<Employee>,并且这样的赋值是不合法的。

无论 S 与 T 有什么关系,通常,Pair<S> 与 Pair<T> 都没有任何关系 (如图 8-1 所示)。

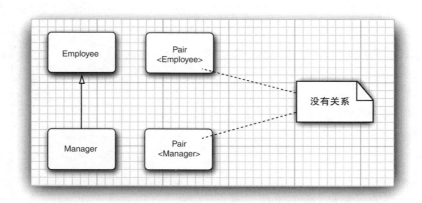

图 8-1　pair 类之间没有继承关系

这看起来是一个很严格的限制,不过对于类型安全非常必要。假设允许将 Pair<Manager> 转换为 Pair<Employee>。考虑下面的代码:

```
var managerBuddies = new Pair<Manager>(ceo, cfo);
Pair<Employee> employeeBuddies = managerBuddies; // illegal, but suppose it wasn't
employeeBuddies.setFirst(lowlyEmployee);
```

显然,最后一句是合法的。但是 employeeBuddies 和 managerBuddies 引用了同样的对象。现在我们会把 CFO 和一个普通员工组成一对,这对于 Pair<Manager> 来说应该是不可能的。

> 📝 **注释:** 前面看到的是泛型类型与 Java 数组之间的一个重要区别。可以将一个 Manager[] 数组赋给一个类型为 Employee[] 的变量:

```
Manager[] managerBuddies = { ceo, cfo };
Employee[] employeeBuddies = managerBuddies; // OK
```

不过，数组有特别的保护。如果试图将一个低级别的员工存储到 employeeBuddies[0]，虚拟机将会抛出 ArrayStoreException 异常。

总是可以将参数化类型转换为一个原始类型。例如，Pair<Employee> 是原始类型 Pair 的一个子类型。在与遗留代码交互时，这个转换非常必要。

转换成原始类型会产生类型错误吗？很遗憾，会！看一看下面这个示例：

```
var managerBuddies = new Pair<Manager>(ceo, cfo);
Pair rawBuddies = managerBuddies; // OK
rawBuddies.setFirst(new File(". . .")); // only a compile-time warning
```

听起来有点吓人。但是，请记住现在的状况不会比更老版本的 Java 情况更糟。虚拟机的安全性还没有到生死攸关的程度。当使用 getFirst 获得外来对象并赋给 Manager 变量时，与以往一样，会抛出 ClassCastException 异常。这里失去的只是泛型程序设计提供的附加安全性。

最后，泛型类可以扩展或实现其他的泛型类。就这一点而言，它们与普通的类没有什么区别。例如，ArrayList<T> 类实现了 List<T> 接口。这意味着，一个 ArrayList<Manager> 可以转换为一个 List<Manager>。但是，如前面所见，ArrayList<Manager> 不是一个 ArrayList<Employee> 或 List<Employee>。图 8-2 展示了它们之间的这种关系。

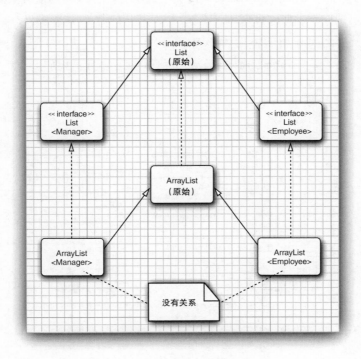

图 8-2　泛型列表类型中子类型间的关系

8.8　通配符类型

严格的泛型类型系统使用起来并不那么令人愉快，类型系统的研究人员知道这一点已经有一段时间了。Java 的设计者发明了一种巧妙的（但很安全的）"解决方案"：通配符类型。下面几小节会介绍如何处理通配符。

8.8.1　通配符概念

在通配符类型中，允许类型参数发生变化。例如，通配符类型

```
Pair<? extends Employee>
```

表示任何泛型 Pair 类型，它的类型参数是 Employee 的子类，如 Pair<Manager>，但不是 Pair<String>。

假设要编写一个打印员工对的方法，如下所示：

```
public static void printBuddies(Pair<Employee> p)
{
    Employee first = p.getFirst();
    Employee second = p.getSecond();
    System.out.println(first.getName() + " and " + second.getName() + " are buddies.");
}
```

正如前面讲到的，不能将 Pair<Manager> 传递给这个方法，这一点很有限制。不过解决的方法很简单：可以使用一个通配符类型：

```
public static void printBuddies(Pair<? extends Employee> p)
```

类型 Pair<Manager> 是 Pair<? extends Employee> 的子类型（如图 8-3 所示）。

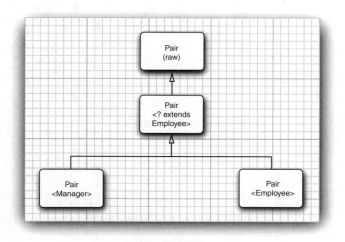

图 8-3　使用通配符的子类型关系

使用通配符会通过 Pair<? extends Employee> 的引用破坏 Pair<Manager> 吗？

```
var managerBuddies = new Pair<Manager>(ceo, cfo);
Pair<? extends Employee> wildcardBuddies = managerBuddies; // OK
wildcardBuddies.setFirst(lowlyEmployee); // compile-time error
```

这不可能引起破坏。对 setFirst 的调用有一个类型错误。要了解其中的缘由，请仔细看一看类型 Pair<? extends Employee>。它的方法如下：

```
? extends Employee getFirst()
void setFirst(? extends Employee)
```

这样将不可能调用 setFirst 方法。编译器只知道需要 Employee 的某个子类型，但不知道具体是什么类型。它拒绝传递任何特定的类型。毕竟 ? 不能匹配。

使用 getFirst 就不存在这个问题：将 getFirst 的返回值赋给一个 Employee 引用是完全合法的。

这就是引入有限定的通配符的关键之处。现在已经有办法区分安全的访问器方法和不安全的更改器方法了。

8.8.2　通配符的超类型限定

通配符限定与类型变量限定十分类似，但是，还有一个附加的能力，即可以指定一个超类型限定（supertype bound），如下所示：

```
? super Manager
```

这个通配符限制为 Manager 的所有超类型。（已有的 super 关键字十分准确地描述了这种关系，这一点令人很欣慰。）

为什么要这样做呢？带有超类型限定的通配符的行为与 8.8 节介绍的相反。可以为方法提供参数，但不能使用返回值。例如，Pair<? super Manager> 有如下方法：

```
void setFirst(? super Manager)
? super Manager getFirst()
```

这不是真正的 Java 语法，但是可以看出编译器知道什么。编译器无法知道 setFirst 方法的具体类型，因此不能接受参数类型为 Employee 或 Object 的方法调用。只能传递 Manager 类型的对象，或者某个子类型（如 Executive）对象。另外，如果调用 getFirst，不能保证返回对象的类型。只能把它赋给一个 Object。

下面是一个典型的示例。我们有一个经理数组，并且想把奖金最高和最低的经理放在一个 Pair 对象中。Pair 的类型是什么？在这里，Pair<Employee> 是合理的，Pair<Object> 也是合理的（如图 8-4 所示）。下面的方法将接受任何合适的 Pair：

```
public static void minmaxBonus(Manager[] a, Pair<? super Manager> result)
{
    if (a.length == 0) return;
    Manager min = a[0];
    Manager max = a[0];
    for (int i = 1; i < a.length; i++)
    {
        if (min.getBonus() > a[i].getBonus()) min = a[i];
```

```
      if (max.getBonus() < a[i].getBonus()) max = a[i];
   }
   result.setFirst(min);
   result.setSecond(max);
}
```

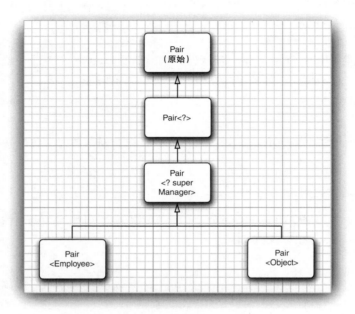

图 8-4 带有超类型限定的通配符

直观地讲，带有超类型限定的通配符允许你写入一个泛型对象，而带有子类型限定的通配符允许你读取一个泛型对象。

下面是超类型限定的另一种应用。Comparable 接口本身就是一个泛型类型。声明如下：

```
public interface Comparable<T>
{
   public int compareTo(T other);
}
```

在这里，类型变量指示了 other 参数的类型。例如，String 类实现了 Comparable<String>，它的 compareTo 方法声明为

```
public int compareTo(String other)
```

这很好，显式的参数有一个正确的类型。接口是泛型接口之前，other 是一个 Object，这个方法的实现中必须有一个强制类型转换。

由于 Comparable 是一个泛型类型，也许可以把 ArrayAlg 类的 min 方法做得更好一些？可以这样声明：

```
public static <T extends Comparable<T>> T min(T[] a)
```

看起来，这样写比只使用 T extents Comparable 更彻底，并且对许多类来讲，这样工作得更好。例如，如果计算一个 String 数组的最小值，T 就是类型 String，而 String 是 Comparable<String> 的一个子类型。但是，处理一个 LocalDate 对象的数组时，我们会遇到一个问题。LocalDate 实现了 ChronoLocalDate，而 ChronoLocalDate 扩展了 Comparable<ChronoLocalDate>。因此，LocalDate 实现的是 Comparable<ChronoLocalDate> 而不是 Comparable<LocalDate>。

在这种情况下，可以利用超类型来解决：

```
public static <T extends Comparable<? super T>> T min(T[] a) . . .
```

现在 compareTo 方法写成

```
int compareTo(? super T)
```

它可以声明为使用类型 T 的对象，或者也可以是使用 T 的一个超类型的对象（当 T 是 LocalDate 时）。无论如何，向 compareTo 方法传递一个 T 类型的对象是安全的。

对于初学者来说，类似 <T extends Comparable<? super T>> 的声明看起来有点吓人。很遗憾，因为这个声明的本意是帮助应用程序员去除对调用参数的不必要的限制。对泛型没有兴趣的应用程序员可能很快就会略过这些声明，想当然地认为库程序员做的都是正确的。如果你是一名库程序员，一定要熟悉通配符，否则，就会受到用户的责备，他们还要在代码中随机地添加强制类型转换直至代码可以编译。

> 📋 **注释**：子类型限定的另一个常见的用法是作为一个函数式接口的参数类型。例如，Collection 接口有一个方法：
>
> ```
> default boolean removeIf(Predicate<? super E> filter)
> ```
>
> 这个方法会删除所有满足给定谓词条件的元素。例如，如果你不喜欢有奇怪散列码的员工，就可以如下将他们删除：
>
> ```
> ArrayList<Employee> staff = . . .;
> Predicate<Object> oddHashCode = obj -> obj.hashCode() %2 != 0;
> staff.removeIf(oddHashCode);
> ```
>
> 你希望能够传入一个 Predicate<Object>，而不只是 Predicate<Employee>。super 通配符可以使这个愿望成真。

8.8.3　无限定通配符

还可以使用根本无限定的通配符，例如，Pair<?>。初看起来，这好像与原始的 Pair 类型一样。实际上，这两种类型有很大的不同。类型 Pair<?> 有以下方法：

```
? getFirst()
void setFirst(?)
```

getFirst 的返回值只能赋给一个 Object。setFirst 方法不能被调用，甚至不能用 Object 调用。Pair<?> 和 Pair 本质的不同在于：可以用任意 Object 对象调用原始 Pair 类的 setFirst 方法。

📄 **注释**：可以调用 setFirst(null)。

为什么要使用这样一个脆弱的类型？它对于很多简单操作非常有用。例如，下面这个方法可用来测试一个对组是否包含一个 null 引用，它不需要实际的类型。

```
public static boolean hasNulls(Pair<?> p)
{
    return p.getFirst() == null || p.getSecond() == null;
}
```

通过将 hasNulls 转换成泛型方法，可以避免使用通配符类型：

```
public static <T> boolean hasNulls(Pair<T> p)
```

但是，带有通配符的版本可读性更好。

8.8.4 通配符捕获

下面编写一个方法来交换对组的元素：

```
public static void swap(Pair<?> p)
```

通配符不是类型变量，因此，不能在编写代码中使用 "?" 作为一种类型。也就是说，下面的代码是非法的：

```
? t = p.getFirst(); // ERROR
p.setFirst(p.getSecond());
p.setSecond(t);
```

这是一个问题，因为在交换的时候必须临时保存第一个元素。幸运的是，这个问题有一个有趣的解决方案。我们可以写一个辅助方法 swapHelper，如下所示：

```
public static <T> void swapHelper(Pair<T> p)
{
    T t = p.getFirst();
    p.setFirst(p.getSecond());
    p.setSecond(t);
}
```

注意，swapHelper 是一个泛型方法，而 swap 不是，它有一个固定的 Pair<?> 类型的参数。

现在可以由 swap 调用 swapHelper：

```
public static void swap(Pair<?> p) { swapHelper(p); }
```

在这种情况下，swapHelper 方法的参数 T 捕获通配符。它不知道通配符指示哪种类型，但是，这是一个明确的类型，并且从 <T>swapHelper 的定义可以清楚地看到 T 指示那个类型。

当然，在这种情况下，并不是一定要使用通配符。我们也可以直接把 <T> void swap(Pair<T> p) 实现为一个没有通配符的泛型方法。不过，考虑下面这个例子，这里通配符类型很自然地出现在计算中间：

```
public static void maxminBonus(Manager[] a, Pair<? super Manager> result)
{
    minmaxBonus(a, result);
    PairAlg.swapHelper(result); // OK--swapHelper captures wildcard type
}
```

在这里，通配符捕获机制是不可避免的。

通配符捕获只有在非常限定的情况下才是合法的。编译器必须能够保证通配符表示单个确定的类型。例如，ArrayList<Pair<T>> 中的 T 永远不能捕获 ArrayList<Pair<?>> 中的通配符。数组列表可以保存两个 Pair<?>，其中的 ? 分别有不同的类型。

程序清单 8-3 中的测试程序将前几节讨论的各种方法综合在一起，使我们可以了解它们的具体使用。

程序清单 8-3　pair3/PairTest3.java

```java
1  package pair3;
2
3  /**
4   * @version 1.01 2012-01-26
5   * @author Cay Horstmann
6   */
7  public class PairTest3
8  {
9     public static void main(String[] args)
10    {
11       var ceo = new Manager("Gus Greedy", 800000, 2003, 12, 15);
12       var cfo = new Manager("Sid Sneaky", 600000, 2003, 12, 15);
13       var buddies = new Pair<Manager>(ceo, cfo);
14       printBuddies(buddies);
15
16       ceo.setBonus(1000000);
17       cfo.setBonus(500000);
18       Manager[] managers = { ceo, cfo };
19
20       var result = new Pair<Employee>();
21       minmaxBonus(managers, result);
22       System.out.println("first: " + result.getFirst().getName()
23          + ", second: " + result.getSecond().getName());
24       maxminBonus(managers, result);
25       System.out.println("first: " + result.getFirst().getName()
26          + ", second: " + result.getSecond().getName());
27    }
28
29    public static void printBuddies(Pair<? extends Employee> p)
30    {
31       Employee first = p.getFirst();
32       Employee second = p.getSecond();
33       System.out.println(first.getName() + " and " + second.getName() + " are buddies.");
34    }
35
36    public static void minmaxBonus(Manager[] a, Pair<? super Manager> result)
37    {
38       if (a.length == 0) return;
39       Manager min = a[0];
40       Manager max = a[0];
41       for (int i = 1; i < a.length; i++)
42       {
43          if (min.getBonus() > a[i].getBonus()) min = a[i];
```

```
44              if (max.getBonus() < a[i].getBonus()) max = a[i];
45          }
46          result.setFirst(min);
47          result.setSecond(max);
48      }
49
50      public static void maxminBonus(Manager[] a, Pair<? super Manager> result)
51      {
52          minmaxBonus(a, result);
53          PairAlg.swapHelper(result); // OK--swapHelper captures wildcard type
54      }
55      // can't write public static <T super manager> . . .
56  }
57
58  class PairAlg
59  {
60      public static boolean hasNulls(Pair<?> p)
61      {
62          return p.getFirst() == null || p.getSecond() == null;
63      }
64
65      public static void swap(Pair<?> p) { swapHelper(p); }
66
67      public static <T> void swapHelper(Pair<T> p)
68      {
69          T t = p.getFirst();
70          p.setFirst(p.getSecond());
71          p.setSecond(t);
72      }
73  }
```

8.9　反射和泛型

反射允许你在运行时分析任意对象。如果对象是泛型类的实例，关于泛型类型参数你将得不到太多信息，因为它们已经被擦除了。在下面的小节中，我们将学习利用反射可以获得泛型类的哪些信息。

8.9.1　泛型 Class 类

现在，Class 类是泛型的。例如，String.class 实际上是一个 Class<String> 类的对象（事实上，是唯一的对象）。

类型参数十分有用，这是因为它允许 Class<T> 方法的返回类型更加具有特定性。Class<T> 的以下方法就使用了类型参数：

```
T newInstance()
T cast(Object obj)
T[] getEnumConstants()
Class<? super T> getSuperclass()
Constructor<T> getConstructor(Class... parameterTypes)
Constructor<T> getDeclaredConstructor(Class... parameterTypes)
```

newInstance 方法返回这个类的一个实例,由无参数构造器获得。它的返回类型现在被声明为 T,其类型与 Class<T> 描述的类相同,这样就免除了类型转换。

如果给定对象的类型实际上是 T 的一个子类型,cast 方法就会返回这个给定对象(现在声明为类型 T),否则,会抛出一个 BadCastException 异常。

如果这个类不是 enum 类或 T 类型枚举值的数组,getEnumConstants 方法将返回 null。

最后,getConstructor 与 getdeclaredConstructor 方法返回一个 Constructor<T> 对象。Constructor 类也已经变成泛型,从而使 newInstance 方法有一个正确的返回类型。

API **java.lang.Class<T>** **1.0**

- T newInstance()

  返回无参数构造器构造的一个新实例。

- T cast(Object obj)

  如果 obj 为 null 或有可能转换成类型 T,则返回 obj;否则抛出一个 BadCastException 异常。

- T[] getEnumConstants() **5**

  如果 T 是枚举类型,则返回所有值组成的数组,否则返回 null。

- Class<? super T> getSuperclass()

  返回这个类的超类。如果 T 不是一个类或 Object 类,则返回 null。

- Constructor<T> getConstructor(Class... parameterTypes) **1.1**
- Constructor<T> getDeclaredConstructor(Class... parameterTypes) **1.1**

  获得公共构造器,或者有给定参数类型的构造器。

API **java.lang.reflect.Constructor<T>** **1.1**

- T newInstance(Object... parameters)

  返回用指定参数构造的新实例。

8.9.2 使用 Class<T> 参数进行类型匹配

匹配泛型方法中 Class<T> 参数的类型变量有时会很有用。下面是一个标准的示例:

```java
public static <T> Pair<T> makePair(Class<T> c) throws InstantiationException,
    IllegalAccessException
{
    return new Pair<>(c.newInstance(), c.newInstance());
}
```

如果调用

```java
makePair(Employee.class)
```

Employee.class 将是一个 Class<Employee> 类型的对象。makePair 方法的类型参数 T 同 Employee 匹配,编译器可以推断出这个方法将返回一个 Pair<Employee>。

8.9.3　虚拟机中的泛型类型信息

Java 泛型的突出特性之一是在虚拟机中擦除泛型类型。令人奇怪的是，擦除的类仍然保留原先泛型的微弱记忆。例如，原始的 Pair 类知道它源于泛型类 Pair<T>，尽管一个 Pair 类型的对象无法区分它是构造为 Pair<String> 还是 Pair<Employee>。

类似地，考虑以下方法：

```
public static Comparable min(Comparable[] a)
```

这是擦除以下泛型方法得到的：

```
public static <T extends Comparable<? super T>> T min(T[] a)
```

可以使用反射 API 来确定：

- 这个泛型方法有一个名为 T 的类型参数。
- 这个类型参数有一个子类型限定，其自身又是一个泛型类型。
- 这个限定类型有一个通配符参数。
- 这个通配符参数有一个超类型限定。
- 这个泛型方法有一个泛型数组参数。

换句话说，你可以重新构造实现者声明的泛型类和方法的所有有关内容。但是，你不会知道对于特定的对象或方法调用会如何解析类型参数。

为了表述泛型类型声明，可以使用 java.lang.reflect 包中的接口 Type。这个接口包含以下子类型：

- Class 类，描述具体类型。
- TypeVariable 接口，描述类型变量（如 T extends Comparable<? super T>）。
- WildcardType 接口，描述通配符（如 ? super T）。
- ParameterizedType 接口，描述泛型类或接口类型（如 Comparable<? super T>）。
- GenericArrayType 接口，描述泛型数组（如 T[]）。

图 8-5 给出了继承层次。注意，最后 4 个子类型是接口，虚拟机将实例化实现这些接口的适当的类。

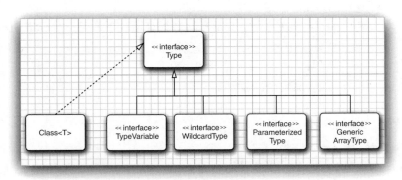

图 8-5　Type 接口及其子类型

程序清单 8-4 中使用泛型反射 API 打印出给定类的有关内容。如果用 Pair 类运行这个程序，将会得到以下报告：

```
class Pair<T> extends java.lang.Object
public T getFirst()
public T getSecond()
public void setFirst(T)
public void setSecond(T)
```

如果使用 PairTest2 目录下的 ArrayAlg 运行这个程序，报告会显示以下方法：

```
public static <T extends java.lang.Comparable> Pair<T> minmax(T[])
```

程序清单 8-4 genericReflection/GenericReflectionTest.java

```java
 1  package genericReflection;
 2
 3  import java.lang.reflect.*;
 4  import java.util.*;
 5
 6  /**
 7   * @version 1.11 2018-04-10
 8   * @author Cay Horstmann
 9   */
10  public class GenericReflectionTest
11  {
12     public static void main(String[] args)
13     {
14        // read class name from command line args or user input
15        String name;
16        if (args.length > 0) name = args[0];
17        else
18        {
19           try (var in = new Scanner(System.in))
20           {
21              System.out.println("Enter class name (e.g., java.util.Collections): ");
22              name = in.next();
23           }
24        }
25
26        try
27        {
28           // print generic info for class and public methods
29           Class<?> cl = Class.forName(name);
30           printClass(cl);
31           for (Method m : cl.getDeclaredMethods())
32              printMethod(m);
33        }
34        catch (ClassNotFoundException e)
35        {
36           e.printStackTrace();
37        }
38     }
39
40     public static void printClass(Class<?> cl)
41     {
```

```
42        System.out.print(cl);
43        printTypes(cl.getTypeParameters(), "<", ", ", ">", true);
44        Type sc = cl.getGenericSuperclass();
45        if (sc != null)
46        {
47           System.out.print(" extends ");
48           printType(sc, false);
49        }
50        printTypes(cl.getGenericInterfaces(), " implements ", ", ", "", false);
51        System.out.println();
52     }
53
54     public static void printMethod(Method m)
55     {
56        String name = m.getName();
57        System.out.print(Modifier.toString(m.getModifiers()));
58        System.out.print(" ");
59        printTypes(m.getTypeParameters(), "<", ", ", "> ", true);
60
61        printType(m.getGenericReturnType(), false);
62        System.out.print(" ");
63        System.out.print(name);
64        System.out.print("(");
65        printTypes(m.getGenericParameterTypes(), "", ", ", "", false);
66        System.out.println(")");
67     }
68
69     public static void printTypes(Type[] types, String pre, String sep, String suf,
70           boolean isDefinition)
71     {
72        if (pre.equals(" extends ") && Arrays.equals(types, new Type[] { Object.class }))
73           return;
74        if (types.length > 0) System.out.print(pre);
75        for (int i = 0; i < types.length; i++)
76        {
77           if (i > 0) System.out.print(sep);
78           printType(types[i], isDefinition);
79        }
80        if (types.length > 0) System.out.print(suf);
81     }
82
83     public static void printType(Type type, boolean isDefinition)
84     {
85        if (type instanceof Class)
86        {
87           var t = (Class<?>) type;
88           System.out.print(t.getName());
89        }
90        else if (type instanceof TypeVariable)
91        {
92           var t = (TypeVariable<?>) type;
93           System.out.print(t.getName());
94           if (isDefinition)
95              printTypes(t.getBounds(), " extends ", " & ", "", false);
96        }
```

```
 97          else if (type instanceof WildcardType)
 98          {
 99             var t = (WildcardType) type;
100             System.out.print("?");
101             printTypes(t.getUpperBounds(), " extends ", " & ", "", false);
102             printTypes(t.getLowerBounds(), " super ", " & ", "", false);
103          }
104          else if (type instanceof ParameterizedType)
105          {
106             var t = (ParameterizedType) type;
107             Type owner = t.getOwnerType();
108             if (owner != null)
109             {
110                printType(owner, false);
111                System.out.print(".");
112             }
113             printType(t.getRawType(), false);
114             printTypes(t.getActualTypeArguments(), "<", ", ", ">", false);
115          }
116          else if (type instanceof GenericArrayType)
117          {
118             var t = (GenericArrayType) type;
119             System.out.print("");
120             printType(t.getGenericComponentType(), isDefinition);
121             System.out.print("[]");
122          }
123       }
124 }
```

8.9.4　类型字面量

有时，你会希望由值的类型决定程序的行为。例如，在一种持久存储机制中，你可能希望用户指定一种方法来保存某个特定类的对象。通常的实现方法是将 Class 对象与一个动作关联。

不过，如果有泛型类，擦除会带来问题。比如说，既然 ArrayList<Integer> 和 ArrayList<String> 都擦除为同一个原始类型 ArrayList，如何让它们有不同的动作呢？

这里有一个技巧，在某些情况下可以解决这个问题。可以捕获 Type 接口（上一节介绍过）的一个实例。然后构造一个匿名子类，如下所示：

```
var type = new TypeLiteral<ArrayList<Integer>>(){} // note the {}
```

TypeLiteral 构造器会捕获泛型超类型：

```
class TypeLiteral
{
   public TypeLiteral()
   {
      Type parentType = getClass().getGenericSuperclass();
      if (parentType instanceof ParameterizedType)
      {
```

```
                type = ((ParameterizedType) parentType).getActualTypeArguments()[0];
            }
            else
                throw new UnsupportedOperationException(
                    "Construct as new TypeLiteral<. . .>(){}");
        }
        . . .
    }
```

如果运行时有一个泛型类型，就可以将它与 TypeLiteral 匹配。我们无法从一个对象得到泛型类型（已经被擦除）。不过，正如上一节看到的，字段和方法参数的泛型类型还留存在虚拟机中。

CDI 和 Guice 等注入框架（Injection framework）就使用类型字面量来控制泛型类型的注入。程序清单 8-5 给出了一个更简单的例子。给定一个对象，我们可以罗列它的字段，哪些有泛型类型，并查找相关联的格式化动作。

我们将对一个 ArrayList<Integer> 进行格式化，各个值之间用空格分隔；另外还会格式化一个 ArrayList<Character>，将字符连接成一个字符串。所有其他数组列表都由 ArrayList. toString 格式化。

程序清单 8-5   genericReflection/TypeLiterals.java

```
1   package genericReflection;
2
3   /**
4      @version 1.01 2018-04-10
5      @author Cay Horstmann
6   */
7
8   import java.lang.reflect.*;
9   import java.util.*;
10  import java.util.function.*;
11
12  /**
13   * A type literal describes a type that can be generic, such as ArrayList<String>.
14   */
15  class TypeLiteral<T>
16  {
17      private Type type;
18
19      /**
20       * This constructor must be invoked from an anonymous subclass
21       * as new TypeLiteral<. . .>(){}
22       */
23      public TypeLiteral()
24      {
25          Type parentType = getClass().getGenericSuperclass();
26          if (parentType instanceof ParameterizedType)
27          {
28              type = ((ParameterizedType) parentType).getActualTypeArguments()[0];
29          }
30          else
```

```
31          throw new UnsupportedOperationException(
32             "Construct as new TypeLiteral<. . .>(){}");
33       }
34
35       private TypeLiteral(Type type)
36       {
37          this.type = type;
38       }
39
40       /**
41        * Yields a type literal that describes the given type.
42        */
43       public static TypeLiteral<?> of(Type type)
44       {
45          return new TypeLiteral<Object>(type);
46       }
47
48       public String toString()
49       {
50          if (type instanceof Class) return ((Class<?>) type).getName();
51          else return type.toString();
52       }
53
54       public boolean equals(Object otherObject)
55       {
56          return otherObject instanceof TypeLiteral
57             && type.equals(((TypeLiteral<?>) otherObject).type);
58       }
59
60       public int hashCode()
61       {
62          return type.hashCode();
63       }
64    }
65
66    /**
67     * Formats objects, using rules that associate types with formatting functions.
68     */
69    class Formatter
70    {
71       private Map<TypeLiteral<?>, Function<?, String>> rules = new HashMap<>();
72
73       /**
74        * Add a formatting rule to this formatter.
75        * @param type the type to which this rule applies
76        * @param formatterForType the function that formats objects of this type
77        */
78       public <T> void forType(TypeLiteral<T> type, Function<T, String> formatterForType)
79       {
80          rules.put(type,  formatterForType);
81       }
82
83       /**
84        * Formats all fields of an object using the rules of this formatter.
85        * @param obj an object
```

```
 86        * @return a string with all field names and formatted values
 87        */
 88       public String formatFields(Object obj)
 89             throws IllegalArgumentException, IllegalAccessException
 90       {
 91          var result = new StringBuilder();
 92          for (Field f : obj.getClass().getDeclaredFields())
 93          {
 94             result.append(f.getName());
 95             result.append("=");
 96             f.setAccessible(true);
 97             Function<?, String> formatterForType = rules.get(TypeLiteral.of(f.getGenericType()));
 98             if (formatterForType != null)
 99             {
100                // formatterForType has parameter type ?. Nothing can be passed to its apply
101                // method. Cast makes the parameter type to Object so we can invoke it.
102                @SuppressWarnings("unchecked")
103                Function<Object, String> objectFormatter
104                   = (Function<Object, String>) formatterForType;
105                result.append(objectFormatter.apply(f.get(obj)));
106             }
107             else
108                result.append(f.get(obj).toString());
109             result.append("\n");
110          }
111          return result.toString();
112       }
113    }
114
115    public class TypeLiterals
116    {
117       public static class Sample
118       {
119          ArrayList<Integer> nums;
120          ArrayList<Character> chars;
121          ArrayList<String> strings;
122          public Sample()
123          {
124             nums = new ArrayList<>();
125             nums.add(42); nums.add(1729);
126             chars = new ArrayList<>();
127             chars.add('H'); chars.add('i');
128             strings = new ArrayList<>();
129             strings.add("Hello"); strings.add("World");
130          }
131       }
132
133       private static <T> String join(String separator, ArrayList<T> elements)
134       {
135          var result = new StringBuilder();
136          for (T e : elements)
137          {
138             if (result.length() > 0) result.append(separator);
139             result.append(e.toString());
140          }
```

```
141          return result.toString();
142      }
143
144      public static void main(String[] args) throws Exception
145      {
146          var formatter = new Formatter();
147          formatter.forType(new TypeLiteral<ArrayList<Integer>>(){},
148              lst -> join(" ", lst));
149          formatter.forType(new TypeLiteral<ArrayList<Character>>(){},
150              lst -> "\"" + join("", lst) + "\"");
151          System.out.println(formatter.formatFields(new Sample()));
152      }
153 }
```

API *java.lang.Class<T>* **1.0**

- TypeVariable[] getTypeParameters() **5**

  如果这个类型被声明为泛型类型，则获得泛型类型变量，否则获得一个长度为 0 的数组。

- Type getGenericSuperclass() **5**

  获得这个类型所声明超类的泛型类型；如果这个类型是 Object 或者不是类类型（class type），则返回 null。

- Type[] getGenericInterfaces() **5**

  获得这个类型所声明接口的泛型类型（按照声明的次序），否则，如果这个类型没有实现接口，则返回长度为 0 的数组。

API *java.lang.reflect.Method* **1.1**

- TypeVariable[] getTypeParameters() **5**

  如果这个方法被声明为一个泛型方法，则获得泛型类型变量，否则返回长度为 0 的数组。

- Type getGenericReturnType() **5**

  获得这个方法声明的泛型返回类型。

- Type[] getGenericParameterTypes() **5**

  获得这个方法声明的泛型参数类型。如果这个方法没有参数，返回长度为 0 的数组。

API *java.lang.reflect.TypeVariable* **5**

- String getName()

  获得这个类型变量的名字。

- Type[] getBounds()

  获得这个类型变量的子类限定，否则，如果该变量无限定，则返回长度为 0 的数组。

API *java.lang.reflect.WildcardType* **5**

- Type[] getUpperBounds()

  获得这个类型变量的子类（extends）限定，否则，如果没有子类限定，则返回长度为 0

的数组。

- Type[] getLowerBounds()

获得这个类型变量的超类（super）限定，否则，如果没有超类限定，则返回长度为 0
的数组。

API *java.lang.reflect.ParameterizedType* 5

- Type getRawType()

获得这个参数化类型的原始类型。

- Type[] getActualTypeArguments()

获得这个参数化类型声明的类型参数。

- Type getOwnerType()

如果是内部类型，则返回其外部类类型；如果是一个顶级类型，则返回 null。

API *java.lang.reflect.GenericArrayType* 5

- Type getGenericComponentType()

获得这个数组类型声明的泛型元素类型。

现在大家已经了解了如何使用泛型类以及在必要时如何编写自己的泛型类和泛型方法。
同样重要的是，知道了在 API 文档和错误消息中遇到泛型类型声明时要如何理解。要想了解
有关 Java 泛型更加详尽的信息，可以查看 http://angelikalanger.com/GenericsFAQ/JavaGenericsFAQ.
html，那里有一个很好的常见问题解答列表（也有一些不太常见的问题）。

在下一章中，将学习 Java 集合框架如何使用泛型。

第 9 章　集　　合

- ▲ Java 集合框架
- ▲ 集合框架中的接口
- ▲ 具体集合
- ▲ 映射
- ▲ 视图与包装器
- ▲ 算法
- ▲ 遗留的集合

在正常实现方法或者非常关注性能时，你选择的不同数据结构会带来很大差异。需要快速地搜索成千上万个（甚至上百万）有序的数据项吗？需要快速地在有序序列中间插入元素或删除元素吗？需要建立键与值之间的关联吗？

本章将介绍如何利用 Java 类库帮助我们在程序设计中实现传统的数据结构。在大学的计算机科学课程中，有一门数据结构（Data Structure）课程，通常要讲授一个学期，因此，有许许多多专门探讨这个重要主题的书籍。与大学课程所讲述的内容不同，这里将跳过理论部分，仅介绍如何使用标准库中的集合类。

9.1　Java 集合框架

Java 最初的版本只为最常用的数据结构提供了很少的一组类：Vector、Stack、Hashtable、BitSet 与 Enumeration 接口，其中的 Enumeration 接口提供了一种用于访问任意容器中各个元素的抽象机制。这是一种很明智的选择，要想建立一个全面的集合类库需要大量的时间和高超的技能。

随着 Java 1.2 的问世，设计人员感到是推出一组功能完善的数据结构的时候了。面对一大堆相互冲突的设计策略，他们希望让类库规模很小而且要易于学习，不希望像 C++ 的 "标准模板库"（即 STL）那样复杂，但却又希望能够得到 STL 率先提出的 "泛型算法" 所具有的优点。他们希望将传统的类融入新的框架中。与所有的集合类库设计者一样，他们必须做出一些艰难的选择，于是，在这个过程中，他们做出了一些独具特色的设计决定。本节将介绍 Java 集合框架的基本设计，展示如何使用它们，并解释一些颇具争议的特性背后的考虑。

9.1.1　集合接口与实现分离

与现代的数据结构类库的常见做法一样，Java 集合类库也将接口（interface）与实现（implementation）分离。下面利用我们熟悉的数据结构——队列（queue）来说明是如何分离的。

队列接口指出可以在队列的尾部添加元素，在队列的头部删除元素，并且可以查找队列中元素的个数。当需要收集对象，并按照 "先进先出" 方式检索对象时就应该使用队列（见图 9-1）。

图 9-1　队列

队列接口的最简形式可能类似下面这样：

```
public interface Queue<E> // a simplified form of the interface in the standard library
{
    void add(E element);
    E remove();
    int size();
}
```

这个接口并没有说明队列是如何实现的。队列通常有两种实现方式：一种是使用循环数组；另一种是使用链表（见图 9-2）。

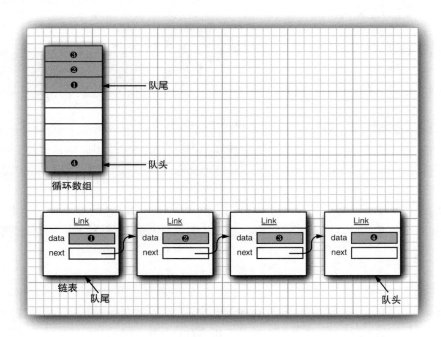

图 9-2　队列的实现

每一个实现都可以用一个实现了 Queue 接口的类表示。

```
public class CircularArrayQueue<E> implements Queue<E> // not an actual library class
{
   private int head;
   private int tail;
   CircularArrayQueue(int capacity) { . . . }
   public void add(E element) { . . . }
   public E remove() { . . . }
   public int size() { . . . }
   private E[] elements;
}

public class LinkedListQueue<E> implements Queue<E> // not an actual library class
{
   private Link head;
   private Link tail;

   LinkedListQueue() { . . . }
   public void add(E element) { . . . }
   public E remove() { . . . }
   public int size() { . . . }
}
```

> 📋 **注释**：实际上，Java 类库没有名为 CircularArrayQueue 和 LinkedListQueue 的类。这里只是以这些类作为示例来解释集合接口与实现在概念上的区分。如果需要一个循环数组队列，可以使用 ArrayDeque 类。如果需要一个链表队列，就直接使用 LinkedList 类，这个类实现了 Queue 接口。

当在程序中使用队列时，一旦已经构造了集合，就不需要知道究竟使用了哪种实现。因此，只有在构造集合对象时，才会使用具体的类。可以使用接口类型存放集合引用。

```
Queue<Customer> expressLane = new CircularArrayQueue<>(100);
expressLane.add(new Customer("Harry"));
```

利用这种方法，一旦改变了想法，就可以很轻松地使用另外一种不同的实现。只需要对程序的一个地方做出修改，即调用构造器的地方。如果觉得 LinkedListQueue 是个更好的选择，就将代码修改为：

```
Queue<Customer> expressLane = new LinkedListQueue<>();
expressLane.add(new Customer("Harry"));
```

为什么选择这种实现，而不选择那种实现呢？接口本身并不能说明哪种实现的效率究竟如何。循环数组要比链表更高效，因此多数人优先选择循环数组。不过，通常来讲，这样做也需要付出一定的代价。

循环数组是一个有界集合，即容量有限。如果程序中要收集的对象数量没有上限，就最好使用链表来实现。

在研究 API 文档时，会发现另外一组名字以 Abstract 开头的类，例如，AbstractQueue。这些类是为类库实现者而设计的。如果想要实现自己的队列类（也许不太可能），会发现扩展

AbstractQueue 类要比实现 Queue 接口中的所有方法轻松得多。

9.1.2 Collection 接口

在 Java 类库中，集合类的基本接口是 Collection 接口。这个接口有两个基本方法：

```
public interface Collection<E>
{
    boolean add(E element);
    Iterator<E> iterator();
    . . .
}
```

除了这两个方法之外，还有几个方法，稍后将会介绍。

add 方法用于向集合中添加元素。如果添加元素确实改变了集合就返回 true；如果集合没有发生变化就返回 false。例如，如果试图向集（set）中添加一个对象，而这个对象在集中已经存在，这个 add 请求就没有实效，因为集中不允许有重复的对象。

iterator 方法用于返回一个实现了 Iterator 接口的对象。可以使用这个迭代器对象依次访问集合中的元素。下一节讨论迭代器。

9.1.3 迭代器

Iterator 接口包含 4 个方法：

```
public interface Iterator<E>
{
    E next();
    boolean hasNext();
    void remove();
    default void forEachRemaining(Consumer<? super E> action);
}
```

通过反复调用 next 方法，可以逐个访问集合中的每个元素。但是，如果到达了集合的末尾，next 方法将抛出一个 NoSuchElementException。因此，需要在调用 next 之前调用 hasNext 方法。如果迭代器对象还有多个可以访问的元素，这个方法就返回 true。如果想要查看集合中的所有元素，就请求一个迭代器，当 hasNext 返回 true 时就反复地调用 next 方法。例如：

```
Collection<String> c = . . .;
Iterator<String> iter = c.iterator();
while (iter.hasNext())
{
    String element = iter.next();
    do something with element
}
```

用 "for each" 循环可以更加简练地表示同样的循环操作：

```
for (String element : c)
{
    do something with element
}
```

编译器简单地将"for each"循环转换为带有迭代器的循环。

"for each"循环可以处理任何实现了 Iterable 接口的对象,这个接口只包含一个抽象方法:

```
public interface Iterable<E>
{
    Iterator<E> iterator();
    ...
}
```

Collection 接口扩展了 Iterable 接口。因此,对于标准类库中的任何集合都可以使用"for each"循环。

也可以不写循环,而是调用 forEachRemaining 方法并提供一个 lambda 表达式(它会处理一个元素)。将对迭代器的每一个元素调用这个 lambda 表达式,直到再没有元素为止。

```
iterator.forEachRemaining(element -> do something with element);
```

访问元素的顺序取决于集合类型。如果迭代处理一个 ArrayList,迭代器将从索引 0 开始,每迭代一次,索引值加 1。不过,如果访问 HashSet 中的元素,会按照一种基本上随机的顺序获得元素。虽然可以确保在迭代过程中能够遍历到集合中的所有元素,但是无法预知访问各元素的顺序。这通常并不是什么问题,因为对于计算总和或统计匹配之类的计算,顺序并不重要。

> **注释:** 编程老手会注意到:Iterator 接口的 next 和 hasNext 方法与 Enumeration 接口的 nextElement 和 hasMoreElements 方法的作用一样。Java 集合类库的设计者本来可以选择使用 Enumeration 接口,但是他们不喜欢这个接口累赘的方法名,于是引入了具有较短方法名的新接口。

Java 集合类库中的迭代器与其他类库中的迭代器在概念上有着重要的区别。在传统的集合类库中,例如,C++ 的标准模板库,迭代器是根据数组索引建模的。如果给定这样一个迭代器,可以查找存储在指定位置上的元素,就像如果知道数组索引 i,就可以查找数组元素 a[i]。不需要查找元素,也可以将迭代器向前移动一个位置。这与不需要执行查找操作而通过调用 i++ 将数组索引向前移动一样。但是,Java 迭代器并不是这样处理的。查找操作与位置变更紧密耦合。查找一个元素的唯一方法是调用 next,而在执行查找操作的同时,迭代器的位置就会随之向前移动。

因此,可以认为 Java 迭代器位于两个元素之间。当调用 next 时,迭代器就越过下一个元素,并返回刚刚越过的那个元素的引用(见图 9-3)。

> **注释:** 这里还有一个有用的推论。可以将 Iterator.next 与 InputStream.read 看成等效的。从数据流中读取一个字节,就会自动地"消耗掉"这个字节。下一次调用 read 将会消耗并返回输入的下一个字节。用同样的方式,反复地调用 next 就可以读取集合中的所有元素。

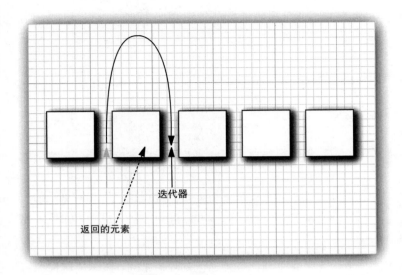

图 9-3 向前移动迭代器

Iterator 接口的 remove 方法将会删除上次调用 next 方法时返回的元素。在大多数情况下，这是有道理的，在决定删除某个元素之前应该先看一下这个元素。不过，如果想要删除指定位置上的元素，仍然需要越过这个元素。例如，可以如下删除一个字符串集合中的第一个元素：

```
Iterator<String> it = c.iterator();
it.next(); // skip over the first element
it.remove(); // now remove it
```

更重要的是，next 方法和 remove 方法调用之间存在依赖性。如果调用 remove 之前没有调用 next，将是不合法的。如果这样做，将会抛出一个 IllegalStateException 异常。

如果想删除两个相邻的元素，不能直接这样调用：

```
it.remove();
it.remove(); // ERROR
```

实际上，必须先调用 next 越过将要删除的元素。

```
it.remove();
it.next();
it.remove(); // OK
```

9.1.4 泛型实用方法

由于 Collection 与 Iterator 都是泛型接口，这意味着你可以编写处理任何集合类型的实用方法。例如，下面是一个检测任意集合是否包含指定元素的泛型方法：

```
public static <E> boolean contains(Collection<E> c, Object obj)
{
    for (E element : c)
        if (element.equals(obj))
            return true;
```

```
      return false;
   }
```

Java 类库的设计者认为：这些实用方法中有一些非常有用，应该将它们提供给用户使用。这样，类库的使用者就不必自己重新构建这些方法了。contains 就是这样一个实用方法。

事实上，Collection 接口声明了很多有用的方法，所有的实现类都必须提供这些方法。下面列举了其中的一部分：

```
int size()
boolean isEmpty()
boolean contains(Object obj)
boolean containsAll(Collection<?> c)
boolean equals(Object other)
boolean addAll(Collection<? extends E> from)
boolean remove(Object obj)
boolean removeAll(Collection<?> c)
void clear()
boolean retainAll(Collection<?> c)
Object[] toArray()
<T> T[] toArray(T[] arrayToFill)
```

在这些方法中，有许多方法的功能非常明确，不需要过多的解释。在本节末尾的 API 注释中可以找到有关它们的完整文档说明。

当然，如果实现 Collection 接口的每一个类都要提供如此多的例行方法，这将是一件很烦人的事情。为了能够让实现者更容易地实现这个接口，Java 类库提供了一个类 AbstractCollection，它保持基础方法 size 和 iterator 仍为抽象方法，但是为实现者实现了其他例行方法。例如：

```
public abstract class AbstractCollection<E>
     implements Collection<E>
{
   . . .
   public abstract Iterator<E> iterator();

   public boolean contains(Object obj)
   {
      for (E element : this) // calls iterator()
         if (element.equals(obj))
            return true;
      return false;
   }
   . . .
}
```

这样一来，具体集合类可以扩展 AbstractCollection 类。现在要由具体的集合类提供 iterator 方法，而 contains 方法已由 AbstractCollection 超类提供。不过，如果子类有更加高效的方式实现 contains 方法，也完全可以由子类提供 contains 方法。

这种做法有些过时了。这些方法最好是 Collection 接口的默认方法。但实际上并不是这样。不过，确实已经增加了很多默认方法。其中大部分方法都与流的处理有关（有关内容将在卷 II 中讨论）。另外，还有一个很有用的方法：

default boolean removeIf(Predicate<? super E> filter)

这个方法用于删除满足某个条件的元素。

API *java.util.Collection<E>* **1.2**

- Iterator<E> iterator()

  返回一个用于访问集合中各个元素的迭代器。

- int size()

  返回当前存储在集合中的元素个数。

- boolean isEmpty()

  如果集合中没有元素，返回 true。

- boolean contains(Object obj)

  如果集合中包含了一个与 obj 相等的对象，返回 true。

- boolean containsAll(Collection<?> other)

  如果这个集合包含 other 集合中的所有元素，返回 true。

- boolean add(E element)

  将一个元素添加到集合中。如果由于这个调用改变了集合，返回 true。

- boolean addAll(Collection<? extends E> other)

  将 other 集合中的所有元素添加到这个集合。如果由于这个调用改变了集合，返回 true。

- boolean remove(Object obj)

  从这个集合中删除等于 obj 的对象。如果有匹配的对象被删除，返回 true。

- boolean removeAll(Collection<?> other)

  从这个集合中删除 other 集合中存在的所有元素。如果由于这个调用改变了集合，返回 true。

- default boolean removeIf(Predicate<? super E> filter) **8**

  从这个集合删除 filter 返回 true 的所有元素。如果由于这个调用改变了集合，则返回 true。

- void clear()

  从这个集合中删除所有的元素。

- boolean retainAll(Collection<?> other)

  从这个集合中删除所有与 other 集合中元素不同的元素。如果由于这个调用改变了集合，返回 true。

- Object[] toArray()

  返回这个集合中的对象的数组。

- <T> T[] toArray(T[] arrayToFill)

  返回这个集合中的对象的数组。如果 arrayToFill 足够大，就将集合中的元素填入这个数组中。剩余空间填补 null；否则，分配一个新数组，其成员类型与 arrayToFill 的成员类型相同，其长度等于集合的大小，并填充集合元素。

API *java.util.Iterator<E>* **1.2**

- boolean hasNext()

  如果存在另一个可访问的元素，返回 true。

- E next()

  返回将要访问的下一个对象。如果已经到达了集合的末尾，将抛出一个 NoSuchElement-Exception。

- void remove()

  删除上次访问的对象。这个方法必须紧跟在访问一个元素之后执行。如果上次访问之后集合已经发生了变化，这个方法将抛出一个 IllegalStateException。

- default void forEachRemaining(Consumer<? super E> action) **8**

  访问元素，并传递到指定的动作，直到再没有更多元素，或者这个动作抛出一个异常。

9.2 集合框架中的接口

Java 集合框架为不同类型的集合定义了大量接口，如图 9-4 所示。

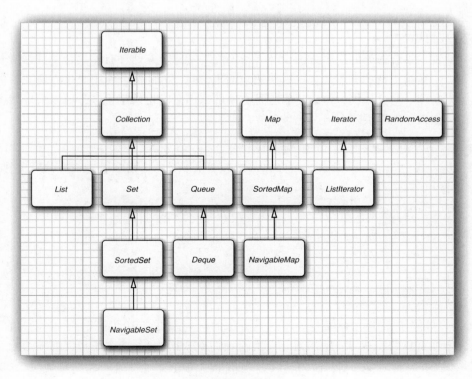

图 9-4 集合框架的接口

集合有两个基本接口：Collection 和 Map。我们已经看到，可以用以下方法在集合中插入元素：

```
boolean add(E element)
```

不过，由于映射包含键 / 值对，所以要用 put 方法来插入：

```
V put(K key, V value)
```

要从集合读取元素，可以用迭代器访问元素。不过，从映射中读取值则要使用 get 方法：

```
V get(K key)
```

List 是一个有序集合（ordered collection）。元素会增加到容器中的特定位置。可以采用两种方式访问元素：使用迭代器访问，或者使用一个整数索引来访问。后面这种方法称为随机访问（random access），因为这样可以按任意顺序访问元素。与之不同，使用迭代器访问时，必须顺序地访问元素。

List 接口定义了多个用于随机访问的方法：

```
void add(int index, E element)
void remove(int index)
E get(int index)
E set(int index, E element)
```

ListIterator 接口是 Iterator 的一个子接口。它定义了一个方法用于在迭代器位置前面增加一个元素：

```
void add(E element)
```

坦率地讲，集合框架的这个方面设计得很不好。实际上有两种有序集合，其性能开销有很大差异。由数组支持的有序集合可以快速地随机访问，因此适合使用 List 方法并提供一个整数索引来访问。与之不同，链表尽管也是有序的，但是随机访问很慢，所以最好使用迭代器来遍历。如果原先提供两个接口就会容易一些了。

> 📄 **注释**：为了避免对链表完成随机访问操作，Java 1.4 引入了一个标记接口 RandomAccess。
> 这个接口不包含任何方法，不过可以用它来测试一个特定的集合是否支持高效的随机
> 访问：
>
> ```
> if (c instanceof RandomAccess)
> {
>     use random access algorithm
> }
> else
> {
>     use sequential access algorithm
> }
> ```

Set 接口等同于 Collection 接口，不过其方法的行为有更严谨的定义。集（set）的 add 方法不允许增加重复的元素。要适当地定义集的 equals 方法：只要两个集包含同样的元素就认为它们是相等的，而不要求这些元素有同样的顺序。hashCode 方法的定义要保证包含相同元素的两个集会得到相同的散列码。

既然方法签名是一样的，为什么还要建立一个单独的接口呢？从概念上讲，并不是所有集合都是集。建立一个 Set 接口可以允许程序员编写只接受集的方法。

SortedSet 和 SortedMap 接口会提供用于排序的比较器对象，这两个接口定义了可以得到集合子集视图的方法。有关内容将在 9.5 节讨论。

最后，Java 6 引入了接口 NavigableSet 和 NavigableMap，其中包含一些用于搜索和遍历有序集和映射的方法。（理想情况下，这些方法本应直接包含在 SortedSet 和 SortedMap 接口中。）TreeSet 和 TreeMap 类实现了这些接口。

9.3 具体集合

表 9-1 展示了 Java 类库中的集合，并简要描述了每个集合类的用途（为简单起见，省略了将在第 12 章中介绍的线程安全集合）。在表 9-1 中，除了以 Map 结尾的类之外，其他类都实现了 Collection 接口，而以 Map 结尾的类实现了 Map 接口。映射的内容将在 9.4 节介绍。

表 9-1　Java 库中的具体集合

集合类型	描述	参见
ArrayList	可以动态增长和缩减的一个索引序列	9.3.2 节
LinkedList	可以在任何位置高效插入和删除的一个有序序列	9.3.1 节
ArrayDeque	实现为循环数组的一个双端队列	9.3.5 节
HashSet	没有重复元素的一个无序集合	9.3.2 节
TreeSet	一个有序集	9.3.4 节
EnumSet	一个包含枚举类型值的集	9.4.6 节
LinkedHashSet	一个可以记住元素插入次序的集	9.4.5 节
PriorityQueue	允许高效删除最小元素的一个集合	9.3.6 节
HashMap	存储键 / 值关联的一个数据结构	9.4.4 节
TreeMap	键有序的一个映射	9.4 节
EnumMap	键属于枚举类型的一个映射	9.4.6 节
LinkedHashMap	可以记住键 / 值项添加次序的一个映射	9.4.5 节
WeakHashMap	值不会在别处使用时就可以被垃圾回收的一个映射	9.4.4 节
IdentityHashMap	用 == 而不是用 equals 比较键的一个映射	9.4.7 节

图 9-5 显示了这些类之间的关系。

9.3.1　链表

在本书中，有很多示例已经使用了数组以及动态的 ArrayList 类。不过，数组和数组列表都有一个重大的缺陷。这就是从数组中间删除一个元素开销很大，其原因是数组中位于被删除元素之后的所有元素都要向数组的前端移动（见图 9-6）。在数组中间插入一个元素也是如此。

图 9-5   集合框架中的类

图 9-6   从数组中删除一个元素

大家都知道的另外一个数据结构——链表（linked list）解决了这个问题。数组是在连续的存储位置上存放对象引用，而链表则是将每个对象存放在单独的链接（link）中。每个链接还存放着序列中下一个链接的引用。在 Java 程序设计语言中，所有链表实际上都是双向链接的（doubly linked）——即每个链接还存放着其前驱的引用（见图 9-7）。

图 9-7　双向链表

从链表中间删除一个元素是一个很轻松的操作，只需要更新所删除元素周围的链接即可（见图 9-8）。

图 9-8　从链表中删除一个元素

你也许曾经在数据结构课程中学习过如何实现链表。在链表中添加或删除元素时，绕来绕去的指针可能已经给人们留下了极坏的印象。如果真是如此的话，你肯定会为 Java 集合类库提供了一个 LinkedList 类而感到高兴。

在下面的代码示例中，先添加 3 个元素，然后再将第 2 个元素删除：

```
var staff = new LinkedList<String>();
staff.add("Amy");
staff.add("Bob");
staff.add("Carl");
Iterator<String> iter = staff.iterator();
String first = iter.next(); // visit first element
String second = iter.next(); // visit second element
iter.remove(); // remove last visited element
```

不过，链表与泛型集合之间有一个重要的区别。链表是一个有序集合 (ordered collection)，每个对象的位置十分重要。LinkedList.add 方法将对象添加到链表的尾部。但是，常常需要将元素添加到链表的中间。由于迭代器描述了集合中的位置，所以这种依赖于位置的 add 方法将由迭代器负责。只有对自然有序的集合使用迭代器添加元素才有实际意义。例如，下一节将要讨论的集 (set) 数据类型中，元素是完全无序的。因此，Iterator 接口中没有 add 方法。实际上，集合类库提供了一个子接口 ListIterator，其中包含 add 方法：

```
interface ListIterator<E> extends Iterator<E>
{
    void add(E element);
    . . .
}
```

与 Collection.add 不同，这个方法不返回 boolean 类型的值，它假定 add 操作总会改变链表。

另外，ListIterator 接口有两个方法，可以用来反向遍历链表。

```
E previous()
boolean hasPrevious()
```

与 next 方法一样，previous 方法返回越过的对象。

LinkedList 类的 listIterator 方法返回一个实现了 ListIterator 接口的迭代器对象。

```
ListIterator<String> iter = staff.listIterator();
```

add 方法在迭代器位置之前添加一个新对象。例如，下面的代码将越过链表中的第一个元素，在第二个元素之前添加 "Juliet" (见图 9-9)：

```
var staff = new LinkedList<String>();
staff.add("Amy");
staff.add("Bob");
staff.add("Carl");
ListIterator<String> iter = staff.listIterator();
iter.next(); // skip past first element
iter.add("Juliet");
```

如果多次调用 add 方法，将按照提供的次序把元素添加到链表中。它们被依次添加到迭代器当前位置之前。

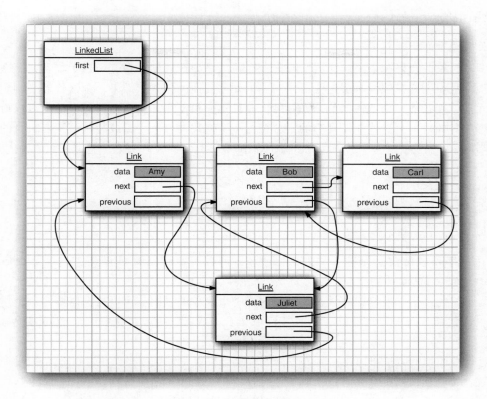

图 9-9 将一个元素添加到链表中

当用一个刚由 listIterator 方法返回并指向链表表头的迭代器调用 add 操作时，新添加的元素将变成列表的新表头。当迭代器越过链表的最后一个元素时（即 hasNext 返回 false），添加的元素将成为列表的新表尾。如果链表有 n 个元素，会有 $n+1$ 个位置可以添加新元素。这些位置与迭代器的 $n+1$ 个可能的位置相对应。例如，如果链表包含 3 个元素，A、B、C，就有 4 个位置（标为 |）可以插入新元素：

```
|ABC
A|BC
AB|C
ABC|
```

📰 **注释**：在用"光标"类比时要格外小心。remove 操作与 Backspace 键的工作方式不太一样。在调用 next 之后，remove 方法确实与 Backspace 键一样会删除迭代器左侧的元素。但是，如果调用了 previous，就会将右侧的元素删除。不能连续调用两次 remove。
add 方法只依赖于迭代器的位置，而 remove 方法不同，它依赖于迭代器的状态。

最后需要说明，set 方法用一个新元素替换调用 next 或 previous 方法返回的上一个元素。例如，下面的代码将用一个新值替换链表的第一个元素：

```
ListIterator<String> iter = list.listIterator();
String oldValue = iter.next(); // returns first element
iter.set(newValue); // sets first element to newValue
```

可以想象，如果在某个迭代器修改集合时，另一个迭代器却在遍历这个集合，那么一定会出现混乱。例如，假设一个迭代器指向一个元素前面的位置，而另一个迭代器刚刚删除了这个元素，现在前一个迭代器就是无效的，并且不能再使用。链表迭代器设计为可以检测到这种修改。如果一个迭代器发现它的集合被另一个迭代器修改了，或是被该集合自身的某个方法修改了，就会抛出一个 ConcurrentModificationException 异常。例如，考虑下面这段代码：

```
List<String> list = . . .;
ListIterator<String> iter1 = list.listIterator();
ListIterator<String> iter2 = list.listIterator();
iter1.next();
iter1.remove();
iter2.next(); // throws ConcurrentModificationException
```

由于 iter2 检测出这个链表从外部修改了，所以对 iter2.next 的调用抛出一个 Concurrent ModificationException 异常。

为了避免发生并发修改异常，请遵循这样一个简单的规则：可以根据需要为一个集合关联多个迭代器，前提是这些迭代器只能读取集合。或者，可以再关联一个能同时读写的迭代器。

有一种简单的方法可以检测到并发修改。集合可以跟踪更改操作（诸如添加或删除元素）的次数。每个迭代器都会为它负责的更改操作维护一个单独的更改操作数。在每个迭代器方法的开始处，迭代器会检查它自己的更改操作数是否与集合的更改操作数相等。如果不一致，就抛出一个 Concurrent ModificationException 异常。

> 📄 **注释：** 不过，对于并发修改的检测有一个奇怪的例外。链表只跟踪对列表的**结构性**修改，例如，添加和删除链接。set 方法**不**被视为结构性修改。可以为一个链表关联多个迭代器，所有的迭代器都调用 set 方法修改现有链接的内容。在本章后面介绍的 Collections 类的许多算法都需要使用这个功能。

现在已经介绍了 LinkedList 类的基本方法。可以使用 ListIterator 类从前后两个方向遍历链表中的元素，以及添加和删除元素。

在 9.2 节已经看到，Collection 接口还声明了操作链表的很多其他有用的方法。其中大部分方法都是在 LinkedList 类的超类 AbstractCollection 中实现的。例如，toString 方法调用了所有元素的 toString，并产生了一个格式为 [A,B, C] 的长字符串。这为调试工作提供了便利。可以使用 contains 方法检测某个元素是否出现在链表中。例如，如果链表中已经包含一个等于 "Harry" 的字符串，调用 staff.contains("Harry") 将会返回 true。

在 Java 类库中，还提供了许多在理论上存在一定争议的方法。链表不支持快速随机访问。如果要查看链表中的第 n 个元素，就必须从头开始，越过 $n-1$ 个元素。没有捷径可走。鉴于这个原因，需要按整数索引访问元素时，程序员通常不选用链表。

不过，LinkedList 类还是提供了一个用来访问某个特定元素的 get 方法：

```
LinkedList<String> list = . . .;
String obj = list.get(n);
```

当然，这个方法的效率并不太高。如果发现自己正在使用这个方法，说明对于所要解决的问题，你可能使用了错误的数据结构。

绝对不应该使用这个"虚假"的随机访问方法来遍历链表。下面这段代码的效率极低：

```
for (int i = 0; i < list.size(); i++)
    do something with list.get(i);
```

每次查找一个元素都要从列表的头部重新开始搜索。LinkedList 对象根本没有缓存位置信息。

注释：get 方法做了一个微小的优化：如果索引大于等于 size() / 2，就从列表尾端开始搜索元素。

列表迭代器接口还有一个方法，可以告诉你当前位置的索引。实际上，从概念上讲，由于 Java 迭代器指向两个元素之间的位置，所以可以有两个索引：nextIndex 方法返回下一次调用 next 方法时所返回元素的整数索引；previousIndex 方法返回下一次调用 previous 方法时所返回元素的整数索引。当然，这个索引只比 nextIndex 返回的索引值小 1。这两个方法的效率非常高，因为有一个迭代器保持着当前位置的计数值。最后需要说明一点，如果有一个整数索引 n，list.listIterator(n) 将返回一个迭代器，这个迭代器指向索引为 n 的元素前面的位置。也就是说，调用 next 与调用 list.get(n) 会产生同一个元素，只是获得迭代器的效率比较低。

如果链表中只有很少几个元素，就完全没有必要为 get 方法和 set 方法的开销而烦恼。但是，最初为什么要使用链表呢？使用链表的唯一理由是尽可能地减少在列表中间插入或删除元素的开销。如果列表只有很少几个元素，就完全可以使用 ArrayList。

建议避免使用以整数索引表示链表中位置的所有方法。如果需要对集合进行随机访问，就使用数组或 ArrayList，而不要使用链表。

程序清单 9-1 中的程序具体使用了链表。它创建了两个列表，将它们合并在一起，然后从第二个列表中每间隔一个元素删除一个元素，最后测试 removeAll 方法。建议跟踪一下程序流程，要特别注意迭代器。可以画出迭代器位置示意图，你会发现这很有帮助，如下所示：

```
|ACE  |BDFG
A|CE  |BDFG
AB|CE B|DFG
. . .
```

注意调用

```
System.out.println(a);
```

这会调用 AbstractCollection 类中的 toString 方法打印出链表 a 中的所有元素。

程序清单 9-1   linkedList/LinkedListTest.java

```java
 1  package linkedList;
 2
 3  import java.util.*;
 4
 5  /**
 6   * This program demonstrates operations on linked lists.
 7   * @version 1.12 2018-04-10
 8   * @author Cay Horstmann
 9   */
10  public class LinkedListTest
11  {
12     public static void main(String[] args)
13     {
14        var a = new LinkedList<String>();
15        a.add("Amy");
16        a.add("Carl");
17        a.add("Erica");
18
19        var b = new LinkedList<String>();
20        b.add("Bob");
21        b.add("Doug");
22        b.add("Frances");
23        b.add("Gloria");
24
25        // merge the words from b into a
26
27        ListIterator<String> aIter = a.listIterator();
28        Iterator<String> bIter = b.iterator();
29
30        while (bIter.hasNext())
31        {
32           if (aIter.hasNext()) aIter.next();
33           aIter.add(bIter.next());
34        }
35
36        System.out.println(a);
37
38        // remove every second word from b
39
40        bIter = b.iterator();
41        while (bIter.hasNext())
42        {
43           bIter.next(); // skip one element
44           if (bIter.hasNext())
45           {
46              bIter.next(); // skip next element
47              bIter.remove(); // remove that element
48           }
49        }
50
51        System.out.println(b);
52
53        // bulk operation: remove all words in b from a
```

```
54
55          a.removeAll(b);
56
57          System.out.println(a);
58      }
59 }
```

API *java.util.List<E>*　1.2

- ListIterator<E> listIterator()

  返回一个列表迭代器,用来访问列表中的元素。

- ListIterator<E> listIterator(int index)

  返回一个列表迭代器,用来访问列表中的元素,第一次调用这个迭代器的 next 会返回给定索引的元素。

- void add(int i, E element)

  在给定位置添加一个元素。

- void addAll(int i, Collection<? extends E> elements)

  将一个集合中的所有元素添加到给定位置。

- E remove(int i)

  删除并返回给定位置的元素。

- E get(int i)

  获取给定位置的元素。

- E set(int i, E element)

  用一个新元素替换给定位置的元素,并返回原来那个元素。

- int indexOf(Object element)

  返回与指定元素相等的元素在列表中第一次出现的位置,如果没有这样的元素将返回 −1。

- int lastIndexOf(Object element)

  返回与指定元素相等的元素在列表中最后一次出现的位置,如果没有这样的元素将返回 −1。

API *java.util.ListIterator<E>*　1.2

- void add(E newElement)

  在当前位置前添加一个元素。

- void set(E newElement)

  用新元素替换 next 或 previous 访问的上一个元素。如果在上一个 next 或 previous 调用之后列表结构被修改了,将抛出一个 IllegalStateException 异常。

- boolean hasPrevious()

  当反向迭代列表时,如果还有可以访问的元素,返回 true。

- E previous()

  返回前一个对象。如果已经到达了列表的头部，就抛出一个 NoSuchElementException
  异常。

- int nextIndex()

  返回下一次调用 next 方法时将返回的元素的索引。

- int previousIndex()

  返回下一次调用 previous 方法时将返回的元素的索引。

API `java.util.LinkedList<E>` 1.2

- LinkedList()

  构造一个空链表。

- LinkedList(Collection<? extends E> elements)

  构造一个链表，并将集合中所有的元素添加到这个链表中。

- void addFirst(E element)

- void addLast(E element)

  将某个元素添加到列表的头部或尾部。

- E getFirst()

- E getLast()

  返回列表头部或尾部的元素。

- E removeFirst()

- E removeLast()

  删除并返回列表头部或尾部的元素。

9.3.2 数组列表

在上一节中，介绍了 List 接口和实现了这个接口的 LinkedList 类。List 接口用于描述一个有序集合，并且集合中每个元素的位置很重要。有两种访问元素的协议：一种是通过迭代器，另一种是通过 get 和 set 方法随机地访问每个元素。后者不适用于链表，但当然 get 和 set 方法对数组很有用。集合类库提供了一种大家熟悉的 ArrayList 类，这个类也实现了 List 接口。ArrayList 封装了一个动态再分配的对象数组。

📄 **注释：** 对于一个经验丰富的 Java 程序员来说，在需要动态数组时，可能会使用 Vector 类。为什么要用 ArrayList 而不是 Vector 呢？原因很简单：Vector 类的所有方法都**是同步的**。可以安全地从两个线程访问一个 Vector 对象。但是，如果只从一个线程访问 Vector（这种情况更为常见），代码就会在同步操作上白白浪费大量的时间。而与之不同，ArrayList 方法不是同步的，因此，建议在不需要同步时使用 ArrayList，而不要使用 Vector。

9.3.3 散列集

链表和数组允许你根据意愿指定元素的次序。但是，如果想要查看某个指定的元素，却又不记得它的位置，就需要访问所有元素，直到找到为止。如果集合中包含的元素很多，这将会需要很长时间。如果不在意元素的顺序，有几种能够快速查找元素的数据结构。其缺点是无法控制元素出现的次序。这些数据结构将按照对自己最方便的方式组织元素。

有一种众所周知的数据结构，可以用于快速地查找对象，这就是散列表（hash table）。散列表为每个对象计算一个整数，称为散列码（hash code）。散列码是由对象的实例字段得出的一个整数。更准确地说，有不同数据的对象将产生不同的散列码。表 9-2 列出了几个散列码的示例，它们是由 String 类的 hashCode 方法产生的。

表 9-2　**hashCode** 方法得到的散列码

字符串	散列码
"Lee"	76268
"lee"	107020
"eel"	100300

如果定义你自己的类，你就要负责实现自己的 hashCode 方法。有关 hashCode 方法的详细内容请参看第 5 章。注意，你的实现应该与 equals 方法兼容，即如果 a.equals(b) 为 true，a 与 b 必须有相同的散列码。

现在，最重要的问题是要能够快速地计算出散列码，并且这个计算只与要计算散列的那个对象的状态有关，与散列表中的其他对象无关。

在 Java 中，散列表用链表数组实现。每个列表被称为桶（bucket，参看图 9-10）。要想查找表中对象的位置，就要先计算它的散列码，然后与桶的总数取余，所得到的结果就是保存这个元素的桶的索引。例如，如果某个对象的散列码为 76 268，并且有 128 个桶，那么这个对象应该保存在第 108 号桶中（因为76 268%128 的余数是 108）。或许很幸运，在这个桶中没有其他元素，此时将元素直接插入到桶中就可以了。当然，有时候会遇到桶已经被填充的情况。这种现象被称为散列冲突（hash collision）。这时，需要将新对象与桶中的所有对象进行比较，查看这个对象是否已经存在。如果散列码合理地随机分布，桶的数目也足够大，需要比较的次数就会很少。

图 9-10　散列表

> 📋 **注释**：在 Java 8 中，桶满时会从链表变为平衡二叉树。如果选择的散列函数不好，会产生很多冲突，或者如果有恶意代码试图在散列表中填充多个有相同散列码的值，这样改为平衡二叉树能提高性能。

如果想更多地控制散列表的性能，可以指定一个初始的桶数。桶数是指用于收集有相同散列值的桶的数目。如果要插入到散列表中的元素太多，就会增加冲突数量，降低检索性能。

如果大致知道最终会有多少个元素要插入到散列表中，就可以设置桶数。通常，将桶数设置为预计元素个数的 75% ～ 150%。有些研究人员认为：最好将桶数设置为一个素数，以防止键的聚集。不过，对此并没有确凿的证据。标准类库使用的桶数是 2 的幂，默认值为 16（为表大小提供的任何值都将自动地转换为 2 的下一个幂值）。

当然，并不总是能够知道需要存储多少个元素，也有可能最初的估计过低。如果散列表太满，就需要再散列（rehashed）。如果要对散列表再散列，就需要创建一个桶数更多的表，并将所有元素插入到这个新表中，然后丢弃原来的表。装填因子（load factor）可以确定何时对散列表进行再散列。例如，如果装填因子为 0.75（默认值），说明表中已经填满了 75% 以上，就会自动再散列，新表的桶数是原来的两倍。对于大多数应用程序来说，装填因子为 0.75 是合理的。

散列表可以用于实现很多重要的数据结构。其中最简单的是集类型。集是没有重复元素的元素集合。集的 add 方法首先在这个集中查找要添加的对象，如果不存在，就添加这个对象。

Java 集合类库提供了一个 HashSet 类，它实现了基于散列表的集。可以用 add 方法添加元素。contains 方法已经被重新定义，用来快速查找某个元素是否已经在集中。它只查看一个桶中的元素，而不必查看集合中的所有元素。

散列集迭代器将依次访问所有的桶。由于散列将元素分散在表中，所以会以一种看起来随机的顺序访问元素。只有不关心集合中元素的顺序时才应该使用 HashSet。

本节末尾的示例程序（程序清单 9-2）将从 System.in 读取单词，然后将它们添加到一个集中，最后再打印出集中的前 20 个单词。例如，可以输入 "Alice in Wonderland"（爱丽丝漫游仙境，可以从 http://www.gutenberg.org 找到）的文本，从命令行 shell 运行：

```
java SetTest < alice30.txt
```

这个程序将读取输入的所有单词，并且将它们添加到散列集中。然后迭代处理散列集中的不同单词，最后打印出单词的数量（"Alice in Wonderland" 共有 5909 个不同的单词，包括开头的版权声明）。单词以随机的顺序出现。

> ⚠️ **警告**：在更改集中的元素时要格外小心。如果元素的散列码发生了改变，元素在数据结构中的位置也会发生变化。

程序清单 9-2　set/SetTest.java

```
1  package set;
2
3  import java.util.*;
4
```

```
5  /**
6   * This program uses a set to print all unique words in System.in.
7   * @version 1.12 2015-06-21
8   * @author Cay Horstmann
9   */
10 public class SetTest
11 {
12    public static void main(String[] args)
13    {
14       var words = new HashSet<String>();
15       long totalTime = 0;
16
17       try (var in = new Scanner(System.in))
18       {
19          while (in.hasNext())
20          {
21             String word = in.next();
22             long callTime = System.currentTimeMillis();
23             words.add(word);
24             callTime = System.currentTimeMillis() - callTime;
25             totalTime += callTime;
26          }
27       }
28
29       Iterator<String> iter = words.iterator();
30       for (int i = 1; i <= 20 && iter.hasNext(); i++)
31          System.out.println(iter.next());
32       System.out.println(". . .");
33       System.out.println(words.size() + " distinct words. " + totalTime + " milliseconds.");
34    }
35 }
```

API **java.util.HashSet\<E\>** 1.2

- HashSet()

  构造一个空散列集。

- HashSet(Collection\<? extends E\> elements)

  构造一个散列集,并将集合中的所有元素添加到这个散列集中。

- HashSet(int initialCapacity)

  构造一个空的具有指定容量(桶数)的散列集。

- HashSet(int initialCapacity, float loadFactor)

  构造一个有指定容量和装填因子(0.0 ~ 1.0 之间的一个数,确定散列表填充的百分比,当大于这个百分比时,散列表进行再散列)的空散列集。

API **java.lang.Object** 1.0

- int hashCode()

  返回这个对象的散列码。散列码可以是任何整数,包括正数或负数。equals 和 hashCode 的定义必须兼容,即如果 x.equals(y) 为 true, x.hashCode() 必须等于 y.hashCode()。

9.3.4　树集

TreeSet 类与散列集十分类似，不过，它比散列集有所改进。树集是一个有序集合（sorted collection）。可以以任意顺序将元素插入到集合中。在对集合进行遍历时，值将自动地按照排序后的顺序呈现。例如，假设插入 3 个字符串，然后访问添加的所有元素。

```java
var sorter = new TreeSet<String>();
sorter.add("Bob");
sorter.add("Amy");
sorter.add("Carl");
for (String s : sorter) System.out.println(s);
```

这时，值将按照有序顺序打印：Amy Bob Carl。正如 TreeSet 类名所示，排序是用一个树数据结构完成的（当前实现使用的是红黑树（red-black tree）。有关红黑树的详细介绍请参看《Introduction to Algorithms》[注]，作者是 Thomas Cormen、Charles Leiserson、Ronald Rivest 和 Clifford Stein [The MIT Press, 2009]）。每次将一个元素添加到树中时，都会将其放置在正确的排序位置上。因此，迭代器总是以有序的顺序访问每个元素。

将一个元素添加到树中要比添加到散列表中慢，参见表 9-3 中的比较，但是，与检查数组或链表中的重复元素相比，使用树会快很多。如果树中包含 n 个元素，查找新元素的正确位置平均需要 $\log_2 n$ 次比较。例如，如果一棵树包含了 1000 个元素，添加一个新元素大约需要比较 10 次。

表 9-3　将元素添加到散列集和树集

文档	单词总数	不同单词的个数	HashSet	TreeSet
Alice in Wonderland	28 195	5 909	5 秒	7 秒
The Count of Monte Cristo	466 300	37 545	75 秒	98 秒

> 📝 **注释**：要使用树集，必须能够比较元素。这些元素必须实现 Comparable 接口，或者构造集时必须提供一个 Comparator（Comparable 和 Comparator 接口在第 6 章介绍过）。

回头看表 9-3，你可能很想知道是否应该总是用树集而不是散列集。毕竟，添加一个元素所花费的时间看上去并不很长，而且元素是自动排序的。到底应该怎样做取决于所要收集的数据。如果不需要数据是有序的，就没有必要付出排序的开销。更重要的是，对于某些数据来说，对其进行排序要比给出一个散列函数更加困难。散列函数只需要将对象适当地打乱存放，而比较函数必须精确地区分各个对象。

要想具体地了解它们之间的差异，可以考虑收集一个矩形集的任务。如果使用 TreeSet，就需要提供 Comparator<Rectangle>。如何比较两个矩形呢？比较面积吗？这行不通。可能会有两个不同的矩形，它们的坐标不同，但面积却相同。树的排序顺序必须是全序。也就是说，任意两个元素都必须是可比的，并且只有在两个元素相等时结果才为 0。矩形确实有一种排序方式（按照坐标的词典顺序排序），但这很牵强，而且计算很烦琐。相反地，Rectangle 类已经定义了散列函数，它直接对坐标进行散列。

[注]　本书中文版《算法导论》已由机械工业出版社引进出版，ISBN：978-7-111-40701-0。——编辑注

📄 **注释**：从 Java 6 起，TreeSet 类实现了 NavigableSet 接口。这个接口增加了几个查找元素以及反向遍历的便利方法。详细信息请参看 API 注释。

程序清单 9-3 的程序中创建了 Item 对象的两个树集。第一个按照部件编号排序，这是 Item 对象的默认排序顺序。第二个通过使用一个定制的比较器按照描述信息排序。程序清单 9-4 中是 Item 对象。

程序清单 9-3　treeSet/TreeSetTest.java

```java
 1  package treeSet;
 2
 3  import java.util.*;
 4
 5  /**
 6   * This program sorts a set of Item objects by comparing their descriptions.
 7   * @version 1.13 2018-04-10
 8   * @author Cay Horstmann
 9   */
10  public class TreeSetTest
11  {
12     public static void main(String[] args)
13     {
14        var parts = new TreeSet<Item>();
15        parts.add(new Item("Toaster", 1234));
16        parts.add(new Item("Widget", 4562));
17        parts.add(new Item("Modem", 9912));
18        System.out.println(parts);
19
20        var sortByDescription = new TreeSet<Item>(Comparator.comparing(Item::getDescription));
21
22        sortByDescription.addAll(parts);
23        System.out.println(sortByDescription);
24     }
25  }
```

程序清单 9-4　treeSet/Item.java

```java
 1  package treeSet;
 2
 3  import java.util.*;
 4
 5  /**
 6   * An item with a description and a part number.
 7   */
 8  public class Item implements Comparable<Item>
 9  {
10     private String description;
11     private int partNumber;
12
13     /**
14      * Constructs an item.
15      * @param aDescription the item's description
```

```
16        * @param aPartNumber the item's part number
17        */
18       public Item(String aDescription, int aPartNumber)
19       {
20          description = aDescription;
21          partNumber = aPartNumber;
22       }
23
24       /**
25        * Gets the description of this item.
26        * @return the description
27        */
28       public String getDescription()
29       {
30          return description;
31       }
32
33       public String toString()
34       {
35          return "[description=" + description + ", partNumber=" + partNumber + "]";
36       }
37
38       public boolean equals(Object otherObject)
39       {
40          if (this == otherObject) return true;
41          if (otherObject == null) return false;
42          if (getClass() != otherObject.getClass()) return false;
43          var other = (Item) otherObject;
44          return Objects.equals(description, other.description) && partNumber == other.partNumber;
45       }
46
47       public int hashCode()
48       {
49          return Objects.hash(description, partNumber);
50       }
51
52       public int compareTo(Item other)
53       {
54          int diff = Integer.compare(partNumber, other.partNumber);
55          return diff != 0 ? diff : description.compareTo(other.description);
56       }
57   }
```

API **java.util.TreeSet<E>** **1.2**

- TreeSet()
- TreeSet(Comparator<? super E> comparator)

  构造一个空树集。

- TreeSet(Collection<? extends E> elements)
- TreeSet(SortedSet<E> s)

  构造一个树集，并增加一个集合或有序集中的所有元素（对于后一种情况，要使用同样的顺序）。

API *java.util.SortedSet<E>* 1.2

- Comparator<? super E> comparator()

返回用于对元素进行排序的比较器。如果元素用 Comparable 接口的 compareTo 方法进行比较则返回 null。

- E first()

- E last()

返回有序集中的最小元素或最大元素。

API *java.util.NavigableSet<E>* 6

- E higher(E value)

- E lower(E value)

返回大于 value 的最小元素或小于 value 的最大元素，如果没有这样的元素则返回 null。

- E ceiling(E value)

- E floor(E value)

返回大于等于 value 的最小元素或小于等于 value 的最大元素，如果没有这样的元素则返回 null。

- E pollFirst()

- E pollLast()

删除并返回这个集中的最大元素或最小元素，这个集为空时返回 null。

- Iterator<E> descendingIterator()

返回一个按照递减顺序遍历集中元素的迭代器。

9.3.5　队列与双端队列

前面已经讨论过，队列允许你高效地在尾部添加元素，并在头部删除元素。双端队列（即 deuqe）允许在头部和尾部都高效地添加或删除元素。不支持在队列中间添加元素。Java 6 中引入了 Deque 接口，ArrayDeque 和 LinkedList 类实现了这个接口。这两个类都可以提供双端队列，其大小可以根据需要扩展。在第 12 章将会看到限定队列和限定双端队列。

API *java.util.Queue<E>* 5

- boolean add(E element)

- boolean offer(E element)

如果队列没有满，将给定的元素添加到这个队列的队尾并返回 true。如果队列已满，第一个方法将抛出一个 IllegalStateException，而第二个方法返回 false。

- E remove()

- E poll()

  假如队列不为空，删除并返回这个队列队头的元素。如果队列是空的，第一个方法抛出 NoSuchElementException，而第二个方法返回 null。

- E element()
- E peek()

  如果队列不为空，返回这个队列队头的元素，但不删除。如果队列空，第一个方法将抛出一个 NoSuchElementException，而第二个方法返回 null。

API *java.util.Deque<E>*　6

- void addFirst(E element)
- void addLast(E element)
- boolean offerFirst(E element)
- boolean offerLast(E element)

  将给定的对象添加到双端队列的队头或队尾。如果这个双端队列已满，前面两个方法将抛出一个 IllegalStateException，而后面两个方法返回 false。

- E removeFirst()
- E removeLast()
- E pollFirst()
- E pollLast()

  如果这个双端队列不为空，删除并返回双端队列队头的元素。如果双端队列为空，前面两个方法将抛出一个 NoSuchElementException，而后面两个方法返回 null。

- E getFirst()
- E getLast()
- E peekFirst()
- E peekLast()

  如果这个双端队列非空，返回双端队列队头的元素，但不删除。如果双端队列为空，前面两个方法将抛出一个 NoSuchElementException，而后面两个方法返回 null。

API *java.util.ArrayDeque<E>*　6

- ArrayDeque()
- ArrayDeque(int initialCapacity)

  用初始容量 16 或给定的初始容量构造一个无限定双端队列。

9.3.6　优先队列

优先队列（priority queue）中的元素可以按照任意的顺序插入，但会按照有序的顺序进行检索。也就是说，无论何时调用 remove 方法，总会获得当前优先队列中最小的元素。不过，优先队列并没有对所有元素进行排序。如果迭代处理这些元素，并不需要对它们进行排序。优先队列使用了一个精巧且高效的数据结构,称为堆(heap)。堆是一个可以自组织的二叉树,其添加(add)和删除(remove)操作可以让最小的元素移动到根,而不必花费时间对元素进行排序。

与 TreeSet 一样,优先队列既可以保存实现了 Comparable 接口的类对象,也可以保存构造器中提供的 Comparator 对象。

优先队列的典型用法是任务调度。每一个任务有一个优先级,任务以随机顺序添加到队列中。每当启动一个新的任务时,都将优先级最高的任务从队列中删除(由于习惯上将 1 设为"最高"优先级,所以 remove 操作会将最小的元素删除)。

程序清单 9-5 显示了一个优先队列的具体使用。与 TreeSet 中的迭代不同,这里的迭代并不是按照有序顺序来访问元素。不过,删除操作却总是删除剩余元素中最小的那个元素。

程序清单 9-5   priorityQueue/PriorityQueueTest.java

```java
 1  package priorityQueue;
 2
 3  import java.util.*;
 4  import java.time.*;
 5
 6  /**
 7   * This program demonstrates the use of a priority queue.
 8   * @version 1.02 2015-06-20
 9   * @author Cay Horstmann
10   */
11  public class PriorityQueueTest
12  {
13     public static void main(String[] args)
14     {
15        var pq = new PriorityQueue<LocalDate>();
16        pq.add(LocalDate.of(1906, 12, 9)); // G. Hopper
17        pq.add(LocalDate.of(1815, 12, 10)); // A. Lovelace
18        pq.add(LocalDate.of(1903, 12, 3)); // J. von Neumann
19        pq.add(LocalDate.of(1910, 6, 22)); // K. Zuse
20
21        System.out.println("Iterating over elements . . .");
22        for (LocalDate date : pq)
23           System.out.println(date);
24        System.out.println("Removing elements . . .");
25        while (!pq.isEmpty())
26           System.out.println(pq.remove());
27     }
28  }
```

API java.util.PriorityQueue 5

- PriorityQueue()

- PriorityQueue(int initialCapacity)

  构造一个存放 Comparable 对象的优先队列。

- PriorityQueue(int initialCapacity, Comparator<? super E> c)

  构造一个优先队列,并使用指定的比较器对元素进行排序。

9.4 映射

集是一个集合，允许你快速地查找现有的元素。但是，要查找一个元素，需要有所要查找的那个元素的准确副本。这不是一种常见的查找方式。通常，我们知道某些关键信息，希望查找与之关联的元素。映射（map）数据结构就是为此设计的。映射用来存放键 / 值对。如果提供了键，就能够查找到值。例如，可以存储一个员工记录表，其中键为员工 ID，值为 Employee 对象。在下面的小节中，我们会学习如何使用映射。

9.4.1 基本映射操作

Java 类库为映射提供了两个通用的实现：HashMap 和 TreeMap。这两个类都实现了 Map 接口。

散列映射对键进行散列，树映射根据键的顺序将元素组织为一个搜索树。散列或比较函数只应用于键。与键关联的值不进行散列或比较。

应该选择散列映射还是树映射呢？与集一样，散列稍微快一些，如果不需要按照有序的顺序访问键，最好选择散列映射。

以下代码将建立一个散列映射来存储员工信息：

```
var staff = new HashMap<String, Employee>(); // HashMap implements Map
var harry = new Employee("Harry Hacker");
staff.put("987-98-9996", harry);
. . .
```

每当往映射中添加一个对象时，必须同时提供一个键。在这里，键是一个字符串，对应的值是 Employee 对象。

要想检索一个对象，必须使用（因而，必须记住）键。

```
var id = "987-98-9996";
Employee e = staff.get(id); // gets harry
```

如果映射中没有存储与给定键对应的信息，get 将返回 null。

null 返回值可能并不方便。有时对应没有出现在映射中的键，可以使用一个好的默认值。然后使用 getOrDefault 方法。

```
Map<String, Integer> scores = . . .;
int score = scores.getOrDefault(id, 0); // gets 0 if the id is not present
```

键必须是唯一的。不能对同一个键存放两个值。如果对同一个键调用两次 put 方法，第二个值就会取代第一个值。实际上，put 将返回与这个键参数关联的上一个值。

remove 方法从映射中删除给定键对应的元素。size 方法返回映射中的元素数。

要迭代处理映射的键和值，最容易的方法是使用 forEach 方法。可以提供一个接收键和值的 lambda 表达式。映射中的每一项会依序调用这个表达式。

```
scores.forEach((k, v) ->
    System.out.println("key=" + k + ", value=" + v));
```

程序清单 9-6 显示了映射的具体使用。首先将键 / 值对添加到映射中。然后，从映射中

删除一个键,同时与之关联的值也会删除。接下来,修改与某一个键关联的值,并调用 get
方法查找一个值。最后,迭代处理元素集。

程序清单 9-6　map/MapTest.java

```java
1  package map;
2
3  import java.util.*;
4
5  /**
6   * This program demonstrates the use of a map with key type String and value type Employee.
7   * @version 1.12 2015-06-21
8   * @author Cay Horstmann
9   */
10 public class MapTest
11 {
12    public static void main(String[] args)
13    {
14       var staff = new HashMap<String, Employee>();
15       staff.put("144-25-5464", new Employee("Amy Lee"));
16       staff.put("567-24-2546", new Employee("Harry Hacker"));
17       staff.put("157-62-7935", new Employee("Gary Cooper"));
18       staff.put("456-62-5527", new Employee("Francesca Cruz"));
19
20       // print all entries
21
22       System.out.println(staff);
23
24       // remove an entry
25
26       staff.remove("567-24-2546");
27
28       // replace an entry
29
30       staff.put("456-62-5527", new Employee("Francesca Miller"));
31
32       // look up a value
33
34       System.out.println(staff.get("157-62-7935"));
35
36       // iterate through all entries
37
38       staff.forEach((k, v) ->
39          System.out.println("key=" + k + ", value=" + v));
40    }
41 }
```

API *java.util.Map<K, V>* 1.2

- V get(Object key)

  获取与键关联的值;返回与键关联的对象,或者如果映射中没有这个对象,则返回
  null。实现类可以禁止键为 null。

- default V getOrDefault(Object key, V defaultValue)

  获得与键关联的值；返回与键关联的对象，或者如果未在映射中找到这个键，则返回 defaultValue。

- V put(K key, V value)

  将关联的一对键和值放到映射中。如果这个键已经存在，新的对象将取代与这个键关联的旧对象。这个方法将返回键关联的旧值。如果之前没有这个键，则返回 null。实现类可以禁止键或值为 null。

- void putAll(Map<? extends K, ? extends V> entries)

  将给定映射中的所有映射条目添加到这个映射中。

- boolean containsKey(Object key)

  如果在映射中已经有这个键，返回 true。

- boolean containsValue(Object value)

  如果映射中已经有这个值，返回 true。

- default void forEach(BiConsumer<? super K,? super V> action) 8

  对这个映射中的所有键 / 值对应用这个动作。

API *java.util.HashMap<K, V>* 1.2

- HashMap()
- HashMap(int initialCapacity)
- HashMap(int initialCapacity, float loadFactor)

  用给定的容量和装填因子构造一个空散列映射（装填因子是一个 0.0 ～ 1.0 之间的数。这个数决定散列表填充的百分比。一旦到了这个比例，就要将其再散列到更大的散列表中）。默认的装填因子是 0.75。

API *java.util.TreeMap<K,V>* 1.2

- TreeMap()

  为实现 Comparable 接口的键构造一个空的树映射。

- TreeMap(Comparator<? super K> c)

  构造一个树映射，并使用一个指定的比较器对键进行排序。

- TreeMap(Map<? extends K, ? extends V> entries)

  构造一个树映射，并将某个映射中的所有映射条目添加到树映射中。

- TreeMap(SortedMap<? extends K, ? extends V> entries)

  构造一个树映射，将某个有序映射中的所有映射条目添加到树映射中，并使用与给定的有序映射相同的比较器。

API *java.util.SortedMap<K, V>* 1.2

- Comparator<? super K> comparator()

返回对键进行排序的比较器。如果键是用 Comparable 接口的 compareTo 方法进行比较，
则返回 null。

- K firstKey()
- K lastKey()

返回映射中的最小或最大键。

9.4.2 更新映射条目

处理映射的一个难点就是更新映射条目。正常情况下，可以得到与一个键关联的原值，
完成更新，再放回更新后的值。不过，必须考虑一个特殊情况，即键第一次出现。下面来看
一个例子，考虑使用映射统计一个单词在文件中出现的频度。看到一个单词（word）时，我
们将计数器增 1，如下所示：

```
counts.put(word, counts.get(word) + 1);
```

这是可以的，不过有一种情况除外：就是第一次看到 word 时。在这种情况下，get 会返
回 null，因此会出现一个 NullPointerException 异常。

一种简单的补救是使用 getOrDefault 方法：

```
counts.put(word, counts.getOrDefault(word, 0) + 1);
```

另一种方法是首先调用 putIfAbsent 方法。只有当键原先存在（或者映射到 null）时才会放
入一个值。

```
counts.putIfAbsent(word, 0);
counts.put(word, counts.get(word) + 1); // now we know that get will succeed
```

不过还可以做得更好。merge 方法可以简化这个常见操作。如果键原先不存在，下面的调用：

```
counts.merge(word, 1, Integer::sum);
```

将把 word 与 1 关联，否则使用 Integer::sum 函数组合原值和 1（也就是将原值与 1 求和）。
API 注释还描述了另外一些更新映射条目的方法，不过这些方法不太常用。

API *java.util.Map<K, V>* **1.2**

- default V merge(K key, V value, BiFunction<? super V,? super V,? extends V> remappingFunction)
  8
  如果 key 与一个非 null 值 v 关联，将函数应用到 v 和 value，将 key 与结果关联，或者
  如果结果为 null，则删除这个键。否则，将 key 与 value 关联，返回 get(key)。
- default V compute(K key, BiFunction<? super K,? super V,? extends V> remappingFunction) **8**
  将函数应用到 key 和 get(key)。将 key 与结果关联，或者如果结果为 null，则删除这个
  键。返回 get(key)。
- default V computeIfPresent(K key, BiFunction<? super K,? super V,? extends V> remappingFunction) **8**
  如果 key 与一个非 null 值 v 关联，将函数应用到 key 和 v，将 key 与结果关联，或者如

果结果为 null, 则删除这个键。返回 get(key)。

- default V computeIfAbsent(K key, Function<? super K,? extends V> mappingFunction) **8**

  将这个函数应用到 key, 除非 key 与一个非 null 值关联。将 key 与结果关联, 或者如果结果为 null, 则删除这个键。返回 get(key)。

- default void replaceAll(BiFunction<? super K,? super V,? extends V> function) **8**

  在所有映射条目上应用这个函数。将键与非 null 结果关联, 对于 null 结果, 则将相应的键删除。

- default V putIfAbsent(K key, V value) **8**

  如果 key 不存在或者与 null 关联, 则将它与 value 关联, 并返回 null。否则返回关联的值。

9.4.3 映射视图

集合框架不认为映射本身是一个集合。(其他数据结构框架认为映射是一个键 / 值对集合, 或者是按键索引的值集合。)不过, 可以得到映射的视图(view)——这是实现了 Collection 接口或某个子接口的对象。

有 3 种视图: 键集、值集合(不是一个集)以及键 / 值对集。键和键 / 值对可以构成一个集, 因为映射中一个键只能有一个副本。下面的方法:

```
Set<K> keySet()
Collection<V> values()
Set<Map.Entry<K, V>> entrySet()
```

会分别返回这 3 个视图。(映射条目集的元素是实现了 Map.Entry 接口的类的对象。)

需要说明的是, keySet 不是 HashSet 或 TreeSet, 而是实现了 Set 接口的另外某个类的对象。Set 接口扩展了 Collection 接口。因此, 可以像使用任何集合一样使用 keySet。

例如, 可以枚举一个映射的所有键:

```
Set<String> keys = map.keySet();
for (String key : keys)
{
    do something with key
}
```

如果想同时查看键和值, 可以通过枚举映射条目来避免查找值。使用以下代码:

```
for (Map.Entry<String, Employee> entry : staff.entrySet())
{
    String k = entry.getKey();
    Employee v = entry.getValue();
    do something with k, v
}
```

✅ 提示: 可以使用 var 声明避免笨拙的 Map.Entry。

```
for (var entry : map.entrySet())
{
    do something with entry.getKey(), entry.getValue()
}
```

如今，只需要使用 forEach 方法：

```
map.forEach((k, v) -> {
   do something with k, v
});
```

如果在键集视图上调用迭代器的 remove 方法，实际上会从映射中删除这个键和与它关联的值。不过，不能向键集视图中添加元素。另外，如果添加一个键而没有同时添加值也是没有意义的。如果试图调用 add 方法，它会抛出一个 UnsupportedOperationException。映射条目集视图有同样的限制，尽管理论上增加一个新的键 / 值对好像有意义。

API *java.util.Map<K, V>* **1.2**

- Set<Map.Entry<K, V>> entrySet()

  返回 Map.Entry 对象（映射中的键 / 值对）的一个集视图。可以从这个集中删除元素，它们将从映射中删除，但是不能添加任何元素。

- Set<K> keySet()

  返回映射中所有键的一个集视图。可以从这个集中删除元素，键和相关联的值将从映射中删除，但是不能添加任何元素。

- Collection<V> values()

  返回映射中所有值的一个集合视图。可以从这个集合中删除元素，所删除的值及相应的键将从映射中删除，不过不能添加任何元素。

API *java.util.Map.Entry<K, V>* **1.2**

- K getKey()
- V getValue()

  返回这个映射条目的键或值。

- V setValue(V newValue)

  将相关映射中的值改为新值，并返回原来的值。

9.4.4 弱散列映射

在集合类库中有几个专用的映射类，我们将在这一节和后面几节中对它们做简要介绍。

设计 WeakHashMap 类是为了解决一个有趣的问题。如果有一个值，它对应的键已经不再在程序中的任何地方使用，将会出现什么情况呢？假定对某个键的最后一个引用已经消失，那么不再有任何途径可以引用这个值的对象了。但是，由于程序中的任何部分不会再有这个键，所以，无法从映射中删除这个键 / 值对。为什么垃圾回收器不能删除它呢？删除无用的对象不就是垃圾回收器的工作吗？

遗憾的是，事情没有这样简单。垃圾回收器会跟踪活动的对象。只要映射对象是活动的，其中的所有桶也是活动的，它们不能被回收。因此，需要由程序负责从长期存活的映射表中删除那些无用的值。或者，你可以使用 WeakHashMap。当对键的唯一引用来自散列表映射条目时, 这个数据结构将与垃圾回收器协同工作一起删除键 / 值对。

　　下面介绍这种机制的内部工作原理。WeakHashMap 使用弱引用 (weak references) 保存键。WeakReference 对象将包含另一个对象的引用, 在这里, 就是一个散列表键。对于这种类型的对象, 垃圾回收器采用一种特有的方式进行处理。正常情况下, 如果垃圾回收器发现某个特定的对象已经没有他人引用了, 就将其回收。然而, 如果某个对象只能由 WeakReference 引用, 垃圾回收器也会将其回收, 但会将引用这个对象的弱引用放入一个队列。WeakHashMap 将周期性地检查队列, 以便找出新添加的弱引用。一个弱引用进入队列意味着这个键不再被他人使用, 并且已经回收。于是, WeakHashMap 将删除相关联的映射条目。

9.4.5　链接散列集与映射

　　LinkedHashSet 和 LinkedHashMap 类会记住插入元素项的顺序。这样就可以避免散列表中的项看起来顺序是随机的。在表中插入元素项时, 就会并入到双向链表中 (见图 9-11)。

图 9-11　链接散列表

　　例如, 考虑程序清单 9-6 中以下映射插入的处理:

```
var staff = new LinkedHashMap<String, Employee>();
staff.put("144-25-5464", new Employee("Amy Lee"));
staff.put("567-24-2546", new Employee("Harry Hacker"));
staff.put("157-62-7935", new Employee("Gary Cooper"));
staff.put("456-62-5527", new Employee("Francesca Cruz"));
```

　　然后, staff.keySet().iterator() 以下面的次序枚举键:

```
144-25-5464
567-24-2546
157-62-7935
456-62-5527
```

　　staff.values().iterator() 以下面的顺序枚举值:

```
Amy Lee
Harry Hacker
Gary Cooper
Francesca Cruz
```

或者，链接散列映射可以使用访问顺序而不是插入顺序来迭代处理映射条目。每次调用 get 或 put 时，受到影响的项将从当前的位置删除，并放到项链表的尾部（只影响项在链表中的位置，而散列表的桶不会受影响。映射条目总是在键散列码对应的桶中）。要构造这样一个散列映射，需要调用

```
LinkedHashMap<K, V>(initialCapacity, loadFactor, true)
```

访问顺序对于实现缓存的"最近最少使用"原则十分重要。例如，你可能希望将访问频率高的元素放在内存中，而访问频率低的元素从数据库中读取。当在表中找不到元素项而且表已经相当满时，可以得到表的一个迭代器，并删除它枚举的前几个元素。这些项是近期最少使用的几个元素。

甚至可以让这一过程自动化。构造 LinkedHashMap 的一个子类，然后覆盖下面这个方法：

```
protected boolean removeEldestEntry(Map.Entry<K, V> eldest)
```

每当你的方法返回 true 时，添加一个新映射条目就会导致删除 eldest 项。例如，下面的缓存最多可以存放 100 个元素：

```
var cache = new LinkedHashMap<K, V>(128, 0.75F, true)
   {
      protected boolean removeEldestEntry(Map.Entry<K, V> eldest)
      {
         return size() > 100;
      }
   };
```

或者，还可以考虑 eldest 元素，来决定是否将它删除。例如，可以检查与这一项一起存储的时间戳。

9.4.6　枚举集与映射

EnumSet 是一个枚举类型元素集的高效实现。由于枚举类型只有有限个实例，所以 EnumSet 内部用位序列实现。如果对应的值在集中，则相应的位被置为 1。

EnumSet 类没有公共的构造器。要使用静态工厂方法构造这个集：

```
enum Weekday { MONDAY, TUESDAY, WEDNESDAY, THURSDAY, FRIDAY, SATURDAY, SUNDAY };
EnumSet<Weekday> always = EnumSet.allOf(Weekday.class);
EnumSet<Weekday> never = EnumSet.noneOf(Weekday.class);
EnumSet<Weekday> workday = EnumSet.range(Weekday.MONDAY, Weekday.FRIDAY);
EnumSet<Weekday> mwf = EnumSet.of(Weekday.MONDAY, Weekday.WEDNESDAY, Weekday.FRIDAY);
```

可以使用 Set 接口的常用方法来修改 EnumSet。

EnumMap 是一个键类型为枚举类型的映射。它可以直接且高效地实现为一个值数组。需要在构造器中指定键类型：

```
var personInCharge = new EnumMap<Weekday, Employee>(Weekday.class);
```

📑 **注释：** 在 EnumSet 的 API 文档中，将会看到形如 E extends Enum<E> 的奇怪的类型参数。简单地说，它的意思是 "E 是一个枚举类型。"所有的枚举类型都扩展了泛型 Enum 类。例如，Weekday 扩展了 Enum<Weekday>。

9.4.7 标识散列映射

类 IdentityHashMap 有特殊的用途。在这个类中，键的散列值不是用 hashCode 函数计算的，而是用 System.identityHashCode 方法计算的。这是 Object.hashCode 根据对象的内存地址计算散列码时所使用的方法。而且，在对两个对象进行比较时，IdentityHashMap 类使用 ==，而不使用 equals。

也就是说，不同的键对象即使内容相同，也被视为不同的对象。在实现对象遍历算法（如对象串行化）时，这个类非常有用，可以用来跟踪哪些对象已经遍历过。

API java.util.WeakHashMap<K, V> **1.2**

- WeakHashMap()
- WeakHashMap(int initialCapacity)
- WeakHashMap(int initialCapacity, float loadFactor)

  用给定的容量和填充因子构造一个空的散列映射。

API java.util.LinkedHashSet<E> **1.4**

- LinkedHashSet()
- LinkedHashSet(int initialCapacity)
- LinkedHashSet(int initialCapacity, float loadFactor)

  用给定的容量和填充因子构造一个空链接散列集。

API java.util.LinkedHashMap<K, V> **1.4**

- LinkedHashMap()
- LinkedHashMap(int initialCapacity)
- LinkedHashMap(int initialCapacity, float loadFactor)
- LinkedHashMap(int initialCapacity, float loadFactor, boolean accessOrder)

  用给定的容量、填充因子和顺序构造一个空的链接散列映射。accessOrder 参数为 true 时表示访问顺序，为 false 时表示插入顺序。

- protected boolean removeEldestEntry(Map.Entry<K, V> eldest)

  如果想删除 eldest 元素，就要覆盖为返回 true。eldest 参数是预期可能删除的元素。这个方法在向映射中添加一个元素之后调用。其默认实现会返回 false。即在默认情况下，老元素不会被删除。不过，可以重新定义这个方法，以便有选择地返回 true。例如，如果最老的元素符合一个条件，或者映射超过了一定大小，则返回 true。

API `java.util.EnumSet<E extends Enum<E>>` 5

- `static <E extends Enum<E>> EnumSet<E> allOf(Class<E> enumType)`
  返回一个包含给定枚举类型的所有值的可变集。
- `static <E extends Enum<E>> EnumSet<E> noneOf(Class<E> enumType)`
  返回一个初始为空的可变集。
- `static <E extends Enum<E>> EnumSet<E> range(E from, E to)`
  返回一个包含 from ～ to 之间的所有值（包括两个边界元素）的可变集。
- `static <E extends Enum<E>> EnumSet<E> of(E e)`
  ...
- `static <E extends Enum<E>> EnumSet<E> of(E e1, E e2, E e3, E e4, E e5)`
- `static <E extends Enum<E>> EnumSet<E> of(E first, E... rest)`
  返回包括不为 null 的给定元素的可变集。

API `java.util.EnumMap<K extends Enum<K>, V>` 5

- `EnumMap(Class<K> keyType)`
  构造一个键为给定类型的空的可变映射。

API `java.util.IdentityHashMap<K, V>` 1.4

- `IdentityHashMap()`
- `IdentityHashMap(int expectedMaxSize)`
  构造一个空的标识散列映射集，其容量是大于 1.5 * expectedMaxSize 的 2 的最小幂值（expectedMaxSize 的默认值是 21）。

API `java.lang.System` 1.0

- `static int identityHashCode(Object obj)` 1.1
  返回 Object.hashCode 计算的相同散列码（根据对象的内存地址得出），即使 obj 所属的类已经重新定义了 hashCode 方法。

9.5 视图与包装器

如果查看图 9-4 和图 9-5，可能会认为用如此多的接口和抽象类来实现数量并不多的具体集合类似乎没有太大必要。不过，这两个图并没有展示出全部。可以使用视图（view）获得其他实现了 Collection 接口或 Map 接口的对象。你已经见过使用映射类 keySet 方法的这样一个例子。初看起来，好像这个方法创建了一个新集，并填入映射中的所有键，然后返回这个集。但是，情况并非如此。实际上，keySet 方法返回一个实现了 Set 接口的类对象，由这个类的方法操纵原映射。这种集合称为视图。

视图技术在集合框架中有许多非常有用的应用。下面几节将讨论这些应用。

9.5.1　小集合

Java 9 引入了一些静态方法，可以生成给定元素的集或列表，以及给定键 / 值对的映射。例如，

```
List<String> names = List.of("Peter", "Paul", "Mary");
Set<Integer> numbers = Set.of(2, 3, 5);
```

会分别生成包含 3 个元素的一个列表和一个集。对于映射，需要指定键和值，如下所示：

```
Map<String, Integer> scores = Map.of("Peter", 2, "Paul", 3, "Mary", 5);
```

元素、键或值不能为 null。

List 和 Set 接口有 11 个方法，分别有 0 到 10 个参数，另外还有一个参数个数可变的 of 方法。提供这种特定性是为了提高效率。

对于 Map 接口，则无法提供一个参数可变的版本，因为参数类型会在键和值类型之间交替。不过它有一个静态方法 ofEntries，能接受任意多个 Map.Entry<K, V> 对象（可以用静态方法 entry 创建这些对象）。例如，

```
import static java.util.Map.*;
. . .
Map<String, Integer> scores = ofEntries(
    entry("Peter", 2),
    entry("Paul", 3),
    entry("Mary", 5));
```

of 和 ofEntries 方法可以生成某些类的对象，这些类对于每个元素会有一个实例变量，或者有一个后备数组提供支持。

这些集合对象是不可修改的。如果试图改变它们的内容，会导致一个 UnsupportedOperation-Exception 异常。

如果需要一个可更改的集合，可以把这个不可修改的集合传递到构造器：

```
var names = new ArrayList<>(List.of("Peter", "Paul", "Mary"));
```

以下方法调用

```
Collections.nCopies(n, anObject)
```

会返回一个实现了 List 接口的不可变的对象，给人一种错觉：就像有 n 个元素，每个元素都是一个 anObject。

例如，下面的调用将创建一个包含 100 个字符串的 List，每个串都设置为 "DEFAULT"：

```
List<String> settings = Collections.nCopies(100, "DEFAULT");
```

这样存储开销很小。对象只存储一次。

> 📋 **注释：** of 方法是 Java 9 新引入的。之前有一个静态方法 Arrays.asList，它会返回一个可更改但是大小不可变的列表。也就是说，在这个列表上可以调用 set，但是不能使用 add 或 remove。另外还有遗留的方法 Collections.emptySet 和 Collections.singleton。

📋 **注释：**Collections 类包含很多实用方法，这些方法的参数和返回值都是集合。不要将它与 Collection 接口混淆。

✅ **提示：**Java 没有 Pair 类，有些程序员会使用 Map.Entry 作为对组（pair），但这种做法并不好。在 Java 9 之前，这会很麻烦，你必须使用 new AbstractMap.SimpleImmutable-Entry<>(first, second) 构造对象。不过现在可以调用 Map.entry(first, second)。

9.5.2　子范围

可以为很多集合建立子范围（subrange）视图。例如，假设有一个列表 staff，想从中取出第 10 个～第 19 个元素。可以使用 subList 方法来获得这个列表子范围的视图。

```
List<Employee> group2 = staff.subList(10, 20);
```

第一个索引包含在内，第二个索引则不包含在内。这与 String 类的 substring 操作中的参数情况相同。

可以对子范围应用任何操作，而且操作会自动反映到整个列表。例如，可以删除整个子范围：

```
group2.clear(); // staff reduction
```

现在，元素会自动地从 staff 列表中清除，并且 group2 为空。

对于有序集和映射，可以使用排序顺序而不是元素位置建立子范围。SortedSet 接口声明了 3 个方法：

```
SortedSet<E> subSet(E from, E to)
SortedSet<E> headSet(E to)
SortedSet<E> tailSet(E from)
```

这些方法将返回大于等于 from 且小于 to 的所有元素构成的子集。有序映射也有类似的方法：

```
SortedMap<K, V> subMap(K from, K to)
SortedMap<K, V> headMap(K to)
SortedMap<K, V> tailMap(K from)
```

这些方法会返回映射视图，该映射包含键落在指定范围内的所有元素。

Java 6 引入的 NavigableSet 接口允许更多地控制这些子范围操作。可以指定是否包括边界：

```
NavigableSet<E> subSet(E from, boolean fromInclusive, E to, boolean toInclusive)
NavigableSet<E> headSet(E to, boolean toInclusive)
NavigableSet<E> tailSet(E from, boolean fromInclusive)
```

9.5.3　不可修改的视图

Collections 类还有几个方法，可以生成集合的不可修改视图（unmodifiable view）。这些视图对现有集合增加了一个运行时检查。如果发现试图对集合进行修改，就抛出一个异常，集合仍保持不变。

可以使用下面 8 个方法来获得不可修改视图：

```
Collections.unmodifiableCollection
Collections.unmodifiableList
Collections.unmodifiableSet
Collections.unmodifiableSortedSet
Collections.unmodifiableNavigableSet
Collections.unmodifiableMap
Collections.unmodifiableSortedMap
Collections.unmodifiableNavigableMap
```

每个方法都定义处理一个接口。例如，Collections.unmodifiableList 处理 ArrayList、LinkedList 或者实现了 List 接口的其他类。

例如，假设想要让你的某些代码查看（但不能修改）一个集合的内容，就可以进行以下操作：

```
var staff = new LinkedList<String>();
. . .
lookAt(Collections.unmodifiableList(staff));
```

Collections.unmodifiableList 方法将返回一个实现 List 接口的类对象。其访问器方法将从 staff 集合中获取值。当然，lookAt 方法可以调用 List 接口中的所有方法，而不只是访问器。但是所有的更改器方法（例如，add）已经被重新定义为抛出一个 UnsupportedOperationException 异常，而不是将调用传递给底层集合。

不可修改的视图并不是集合本身不可更改。仍然可以通过集合的原始引用（在这里是 staff）对集合进行修改，并且仍然可以对集合的元素调用更改器方法。

由于视图只是包装了接口而不是具体的集合对象，所以只能访问接口中定义的方法。例如，LinkedList 类有一些便利方法，addFirst 和 addLast，它们都不是 List 接口的方法，不能通过不可修改的视图访问这些方法。

> ⚠ **警告：** unmodifiableCollection 方法（以及本节稍后讨论的 synchronizedCollection 和 checked Collection 方法）将返回一个集合，它的 equals 方法**不调用**底层集合的 equals 方法。实际上，它继承了 Object 类的 equals 方法，这个方法只是检测两个对象是否是同一个对象。如果将集或列表转换成集合，就再也无法检测其内容是否相同了。视图就采用这种工作方式，因为相等性检测在层次结构的这一层上没有明确定义。视图将以同样的方式处理 hashCode 方法。
>
> 不过，unmodifiableSet 和 unmodifiableList 方法会使用底层集合的 equals 方法和 hashCode 方法。

9.5.4　同步视图

如果从多个线程访问集合，就必须确保集合不会被意外地破坏。例如，如果一个线程试图将元素添加到散列表中，同时另一个线程正在对元素进行再散列，其结果将是灾难性的。

类库的设计者使用视图机制来确保常规集合是线程安全的,而没有实现线程安全的集合类。例如,Collections 类的静态 synchronizedMap 方法可以将任何一个映射转换成有同步访问方法的 Map:

```
var map = Collections.synchronizedMap(new HashMap<String, Employee>());
```

现在就可以从多线程访问这个 map 对象了。类似 get 和 put 等方法都是同步的,即每个方法调用必须完全结束,另一个线程才能调用另一个方法。第 12 章将会详细地讨论同步访问数据结构的问题。

9.5.5 检查型视图

“检查型”视图用来对泛型类型可能出现的问题提供调试支持。如同第 8 章中所述,实际上将错误类型的元素混入泛型集合中的情况极有可能发生。例如:

```
var strings = new ArrayList<String>();
ArrayList rawList = strings; // warning only, not an error,
                             // for compatibility with legacy code
rawList.add(new Date()); // now strings contains a Date object!
```

这个错误的 add 命令在运行时检测不到。实际上,只有当另一部分代码调用 get 方法,并将结果强制转换为 String 时,才会出现一个类强制转换异常。

检查型视图可以探测这类问题。下面定义了一个安全列表:

```
List<String> safeStrings = Collections.checkedList(strings, String.class);
```

这个视图的 add 方法将检查插入的对象是否属于给定的类。如果不属于给定的类,就立即抛出一个 ClassCastException。这样做的好处是会在正确的位置报告错误:

```
ArrayList rawList = safeStrings;
rawList.add(new Date()); // checked list throws a ClassCastException
```

⚠ **警告**:检查型视图受限于虚拟机可以完成的运行时检查。例如,对于 ArrayList <Pair <String>>,由于虚拟机有一个“原始”Pair 类,所以无法阻止插入 Pair <Date>。

9.5.6 关于可选操作的说明

通常,视图有一些限制,可能只读,可能无法改变大小,或者可能只支持删除而不支持插入(如映射的键视图)。如果试图执行不恰当的操作,受限制的视图就会抛出一个 UnsupportedOperationException。

在集合和迭代器接口的 API 文档中,许多方法描述为“可选操作”。这看起来与接口的概念有冲突。毕竟,接口的设计目的难道不就是明确一个类必须实现的方法吗?确实,从理论的角度看,这种安排不太令人满意。一个更好的解决方案是为只读视图和不能改变集合大小的视图建立单独的接口。不过,这将会使接口的数量增至原来的三倍,这让类库设计者无法接受。

是否应该将“可选”方法这一技术扩展到你自己的设计中呢?我们认为不应该。尽管集合被频繁地使用，但实现集合的编码方式未必适用于其他问题领域。集合类库的设计者必须解决一组极其严格而且相互冲突的需求。用户希望类库应该易于学习、使用方便、彻底泛型化、面向通用性，同时又与手写算法一样高效。要同时达到所有这些目标的要求，或者甚至尽量兼顾所有目标都是不可能的。但是，在你自己的编程问题中，很少遇到这种极端的约束。你应该能够找到一种合适的解决方案，而不必依赖 "可选" 接口操作这种极端做法。

API **java.util.List** 1.2

- static <E> List<E> of() 9
- static <E> List<E> of(E e1) 9

  ...

- static <E> List<E> of(E e1, E e2, E e3, E e4, E e5, E e6, E e7, E e8, E e9, E e10) 9
- static <E> Set<E> of(E... elements) 9

  生成给定元素的一个不可变的列表，元素不能为 null。

API **java.util.Set** 1.2

- static <E> Set<E> of() 9
- static <E> Set<E> of(E e1) 9

  ...

- static <E> Set<E> of(E e1, E e2, E e3, E e4, E e5, E e6, E e7, E e8, E e9, E e10) 9
- static <E> Set<E> of(E... elements) 9

  生成给定元素的一个不可变的集，元素不能为 null。

API **java.util.Map** 1.2

- static <K, V> Map<K, V> of() 9
- static <K, V> Map<K, V> of(K k1, V v1) 9

  ...

- static <K,V> Map<K,V> of(K k1, V v1, K k2, V v2, K k3, V v3, K k4, V v4, K k5, V v5, K k6, V v6, K k7, V v7, K k8, V v8, K k9, V v9, K k10, V v10) 9

  生成给定键和值的一个不可变的映射，键和值不能为 null。

- static <K,V> Map.Entry<K,V> entry(K k, V v) 9

  生成给定键和值的一个不可变的映射条目，键和值不能为 null。

- static <K,V> Map<K,V> ofEntries(Map.Entry<? extends K,? extends V>... entries) 9

  生成给定映射条目的一个不可变的映射。

API **java.util.Collections** 1.2

- static <E> Collection unmodifiableCollection(Collection<E> c)
- static <E> List unmodifiableList(List<E> c)
- static <E> Set unmodifiableSet(Set<E> c)

- static <E> SortedSet unmodifiableSortedSet(SortedSet<E> c)
- static <E> SortedSet unmodifiableNavigableSet(NavigableSet<E> c) **8**
- static <K, V> Map unmodifiableMap(Map<K, V> c)
- static <K, V> SortedMap unmodifiableSortedMap(SortedMap<K, V> c)
- static <K, V> SortedMap unmodifiableNavigableMap(NavigableMap<K, V> c) **8**

  构造一个集合视图；视图的更改器方法抛出一个 UnsupportedOperationException。

- static <E> Collection<E> synchronizedCollection(Collection<E> c)
- static <E> List synchronizedList(List<E> c)
- static <E> Set synchronizedSet(Set<E> c)
- static <E> SortedSet synchronizedSortedSet(SortedSet<E> c)
- static <E> NavigableSet synchronizedNavigableSet(NavigableSet<E> c) **8**
- static <K, V> Map<K, V> synchronizedMap(Map<K, V> c)
- static <K, V> SortedMap<K, V> synchronizedSortedMap(SortedMap<K, V> c)
- static <K, V> NavigableMap<K, V> synchronizedNavigableMap(NavigableMap<K, V> c) **8**

  构造一个集合视图；视图的方法是同步的。

- static <E> Collection checkedCollection(Collection<E> c, Class<E> elementType)
- static <E> List checkedList(List<E> c, Class<E> elementType)
- static <E> Set checkedSet(Set<E> c, Class<E> elementType)
- static <E> SortedSet checkedSortedSet(SortedSet<E> c, Class<E> elementType)
- static <E> NavigableSet checkedNavigableSet(NavigableSet<E> c, Class<E> elementType) **8**
- static <K, V> Map checkedMap(Map<K, V> c, Class<K> keyType, Class<V> valueType)
- static <K, V> SortedMap checkedSortedMap(SortedMap<K, V> c, Class<K> keyType, Class<V> valueType)
- static <K, V> NavigableMap checkedNavigableMap(NavigableMap<K, V> c, Class<K> keyType, Class<V> valueType) **8**
- static <E> Queue<E> checkedQueue(Queue<E> queue, Class<E> elementType) **8**

  构造一个集合视图；如果插入一个错误类型的元素，视图的方法抛出一个 ClassCast-Exception。

- static <E> List<E> nCopies(int n, E value)

  生成一个不可变的列表，包含 n 个相等的值。

- static <E> List<E> singletonList(E value)
- static <E> Set<E> singleton(E value)
- static <K, V> Map<K, V> singletonMap(K key, V value)

  生成一个单例列表、集或映射。在 Java 9 中，要使用相应的 of 方法。

- static <E> List<E> emptyList()
- static <T> Set<T> emptySet()

- static <E> SortedSet<E> emptySortedSet()
- static NavigableSet<E> emptyNavigableSet()
- static <K,V> Map<K,V> emptyMap()
- static <K,V> SortedMap<K,V> emptySortedMap()
- static <K,V> NavigableMap<K,V> emptyNavigableMap()
- static <T> Enumeration<T> emptyEnumeration()
- static <T> Iterator<T> emptyIterator()
- static <T> ListIterator<T> emptyListIterator()

  生成一个空集合、映射或迭代器。

API *java.util.Arrays* 1.2

- static <E> List<E> asList(E... array)

  返回一个数组中元素的列表视图。这个数组是可修改的，但其大小不可变。

API *java.util.List<E>* 1.2

- List<E> subList(int firstIncluded, int firstExcluded)

  返回给定位置范围内的所有元素的列表视图。

API *java.util.SortedSet<E>* 1.2

- SortedSet<E> subSet(E firstIncluded, E firstExcluded)
- SortedSet<E> headSet(E firstExcluded)
- SortedSet<E> tailSet(E firstIncluded)

  返回给定范围内元素的视图。

API *java.util.NavigableSet<E>* 6

- NavigableSet<E> subSet(E from, boolean fromIncluded, E to, boolean toIncluded)
- NavigableSet<E> headSet(E to, boolean toIncluded)
- NavigableSet<E> tailSet(E from, boolean fromIncluded)

  返回给定范围内元素的视图。boolean 标志决定视图是否包含边界。

API *java.util.SortedMap<K, V>* 1.2

- SortedMap<K, V> subMap(K firstIncluded, K firstExcluded)
- SortedMap<K, V> headMap(K firstExcluded)
- SortedMap<K, V> tailMap(K firstIncluded)

  返回键在给定范围内的映射条目的映射视图。

API *java.util.NavigableMap<K, V>* 6

- NavigableMap<K, V> subMap(K from, boolean fromIncluded, K to, boolean toIncluded)

- NavigableMap<K, V> headMap(K from, boolean fromIncluded)
- NavigableMap<K, V> tailMap(K to, boolean toIncluded)

返回键在给定范围内的映射条目的映射视图。boolean 标志决定视图是否包含边界。

9.6　算法

除了实现集合类，Java 集合框架还提供了一些有用的算法。在下面的小节中，你会了解如何使用这些算法，以及如何编写适用于集合框架的你自己的算法。

9.6.1　为什么使用泛型算法

泛型集合接口有一个很大的优点，即算法只需要实现一次。例如，考虑一下计算集合中最大元素的简单算法。使用传统方式，程序设计人员可能会用循环实现这个算法。可以如下找出数组中最大的元素。

```
if (a.length == 0) throw new NoSuchElementException();
T largest = a[0];
for (int i = 1; i < a.length; i++)
   if (largest.compareTo(a[i]) < 0)
      largest = a[i];
```

当然，要找出数组列表中的最大元素，编写的代码会稍有差别。

```
if (v.size() == 0) throw new NoSuchElementException();
T largest = v.get(0);
for (int i = 1; i < v.size(); i++)
   if (largest.compareTo(v.get(i)) < 0)
      largest = v.get(i);
```

链表呢？链表没有高效的随机访问操作，不过可以使用迭代器。

```
if (l.isEmpty()) throw new NoSuchElementException();
Iterator<T> iter = l.iterator();
T largest = iter.next();
while (iter.hasNext())
{
   T next = iter.next();
   if (largest.compareTo(next) < 0)
      largest = next;
}
```

编写这些循环很烦琐，而且很容易出错。是否存在"差 1"错误（off-by-one error）？这些循环对于空容器能正常工作吗？对于只含有一个元素的容器又会发生什么情况呢？我们不希望每次都测试和调试这些代码，也不想实现如下的一系列方法：

```
static <T extends Comparable> T max(T[] a)
static <T extends Comparable> T max(ArrayList<T> v)
static <T extends Comparable> T max(LinkedList<T> l)
```

这里就可以使用集合接口。请考虑为了高效地执行这个算法所需要的最小集合接口。采用 get 和 set 方法的随机访问要比直接迭代层次高。在计算链表中最大元素的过程中已经看到，这项任务并不需要随机访问。可以直接迭代处理元素来得出最大元素。因此，可以将 max 方法实现为能够接收任何实现了 Collection 接口的对象。

```java
public static <T extends Comparable> T max(Collection<T> c)
{
   if (c.isEmpty()) throw new NoSuchElementException();
   Iterator<T> iter = c.iterator();
   T largest = iter.next();
   while (iter.hasNext())
   {
      T next = iter.next();
      if (largest.compareTo(next) < 0)
         largest = next;
   }
   return largest;
}
```

现在就可以使用一个方法计算链表、数组列表或数组中的最大元素了。

这是一个功能很强大的概念。事实上，标准 C++ 类库已经有几十种非常有用的算法，每个算法都应用于泛型集合。Java 类库中的算法没有如此丰富，但是确实包含了一些基本的算法：排序、二分查找和一些实用算法。

9.6.2　排序与混排

计算机行业的前辈们有时会回忆起他们当年不得不使用穿孔卡片以及手工编写排序算法的情形。当然，如今排序算法已经成为大多数编程语言标准库中的一个组成部分，Java 程序设计语言也不例外。

Collections 类中的 sort 方法可以对实现了 List 接口的集合进行排序。

```java
var staff = new LinkedList<String>();
fill collection
Collections.sort(staff);
```

这个方法假定列表元素实现了 Comparable 接口。如果想采用其他方式对列表进行排序，可以使用 List 接口的 sort 方法并传入一个 Comparator 对象。可以如下按工资对一个员工列表排序：

```java
staff.sort(Comparator.comparingDouble(Employee::getSalary));
```

如果想按照降序对列表进行排序，可以使用静态的便利方法 Collections.reverseOrder()。这个方法将返回一个比较器，比较器则返回 b.compareTo(a)。例如，

```java
staff.sort(Comparator.reverseOrder())
```

这个方法将根据元素类型的 compareTo 方法所给定的排序顺序，按逆序对列表 staff 中的元素进行排序。同样地，

```java
staff.sort(Comparator.comparingDouble(Employee::getSalary).reversed())
```

将按工资逆序排序。

人们可能会对 sort 方法如何排序感到好奇。通常，在查看有关算法书籍中的排序算法时，会发觉介绍的都是有关数组的排序算法，而且使用的是随机访问方式。但是，链表的随机访问效率很低。实际上，可以使用一种归并排序对链表高效地排序。不过，Java 程序设计语言并不是这样做的。它只是将所有元素转入一个数组，对数组进行排序，然后，再将排序后的序列复制回列表。

集合类库中使用的排序算法比快速排序要慢一些，快速排序（QuickSort）是通用排序算法的传统选择。但是，归并排序有一个主要的优点：归并排序是稳定的，也就是说，它不会改变相等元素的顺序。为什么要关注相等元素的顺序呢？下面来看一种常见的情况。假设有一个已经按照姓名排列的员工列表。现在，要按照工资再进行排序。如果两个员工的工资相等会发生什么情况？如果采用稳定的排序算法，将会保留按名字排序的顺序。换句话说，排序的结果是得到一个首先按照工资排序再按照姓名排序的列表。

因为集合不需要实现所有的"可选"方法，因此，所有接受集合参数的方法必须描述什么时候可以安全地将集合传递给算法。例如，显然不能将 unmodifiableList 列表传递给 sort 算法。那么，可以传递什么类型的列表呢？根据文档说明，列表必须是可修改的，但不一定可以改变大小。

下面是有关的术语定义：

- 如果列表支持 set 方法，则是可修改的（modifiable）。
- 如果列表支持 add 和 remove 方法，则是可改变大小的（resizable）。

Collections 类有一个算法 shuffle，其功能与排序刚好相反，它会随机地混排列表中元素的顺序。例如：

```
ArrayList<Card> cards = . . .;
Collections.shuffle(cards);
```

如果提供的列表没有实现 RandomAccess 接口，shuffle 方法会将元素复制到数组中，然后打乱数组元素的顺序，最后再将打乱顺序后的元素复制回列表。

程序清单 9-7 中的程序用 1 ~ 49 之间的 49 个 Integer 对象填充数组。然后，随机地打乱列表，并从打乱后的列表中选前 6 个值。最后再将选择的数值进行排序并打印。

程序清单 9-7　shuffle/ShuffleTest.java

```java
 1 package shuffle;
 2
 3 import java.util.*;
 4
 5 /**
 6  * This program demonstrates the random shuffle and sort algorithms.
 7  * @version 1.12 2018-04-10
 8  * @author Cay Horstmann
 9  */
10 public class ShuffleTest
11 {
12    public static void main(String[] args)
13    {
```

```
14        var numbers = new ArrayList<Integer>();
15        for (int i = 1; i <= 49; i++)
16            numbers.add(i);
17        Collections.shuffle(numbers);
18        List<Integer> winningCombination = numbers.subList(0, 6);
19        Collections.sort(winningCombination);
20        System.out.println(winningCombination);
21    }
22 }
```

API *java.util.Collections* 1.2

- static <T extends Comparable<? super T>> void sort(List<T> elements)

  使用稳定的排序算法对列表中的元素进行排序。这个算法的时间复杂度是 O($n \log n$)，其中 n 为列表的长度。

- static void shuffle(List<?> elements)

- static void shuffle(List<?> elements, Random r)

  随机地打乱列表中元素的顺序。这个算法的时间复杂度是 O($n\,a(n)$)，n 是列表的长度，$a(n)$ 是访问元素的平均时间。

API *java.util.List<E>* 1.2

- default void sort(Comparator<? super T> comparator) **8**

  使用给定比较器对列表排序。

API *java.util.Comparator<T>* 1.2

- static <T extends Comparable<? super T>> Comparator<T> reverseOrder() **8**

  生成一个比较器，将逆置 Comparable 接口提供的顺序。

- default Comparator<T> reversed() **8**

  生成一个比较器，将逆置这个比较器提供的顺序。

9.6.3 二分查找

要想在数组中查找一个对象，通常要依次访问数组中的每个元素，直到找到匹配的元素为止。不过，如果数组是有序的，可以检查中间的元素，查看是否大于要查找的元素。如果是，就在数组的前半部分继续查找；否则，在数组的后半部分继续查找。这样就可以将问题规模缩减一半，并以同样的方式继续下去。例如，如果数组中有 1024 个元素，那么 10 步之后就能找到匹配（或者可以确认数组中不存在这个元素），而线性查找则需要平均 512 步（如果元素存在）；倘若元素不存在，需要 1024 步才能够确认。

Collections 类的 binarySearch 方法实现了这个算法。注意，集合必须是有序的，否则算法会返回错误的答案。要想查找某个元素，必须提供集合（这个集合要实现 List 接口，下面还会更加详细地介绍这个问题）以及要查找的元素。如果集合没有采用 Comparable 接口的 compareTo 方法进行排序，那么还要提供一个比较器对象。

```
i = Collections.binarySearch(c, element);
i = Collections.binarySearch(c, element, comparator);
```

如果 binarySearch 方法返回一个非负的值，这表示匹配对象的索引。也就是说，c.get(i) 等于在这个比较顺序下的 element。如果返回负值，则表示没有匹配的元素。不过，可以利用返回值来计算应该将 element 插入到集合的哪个位置，以保持集合的有序性。插入的位置是

```
insertionPoint = -i - 1;
```

这并不是简单的 –i，因为 0 值是不确定的。也就是说，下面这个操作：

```
if (i < 0)
    c.add(-i - 1, element);
```

将把元素插入到正确的位置上。

只有采用随机访问，二分查找才有意义。如果必须利用迭代方式查找链表的一半元素来找到中间元素，二分查找就完全失去了优势。因此，如果为 binarySearch 算法提供一个链表，它将自动地退化为线性查找。

API **java.util.Collections** `1.2`

- static <T extends Comparable<? super T>> int binarySearch(List<T> elements, T key)
- static <T> int binarySearch(List<T> elements, T key, Comparator<? super T> c)

　　从有序列表中搜索一个键，如果元素类型实现了 RandomAccess 接口，就使用二分查找，其他情况下都使用线性查找。这个方法的时间复杂度为 O $(a(n) \log n)$，n 是列表的长度，$a(n)$ 是访问一个元素的平均时间。这个方法将返回这个键在列表中的索引，如果在列表中不存在这个键将返回负值 i。在这种情况下，这个键应该插入到索引 -i - 1 的位置上，以保持列表的有序性。

9.6.4　简单算法

Collections 类中包含几个简单但很有用的算法。这一节最前面介绍的例子就是其中的一个算法，即查找集合中的最大元素。其他算法还包括：将一个列表中的元素复制到另外一个列表中；用一个常量值填充容器；逆置一个列表的元素顺序。

为什么在标准库中提供这些简单算法呢？大多数程序员肯定可以很容易地采用简单的循环实现这些任务。我们之所以喜欢这些算法，是因为它们可以让程序员更轻松地读代码。当阅读由别人实现的循环时，必须要揣摩编程者的意图。例如，请看下面这个循环：

```
for (int i = 0; i < words.size(); i++)
    if (words.get(i).equals("C++")) words.set(i, "Java");
```

现在将这个循环与以下调用进行比较：

```
Collections.replaceAll(words, "C++", "Java");
```

看到这个方法调用时，你马上就能知道这个代码要做什么。

本节最后的 API 注释描述了 Collections 类中的简单算法。

默认方法 Collection.removeIf 和 List.replaceAll 稍有些复杂。要提供一个 lambda 表达式来测试或转换元素。例如，下面的代码将删除所有短词，并把其余单词改为小写：

```
words.removeIf(w -> w.length() <= 3);
words.replaceAll(String::toLowerCase);
```

API **java.util.Collections 1.2**

- static <T extends Comparable<? super T>> T min(Collection<T> elements)
- static <T extends Comparable<? super T>> T max(Collection<T> elements)
- static <T> min(Collection<T> elements, Comparator<? super T> c)
- static <T> max(Collection<T> elements, Comparator<? super T> c)

  返回集合中最小的或最大的元素（为清楚起见，参数的边界有所简化）。

- static <T> void copy(List<? super T> to, List<T> from)

  将原列表中的所有元素复制到目标列表的相应位置上。目标列表的长度至少与原列表一样。

- static <T> void fill(List<? super T> l, T value)

  将列表中所有位置设置为相同的值。

- static <T> boolean addAll(Collection<? super T> c, T... values) **5**

  将所有的值添加到给定的集合中。如果集合改变了，则返回 true。

- static <T> boolean replaceAll(List<T> l, T oldValue, T newValue) **1.4**

  用 newValue 替换所有值为 oldValue 的元素。

- static int indexOfSubList(List<?> l, List<?> s) **1.4**
- static int lastIndexOfSubList(List<?> l, List<?> s) **1.4**

  返回 l 中第一个或最后一个等于 s 的子列表的索引。如果 l 中不存在等于 s 的子列表，则返回 –1。例如，l 为 [s, t, a, r]，s 为 [t, a, r]，两个方法都将返回索引 1。

- static void swap(List<?> l, int i, int j) **1.4**

  交换给定偏移位置的两个元素。

- static void reverse(List<?> l)

  逆置列表中元素的顺序。例如，逆置列表 [t, a, r] 后将得到列表 [r, a, t]。这个方法的时间复杂度为 O(n)，n 为列表的长度。

- static void rotate(List<?> l, int d) **1.4**

  旋转列表中的元素，将索引 i 的元素移动到位置 (i + d) % l.size()。例如，将列表 [t, a, r] 旋转移 2 个位置后得到 [a, r, t]。这个方法的时间复杂度为 O(n)，n 为列表的长度。

- static int frequency(Collection<?> c, Object o) **5**

  返回 c 中与对象 o 相等的元素的个数。

- boolean disjoint(Collection<?> c1, Collection<?> c2) **5**

  如果两个集合没有共同的元素，则返回 true。

API *java.util.Collection<T>* 1.2

- default boolean removeIf(Predicate<? super E> filter) **8**
  删除所有匹配的元素。

API *java.util.List<E>* 1.2

- default void replaceAll(UnaryOperator<E> op) **8**
  对这个列表的所有元素应用这个操作。

9.6.5　批操作

很多操作会"成批"复制或删除元素。以下调用

```
coll1.removeAll(coll2);
```

将从 coll1 中删除 coll2 中出现的所有元素。与之相反，

```
coll1.retainAll(coll2);
```

会从 coll1 中删除所有未在 coll2 中出现的元素。下面是一个典型的应用。

假设希望找出两个集的交集（intersection），也就是两个集中共有的元素。首先，建立一个新集来存放结果：

```
var result = new HashSet<String>(firstSet);
```

在这里，我们利用了一个事实：每一个集合都有这样一个构造器，其参数是包含初始值的另一个集合。

现在来使用 retainAll 方法：

```
result.retainAll(secondSet);
```

这会保留两个集中都出现的所有元素。这样就构成了交集，而无须编写循环。

可以把这个思路更进一步，对视图应用一个批操作。例如，假设有一个映射，将员工 ID 映射到员工对象，另外有一个不再聘用的所有员工的 ID 集。

```
Map<String, Employee> staffMap = . . .;
Set<String> terminatedIDs = . . .;
```

只需要建立一个键集，并删除终止聘用关系的所有员工的 ID。

```
staffMap.keySet().removeAll(terminatedIDs);
```

由于键集是映射的一个视图，所以键和相关联的员工名会自动从映射中删除。

通过使用子范围视图，可以把批操作限制在子列表和子集上。例如，假设希望把一个列表的前 10 个元素增加到另一个容器，可以建立一个子列表选出前 10 个元素：

```
relocated.addAll(staff.subList(0, 10));
```

这个子范围还可以完成更改操作。

```
staff.subList(0, 10).clear();
```

9.6.6 集合与数组的转换

由于 Java 平台 API 的大部分内容都是在集合框架创建之前设计的，所以，有时候需要在传统的数组和更现代的集合之间进行转换。

如果需要把一个数组转换为集合，List.of 包装器可以达到这个目的。例如：

```
String[] values = . . .;
var staff = new HashSet<>(List.of(values));
```

从集合得到数组会更困难一些。当然，可以使用 toArray 方法：

```
Object[] values = staff.toArray();
```

不过，这样做的结果是一个对象数组。尽管你知道集合中包含的是一个特定类型的对象，但不能使用强制类型转换：

```
String[] values = (String[]) staff.toArray(); // ERROR
```

toArray 方法返回的数组创建为一个 Object[] 数组，不能改变它的类型。实际上，必须使用 toArray 方法的一个变体，提供一个指定类型而且长度为 0 的数组。这样一来，返回的数组就会创建为相同的数组类型：

```
String[] values = staff.toArray(new String[0]);
```

如果愿意，可以构造一个大小正确的数组：

```
staff.toArray(new String[staff.size()]);
```

在这种情况下，不会创建新数组。

📋 **注释：** 你可能奇怪为什么不能直接将一个 Class 对象（如 String.class）传递到 toArray 方法。原因是这个方法有"双重职责"，不仅要填充一个已有的数组（如果它足够长），还要创建一个新数组。

9.6.7 编写自己的算法

如果编写自己的算法（实际上，或者是以集合作为参数的任何方法），应该尽可能地使用接口，而不要使用具体的实现。例如，假设你想处理集合元素。当然，可以实现类似下面的方法：

```
public void processItems(ArrayList<Item> items)
{
    for (Item item : items)
        do something with item
}
```

但是，这样会限制方法的调用者，即调用者必须在 ArrayList 中提供元素。如果这些元素正好在另一个集合中，首先必须对它们重新包装，因此，最好接受一个更加通用的集合。

要问问自己：完成这项工作的最通用的集合接口是什么？你关心顺序吗？如果顺序很重要，就应当接受 List。不过，如果顺序不重要，那么可以接受任意类型的集合：

```
public void processItems(Collection<Item> items)
{
   for (Item item : items)
      do something with item
}
```

现在，任何人都可以用 ArrayList 或 LinkedList（甚至用 List.of 包装器包装的数组）调用这个方法。

> ✅ **提示：** 在这里，甚至还可以做得更好：可以接受一个 Iterable<Item>。Iterable 接口有一个抽象方法 iterator，增强的 for 循环在底层就使用了这个方法。Collection 接口扩展了 Iterable。

反过来，如果你的方法返回多个元素，你肯定不希望限制将来的改进。例如，考虑下面的代码：

```
public ArrayList<Item> lookupItems(. . .)
{
   var result = new ArrayList<Item>();
   . . .
   return result;
}
```

这个方法承诺返回一个 ArrayList，尽管调用者并不关心它是什么类型的列表。如果你返回一个 List，任何时候都可以通过调用 List.of 返回一个空列表或单例列表。

> 📑 **注释：** 既然将集合接口作为方法参数和返回类型是个很好的想法，为什么 Java 类库不一致地遵循这个规则呢？例如，JComboBox 有两个构造器：
>
> ```
> JComboBox(Object[] items)
> JComboBox(Vector<?> items)
> ```
>
> 之所以没有这样做，原因很简单：时间问题。Swing 类库是在集合类库之前创建的。

9.7　遗留的集合

从 Java 第 1 版问世以来，在集合框架出现之前已经存在大量"遗留的"容器类。
这些类已经集成到集合框架中，如图 9-12 所示。下面各节将简要介绍这些遗留的集合类。

9.7.1　Hashtable 类

经典的 Hashtable 类与 HashMap 类的作用一样，实际上，接口也基本相同。与 Vector 类的方法一样，Hashtable 方法也是同步的。如果对与遗留代码的兼容性没有任何要求，就应该使用 HashMap。如果需要并发访问，则要使用 ConcurrentHashMap，参见第 12 章。

9.7.2　枚举

遗留的集合使用 Enumeration 接口遍历元素序列。Enumeration 接口有两个方法，即 hasMore-

Elements 和 nextElement。这两个方法完全类似于 Iterator 接口的 hasNext 方法和 next 方法。

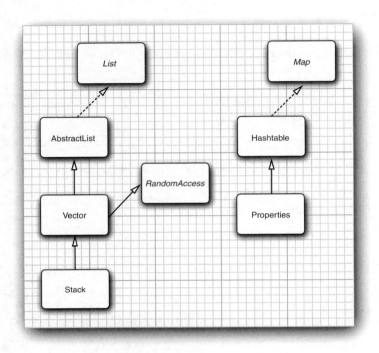

图 9-12　集合框架中的遗留类

如果发现遗留的类实现了这个接口, 可以使用 Collections.list 将元素收集到一个 ArrayList 中。例如, LogManager 类只是将登录者的名字提供为一个 Enumeration。可以如下得到所有登录者的名字:

```
ArrayList<String> loggerNames = Collections.list(LogManager.getLoggerNames());
```

或者, 在 Java 9 中, 可以把一个枚举转换为一个迭代器:

```
LogManager.getLoggerNames().asIterator().forEachRemaining(n -> { . . . });
```

有时还会遇到遗留的方法希望得到枚举参数。静态方法 Collections.enumeration 将产生一个枚举对象, 枚举集合中的元素。例如:

```
List<InputStream> streams = . . .;
var in = new SequenceInputStream(Collections.enumeration(streams));
    // the SequenceInputStream constructor expects an enumeration
```

📓 **注释**: 在 C++ 中, 用迭代器作为参数十分普遍。幸好, 在 Java 平台上, 只有极少的程序员沿用这种习惯。传递集合要比传递迭代器更为明智。集合对象的用途更大。接受方如果需要, 总是可以从集合获得迭代器, 而且, 还可以随时使用集合的所有方法。不过，可能会在某些遗留代码中发现枚举，因为在 Java 1.2 的集合框架出现之前，这是唯一可以使用的泛型集合机制。

API *java.util.Enumeration<E>* 1.0

- boolean hasMoreElements()

  如果还有更多的元素可以查看，则返回 true。

- E nextElement()

  返回要检测的下一个元素。如果 hasMoreElements() 返回 false，则不要调用这个方法。

- default Iterator<E> asIterator() 9

  生成一个迭代器，可以迭代处理枚举的元素。

API *java.util.Collections* 1.2

- static <T> Enumeration<T> enumeration(Collection<T> c)

  返回一个枚举，可以枚举 c 的元素。

- public static <T> ArrayList<T> list(Enumeration<T> e)

  返回一个数组列表，其中包含 e 枚举的元素。

9.7.3 属性映射

属性映射（property map）是一个特殊类型的映射结构。它有下面 3 个特性：

- 键与值都是字符串。
- 这个映射可以很容易地保存到文件以及从文件加载。
- 有一个二级表存放默认值。

实现属性映射的 Java 平台类名为 Properties。属性映射对于指定程序的配置选项很有用。例如：

```
var settings = new Properties();
settings.setProperty("width", "600.0");
settings.setProperty("filename", "/home/cay/books/cj11/code/v1ch11/raven.html");
```

可以使用 store 方法将属性映射列表保存到一个文件中。在这里，我们将属性映射保存在文件 program.properties 中。第二个参数是包含在这个文件中的注释。

```
var out = new FileOutputStream("program.properties");
settings.store(out, "Program Properties");
```

这个示例会给出以下输出：

```
#Program Properties
#Sun Dec 31 12:54:19 PST 2017
top=227.0
left=1286.0
width=423.0
height=547.0
filename=/home/cay/books/cj11/code/v1ch11/raven.html
```

要从文件加载属性，可以使用以下调用：

```
var in = new FileInputStream("program.properties");
settings.load(in);
```

System.getProperties 方法会生成 Properties 对象描述系统信息。例如，主目录包含键 "user.home"。可以用 getProperties 方法读取这个信息，它将键作为一个字符串返回：

```
String userDir = System.getProperty("user.home");
```

> **⚠ 警告：** 出于历史方面的原因，Properties 类实现了 Map<Object,Object>。因此，可以使用 Map 接口的 get 和 put 方法。不过，get 方法返回类型为 Object，而 put 方法允许插入任意的对象。所以最好坚持使用处理字符串而不是对象的 getProperty 和 setProperty 方法。

要得到虚拟机的 Java 版本，可以查找 "java.version" 属性。你会得到一个诸如 "9.0.1"（或者对应 Java 8 为 "1.8.0"）的字符串。

> **✔ 提示：** 可以看到，Java 9 中版本编号发生了变化。这个看起来很小的改变却让大量依赖于老版本格式的工具无法正常工作。如果要解析版本字符串，一定要好好看看 JEP 322（http://openjdk.java.net/jeps/322），了解将来（至少是版本编号机制再次改变之前）版本字符串会采用怎样的格式。

Properties 类有两种提供默认值的机制。第一种方法是，只要查找一个字符串的值，可以指定一个默认值，这样当键不存在时就会自动使用这个默认值。

```
String filename = settings.getProperty("filename", "");
```

如果属性映射中有一个 "filename" 属性，filename 就会设置为相应的字符串。否则，filename 会设置为空串。

如果觉得在每个 getProperty 调用中指定默认值太过麻烦，可以把所有默认值都放在一个二级属性映射中，并在主属性映射的构造器中提供这个二级映射。

```
var defaultSettings = new Properties();
defaultSettings.setProperty("width", "600");
defaultSettings.setProperty("height", "400");
defaultSettings.setProperty("filename", "");
. . .
var settings = new Properties(defaultSettings);
```

没错，如果为 defaultSettings 构造器提供另一个属性映射参数，甚至可以为默认值指定默认值，不过一般不会这么做。

本书随附代码提供了一个示例程序，展示了如何使用属性存储和加载程序状态。这个程序使用第 2 章的 ImageViewer 程序，可以记住帧窗口位置、大小和最后加载的文件。运行这个程序，加载一个文件，然后移动窗口和调整窗口大小。再关闭程序，然后重新打开，看它是否记住了你的文件和窗口的位置。还可以手动编辑主目录中的 .corejava/ImageViewer.properties

文件。

> **注释**：在 Java 9 之前，属性文件使用 7 位 ASCII 编码，如今则使用 UTF-8。

属性是没有层次结构的简单表格。通常会用类似 window.main.color、window.main.title 等引入一个假想的层次结构。不过 Properties 类没有方法来帮助组织这样一个层次结构。如果要存储复杂的配置信息，就应该改为使用 Preferences 类，参见第 10 章的介绍。

API **java.util.Properties 1.0**

- Properties()

  创建一个空属性映射。

- Properties(Properties defaults)

  用一组默认值创建一个空属性映射。

- String getProperty(String key)

  获得一个属性。返回与键（key）关联的值，或者如果这个键未在表中出现，则返回默认值表中与这个键关联的值，或者如果键在默认值表中也未出现，则返回 null。

- String getProperty(String key, String defaultValue)

  如果键未找到，获得有默认值的属性。返回与键关联的字符串，或者如果键在表中未出现，则返回默认字符串。

- Object setProperty(String key, String value)

  设置一个属性。返回给定键之前设置的值。

- void load(InputStream in) throws IOException

  从一个输入流加载一个属性映射。

- void store(OutputStream out, String header) **1.2**

  将一个属性映射保存到一个输出流。header 是所存储文件的第一行。

API **java.lang.System 1.0**

- Properties getProperties()

  获取所有系统属性。应用必须有权限获取所有属性，否则会抛出一个安全异常。

- String getProperty(String key)

  获取给定键名对应的系统属性。应用必须有权限获取这个属性，否则会抛出一个安全异常。以下属性总是允许获取：

```
java.version
java.vendor
java.vendor.url
java.home
java.class.path
java.library.path
java.class.version
os.name
os.version
```

```
os.arch
file.separator
path.separator
line.separator
java.io.tempdir
user.name
user.home
user.dir
java.compiler
java.specification.version
java.specification.vendor
java.specification.name
java.vm.specification.version
java.vm.specification.vendor
java.vm.specification.name
java.vm.version
java.vm.vendor
java.vm.name
```

9.7.4　栈

从 1.0 版开始，标准类库中就包含了 Stack 类，其中有大家熟悉的 push 方法和 pop 方法。但是，Stack 类扩展了 Vector 类，从理论角度看，Vector 类并不太令人满意，你甚至可以使用并非栈操作的 insert 和 remove 方法在任何地方插入和删除值，而不只是在栈顶。

API **java.util.Stack<E>** **1.0**

- E push(E item)

  将 item 压入栈并返回 item。

- E pop()

  弹出并返回栈顶的 item。如果栈为空，不要调用这个方法。

- E peek()

  返回栈顶元素，但不弹出。如果栈为空，不要调用这个方法。

9.7.5　位集

Java 平台的 BitSet 类用于存储一个位序列（它不是数学上的集，如果称为位向量或位数组可能更为合适）。如果需要高效地存储位序列（例如，标志），就可以使用位集。由于位集将位包装在字节里，所以使用位集要比使用 Boolean 对象的 ArrayList 高效得多。

BitSet 类提供了一个便于读取、设置或重置各个位的接口。使用这个接口可以避免掩码和其他调整位的操作，如果将位存储在 int 或 long 变量中就必须做这些烦琐的操作。

例如，对于一个名为 bucketOfBits 的 BitSet，

```
bucketOfBits.get(i)
```

如果第 i 位处于"开"状态，就返回 true；否则返回 false。类似地，

```
bucketOfBits.set(i)
```

将第 i 位置为"开"状态。最后，

```
bucketOfBits.clear(i)
```

将第 i 位置为"关"状态。

> **C++ 注释**：C++ 中的 bitset 模板与 Java 平台中的 BitSet 功能一样。

API java.util.BitSet 1.0

- BitSet(int initialCapacity)

  创建一个位集。

- int length()

  返回位集的"逻辑长度"，即 1 加上位集的最高位的索引。

- boolean get(int bit)

  获得一个位。

- void set(int bit)

  设置一个位。

- void clear(int bit)

  清除一个位。

- void and(BitSet set)

  这个位集与另一个位集进行逻辑"与"。

- void or(BitSet set)

  这个位集与另一个位集进行逻辑"或"。

- void xor(BitSet set)

  这个位集与另一个位集进行逻辑"异或"。

- void andNot(BitSet set)

  对应另一个位集中设置为 1 的所有位，将这个位集中相应的位清除为 0。

作为位集应用的一个示例，这里给出一个"埃拉托色尼筛选法"算法的实现，这个算法用来查找素数（素数是指只能被 1 和本身整除的数，例如 2、3 或 5，"埃拉托色尼筛选法"是最早发现的用来枚举这些基本数字的方法之一）。这并不是查找素数的一种非常好的方法，但是由于某些原因，它已经成为测试编译器性能的一种流行的基准。（这也不是一种很好的基准测试方法，因为它主要用于测试位操作。）

在此，我们要向传统致敬，给出这个算法的一个实现。这个程序将计算 2 ~ 2 000 000 之间的所有素数（一共有 148 933 个素数，所以你可能不希望把它们全部打印出来）。

这里并不想深入程序的细节，这里的关键是要遍历一个包含 200 万个位的位集。首先将所有的位置为"开"状态，然后，将已知素数的倍数所对应的位都置为"关"状态。经过这个操作保留下来的位对应的就是素数。程序清单 9-8 是用 Java 程序设计语言实现的这个算法程序，程序清单 9-9 是用 C++ 实现的代码。

📋 **注释:** 尽管这个筛选法并不是一种好的基准测试方法,不过这里还是测试了这个算法两个实现的运行时间。下面是在 i7-8550U 处理器和 16GB 内存(运行 Ubuntu 17.10)条件下的运行时间结果:

- C++(g++ 7.2.0):173 毫秒
- Java(Java 9.0.1):41 毫秒

我们已经对《Java 核心技术》的 10 个版本进行了这项测试,在最近的 6 个版本中,Java 轻松地战胜了 C++。公平地说,如果有人改变 C++ 编译器的优化级别,会比 Java 快 34 毫秒。如果程序运行的时间长到触发 Hotspot 即时编译器,Java 只能与 C++ 打个平手。

程序清单 9-8   sieve/Sieve.java

```java
1  package sieve;
2
3  import java.util.*;
4
5  /**
6   * This program runs the Sieve of Erathostenes benchmark. It computes all primes
7   * up to 2,000,000.
8   * @version 1.21 2004-08-03
9   * @author Cay Horstmann
10  */
11 public class Sieve
12 {
13    public static void main(String[] s)
14    {
15       int n = 2000000;
16       long start = System.currentTimeMillis();
17       var bitSet = new BitSet(n + 1);
18       int count = 0;
19       int i;
20       for (i = 2; i <= n; i++)
21          bitSet.set(i);
22       i = 2;
23       while (i * i <= n)
24       {
25          if (bitSet.get(i))
26          {
27             count++;
28             int k = 2 * i;
29             while (k <= n)
30             {
31                bitSet.clear(k);
32                k += i;
33             }
34          }
35          i++;
36       }
37       while (i <= n)
```

```
38      {
39          if (bitSet.get(i)) count++;
40          i++;
41      }
42      long end = System.currentTimeMillis();
43      System.out.println(count + " primes");
44      System.out.println((end - start) + " milliseconds");
45  }
46 }
```

程序清单 9-9　sieve/Sieve.cpp

```cpp
1  /**
2      @version 1.21 2004-08-03
3      @author Cay Horstmann
4  */
5
6  #include <bitset>
7  #include <iostream>
8  #include <ctime>
9
10 using namespace std;
11
12 int main()
13 {
14     const int N = 2000000;
15     clock_t cstart = clock();
16
17     bitset<N + 1> b;
18     int count = 0;
19     int i;
20     for (i = 2; i <= N; i++)
21         b.set(i);
22     i = 2;
23     while (i * i <= N)
24     {
25         if (b.test(i))
26         {
27             count++;
28             int k = 2 * i;
29             while (k <= N)
30             {
31                 b.reset(k);
32                 k += i;
33             }
34         }
35         i++;
36     }
37     while (i <= N)
38     {
39         if (b.test(i))
40             count++;
41         i++;
```

```
42    }
43
44    clock_t cend = clock();
45    double millis = 1000.0 * (cend - cstart) / CLOCKS_PER_SEC;
46
47    cout << count << " primes\n" << millis << " milliseconds\n";
48
49    return 0;
50 }
```

到此为止，Java 集合框架的旅程就结束了。正如你所看到的，Java 类库提供了大量集合类以适应程序设计的需要。在下一章中，我们要学习如何编写图形用户界面。

第 10 章　图形用户界面程序设计

▲ Java 用户界面工具包简史　　　　　▲ 事件处理
▲ 显示窗体　　　　　　　　　　　　　▲ 首选项 API
▲ 在组件中显示信息

Java 诞生时，大多数计算机用户都在使用图形化桌面应用。如今，基于浏览器的应用以及移动应用则要常见得多。不过，有些时候还是有必要提供一个桌面应用。在本章和下一章中，我们将讨论使用 Swing 工具包实现用户界面编程的基础。或者，如果你更愿意使用 Java 实现服务器端编程，而对编写 GUI 程序不感兴趣，那么完全可以跳过这两章。

10.1　Java 用户界面工具包简史

在 Java 1.0 刚刚出现的时候，它包含了一个用于基本 GUI 程序设计的类库，名为抽象窗口工具包（Abstract Window Toolkit，AWT）。基本 AWT 库将处理用户界面元素的任务委托给各个目标平台（Windows、Solaris、Macintosh 等）上的原生 GUI 工具包，由原生 GUI 工具包负责用户界面元素的创建和行为。例如，如果使用最初的 AWT 在 Java 窗口中放置一个文本框，就会有一个底层的"对等"文本框具体处理文本输入。从理论上说，所得到的程序可以运行在任何平台上，而且有目标平台的观感（look and feel）。

对于简单的应用，这种基于"对等元素"的方法是可行的。但是，要想编写依赖于原生用户界面元素的高质量、可移植的图形库，显然极其困难。例如，在不同的平台上，菜单、滚动条和文本域这些用户界面元素的操作行为存在着一些微妙的差别。因此，要想利用这种方法为用户提供一致的、可预见性的体验是相当困难的。而且，有些图形环境（如 X11/Motif）并没有像 Windows 或 Macintosh 这样丰富的用户界面组件集合。这就进一步限制了基于"最小公分母"方法实现的可移植库。因此，使用 AWT 构建的 GUI 应用程序看起来没有原生的 Windows 或 Macintosh 应用那么漂亮，也没有提供那些平台用户所期望的功能。更加糟糕的是，不同平台上的 AWT 用户界面库中存在着不同的 bug。研发人员必须在每一个平台上测试应用程序，因此人们嘲弄地把这种做法称为"一次编写，到处调试"。

1996 年，Netscape 创建了一种称为 IFC（Internet Foundation Class）的 GUI 库，它采用了与 AWT 完全不同的工作方式。它将按钮、菜单等用户界面元素绘制在空白窗口上。底层窗口系统所需的唯一功能就是能够显示一个窗口，并在这个窗口中绘制。因此，不论程序在哪个平台上运行，Netscape 的 IFC 组件都有着相同的外观和行为。Sun 公司与 Netscape 合作完善了这种方法，创建了一个名为 Swing 的用户界面库。Swing 作为 Java 1.1 的一个扩展，现已成为 Java 1.2 标准库的一部分。

Swing 现在是不基于对等元素的 GUI 工具包的官方名字。

> 📋 **注释**：Swing 不是完全替代 AWT，而是构建在 AWT 架构之上。Swing 只是提供了更加强大的用户界面组件。编写 Swing 程序时，还是在使用 AWT 的基本机制，特别是事件处理。从现在开始，我们谈到 Swing 时是指 "绘制的" 用户界面类；而谈到 "AWT" 时是指窗口工具包的底层机制，如事件处理。

Swing 必须努力绘制用户界面的每一个像素。Swing 最早发布时，用户曾抱怨它的速度太慢了。（如果你在一个类似 Raspberry Pi 的硬件上运行 Swing 应用，仍然能感受到这个问题）。后来，桌面计算机变得越来越快，用户又开始抱怨 Swing 太丑了，确实，与带动画和华丽效果的原生部件相比，Swing 是很落后。对 Swing 更不利的是，人们越来越多地使用 Adobe Flash 来创建效果更酷炫的用户界面，甚至根本不使用任何原生控件。

2007 年，Sun Microsystems 引入了一种完全不同的用户界面工具包，名为 JavaFX，希望与 Flash 竞争。JavaFX 在 Java 虚拟机上运行，不过有自己的编程语言，名为 JavaFX 脚本语言。这种语言专门为实现动画和华丽效果做了优化。这一回，程序员又开始抱怨还得学习一种新语言，所以他们并不愿意使用这个工具包。到了 2011 年，Oracle 发布了一个新版本，JavaFX 2.0，它提供了一个 Java API，现在不再需要一种单独的编程语言了。从 Java 7 update 6 开始，JavaFX 已经与 JDK 和 JRE 一起打包。不过，写作本书时，Oracle 宣布从 Java 11 开始，JavaFX 将不再打包到 Java 中。

由于本书介绍的是核心 Java 语言和 API，所以我们将重点讨论使用 Swing 实现用户界面编程。

> ✅ **提示**：我们还为你提供了额外的一章介绍 JavaFX，可以免费从 http://horstmann.com/corejava 下载该章的 PDF 文件。

10.2　显示窗体

在 Java 中，顶层窗口（就是没有包含在其他窗口中的窗口）称为窗体（frame）。AWT 库中有一个称为 Frame 的类，用于描述这个顶层窗口。这个类的 Swing 版本名为 JFrame，它扩展了 Frame 类。JFrame 是极少数几个不绘制在画布上的 Swing 组件之一。因此，它的修饰部件（按钮、标题栏、图标等）由用户的窗口系统绘制，而不是由 Swing 绘制。

> ⚠️ **警告**：绝大多数 Swing 组件类都以 "J" 开头，例如，JButton、JFrame 等。在 Java 中也有 Button 和 Frame 这样的类，但它们属于 AWT 组件。如果不小心忘记加上 "J"，程序仍然可以编译和运行，但是将 Swing 和 AWT 组件混合在一起使用将会导致视觉和行为的不一致。

10.2.1 创建窗体

在本节中，我们将介绍使用 Swing JFrame 的最常见方法。程序清单 10-1 给出了在屏幕中显示一个空窗体的简单程序，如图 10-1 所示。

图 10-1 最简单的可见窗体

程序清单 10-1 simpleframe/SimpleFrameTest.java

```java
1  package simpleFrame;
2
3  import java.awt.*;
4  import javax.swing.*;
5
6  /**
7   * @version 1.34 2018-04-10
8   * @author Cay Horstmann
9   */
10 public class SimpleFrameTest
11 {
12    public static void main(String[] args)
13    {
14       EventQueue.invokeLater(() ->
15          {
16             var frame = new SimpleFrame();
17             frame.setDefaultCloseOperation(JFrame.EXIT_ON_CLOSE);
18             frame.setVisible(true);
19          });
20    }
21 }
22
23 class SimpleFrame extends JFrame
24 {
25    private static final int DEFAULT_WIDTH = 300;
26    private static final int DEFAULT_HEIGHT = 200;
27
28    public SimpleFrame()
29    {
30       setSize(DEFAULT_WIDTH, DEFAULT_HEIGHT);
31    }
32 }
```

下面来逐行分析这个程序。

Swing 类位于 javax.swing 包中。包名 javax 表示这是一个 Java 扩展包，而不是核心包。出于历史原因 Swing 类被认为是一个扩展。不过从 1.2 版本开始，每个 Java 实现中都包含这个类。

在默认情况下，窗体的大小为 0 × 0 像素，这种窗体没有什么实际意义。这里定义了一个子类 SimpleFrame，它的构造器将窗体大小设置为 300 × 200 像素。这是 SimpleFrame 和 JFrame 之间唯一的差别。

在 SimpleFrameTest 类的 main 方法中，我们构造了一个 SimpleFrame 对象并使它可见。

在每个 Swing 程序中，有两个技术问题需要强调。

首先，所有的 Swing 组件必须由事件分派线程（event dispatch thread）配置，这是控制线程，它将鼠标点击和按键等事件传递给用户接口组件。下面的代码段用来执行事件分派线程中的语句：

```
EventQueue.invokeLater(() ->
    {
        statements
    });
```

> 📋 **注释**：你会看到，很多 Swing 程序并没有在事件分派线程中初始化用户界面。原先完全可以接受在主线程中完成初始化。遗憾的是，随着 Swing 组件变得越来越复杂，JDK 开发人员无法保证这种方式的安全性。虽然发生错误的概率非常小，但任何人都不愿意成为遭遇这种间歇性问题的少数不幸者之一。最好采用正确的做法，即使代码看起来有些神秘。

接下来，定义用户关闭这个窗体时的响应动作。对于这个程序而言，我们只是让程序简单地退出。选择这个响应动作的语句是：

```
frame.setDefaultCloseOperation(JFrame.EXIT_ON_CLOSE);
```

在包含多个窗体的程序中，不能在用户关闭其中的一个窗体时就让程序退出。在默认情况下，用户关闭窗体时只是将窗体隐藏起来，而程序并没有终止（一旦最后一个窗体不可见，程序才终止，这样处理比较合适，但 Swing 并不是这样工作的）。

仅仅只是构造窗体，窗体是不会自动显示出来的。窗体起初是不可见的。这就给了程序员一个机会，可以在窗体第一次显示之前向其中添加组件。为了显示窗体，main 方法需要调用窗体的 setVisible 方法。

在初始化语句结束后，main 方法退出。需要注意，退出 main 并没有终止程序，终止的只是主线程。事件分派线程会保持程序处于激活状态，直到关闭窗体或调用 System.exit 方法终止程序。

图 10-1 中显示的是运行程序清单 10-1 的结果，它只是一个很乏味的顶层窗口。在这个图中可以看到，标题栏和外框装饰（比如，重置窗口大小的拐角）都是由操作系统绘制的，而不是 Swing 库。Swing 库负责绘制窗体内的所有内容。在这个程序中，它只是用默认的背

景色填充了窗体。

10.2.2 窗体属性

JFrame 类本身只包含若干个改变窗体外观的方法。当然,利用继承的魔力,大多数处理窗体大小和位置的方法都来自 JFrame 的各个超类。其中最重要的有以下方法:

- setLocation 方法和 setBounds 方法用于设置窗体的位置。
- setIconImage 方法用于告诉窗口系统在标题栏、任务切换窗口等位置显示哪个图标。
- setTitle 方法用于改变标题栏的文字。
- setResizable 利用一个 boolean 值确定是否允许用户改变窗体的大小。

图 10-2 给出了 JFrame 类的继承层次。

正像 API 注解中所说的,需要在 Component 类(是所有 GUI 对象的祖先)和 Window 类(Frame 类的超类)中寻找调整窗体大小和改变窗体形状的方法。例如,Component 类中的 setLocation 方法是一个重新定位组件的方法。如果调用

setLocation(x, y)

则窗口左上角要位于水平向右 x 像素,垂直向下 y 像素的位置,坐标(0,0)是屏幕的左上角位置。类似地,Component 中的 setBounds 方法可以实现一步调整组件(特别是 JFrame)的大小和位置,例如:

setBounds(x, y, width, height)

组件类的很多方法是以获取 / 设置方法对形式出现的,例如,Frame 类的以下方法:

```
public String getTitle()
public void setTitle(String title)
```

这样的一对获取 / 设置方法被称为属性(property)。属性有一个名和一个类型。将 get 或 set 之后的第一个字母改为小写字母就可以得到相应的属性名。例如,Frame 类有一个名为 title 且类型为 String 的属性。

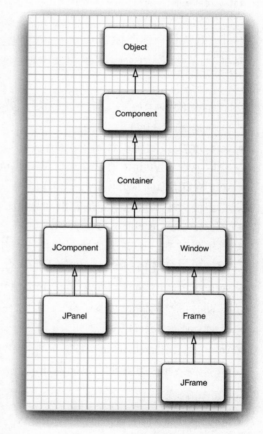

图 10-2 AWT 和 Swing 中窗体及组件类的继承层次

从概念上讲,title 是窗体的一个属性。当设置这个属性时,我们希望用户屏幕上的标题能够改变。当获取这个属性时,希望能够返回已经设置的属性值。

关于 get/set 约定,有一个例外:对于类型为 boolean 的属性,获取方法以 is 开头。例如,下面两个方法定义了 resizable 属性:

```
public boolean isResizable()
public void setResizable(boolean resizable)
```

要确定适当的窗体大小，首先要得出屏幕的大小。调用 Toolkit 类的静态方法 getDefault-Toolkit 得到一个 Toolkit 对象（Toolkit 类相当于一个"基地"，包含大量与原生窗口系统交互的方法）。然后，调用 getScreenSize 方法，这个方法以 Dimension 对象的形式返回屏幕的大小。Dimension 对象同时用公共（!）实例变量 width 和 height 保存屏幕的宽度和高度。然后可以使用屏幕大小的一个适当的百分数指定窗体的大小。下面是相关的代码：

```
Toolkit kit = Toolkit.getDefaultToolkit();
Dimension screenSize = kit.getScreenSize();
int screenWidth = screenSize.width;
int screenHeight = screenSize.height;
setSize(screenWidth / 2, screenHeight / 2);
```

另外，还提供窗体图标。

```
Image img = new ImageIcon("icon.gif").getImage();
setIconImage(img);
```

API **java.awt.Component 1.0**

- boolean isVisible()
- void setVisible(boolean b)

  获取或设置 visible 属性。组件最初是可见的，但类似 JFrame 的顶层组件例外。

- void setSize(int width, int height) **1.1**

  将组件大小调整为给定的宽度和高度。

- void setLocation(int x, int y) **1.1**

  将组件移到一个新的位置。如果这个组件不是顶层组件，x 和 y 坐标是容器坐标；否则如果组件是顶层组件（例如：JFrame），x 和 y 坐标就使用屏幕坐标。

- void setBounds(int x, int y, int width, int height) **1.1**

  移动并调整组件的大小。

- Dimension getSize() **1.1**
- void setSize(Dimension d) **1.1**

  获取或设置当前组件的 size 属性。

API **java.awt.Window 1.0**

- void setLocationByPlatform(boolean b) **5**

  获取或设置 locationByPlatform 属性。这个属性在窗口显示之前设置时，由平台选择一个合适的位置。

API **java.awt.Frame 1.0**

- boolean isResizable()
- void setResizable(boolean b)

获取或设置 resizable 属性。设置了这个属性时（属性值为 true），用户可以调整窗体的大小。

- String getTitle()
- void setTitle(String s)

  获取或设置 title 属性，这个属性确定窗体标题栏中的文字。
- Image getIconImage()
- void setIconImage(Image image)

  获取或设置 iconImage 属性，这个属性确定窗体的图标。窗口系统可能会将这个图标显示为窗体装饰的一部分或者显示在其他位置。

API **java.awt.Toolkit 1.0**

- static Toolkit getDefaultToolkit()

  返回默认的工具箱。
- Dimension getScreenSize()

  返回用户屏幕的大小。

API **javax.swing.ImageIcon 1.2**

- ImageIcon(String filename)

  构造一个图标，其图像存储在一个文件中。
- Image getImage()

  获得该图标的图像。

10.3 在组件中显示信息

本节将介绍如何在窗体内显示信息（如图 10-3 所示）。

可以将消息字符串直接绘制在窗体中，但这并不是一种好的编程习惯。在 Java 中，窗体实际上设计为组件的容器，如菜单栏和其他用户界面元素。在通常情况下，应该在添加到窗体的另一个组件上绘制信息。

JFrame 的结构相当复杂。在图 10-4 中给出了 JFrame 的组成。可以看到，在 JFrame 中有四层窗格。其中的根窗格、层级窗格和玻璃窗格人们并不太关心；它们要用来组织菜单栏和内容窗格以及实现观感。Swing 程序员最关心的是内容窗格（content pane）。添加到窗体的所有组件都会自动添加到内容窗格中：

图 10-3　显示信息的窗体

```
Component c = . . .;
frame.add(c); // added to the content pane
```

在这里，我们打算将一个组件添加到窗体中，消息将绘制在这个组件上。要在一个组件上绘制，需要定义一个扩展 JComponent 的类，并覆盖其中的 paintComponent 方法。

图 10-4　JFrame 的内部结构

　　paintComponent 方法有一个 Graphics 类型的参数，Graphics 对象保存着用于绘制图像和文本的一组设置，例如，你设置的字体或当前的颜色。在 Java 中，所有的绘制都必须通过 Graphics 对象完成，其中包含了绘制图案、图像和文本的方法。

　　可以如下创建一个能够进行绘制的组件：

```
class MyComponent extends JComponent
{
    public void paintComponent(Graphics g)
    {
        code for drawing
    }
}
```

　　无论何种原因，只要窗口需要重新绘制，事件处理器就会通知组件，从而引发执行所有组件的 paintComponent 方法。

　　绝对不要自己调用 paintComponent 方法。只要应用的某个部分需要重新绘制，就会自动调用这个方法，不要人为地干预这个自动的处理过程。

　　哪些动作会触发这个自动响应呢？例如，用户扩大窗口时，或者极小化窗口后又恢复窗口的大小时，就会引发绘制。如果用户弹出了另外一个窗口，并且这个窗口覆盖了一个已有的窗口，然后让这个上层窗口消失，此时被覆盖的那个窗口已被破坏，需要重新绘制（图形系统不保存下层的像素）。当然，窗口第一次显示时需要处理一些代码，指定如何绘制以及在哪里绘制初始的元素。

　　✅ 提示：如果需要强制重新绘制屏幕，需要调用 repaint 方法而不是 paintComponent 方法。repaint 方法将引发采用适当配置的 Graphics 对象调用所有组件的 paintComponent 方法。

从上述代码片段中可以看到，paintComponent 方法只有一个 Graphics 类型的参数。对于屏幕显示来说，Graphics 对象的度量单位是像素。坐标（0，0）指示所绘制组件的左上角。

Graphics 类有很多绘制方法，显示文本是一种特殊的绘制。我们的 paintComponent 方法如下所示：

```java
public class NotHelloWorldComponent extends JComponent
{
    public static final int MESSAGE_X = 75;
    public static final int MESSAGE_Y = 100;

    public void paintComponent(Graphics g)
    {
        g.drawString("Not a Hello, World program", MESSAGE_X, MESSAGE_Y);
    }
    . . .
}
```

最后，组件要告诉用户它会有多大。覆盖 getPreferredSize 方法，返回一个有首选宽度和高度的 Dimension 类对象：

```java
public class NotHelloWorldComponent extends JComponent
{
    private static final int DEFAULT_WIDTH = 300;
    private static final int DEFAULT_HEIGHT = 200;
    . . .
    public Dimension getPreferredSize()
    {
        return new Dimension(DEFAULT_WIDTH, DEFAULT_HEIGHT);
    }
}
```

在窗体中填入一个或多个组件时，如果你只想使用它们的首选大小，可以调用 pack 方法而不是 setSize 方法：

```java
class NotHelloWorldFrame extends JFrame
{
    public NotHelloWorldFrame()
    {
        add(new NotHelloWorldComponent());
        pack();
    }
}
```

程序清单 10-2 给出了完整的代码。

程序清单 10-2　notHelloWorld/NotHelloWorld.java

```java
1 package notHelloWorld;
2
3 import javax.swing.*;
4 import java.awt.*;
5
6 /**
7  * @version 1.34 2018-04-10
8  * @author Cay Horstmann
```

```
 9  */
10  public class NotHelloWorld
11  {
12     public static void main(String[] args)
13     {
14        EventQueue.invokeLater(() ->
15           {
16              var frame = new NotHelloWorldFrame();
17              frame.setTitle("NotHelloWorld");
18              frame.setDefaultCloseOperation(JFrame.EXIT_ON_CLOSE);
19              frame.setVisible(true);
20           });
21     }
22  }
23
24  /**
25   * A frame that contains a message panel.
26   */
27  class NotHelloWorldFrame extends JFrame
28  {
29     public NotHelloWorldFrame()
30     {
31        add(new NotHelloWorldComponent());
32        pack();
33     }
34  }
35
36  /**
37   * A component that displays a message.
38   */
39  class NotHelloWorldComponent extends JComponent
40  {
41     public static final int MESSAGE_X = 75;
42     public static final int MESSAGE_Y = 100;
43
44     private static final int DEFAULT_WIDTH = 300;
45     private static final int DEFAULT_HEIGHT = 200;
46
47     public void paintComponent(Graphics g)
48     {
49        g.drawString("Not a Hello, World program", MESSAGE_X, MESSAGE_Y);
50     }
51
52     public Dimension getPreferredSize()
53     {
54        return new Dimension(DEFAULT_WIDTH, DEFAULT_HEIGHT);
55     }
56  }
```

API **javax.swing.JFrame** 1.2

- Component add(Component c)

  将一个给定的组件添加到该窗体的内容窗格中，并返回这个组件。

API `java.awt.Component` `1.0`

- `void repaint()`
  "尽可能快地" 重新绘制组件。
- `Dimension getPreferredSize()`
  覆盖这个方法，以返回这个组件的首选大小。

API `javax.swing.JComponent` `1.2`

- `void paintComponent(Graphics g)`
  覆盖这个方法来描述需要如何绘制组件。

API `java.awt.Window` `1.0`

- `void pack()`
  调整窗口大小，要考虑其组件的首选大小。

10.3.1　处理 2D 图形

从 Java 版本 1.0 以来，Graphics 类就包含绘制直线、矩形和椭圆等方法。但是，这些绘制图形的操作能力非常有限。我们将使用 Java 2D 库的图形类。

要想使用 Java 2D 库绘制图形，需要获得 Graphics2D 类的一个对象。这个类是 Graphics 类的子类。自从 Java 1.2 版本以来，paintComponent 等方法会自动地接收一个 Graphics2D 类对象。只需要使用一个类型强制转换，如下所示：

```
public void paintComponent(Graphics g)
{
    Graphics2D g2 = (Graphics2D) g;
    . . .
}
```

Java 2D 库采用面向对象的方式组织几何图形。具体来说，它提供了表示直线、矩形和椭圆的类：

```
Line2D
Rectangle2D
Ellipse2D
```

这些类都实现了 Shape 接口。Java 2D 库支持更加复杂的图形，例如圆弧、二次曲线、三次曲线和通用路径（本章不讨论这些内容）。

要想绘制一个图形，首先要创建一个实现了 Shape 接口的类的对象，然后调用 Graphics2D 类的 draw 方法。例如，

```
Rectangle2D rect = . . .;
g2.draw(rect);
```

Java 2D 库针对像素采用的是浮点坐标，而不是整数坐标。内部计算都采用单精度 float。毕竟，几何计算的最终目的是要在屏幕或打印机上设置像素，所以单精度完全可以满足要求。只要舍入误差限制在一个像素的范围内，视觉效果就不会受到影响。

不过，有时候程序员处理 float 并不太方便，这是因为 Java 程序设计语言在将 double 值转换成 float 值时必须进行强制类型转换。例如，考虑以下语句：

```
float f = 1.2; // ERROR--possible loss of precision
```

这条语句无法通过编译，因为常量 1.2 为 double 类型，而编译器不允许损失精度。解决方法是给浮点常量添加一个后缀 F：

```
float f = 1.2F; // OK
```

现在，来看下面这条语句：

```
float f = r.getWidth(); // ERROR
```

这条语句也无法通过编译，其原因与前面一样。getWidth 方法的返回类型是 double。这一次的补救办法是提供一个强制类型转换：

```
float f = (float) r.getWidth(); // OK
```

加后缀和强制类型转换都有点麻烦，所以 2D 库的设计者决定为每个图形类提供两个版本：一个是为那些想节省空间的程序员提供的版本，要使用 float 类型的坐标；另一个是为那些懒惰的程序员提供的版本，会使用 double 类型的坐标（本书采用的是第二个版本，即尽可能使用 double 类型的坐标）。

这个库的设计者采用了一种古怪的机制对这些选择进行打包。请考虑 Rectangle2D 类，这是一个抽象类，有两个具体子类，这两个具体子类也是静态内部类：

```
Rectangle2D.Float
Rectangle2D.Double
```

图 10-5 显示了它们的继承图。

最好先不要考虑这两个具体类是静态内部类的事实，这个技巧只是为了避免使用类似 FloatRectangle2D 和 DoubleRectangle2D 的名字。

当构造一个 Rectangle2D.Float 对象时，要为坐标提供 float 数。而构造 Rectangle2D. Double 对象时，应该提供 double 数。

图 10-5　2D 矩形类

```
var floatRect = new Rectangle2D.Float(10.0F, 25.0F, 22.5F, 20.0F);
var doubleRect = new Rectangle2D.Double(10.0, 25.0, 22.5, 20.0);
```

构造参数表示矩形的左上角位置、宽和高。

Rectangle2D 方法的参数和返回值均使用 double 类型。例如，尽管 Rectangle2D.Float 对象将宽度存储为一个 float 值，但 getWidth 方法会返回一个 double 值。

> ✔️ 提示：直接使用 Double 图形类可以完全避免处理 float 类型的值。不过如果需要构造上千个图形对象，还是应该考虑使用 Float 类，这样可以节省存储空间。

前面对 Rectangle2D 类的讨论也适用于其他图形类。另外，Point2D 类也有两个子类 Point2D.Float 和 Point2D.Double。可以如下构造一个点对象：

```
var p = new Point2D.Double(10, 20);
```

Rectangle2D 和 Ellipse2D 类都是由公共超类 RectangularShape 继承来的。无可否认，椭圆不是矩形，但椭圆有一个外接矩形，如图 10-6 所示。

RectangularShape 类定义了 20 多个有关图形操作的通用方法，其中比较常用的方法有 getWidth、getHeight、getCenterX、getCenterY 等（不过很遗憾，在写作本书时，getCenter 方法还不能以 Point2D 对象的形式返回中心位置）。

图 10-6 椭圆的外接矩形

最后，从 Java 1.0 遗留下来的两个类也被放置在图形类的继承层次中。它们是 Rectangle 和 Point 类，分别扩展了 Rectangle2D 和 Point2D 类，它们用整型坐标存储矩形和点。

图 10-7 给出了图形类之间的关系。不过，这里省略了 Double 和 Float 子类。图中的遗留类采用填充灰色的方式标记。

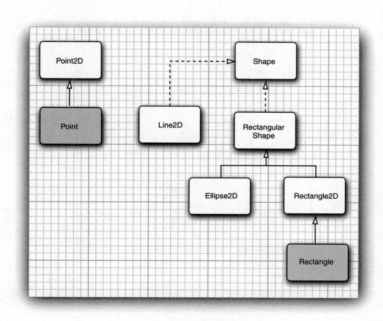

图 10-7 图形类之间的关系

Rectangle2D 和 Ellipse2D 对象很容易构造。需要指定

- 左上角的 x 和 y 坐标；

● 宽和高。

对于椭圆，这些表示外接矩形。例如，

```
var e = new Ellipse2D.Double(150, 200, 100, 50);
```

这会构造一个椭圆，它的外接矩形左上角位于（150，200）、宽为 100、高为 50。

构造椭圆时，通常知道椭圆的中心、宽和高，而不是外接矩形的四角顶点（它们甚至不在椭圆上）。setFrameFromCenter 方法使用中心点，但还要给出四个顶点中的一个。因此，通常采用以下方式构造椭圆：

```
var ellipse
    = new Ellipse2D.Double(centerX - width / 2, centerY - height / 2, width, height);
```

要想构造一条直线，需要提供起点和终点。这两个点既可以使用 Point2D 对象表示，也可以使用一对数值表示：

```
var line = new Line2D.Double(start, end);
```

或者

```
var line = new Line2D.Double(startX, startY, endX, endY);
```

程序清单 10-3 中的程序绘制了一个矩形、这个矩形的内接椭圆、矩形的对角线以及以矩形中心为圆点的圆。图 10-8 显示了结果。

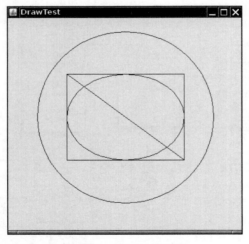

图 10-8　绘制几何图形

程序清单 10-3　draw/DrawTest.java

```
1 package draw;
2
3 import java.awt.*;
4 import java.awt.geom.*;
5 import javax.swing.*;
6
```

```
7   /**
8    * @version 1.34 2018-04-10
9    * @author Cay Horstmann
10   */
11  public class DrawTest
12  {
13     public static void main(String[] args)
14     {
15        EventQueue.invokeLater(() ->
16           {
17              var frame = new DrawFrame();
18              frame.setTitle("DrawTest");
19              frame.setDefaultCloseOperation(JFrame.EXIT_ON_CLOSE);
20              frame.setVisible(true);
21           });
22     }
23  }
24
25  /**
26   * A frame that contains a panel with drawings.
27   */
28  class DrawFrame extends JFrame
29  {
30     public DrawFrame()
31     {
32        add(new DrawComponent());
33        pack();
34     }
35  }
36
37  /**
38   * A component that displays rectangles and ellipses.
39   */
40  class DrawComponent extends JComponent
41  {
42     private static final int DEFAULT_WIDTH = 400;
43     private static final int DEFAULT_HEIGHT = 400;
44
45     public void paintComponent(Graphics g)
46     {
47        var g2 = (Graphics2D) g;
48
49        // draw a rectangle
50
51        double leftX = 100;
52        double topY = 100;
53        double width = 200;
54        double height = 150;
55
56        var rect = new Rectangle2D.Double(leftX, topY, width, height);
57        g2.draw(rect);
58
59        // draw the enclosed ellipse
60
```

```
61        var ellipse = new Ellipse2D.Double();
62        ellipse.setFrame(rect);
63        g2.draw(ellipse);
64
65        // draw a diagonal line
66
67        g2.draw(new Line2D.Double(leftX, topY, leftX + width, topY + height));
68
69        // draw a circle with the same center
70
71        double centerX = rect.getCenterX();
72        double centerY = rect.getCenterY();
73        double radius = 150;
74
75        var circle = new Ellipse2D.Double();
76        circle.setFrameFromCenter(centerX, centerY, centerX + radius, centerY + radius);
77        g2.draw(circle);
78    }
79
80    public Dimension getPreferredSize()
81    {
82        return new Dimension(DEFAULT_WIDTH, DEFAULT_HEIGHT);
83    }
84 }
```

API **java.awt.geom.RectangularShape** 1.2

- double getCenterX()
- double getCenterY()
- double getMinX()
- double getMinY()
- double getMaxX()
- double getMaxY()

  返回闭合矩形的中心，以及最小、最大 x 和 y 坐标值。

- double getWidth()
- double getHeight()

  返回闭合矩形的宽和高。

- double getX()
- double getY()

  返回闭合矩形左上角的 x 和 y 坐标。

API **java.awt.geom.Rectangle2D.Double** 1.2

- Rectangle2D.Double(double x, double y, double w, double h)

  利用给定的左上角、宽和高，构造一个矩形。

API java.awt.geom.Ellipse2D.Double 1.2

- Ellipse2D.Double(double x, double y, double w, double h)

  利用有给定左上角、宽和高的外接矩形，构造一个椭圆。

API java.awt.geom.Point2D.Double 1.2

- Point2D.Double(double x, double y)

  利用给定坐标构造一个点。

API java.awt.geom.Line2D.Double 1.2

- Line2D.Double(Point2D start, Point2D end)
- Line2D.Double(double startX, double startY, double endX, double endY)

  使用给定的起点和终点，构造一条直线。

10.3.2　使用颜色

使用 Graphics2D 类的 setPaint 方法可以为图形上下文上的所有后续的绘制操作选择颜色。例如：

```
g2.setPaint(Color.RED);
g2.drawString("Warning!", 100, 100);
```

可以用一种颜色填充一个封闭图形（例如，矩形或椭圆）的内部。为此，只需要将调用 draw 替换为调用 fill：

```
Rectangle2D rect = . . .;
g2.setPaint(Color.RED);
g2.fill(rect); // fills rect with red
```

要想用多种颜色绘制，就需要选择一个颜色、绘制图形、再选择另外一种颜色、再绘制图形。

> 📓 **注释**：fill 方法会在右侧和下方少绘制一个像素。例如，如果绘制一个 new Rectangle2D. Double(0, 0, 10, 20)，绘制的矩形将包括 x = 10 和 y = 20 的像素。如果填充这个矩形，则不会绘制 x = 10 和 y = 20 的像素。

Color 类用于定义颜色。在 java.awt.Color 类中提供了 13 个预定义的常量，它们分别表示 13 种标准颜色。

```
BLACK, BLUE, CYAN, DARK_GRAY, GRAY, GREEN, LIGHT_GRAY,
MAGENTA, ORANGE, PINK, RED, WHITE, YELLOW
```

可以提供三色分量来创建 Color 对象，从而指定一个定制颜色。红、绿和蓝三种颜色取值为 0 ~ 255 之间的整数：

```
g2.setPaint(new Color(0, 128, 128)); // a dull blue-green
g2.drawString("Welcome!", 75, 125);
```

📋 **注释**：除了纯色以外，还可以调用 setPaint 并提供实现了 Paint 接口的类实例作为参数。这样绘制时可以支持灰度和纹理。

要想设置背景颜色，需要使用 Component 类中的 setBackground 方法。Component 类是 JComponent 类的祖先。

```
var component = new MyComponent();
component.setBackground(Color.PINK);
```

另外，还有一个 setForeground 方法，它用来指定在组件上进行绘制时使用的默认颜色。

API **java.awt.Color 1.0**

- Color(int r, int g, int b)

  用给定的红、绿、蓝分量（取值为 0 ～ 255）创建一个颜色对象。

API **java.awt.Graphics2D 1.2**

- Paint getPaint()
- void setPaint(Paint p)

  获取或设置这个图形上下文的绘制属性。Color 类实现了 Paint 接口。因此，可以使用这个方法将绘制属性设置为纯色。

- void fill(Shape s)

  用当前的颜料填充图形。

API **java.awt.Component 1.0**

- Color getForeground()
- Color getBackground()
- void setForeground(Color c)
- void setBackground(Color c)

  获取或设置前景或背景颜色。

10.3.3　使用字体

在本章开始的"Not a Hello World"程序中用默认字体显示了一个字符串。有时，你可能希望用不同的字体显示文本。可以通过字体名（font face name）指定一种字体。字体名由字体族名（font family name，如"Helvetica"）和一个可选的后缀（如"Bold"）组成。例如，"Helvetica"和"Helvetica Bold"都属于名为"Helvetica"字体族的字体。

要想知道某台特定计算机上可用的字体，可以调用 GraphicsEnvironment 类的 getAvailable-FontFamilyNames 方法。这个方法将返回一个字符串数组，其中包含了所有可用的字体名。GraphicsEnvironment 类描述了用户系统的图形上下文，为了得到这个类的对象，需要调用静态的 getLocalGraphicsEnvironment 方法。下面这个程序将打印出你的系统上的所有字体名：

```
import java.awt.*;

public class ListFonts
{
   public static void main(String[] args)
   {
      String[] fontNames = GraphicsEnvironment
         .getLocalGraphicsEnvironment()
         .getAvailableFontFamilyNames();
      for (String fontName : fontNames)
         System.out.println(fontName);
   }
}
```

AWT 定义了 5 个逻辑（logical）字体名：

```
SansSerif
Serif
Monospaced
Dialog
DialogInput
```

这些字体名总是被映射到客户机上的某些实际字体。例如，在 Windows 系统中，SansSerif 将被映射到 Arial。

另外，Oracle JDK 总是包含 3 个字体族，名为"Lucida Sans""Lucida Bright"和"Lucida Sans Typewriter"。

要想使用某种字体绘制字符，必须首先创建一个 Font 类的对象。需要指定字体名、字体风格和字体大小。下面是构造一个 Font 对象的例子：

```
var sansbold14 = new Font("SansSerif", Font.BOLD, 14);
```

第三个参数是以点数目计算的字体大小。排版中普遍使用点数指示字体大小，每英寸包含 72 个点。

在 Font 构造器中，提供字体名的位置也可以给出逻辑字体名。可以把 Font 构造器的第二个参数设置为以下值来指定字体的风格（常规、加粗、斜体或加粗斜体）：

```
Font.PLAIN
Font.BOLD
Font.ITALIC
Font.BOLD + Font.ITALIC
```

常规字体的字体大小为 1 点。可以使用 deriveFont 方法得到所需大小的字体：

```
Font f = f1.deriveFont(14.0F);
```

⬥ **警告**：deriveFont 方法有两个重载版本。一个（有一个 float 参数）设置字体的大小；另一个（有一个 int 参数）设置字体风格。所以 f1.deriveFont(14) 设置的是字体风格，而不是大小（其结果为斜体，因为 14 的二进制表示的是 ITALIC 位为 1，而 BOLD 位为 0）。

下面这段代码将使用系统中 14 点加粗的标准 sans serif 字体显示字符串"Hello, World"：

```
var sansbold14 = new Font("SansSerif", Font.BOLD, 14);
```

```
g2.setFont(sansbold14);
var message = "Hello, World!";
g2.drawString(message, 75, 100);
```

接下来，将字符串居中，而不是绘制在任意位置。因此，需要知道字符串占据的宽和高的像素数。这两个值取决于下面三个因素：

- 使用的字体（在这个例子中为 sans serif，加粗，14 点）；
- 字符串（在这个例子中为 "Hello,World"）；
- 绘制字体的设备（在这个例子中为用户屏幕）。

要想得到表示屏幕设备字体属性的对象，需要调用 Graphics2D 类中的 getFontRenderContext 方法。它将返回一个 FontRenderContext 类的对象。可以直接将这个对象传递给 Font 类的 getStringBounds 方法：

```
FontRenderContext context = g2.getFontRenderContext();
Rectangle2D bounds = sansbold14.getStringBounds(message, context);
```

getStringBounds 方法将返回包围字符串的矩形。

为了解释这个矩形的大小，需要清楚几个基本的排版术语（如图 10-9 所示）。基线（baseline）是一条虚构的线，例如，字母 "e" 所在的底线。上坡度（ascent）是从基线到坡顶（ascenter）的距离（坡顶是 "b" "k" 或大写字母的上面部分）。下坡度（descent）是从基线到坡底（descenter）的距离（坡底是 "p" 或 "g" 等字母的下面部分）。

图 10-9　排版术语解释

行间距（leading）是某一行的坡底与其下一行的坡顶之间的空隙（这个术语源于打字机分隔行的间隔带）。字体的高度是连续两个基线之间的距离，它等于下坡度 + 行间距 + 上坡度。

getStringBounds 方法返回的矩形宽度是字符串水平方向的宽度。矩形的高度是上坡度、下坡度和行间距的总和。这个矩形始于字符串的基线，矩形顶部的 y 坐标为负值。因此，可以使用下面的方法获得字符串的宽度、高度和上坡度：

```
double stringWidth = bounds.getWidth();
double stringHeight = bounds.getHeight();
double ascent = -bounds.getY();
```

如果需要知道下坡度或行间距，可以使用 Font 类的 getLineMetrics 方法。这个方法将返回一个 LineMetrics 类的对象，获得下坡度和行间距的方法是：

```
LineMetrics metrics = f.getLineMetrics(message, context);
float descent = metrics.getDescent();
float leading = metrics.getLeading();
```

注释：如果需要在 paintComponent 方法外部计算布局大小，不能从 Graphics2D 对象得到字体绘制上下文。应该换作调用 JComponent 类的 getFontMetrics 方法，然后调用 getFont-RenderContext：

```
FontRenderContext context = getFontMetrics(f).getFontRenderContext();
```

为了说明位置是正确的，程序清单 10-4 中的示例程序将字符串在窗体中居中，并绘制了基线和包围这个字符串的矩形。图 10-10 给出了屏幕显示结果。

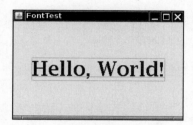

图 10-10　绘制基线和字符串外框矩形

程序清单 10-4　font/FontTest.java

```java
1  package font;
2
3  import java.awt.*;
4  import java.awt.font.*;
5  import java.awt.geom.*;
6  import javax.swing.*;
7
8  /**
9   * @version 1.35 2018-04-10
10  * @author Cay Horstmann
11  */
12 public class FontTest
13 {
14    public static void main(String[] args)
15    {
16       EventQueue.invokeLater(() ->
17          {
18             var frame = new FontFrame();
19             frame.setTitle("FontTest");
20             frame.setDefaultCloseOperation(JFrame.EXIT_ON_CLOSE);
21             frame.setVisible(true);
22          });
23    }
24 }
25
26 /**
27  * A frame with a text message component.
28  */
29 class FontFrame extends JFrame
30 {
```

```
31      public FontFrame()
32      {
33         add(new FontComponent());
34         pack();
35      }
36   }
37
38   /**
39    * A component that shows a centered message in a box.
40    */
41   class FontComponent extends JComponent
42   {
43      private static final int DEFAULT_WIDTH = 300;
44      private static final int DEFAULT_HEIGHT = 200;
45
46      public void paintComponent(Graphics g)
47      {
48         var g2 = (Graphics2D) g;
49
50         var message = "Hello, World!";
51
52         var f = new Font("Serif", Font.BOLD, 36);
53         g2.setFont(f);
54
55         // measure the size of the message
56
57         FontRenderContext context = g2.getFontRenderContext();
58         Rectangle2D bounds = f.getStringBounds(message, context);
59
60         // set (x,y) = top left corner of text
61
62         double x = (getWidth() - bounds.getWidth()) / 2;
63         double y = (getHeight() - bounds.getHeight()) / 2;
64
65         // add ascent to y to reach the baseline
66
67         double ascent = -bounds.getY();
68         double baseY = y + ascent;
69
70         // draw the message
71
72         g2.drawString(message, (int) x, (int) baseY);
73
74         g2.setPaint(Color.LIGHT_GRAY);
75
76         // draw the baseline
77
78         g2.draw(new Line2D.Double(x, baseY, x + bounds.getWidth(), baseY));
79
80         // draw the enclosing rectangle
81
82         var rect = new Rectangle2D.Double(x, y, bounds.getWidth(), bounds.getHeight());
83         g2.draw(rect);
84      }
```

```
85
86      public Dimension getPreferredSize()
87      {
88         return new Dimension(DEFAULT_WIDTH, DEFAULT_HEIGHT);
89      }
90   }
```

API **java.awt.Font** 1.0

- Font(String name, int style, int size)

  创建一个新字体对象。字体名可以是具体的字体名（例如，"Helvetica Bold"），或者逻辑字体名（例如，"Serif""SansSerif"）。字体风格可以是 Font.PLAIN、Font.BOLD、Font.ITALIC 或 Font.BOLD+Font.ITALIC。

- String getFontName()

  获得字体名，例如，"Helvetica Bold"。

- String getFamily()

  获得字体族名，例如，"Helvetica"。

- String getName()

  如果采用逻辑字体名创建字体，将获得逻辑字体名，例如，"SansSerif"；否则，获得字体名。

- Rectangle2D getStringBounds(String s, FontRenderContext context) **1.2**

  返回包围这个字符串的矩形。矩形的起点为基线。矩形顶端的 y 坐标等于上坡度的负值。矩形的高度等于上坡度、下坡度和行间距之和。宽度等于字符串的宽度。

- LineMetrics getLineMetrics(String s, FontRenderContext context) **1.2**

  返回确定字符串宽度的一个度量对象。

- Font deriveFont(int style) **1.2**

- Font deriveFont(float size) **1.2**

- Font deriveFont(int style, float size) **1.2**

  返回一个新字体，除了有给定的大小和字体风格外，其余与原字体一样。

API **java.awt.font.LineMetrics** 1.2

- float getAscent()

  获得字体的上坡度——从基线到大写字母顶端的距离。

- float getDescent()

  获得字体的下坡度——从基线到坡底的距离。

- float getLeading()

  获得字体的行间距——从一行文本底端到下一行文本顶端之间的空隙。

- float getHeight()

  获得字体的总高度——两条文本基线之间的距离（下坡度 + 行间距 + 上坡度）。

API java.awt.Graphics2D **1.2**

- FontRenderContext getFontRenderContext()
  获得这个图形上下文中指定字体特征的字体绘制上下文。
- void drawString(String str, float x, float y)
  采用当前的字体和颜色绘制一个字符串。

API javax.swing.JComponent **1.2**

- FontMetrics getFontMetrics(Font f) **5**
  获取给定字体的字体度量对象。FontMetrics 类是 LineMetrics 类的前身。

API java.awt.FontMetrics **1.0**

- FontRenderContext getFontRenderContext() **1.2**
  返回字体的字体绘制上下文。

10.3.4 显示图像

可以使用 ImageIcon 类从文件读取图像：

```
Image image = new ImageIcon(filename).getImage();
```

现在变量 image 包含一个封装了图像数据的对象的引用。可以使用 Graphics 类的 drawImage 方法显示这个图像。

```
public void paintComponent(Graphics g)
{
    . . .
    g.drawImage(image, x, y, null);
}
```

可以再进一步，在一个窗口中平铺显示图像。结果如图 10-11 所示。这里采用 paint-Component 方法来实现平铺显示。首先在左上角显示图像的一个副本，然后使用 copyArea 调用将其复制到整个窗口：

```
for (int i = 0; i * imageWidth <= getWidth(); i++)
    for (int j = 0; j * imageHeight <= getHeight(); j++)
        if (i + j > 0)
            g.copyArea(0, 0, imageWidth, imageHeight, i * imageWidth, j * imageHeight);
```

图 10-11　平铺显示图像的窗口

API `java.awt.Graphics` **1.0**

- `boolean drawImage(Image img, int x, int y, ImageObserver observer)`
- `boolean drawImage(Image img, int x, int y, int width, int height, ImageObserver observer)`
  绘制一个不缩放或缩放的图像。注意：这个调用可能会在图像绘制完毕前就返回。会向 imageObserver 对象通知绘制的进展。这在很久以前是一个很有用的特性。不过现在只需要传递 null 作为观察者就可以了。
- `void copyArea(int x, int y, int width, int height, int dx, int dy)`
  复制屏幕的一个区域。dx 和 dy 是原始区域到目标区域的距离。

10.4　事件处理

任何支持 GUI 的操作环境都要不断地监视按键或点击鼠标这样的事件。这些事件再报告给正在运行的程序。每个程序将决定如何对这些事件做出响应（如果确实有事件发生）。

10.4.1　基本事件处理概念

在 Java AWT 中，事件源（如按钮或滚动条）有一些方法，允许你注册事件监听器，这些对象会对事件做出所需的响应。

通知一个事件监听器发生了某个事件时，这个事件的相关信息会封装在一个事件对象（event object）中。在 Java 中，所有的事件对象最终都派生于 java.util.EventObject 类。当然，每个事件类型还有子类，例如，ActionEvent 和 WindowEvent。

不同的事件源可以产生不同类型的事件。例如，按钮可以发送一个 ActionEvent 对象，而窗口会发送 WindowEvent 对象。

综上所述，下面给出 AWT 事件处理机制的概要说明：

- 事件监听器是一个实现了监听器接口（listener interface）的类实例。
- 事件源对象能够注册监听器对象并向其发送事件对象。
- 当事件发生时，事件源将事件对象发送给所有注册的监听器。
- 监听器对象再使用事件对象中的信息决定如何对事件做出响应。

图 10-12 显示了事件处理类和接口之间的关系。

下面是指定监听器的一个示例：

```
ActionListener listener = . . .;
var button = new JButton("OK");
button.addActionListener(listener);
```

现在，只要按钮产生了一个"动作事件"，listener 对象就会得到通知。对于按钮来说，正像我们所想到的，动作事件就是按钮点击。

要实现 ActionListener 接口，监听器类必须有一个名为 actionPerformed 的方法，该方法接收一个 ActionEvent 对象作为参数。

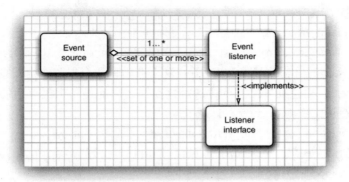

图 10-12　事件源和监听器之间的关系

```
class MyListener implements ActionListener
{
    . . .
    public void actionPerformed(ActionEvent event)
    {
        // reaction to button click goes here
        . . .
    }
}
```

只要用户点击按钮，JButton 对象就会创建一个 ActionEvent 对象，然后调用 listener.actionPerformed (event)，并传入这个事件对象。一个事件源（如按钮）可以有多个监听器。这样一来，只要用户点击按钮，按钮就会调用所有监听器的 actionPerformed 方法。

图 10-13 显示了事件源、事件监听器和事件对象之间的交互。

10.4.2　实例：处理按钮点击事件

为了加深对事件委托模型的理解，下面以一个响应按钮点击事件的简单示例来说明所需要知道的所有细节。在这个示例中，我们想要在一个面板中放置三个按钮，另外添加三个监听器对象作为这些按钮的动作监听器。

在这个情况下，只要用户点击面板上的任何一个按钮，相关的监听器对象

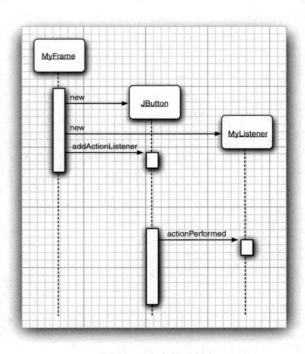

图 10-13　事件通知

就会接收到一个 Action Event 对象，指示点击了某个按钮。在示例程序中，监听器对象将改变面板的背景颜色。

在介绍监听按钮点击事件的程序之前，首先需要解释如何创建按钮，以及如何将它们添加到面板中。

想要创建一个按钮，要在按钮构造器中指定一个标签字符串或一个图标，或者两项都指定。下面是两个示例：

```
var yellowButton = new JButton("Yellow");
var blueButton = new JButton(new ImageIcon("blue-ball.gif"));
```

调用 add 方法将按钮添加到面板中：

```
var yellowButton = new JButton("Yellow");
var blueButton = new JButton("Blue");
var redButton = new JButton("Red");

buttonPanel.add(yellowButton);
buttonPanel.add(blueButton);
buttonPanel.add(redButton);
```

图 10-14 显示了结果。

接下来需要添加监听这些按钮的代码。这需要一个实现了 ActionListener 接口的类。如前所述，这个类应该包含一个 actionPerformed 方法，方法签名为：

```
public void actionPerformed(ActionEvent event)
```

图 10-14　增加了按钮的面板

在所有情况下，使用 ActionListener 接口的方式都是一样的：actionPerformed 方法（ActionListener 中的唯一方法）将接收一个 ActionEvent 类型的对象作为参数。这个事件对象包含了所发生事件的相关信息。

当点击按钮时，我们希望将面板的背景颜色设置为指定的颜色。我们把所需的颜色存储在监听器类中：

```
class ColorAction implements ActionListener
{
    private Color backgroundColor;

    public ColorAction(Color c)
    {
        backgroundColor = c;
    }

    public void actionPerformed(ActionEvent event)
    {
        // set panel background color
        . . .
    }
}
```

然后，为每种颜色构造一个对象，并将这些对象设置为按钮监听器。

```
var yellowAction = new ColorAction(Color.YELLOW);
var blueAction = new ColorAction(Color.BLUE);
var redAction = new ColorAction(Color.RED);

yellowButton.addActionListener(yellowAction);
blueButton.addActionListener(blueAction);
redButton.addActionListener(redAction);
```

例如，如果一个用户点击了标有"Yellow"的按钮，就会调用 yellowAction 对象的
actionPerformed 方法。这个对象的 backgroundColor 实例字段被设置为 Color.YELLOW，现在就将面
板的背景色设置为黄色了。

这里还有一个需要考虑的问题。ColorAction 对象不能访问 buttonPanel 变量。可以采用两
种方式解决这个问题。一个是将面板存储在 ColorAction 对象中，并在 ColorAction 的构造器中
设置它；更方便的方法是将 ColorAction 设计为 ButtonFrame 类的一个内部类，这样一来，它的
方法就自动地能够访问外部面板了。

程序清单 10-5 包含了完整的窗体类。无论何时点击任何一个按钮，对应的动作监听器都
会修改面板的背景颜色。

程序清单 10-5　button/ButtonFrame.java

```
1  package button;
2
3  import java.awt.*;
4  import java.awt.event.*;
5  import javax.swing.*;
6
7  /**
8   * A frame with a button panel.
9   */
10 public class ButtonFrame extends JFrame
11 {
12    private JPanel buttonPanel;
13    private static final int DEFAULT_WIDTH = 300;
14    private static final int DEFAULT_HEIGHT = 200;
15
16    public ButtonFrame()
17    {
18       setSize(DEFAULT_WIDTH, DEFAULT_HEIGHT);
19
20       // create buttons
21       var yellowButton = new JButton("Yellow");
22       var blueButton = new JButton("Blue");
23       var redButton = new JButton("Red");
24
25       buttonPanel = new JPanel();
26
27       // add buttons to panel
28       buttonPanel.add(yellowButton);
29       buttonPanel.add(blueButton);
30       buttonPanel.add(redButton);
31
```

```
32        // add panel to frame
33        add(buttonPanel);
34
35        // create button actions
36        var yellowAction = new ColorAction(Color.YELLOW);
37        var blueAction = new ColorAction(Color.BLUE);
38        var redAction = new ColorAction(Color.RED);
39
40        // associate actions with buttons
41        yellowButton.addActionListener(yellowAction);
42        blueButton.addActionListener(blueAction);
43        redButton.addActionListener(redAction);
44     }
45
46     /**
47      * An action listener that sets the panel's background color.
48      */
49     private class ColorAction implements ActionListener
50     {
51        private Color backgroundColor;
52
53        public ColorAction(Color c)
54        {
55           backgroundColor = c;
56        }
57
58        public void actionPerformed(ActionEvent event)
59        {
60           buttonPanel.setBackground(backgroundColor);
61        }
62     }
63 }
```

API **javax.swing.JButton** 1.2

- JButton(String label)
- JButton(Icon icon)
- JButton(String label, Icon icon)

  构造一个按钮。标签字符串可以是常规的文本或 HTML。例如，"<html>Ok</html>"。

API **java.awt.Container** 1.0

- Component add(Component c)

  将组件 c 添加到这个容器中。

10.4.3　简洁地指定监听器

在上一节中，我们为事件监听器定义了一个类并构造了这个类的 3 个对象。一个监听器类有多个实例的情况并不多见。更常见的情况是：每个监听器执行一个单独的动作。在这种情况下，没有必要分别建立单独的类。只需要使用一个 lambda 表达式：

```
exitButton.addActionListener(event -> System.exit(0));
```

现在考虑这样一种情况：有多个相互关联的动作，如上一节中的颜色按钮。在这种情况下，可以实现一个辅助方法：

```
public void makeButton(String name, Color backgroundColor)
{
    var button = new JButton(name);
    buttonPanel.add(button);
    button.addActionListener(event ->
        buttonPanel.setBackground(backgroundColor));
}
```

需要说明的是，lambda 表达式指示参数变量 backgroundColor。

然后只需要调用：

```
makeButton("yellow", Color.YELLOW);
makeButton("blue", Color.BLUE);
makeButton("red", Color.RED);
```

在这里，我们构造了 3 个监听器对象，分别对应一种颜色，但并没有显式定义一个类。每次调用这个辅助方法时，它会建立实现了 ActionListener 接口的一个类的实例。它的 actionPerformed 动作会引用实际上随监听器对象存储的 backGroundColor 值。不过，所有这些会自动完成，而无须显式定义监听器类、实例变量或设置这些变量的构造器。

> 📋 **注释：** 在较早的代码中，通常可能会看到匿名类的使用：
>
> ```
> exitButton.addActionListener(new ActionListener()
>     {
>         public void actionPerformed(new ActionEvent)
>         {
>             System.exit(0);
>         }
>     });
> ```
>
> 当然，现在已经不再需要这种烦琐的代码了。使用 lambda 表达式更简单，也更简洁。

10.4.4 适配器类

并不是所有的事件处理都像按钮点击那样简单。假设你想监视用户何时想要关闭主窗体，可能希望弹出一个对话框，只有在用户确认之后才退出程序。

当程序用户试图关闭一个窗口时，JFrame 对象就是 WindowEvent 的事件源。如果希望捕获这个事件，就必须有一个合适的监听器对象，并将它添加到窗体的窗口监听器列表中。

```
WindowListener listener = . . .;
frame.addWindowListener(listener);
```

窗口监听器必须是实现 WindowListener 接口的类的一个对象。WindowListener 接口中实际上包含 7 个方法。窗体将调用这些方法响应 7 个不同的窗口事件。从它们的名字就可以得知这些方法的作用，只有一点需要说明：在 Windows 下，通常将图标化（iconified）称为最小化

（minimized）。下面是完整的 WindowListener 接口：

```
public interface WindowListener
{
    void windowOpened(WindowEvent e);
    void windowClosing(WindowEvent e);
    void windowClosed(WindowEvent e);
    void windowIconified(WindowEvent e);
    void windowDeiconified(WindowEvent e);
    void windowActivated(WindowEvent e);
    void windowDeactivated(WindowEvent e);
}
```

当然，我们可以定义一个实现这个接口的类，在 windowClosing 方法中添加一个 System. exit(0) 调用，而其他 6 个方法不做任何事情。不过，为 6 个没有任何操作的方法写代码显然是一个乏味的工作，没有人喜欢这样做。为了简化这个任务，每个含有多个方法的 AWT 监听器接口都配有一个适配器（adapter）类，这个类实现了接口中的所有方法，但每个方法并不做任何事情。例如，WindowAdapter 有 7 个什么也不做的方法。可以扩展适配器类来指定对某些事件的响应动作，而不必实现接口中的每一个方法（类似 ActionListener 的接口只有一个方法，因此不需要适配器类）。

下面来定义一个窗口监听器，它会覆盖 windowClosing 方法：

```
class Terminator extends WindowAdapter
{
    public void windowClosing(WindowEvent e)
    {
        if (user agrees)
            System.exit(0);
    }
}
```

现在，可以注册一个 Terminator 类型的对象作为事件监听器：

```
var listener = new Terminator();
frame.addWindowListener(listener);
```

> 📄 **注释：** 如今，可能有人会把 WindowListener 接口中什么也不做的方法实现为默认方法。不过，Swing 早在有默认方法很多年之前就已经问世了。

API *java.awt.event.WindowListener* 1.1

- void windowOpened(WindowEvent e)
  窗口打开后调用这个方法。
- void windowClosing(WindowEvent e)
  在用户发出一个窗口管理器命令要关闭窗口时调用这个方法。需要注意的是，仅当调用 hide 或 dispose 方法后窗口才能够关闭。
- void windowClosed(WindowEvent e)
  窗口关闭后调用这个方法。

- void windowIconified(WindowEvent e)
  窗口最小化后调用这个方法。
- void windowDeiconified(WindowEvent e)
  窗口取消最小化后调用这个方法。
- void windowActivated(WindowEvent e)
  激活窗口后调用这个方法。只有窗体或对话框可以被激活。通常窗口管理器会对活动窗口进行修饰，比如，高亮显示标题栏。
- void windowDeactivated(WindowEvent e)
  窗口变为未激活状态后调用这个方法。

API *java.awt.event.WindowStateListener* 1.4

- void windowStateChanged(WindowEvent event)
  窗口被最大化、最小化或恢复为正常大小时调用这个方法。

10.4.5 动作

通常，启动同一个命令可以有多种方式。用户可以通过菜单、按键或工具栏上的按钮选择特定的功能。在 AWT 事件模型中这非常容易实现：将所有事件连接到同一个监听器。例如，假设 blueAction 是一个动作监听器，它的 actionPerformed 方法可以将背景颜色改变成蓝色。可以关联一个监听器对象作为多个事件源的监听器：

- 标记"Blue"的工具栏按钮
- 标记"Blue"的菜单项
- 按键 CTRL+B

然后，无论是通过点击按钮、选择菜单还是按键，都会采用统一的方式处理改变背景颜色的命令。

Swing 包提供了一种非常实用的机制来封装命令，并将它们关联到多个事件源，这就是 Action 接口。动作（action）是封装以下内容的一个对象：

- 命令的说明（一个文本字符串和一个可选的图标）；
- 执行命令所需要的参数（例如，示例中所请求的颜色）。

Action 接口包含以下方法：

```
void actionPerformed(ActionEvent event)
void setEnabled(boolean b)
boolean isEnabled()
void putValue(String key, Object value)
Object getValue(String key)
void addPropertyChangeListener(PropertyChangeListener listener)
void removePropertyChangeListener(PropertyChangeListener listener)
```

第一个方法是 ActionListener 接口中很熟悉的一个：实际上，Action 接口扩展了 ActionListener 接口，因此，可以在任何需要 ActionListener 对象的地方可以使用 Action 对象。

接下来的两个方法允许启用或禁用这个动作，并检查这个动作当前是否启用。当一个关联到菜单或工具栏上的动作被禁用时，这个选项就会变成灰色。

putValue 和 getvalue 方法允许存储和获取动作对象中的任意名/值对。有两个重要的预定义字符串：Action.NAME 和 Action.SMALL_ICON，用于将动作的名字和图标存储到一个动作对象中：

```
action.putValue(Action.NAME, "Blue");
action.putValue(Action.SMALL_ICON, new ImageIcon("blue-ball.gif"));
```

表 10-1 给出了所有预定义的动作表名。

表 10-1　预定义动作表名

名称	值
NAME	动作名，显示在按钮和菜单项上
SMALL_ICON	存储小图标的地方，显示在按钮、菜单项或工具栏中
SHORT_DESCRIPTION	图标的一个简短说明，显示在工具提示中
LONG_DESCRIPTION	图标的详细说明；可能用在联机帮助中。没有 Swing 组件使用这个值
MNEMONIC_KEY	快捷键缩写；显示在菜单项中
ACCELERATOR_KEY	存储加速键的地方；没有 Swing 组件使用这个值
ACTION_COMMAND_KEY	原先在 registerKeyboardAction 方法中使用，但这个方法已经过时
DEFAULT	可能很有用的"全包型"属性；没有 Swing 组件使用这个值

如果动作对象添加到菜单或工具栏上，会自动获取它的名称和图标，并显示在菜单项或工具栏按钮中。SHORT_DESCRIPTION 值会转换成工具提示。

Action 接口的最后两个方法能够让其他对象（尤其是触发动作的菜单或工具栏）在动作对象的属性发生变化时得到通知。例如，如果增加一个菜单作为动作对象的属性变更监听器，而这个动作对象随后被禁用，菜单就会被调用，并将动作名置灰。

需要注意，Action 是一个接口，而不是一个类。实现这个接口的所有类都必须实现刚才讨论的 7 个方法。庆幸的是，有人已经提供了一个类 AbstractAction，这个类实现了除 actionPerformed 方法之外的所有其他方法。这个类负责存储所有名/值对，并管理属性变更监听器。我们可以直接扩展 AbstractAction 类，并提供一个 actionPerformed 方法。

下面构造一个可以执行改变颜色命令的动作对象。首先存储这个命令的名称、图标和需要的颜色。将颜色存储在 AsbstractAction 类提供的名/值对表中。下面是 ColorAction 类的代码。构造器设置名/值对，而 actionPerformed 方法执行改变颜色的动作。

```
public class ColorAction extends AbstractAction
{
   public ColorAction(String name, Icon icon, Color c)
   {
      putValue(Action.NAME, name);
      putValue(Action.SMALL_ICON, icon);
      putValue("color", c);
      putValue(Action.SHORT_DESCRIPTION, "Set panel color to " + name.toLowerCase());
   }
```

```
    public void actionPerformed(ActionEvent event)
    {
        Color c = (Color) getValue("color");
        buttonPanel.setBackground(c);
    }
}
```

在测试程序中，创建了这个类的三个对象，如下所示：

```
var blueAction = new ColorAction("Blue", new ImageIcon("blue-ball.gif"), Color.BLUE);
```

接下来，将这个动作与一个按钮关联起来。这很容易，因为我们可以使用有一个 Action 对象作为参数的 JButton 构造器：

```
var blueButton = new JButton(blueAction);
```

构造器读取动作的名称和图标，为工具提示设置简要说明，将动作设置为监听器。从图 10-15 中可以看到图标和工具提示。

在下一章中我们会看到，将这个动作添加到菜单中也非常容易。

最后，想要将这个动作对象添加到按键，使得用户从键盘键入命令时会执行这个动作。为了将动作与按键关联，首先需要生成 KeyStroke 类对象。这是一个很方便的类，它封装了对按键的描述。要想生成一个 KeyStroke 对象，不要调用构造器，而应当调用 KeyStroke 类中的静态 getKeyStroke 方法：

图 10-15　按钮显示动作对象的图标

```
KeyStroke ctrlBKey = KeyStroke.getKeyStroke("ctrl B");
```

为了能够理解下一个步骤，需要知道键盘焦点（keyboard focus）的概念。用户界面中可能有许多按钮、菜单、滚动条以及其他的组件。当用户按键时，这个动作会被发送给拥有焦点的组件。通常可以从外观上看出拥有焦点的组件（但并不总是这样），例如，在 Java 观感中，有焦点的按钮在按钮文本周围有一个很细的矩形边框。可以使用 Tab 键在组件之间移动焦点。当按下空格键时，就会点击拥有焦点的按钮。还有一些按键会执行其他的动作，例如，箭头键可以移动滚动条。

不过，在这里的示例中，我们并不希望将按键发送给拥有焦点的组件。否则，每个按钮都需要知道如何处理 CTRL + Y、CTRL + B 和 CTRL + R。

这是一个常见的问题，Swing 设计者给出了一种很便捷的解决方案。每个 JComponent 有三个输入映射（imput map），分别将 KeyStroke 对象映射到关联的动作。这三个输入映射对应着三个不同的条件（请参看表 10-2）。

表 10-2　输入映射条件

标志	激活动作
WHEN_FOCUSED	当这个组件拥有键盘焦点时
WHEN_ANCESTOR_OF_FOCUSED_COMPONENT	当这个组件包含拥有键盘焦点的组件时
WHEN_IN_FOCUSED_WINDOW	当这个组件包含在拥有键盘焦点的组件所在的同一个窗口中时

按键处理将按照以下顺序检查这些映射：

1. 检查有输入焦点的组件的 WHEN_FOCUSED 映射。如果这个按键存在，而且启用了相应的动作，则执行这个动作，并停止处理。

2. 从有输入焦点的组件开始，检查其父组件的 WHEN_ANCESTOR_OF_FOCUSED_COMPONENT 映射。一旦找到这个按键的映射，而且相应的动作已经启用，就执行这个动作，并停止处理。

3. 查看有输入焦点的窗口中的所有可见和已启用的组件，看是否在一个 WHEN_IN_FOCUSED_WINDOW 映射中注册了这个按键。给这些组件一个执行对应动作的机会（按照按键注册的顺序）。一旦执行第一个启用的动作，就停止处理。

可以使用 getInputMap 方法从组件中得到输入映射。例如：

```
InputMap imap = panel.getInputMap(JComponent.WHEN_FOCUSED);
```

WHEN_FOCUSED 条件意味着在当前组件拥有键盘焦点时会查看这个映射。在这里，这不是我们想要的映射。某个按钮拥有输入焦点，而不是面板。其他的两个映射都能够很好地增加颜色改变按键。在示例程序中使用的是 WHEN_ANCESTOR_OF_FOCUSED_COMPONENT。

InputMap 不是直接将 KeyStroke 对象映射到 Action 对象，而是先映射到任意对象上，然后由 ActionMap 类实现的第 2 个映射将对象映射到动作。这样可以更容易地在来自不同输入映射的按键中共享一个动作。

因而，每个组件都可以有三个输入映射和一个动作映射。为了将它们关联起来，需要为动作命名。可以如下将键关联到一个动作：

```
imap.put(KeyStroke.getKeyStroke("ctrl Y"), "panel.yellow");
ActionMap amap = panel.getActionMap();
amap.put("panel.yellow", yellowAction);
```

习惯上，会使用字符串 "none" 表示空动作。这样可以轻松地取消一个按键动作：

```
imap.put(KeyStroke.getKeyStroke("ctrl C"), "none");
```

⚠️ **警告：** JDK 文档提倡使用动作名作为动作键。我们并不认为这是一个好主意。动作名显示在按钮和菜单项上，所以 UI 设计者可以随心所欲地更改，也可以将其翻译成多种语言。这种不稳定的字符串作为查找键不是一种好的选择，所以我们建议提供独立于显示名的动作名。

下面总结如何完成相同的动作来响应按钮、菜单项或按键：

1. 实现一个扩展 AbstractAction 类的类。可以使用同一个类表示多个相关的动作。

2. 构造动作类的一个对象。

3. 从动作对象构造一个按钮或菜单项。构造器将从动作对象读取标签文本和图标。

4. 对于能够由按键触发的动作，必须额外多执行几步。首先找到窗口的顶层组件，例如，包含所有其他组件的面板。

5. 然后，得到顶层组件的 WHEN_ANCESTOR_OF_FOCUS_COMPONENT 输入映射。为需要的按键创建一个 KeyStroke 对象。创建一个动作键对象，如描述动作的一个字符串。将（按键，动作键）对添加到输入映射中。

6.最后，得到顶层组件的动作映射。将（动作键，动作对象）对添加到映射中。

API *javax.swing.Action* 1.2

- boolean isEnabled()
- void setEnabled(boolean b)

  获得或设置这个动作的 enabled 属性。
- void putValue(String key, Object value)

  将名 / 值对放在动作对象中。键可以是任意的字符串，不过很多名字已经有预定义的含义，参看表 10-1。
- Object getValue(String key)

  返回所存储的名 / 值对的值。

API *javax.swing.KeyStroke* 1.2

- static KeyStroke getKeyStroke(String description)

  根据一个人类可读的描述（由空白符分隔的字符串序列）构造一个按键。这个描述以 0 个或多个修饰符（shift、control、ctrl、meta、alt、altGraph）开始，以字符串 typed 和紧跟在后面的一个单字符字符串（例如："typed a"）结尾，或者以一个可选的事件说明符（pressed 或 released，默认为 pressed）和紧跟在后面的一个键码结束。如果键码以 VK_ 前缀开头，应该对应一个 KeyEvent 常量，例如，"INSERT" 对应于 KeyEvent.VK_INSERT。

API *javax.swing.JComponent* 1.2

- ActionMap getActionMap() **1.3**

  返回关联动作映射键（可以是任意的对象）和动作对象的映射。
- InputMap getInputMap(int flag) **1.3**

  获得将按键映射到动作键的输入映射。标志（flag）为表 10-2 中的某个值。

10.4.6　鼠标事件

如果只希望用户能够点击按钮或菜单，那么就不需要显式地处理鼠标事件。鼠标操作将由用户界面中的各种组件内部处理。不过，如果希望用户能使用鼠标画图，就需要捕获鼠标移动、点击和拖动事件。

在本节中，我们将展示一个简单的图形编辑器应用，它允许用户在画布上放置、移动和擦除方块（如图 10-16 所示）。

用户点击鼠标按钮时，将会调用三个监听器方法：鼠标第一次被按下时调用 mousePressed ；鼠标被释放时调用

图 10-16　鼠标测试程序

mouseReleased；最后调用 mouseClicked。如果只对最终的点击事件感兴趣，就可以忽略前两个方法。以 MouseEvent 类对象作为参数，调用 getX 和 getY 方法可以获得鼠标被按下时鼠标指针所在的 x 和 y 坐标。要想区分单击、双击和三击（!），需要使用 getClickCount 方法。

在我们的示例程序中，提供了 mousePressed 和 mouseClicked 方法。当鼠标点击的像素在所有已绘制的小方块之外时，就会增加一个新的小方块。这个操作是在 mousePressed 方法中实现的，这样可以让用户的操作立即得到响应，而不必等到释放鼠标按键。如果用户在某个小方块中双击鼠标，就会将它擦除。由于需要知道点击次数，所以这个操作在 mouseClicked 方法中实现。

```java
public void mousePressed(MouseEvent event)
{
    current = find(event.getPoint());
    if (current == null) // not inside a square
        add(event.getPoint());
}

public void mouseClicked(MouseEvent event)
{
    current = find(event.getPoint());
    if (current != null && event.getClickCount() >= 2)
        remove(current);
}
```

当鼠标在窗口上移动时，窗口将会收到一连串的鼠标移动事件。请注意：有两个独立的接口 MouseListener 和 MouseMotionListener。这样做有利于提高效率。当用户移动鼠标时，会有大量鼠标事件，只关心鼠标点击（click）的监听器就不会被多余的鼠标移动事件所干扰。

这里给出的测试程序将捕获鼠标动作事件，光标位于一个小方块之上时变成另外一种形状（十字）。这是使用 Cursor 类中的 getPredefinedCursor 方法完成的。表 10-3 列出了在 Windows 环境下这个方法使用的常量以及相应的光标形状。

表 10-3　光标形状样例

图标	常量	图标	常量
	DEFAULT_CURSOR		NE_RESIZE_CURSOR
	CROSSHAIR_CURSOR		E_RESIZE_CURSOR
	HAND_CURSOR		SE_RESIZE_CURSOR
	MOVE_CURSOR		S_RESIZE_CURSOR
	TEXT_CURSOR		SW_RESIZE_CURSOR
	WAIT_CURSOR		W_RESIZE_CURSOR
	N_RESIZE_CURSOR		NW_RESIZE_CURSOR

下面是示例程序中 MouseMotionListener 类的 mouseMoved 方法:

```
public void mouseMoved(MouseEvent event)
{
   if (find(event.getPoint()) == null)
      setCursor(Cursor.getDefaultCursor());
   else
      setCursor(Cursor.getPredefinedCursor(Cursor.CROSSHAIR_CURSOR));
}
```

如果用户在移动鼠标的同时按下鼠标,就会生成 mouseDragged 调用而不是 mouseMoved 调用。在测试应用中,用户可以拖动光标下的小方块。我们只是更新当前拖动的方块,让它在鼠标位置居中。然后,重新绘制画布,以显示新的鼠标位置。

```
public void mouseDragged(MouseEvent event)
{
   if (current != null)
   {
      int x = event.getX();
      int y = event.getY();

      current.setFrame(x - SIDELENGTH / 2, y - SIDELENGTH / 2, SIDELENGTH, SIDELENGTH);
      repaint();
   }
}
```

📋 **注释**: 只有鼠标在一个组件内部停留才会调用 mouseMoved 方法。不过,即使鼠标拖动到组件外面,mouseDragged 方法也会被调用。

还有另外两个鼠标事件方法:mouseEntered 和 mouseExited。这两个方法会在鼠标进入或移出组件时被调用。

最后来解释如何监听鼠标事件。鼠标点击由 mouseClicked 方法报告,它是 MouseListener 接口的一个方法。很多应用只对鼠标点击感兴趣,而对鼠标移动并不感兴趣,但鼠标移动事件发生的频率又很高,因此将鼠标移动事件与拖动事件定义在一个名为 MouseMotionListener 的单独的接口中。

在示例程序中,我们对两种鼠标事件类型都感兴趣。这里定义了两个内部类:MouseHandler 和 MouseMotionHandler。MouseHandler 类扩展了 MouseAdapter 类,这是因为它只定义了 5 个 MouseListener 方法中的两个。MouseMotionHandler 实现了 MouseMotionListener 接口,并定义了这个接口中的两个方法。程序清单 10-6 是这个程序的清单。

程序清单 10-6   mouse/MouseComponent.java

```
1  package mouse;
2
3  import java.awt.*;
4  import java.awt.event.*;
5  import java.awt.geom.*;
6  import java.util.*;
7  import javax.swing.*;
```

```
8
9   /**
10   * A component with mouse operations for adding and removing squares.
11   */
12  public class MouseComponent extends JComponent
13  {
14     private static final int DEFAULT_WIDTH = 300;
15     private static final int DEFAULT_HEIGHT = 200;
16
17     private static final int SIDELENGTH = 10;
18     private ArrayList<Rectangle2D> squares;
19     private Rectangle2D current; // the square containing the mouse cursor
20
21     public MouseComponent()
22     {
23        squares = new ArrayList<>();
24        current = null;
25
26        addMouseListener(new MouseHandler());
27        addMouseMotionListener(new MouseMotionHandler());
28     }
29
30     public Dimension getPreferredSize()
31     {
32        return new Dimension(DEFAULT_WIDTH, DEFAULT_HEIGHT);
33     }
34
35     public void paintComponent(Graphics g)
36     {
37        var g2 = (Graphics2D) g;
38
39        // draw all squares
40        for (Rectangle2D r : squares)
41           g2.draw(r);
42     }
43
44     /**
45      * Finds the first square containing a point.
46      * @param p a point
47      * @return the first square that contains p
48      */
49     public Rectangle2D find(Point2D p)
50     {
51        for (Rectangle2D r : squares)
52        {
53           if (r.contains(p)) return r;
54        }
55        return null;
56     }
57
58     /**
59      * Adds a square to the collection.
60      * @param p the center of the square
61      */
```

```
62      public void add(Point2D p)
63      {
64         double x = p.getX();
65         double y = p.getY();
66
67         current = new Rectangle2D.Double(x - SIDELENGTH / 2, y - SIDELENGTH / 2,
68            SIDELENGTH, SIDELENGTH);
69         squares.add(current);
70         repaint();
71      }
72
73      /**
74       * Removes a square from the collection.
75       * @param s the square to remove
76       */
77      public void remove(Rectangle2D s)
78      {
79         if (s == null) return;
80         if (s == current) current = null;
81         squares.remove(s);
82         repaint();
83      }
84
85      private class MouseHandler extends MouseAdapter
86      {
87         public void mousePressed(MouseEvent event)
88         {
89            // add a new square if the cursor isn't inside a square
90            current = find(event.getPoint());
91            if (current == null) add(event.getPoint());
92         }
93
94         public void mouseClicked(MouseEvent event)
95         {
96            // remove the current square if double clicked
97            current = find(event.getPoint());
98            if (current != null && event.getClickCount() >= 2) remove(current);
99         }
100     }
101
102     private class MouseMotionHandler implements MouseMotionListener
103     {
104        public void mouseMoved(MouseEvent event)
105        {
106           // set the mouse cursor to cross hairs if it is inside a rectangle
107
108           if (find(event.getPoint()) == null) setCursor(Cursor.getDefaultCursor());
109           else setCursor(Cursor.getPredefinedCursor(Cursor.CROSSHAIR_CURSOR));
110        }
111
112        public void mouseDragged(MouseEvent event)
113        {
114           if (current != null)
115           {
```

```
116              int x = event.getX();
117              int y = event.getY();
118
119              // drag the current rectangle to center it at (x, y)
120              current.setFrame(x - SIDELENGTH / 2, y - SIDELENGTH / 2, SIDELENGTH, SIDELENGTH);
121              repaint();
122           }
123        }
124     }
125 }
```

API **java.awt.event.MouseEvent 1.1**

- int getX()
- int getY()
- Point getPoint()

  返回事件发生时点（鼠标点击位置）相对于事件源组件的左上角的 x（水平）和 y（竖直）坐标。

- int getClickCount()

  返回与事件关联的鼠标连击次数（"连击"的时间间隔与具体系统有关）。

API **java.awt.Component 1.0**

- public void setCursor(Cursor cursor) **1.1**

  为指定光标设置光标图像。

10.4.7　AWT 事件继承层次

EventObject 类有一个子类 AWTEvent，它是所有 AWT 事件类的父类。图 10-17 显示了 AWT 事件的继承关系图。

有些 Swing 组件会生成更多其他事件类型的事件对象；它们都直接扩展自 EventObject，而不是 AWTEvent。

事件对象封装了事件源与监听器通信的有关信息。在必要的时候，可以对传递给监听器对象的事件对象进行分析，我们在按钮例子中就利用 getSource 和 getActionCommand 方法分析了事件对象。

有些 AWT 事件类对 Java 程序员来说并不实用。例如，AWT 会把 PaintEvent 对象插入事件队列中，但这些对象并没有传递给监听器。Java 程序员并不监听绘制事件，实际上，需要覆盖 paintComponent 方法来控制重新绘制。另外，AWT 还会生成很多只对系统程序员有用的事件，用于提供表义语言的输入系统、自动检测机器人等。

AWT 将事件分为底层（low-level）事件和语义（semantic）事件。语义事件是表示用户动作的事件，例如，点击按钮；因此，ActionEvent 是一种语义事件。底层事件是使语义事件得以发生的事件。点击按钮时，这包括按下鼠标、一系列移动鼠标和松开鼠标（仅当鼠标在按钮区内松开）。或者如果用户用 Tab 键选择按钮，再用空格键激活按钮，就会发生击键事件。类似地，调节滚动条是一种语义事件，但拖动鼠标是底层事件。

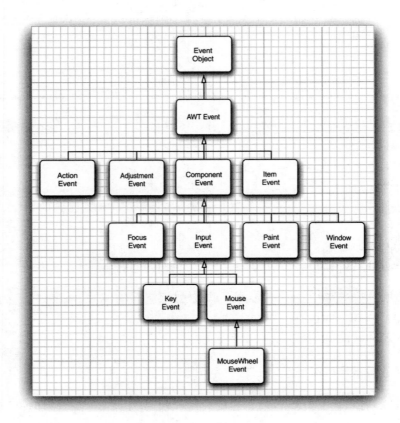

图 10-17　AWT 事件类的继承关系图

下面是 java.awt.event 包中最常用的语义事件类：
- ActionEvent（对应按钮点击、菜单选择、选择列表项或在文本域中按回车）；
- AdjustmentEvent（用户调节滚动条）；
- ItemEvent（用户从复选框或列表框中选择一项）。

常用的 5 个底层事件类是：
- KeyEvent（一个键按下或释放）；
- MouseEvent（鼠标键按下、释放、移动或拖动）；
- MouseWheelEvent（鼠标滚轮转动）；
- FocusEvent（某个组件获得焦点或失去焦点）；
- WindowEvent（窗口状态改变）。

表 10-4 显示了最重要的 AWT 监听器接口、事件和事件源。

表 10-4 事件处理总结

接口	方法	参数 / 访问方法	事件源
ActionListener	actionPerformed	ActionEvent ● getActionCommand ● getModifiers	AbstractButton JComboBox JTextField Timer
AdjustmentListener	adjustmentValueChanged	AdjustmentEvent ● getAdjustable ● getAdjustmentType ● getValue	JScrollbar
ItemListener	itemStateChanged	ItemEvent ● getItem ● getItemSelectable ● getStateChange	AbstractButton JComboBox
FocusListener	focusGained focusLost	FocusEvent ● isTemporary	Component
KeyListener	keyPressed keyReleased keyTyped	KeyEvent ● getKeyChar ● getKeyCode ● getKeyModifiersText ● getKeyText ● isActionKey	Component
MouseListener	mousePressed mouseReleased mouseEntered mouseExited mouseClicked	MouseEvent ● getClickCount ● getX ● getY ● getPoint ● translatePoint	Component
MouseMotionListener	mouseDragged mouseMoved	MouseEvent	Component
MouseWheelListener	mouseWheelMoved	MouseWheelEvent ● getWheelRotation ● getScrollAmount	Component
WindowListener	windowClosing windowOpened windowIconified windowDeiconified windowClosed windowActivated windowDeactivated	WindowEvent ● getWindow	Window
WindowFocusListener	windowGainedFocus windowLostFocus	WindowEvent ● getOppositeWindow	Window
WindowStateListener	windowStateChanged	WindowEvent ● getOldState ● getNewState	Window

10.5 首选项 API

本章的最后我们来讨论 java.util.preferences API。在桌面程序中，你通常都会存储用户首选项，如用户最后处理的文件、窗口的最后位置，等等。

在第 9 章我们已经看到，利用 Properties 类可以很容易地加载和保存程序的配置信息。不过，使用属性文件有以下缺点：

- 有些操作系统没有主目录的概念，所以很难为配置文件找到一个统一的位置。
- 关于配置文件的命名没有标准约定，用户安装多个 Java 应用时，就更容易发生命名冲突。

有些操作系统有一个存储配置信息的中心存储库。最著名的例子就是 Microsoft Windows 中的注册表。Preferences 类以一种平台无关的方式提供了这样一个中心存储库。在 Windows 中，Preferences 类使用注册表来存储信息；在 Linux 上，信息存储在本地文件系统中。当然，存储库实现对使用 Preferences 类的程序员是透明的。

Preferences 存储库有一个树状结构，节点路径名类似于 /com/mycompany/myapp。类似于包名，只要程序员用逆置的域名作为路径的开头，就可以避免命名冲突。实际上，API 的设计者就建议配置节点路径要与程序中的包名一致。

存储库的各个节点分别有一个单独的键 / 值对表，可以用来存储数值、字符串或字节数组，但不能存储可串行化的对象。API 设计者认为对长期存储来说，串行化格式过于脆弱，并不合适。当然，如果你不同意这种看法，也可以用字节数组保存串行化对象。

为了增加灵活性，可以有多个并行的树。每个程序用户分别有一棵树；另外还有一棵系统树，可以用于存放所有用户的公共信息。Preferences 类使用操作系统的"当前用户"概念来访问相应的用户树。

若要访问树中的一个节点，需要从用户或系统根开始：

```
Preferences root = Preferences.userRoot();
```

或

```
Preferences root = Preferences.systemRoot();
```

然后访问节点。可以直接提供一个节点路径名：

```
Preferences node = root.node("/com/mycompany/myapp");
```

如果节点的路径名等于类的包名，还有一种便捷方式可以获得这个节点。只需要得到这个类的一个对象，然后调用

```
Preferences node = Preferences.userNodeForPackage(obj.getClass());
```

或

```
Preferences node = Preferences.systemNodeForPackage(obj.getClass());
```

一般来说，obj 往往是 this 引用。

一旦得到了节点，可以用以下方法访问键 / 值表：

```
String get(String key, String defval)
int getInt(String key, int defval)
long getLong(String key, long defval)
float getFloat(String key, float defval)
double getDouble(String key, double defval)
boolean getBoolean(String key, boolean defval)
byte[] getByteArray(String key, byte[] defval)
```

需要说明的是，读取信息时必须指定一个默认值，以防止没有可用的存储库数据。之所以必须有默认值，有很多原因。可能由于用户从未指定过首选项，所以没有相应的数据。某些资源受限的平台可能没有存储库，移动设备有可能与存储库暂时断开了连接。

相对应地，可以用如下的 put 方法向存储库写数据：

```
put(String key, String value)
putInt(String key, int value)
```

可以用以下方法枚举一个节点中存储的所有键：

```
String[] keys()
```

目前没有办法找出一个特定键值的类型。

注释：节点名和键都最多只能有 80 个字符，字符串值最多可以有 8192 个字符。

类似 Windows 注册表的中心存储库通常都存在两个问题：

- 它们会变成充斥着过期信息的"垃圾场"。
- 配置数据与存储库纠缠在一起，所以很难把首选项迁移到新平台。

Preferences 类为第二个问题提供了解决方案。可以通过调用以下方法导出一个子树（或者比较少见的，也可以是一个节点）的首选项：

```
void exportSubtree(OutputStream out)
void exportNode(OutputStream out)
```

数据用 XML 格式保存。可以通过调用以下方法将数据导入到另一个存储库：

```
void importPreferences(InputStream in)
```

下面是一个示例文件：

```
<?xml version="1.0" encoding="UTF-8"?>
<!DOCTYPE preferences SYSTEM "http://java.sun.com/dtd/preferences.dtd">
<preferences EXTERNAL_XML_VERSION="1.0">
  <root type="user">
    <map/>
    <node name="com">
      <map/>
      <node name="horstmann">
        <map/>
        <node name="corejava">
          <map>
          <entry key="height" value="200.0"/>
          <entry key="left" value="1027.0"/>
          <entry key="filename" value="/home/cay/books/cj11/code/v1ch11/raven.html"/>
          <entry key="top" value="380.0"/>
```

```
                <entry key="width" value="300.0"/>
            </map>
        </node>
    </node>
  </node>
 </root>
</preferences>
```

　　如果你的程序使用首选项，要让用户有机会导出和导入首选项，从而可以很容易地将设置从一台计算机迁移到另一台计算机。程序清单 10-7 中的程序展示了这种技术。这个程序只保存了窗口的位置和最后加载的文件名。试着调整窗口的大小，然后导出你的首选项，移动窗口，退出并重启应用。窗口的状态应该与之前退出时是一样的。导入你的首选项，窗口会恢复到之前的位置。

程序清单 10-7   preferences/ImageViewer.java

```java
1  package preferences;
2
3  import java.awt.EventQueue;
4  import java.awt.event.*;
5  import java.io.*;
6  import java.util.prefs.*;
7  import javax.swing.*;
8
9  /**
10  * A program to test preference settings. The program remembers the
11  * frame position, size, and last selected file.
12  * @version 1.10 2018-04-10
13  * @author Cay Horstmann
14  */
15  public class ImageViewer
16  {
17     public static void main(String[] args)
18     {
19        EventQueue.invokeLater(() -> {
20           var frame = new ImageViewerFrame();
21           frame.setTitle("ImageViewer");
22           frame.setDefaultCloseOperation(JFrame.EXIT_ON_CLOSE);
23           frame.setVisible(true);
24        });
25     }
26  }
27
28  /**
29  * An image viewer that restores position, size, and image from user
30  * preferences and updates the preferences upon exit.
31  */
32  class ImageViewerFrame extends JFrame
33  {
34     private static final int DEFAULT_WIDTH = 300;
35     private static final int DEFAULT_HEIGHT = 200;
36     private String image;
37
```

```
38    public ImageViewerFrame()
39    {
40       Preferences root = Preferences.userRoot();
41       Preferences node = root.node("/com/horstmann/corejava/ImageViewer");
42       // get position, size, title from properties
43       int left = node.getInt("left", 0);
44       int top = node.getInt("top", 0);
45       int width = node.getInt("width", DEFAULT_WIDTH);
46       int height = node.getInt("height", DEFAULT_HEIGHT);
47       setBounds(left, top, width, height);
48       image = node.get("image", null);
49       var label = new JLabel();
50       if (image != null) label.setIcon(new ImageIcon(image));
51
52       addWindowListener(new WindowAdapter()
53       {
54          public void windowClosing(WindowEvent event)
55          {
56             node.putInt("left", getX());
57             node.putInt("top", getY());
58             node.putInt("width", getWidth());
59             node.putInt("height", getHeight());
60             node.put("image", image);
61          }
62       });
63
64       // use a label to display the images
65       add(label);
66
67       // set up the file chooser
68       var chooser = new JFileChooser();
69       chooser.setCurrentDirectory(new File("."));
70
71       // set up the menu bar
72       var menuBar = new JMenuBar();
73       setJMenuBar(menuBar);
74
75       var menu = new JMenu("File");
76       menuBar.add(menu);
77
78       var openItem = new JMenuItem("Open");
79       menu.add(openItem);
80       openItem.addActionListener(event -> {
81
82          // show file chooser dialog
83          int result = chooser.showOpenDialog(null);
84
85          // if file selected, set it as icon of the label
86          if (result == JFileChooser.APPROVE_OPTION)
87          {
88             image = chooser.getSelectedFile().getPath();
89             label.setIcon(new ImageIcon(image));
90          }
91       });
```

```
92
93        var exitItem = new JMenuItem("Exit");
94        menu.add(exitItem);
95        exitItem.addActionListener(event -> System.exit(0));
96      }
97 }
```

API **java.util.prefs.Preferences** 1.4

- Preferences userRoot()

  返回调用程序的用户的首选项根节点。

- Preferences systemRoot()

  返回系统范围的首选项根节点。

- Preferences node(String path)

  返回从当前节点由给定路径可以到达的节点。如果 path 是绝对路径（也就是说，以一个 / 开头），则从包含这个首选项节点的树的根节点开始查找。如果给定路径不存在相应的节点，则创建这样一个节点。

- Preferences userNodeForPackage(Class cl)
- Preferences systemNodeForPackage(Class cl)

  返回当前用户树或系统树中的一个节点，其绝对节点路径对应类 cl 的包名。

- String[] keys()

  返回属于这个节点的所有键。

- String get(String key, String defval)
- int getInt(String key, int defval)
- long getLong(String key, long defval)
- float getFloat(String key, float defval)
- double getDouble(String key, double defval)
- boolean getBoolean(String key, boolean defval)
- byte[] getByteArray(String key, byte[] defval)

  返回与给定键关联的值，或者如果没有值与这个键关联、关联的值类型不正确或首选项存储库不可用，则返回所提供的默认值。

- void put(String key, String value)
- void putInt(String key, int value)
- void putLong(String key, long value)
- void putFloat(String key, float value)
- void putDouble(String key, double value)
- void putBoolean(String key, boolean value)
- void putByteArray(String key, byte[] value)

在这个节点存储一个键 / 值对。

- void exportSubtree(OutputStream out)

  将这个节点及其子节点的首选项写至指定的流。

- void exportNode(OutputStream out)

  将这个节点（但不包括其子节点）的首选项写至指定的流。

- void importPreferences(InputStream in)

  导入指定流中包含的首选项。

图形用户界面程序设计的讨论到此结束。在下一章中，我们将学习如何使用最常用的 Swing 组件。

第 11 章　Swing 用户界面组件

▲ Swing 与模型 – 视图 – 控制器设计　　　　▲ 选择组件
　模式　　　　　　　　　　　　　　　　　　▲ 菜单
▲ 布局管理概述　　　　　　　　　　　　　　▲ 复杂的布局管理
▲ 文本输入　　　　　　　　　　　　　　　　▲ 对话框

　　上一章主要介绍了如何使用 Java 中的事件模型。通过学习，你已经初步了解了如何构建一个图形用户界面。本章将介绍构造功能更完备的图形用户界面（GUI）所需要的最重要的工具。

　　我们首先介绍 Swing 的底层体系架构。要想弄清楚如何有效地使用更高级的组件，必须了解底层的基础。然后，我们会介绍 Swing 中最常用的用户界面组件，如文本域、单选按钮以及菜单等。接下来，你会了解如何使用布局管理器排列这些组件。最后，我们将介绍如何在 Swing 中实现对话框。

　　本章涵盖了基本的 Swing 组件，如文本组件、按钮和滑块等，这些都是最常用的基本用户界面组件。高级 Swing 组件将在卷 Ⅱ 中介绍。

11.1　Swing 和模型 – 视图 – 控制器设计模式

　　先简单回顾一下，考虑构成用户界面组件的各个组成部分，如按钮、复选框、文本域或复杂的树控件。每个组件都有三个特征：

- 内容，如，按钮的状态（是否按下），或者文本域中的文本。
- 外观（颜色，大小等）。
- 行为（对事件的反应）。

　　这三个特征之间存在相当复杂的交互，即使是最简单的组件（如按钮）也能体现出这一点。很明显，按钮的外观显示取决于它的观感。Metal 按钮的外观与 Windows 按钮或者 Motif 按钮的外观就不一样。另外，外观显示还要取决于按钮的状态：当按钮被按下时，按钮需要重新绘制，使它看起来不一样。而状态取决于按钮接收到的事件。当用户在按钮上点击鼠标时，按钮就被按下。

　　当然，在程序中使用按钮时，只需要简单地把它看成是一个按钮，而不需要考虑它的内部工作原理和特征。毕竟，这些是实现按钮的程序员的工作。不过，实现按钮以及所有其他用户界面组件的程序员要更仔细地考虑这些组件的实现，以使得无论实际观感如何，这些组件都能正常工作。

　　为了实现这样的需求，Swing 设计者采用了一种很有名的设计模式（design pattern）：模型－视图－控制器（model-view-controller）模式。这种设计模式要求我们提供三个不同的对象：
- 模型（model）：存储内容。
- 视图（view）：显示内容。
- 控制器（controller）：处理用户输入。

这种模式明确地规定了三个对象如何交互。模型存储内容，它没有用户界面。按钮的内容非常简单，只有很少的一组标志，用来表示当前按钮是否按下，是否处于活动状态，等等。文本域的内容更有意思，这是保存当前文本的一个字符串对象。它与内容的视图不同——如果内容的长度大于文本域的大小，用户就只能看到文本域可以显示的那一部分，如图 11-1 所示。

图 11-1　文本域的模型和视图

模型必须实现改变内容和查找内容的方法。例如，一个文本模型会提供一些方法以在当前文本中添加或者删除字符，以及把当前文本作为一个字符串返回等。重申一次，要记住模型是完全不可见的。显示存储在模型中的数据是视图的工作。

> 📋 **注释：**"模型"这个术语可能不太贴切，因为人们通常把模型视为一个抽象概念的具体表示。汽车和飞机的设计者制造模型来模拟真实的汽车和飞机。但这种类比可能会使你对模型－视图－控制器模式产生误解。在这个设计模式中，模型存储完整的内容，视图给出内容的（完整或者不完整的）可视化显示。一个更恰当的比喻应当是模特为画家摆好姿势。此时，就要看画家如何看模特，并由此来画一幅画（即视图）。那幅画是一幅规矩的肖像画，或是一幅印象派作品，还是一幅立体派作品（以古怪的曲线来描绘四肢），完全取决于画家。

模型－视图－控制器模式的一个优点是，一个模型可以有多个视图，其中每个视图可以显示全部内容的不同部分或不同方面。例如，一个 HTML 编辑器常常为同一内容同时提供两个视图：一个 WYSIWYG（所见即所得）视图和一个"原始标记"视图（见图 11-2）。当通过某一个视图的控制器对模型进行更新时，模型会通知关联的两个视图发生了改变。视图得到通知以后就会自动地刷新。当然，对于一个简单的用户界面组件（如按钮）来说，不需要为同一个模型提供多个视图。

控制器负责处理用户输入事件，如点击鼠标和按键。然后决定是否把这些事件转化成对模型或视图的更改。例如，如果用户在一个文本框中按下了一个字符键，控制器调用模型的"插入字符"命令，然后模型告诉视图进行更新，而视图永远不会知道文本为什么改变了。但是如果用户按下了一个箭头键，那么控制器会通知视图滚动。滚动视图对底层文本不会有任何影响，因此模型永远不会知道这个事件的发生。

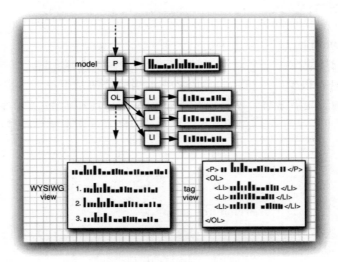

图 11-2　同一模型的两个不同视图

图 11-3 显示了模型、视图和控制器对象之间的交互。

图 11-3　模型、视图、控制器对象之间的交互

对大多数 Swing 组件来说，模型类将实现一个名字以 Model 结尾的接口，在这里，接口就名为 ButtonModel 接口。实现了此接口的类可以定义各种按钮的状态。实际上，按钮并不复杂，另外 Swing 库中有一个名为 DefaultButtonModel 的类实现了这个接口。

可以通过查看 ButtonModel 接口的属性来了解按钮模型维护着什么类型的数据（参见表 11-1）。

表 11-1　ButtonModel 接口的属性

属性名	值
actionCommand	与按钮关联的动作命令字符串
mnemonic	按钮的助记快捷键
armed	如果按钮按下且鼠标仍在按钮上则为 true
enabled	如果按钮是可选择的则为 true
pressed	如果按钮按下且鼠标按键没有释放则为 true
rollover	如果鼠标在按钮上则为 true
selected	如果按钮已经被选择（用于复选框和单选按钮）则为 true

每个 JButton 对象都存储着一个按钮模型对象，可以如下访问。

```
var button = new JButton("Blue");
ButtonModel model = button.getModel();
```

实际上，不必关心按钮状态的详细信息，只有绘制它的视图才对此感兴趣。所有重要的信息（如按钮是否启用）可以通过 JButton 类得到（当然，JButton 类会向它的模型获取这些信息）。

下面查看 ButtonModel 接口中不包含的信息。模型不存储按钮标签或者图标。对于一个按钮来说，仅凭模型无法知道它的外观（实际上，在有关单选按钮的 11.4.2 节中将会看到，这种设计的纯粹性会给程序员带来一些麻烦）。

另外还需要注意，同样的模型（即 DefaultButtonModel）可用于下压按钮、单选按钮、复选框，甚至菜单项。当然，这些按钮都有各自不同的视图和控制器。当使用 Metal 观感时，JButton 类用 BasicButtonUI 类作为其视图；用 ButtonUIListener 类作为其控制器。通常，每个 Swing 组件都有一个相关的后缀为 UI 的视图对象，但并不是所有的 Swing 组件都有专门的控制器对象。

在简单了解了 JButton 的底层工作之后，你可能想知道：JButton 究竟是什么？事实上，它就是一个继承自 JComponent 的包装器类，其中包含 DefaultButtonModel 对象，一些视图数据（例如按钮标签和图标）以及一个负责按钮视图的 BasicButtonUI 对象。

11.2　布局管理概述

在讨论每个 Swing 组件（例如文本域和单选按钮）之前，首先介绍如何在窗体中排列这些组件。

当然，Java 开发环境提供了拖放式 GUI 生成器。不过，弄清楚底层的实现方式非常重要，因为即使最好的工具有时也需要手动调整。

11.2.1 布局管理器

先来回顾程序清单 10-4 中的程序，在程序中，我们使用按钮来改变窗体的背景颜色。

这几个按钮包含在一个 JPanel 对象中，用流布局管理器（flow layout manager）管理，这是面板的默认布局管理器。图 11-4 展示了向面板中添加多个按钮后的效果。可以看到，当一行的空间不够时，会显示在新的一行上。

另外，按钮总是位于面板的中央，即使用户调整了窗体大小时也是如此，如图 11-5 所示。

图 11-4　采用流布局管理六个按钮的面板　　图 11-5　改变面板大小会自动重新排列按钮

通常，组件放置在容器中，布局管理器决定容器中组件的位置和大小。

按钮、文本域和其他的用户界面元素都会扩展 Component 类，组件可以放置在容器（如面板）中。由于 Container 类扩展自 Component 类，所以容器本身也可以放置在另一个容器中。图 11-6 显示了 Component 的继承层次结构。

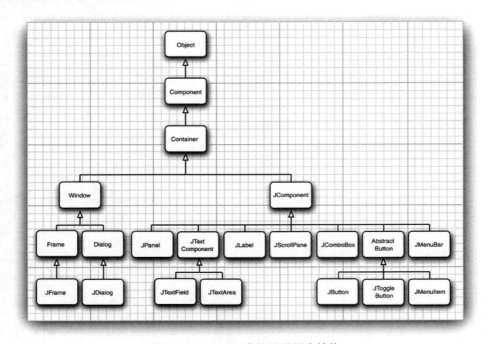

图 11-6　Component 类的继承层次结构

> 📋 **注释：** 遗憾的是，这个继承层次在两方面显得有点混乱。首先，顶层窗口（如 JFrame）是 Container 的子类，所以也是 Component 的子类，但却不能放在其他容器内。另外，JComponent 是 Container 的子类，而不是 Component 的子类，因此，可以将其他组件添加到 JButton 中。（但这些组件不会显示）。

每个容器都有一个默认的布局管理器，但可以重新进行设置。例如，使用以下语句：

```
panel.setLayout(new GridLayout(4, 4));
```

会使用 GridLayout 类按 4 行 4 列摆放组件。往容器中添加组件时，容器的 add 方法将把组件和所有位置要求传递给布局管理器。

API **java.awt.Container 1.0**

- void setLayout(LayoutManager m)
  为容器设置布局管理器。
- Component add(Component c)
- Component add(Component c, Object constraints) **1.1**
  将组件添加到容器中，并返回组件引用。

API **java.awt.FlowLayout 1.0**

- FlowLayout()
- FlowLayout(int align)
- FlowLayout(int align, int hgap, int vgap)
  构造一个新的 FlowLayout 对象。align 参数可以是 LEFT、CENTER 或者 RIGHT。

11.2.2 边框布局

边框布局管理器（border layout manager）是每个 JFrame 的内容窗格的默认布局管理器。流布局管理器会完全控制每个组件的位置，边框布局管理器则不然，它允许为每个组件选择一个位置。可以选择把组件放在内容窗格的中央、北部、南部、东部或者西部。如图 11-7 所示。

例如：

```
frame.add(component, BorderLayout.SOUTH);
```

图 11-7 边框布局

先放置边缘组件，剩余的可用空间由中间组件占据。当容器调整大小时，边缘组件的尺寸不会改变，而中间组件的大小会发生变化。添加组件时可以指定 BorderLayout 类的 CENTER、NORTH、SOUTH、EAST 和 WEST 常量。不是所有的位置都会被占用，如果没有提供任何值，系统默认为 CENTER。

> 📄 **注释**：BorderLayout 常量定义为字符串。例如，BorderLayout.SOUTH 定义为字符串 "SOUTH"。这比使用字符串要更安全。如果不小心字符串拼写有误，例如写为 frame.add(component, "south")，编译器不会捕获这个错误。

与流布局不同，边框布局会扩展所有组件的尺寸以便填满可用空间（流布局将维持每个组件的最佳尺寸）。添加一个按钮时，这会有问题：

```
frame.add(yellowButton, BorderLayout.SOUTH); // don't
```

图 11-8 显示了执行上述语句的结果。按钮会扩展至填满窗体的整个南部区域。而且，如果再将另外一个按钮添加到南部区域，就会取代第一个按钮。

解决这个问题的常见方法是使用另外的面板（panel），如图 11-9 所示。屏幕底部的三个按钮全部包含在一个面板中。这个面板被放置在内容窗格的南部。

图 11-8　边框布局管理一个按钮

图 11-9　面板放置在窗体的南部区域

要想得到这种配置，首先需要创建一个新的 JPanel 对象，然后逐一将按钮添加到面板中。面板的默认布局管理器是 FlowLayout，这恰好符合我们的需求。随后使用在前面已经看到的 add 方法将每个按钮添加到面板中。每个按钮的位置和大小完全在 FlowLayout 布局管理器的控制之下。这意味着这些按钮将置于面板的中央，并不会扩展至填满整个面板区域。最后，将这个面板添加到窗体的内容窗格中。

```
var panel = new JPanel();
panel.add(yellowButton);
panel.add(blueButton);
panel.add(redButton);
frame.add(panel, BorderLayout.SOUTH);
```

边框布局管理器将会扩展面板大小，以填满整个南部区域。

API **java.awt.BorderLayout 1.0**

- BorderLayout()
- BorderLayout(int hgap, int vgap)

  构造一个新的 BorderLayout 对象。

11.2.3　网格布局

网格布局像电子数据表一样，按行列排列所有的组件。不过，所有组件的大小都是一样的。图 11-10 显示的计算器程序就使用了网格布局来排列计算器按钮。当调整窗口大小时，计算器按钮将随之变大或变小，但所有的按钮尺寸始终保持一致。

在网格布局对象的构造器中，需要指定所需的行数和列数：

```
panel.setLayout(new GridLayout(4, 4));
```

添加组件，从第一行的第一项开始，然后是第一行的第二项，以此类推。

```
panel.add(new JButton("1"));
panel.add(new JButton("2"));
```

图 11-10 一个计算器

当然，极少应用会有像计算器这样整齐的布局。实际上，在组织窗口的各部分区域时，小网格（通常只有一行或者一列）会很有用。例如，如果想放置一行尺寸都一样的按钮，就可以将这些按钮放置在一个面板里，这个面板使用只有一行的网格布局进行管理。

API **java.awt.GridLayout** **1.0**

- GridLayout(int rows, int columns)
- GridLayout(int rows, int columns, int hgap, int vgap)

  构造一个新的 GridLayout 对象。rows 或者 columns 可以为零，但不能同时为零，指示每行或每列任意的组件数。

11.3 文本输入

现在终于可以开始介绍 Swing 用户界面组件了。首先来介绍允许用户输入和编辑文本的组件。可以使用文本域（JTextField）和文本区（JTextArea）组件输入文本。文本域只能接收单行文本，而文本区能够接收多行文本。JPasswordField 也只能接收单行文本的输入，但不会将输入的内容显示出来。

这三个类都继承自 JTextComponent 类。由于 JTextComponent 是一个抽象类，所以不能够构造这个类的对象。另外，在 Java 中常会看到这种情况，查看 API 文档时，你可能发现所找的方法实际上来自父类 JTextComponent，而不是来自派生类自身。例如，获取或设置一个文本域或文本区中文本的方法实际上都是 JTextComponent 类中的方法。

API **javax.swing.text.JTextComponent** **1.2**

- String getText()
- void setText(String text)

  获取或设置文本组件的文本。

- boolean isEditable()
- void setEditable(boolean b)

  获取或设置 editable 特性，这个特性决定了用户是否可以编辑这个文本组件的内容。

11.3.1　文本域

把文本域添加到窗口的常用办法是将它添加到一个面板或者其他容器中，这与添加按钮完全一样：

```
var panel = new JPanel();
var textField = new JTextField("Default input", 20);
panel.add(textField);
```

这段代码将添加一个文本域，初始化时在其中放入字符串 "Default input"。构造器的第二个参数设置了文本域的宽度。在这个示例中，宽度值为 20 "列"。但是，这里所说的列不是一个精确的测量单位。一列就是指当前使用的字体一个字符的宽度。如果希望文本域最多能够输入 *n* 个字符，就应该把宽度设置为 *n* 列。在实际中，这样做效果并不理想，应该将最大输入长度再多加 1 ~ 2 个字符。另外要记住，列数只是给 AWT 设定首选（preferred）大小的一个提示。如果布局管理器需要缩放这个文本域，它会调整文本域的大小。在 JTextField 的构造器中设定的宽度并不是用户能输入的字符个数的上限。用户仍然可以输入一个更长的字符串，但是当文本长度超过文本域长度时输入就会滚动。用户通常不喜欢滚动文本域，因此应该尽量把文本域设置得宽一些。如果需要在运行时重新设置列数，可以使用 setColumns 方法。

> ✅ **提示**：*使用 setColumns 方法改变一个文本框的大小之后，需要调用外围容器的 revalidate 方法。*
>
> ```
> textField.setColumns(10);
> panel.revalidate();
> ```
>
> *revalidate 方法会重新计算容器内所有组件的大小，并且对它们重新进行布局。调用 revalidate 方法后，布局管理器会调整容器的大小，然后就可以看到改变尺寸后的文本域了。*
>
> *revalidate 方法是 JComponent 类中的方法。它并不是马上就改变组件大小，而是给这个组件加一个需要改变大小的标记。这样就避免了多个组件请求调整大小时带来的重复计算。但是，如果想重新计算一个 JFrame 中的所有组件，就必须调用 validate 方法——JFrame 没有扩展 JComponent。*

通常情况下，希望用户在文本域中键入文本（或者编辑已经存在的文本）。文本域一般初始为空白。只要不为 JTextField 构造器提供字符串参数，就可以构造一个空白文本域：

```
var textField = new JTextField(20);
```

可以在任何时候调用 setText 方法来改变文本域中的内容。这个方法是从上一节提到的 JTextComponent 父类继承而来的。例如：

```
textField.setText("Hello!");
```

另外，正如上一节提到的，可以调用 getText 方法来获取用户键入的文本。这个方法原样返回用户输入的文本。如果想要将文本域中内容的前后空格去掉，可以对 getText 的返回值应用 trim 方法：

```
String text = textField.getText().trim();
```

如果想改变显示文本的字体，可以使用 setFont 方法。

API **javax.swing.JTextField** 1.2

- JTextField(int cols)

  构造一个有给定列数的空 JTextField 对象。
- JTextField(String text, int cols)

  构造一个有给定列数和初始字符串的 JTextField 对象。
- int getColumns()
- void setColumns(int cols)

  获取或设置文本域使用的列数。

API **javax.swing.JComponent** 1.2

- void revalidate()

  重新计算组件的位置和大小。
- void setFont(Font f)

  设置这个组件的字体。

API **java.awt.Component** 1.0

- void validate()

  重新计算组件的位置和大小。如果组件是容器，容器中包含的所有组件的位置和大小
  也会重新计算。
- Font getFont()

  获取组件的字体。

11.3.2 标签和标签组件

标签是容纳文本的组件，它们没有任何的修饰（例如没有边缘），也不能响应用户输入。
可以利用标签标识组件。例如，与按钮不同，文本域没有标识它们的标签。要想用标识符标
识这种本身不带标签的组件，应该

1. 用正确的文本构造一个 JLabel 组件。

2. 将它放置在距离需要标识的组件足够近的地方，以便用户看出这个标签所标识的组件。

JLabel 的构造器允许指定初始文本和图标，也可以选择内容的排列方式。可以用
SwingConstants 接口中的常量来指定排列方式。在这个接口中定义了几个很有用的常量，如
LEFT、RIGHT、CENTER、NORTH、EAST 等。JLabel 类是实现这个接口的众多 Swing 类之一。因此，
可以指定右对齐标签：

```
var label = new JLabel("User name: ", SwingConstants.RIGHT);
```

或者

```
var label = new JLabel("User name: ", JLabel.RIGHT);
```

利用 setText 和 setIcon 方法可以在运行期间设置标签的文本和图标。

> ✅ **提示:** 可以在按钮、标签和菜单项上使用纯文本或 HTML 文本。我们不推荐在按钮上
> 使用 HTML 文本——这样会影响观感。但是 HTML 文本在标签中是非常有效的。只
> 需要简单地将标签字符串放在 <html>...</html> 之间，如下所示:
>
> ```
> label = new JLabel("<html>Required entry:</html>");
> ```
>
> 需要说明的是，包含 HTML 标签的第一个组件需要延迟一段时间才能显示出来，
> 这是因为需要加载相当复杂的 HTML 渲染代码。

与其他组件一样，标签也可以放在容器中。这就是说，可以利用前面介绍的技术将标签
放置在任何需要的地方。

API **javax.swing.JLabel** 1.2

- JLabel(String text)
- JLabel(Icon icon)
- JLabel(String text, int align)
- JLabel(String text, Icon icon, int align)

  构造一个标签。align 参数是一个 SwingConstants 常量: LEFT（默认）、CENTER 或者 RIGHT。

- String getText()
- void setText(String text)

  获取或设置标签的文本。

- Icon getIcon()
- void setIcon(Icon icon)

  获取或设置标签的图标。

11.3.3　密码域

密码域是一种特殊类型的文本域。为了避免有不良企图的人站在一旁看到密码，用户输
入的字符不真正显示出来。每个输入的字符都用回显字符（echo character）表示，典型的回
显字符是星号（*）。Swing 提供了 JPasswordField 类来实现这样的文本域。

密码域也是一个体现模型 – 视图 – 控制器架构模式强大功能的例子。密码域采用与常规
文本域相同的模型来存储数据，但是，它的视图却改为显示回显字符，而不是实际的字符。

API **javax.swing.JPasswordField** 1.2

- JPasswordField(String text, int columns)

  构造一个新的密码域。

- void setEchoChar(char echo)

为密码域设置回显字符。这只是一个建议；特定的观感可能坚持使用自己的回显字符。值 0 会重新设置为默认的回显字符。
- char[] getPassword()

返回密码域中包含的文本。为了得到更好的安全性，在使用之后应该覆写所返回数组的内容（密码并不是以 String 返回，这是因为字符串在被垃圾回收之前会一直驻留在虚拟机中）。

11.3.4 文本区

有时，用户的输入可能超过一行。正像前面提到的，需要使用 JTextArea 组件来接收这样的输入。当在程序中放置一个文本区组件时，用户就可以输入多行文本，并用回车键换行。每行都以一个 '\n' 结尾。图 11-11 显示了一个正在使用的文本区。

在 JTextArea 组件的构造器中，可以指定文本区的行数和列数。例如：

```
textArea = new JTextArea(8, 40); // 8 lines of 40 columns each
```

这里参数 columns 与之前的做法相同，而且出于稳妥的考虑，应该再增加几列。另外，用户并不受限于输入指定的行数和列数。当输入过长时，文本会滚动。还可以用 setColumns 方法改变列数，用 setRows 方法改变行数。这些值只是指示首选大小——布局管理器可能会对文本区进行缩放。

图 11-11　文本区组件

如果文本区的文本超出显示的范围，那么剩下的文本就会被剪裁掉。可以通过开启换行特性来避免裁剪过长的行：

```
textArea.setLineWrap(true); // long lines are wrapped
```

换行只是视觉效果，文档中的文本没有改变，并没有在文本中自动插入 '\n' 字符。

11.3.5 滚动窗格

在 Swing 中，文本区没有滚动条。如果需要滚动条，可以将文本区放在滚动窗格（scroll pane）中。

```
textArea = new JTextArea(8, 40);
var scrollPane = new JScrollPane(textArea);
```

现在滚动窗格管理文本区的视图。如果文本超出了文本区可以显示的范围，滚动条就会自动地出现，删除部分文本后，如果文本能够显示在文本区范围内，滚动条会再次自动地消失。滚动是由滚动窗格内部处理的，编写程序时无须处理滚动事件。

这是一种适用于所有组件的通用机制，而不是文本区特有的。也就是说，要想为组件添加滚动条，只需将它们放入一个滚动窗格中即可。

程序清单 11-1 展示了各种文本组件。这个程序只是显示了一个文本域、一个密码域和一个带滚动条的文本区。文本域和密码域都使用了标签。点击"Insert"会将输入域中的内容插入到文本区中。

📋 **注释**：JTextArea 组件只显示纯文本，没有特殊字体或者格式。如果想显示格式化文本（如 HTML），就需要使用 JEditorPane 类，这将在卷 II 中详细讨论。

程序清单 11-1 text/TextComponentFrame.java

```
1  package text;
2
3  import java.awt.BorderLayout;
4  import java.awt.GridLayout;
5
6  import javax.swing.JButton;
7  import javax.swing.JFrame;
8  import javax.swing.JLabel;
9  import javax.swing.JPanel;
10 import javax.swing.JPasswordField;
11 import javax.swing.JScrollPane;
12 import javax.swing.JTextArea;
13 import javax.swing.JTextField;
14 import javax.swing.SwingConstants;
15
16 /**
17  * A frame with sample text components.
18  */
19 public class TextComponentFrame extends JFrame
20 {
21    public static final int TEXTAREA_ROWS = 8;
22    public static final int TEXTAREA_COLUMNS = 20;
23
24    public TextComponentFrame()
25    {
26       var textField = new JTextField();
27       var passwordField = new JPasswordField();
28
29       var northPanel = new JPanel();
30       northPanel.setLayout(new GridLayout(2, 2));
31       northPanel.add(new JLabel("User name: ", SwingConstants.RIGHT));
32       northPanel.add(textField);
33       northPanel.add(new JLabel("Password: ", SwingConstants.RIGHT));
34       northPanel.add(passwordField);
35
36       add(northPanel, BorderLayout.NORTH);
37
38       var textArea = new JTextArea(TEXTAREA_ROWS, TEXTAREA_COLUMNS);
39       var scrollPane = new JScrollPane(textArea);
40
41       add(scrollPane, BorderLayout.CENTER);
42
43       // add button to append text into the text area
44
45       var southPanel = new JPanel();
```

```
46
47        var insertButton = new JButton("Insert");
48        southPanel.add(insertButton);
49        insertButton.addActionListener(event ->
50          textArea.append("User name: " + textField.getText() + " Password: "
51            + new String(passwordField.getPassword()) + "\n"));
52
53        add(southPanel, BorderLayout.SOUTH);
54        pack();
55     }
56 }
```

API **javax.swing.JTextArea** `1.2`

- JTextArea()
- JTextArea(int rows, int cols)
- JTextArea(String text, int rows, int cols)

  构造一个新的文本区。

- void setColumns(int cols)

  设置文本区应该使用的首选列数。

- void setRows(int rows)

  设置文本区应该使用的首选行数。

- void append(String newText)

  将给定的文本追加到文本区中已有文本的末尾。

- void setLineWrap(boolean wrap)

  打开或关闭换行。

- void setWrapStyleWord(boolean word)

  如果 word 是 true，超长的行会在单词边界换行。如果为 false，超长的行会被截断而不考虑单词边界。

- void setTabSize(int c)

  将制表符（tab stop）设置为 c 列。注意，制表符不会被转化为空格，但可以让文本对齐到下一个制表符处。

API **javax.swing.JScrollPane** `1.2`

- JScrollPane(Component c)

  创建一个滚动窗格，用来显示指定组件的内容。当组件内容超过显示范围时，滚动条会自动出现。

11.4　选择组件

现在我们已经了解了如何收集用户输入的文本。不过，在很多情况下，可能更应该为用户提供有限的几种选项，而不是让用户在文本组件中输入数据。可以使用一组按钮或者选项列表让用户做出选择（这样也免去了检查错误的麻烦）。在本节中，将介绍如何编写程序来使用复选框、单选按钮、选项列表以及滑块。

11.4.1　复选框

如果想要接收的输入只是"是"或"否"，就可以使用复选框组件。复选框自动带有标识标签。用户通过点击一个复选框将它选中，再点击则取消选中。当复选框获得焦点时，用户也可以通过按空格键来切换选择。

图 11-12 所示的简单程序中有两个复选框，其中一个用于打开或关闭字体倾斜属性，而另一个用于控制加粗属性。注意，第二个复选框有焦点，这一点由它周围的矩形框可以看出。只要用户点击某个复选框，就会应用新的字体属性刷新屏幕。

图 11-12　复选框

复选框需要一个紧邻的标签来说明其用途。在构造器中指定标签文本。

```
bold = new JCheckBox("Bold");
```

可以使用 setSelected 方法来选中或取消选中复选框。例如：

```
bold.setSelected(true);
```

isSelected 方法将获取每个复选框的当前状态。如果没有选中则为 false，如果选中这个复选框则为 true。

当用户点击复选框时将触发一个动作事件。与以往一样，可以为复选框关联一个动作监听器。在这个程序中，两个复选框使用了同一个动作监听器。

```
ActionListener listener = . . .;
bold.addActionListener(listener);
italic.addActionListener(listener);
```

监听器查询 bold 和 italic 复选框的状态，并且把面板中的字体设置为常规、加粗、倾斜或者粗斜体。

```
ActionListener listener = event -> {
   int mode = 0;
   if (bold.isSelected()) mode += Font.BOLD;
   if (italic.isSelected()) mode += Font.ITALIC;
   label.setFont(new Font(Font.SERIF, mode, FONTSIZE));
};
```

程序清单 11-2 给出了复选框例子的全部代码。

程序清单 11-2　checkBox/ CheckBoxFrame.java

```
1  package checkBox;
2
3  import java.awt.*;
```

```
 4  import java.awt.event.*;
 5  import javax.swing.*;
 6
 7  /**
 8   * A frame with a sample text label and check boxes for selecting font
 9   * attributes.
10   */
11  public class CheckBoxFrame extends JFrame
12  {
13     private JLabel label;
14     private JCheckBox bold;
15     private JCheckBox italic;
16     private static final int FONTSIZE = 24;
17
18     public CheckBoxFrame()
19     {
20        // add the sample text label
21
22        label = new JLabel("The quick brown fox jumps over the lazy dog.");
23        label.setFont(new Font("Serif", Font.BOLD, FONTSIZE));
24        add(label, BorderLayout.CENTER);
25
26        // this listener sets the font attribute of
27        // the label to the check box state
28
29        ActionListener listener = event -> {
30           int mode = 0;
31           if (bold.isSelected()) mode += Font.BOLD;
32           if (italic.isSelected()) mode += Font.ITALIC;
33           label.setFont(new Font("Serif", mode, FONTSIZE));
34        };
35
36        // add the check boxes
37
38        var buttonPanel = new JPanel();
39
40        bold = new JCheckBox("Bold");
41        bold.addActionListener(listener);
42        bold.setSelected(true);
43        buttonPanel.add(bold);
44
45        italic = new JCheckBox("Italic");
46        italic.addActionListener(listener);
47        buttonPanel.add(italic);
48
49        add(buttonPanel, BorderLayout.SOUTH);
50        pack();
51     }
52  }
```

API **javax.swing.JCheckBox** **1.2**

- JCheckBox(String label)

- JCheckBox(String label, Icon icon)

构造一个复选框，初始没有被选中。

- JCheckBox(String label, boolean state)

  用给定的标签和初始状态构造一个复选框。
- boolean isSelected()
- void setSelected(boolean state)

  获取或设置复选框的选择状态。

11.4.2　单选按钮

在前一个例子中，对于这两个复选框，用户既可以选择一个、两个，也可以两个都不选。在很多情况下，我们需要用户只选择几个选项当中的一个。当用户选择另一项的时候，前一项就自动地取消选中。这样一组选项通常称为单选按钮组（Radio Button Group），这是因为这些按钮的工作很像收音机上的电台选钮。当按下一个按钮时，前一个按下的按钮就会自动弹起。图 11-13 给出了一个典型的例子。这里允许用户在多个选择中选择一个字体大小，即小、中、大和超大，但是，每次用户只能选择一个。

图 11-13　单选按钮组

在 Swing 中实现单选按钮组非常简单。为单选按钮组构造一个 ButtonGroup 类型的对象。然后，再将 JRadioButton 类型的对象添加到按钮组中。按钮组对象负责在新按钮被按下时取消前一个选中按钮的选择状态。

```
var group = new ButtonGroup();

var smallButton = new JRadioButton("Small", false);
group.add(smallButton);

var mediumButton = new JRadioButton("Medium", true);
group.add(mediumButton);
. . .
```

对于初始被选中的按钮，构造器的第二个参数为 true，对于其他按钮，这个参数为 false。注意，按钮组仅仅控制按钮的行为，如果想把这些按钮摆放在一起，需要把它们添加到容器中，和 JPanel 一样。

如果再看图 11-12 和图 11-13 你会发现，单选按钮与复选框的外观是不一样的。复选框为正方形，如果被选中，这个正方形中会出现一个对勾符号。单选按钮是圆形，选中后圈内包含一个圆点。

单选按钮的事件通知机制与其他按钮一样。当用户点击一个单选按钮时，这个按钮将产生一个动作事件。在这里的示例中，我们定义了一个动作监听器，用来把字体大小设置为特定值：

```
ActionListener listener = event ->
   label.setFont(new Font("Serif", Font.PLAIN, size));
```

用这个监听器与复选框的监听器做一个对比。每个单选按钮都对应一个不同的监听器对象。每个监听器对象都非常清楚所要做的事情——把字体大小设置为一个特定值。对于复选框，使用的是一种不同的方法，两个复选框共享同一个动作监听器，这个监听器调用一个方法来检查两个复选框的当前状态。

对于单选按钮可以同样使用这个方法吗？我们也可以使用一个监听器来计算字体大小，如：

```
if (smallButton.isSelected()) size = 8;
else if (mediumButton.isSelected()) size = 12;
. . .
```

不过，我们更愿意使用单独的动作监听器，因为这样可以将大小值与按钮更紧密地绑定在一起。

> **注释**：如果有一组单选按钮，就能知道它们之中只有一个被选中。要是能够不查询组内所有的按钮就可以很快地知道哪个按钮被选中就好了。由于 ButtonGroup 对象控制着所有的按钮，所以如果这个对象能够提供选中的按钮的引用就方便多了。事实上，ButtonGroup 类中有一个 getSelection 方法，但是这个方法并不返回被选中的单选按钮，而是返回与那个按钮关联的模型的 ButtonModel 引用。很遗憾，ButtonModel 的方法没有什么帮助。ButtonModel 接口从 ItemSelectable 接口继承了一个 getSelectedObjects 方法，但是这个方法没有用，它只返回 null。getActionCommand 方法看起来似乎可用，这是因为一个单选按钮的"动作命令"是它的文本标签，但是它的模型的动作命令是 null。只有用 setActionCommand 方法明确地为所有单选按钮设定动作命令后，才会同时设置模型的动作命令值。然后可以通过调用方法 buttonGroup.getSelection().getActionCommand() 获得当前选中的按钮的动作命令。

程序清单 11-3 是一个用于选择字体大小的完整程序，这里使用了一组单选按钮。

程序清单 11-3　radioButton/RadioButtonFrame.java

```
 1  package radioButton;
 2
 3  import java.awt.*;
 4  import java.awt.event.*;
 5  import javax.swing.*;
 6
 7  /**
 8   * A frame with a sample text label and radio buttons for selecting font sizes.
 9   */
10  public class RadioButtonFrame extends JFrame
11  {
12     private JPanel buttonPanel;
13     private ButtonGroup group;
14     private JLabel label;
15     private static final int DEFAULT_SIZE = 36;
16
```

```
17    public RadioButtonFrame()
18    {
19       // add the sample text label
20
21       label = new JLabel("The quick brown fox jumps over the lazy dog.");
22       label.setFont(new Font("Serif", Font.PLAIN, DEFAULT_SIZE));
23       add(label, BorderLayout.CENTER);
24
25       // add the radio buttons
26
27       buttonPanel = new JPanel();
28       group = new ButtonGroup();
29
30       addRadioButton("Small", 8);
31       addRadioButton("Medium", 12);
32       addRadioButton("Large", 18);
33       addRadioButton("Extra large", 36);
34
35       add(buttonPanel, BorderLayout.SOUTH);
36       pack();
37    }
38
39    /**
40     * Adds a radio button that sets the font size of the sample text.
41     * @param name the string to appear on the button
42     * @param size the font size that this button sets
43     */
44    public void addRadioButton(String name, int size)
45    {
46       boolean selected = size == DEFAULT_SIZE;
47       var button = new JRadioButton(name, selected);
48       group.add(button);
49       buttonPanel.add(button);
50
51       // this listener sets the label font size
52
53       ActionListener listener = event -> label.setFont(new Font("Serif", Font.PLAIN, size));
54
55       button.addActionListener(listener);
56    }
57 }
```

API `javax.swing.JRadioButton` 1.2

- JRadioButton(String label, Icon icon)

  构造一个初始没有选中的单选按钮。

- JRadioButton(String label, boolean state)

  用给定的标签和初始状态构造一个单选按钮。

API `javax.swing.ButtonGroup` 1.2

- void add(AbstractButton b)

将按钮添加到组中。

- ButtonModel getSelection()

返回被选中的按钮的按钮模型。

API **javax.swing.ButtonModel** 1.2

- String getActionCommand()

返回按钮模型的动作命令。

API **javax.swing.AbstractButton** 1.2

- void setActionCommand(String s)

设置按钮及其模型的动作命令。

11.4.3　边框

如果在一个窗口中有多组单选按钮，就需要用可见的方式来指明哪些按钮属于同一组。Swing 提供了一组很有用的边框（border）来解决这个问题。可以在任何继承了 JComponent 的组件上应用边框。最常用的用法是在面板周围放置一个边框，然后用其他用户界面元素（如单选按钮）填充面板。

有几种不同的边框可供选择，但是使用它们的步骤完全一样。

1. 调用 BorderFactory 的静态方法创建边框。下面是几种可选的风格（如图 11-14 所示）：

- 凹斜面
- 凸斜面
- 蚀刻
- 直线
- 蒙版
- 空（只是在组件外围创建一些空白空间）

图 11-14　测试边框类型

2. 如果愿意的话，可以给边框添加标题，具体的实现方法是将边框传递给 BroderFactory.createTitledBorder。

3. 如果确实想全力地使用边框，可以调用以下方法将几种边框组合起来：BorderFactory.createCompoundBorder。

4. 调用 JComponent 类的 setBorder 方法将得到的边框添加到组件。

例如，下面的代码说明了如何把一个带有标题的蚀刻边框添加到一个面板：

```
Border etched = BorderFactory.createEtchedBorder();
Border titled = BorderFactory.createTitledBorder(etched, "A Title");
panel.setBorder(titled);
```

不同的边框有不同的选项用于设置边框的宽度和颜色。详情请参看 API 注释。偏爱使用边框的人都很高兴地发现，还有一个 SoftBevelBorder 类用于构造有柔和拐角的斜面边框，另外一个 LineBorder 类也能够构造圆拐角。只能通过类的某个构造器构造这些边框，它们没有相应的 BorderFactory 方法。

API `javax.swing.BorderFactory` 1.2

- static Border createLineBorder(Color color)
- static Border createLineBorder(Color color, int thickness)

  创建一个简单的直线边框。

- static MatteBorder createMatteBorder(int top, int left, int bottom, int right, Color color)
- static MatteBorder createMatteBorder(int top, int left, int bottom, int right, Icon tileIcon)

  创建一个用颜色或重复图标填充的粗边框。

- static Border createEmptyBorder()
- static Border createEmptyBorder(int top, int left, int bottom, int right)

  创建一个空边框。

- static Border createEtchedBorder()
- static Border createEtchedBorder(Color highlight, Color shadow)
- static Border createEtchedBorder(int type)
- static Border createEtchedBorder(int type, Color highlight, Color shadow)

  创建一个具有 3D 效果的直线边框。type 参数是常量 EtchedBorder.RAISED 和 EtchedBorder.LOWERED 之一。

- static Border createBevelBorder(int type)
- static Border createBevelBorder(int type, Color highlight, Color shadow)
- static Border createLoweredBevelBorder()
- static Border createRaisedBevelBorder()

  创建一个具有凹面或凸面效果的边框。type 参数是 BevelBorder.LOWERED 和 BevelBorder.RAISED 之一。

- static TitledBorder createTitledBorder(String title)
- static TitledBorder createTitledBorder(Border border)
- static TitledBorder createTitledBorder(Border border, String title)
- static TitledBorder createTitledBorder(Border border, String title, int justification, int position)

- static TitledBorder createTitledBorder(Border border, String title, int justification, int position, Font font)
- static TitledBorder createTitledBorder(Border border, String title, int justification, int position, Font font, Color color)
  创建一个有指定属性的带标题的边框。justification 参数是 TitledBorder 常量 LEFT、CENTER、RIGHT、LEADING、TRAILING 或 DEFAULT_JUSTIFICATION（左对齐）之一，position 是 ABOVE_TOP、TOP、BELOW_TOP、ABOVE_BOTTOM、BOTTOM、BELOW_BOTTOM 或 DEFAULT_POSITION（上）之一。
- static CompoundBorder createCompoundBorder(Border outsideBorder, Border insideBorder)
  将两个边框组合成一个新的边框。

API **javax.swing.border.SoftBevelBorder** **1.2**

- SoftBevelBorder(int type)
- SoftBevelBorder(int type, Color highlight, Color shadow)
  创建一个带有柔和边角的斜面边框。type 参数是 BevelBorder.LOWERED 和 BevelBorder.RAISED 之一。

API **javax.swing.border.LineBorder** **1.2**

- public LineBorder(Color color, int thickness, boolean roundedCorners)
  用指定的颜色和粗细创建一个直线边框。如果 roundedCorners 为 true，则边框有圆角。

API **javax.swing.JComponent** **1.2**

- void setBorder(Border border)
  设置这个组件的边框。

11.4.4 组合框

如果有多个选择项，使用单选按钮就不太适宜了，原因是会占据太多屏幕空间。这时就可以选择组合框。当用户点击这个组件时，会下拉一个选择列表，用户可以从中选择一项（见图 11-15）。

如果下拉列表框被设置成可编辑（editable），就可以像这是一个文本域一样编辑当前的选项内容。鉴于这个原因，这种组件被称为组合框（combo box），它将文本域的灵活性与一组预定义的选项组合起来。JComboBox 类提供了组合框组件。

在 Java 7 中，JComboBox 类是一个泛型类。例如，JComboBox<String> 包含 String 类型的对象，JComboBox<Integer> 包含整数。

调用 setEditable 方法可以让组合框可编辑。注意，编辑只会影响选择的项，而不会改变选择列表的内容。

可以调用 getSelectedItem 方法获取当前的选项，如果组合

图 11-15　组合框

框是可编辑的，当前选项可能已经编辑过。不过，对于可编辑组合框，其中的选项可以是任

何类型，这取决于编辑器（即由编辑器获取用户输入并将结果转换为一个对象）。（关于编辑器的讨论请参见卷 II 中的第 6 章。）如果你的组合框不是可编辑的，最好调用

```
combo.getItemAt(combo.getSelectedIndex())
```

这会为所选择的选项提供正确的类型。

在示例程序中，用户可以从字体列表（ Serif、SansSerif、Monospaced 等）中选择一种字体，用户也可以键入其他的字体。

可以调用 addItem 方法增加选项。在示例程序中，只在构造器中调用了 addItem 方法，实际上，可以在任何地方调用这个方法。

```
var faceCombo = new JComboBox<String>();
faceCombo.addItem("Serif");
faceCombo.addItem("SansSerif");
. . .
```

这个方法将字符串添加到列表的尾部。可以利用 insertItemAt 方法在列表的任何位置插入新选项：

```
faceCombo.insertItemAt("Monospaced", 0); // add at the beginning
```

可以增加任何类型的选项，组合框可以调用每个选项的 toString 方法显示其内容。

如果需要在运行时删除某些选项，可以使用 removeItem 或者 removeItemAt 方法，使用哪个方法取决于参数提供的是想要删除的选项，还是选项位置。

```
faceCombo.removeItem("Monospaced");
faceCombo.removeItemAt(0); // remove first item
```

调用 removeAllItems 方法将立即删除所有的选项。

> ✅ 提示：如果需要往组合框中添加大量的选项，addItem 方法的性能会很差。取而代之，可以构造一个 DefaultComboBoxModel，并调用 addElement 方法填充这个模型，然后再调用 JComboBox 的 setModel 方法。

当用户从组合框中选择一个选项时，组合框就将产生一个动作事件。为了判断选择了哪个选项，可以提供事件参数调用 getSource 方法来得到发送这个事件的组合框的引用，接着调用 getSelectedItem 方法获取当前选择的选项。需要把这个方法的返回值强制转换为适当的类型，通常是 String 型。

```
ActionListener listener = event ->
    label.setFont(new Font(
        faceCombo.getItemAt(faceCombo.getSelectedIndex()),
        Font.PLAIN,
        DEFAULT_SIZE));
```

程序清单 11-4 给出了完整的代码。

程序清单 11-4　comboBox/ComboBoxFrame.java

```
1 package comboBox;
2
```

```
3  import java.awt.BorderLayout;
4  import java.awt.Font;
5
6  import javax.swing.JComboBox;
7  import javax.swing.JFrame;
8  import javax.swing.JLabel;
9  import javax.swing.JPanel;
10
11 /**
12  * A frame with a sample text label and a combo box for selecting font faces.
13  */
14 public class ComboBoxFrame extends JFrame
15 {
16    private JComboBox<String> faceCombo;
17    private JLabel label;
18    private static final int DEFAULT_SIZE = 24;
19
20    public ComboBoxFrame()
21    {
22       // add the sample text label
23
24       label = new JLabel("The quick brown fox jumps over the lazy dog.");
25       label.setFont(new Font("Serif", Font.PLAIN, DEFAULT_SIZE));
26       add(label, BorderLayout.CENTER);
27
28       // make a combo box and add face names
29
30       faceCombo = new JComboBox<>();
31       faceCombo.addItem("Serif");
32       faceCombo.addItem("SansSerif");
33       faceCombo.addItem("Monospaced");
34       faceCombo.addItem("Dialog");
35       faceCombo.addItem("DialogInput");
36
37       // the combo box listener changes the label font to the selected face name
38
39       faceCombo.addActionListener(event ->
40          label.setFont(
41             new Font(faceCombo.getItemAt(faceCombo.getSelectedIndex()),
42                Font.PLAIN, DEFAULT_SIZE)));
43
44       // add combo box to a panel at the frame's southern border
45
46       var comboPanel = new JPanel();
47       comboPanel.add(faceCombo);
48       add(comboPanel, BorderLayout.SOUTH);
49       pack();
50    }
51 }
```

API **javax.swing.JComboBox** 1.2

- boolean isEditable()
- void setEditable(boolean b)

获取或设置组合框的 editable 特性。

- void addItem(Object item)

  把一个选项添加到选项列表中。

- void insertItemAt(Object item, int index)

  将一个选项插入到选项列表的指定索引位置。

- void removeItem(Object item)

  从选项列表中删除一个选项。

- void removeItemAt(int index)

  删除指定索引位置的选项。

- void removeAllItems()

  从选项列表中删除所有选项。

- Object getSelectedItem()

  返回当前选择的选项。

11.4.5 滑动条

组合框可以让用户从一组离散值中进行选择。滑动条允许从连续值中选择，例如，从 1 ～ 100 之间选择任意数值。

构造滑动条最常用的方法如下所示：

```
var slider = new JSlider(min, max, initialValue);
```

如果省略最小值、最大值和初始值，其默认值分别为 0、100 和 50。

或者如果需要垂直滑动条，可以按照以下方式调用构造器：

```
var slider = new JSlider(SwingConstants.VERTICAL, min, max, initialValue);
```

这些构造器构造了一个无格式的滑动条，如图 11-16 最上面的滑动条所示。下面来看如何为滑动条添加装饰。

当用户滑动滑动条时，滑动条的值就会在最小值和最大值之间变化。当值发生变化时，ChangeEvent 就会发送给所有变更监听器。为了得到这些变更的通知，需要调用 addChangeListener 方法并且安装一个实现了 ChangeListener 接口的对象。在这个回调中，可以获取滑动条的值：

```
ChangeListener listener = event -> {
    JSlider slider = (JSlider) event.getSource();
    int value = slider.getValue();
    . . .
};
```

可以通过显示刻度（tick）对滑动条进行修饰。例如，在示例程序中，第二个滑动条使用了下面的设置：

图 11-16　滑动条

```
slider.setMajorTickSpacing(20);
slider.setMinorTickSpacing(5);
```

上述滑动条在每 20 个单位的位置显示一个大刻度标记，每 5 个单位的位置显示一个小刻度标记。所谓单位是指滑动条值，而不是像素。

这些指令只设置了刻度标记的单位数，要想将它们真正显示出来，还需要调用：

```
slider.setPaintTicks(true);
```

大刻度和小刻度标记是相互独立的。例如，可以每 20 个单位设置一个大刻度标记，同时每 7 个单位设置一个小刻度尺标记，但是这样设置滑动条看起来会显得非常凌乱。

可以强制滑动条对齐刻度（snap to tick）。这样一来，只要用户采用对齐模式完成拖放滑动条的操作，它就会立即自动地移到最接近的刻度。激活这种模式需要调用：

```
slider.setSnapToTicks(true);
```

⚠️ **警告：**"对齐刻度"的行为与你想象的做法并不太一样。在滑动条真正对齐之前，变更监听器报告的滑动条值并没有对应刻度。如果点击滑动条附近，这个动作通常会让滑动条向着点击的方向移动一小段距离，"对齐刻度"的滑动条并不移动到下一个刻度。

可以调用以下方法为大刻度添加刻度标记标签（tick mark label）：

```
slider.setPaintLabels(true);
```

例如，对于一个范围为 0 到 100 的滑动条，如果大刻度的间距是 20，每个大刻度就应该分别标为 0、20、40、60、80 和 100。

还可以提供其他刻度标记，如字符串或者图标（见图 11-16）。这个过程有些烦琐。首先需要填充一个键为 Integer 类型且值为 Component 类型的散列表。然后再调用 setLabelTable 方法，组件会放置在刻度标记下面。通常会使用 JLabel 对象。下面的代码说明了如何将刻度标签设置为 A、B、C、D、E 和 F。

```
var labelTable = new Hashtable<Integer, Component>();
labelTable.put(0, new JLabel("A"));
labelTable.put(20, new JLabel("B"));
. . .
labelTable.put(100, new JLabel("F"));
slider.setLabelTable(labelTable);
```

程序清单 11-5 显示了一个滑动条用图标作为刻度标签。

✔️ **提示：**如果刻度的标记或者标签没有显示，请检查确认是否调用了 setPaintTicks(true) 和 setPaintLabels(true)。

在图 11-16 中，第 4 个滑动条没有轨迹。要想隐藏滑动条移动的轨迹，可以调用：

```
slider.setPaintTrack(false);
```

图 11-16 中的第 5 个滑动条是逆向的，调用以下方法可以实现这个效果：

```
slider.setInverted(true);
```

　　程序清单 11-5 中的示例程序演示了一组滑动条的不同视觉效果。每个滑动条都安装了一个变更事件监听器，它负责把当前的滑动条值显示到窗体底部的文本域中。

程序清单 11-5　slider/SliderFrame.java

```java
 1 package slider;
 2
 3 import java.awt.*;
 4 import java.util.*;
 5 import javax.swing.*;
 6 import javax.swing.event.*;
 7
 8 /**
 9  * A frame with many sliders and a text field to show slider values.
10  */
11 public class SliderFrame extends JFrame
12 {
13    private JPanel sliderPanel;
14    private JTextField textField;
15    private ChangeListener listener;
16
17    public SliderFrame()
18    {
19       sliderPanel = new JPanel();
20       sliderPanel.setLayout(new GridBagLayout());
21
22       // common listener for all sliders
23       listener = event -> {
24          // update text field when the slider value changes
25          JSlider source = (JSlider) event.getSource();
26          textField.setText("" + source.getValue());
27       };
28
29       // add a plain slider
30
31       var slider = new JSlider();
32       addSlider(slider, "Plain");
33
34       // add a slider with major and minor ticks
35
36       slider = new JSlider();
37       slider.setPaintTicks(true);
38       slider.setMajorTickSpacing(20);
39       slider.setMinorTickSpacing(5);
40       addSlider(slider, "Ticks");
41
42       // add a slider that snaps to ticks
43
44       slider = new JSlider();
45       slider.setPaintTicks(true);
46       slider.setSnapToTicks(true);
47       slider.setMajorTickSpacing(20);
48       slider.setMinorTickSpacing(5);
49       addSlider(slider, "Snap to ticks");
```

```
50
51      // add a slider with no track
52
53      slider = new JSlider();
54      slider.setPaintTicks(true);
55      slider.setMajorTickSpacing(20);
56      slider.setMinorTickSpacing(5);
57      slider.setPaintTrack(false);
58      addSlider(slider, "No track");
59
60      // add an inverted slider
61
62      slider = new JSlider();
63      slider.setPaintTicks(true);
64      slider.setMajorTickSpacing(20);
65      slider.setMinorTickSpacing(5);
66      slider.setInverted(true);
67      addSlider(slider, "Inverted");
68
69      // add a slider with numeric labels
70
71      slider = new JSlider();
72      slider.setPaintTicks(true);
73      slider.setPaintLabels(true);
74      slider.setMajorTickSpacing(20);
75      slider.setMinorTickSpacing(5);
76      addSlider(slider, "Labels");
77
78      // add a slider with alphabetic labels
79
80      slider = new JSlider();
81      slider.setPaintLabels(true);
82      slider.setPaintTicks(true);
83      slider.setMajorTickSpacing(20);
84      slider.setMinorTickSpacing(5);
85
86      var labelTable = new Hashtable<Integer, Component>();
87      labelTable.put(0, new JLabel("A"));
88      labelTable.put(20, new JLabel("B"));
89      labelTable.put(40, new JLabel("C"));
90      labelTable.put(60, new JLabel("D"));
91      labelTable.put(80, new JLabel("E"));
92      labelTable.put(100, new JLabel("F"));
93
94      slider.setLabelTable(labelTable);
95      addSlider(slider, "Custom labels");
96
97      // add a slider with icon labels
98
99      slider = new JSlider();
100     slider.setPaintTicks(true);
101     slider.setPaintLabels(true);
102     slider.setSnapToTicks(true);
103     slider.setMajorTickSpacing(20);
104     slider.setMinorTickSpacing(20);
```

```
105
106        labelTable = new Hashtable<Integer, Component>();
107
108        // add card images
109
110        labelTable.put(0, new JLabel(new ImageIcon("nine.gif")));
111        labelTable.put(20, new JLabel(new ImageIcon("ten.gif")));
112        labelTable.put(40, new JLabel(new ImageIcon("jack.gif")));
113        labelTable.put(60, new JLabel(new ImageIcon("queen.gif")));
114        labelTable.put(80, new JLabel(new ImageIcon("king.gif")));
115        labelTable.put(100, new JLabel(new ImageIcon("ace.gif")));
116
117        slider.setLabelTable(labelTable);
118        addSlider(slider, "Icon labels");
119
120        // add the text field that displays the slider value
121
122        textField = new JTextField();
123        add(sliderPanel, BorderLayout.CENTER);
124        add(textField, BorderLayout.SOUTH);
125        pack();
126     }
127
128     /**
129      * Adds a slider to the slider panel and hooks up the listener
130      * @param slider the slider
131      * @param description the slider description
132      */
133     public void addSlider(JSlider slider, String description)
134     {
135        slider.addChangeListener(listener);
136        var panel = new JPanel();
137        panel.add(slider);
138        panel.add(new JLabel(description));
139        panel.setAlignmentX(Component.LEFT_ALIGNMENT);
140        var gbc = new GridBagConstraints();
141        gbc.gridy = sliderPanel.getComponentCount();
142        gbc.anchor = GridBagConstraints.WEST;
143        sliderPanel.add(panel, gbc);
144     }
145 }
```

API `javax.swing.JSlider` 1.2

- `JSlider()`

- `JSlider(int direction)`

- `JSlider(int min, int max)`

- `JSlider(int min, int max, int initialValue)`

- `JSlider(int direction, int min, int max, int initialValue)`

  用给定的方向、最大值、最小值和初始值构造一个水平滑动条。direction 参数是 Swing-Constants.HORIZONTAL 或 SwingConstants.VERTICAL 之一。默认为水平。滑动条的最小值、初始值和最大值默认值为 0、50 和 100。

- void setPaintTicks(boolean b)

  如果 b 为 true，显示刻度。
- void setMajorTickSpacing(int units)
- void setMinorTickSpacing(int units)

  用给定的滑动条单位的倍数设置最大刻度和最小刻度。
- void setPaintLabels(boolean b)

  如果 b 是 true，显示刻度标签。
- void setLabelTable(Dictionary table)

  设置用作刻度标签的组件。表中的每一个键 / 值对都采用 new Integer(*value*)/*component* 的格式。
- void setSnapToTicks(boolean b)

  如果 b 是 true，每一次调整后滑块都要对齐到最接近的刻度。
- void setPaintTrack(boolean b)

  如果 b 是 true，显示滑动条滑动的轨迹。

11.5 菜单

前面介绍了可能想放在窗口中的几种最常用的组件，如各种按钮、文本域以及组合框等。Swing 还支持另一种用户界面元素，即 GUI 应用中我们很熟悉的下拉式菜单。

位于窗口顶部的菜单栏（menu bar）包括了下拉菜单的名字。点击一个名字就可以打开包含菜单项（menu item）和子菜单（submenu）的菜单。当用户点击菜单项时，所有的菜单都会被关闭并且将一条消息发送给程序。图 11-17 显示了一个带子菜单的典型菜单。

图 11-17 带子菜单的菜单

11.5.1 菜单构建

构建菜单是一件非常容易的事情。首先要创建一个菜单栏：

```
var menuBar = new JMenuBar();
```

菜单栏是一个可以添加到任何位置的组件。正常情况下会放置在窗体的顶部。可以调用 setJMenuBar 方法将菜单栏添加到这里：

```
frame.setJMenuBar(menuBar);
```

需要为每个菜单创建一个菜单对象：

```
var editMenu = new JMenu("Edit");
```

然后将顶层菜单添加到菜单栏中：

```
menuBar.add(editMenu);
```

向菜单对象中添加菜单项、分隔符和子菜单：

```
var pasteItem = new JMenuItem("Paste");
editMenu.add(pasteItem);
editMenu.addSeparator();
JMenu optionsMenu = . . .; // a submenu
editMenu.add(optionsMenu);
```

可以看到图 11-17 中分隔符位于 Paste 和 Read-only 菜单项之间。

当用户选择菜单时，将触发一个动作事件。需要为每个菜单项安装一个动作监听器。

```
ActionListener listener = . . .;
pasteItem.addActionListener(listener);
```

JMenu.add(String s) 方法可以很方便地将菜单项增加到菜单的尾部，例如：

```
editMenu.add("Paste");
```

add 方法返回创建的菜单项。可以获取这个菜单项，并添加监听器，如下所示：

```
JMenuItem pasteItem = editMenu.add("Paste");
pasteItem.addActionListener(listener);
```

在通常情况下，菜单项触发的命令也可以通过其他用户界面元素（如工具条按钮）激活。在 10.4.5 节中，我们已经看到了如何通过 Action 对象来指定命令。要定义一个实现 Action 接口的类，为此通常会扩展便利的 AbstractAction 类，在 AbstractAction 对象的构造器中指定菜单项标签，并且覆盖 actionPerformed 方法来获得菜单动作处理器。例如：

```
var exitAction = new AbstractAction("Exit") // menu item text goes here
   {
      public void actionPerformed(ActionEvent event)
      {
         // action code goes here
         System.exit(0);
      }
   };
```

然后将动作添加到菜单中：

```
JMenuItem exitItem = fileMenu.add(exitAction);
```

这个命令利用动作名将一个菜单项添加到菜单中。这个动作对象将作为它的监听器。上面这条语句是下面两条语句的快捷形式：

```
var exitItem = new JMenuItem(exitAction);
fileMenu.add(exitItem);
```

API javax.swing.JMenu 1.2

- JMenu(String label)

  用给定标签构造一个菜单。

- JMenuItem add(JMenuItem item)

添加一个菜单项（或一个菜单）。

- JMenuItem add(String label)

  将一个有给定标签的菜单项添加到菜单中，并返回这个菜单项。

- JMenuItem add(Action a)

  将一个有给定动作的菜单项添加到菜单中，并返回这个菜单项。

- void addSeparator()

  将一个分隔行（separator line）添加到菜单中。

- JMenuItem insert(JMenuItem menu, int index)

  将一个新菜单项（或子菜单）添加到菜单的指定索引位置。

- JMenuItem insert(Action a, int index)

  将有指定动作的新菜单项增加到菜单的指定索引位置。

- void insertSeparator(int index)

  将一个分隔符添加到菜单中。

- void remove(int index)
- void remove(JMenuItem item)

  从菜单中删除指定的菜单项。

API `javax.swing.JMenuItem` **1.2**

- JMenuItem(String label)

  用给定标签构造一个菜单项。

- JMenuItem(Action a) **1.3**

  为给定动作构造一个菜单项。

API `javax.swing.AbstractButton` **1.2**

- void setAction(Action a) **1.3**

  为这个按钮或菜单项设置动作。

API `javax.swing.JFrame` **1.2**

- void setJMenuBar(JMenuBar menubar)

  为这个窗体设置菜单栏。

11.5.2　菜单项中的图标

菜单项与按钮很相似。实际上，JMenuItem 类扩展了 AbstractButton 类。与按钮一样，菜单可以只包含文本标签、只包含图标，或者两者都包含。可以使用 JMenuItem(String, Icon) 或者 JMenuItem(Icon) 构造器为菜单指定一个图标，也可以使用 JMenuItem 类从 AbstractButton 类继承的 setIcon 方法指定一个图标。例如：

```
var cutItem = new JMenuItem("Cut", new ImageIcon("cut.gif"));
```

在图 11-17 中可以看到菜单项旁边的图标。在默认情况下，菜单项文本放在图标的右侧。如果喜欢将文本放置在左侧，可以调用 JMenuItem 类从 AbstractButton 类继承的 setHorizontal-TextPosition 方法。例如：

```
cutItem.setHorizontalTextPosition(SwingConstants.LEFT);
```

这个调用把菜单项文本移动到图标的左侧。

也可以为动作增加一个图标：

```
cutAction.putValue(Action.SMALL_ICON, new ImageIcon("cut.gif"));
```

当使用动作构造菜单项时，Action.NAME 值将会作为菜单项的文本，而 Action.SMALL_ICON 将会作为图标。

或者，可以在 AbstractAction 构造器中设置图标：

```
cutAction = new
    AbstractAction("Cut", new ImageIcon("cut.gif"))
    {
        public void actionPerformed(ActionEvent event)
        {
            . . .
        }
    };
```

API **javax.swing.JMenuItem** **1.2**

- JMenuItem(String label, Icon icon)

  用给定的标签和图标构造一个菜单项。

API **javax.swing.AbstractButton** **1.2**

- void setHorizontalTextPosition(int pos)

  设置文本相对于图标的水平位置。pos 参数是 SwingConstants.RIGHT（文本在图标的右侧）或 SwingConstants.LEFT。

API **javax.swing.AbstractAction** **1.2**

- AbstractAction(String name, Icon smallIcon)

  用给定的名字和图标构造一个抽象动作。

11.5.3 复选框和单选按钮菜单项

复选框和单选按钮菜单项会在菜单名旁边显示了一个复选框或一个单选按钮（参见图 11-17）。当用户选择一个菜单项时，菜单项就会自动地在选择和未选择间进行切换。

除了按钮装饰外，复选框和单选按钮菜单项同其他菜单项的处理一样。例如，可以如下创建复选框菜单项：

```
var readonlyItem = new JCheckBoxMenuItem("Read-only");
optionsMenu.add(readonlyItem);
```

单选按钮菜单项与普通单选按钮的工作方式一样，必须将它们加入到按钮组中。当按钮组中的一个按钮被选中时，其他按钮都自动地变为未选中。

```
var group = new ButtonGroup();
var insertItem = new JRadioButtonMenuItem("Insert");
insertItem.setSelected(true);
var overtypeItem = new JRadioButtonMenuItem("Overtype");
group.add(insertItem);
group.add(overtypeItem);
optionsMenu.add(insertItem);
optionsMenu.add(overtypeItem);
```

使用这些菜单项，不需要立刻得到用户选择菜单项的通知。实际上，可以使用 isSelected 方法来测试菜单项的当前状态（当然，这意味着应该保留这个菜单项的一个引用，保存在一个实例字段中）。可以使用 setSelected 方法设置状态。

API **javax.swing.JCheckBoxMenuItem 1.2**

- JCheckBoxMenuItem(String label)

  用给定的标签构造一个复选框菜单项。
- JCheckBoxMenuItem(String label, boolean state)

  用给定的标签和给定的初始状态（true 为选定）构造一个复选框菜单。

API **javax.swing.JRadioButtonMenuItem 1.2**

- JRadioButtonMenuItem(String label)

  用给定的标签构造一个单选按钮菜单项。
- JRadioButtonMenuItem(String label, boolean state)

  用给定的标签和给定的初始状态（true 为选定）构造一个单选按钮菜单项。

API **javax.swing.AbstractButton 1.2**

- boolean isSelected()
- void setSelected(boolean state)

  获取或设置这个菜单项的选择状态（true 为选中）。

11.5.4 弹出菜单

弹出菜单（pop-up menu）是不固定在菜单栏中随处浮动的菜单（参见图 11-18）。

创建一个弹出菜单与创建一个常规菜单的方法类似，但是弹出菜单没有标题。

```
var popup = new JPopupMenu();
```

然后用常规的方法添加菜单项：

```
var item = new JMenuItem("Cut");
item.addActionListener(listener);
popup.add(item);
```

图 11-18　弹出菜单

弹出菜单并不像常规菜单栏那样总是显示在窗体的顶部，必须调用 show 方法显式地显示弹出菜单。需要指定父组件，并使用父组件的坐标系统指定弹出菜单的位置。例如：

```
popup.show(panel, x, y);
```

通常，你可能希望当用户点击某个鼠标键时弹出菜单，这就是所谓的弹出式触发器（pop-up trigger）。在 Windows 或者 Linux 中，弹出式触发器是鼠标次键（通常是右键）。要想在用户点击一个组件时弹出菜单，只需要调用方法：

```
component.setComponentPopupMenu(popup);
```

偶尔也可能需要把一个组件放在另一个带弹出菜单的组件中。通过调用以下方法，这个子组件可以继承父组件的弹出菜单：

```
child.setInheritsPopupMenu(true);
```

API **javax.swing.JPopupMenu** 1.2

- void show(Component c, int x, int y)

  在组件 c 上显示弹出菜单，组件 c 的左上角坐标为 (x, y)（c 的坐标空间内）。
- boolean isPopupTrigger(MouseEvent event) **1.3**

  如果鼠标事件是弹出菜单触发器，则返回 true。

API **java.awt.event.MouseEvent** 1.1

- boolean isPopupTrigger()

  如果鼠标事件是弹出菜单触发器，则返回 true。

API **javax.swing.JComponent** 1.2

- JPopupMenu getComponentPopupMenu() **5**
- void setComponentPopupMenu(JPopupMenu popup) **5**

  获取或设置用于这个组件的弹出菜单。
- boolean getInheritsPopupMenu() **5**
- void setInheritsPopupMenu(boolean b) **5**

  获取或设置 inheritsPopupMenu 特性。如果这个特性已设置或这个组件的弹出菜单为 null，就使用其父组件的弹出菜单。

11.5.5　键盘助记符和加速器

对于有经验的用户来说，通过键盘助记符选择菜单项确实非常便捷。可以通过在菜单项的构造器中指定一个助记字母来为菜单项设置键盘助记符：

```
var aboutItem = new JMenuItem("About", 'A');
```

键盘助记符会在菜单中自动显示，助记字母下面有一条下划线（如图 11-19 所示）。例如，在上面的例子中，菜单项中的标签显示为"<u>A</u>bout"，字母 A 带有一个下划线。菜单显示时，用户只需要按下"A"键就可以选择这个菜单项（如果助记字母不在菜单字符串中，同样可以按下这个字母选择菜单项，不过助记符不会在菜单中显示。很自然地，这种不可见的助记符没有多大作用）。

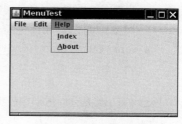

有时候不希望将菜单项中与助记符匹配的第一个字母加下划线。例如，如果菜单项"Save As"中有一个助记符"A"，则在第二个"A"（Save As）下面加下划线更为合理。可以调用 setDisplayedMnemonicIndex 方法指定希望对哪个字符加下划线。

图 11-19　键盘助记符

如果有一个 Action 对象，可以增加助记符作为 Action. MNEMONIC_KEY 的键值。如：

```
aboutAction.putValue(Action.MNEMONIC_KEY, new Integer('A'));
```

只能在菜单项的构造器中提供助记字母，而不是在菜单构造器中。如果想为菜单关联助记符，需要调用 setMnemonic 方法：

```
var helpMenu = new JMenu("Help");
helpMenu.setMnemonic('H');
```

要从菜单栏选择一个顶层菜单，可以同时按下 Alt 键和那个菜单的助记字母。例如，按下 Alt + H 可以从菜单栏选择 Help 菜单。

利用键盘助记符，可以从当前打开的菜单中选择一个子菜单或者菜单项。与之不同，键盘加速器是在不打开菜单的情况下选择菜单项的快捷键。例如很多程序把加速器 Ctrl + O 和 Ctrl + S 关联到 File 菜单中的 Open 和 Save 菜单项。可以使用 setAccelerator 将加速器键关联到一个菜单项。这个方法使用 KeyStroke 类型的对象作为参数。例如，下面的调用将加速器 Ctrl + O 关联到 OpenItem 菜单项。

```
openItem.setAccelerator(KeyStroke.getKeyStroke("ctrl O"));
```

当用户按下加速器组合键时，就会自动地选择相应的菜单项，同时激活一个动作事件，就好像用户手动地选择了这个菜单项一样。

加速器只能关联到菜单项，不能关联到菜单。加速器键并不真正打开菜单。实际上，它会直接触发与菜单关联的动作事件。

从概念上讲，把加速器添加到菜单项与把加速器添加到 Swing 组件的技术十分类似。但是，当加速器添加到菜单项时，对应的组合键会自动地显示在菜单中（见图 11-20）。

图 11-20　键盘加速器

> 📓 **注释**：在 Windows 下，Alt+F4 用于关闭窗口。但这不是 Java 程序设定的加速键。这是操作系统定义的快捷键。这个组合键总会触发活动窗口的 WindowClosing 事件，而不管菜单上是否有 Close 菜单项。

API **javax.swing.JMenuItem 1.2**

- JMenuItem(String label, int mnemonic)

  用给定的标签和助记符构造一个菜单项。
- void setAccelerator(KeyStroke k)

  将 k 键设置为这个菜单项的加速器。加速器键显示在标签旁边。

API **javax.swing.AbstractButton 1.2**

- void setMnemonic(int mnemonic)

  设置按钮的助记字符。该字符会在标签中加下划线显示。
- void setDisplayedMnemonicIndex(int index) **1.4**

  设置按钮文本中加下划线字符的索引。如果不希望第一个出现的助记字符带下划线，
  就可以使用这个方法。

11.5.6   启用和禁用菜单项

有些时候，某个特定的菜单项可能只在某种特定的环境下才能选择。例如，当文档以只读方式打开时，Save 菜单项就没有意义。当然，可以使用 JMenu.remove 方法将这个菜单项从菜单中删掉，但用户会对内容不断变化的菜单感到奇怪。实际上，最好禁用这个菜单项，以免触发暂时不适用的命令。被禁用的菜单项显示为灰色，不允许选择（见图 11-21）。

图 11-21   禁用菜单项

启用或禁用菜单项需要调用 setEnabled 方法：

```
saveItem.setEnabled(false);
```

启用和禁用菜单项有两种策略。每次环境发生变化时，就可以对相关的菜单项或动作调用 setEnabled。例如：一旦文档以只读方式打开，可以找到并禁用 Save 和 Save As 菜单项。另一种方法是在显示菜单之前禁用这些菜单项。为此，必须为"菜单选中"事件注册一个监听器。javax.swing.event 包定义了一个 MenuListener 接口，它包含三个方法：

```
void menuSelected(MenuEvent event)
void menuDeselected(MenuEvent event)
void menuCanceled(MenuEvent event)
```

menuSelected 方法在菜单显示之前调用，所以可以用这个方法禁用或启用菜单项。下面的代码显示了选中只读复选框菜单项时如何禁用 Save 和 Save As 动作。

```
public void menuSelected(MenuEvent event)
{
    saveAction.setEnabled(!readonlyItem.isSelected());
    saveAsAction.setEnabled(!readonlyItem.isSelected());
}
```

> ⚠ **警告：** 在显示菜单之前禁用菜单项是一种明智的选择，但这种方式不适用于带有加速键的菜单项。这是因为在按下加速键时从来都没有打开菜单，动作并没有被禁用，所以加速键还会触发这个动作。

API *javax.swing.JMenuItem* 1.2

- void setEnabled(boolean b)
  启用或禁用菜单项。

API *javax.swing.event.MenuListener* 1.2

- void menuSelected(MenuEvent e)
  在菜单被选择但尚未打开时调用。
- void menuDeselected(MenuEvent e)
  在菜单被取消选择并且已经关闭之后调用。
- void menuCanceled(MenuEvent e)
  当菜单被取消时调用。例如，用户点击菜单以外的区域。

程序清单 11-6 是创建一组菜单的示例程序。这个程序演示了本节介绍的所有特性，包括嵌套菜单、禁用菜单项、复选框和单选按钮菜单项、弹出菜单以及键盘助记符和加速器。

程序清单 11-6　menu/MenuFrame.java

```java
 1 package menu;
 2
 3 import java.awt.event.*;
 4 import javax.swing.*;
 5
 6 /**
 7  * A frame with a sample menu bar.
 8  */
 9 public class MenuFrame extends JFrame
10 {
11    private static final int DEFAULT_WIDTH = 300;
12    private static final int DEFAULT_HEIGHT = 200;
13    private Action saveAction;
14    private Action saveAsAction;
15    private JCheckBoxMenuItem readonlyItem;
16    private JPopupMenu popup;
17
18    /**
19     * A sample action that prints the action name to System.out.
20     */
21    class TestAction extends AbstractAction
22    {
23       public TestAction(String name)
24       {
25          super(name);
26       }
```

```
27
28          public void actionPerformed(ActionEvent event)
29          {
30              System.out.println(getValue(Action.NAME) + " selected.");
31          }
32      }
33
34      public MenuFrame()
35      {
36          setSize(DEFAULT_WIDTH, DEFAULT_HEIGHT);
37
38          var fileMenu = new JMenu("File");
39          fileMenu.add(new TestAction("New"));
40
41          // demonstrate accelerators
42
43          var openItem = fileMenu.add(new TestAction("Open"));
44          openItem.setAccelerator(KeyStroke.getKeyStroke("ctrl O"));
45
46          fileMenu.addSeparator();
47
48          saveAction = new TestAction("Save");
49          JMenuItem saveItem = fileMenu.add(saveAction);
50          saveItem.setAccelerator(KeyStroke.getKeyStroke("ctrl S"));
51
52          saveAsAction = new TestAction("Save As");
53          fileMenu.add(saveAsAction);
54          fileMenu.addSeparator();
55
56          fileMenu.add(new AbstractAction("Exit")
57              {
58                  public void actionPerformed(ActionEvent event)
59                  {
60                      System.exit(0);
61                  }
62              });
63
64          // demonstrate checkbox and radio button menus
65
66          readonlyItem = new JCheckBoxMenuItem("Read-only");
67          readonlyItem.addActionListener(new ActionListener()
68              {
69                  public void actionPerformed(ActionEvent event)
70                  {
71                      boolean saveOk = !readonlyItem.isSelected();
72                      saveAction.setEnabled(saveOk);
73                      saveAsAction.setEnabled(saveOk);
74                  }
75              });
76
77          var group = new ButtonGroup();
78
79          var insertItem = new JRadioButtonMenuItem("Insert");
80          insertItem.setSelected(true);
```

```
81       var overtypeItem = new JRadioButtonMenuItem("Overtype");
82
83       group.add(insertItem);
84       group.add(overtypeItem);
85
86       // demonstrate icons
87
88       var cutAction = new TestAction("Cut");
89       cutAction.putValue(Action.SMALL_ICON, new ImageIcon("cut.gif"));
90       var copyAction = new TestAction("Copy");
91       copyAction.putValue(Action.SMALL_ICON, new ImageIcon("copy.gif"));
92       var pasteAction = new TestAction("Paste");
93       pasteAction.putValue(Action.SMALL_ICON, new ImageIcon("paste.gif"));
94
95       var editMenu = new JMenu("Edit");
96       editMenu.add(cutAction);
97       editMenu.add(copyAction);
98       editMenu.add(pasteAction);
99
100      // demonstrate nested menus
101
102      var optionMenu = new JMenu("Options");
103
104      optionMenu.add(readonlyItem);
105      optionMenu.addSeparator();
106      optionMenu.add(insertItem);
107      optionMenu.add(overtypeItem);
108
109      editMenu.addSeparator();
110      editMenu.add(optionMenu);
111
112      // demonstrate mnemonics
113
114      var helpMenu = new JMenu("Help");
115      helpMenu.setMnemonic('H');
116
117      var indexItem = new JMenuItem("Index");
118      indexItem.setMnemonic('I');
119      helpMenu.add(indexItem);
120
121      // you can also add the mnemonic key to an action
122      var aboutAction = new TestAction("About");
123      aboutAction.putValue(Action.MNEMONIC_KEY, new Integer('A'));
124      helpMenu.add(aboutAction);
125
126      // add all top-level menus to menu bar
127
128      var menuBar = new JMenuBar();
129      setJMenuBar(menuBar);
130
131      menuBar.add(fileMenu);
132      menuBar.add(editMenu);
133      menuBar.add(helpMenu);
134
```

```
135         // demonstrate pop-ups
136
137         popup = new JPopupMenu();
138         popup.add(cutAction);
139         popup.add(copyAction);
140         popup.add(pasteAction);
141
142         var panel = new JPanel();
143         panel.setComponentPopupMenu(popup);
144         add(panel);
145     }
146  }
```

11.5.7　工具条

工具条是一个按钮条，通过它可以快速访问程序中最常用的命令，如图 11-22 所示。

工具条的特殊之处在于可以将它随处移动。可以将它拖曳到窗体的四个边框上，如图 11-23 所示。释放鼠标按钮后，工具条将会落在新的位置上，如图 11-24 所示。

图 11-22　工具条

图 11-23　拖曳工具条

> 📄 **注释：** 只有当工具条位于采用边框布局（或者任何支持 North、East、South 和 West 约束的其他布局管理器）的容器内才能够拖曳。

工具条甚至可以完全脱离窗体。这种分离的工具条包含在自己的窗体中，如图 11-25 所示。关闭包含分离式工具条的窗体时，工具条会回到原窗体中。

图 11-24　将工具条拖曳到另一个边框

图 11-25　分离工具条

工具条代码很容易编写。可以将组件添加到工具条：

```
var toolbar = new JToolBar();
toolbar.add(blueButton);
```

JToolBar 类还有一个添加 Action 对象的方法，可以用 Action 对象填充工具条，如下所示：

```
toolbar.add(blueAction);
```

这个动作的小图标将会出现在工具条中。

可以用分隔符将按钮分组：

```
toolbar.addSeparator();
```

例如，图 11-22 中的工具条有一个分隔符，它位于第 3 个按钮和第 4 个按钮之间。

然后，将工具条添加到窗体：

```
add(toolbar, BorderLayout.NORTH);
```

还可以指定工具条的标题，当工具条未锁定时就会显示这个标题：

```
toolbar = new JToolBar(titleString);
```

在默认情况下，工具条初始为水平的。如果希望工具条初始是垂直的，可以使用以下代码：

```
toolbar = new JToolBar(SwingConstants.VERTICAL)
```

或者

```
toolbar = new JToolBar(titleString, SwingConstants.VERTICAL)
```

按钮是工具条中最常用的组件。不过对于工具条中可以增加哪些组件并没有任何限制。例如，可以在工具条中加入组合框。

11.5.8 工具提示

工具条有一个缺点，这就是用户常常需要猜测工具条中小图标的含义。为了解决这个问题，用户界面设计者发明了工具提示（tooltip）。当光标在一个按钮上停留片刻时，工具提示就会被激活。工具提示文本显示在一个有颜色的矩形里。当用户移开鼠标时，工具提示就会消失。如图 11-26 所示。

在 Swing 中，可以调用 setToolTipText 方法将工具提示添加到任何 JComponent 上：

```
exitButton.setToolTipText("Exit");
```

或者，如果使用 Action 对象，可以用 SHORT_DESCRIPTION 关联工具提示：

```
exitAction.putValue(Action.SHORT_DESCRIPTION, "Exit");
```

图 11-26 工具提示

API **javax.swing.JToolBar** 1.2

- JToolBar()
- JToolBar(String titleString)
- JToolBar(int orientation)
- JToolBar(String titleString, int orientation)

    用给定的标题字符串和方向构造一个工具条。orientation 可以是 SwingConstants.HORIZONTAL

（默认）或 SwingConstants.VERTICAL。

- JButton add(Action a)

  在工具条中用给定动作的名称、图标、简要说明和动作回调构造一个新按钮，并把这个按钮增加到工具条末尾。

- void addSeparator()

  将一个分隔符添加到工具条的末尾。

API javax.swing.JComponent 1.2

- void setToolTipText(String text)

  设置当鼠标停留在组件上时要作为工具提示显示的文本。

11.6　复杂的布局管理

迄今为止，在示例应用的用户界面组件中，我们只使用了边框布局、流布局和网格布局。对于更复杂的任务，只有这些还不够。

自从 Java 1.0 以来，AWT 就含有网格包布局（grid bag layout），这种布局将组件按行和列排列。行和列的大小可以灵活改变，而且组件可以跨多行多列。这种布局管理器非常灵活，但也非常复杂。仅仅提到"网络包布局"一词就会让一些 Java 程序员胆战心惊。

Swing 设计者有一个失败的尝试：为了设计一个布局管理器，能够将程序员从使用网格包布局的麻烦中解脱出来，他们提出了一种箱式布局（box layout）。根据 BoxLayout 类的 JDK 文档所述："采用水平和垂直 [*sic*] 的不同组合嵌套多个面板可以获得与 GridBagLayout 类似的效果，而且降低了复杂度。"不过，由于每个箱子是独立放置的，所以不能使用箱式布局排列水平和垂直方向都相邻的组件。

Java 1.4 还做了一个尝试：设计网格包布局的一种替代布局——弹性布局（spring layout）。这种布局使用假想的弹簧连接一个容器中的组件。当容器改变大小时，弹簧会伸展或收缩，从而调整组件的位置。这听起来似乎很枯燥而且让人很困惑，其实也确实如此。弹性布局很快就变得含糊不清。

NetBeans IDE 结合了一个布局工具（名为"Matisse"）和一个布局管理器。用户界面设计者可以使用工具将组件拖放到一个容器中，并指出组件的排列方式。工具再将设计者的意图转换成组布局管理器可以理解的指令。与手动编写布局管理代码相比，这样要便捷得多。

在接下来的小节中，我们将介绍网格包布局，因为这种布局很常用，而且依然是编程生成布局代码的最简单的方式。我们会介绍一种策略，在通常情况下可以让网格包布局使用相对简单些。

最后，你会了解如何编写自己的布局管理器。

11.6.1　网格包布局

网格包布局是所有布局管理器之母。可以将网格包布局看成是没有任何限制的网格布局。在网格包布局中，行和列的大小可以改变。可以将相邻的单元合并以适应较大的组件（很多字处理器以及 HTML 为表格提供了类似的功能：可以先建立一个表格，然后根据需要合并相邻的单元格）。组件不需要填充整个单元格区域，而且可以指定它们在单元格内的对齐方式。

考虑图 11-27 中所示的字体选择器，其中包含下面的组件：

图 11-27　字体选择器

- 两个用于指定字体和字体大小的组合框
- 两个组合框的标签
- 两个用于选择粗体和斜体的复选框
- 一个用于显示示例字符串的文本区

现在将容器分解为由单元格组成的网格，如图 11-28 所示（行和列的大小不必相同）。每个复选框横跨两列，文本区跨四行。

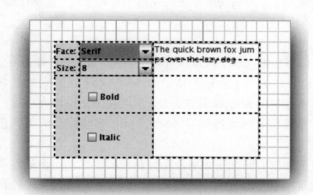

图 11-28　设计中使用的对话框网格

为了向网格包管理器描述这个布局，需要完成以下过程：

1. 创建一个 GridBagLayout 类型的对象。不需要指定底层网格的行数和列数。实际上，布局管理器会根据后面所给的信息猜测行数和列数。

2. 将这个 GridBagLayout 对象设置为组件的布局管理器。

3. 对于每个组件，创建一个 GridBagConstraints 类型的对象。设置 GridBagConstraints 对象的字段值来指定组件在网格包中如何布局。

4. 最后，通过下面的调用为各个组件增加约束：

```
add(component, constraints);
```

下面给出所需的示例代码（稍后将更加详细地介绍各种约束，所以如果现在不明白约束的作用，也不必担心）。

```
var layout = new GridBagLayout();
panel.setLayout(layout);
```

```
var constraints = new GridBagConstraints();
constraints.weightx = 100;
constraints.weighty = 100;
constraints.gridx = 0;
constraints.gridy = 2;
constraints.gridwidth = 2;
constraints.gridheight = 1;
panel.add(component, constraints);
```

这里的关键是要知道如何设置 GridBagConstraints 对象的状态。在后面的小节中将讨论这个对象。

11.6.1.1　gridx、gridy、gridwidth 和 gridheight 参数

gridx、gridy、gridwidth 和 gridheight 约束定义了组件在网格中的位置。gridx 和 gridy 值指定了所添加组件左上角的行、列位置。gridwidth 和 gridheight 值确定组件占据的行数和列数。

网格的坐标从 0 开始。具体地，gridx=0 和 gridy=0 指示最左上角。例如，示例程序中，文本区的 gridx=2，gridy=0。这是因为这个文本区起始于 0 行 2 列（即第 3 列），它的 girdwidth=1，gridheight=4，因为它占据 4 行 1 列。

11.6.1.2　增量字段

总是需要为网格包布局中的每个区域设置增量字段（weightx 和 weighty）。如果将增量设置为 0，那么这个区域在该方向上永远为初始大小，不会扩大或收缩。在如图 11-27 所示的网格包布局中，我们将标签的 weightx 设置为 0，所以在调整窗口大小时，标签大小始终保持不变。另一方面，如果将所有区域的增量都设置为 0，容器就会挤在所分配区域的中间，而不会拉伸来填充空间。

从概念上讲，增量参数的问题在于增量是行和列的属性，而不是各个单元格的属性。但你却需要为单元格指定增量，因为网格包布局并不对外提供行和列。行和列的增量等于每行或每列中单元格增量的最大值。因此，如果想让一行或一列的大小保持不变，就需要将其中所有组件的增量都设置为 0。

注意，增量并不实际给出列的相对大小。当容器超过首选大小时，增量会指出"闲散"空间按什么比例分配给各个区域。这么说不太直观。我们建议将所有的增量设置为 100，然后运行程序，查看布局情况。调整这个对话框的大小，再来看行和列是如何调整的。如果发现某行或某列不应该扩大，就将那一行或那一列中的所有组件的增量设置为 0。也可以调整为其他增量值，但是那么做的意义并不大。

11.6.1.3　fill 和 anchor 参数

如果不希望组件拉伸至填满整个区域，就需要设置 fill 约束。这个参数有 4 个可能的取值：GridBag Constraints.NONE、GridBagConstraints.HORIZONTAL、GridBagConstraints.VERTICAL 和 GridBagConstraints.BOTH。

如果组件没有填充整个区域，可以通过设置 anchor 字段指定它在这个区域中的位置。有效值为 GridBagConstraints.CENTER（默认值）、GridBagConstraints.NORTH、GridBagConstraints.NORTHEAST 和 GridBagConstraints.EAST 等。

11.6.1.4　填充

可以通过设置 GridBagConstraints 的 insets 字段在组件周围增加额外的空白区域。通过设置 Insets 对象的 left、top、right 和 bottom 值指定组件周围的空间大小。这被称作外部填充（external padding）[⊖]。

ipadx 和 ipady 值可以指定内部填充（internal padding）[⊜]。这两个值会加到组件的最小宽度和最小高度上，这样可以保证组件不会收缩至其最小尺寸以下。

11.6.1.5　指定 gridx、gridy、gridwidth 和 gridheight 参数的备用方法

AWT 文档建议不要将 gridx 和 gridy 设置为绝对位置，而应该将它们设置为常量 GridBagConstraints.RELATIVE。然后，按照标准的顺序将组件添加到网格包布局中，即首先在第一行从左向右增加，然后再转到新的一行，依此类推。

还需要为 gridheight 和 gridwidth 字段提供适当的值来指定组件所跨的行数和列数。不过，如果组件扩展至最后一行或最后一列，则不需要指定具体的数，而是可以使用常量 GridBagConstraints.REMAINDER，这样会告诉布局管理器这个组件是该行上的最后一个组件。

这种方案看起来是可行的，但似乎有点笨拙。这是因为这样做会对布局管理器隐藏具体的位置信息，并希望它能够重新发现这些信息。

11.6.1.6　网格包布局技巧

在实际中，利用下面的技巧，可以让网格包布局的使用没那么麻烦：

1. 在纸上画出组件布局草图。

2. 找出一个网格，小组件分别包含在一个单元格内，更大的组件会跨越多个单元格。

3. 用 0，1，2，3……标识网格的行和列。现在可以得出 gridx、gridy、gridwidth 和 gridheight 的值。

4. 对于每个组件，需要考虑以下问题：是否需要水平或者垂直填充它所在的单元格？如果不需要，希望如何对齐？这些就是 fill 和 anchor 参数的设置。

5. 将所有的增量设置为 100。不过，如果希望某行或某列始终保持默认的大小，就将这行或这列中所有组件的 weightx 和 weighty 设置为 0。

6. 编写代码。仔细地检查 GridBagConstraints 的设置。错误的约束可能会破坏整个布局。

7. 编译并运行，你会看到满意的布局。

11.6.1.7　使用帮助类管理网格包约束

网格包布局最乏味的方面就是要编写代码设置约束。为此，大多数程序员会编写帮助函数或者一个小帮助类。下面将在字体对话框示例的代码后面给出一个帮助类。这个类有以下特性：

- 名字简短：GBC 而不是 GridBagConstraints。
- 它扩展了 GridBagConstraints，因此常量可以使用更短的名字，如 GBC.EAST。
- 当添加组件时，使用 GBC 对象，如：

⊖　也称为"外边距"。——译者注
⊜　也称为"内外距"。——译者注

```
add(component, new GBC(1, 2));
```

- 有两个构造器可以用来设置最常用的参数：gridx 和 gridy，或者 gridx、gridy、gridwidth 和 gridheight。

```
add(component, new GBC(1, 2, 1, 4));
```

- 对于以 x/y 值对出现的字段，提供了便捷的设置方法：

```
add(component, new GBC(1, 2).setWeight(100, 100));
```

- 设置器方法将返回 this，所以可以串链这些方法调用：

```
add(component, new GBC(1, 2).setAnchor(GBC.EAST).setWeight(100, 100));
```

- setInsets 方法将构造 Insets 对象。要想获取 1 个像素的 insets，可以调用：

```
add(component, new GBC(1, 2).setAnchor(GBC.EAST).setInsets(1));
```

程序清单 11-7 显示了字体对话框示例的窗体类。GBC 帮助类见程序清单 11-8。下面是将组件添加到网格包中的代码：

```
add(faceLabel, new GBC(0, 0).setAnchor(GBC.EAST));
add(face, new GBC(1, 0).setFill(GBC.HORIZONTAL).setWeight(100, 0).setInsets(1));
add(sizeLabel, new GBC(0, 1).setAnchor(GBC.EAST));
add(size, new GBC(1, 1).setFill(GBC.HORIZONTAL).setWeight(100, 0).setInsets(1));
add(bold, new GBC(0, 2, 2, 1).setAnchor(GBC.CENTER).setWeight(100, 100));
add(italic, new GBC(0, 3, 2, 1).setAnchor(GBC.CENTER).setWeight(100, 100));
add(sample, new GBC(2, 0, 1, 4).setFill(GBC.BOTH).setWeight(100, 100));
```

一旦理解了网格包约束，就会发现这些代码很容易阅读和调试。

程序清单 11-7   gridbag/FontFrame.java

```java
 1  package gridbag;
 2
 3  import java.awt.Font;
 4  import java.awt.GridBagLayout;
 5  import java.awt.event.ActionListener;
 6
 7  import javax.swing.BorderFactory;
 8  import javax.swing.JCheckBox;
 9  import javax.swing.JComboBox;
10  import javax.swing.JFrame;
11  import javax.swing.JLabel;
12  import javax.swing.JTextArea;
13
14  /**
15   * A frame that uses a grid bag layout to arrange font selection components.
16   */
17  public class FontFrame extends JFrame
18  {
19     public static final int TEXT_ROWS = 10;
20     public static final int TEXT_COLUMNS = 20;
21
22     private JComboBox<String> face;
23     private JComboBox<Integer> size;
```

```
24      private JCheckBox bold;
25      private JCheckBox italic;
26      private JTextArea sample;
27
28      public FontFrame()
29      {
30          var layout = new GridBagLayout();
31          setLayout(layout);
32
33          ActionListener listener = event -> updateSample();
34
35          // construct components
36
37          var faceLabel = new JLabel("Face: ");
38
39          face = new JComboBox<>(new String[] { "Serif", "SansSerif", "Monospaced",
40              "Dialog", "DialogInput" });
41
42          face.addActionListener(listener);
43
44          var sizeLabel = new JLabel("Size: ");
45
46          size = new JComboBox<>(new Integer[] { 8, 10, 12, 15, 18, 24, 36, 48 });
47
48          size.addActionListener(listener);
49
50          bold = new JCheckBox("Bold");
51          bold.addActionListener(listener);
52
53          italic = new JCheckBox("Italic");
54          italic.addActionListener(listener);
55
56          sample = new JTextArea(TEXT_ROWS, TEXT_COLUMNS);
57          sample.setText("The quick brown fox jumps over the lazy dog");
58          sample.setEditable(false);
59          sample.setLineWrap(true);
60          sample.setBorder(BorderFactory.createEtchedBorder());
61
62          // add components to grid, using GBC convenience class
63
64          add(faceLabel, new GBC(0, 0).setAnchor(GBC.EAST));
65          add(face, new GBC(1, 0).setFill(GBC.HORIZONTAL).setWeight(100, 0).setInsets(1));
66          add(sizeLabel, new GBC(0, 1).setAnchor(GBC.EAST));
67          add(size, new GBC(1, 1).setFill(GBC.HORIZONTAL).setWeight(100, 0).setInsets(1));
68          add(bold, new GBC(0, 2, 2, 1).setAnchor(GBC.CENTER).setWeight(100, 100));
69          add(italic, new GBC(0, 3, 2, 1).setAnchor(GBC.CENTER).setWeight(100, 100));
70          add(sample, new GBC(2, 0, 1, 4).setFill(GBC.BOTH).setWeight(100, 100));
71          pack();
72          updateSample();
73      }
74
75      public void updateSample()
76      {
77          var fontFace = (String) face.getSelectedItem();
```

```
78        int fontStyle = (bold.isSelected() ? Font.BOLD : 0)
79           + (italic.isSelected() ? Font.ITALIC : 0);
80        int fontSize = size.getItemAt(size.getSelectedIndex());
81        var font = new Font(fontFace, fontStyle, fontSize);
82        sample.setFont(font);
83        sample.repaint();
84     }
85  }
```

程序清单 11-8　gridbag/GBC.java

```
1  package gridbag;
2
3  import java.awt.*;
4
5  /**
6   * This class simplifies the use of the GridBagConstraints class.
7   * @version 1.01 2004-05-06
8   * @author Cay Horstmann
9   */
10  public class GBC extends GridBagConstraints
11  {
12     /**
13      * Constructs a GBC with a given gridx and gridy position and all other grid
14      * bag constraint values set to the default.
15      * @param gridx the gridx position
16      * @param gridy the gridy position
17      */
18     public GBC(int gridx, int gridy)
19     {
20        this.gridx = gridx;
21        this.gridy = gridy;
22     }
23
24     /**
25      * Constructs a GBC with given gridx, gridy, gridwidth, gridheight and all
26      * other grid bag constraint values set to the default.
27      * @param gridx the gridx position
28      * @param gridy the gridy position
29      * @param gridwidth the cell span in x-direction
30      * @param gridheight the cell span in y-direction
31      */
32     public GBC(int gridx, int gridy, int gridwidth, int gridheight)
33     {
34        this.gridx = gridx;
35        this.gridy = gridy;
36        this.gridwidth = gridwidth;
37        this.gridheight = gridheight;
38     }
39
40     /**
41      * Sets the anchor.
42      * @param anchor the anchor value
43      * @return this object for further modification
```

```
44       */
45      public GBC setAnchor(int anchor)
46      {
47         this.anchor = anchor;
48         return this;
49      }
50
51      /**
52       * Sets the fill direction.
53       * @param fill the fill direction
54       * @return this object for further modification
55       */
56      public GBC setFill(int fill)
57      {
58         this.fill = fill;
59         return this;
60      }
61
62      /**
63       * Sets the cell weights.
64       * @param weightx the cell weight in x-direction
65       * @param weighty the cell weight in y-direction
66       * @return this object for further modification
67       */
68      public GBC setWeight(double weightx, double weighty)
69      {
70         this.weightx = weightx;
71         this.weighty = weighty;
72         return this;
73      }
74
75      /**
76       * Sets the insets of this cell.
77       * @param distance the spacing to use in all directions
78       * @return this object for further modification
79       */
80      public GBC setInsets(int distance)
81      {
82         this.insets = new Insets(distance, distance, distance, distance);
83         return this;
84      }
85
86      /**
87       * Sets the insets of this cell.
88       * @param top the spacing to use on top
89       * @param left the spacing to use to the left
90       * @param bottom the spacing to use on the bottom
91       * @param right the spacing to use to the right
92       * @return this object for further modification
93       */
94      public GBC setInsets(int top, int left, int bottom, int right)
95      {
96         this.insets = new Insets(top, left, bottom, right);
97         return this;
```

```
98       }
99
100      /**
101       * Sets the internal padding
102       * @param ipadx the internal padding in x-direction
103       * @param ipady the internal padding in y-direction
104       * @return this object for further modification
105       */
106      public GBC setIpad(int ipadx, int ipady)
107      {
108         this.ipadx = ipadx;
109         this.ipady = ipady;
110         return this;
111      }
112   }
```

API **java.awt.GridBagConstraints** 1.0

- int gridx, gridy

  指定单元格的起始行和列。默认值为 0。

- int gridwidth, gridheight

  指定单元格的行和列的范围。默认值为 1。

- double weightx, weighty

  指定单元格扩大的容量。默认值为 0。

- int anchor

  表示组件在单元格内的对齐方式。可以选择的绝对位置包括：

NORTHWEST	NORTH	NORTHEAST
WEST	CENTER	EAST
SOUTHWEST	SOUTH	SOUTHEAST

  或者各个方向上的相对位置：

FIRST_LINE_START	LINE_START	FIRST_LINE_END
PAGE_START	CENTER	PAGE_END
LAST_LINE_START	LINE_END	LAST_LINE_END

  如果你的应用要本地化为从右向左或者从上向下排列文本，就应该使用后者。默认值为 CENTER。

- int fill

  指定组件在单元格内的填充行为，取值为 NONE、BOTH、HORIZONTAL 或者 VERTICAL。默认值为 NONE。

- int ipadx, ipady

  指定组件周围的"内部"填充。默认值为 0。

- Insets insets

指定组件边框周围的"外部"填充。默认为不填充。

- GridBagConstraints(int gridx, int gridy, int gridwidth, int gridheight, double weightx, double weighty, int anchor, int fill, Insets insets, int ipadx, int ipady) **1.2**
  用参数中给定的所有字段值构造 GridBagConstraints。这个构造器只用于自动代码生成器，因为它会让你的源代码很难阅读。

11.6.2 定制布局管理器

可以设计你自己的 LayoutManager 类以一种特殊的方式管理组件。作为一个有趣的例子，可以将容器中的组件排列成一个圆形。如图 11-29 所示。

图 11-29 圆形布局

定制布局管理器必须实现 LayoutManager 接口，并且需要覆盖下面 5 个方法：

```
void addLayoutComponent(String s, Component c)
void removeLayoutComponent(Component c)
Dimension preferredLayoutSize(Container parent)
Dimension minimumLayoutSize(Container parent)
void layoutContainer(Container parent)
```

添加或删除一个组件时会调用前面两个方法。如果不需要保存组件的任何附加信息，那么可以让这两个方法什么都不做。接下来的两个方法计算组件的最小布局和首选布局所需要的空间。这二者通常是相等的。第 5 个方法具体完成工作，会调用所有组件的 setBounds 方法。

> 📋 **注释：** AWT 还有第二个接口 LayoutManager2，其中包含 10 个需要实现的方法，而不是 5 个。这个 LayoutManager2 接口的主要特点是允许使用带有约束的 add 方法。例如，BorderLayout 和 GridBagLayout 都实现了 LayoutManager2 接口。

程序清单 11-9 显示了 CircleLayout 管理器的代码，这个管理器会在父组件中沿着圆形排列组件。这个管理器很有趣，但是没有什么实际的应用价值。示例程序的窗体类见程序清单 11-10。

程序清单 11-9 circleLayout/CircleLayout.java

```java
1  package circleLayout;
2
3  import java.awt.*;
4
5  /**
6   * A layout manager that lays out components along a circle.
7   */
8  public class CircleLayout implements LayoutManager
9  {
10     private int minWidth = 0;
11     private int minHeight = 0;
12     private int preferredWidth = 0;
```

```
13    private int preferredHeight = 0;
14    private boolean sizesSet = false;
15    private int maxComponentWidth = 0;
16    private int maxComponentHeight = 0;
17
18    public void addLayoutComponent(String name, Component comp)
19    {
20    }
21
22    public void removeLayoutComponent(Component comp)
23    {
24    }
25
26    public void setSizes(Container parent)
27    {
28       if (sizesSet) return;
29       int n = parent.getComponentCount();
30
31       preferredWidth = 0;
32       preferredHeight = 0;
33       minWidth = 0;
34       minHeight = 0;
35       maxComponentWidth = 0;
36       maxComponentHeight = 0;
37
38       // compute the maximum component widths and heights
39       // and set the preferred size to the sum of the component sizes
40       for (int i = 0; i < n; i++)
41       {
42          Component c = parent.getComponent(i);
43          if (c.isVisible())
44          {
45             Dimension d = c.getPreferredSize();
46             maxComponentWidth = Math.max(maxComponentWidth, d.width);
47             maxComponentHeight = Math.max(maxComponentHeight, d.height);
48             preferredWidth += d.width;
49             preferredHeight += d.height;
50          }
51       }
52       minWidth = preferredWidth / 2;
53       minHeight = preferredHeight / 2;
54       sizesSet = true;
55    }
56
57    public Dimension preferredLayoutSize(Container parent)
58    {
59       setSizes(parent);
60       Insets insets = parent.getInsets();
61       int width = preferredWidth + insets.left + insets.right;
62       int height = preferredHeight + insets.top + insets.bottom;
63       return new Dimension(width, height);
64    }
65
66    public Dimension minimumLayoutSize(Container parent)
```

```
 67    {
 68       setSizes(parent);
 69       Insets insets = parent.getInsets();
 70       int width = minWidth + insets.left + insets.right;
 71       int height = minHeight + insets.top + insets.bottom;
 72       return new Dimension(width, height);
 73    }
 74
 75    public void layoutContainer(Container parent)
 76    {
 77       setSizes(parent);
 78
 79       // compute center of the circle
 80
 81       Insets insets = parent.getInsets();
 82       int containerWidth = parent.getSize().width - insets.left - insets.right;
 83       int containerHeight = parent.getSize().height - insets.top - insets.bottom;
 84
 85       int xcenter = insets.left + containerWidth / 2;
 86       int ycenter = insets.top + containerHeight / 2;
 87
 88       // compute radius of the circle
 89
 90       int xradius = (containerWidth - maxComponentWidth) / 2;
 91       int yradius = (containerHeight - maxComponentHeight) / 2;
 92       int radius = Math.min(xradius, yradius);
 93
 94       // lay out components along the circle
 95
 96       int n = parent.getComponentCount();
 97       for (int i = 0; i < n; i++)
 98       {
 99          Component c = parent.getComponent(i);
100          if (c.isVisible())
101          {
102             double angle = 2 * Math.PI * i / n;
103
104             // center point of component
105             int x = xcenter + (int) (Math.cos(angle) * radius);
106             int y = ycenter + (int) (Math.sin(angle) * radius);
107
108             // move component so that its center is (x, y)
109             // and its size is its preferred size
110             Dimension d = c.getPreferredSize();
111             c.setBounds(x - d.width / 2, y - d.height / 2, d.width, d.height);
112          }
113       }
114    }
115 }
```

程序清单 11-10　circleLayout/CircleLayoutFrame.java

```
 1 package circleLayout;
 2
```

```
 3    import javax.swing.*;
 4
 5    /**
 6     * A frame that shows buttons arranged along a circle.
 7     */
 8    public class CircleLayoutFrame extends JFrame
 9    {
10       public CircleLayoutFrame()
11       {
12          setLayout(new CircleLayout());
13          add(new JButton("Yellow"));
14          add(new JButton("Blue"));
15          add(new JButton("Red"));
16          add(new JButton("Green"));
17          add(new JButton("Orange"));
18          add(new JButton("Fuchsia"));
19          add(new JButton("Indigo"));
20          pack();
21       }
22    }
```

API *java.awt.LayoutManager* **1.0**

- void addLayoutComponent(String name, Component comp)

  将组件添加到布局中。

- void removeLayoutComponent(Component comp)

  从布局删除一个组件。

- Dimension preferredLayoutSize(Container cont)

  返回这个布局中容器的首选尺寸。

- Dimension minimumLayoutSize(Container cont)

  返回这个布局中容器的最小尺寸。

- void layoutContainer(Container cont)

  在容器中摆放的组件。

11.7 对话框

到目前为止，所有的用户界面组件都显示在应用程序创建的窗体窗口中。如果编写运行在 Web 浏览器中的 applet，这是最常见的情况。但是，如果你要编写应用程序，通常就需要有不同的对话框向用户显示信息或者获取用户提供的信息。

与大多数的窗口系统一样，AWT 也分为模式对话框和无模式对话框。所谓模式对话框是指在结束对它的处理之前，不允许用户与应用程序的其余窗口进行交互。模式对话框主要用于在程序继续运行之前获取用户提供的信息。例如，当用户想要读取一个文件时，就会弹出一个模式文件对话框。用户必须给定一个文件名，然后程序才能够开始读操作。只有用户关闭这个模式对话框之后，应用才能够继续执行。

无模式对话框允许用户同时在对话框和应用程序的其他部分输入信息。使用无模式对话框的一个例子就是工具条。只要需要，工具条可以停靠在任何地方，而且用户可以根据需要同时与应用窗口和工具条进行交互。

本节从最简单的对话框开始介绍——只有一个消息的模式对话框。Swing 有一个很便利的类 JOptionPane，利用这个类，无须编写任何特殊的对话框代码，就可以弹出一个简单的对话框。随后，你将看到如何实现自己的对话框窗口来编写更复杂的对话框。最后，我们将介绍如何在应用程序与对话框之间来回传递数据。

之后，我们会介绍 Swing 的 JFileChooser 来结束有关对话框的讨论。

11.7.1 选项对话框

Swing 有一组现成的简单对话框，足以让用户提供一些信息。JOptionPane 有 4 个用于显示这些对话框的静态方法：

showMessageDialog：显示一条消息并等待用户点击 OK；

showConfirmDialog：显示一条消息并等待用户确认（如 OK/Cancel）；

showOptionDialog：显示一条消息并获得用户在一组选项中的选择；

showInputDialog：显示一条消息并获得用户输入的一行文本。

图 11-30 显示了一个典型的对话框。可以看到，对话框有以下组件：

图 11-30　一个选项对话框

- 一个图标
- 一条消息
- 一个或多个选项按钮

输入对话框有一个用于接收用户输入的额外组件。这可能是一个文本域，用户可以输入任何的字符串，也可能是一个组合框，用户可以从中选择一项。

这些对话框的具体布局和为标准消息类型选择的图标都取决于可插接式观感。

左侧的图标取决于下面 5 种消息类型：

```
ERROR_MESSAGE
INFORMATION_MESSAGE
WARNING_MESSAGE
QUESTION_MESSAGE
PLAIN_MESSAGE
```

PLAIN_MESSAGE 类型没有图标。每个对话框类型都有一个方法，可以用来提供自己的图标，以替代原来的图标。

可以为每个对话框类型指定一条消息。这里的消息既可以是字符串、图标、用户界面组件，也可以是其他类型的对象。可以如下显示消息对象：

String：绘制字符串；

Icon：显示图标；

Component：显示组件；

Object[]：显示数组中的所有对象，依次叠加；

任何其他对象：调用 toString 方法来显示结果字符串。

当然，提供字符串消息是目前为止最常见的情况，而提供一个 Component 会带来更大的灵活性，这是因为可以让 paintComponent 方法绘制你想要的任何内容。

位于底部的按钮取决于对话框类型和选项类型。当调用 showMessageDialog 和 showInputDialog 时，只能看到一组标准按钮（分别是 OK 和 OK/Cancel）。当调用 showConfirmDialog 时，可以在下面四种选项类型中选择：

```
DEFAULT_OPTION
YES_NO_OPTION
YES_NO_CANCEL_OPTION
OK_CANCEL_OPTION
```

使用 showOptionDialog 时，可以指定一组任意的选项。你要提供一个对象数组作为选项。每个数组元素会如下显示：

String：创建一个按钮，使用字符串作为标签；

Icon：创建一个按钮，使用图标作为标签；

Component：显示这个组件；

其他类型的对象： 应用 toString 方法，然后创建一个按钮，用结果字符串作为标签。

这些方法的返回值如下：

showMessageDialog：无；

showConfirmDialog：表示所选项的一个整数；

showOptionDialog：表示所选项的一个整数；

showInputDialog：用户提供或选择的字符串。

showConfirmDialog 和 showOptionDialog 返回一个整数，表示用户选择了哪个按钮。对于选项对话框来说，这个值就是所选选项的索引值，或者是 CLOSED_OPTION（此时用户没有选择选项，而是关闭了对话框）。对于确认对话框，返回值可以是以下值之一：

```
OK_OPTION
CANCEL_OPTION
YES_OPTION
NO_OPTION
CLOSED_OPTION
```

这些选项看上去让人有些困惑，实际上非常简单。步骤如下：

1. 选择对话框的类型（消息、确认、选项或者输入）。

2. 选择图标（错误、信息、警告、问题、无或者自定义）。

3. 选择消息（字符串、图标、自定义组件或者它们的集合）。

4. 对于确认对话框，选择选项类型（默认、Yes/No、Yes/No/Cancel 或者 OK/Cancel）。

5. 对于选项对话框，选择选项（字符串、图标或者自定义组件）和默认选项。

6. 对于输入对话框，选择文本域或者组合框。

7. 调用 JOptionPane API 中的相应方法。

例如，假设需要显示图 11-30 所示的对话框。这个对话框显示了一条消息，并请求用户确认或者取消。这是一个确认对话框。图标是一个问题图标，消息是字符串，选项类型是 OK_CANCEL_OPTION。调用如下：

```
int selection = JOptionPane.showConfirmDialog(parent,
    "Message", "Title",
    JOptionPane.OK_CANCEL_OPTION,
    JOptionPane.QUESTION_MESSAGE);
if (selection == JOptionPane.OK_OPTION) . . .
```

> ✔ 提示：消息字符串中可以包含换行符（'\n'）。这样就可以让字符串多行显示。

API javax.swing.JOptionPane 1.2

- static void showMessageDialog(Component parent, Object message, String title, int messageType, Icon icon)
- static void showMessageDialog(Component parent, Object message, String title, int messageType)
- static void showMessageDialog(Component parent, Object message)
- static void showInternalMessageDialog(Component parent, Object message, String title, int messageType, Icon icon)
- static void showInternalMessageDialog(Component parent, Object message, String title, int messageType)
- static void showInternalMessageDialog(Component parent, Object message)

  显示一个消息对话框或者一个内部消息对话框（内部对话框完全显示在其父组件窗体内）。父组件可以为 null。显示在对话框中的消息可以是字符串、图标、组件或者它们的一个数组。messageType 参数取值为 ERROR_MESSAGE、INFORMATION_MESSAGE、WARNING_MESSAGE、QUESTION_MESSAGE 和 PLAIN_MESSAGE 之一。

- static int showConfirmDialog(Component parent, Object message, String title, int optionType, int messageType, Icon icon)
- static int showConfirmDialog(Component parent, Object message, String title, int optionType, int messageType)
- static int showConfirmDialog(Component parent, Object message, String title, int optionType)
- static int showConfirmDialog(Component parent, Object message)
- static int showInternalConfirmDialog(Component parent, Object message, String title, int optionType, int messageType, Icon icon)
- static int showInternalConfirmDialog(Component parent, Object message, String title, int optionType, int messageType)
- static int showInternalConfirmDialog(Component parent, Object message, String title, int optionType)
- static int showInternalConfirmDialog(Component parent, Object message)

　　显示一个确认对话框或者内部确认对话框（内部对话框完全显示在其父组件窗体内）。返回用户选择的选项（取值为 OK_OPTION、CANCEL_OPTION、YES_OPTION 或 NO_OPTION）；如果用户关闭对话框将返回 CLOSED_OPTION。父组件可以为 null。显示在对话框中的消息可以是字符串、图标、组件或者它们的一个数组。messageType 参数取值为 ERROR_MESSAGE、INFORMATION_MESSAGE、WARNING_MESSAGE、QUESTION_MESSAGE、PLAIN_MESSAGE 之一。optionType 取值为 DEFAULT_OPTION、YES_NO_OPTION、YES_NO_CANCEL_OPTION、OK_CANCEL_OPTION 之一。

- static int showOptionDialog(Component parent, Object message, String title, int optionType, int messageType, Icon icon, Object[] options, Object default)
- static int showInternalOptionDialog(Component parent, Object message, String title, int optionType, int messageType, Icon icon, Object[] options, Object default)

　　显示一个选项对话框或者内部选项对话框（内部对话框完全显示在其父组件窗体内）。返回用户所选选项的索引；或者如果用户取消了对话框则返回 CLOSED_OPTION。父组件可以为 null。显示在对话框中的消息可以是字符串、图标、组件或者它们的一个数组。messageType 参数取值为 ERROR_MESSAGE、INFORMATION_MESSAGE、WARNING_MESSAGE、QUESTION_MESSAGE、PLAIN_MESSAGE 之一。optionType 取值为 DEFAULT_OPTION、YES_NO_OPTION、YES_NO_CANCEL_OPTION、OK_CANCEL_OPTION 之一。options 参数是字符串、图标或者组件的一个数组。

- static Object showInputDialog(Component parent, Object message, String title, int messageType, Icon icon, Object[] values, Object default)
- static String showInputDialog(Component parent, Object message, String title, int messageType)
- static String showInputDialog(Component parent, Object message)
- static String showInputDialog(Object message)
- static String showInputDialog(Component parent, Object message, Object default) **1.4**
- static String showInputDialog(Object message, Object default) **1.4**
- static Object showInternalInputDialog(Component parent, Object message, String title, int messageType, Icon icon, Object[] values, Object default)
- static String showInternalInputDialog(Component parent, Object message, String title, int messageType)
- static String showInternalInputDialog(Component parent, Object message)

　　显示一个输入对话框或者内部输入对话框（内部对话框完全显示在其父组件窗体内）。返回用户输入的字符串；或者如果用户取消了对话框则返回 null。父组件可以为 null。显示在对话框中的消息可以是字符串、图标、组件或者它们的一个数组。messageType 参数取值为 ERROR_MESSAGE、INFORMATION_MESSAGE、WARNING_MESSAGE、QUESTION_MESSAGE、PLAIN_MESSAGE 之一。

11.7.2　创建对话框

　　在上一节中，我们了解了如何使用 JOptionPane 类来显示一个简单的对话框。这一节将介绍如何手动创建这样一个对话框。

图 11-31 显示了一个典型的模式对话框。当用户点击 About 按钮时就会显示这样一个程序信息对话框。

要想实现一个对话框，需要扩展 JDialog 类。这与应用程序窗口扩展 JFrame 的过程完全一样。具体过程如下：

1. 在对话框构造器中，调用超类 JDialog 的构造器。

2. 添加对话框的用户界面组件。

3. 添加事件处理器。

4. 设置对话框的大小。

图 11-31 关于（About）对话框

调用超类构造器时，需要提供所有者窗体（owner frame）、对话框标题及模式特征。

所有者窗体控制对话框的显示位置，如果提供 null 作为所有者，那么这个对话框将属于一个隐藏窗体。

模式特征将指定显示这个对话框时阻塞应用程序的哪些其他窗口。无模式对话框不会阻塞其他窗口，而模式对话框将阻塞应用的所有其他窗口（除当前对话框的子窗口外）。用户经常使用的工具条要使用无模式对话框实现。另一方面，如果想强制用户在继续操作之前必须提供一些必要的信息，就应该使用模式对话框。

下面是一个对话框的代码：

```java
public AboutDialog extends JDialog
{
   public AboutDialog(JFrame owner)
   {
      super(owner, "About DialogTest", true);
      add(new JLabel(
         "<html><h1><i>Core Java</i></h1><hr>By Cay Horstmann</html>"),
         BorderLayout.CENTER);

      var panel = new JPanel();
      var ok = new JButton("OK");

      ok.addActionListener(event -> setVisible(false));
      panel.add(ok);
      add(panel, BorderLayout.SOUTH);
      setSize(250, 150);
   }
}
```

可以看到，构造器添加了用户界面组件，在本例中添加的是标签和一个按钮，并且为按钮添加了处理器，然后还设置了对话框的大小。

要想显示对话框，需要创建一个新的对话框对象，并让它可见：

```java
var dialog = new AboutDialog(this);
dialog.setVisible(true);
```

实际上，在下面的示例代码中只创建了一次对话框，无论何时用户点击 About 按钮，都可以重复使用这个对话框。

```
if (dialog == null) // first time
   dialog = new AboutDialog(this);
dialog.setVisible(true);
```

当用户点击 OK 按钮时，对话框将被关闭。这会在 OK 按钮的事件处理器中处理：

```
ok.addActionListener(event -> setVisible(false));
```

当用户点击 Close 按钮关闭对话框时，对话框就被隐藏起来。与 JFrame 一样，可以用 setDefaultCloseOperation 方法覆盖这个行为。

程序清单 11-11 是测试程序窗体类的代码。程序清单 11-12 显示了对话框类。

程序清单 11-11　dialog/DialogFrame.java

```java
 1  package dialog;
 2
 3  import javax.swing.JFrame;
 4  import javax.swing.JMenu;
 5  import javax.swing.JMenuBar;
 6  import javax.swing.JMenuItem;
 7
 8  /**
 9   * A frame with a menu whose File->About action shows a dialog.
10   */
11  public class DialogFrame extends JFrame
12  {
13     private static final int DEFAULT_WIDTH = 300;
14     private static final int DEFAULT_HEIGHT = 200;
15     private AboutDialog dialog;
16
17     public DialogFrame()
18     {
19        setSize(DEFAULT_WIDTH, DEFAULT_HEIGHT);
20
21        // construct a File menu
22
23        var menuBar = new JMenuBar();
24        setJMenuBar(menuBar);
25        var fileMenu = new JMenu("File");
26        menuBar.add(fileMenu);
27
28        // add About and Exit menu items
29
30        // the About item shows the About dialog
31
32        var aboutItem = new JMenuItem("About");
33        aboutItem.addActionListener(event -> {
34           if (dialog == null) // first time
35              dialog = new AboutDialog(DialogFrame.this);
36           dialog.setVisible(true); // pop up dialog
37        });
38        fileMenu.add(aboutItem);
39
40        // the Exit item exits the program
41
```

```
42        var exitItem = new JMenuItem("Exit");
43        exitItem.addActionListener(event -> System.exit(0));
44        fileMenu.add(exitItem);
45     }
46  }
```

程序清单 11-12　dialog/AboutDialog.java

```
1   package dialog;
2
3   import java.awt.BorderLayout;
4
5   import javax.swing.JButton;
6   import javax.swing.JDialog;
7   import javax.swing.JFrame;
8   import javax.swing.JLabel;
9   import javax.swing.JPanel;
10
11  /**
12   * A sample modal dialog that displays a message and waits for the user to click
13   * the OK button.
14   */
15  public class AboutDialog extends JDialog
16  {
17     public AboutDialog(JFrame owner)
18     {
19        super(owner, "About DialogTest", true);
20
21        // add HTML label to center
22
23        add(
24           new JLabel(
25              "<html><h1><i>Core Java</i></h1><hr>By Cay Horstmann</html>"),
26           BorderLayout.CENTER);
27
28        // OK button closes the dialog
29
30        var ok = new JButton("OK");
31        ok.addActionListener(event -> setVisible(false));
32
33        // add OK button to southern border
34
35        var panel = new JPanel();
36        panel.add(ok);
37        add(panel, BorderLayout.SOUTH);
38
39        pack();
40     }
41  }
```

API `javax.swing.JDialog` **1.2**

- public JDialog(Frame parent, String title, boolean modal)

构造一个对话框。在显式显示对话框之前，这个对话框是不可见的。

11.7.3 数据交换

使用对话框最常见的原因是获取用户的输入信息。在前面已经看到，构造对话框对象非常简单：只需要提供初始数据，然后调用 setVisible(true) 在屏幕上显示对话框。下面来看如何将数据传入传出对话框。

考虑如图 11-32 所示的对话框，这个对话框可以用来获得用户名和用户密码，以便连接某个在线服务。

对话框应该提供设置默认数据的方法。例如，示例程序中的 PasswordChooser 类提供了一个 setUser 方法，用来将默认值放到下一个域中：

图 11-32   密码对话框

```java
public void setUser(User u)
{
    username.setText(u.getName());
}
```

一旦设置了默认值（如果需要），可以调用 setVisible(true) 显示对话框。现在对话框会显示在屏幕上。

然后用户输入信息，点击 OK 或者 Cancel 按钮。这两个按钮的事件处理器都会调用 setVisible(false)，这会终止 setVisible(true) 调用。或者，用户也可以关闭对话框。如果没有为对话框安装窗口监听器，就会执行默认的窗口关闭操作：对话框变为不可见，这也会终止 setVisible(true) 调用。

有一点很重要：在用户关闭这个对话框之前，setVisible(true) 调用会阻塞。这样就能很容易地实现模式对话框。

你希望知道用户是接受还是取消这个对话框。示例代码中设置了 ok 标志，在对话框显示之前 ok 标志是 false。只有 OK 按钮的事件处理器可以将 ok 标志设置为 true，所以可以从中获得对话框中的用户输入。

> 📖 **注释：** 从无模式对话框传输数据就没有那么简单了。当一个无模式对话框显示时，setVisible(true) 调用并不阻塞，对话框显示的同时，这个程序会继续运行。如果用户选择了无模式对话框中的一项，然后点击 OK，对话框需要向程序中的某个监听器发送一个事件。

示例程序中还包含另外一个很有用的改进。在构造一个 JDialog 对象时，需要指定所有者窗体。但是，在很多情况下，你往往希望在不同的所有者窗体中显示同一个对话框，所以最好在准备好显示对话框时再选择所有者窗体，而不是在构造 PasswordChooser 对象时确定所有者。

这里的技巧是让 PasswordChooser 扩展 JPanel，而不是扩展 JDialog，在 showDialog 方法中动态构建一个 JDialog 对象：

```
public boolean showDialog(Frame owner, String title)
{
   ok = false;

   if (dialog == null || dialog.getOwner() != owner)
   {
      dialog = new JDialog(owner, true);
      dialog.add(this);
      dialog.pack();
   }

   dialog.setTitle(title);
   dialog.setVisible(true);
   return ok;
}
```

注意，完全可以让 owner 等于 null。

还可以做得更好。有时，所有者窗体并不总是可用。从 parent 组件可以很容易地得出所有者窗体，如下所示：

```
Frame owner;
if (parent instanceof Frame)
   owner = (Frame) parent;
else
   owner = (Frame) SwingUtilities.getAncestorOfClass(Frame.class, parent);
```

我们在示例程序中使用了这个改进。JOptionPane 类也使用了这种机制。

很多对话框都有默认按钮。如果用户按下触发器键（大多数"观感"实现中，触发器键往往是回车键），就会自动地选择这个默认按钮。默认按钮会有特殊的标识，通常有加粗的轮廓。

可以在对话框的根窗格（root pane）中设置默认按钮：

```
dialog.getRootPane().setDefaultButton(okButton);
```

如果遵循在面板中放置对话框的建议，就必须特别小心，只有在面板包装为对话框后才能设置默认按钮。面板本身没有根窗格。

程序清单 11-13 是程序的窗体类，这个程序展示了数据如何流入和流出对话框。程序清单 11-14 给出了对话框类。

程序清单 11-13   dataExchange/DataExchangeFrame.java

```
 1 package dataExchange;
 2
 3 import java.awt.*;
 4 import java.awt.event.*;
 5 import javax.swing.*;
 6
 7 /**
 8  * A frame with a menu whose File->Connect action shows a password dialog.
 9  */
10 public class DataExchangeFrame extends JFrame
11 {
12    public static final int TEXT_ROWS = 20;
13    public static final int TEXT_COLUMNS = 40;
```

```
14    private PasswordChooser dialog = null;
15    private JTextArea textArea;
16
17    public DataExchangeFrame()
18    {
19       // construct a File menu
20
21       var mbar = new JMenuBar();
22       setJMenuBar(mbar);
23       var fileMenu = new JMenu("File");
24       mbar.add(fileMenu);
25
26       // add Connect and Exit menu items
27
28       var connectItem = new JMenuItem("Connect");
29       connectItem.addActionListener(new ConnectAction());
30       fileMenu.add(connectItem);
31
32       // the Exit item exits the program
33
34       var exitItem = new JMenuItem("Exit");
35       exitItem.addActionListener(event -> System.exit(0));
36       fileMenu.add(exitItem);
37
38       textArea = new JTextArea(TEXT_ROWS, TEXT_COLUMNS);
39       add(new JScrollPane(textArea), BorderLayout.CENTER);
40       pack();
41    }
42
43    /**
44     * The Connect action pops up the password dialog.
45     */
46    private class ConnectAction implements ActionListener
47    {
48       public void actionPerformed(ActionEvent event)
49       {
50          // if first time, construct dialog
51
52          if (dialog == null) dialog = new PasswordChooser();
53
54          // set default values
55          dialog.setUser(new User("yourname", null));
56
57          // pop up dialog
58          if (dialog.showDialog(DataExchangeFrame.this, "Connect"))
59          {
60             // if accepted, retrieve user input
61             User u = dialog.getUser();
62             textArea.append("user name = " + u.getName() + ", password = "
63                + (new String(u.getPassword())) + "\n");
64          }
65       }
66    }
67 }
```

程序清单 11-14   dataExchange/PasswordChooser.java

```java
 1 package dataExchange;
 2
 3 import java.awt.BorderLayout;
 4 import java.awt.Component;
 5 import java.awt.Frame;
 6 import java.awt.GridLayout;
 7
 8 import javax.swing.JButton;
 9 import javax.swing.JDialog;
10 import javax.swing.JLabel;
11 import javax.swing.JPanel;
12 import javax.swing.JPasswordField;
13 import javax.swing.JTextField;
14 import javax.swing.SwingUtilities;
15
16 /**
17  * A password chooser that is shown inside a dialog.
18  */
19 public class PasswordChooser extends JPanel
20 {
21    private JTextField username;
22    private JPasswordField password;
23    private JButton okButton;
24    private boolean ok;
25    private JDialog dialog;
26
27    public PasswordChooser()
28    {
29       setLayout(new BorderLayout());
30
31       // construct a panel with user name and password fields
32
33       var panel = new JPanel();
34       panel.setLayout(new GridLayout(2, 2));
35       panel.add(new JLabel("User name:"));
36       panel.add(username = new JTextField(""));
37       panel.add(new JLabel("Password:"));
38       panel.add(password = new JPasswordField(""));
39       add(panel, BorderLayout.CENTER);
40
41       // create Ok and Cancel buttons that terminate the dialog
42
43       okButton = new JButton("Ok");
44       okButton.addActionListener(event -> {
45          ok = true;
46          dialog.setVisible(false);
47       });
48
49       var cancelButton = new JButton("Cancel");
50       cancelButton.addActionListener(event -> dialog.setVisible(false));
51
52       // add buttons to southern border
```

```java
53
54        var buttonPanel = new JPanel();
55        buttonPanel.add(okButton);
56        buttonPanel.add(cancelButton);
57        add(buttonPanel, BorderLayout.SOUTH);
58     }
59
60     /**
61      * Sets the dialog defaults.
62      * @param u the default user information
63      */
64     public void setUser(User u)
65     {
66        username.setText(u.getName());
67     }
68
69     /**
70      * Gets the dialog entries.
71      * @return a User object whose state represents the dialog entries
72      */
73     public User getUser()
74     {
75        return new User(username.getText(), password.getPassword());
76     }
77
78     /**
79      * Show the chooser panel in a dialog.
80      * @param parent a component in the owner frame or null
81      * @param title the dialog window title
82      */
83     public boolean showDialog(Component parent, String title)
84     {
85        ok = false;
86
87        // locate the owner frame
88
89        Frame owner = null;
90        if (parent instanceof Frame)
91           owner = (Frame) parent;
92        else
93           owner = (Frame) SwingUtilities.getAncestorOfClass(Frame.class, parent);
94
95        // if first time, or if owner has changed, make new dialog
96
97        if (dialog == null || dialog.getOwner() != owner)
98        {
99           dialog = new JDialog(owner, true);
100          dialog.add(this);
101          dialog.getRootPane().setDefaultButton(okButton);
102          dialog.pack();
103       }
104
105       // set title and show dialog
106
```

```
107        dialog.setTitle(title);
108        dialog.setVisible(true);
109        return ok;
110    }
111 }
```

API `javax.swing.SwingUtilities` 1.2

- Container getAncestorOfClass(Class c, Component comp)

  返回属于给定类或其某个子类的给定组件的最内层父容器。

API `javax.swing.JComponent` 1.2

- JRootPane getRootPane()

  获得包含这个组件的根窗格，如果这个组件没有带根窗格的祖先，则返回 null。

API `javax.swing.JRootPane` 1.2

- void setDefaultButton(JButton button)

  设置根窗格的默认按钮。要想禁用默认按钮，可以提供 null 参数来调用这个方法。

API `javax.swing.JButton` 1.2

- boolean isDefaultButton()

  如果这个按钮是其根窗格的默认按钮，返回 true。

11.7.4 文件对话框

在一个应用中，通常希望可以打开和保存文件。一个好的文件对话框应该可以显示文件和目录，允许用户浏览文件系统，这样一个文件对话框很难编写，人们肯定不愿意从头做起。很幸运，Swing 中提供了 JFileChooser 类，它显示的文件对话框类似于大多数原生应用所用的对话框。JFileChooser 对话框总是模式对话框。注意，JFileChooser 类并不是 JDialog 类的子类。需要调用 showOpenDialog 显示打开文件的对话框，或者调用 showSaveDialog 显示保存文件的对话框，而不是调用 setVisible(true)。接收文件的按钮会自动地使用标签 Open 或者 Save。也可以调用 showDialog 方法为按钮提供你自己的标签。图 11-33 是文件选择器对话框的一个示例。

图 11-33 文件选择器对话框

下面是建立文件对话框并获取用户选择信息的步骤：

1. 建立一个 JFileChooser 对象。与 JDialog 类的构造器不同，不需要指定父组件。这就允许你在多个窗体中重用一个文件选择器。例如：

```
var chooser = new JFileChooser();
```

2. 调用 setCurrentDirectory 方法设置目录。

例如，要使用当前的工作目录：

```
chooser.setCurrentDirectory(new File("."));
```

需要提供一个 File 对象。File 对象将在卷 II 的第 2 章中详细介绍。这里只需要知道构造器 File(String fileName) 能够将一个文件或目录名转化为一个 File 对象。

3. 如果有一个希望用户选择的默认文件名，可以使用 setSelectedFile 方法指定：

```
chooser.setSelectedFile(new File(filename));
```

4. 如果允许用户在对话框中选择多个文件，需要调用 setMultiSelectionEnabled 方法。当然，这是可选的，而且并不常见。

```
chooser.setMultiSelectionEnabled(true);
```

5. 如果想让对话框只显示某种特定类型的文件（如，所有扩展名为 .gif 的文件），需要设置文件过滤器，稍后将会讨论文件过滤器。

6. 在默认情况下，用户只能在文件选择器中选择文件。如果希望用户选择目录，需要使用 setFileSelectionMode 方法。调用时可以提供以下参数：JFileChooser.FILES_ONLY（默认值），JFileChooser.DIRECTORIES_ONLY 或者 JFileChooser.FILES_AND_DIRECTORIES。

7. 调用 showOpenDialog 或者 showSaveDialog 方法显示对话框。在这些调用中必须提供父组件：

```
int result = chooser.showOpenDialog(parent);
```

或者

```
int result = chooser.showSaveDialog(parent);
```

这些调用的唯一区别是"确认按钮"的标签不同。"确认按钮"就是用户点击来完成文件选择的那个按钮。也可以调用 showDialog 方法，并将一个显式的文本传递给确认按钮：

```
int result = chooser.showDialog(parent, "Select");
```

仅当用户确认、取消或者关闭对话框时这些调用才返回。返回值可以是 JFileChooser.APPROVE_OPTION、JFileChooser.CANCEL_OPTION 或者 JFileChooser.ERROR_OPTION。

8. 调用 getSelectedFile() 或者 getSelectedFiles() 方法获取用户选择的一个或多个文件。这些方法将返回一个 File 对象或者一个 File 对象数组。如果需要知道文件对象名，可以调用 getPath 方法。例如：

```
String filename = chooser.getSelectedFile().getPath();
```

在大多数情况下，这些步骤都很简单。使用文件对话框的主要困难在于指定一个要让用户从中选择文件的文件子集。例如，假设用户应该选择 GIF 图像文件。那么，文件选择器就应该只显示扩展名为 .gif 的文件。另外，还应该为用户提供反馈信息，来说明所显示的文件属于某个特定文件类别，如 " GIF 图像"。不过，情况有可能会更加复杂。如果用户应该选择 JPFG 图像文件，扩展名就可以是 .jpg 或者 .jpeg。文件选择器的设计者没有编写代码来实现这种复杂性，而是提供了一种更优雅的机制：要想限制所显示的文件，可以提供一个扩展了抽象类 javax.swing.filechooser.FileFilter 的对象。文件选择器将各个文件传递给文件过滤器，只有文件过滤器接受的文件才会显示。

在写作本书的时候，提供了两个子类：一个是可以接受所有文件的默认过滤器，另一个过滤器可以接受给定扩展名的所有文件。不过，很容易编写专用文件过滤器，只需实现 FileFilter 超类中的两个抽象方法：

```
public boolean accept(File f);
public String getDescription();
```

第一个方法检测是否应该接受一个文件，第二个方法返回可能在文件选择对话框中显示的文件类型的描述信息。

> **注释**：java.io 包中有一个无关的 FileFilter 接口，其中只包含一个方法：boolean accept (File f)。File 类中的 listFiles 方法利用它显示目录中的文件。我们不知道 Swing 的设计者为什么不扩展这个接口，可能是因为 Java 类库现在变得过于复杂，以致 Sun 的程序员也不太熟悉所有的标准类和接口了。
>
> 如果同时导入了 javax.io 包和 javax.swing.filechooser 包，就需要解决这两个同名类型的命名冲突问题。最简单的补救方法是导入 javax.swing.filechooser.FileFilter，而不是 javax.swing.filechooser.*。

一旦有了文件过滤器对象，可以调用 JFileChooser 类的 setFileFilter 方法，将这个对象安装到文件选择器对象中：

```
chooser.setFileFilter(new FileNameExtensionFilter("Image files", "gif", "jpg"));
```

可以为一个文件选择器安装多个过滤器，如下：

```
chooser.addChoosableFileFilter(filter1);
chooser.addChoosableFileFilter(filter2);
. . .
```

用户可以从文件对话框底部的组合框中选择过滤器。在默认情况下，组合框中总是显示 " All files" 过滤器。这是一个好主意，因为使用这个程序的用户有可能需要选择一个具有非标准扩展名的文件。不过，如果你想禁用 All files 过滤器，需要调用：

```
chooser.setAcceptAllFileFilterUsed(false)
```

> **警告**：如果为加载和保存不同类型的文件重用一个文件选择器，就需要调用：
>
> ```
> chooser.resetChoosableFilters()
> ```
>
> 在添加新的文件过滤器之前要清除老的文件过滤器。

最后，可以为文件选择器显示的每个文件提供特定的图标和文件描述来定制文件选择器。为此，需要提供一个类对象，这个类要扩展 javax.swing.filechooser 包中的 FileView 类。这显然是一种高级技术。通常情况下，并不需要你来提供文件视图——可插接式观感会为你提供一个视图。不过，如果想为特殊的文件类型显示不同的图标，也可以安装你自己的文件视图。需要扩展 FileView 类并实现下面 5 个方法：

```
Icon getIcon(File f)
String getName(File f)
String getDescription(File f)
String getTypeDescription(File f)
Boolean isTraversable(File f)
```

然后，使用 setFileView 方法将文件视图安装到文件选择器中。

文件选择器会为希望显示的每个文件或目录调用这些方法。如果方法返回的图标、名字或描述信息为 null，那么文件选择器会使用当前观感的默认文件视图。这样处理很好，因为这意味着只需要处理那些希望有不同显示的文件类型。

文件选择器调用 isTraversable 方法来决定用户点击一个目录时是否打开这个目录。请注意，这个方法返回一个 Boolean 对象，而不是 boolean 值。看起来似乎有点怪，但实际上很方便——如果只需要使用默认文件视图，则返回 null。文件选择器就会使用默认的文件视图。换句话说，这个方法返回的 Boolean 对象能给出 3 种选择：真（Boolean.TRUE）、假（Boolean.FALSE）和不关心（null）。

示例程序中包含了一个简单的文件视图类。只要一个文件匹配文件过滤器，这个类将会显示一个特定的图标。可以利用这个类为所有图像文件显示一个调色板图标。

```
class FileIconView extends FileView
{
   private FileFilter filter;
   private Icon icon;

   public FileIconView(FileFilter aFilter, Icon anIcon)
   {
      filter = aFilter;
      icon = anIcon;
   }

   public Icon getIcon(File f)
   {
      if (!f.isDirectory() && filter.accept(f))
         return icon;
      else return null;
   }
}
```

可以调用 setFileView 方法将这个文件视图安装到文件选择器：

```
chooser.setFileView(new FileIconView(filter,
   new ImageIcon("palette.gif")));
```

文件选择器会在通过 filter 过滤的所有文件旁边显示调色板图标，而使用默认的文件视图显示所有其他的文件。很自然地，我们使用了文件选择器中设置的过滤器。

最后，可以添加一个附件组件来定制文件对话框。例如，图 11-34 在文件列表旁边显示了一个预览附件。这个附件显示了当前选中文件的缩略视图。

图 11-34　带预览附件的文件对话框

附件可以是任何 Swing 组件。在这个示例中，我们扩展了 JLabel 类，并将图标设置为图像文件按比例缩小的副本。

```java
class ImagePreviewer extends JLabel
{
   public ImagePreviewer(JFileChooser chooser)
   {
      setPreferredSize(new Dimension(100, 100));
      setBorder(BorderFactory.createEtchedBorder());
   }

   public void loadImage(File f)
   {
      var icon = new ImageIcon(f.getPath());
      if(icon.getIconWidth() > getWidth())
        icon = new ImageIcon(icon.getImage().getScaledInstance(
           getWidth(), -1, Image.SCALE_DEFAULT));
      setIcon(icon);
      repaint();
   }
}
```

这里还有一个挑战。我们希望只要用户选择不同的文件就更新预览图像。文件选择器使用了“JavaBeans”机制：只要属性发生变化，就会通知感兴趣的监听器。被选择的文件是一个属性，可以通过安装 PropertyChangeListener 来监听。可以用下面的代码来捕获通知：

```java
chooser.addPropertyChangeListener(event -> {
   if (event.getPropertyName() == JFileChooser.SELECTED_FILE_CHANGED_PROPERTY)
   {
      var newFile = (File) event.getNewValue();
      // update the accessory
```

```
        . . .
    }
});
```

API *javax.swing.JFileChooser* 1.2

- JFileChooser()

  创建一个可用于多个窗体的文件选择器对话框。

- void setCurrentDirectory(File dir)

  设置文件对话框的初始目录。

- void setSelectedFile(File file)

- void setSelectedFiles(File[] file)

  设置文件对话框的默认文件选择。

- void setMultiSelectionEnabled(boolean b)

  设置或清除多选模式。

- void setFileSelectionMode(int mode)

  设置用户选择模式，只可以选择文件（默认），只可以选择目录，或者文件和目录均可以选择。mode 参数的取值可以是 JFileChooser.FILES_ONLY、JFileChooser. DIRECTORIES_ONLY 和 JFileChooser.FILES_AND_DIRECTORIES 之一。

- int showOpenDialog(Component parent)

- int showSaveDialog(Component parent)

- int showDialog(Component parent, String approveButtonText)

  显示一个对话框，确认按钮标签为"Open""Save"或者 approveButtonText 字符串，并返回 APPROVE_OPTION、CANCEL_OPTION（如果用户选择取消按钮或者关闭了对话框）或者 ERROR_OPTION（如果发生错误）。

- File getSelectedFile()

- File[] getSelectedFiles()

  获取用户选择的一个文件或多个文件（如果用户没有选择文件，返回 null）。

- void setFileFilter(FileFilter filter)

  设置文件对话框的文件过滤器。所有让 filter.accept 返回 true 的文件都会显示，并且将这个过滤器添加到可选过滤器列表中。

- void addChoosableFileFilter(FileFilter filter)

  将文件过滤器添加到可选过滤器列表中。

- void setAcceptAllFileFilterUsed(boolean b)

  在过滤器组合框中包括或者取消"All files"过滤器。

- void resetChoosableFileFilters()

  清除可选过滤器列表。除非"All files"过滤器被显式地清除，否则它仍然保留。

- void setFileView(FileView view)

设置一个文件视图来提供文件选择器显示的有关文件的信息。
- void setAccessory(JComponent component)

  设置一个附件组件。

API javax.swing.filechooser.FileFilter 1.2

- boolean accept(File f)

  如果文件选择器显示这个文件，返回 true。
- String getDescription()

  返回这个文件过滤器的一个描述，例如，"Image files (*.gif,*.jpeg)"。

API javax.swing.filechooser.FileNameExtensionFilter 6

- FileNameExtensionFilter(String description, String... extensions)

  利用给定的描述构造一个文件过滤器，它接受名字以特定方式结尾的所有目录和文件，即有一个点号，后面紧跟给定的某个扩展名字符串。

API javax.swing.filechooser.FileView 1.2

- String getName(File f)

  返回文件 f 的文件名，或者 null。正常情况下这个方法简单地返回 f.getName()。
- String getDescription(File f)

  返回关于文件 f 的人类可读的一个描述，或者 null。例如，如果 f 是 HTML 文档，那么这个方法可能返回它的标题。
- String getTypeDescription(File f)

  返回关于文件 f 类型的人类可读的一个描述，或者 null。例如，如果文件 f 是 HTML 文档，那么这个方法可能返回字符串 "Hypertext document"。
- Icon getIcon(File f)

  返回文件 f 的图标，或者 null。例如，如果 f 是 JPEG 文件，那么这个方法可能返回缩略图标。
- Boolean isTraversable(File f)

  如果 f 是用户可以打开的目录，返回 Boolean.TRUE。如果一个目录在概念上是复合文档，那么这个方法可能返回 Boolean.false。与所有的 FileView 方法一样，这个方法有可能返回 null，表示文件选择器应该使用默认视图。

这里我们就结束了关于 Swing 编程的讨论。卷 Ⅱ 将介绍更高级的 Swing 组件和复杂的图形技术。

第 12 章 并   发

- ▲ 什么是线程
- ▲ 线程属性
- ▲ 线程安全的集合
- ▲ 异步计算

- ▲ 线程状态
- ▲ 同步
- ▲ 任务和线程池
- ▲ 进程

你可能已经很熟悉多任务（multitasking），这是操作系统的一种能力，看起来可以在同一时刻运行多个程序。例如，在编辑或下载邮件的同时可以打印文件。如今，人们往往都有多 CPU 的计算机，但是，并发执行的进程数目并不受限于 CPU 数目。操作系统会为每个进程分配 CPU 时间片，给人并行处理的感觉。

多线程程序在更低一层扩展了多任务的概念：单个程序看起来在同时完成多个任务。每个任务在一个线程（thread）中执行，线程是控制线程的简称。如果一个程序可以同时运行多个线程，则称这个程序是多线程的（multithreaded）。

那么，多进程与多线程有哪些区别呢？本质的区别在于每个进程都拥有自己的一整套变量，而线程则共享数据。这听起来似乎有些风险，的确也是这样，本章稍后将介绍这个问题。不过，共享变量使线程之间的通信比进程之间的通信更有效、更容易。此外，在有些操作系统中，与进程相比较，线程更"轻量级"，创建、撤销一个线程比启动新进程的开销要小得多。

在实际应用中，多线程非常有用。例如，一个浏览器可以同时下载几幅图片。一个 Web 服务器需要同时服务并发的请求。图形用户界面（GUI）程序用一个独立的线程从宿主操作环境收集用户界面事件。本章将介绍如何为 Java 应用程序添加多线程功能。

温馨提示：多线程编程可能会变得相当复杂。本章涵盖了应用程序员可能需要的所有工具。尽管如此，对于更复杂的系统级程序设计，建议参看更高级的参考文献，例如，Brian Goetz 等撰写的《Java Concurrency in Practice》[⊖]（Addison-Wesley Professional，2006）。

12.1 什么是线程

首先来看一个使用了两个线程的简单程序。这个程序可以在银行账户之间完成资金转账。我们使用了一个 Bank 类，它可以存储给定数目的账户的余额。transfer 方法将一定金额从一个账户转移到另一个账户。具体实现见程序清单 12-2。

在第一个线程中，我们将钱从账户 0 转移到账户 1。第二个线程将钱从账户 2 转移到账户 3。下面是在一个单独的线程中运行一个任务的简单过程：

⊖ 本书中文版《Java 并发编程实战》已由机械工业出版社引进出版，ISBN：978-7-111-37004-8。——编辑注

1. 将执行这个任务的代码放在一个类的 run 方法中, 这个类要实现 Runnable 接口。Runnable 接口非常简单, 只有一个方法:

```
public interface Runnable
{
    void run();
}
```

由于 Runnable 是一个函数式接口, 可以用一个 lambda 表达式创建一个实例:

```
Runnable r = () -> { task code };
```

2. 从这个 Runnable 构造一个 Thread 对象:

```
var t = new Thread(r);
```

3. 启动线程:

```
t.start();
```

为了建立单独的线程来完成转账, 我们只需要把转账代码放在一个 Runnable 的 run 方法中, 然后启动一个线程:

```
Runnable r = () -> {
    try
    {
        for (int i = 0; i < STEPS; i++)
        {
            double amount = MAX_AMOUNT * Math.random();
            bank.transfer(0, 1, amount);
            Thread.sleep((int) (DELAY * Math.random()));
        }
    }
    catch (InterruptedException e)
    {
    }
};
var t = new Thread(r);
t.start();
```

对于给定的步骤数, 这个线程会转账一个随机金额, 然后休眠一个随机的延迟时间。

我们要捕获 sleep 方法有可能抛出的 InterruptedException 异常。这个异常会在 12.3.1 节讨论。一般来说, 中断用来请求终止一个线程。相应地, 出现 InterruptedException 时, run 方法会退出。

程序还会启动第二个线程, 它从账户 2 向账户 3 转账。运行这个程序时, 可以得到类似这样的输出:

```
Thread[Thread-1,5,main]    606.77 from 2 to 3 Total Balance:   400000.00
Thread[Thread-0,5,main]     98.99 from 0 to 1 Total Balance:   400000.00
Thread[Thread-1,5,main]    476.78 from 2 to 3 Total Balance:   400000.00
Thread[Thread-0,5,main]    653.64 from 0 to 1 Total Balance:   400000.00
Thread[Thread-1,5,main]    807.14 from 2 to 3 Total Balance:   400000.00
Thread[Thread-0,5,main]    481.49 from 0 to 1 Total Balance:   400000.00
Thread[Thread-0,5,main]    203.73 from 0 to 1 Total Balance:   400000.00
Thread[Thread-1,5,main]    111.76 from 2 to 3 Total Balance:   400000.00
Thread[Thread-1,5,main]    794.88 from 2 to 3 Total Balance:   400000.00
...
```

可以看到，两个线程的输出是交错的，这说明它们在并发运行。实际上，两个输出行交错显示时，输出有时会有些混乱。

你要了解的就是这些！现在你已经知道了如何并发地运行任务。这一章余下的部分会介绍如何控制线程之间的交互。

程序的完整代码见程序清单 12-1。

📋 **注释**：还可以通过建立 Thread 类的一个子类来定义线程，如下所示：

```
class MyThread extends Thread
{
    public void run()
    {
        task code
    }
}
```

然后可以构造这个子类的一个对象，并调用它的 start 方法。不过，现在不再推荐这种方法。应当把要并行运行的任务与运行机制解耦合。如果有多个任务，为每个任务分别创建一个单独的线程开销会太大。实际上，可以使用一个线程池，参见 12.6.2 节的介绍。

⚠️ **警告**：不要调用 Thread 类或 Runnable 对象的 run 方法。直接调用 run 方法只会在同一个线程中执行这个任务——而没有启动新的线程。实际上，应当调用 Thread.start 方法，这会创建一个执行 run 方法的新线程。

程序清单 12-1   threads/ThreadTest.java

```java
1   package threads;
2
3   /**
4    * @version 1.30 2004-08-01
5    * @author Cay Horstmann
6    */
7   public class ThreadTest
8   {
9       public static final int DELAY = 10;
10      public static final int STEPS = 100;
11      public static final double MAX_AMOUNT = 1000;
12
13      public static void main(String[] args)
14      {
15          var bank = new Bank(4, 100000);
16          Runnable task1 = () ->
17          {
18              try
19              {
20                  for (int i = 0; i < STEPS; i++)
21                  {
22                      double amount = MAX_AMOUNT * Math.random();
23                      bank.transfer(0, 1, amount);
24                      Thread.sleep((int) (DELAY * Math.random()));
```

```
25              }
26          }
27          catch (InterruptedException e)
28          {
29          }
30      };
31
32      Runnable task2 = () ->
33      {
34          try
35          {
36              for (int i = 0; i < STEPS; i++)
37              {
38                  double amount = MAX_AMOUNT * Math.random();
39                  bank.transfer(2, 3, amount);
40                  Thread.sleep((int) (DELAY * Math.random()));
41              }
42          }
43          catch (InterruptedException e)
44          {
45          }
46      };
47
48      new Thread(task1).start();
49      new Thread(task2).start();
50  }
51 }
```

API **java.lang.Thread 1.0**

- Thread(Runnable target)

  构造一个新线程，调用指定目标的 run() 方法。

- void start()

  启动这个线程，从而调用 run() 方法。这个方法会立即返回。新线程会并发运行。

- void run()

  调用相关 Runnable 的 run 方法。

- static void sleep(long millis)

  休眠指定的毫秒数。

API *java.lang.Runnable 1.0*

- void run()

  必须覆盖这个方法，提供你希望执行的任务指令。

12.2　线程状态

线程可以有如下 6 种状态：

- New（新建）
- Runnable（可运行）
- Blocked（阻塞）
- Waiting（等待）
- Timed waiting（计时等待）
- Terminated（终止）

下面分别对每一种状态进行解释。

要确定一个线程的当前状态，只需要调用 getState 方法。

12.2.1　新建线程

当用 new 操作符创建一个新线程时，如 new Thread(r)，这个线程还没有开始运行。这意味着它的状态是新建（new）。当一个线程处于新建状态时，程序还没有开始运行线程中的代码。在线程运行之前还有一些基础工作要做。

12.2.2　可运行线程

一旦调用 start 方法，线程就处于可运行（runnable）状态。一个可运行的线程可能正在运行也可能没有运行。要由操作系统为线程提供具体的运行时间。（不过，Java 规范没有将正在运行作为一个单独的状态。一个正在运行的线程仍然处于可运行状态。）

一旦一个线程开始运行，它不一定始终保持运行。事实上，运行中的线程有时需要暂停，让其他线程有机会运行。线程调度的细节依赖于操作系统提供的服务。抢占式调度系统给每一个可运行线程一个时间片来执行任务。当时间片用完时，操作系统剥夺该线程的运行权，并给另一个线程一个机会来运行（见图 12-2）。当选择下一个线程时，操作系统会考虑线程的优先级——更多的内容见 12.3.5 节。

现在所有的桌面以及服务器操作系统都使用抢占式调度。但是，像手机这样的小型设备可能使用协作式调度。在这样的设备中，一个线程只有在调用 yield 方法或者被阻塞或等待时才失去控制权。

在有多个处理器的机器上，每一个处理器运行一个线程，可以有多个线程并行运行。当然，如果线程的数目多于处理器的数目，调度器还是需要分配时间片。

记住，在任何给定时刻，一个可运行的线程可能正在运行也可能没有运行（正是因为这样，这个状态称为"可运行"而不是"运行"）。

API **java.lang.Thread** 1.0

- static void yield()

  使当前正在执行的线程向另一个线程交出运行权。注意这是一个静态方法。

12.2.3　阻塞和等待线程

当线程处于阻塞或等待状态时，它暂时是不活动的。它不运行任何代码，而且消耗最少的资源。要由线程调度器重新激活这个线程。具体细节取决于它是怎样到达非活动状态的。

- 当一个线程试图获取一个内部的对象锁（而不是 java.util.concurrent 库中的 Lock），而这个锁目前被其他线程占有，该线程就会被阻塞（我们将在 12.4.3 节讨论 java.util.concurrent 锁，在 12.4.5 节讨论内部对象锁）。当所有其他线程都释放了这个锁，并且线程调度器允许该线程持有这个锁时，它将变成非阻塞状态。
- 当线程等待另一个线程通知调度器出现一个条件时，这个线程会进入等待状态。我们会在 12.4.4 节讨论条件。调用 Object.wait 方法或 Thread.join 方法，或者是等待 java.util.concurrent 库中的 Lock 或 Condition 时，就会出现这种情况。实际上，阻塞状态与等待状态并没有太大区别。
- 有几个方法有超时参数，调用这些方法会让线程进入计时等待（timed waiting）状态。这一状态将一直保持到超时期满或者接收到适当的通知。带有超时参数的方法有 Thread.sleep 和计时版的 Object.wait、Thread.join、Lock.tryLock 以及 Condition.await。

图 12-1 展示了线程可能的状态以及从一个状态到另一个状态可能的转换。当一个线程阻塞或等待时（或终止时），可以调度另一个线程运行。当一个线程被重新激活（例如，因为超时期满或成功地获得了一个锁），调度器检查它是否具有比当前运行线程更高的优先级。如果是这样，调度器会剥夺某个当前运行线程的运行权，选择一个新线程运行。

图 12-1　线程状态

12.2.4　终止线程

线程会由于以下两个原因之一而终止：

- run 方法正常退出，线程自然终止。
- 因为一个没有捕获的异常终止了 run 方法，使线程意外终止。

具体来说，可以调用线程的 stop 方法杀死一个线程。该方法抛出一个 ThreadDeath 错误对象，这会杀死线程。不过，stop 方法已经废弃，不要在你自己的代码中调用这个方法。

API **java.lang.Thread 1.0**

- void join()

  等待终止指定的线程。

- void join(long millis)

  等待指定的线程终止或者等待经过指定的毫秒数。

- Thread.State getState() **5**

  得到这个线程的状态；取值为 NEW、RUNNABLE、BLOCKED、WAITING、TIMED_WAITING 或 TERMINATED。

- void stop()

  停止该线程。这个方法已经废弃。

- void suspend()

  暂停这个线程的执行。这个方法已经废弃。

- void resume()

  恢复线程。这个方法只能在调用 suspend() 之后使用。这个方法已经废弃。

12.3　线程属性

下面几节将讨论线程的各种属性，包括中断的状态、守护线程、未捕获异常的处理器以及不应使用的一些遗留特性。

12.3.1　中断线程

当线程的 run 方法执行方法体中最后一条语句后再执行 return 语句返回时，或者出现了方法中没有捕获的异常时，线程将终止。在 Java 的早期版本中，还有一个 stop 方法，其他线程可以调用这个方法来终止一个线程。但是，这个方法现在已经被废弃了。12.4.13 节将讨论它被废弃的缘由。

除了已经废弃的 stop 方法，没有办法可以强制线程终止。不过，interrupt 方法可以用来请求终止一个线程。

当对一个线程调用 interrupt 方法时，就会设置线程的中断状态。这是每个线程都有的 boolean 标志。每个线程都应该不时地检查这个标志，以判断线程是否被中断。

要想得出是否设置了中断状态，首先调用静态的 Thread.currentThread 方法获得当前线程，然后调用 isInterrupted 方法：

```
while (!Thread.currentThread().isInterrupted() && more work to do)
{
    do more work
}
```

但是，如果线程被阻塞，就无法检查中断状态。这里就要引入 InterruptedException 异常。当在一个被 sleep 或 wait 调用阻塞的线程上调用 interrupt 方法时，那个阻塞调用（即 sleep 或 wait 调用）将被一个 InterruptedException 异常中断。（有一些阻塞 I/O 调用不能被中断，对此应该考虑选择可中断的调用。有关细节请参看卷 Ⅱ 的第 2 章和第 4 章。）

没有任何语言要求被中断的线程应当终止。中断一个线程只是要引起它的注意。被中断的线程可以决定如何响应中断。某些线程非常重要，所以应该处理这个异常，然后再继续执行。但是，更普遍的情况是，线程只希望将中断解释为一个终止请求。这种线程的 run 方法具有如下形式：

```
Runnable r = () -> {
    try
    {
        . . .
        while (!Thread.currentThread().isInterrupted() && more work to do)
        {
            do more work
        }
    }
    catch(InterruptedException e)
    {
        // thread was interrupted during sleep or wait
    }
    finally
    {
        cleanup, if required
    }
    // exiting the run method terminates the thread
};
```

如果在每次工作迭代之后都调用 sleep 方法（或者其他可中断方法），isInterrupted 检查既没有必要也没有用处。如果设置了中断状态，此时倘若调用 sleep 方法，它不会休眠。实际上，它会清除中断状态（！）并抛出 InterruptedException。因此，如果你的循环调用了 sleep，不要检测中断状态，而应当捕获 InterruptedException 异常，如下所示：

```
Runnable r = () -> {
    try
    {
        . . .
        while (more work to do)
        {
            do more work
            Thread.sleep(delay);
        }
```

```
    }
    catch(InterruptedException e)
    {
        // thread was interrupted during sleep
    }
    finally
    {
        cleanup, if required
    }
    // exiting the run method terminates the thread
};
```

> 📄 **注释**: 有两个非常类似的方法，interrupted 和 isInterrupted。interrupted 方法是一个静态方法，它检查**当前线程**是否被中断。而且，调用 interrupted 方法会**清除**该线程的中断状态。另一方面，isInterrupted 方法是一个实例方法，可以用来检查是否有线程被中断。调用这个方法不会改变中断状态。

你可能会发现很多发布的代码在底层抑制了 InterruptedException 异常，如下所示：

```
void mySubTask()
{
    . . .
    try { sleep(delay); }
    catch (InterruptedException e) {} // don't ignore!
    . . .
}
```

不要这样做！如果想不出在 catch 子句中可以做什么有意义的工作，仍然有两种合理的选择：

- 在 catch 子句中调用 Thread.currentThread().interrupt() 来设置中断状态。这样一来调用者就可以检测中断状态。

  ```
  void mySubTask()
  {
      . . .
      try { sleep(delay); }
      catch (InterruptedException e) { Thread.currentThread().interrupt(); }
      . . .
  }
  ```

- 或者，更好的选择是，用 throws InterruptedException 标记你的方法，去掉 try 语句块。这样一来调用者（或者最终的 run 方法）就可以捕获这个异常。

  ```
  void mySubTask() throws InterruptedException
  {
      . . .
      sleep(delay);
      . . .
  }
  ```

API **java.lang.Thread 1.0**

- void interrupt()

向线程发送中断请求。线程的中断状态将被设置为 true。如果当前该线程被一个 sleep
调用阻塞，则抛出一个 InterruptedException 异常。

- static boolean interrupted()

测试当前线程（即正在执行这个指令的线程）是否被中断。注意，这是一个静态方法。
这个调用有一个副作用——它将当前线程的中断状态重置为 false。

- boolean isInterrupted()

测试线程是否被中断。与 static interrupted 方法不同，这个调用不改变线程的中断
状态。

- static Thread currentThread()

返回表示当前正在执行的线程的 Thread 对象。

12.3.2 守护线程

可以通过调用

```
t.setDaemon(true);
```

将一个线程转换为守护线程（daemon thread）。这样一个线程并没有什么魔力。守护线程的唯
一用途是为其他线程提供服务。计时器线程就是一个例子，它定时地发送"计时器嘀嗒"信
号给其他线程，另外清空过时缓存项的线程也是守护线程。当只剩下守护线程时，虚拟机就
会退出。因为如果只剩下守护线程，就没必要继续运行程序了。

API **java.lang.Thread 1.0**

- void setDaemon(boolean isDaemon)

标识该线程为守护线程或用户线程。这一方法必须在线程启动之前调用。

12.3.3 线程名

默认情况下，线程有容易记的名字，如 Thread-2。可以用 setName 方法为线程设置任何
名字：

```
var t = new Thread(runnable);
t.setName("Web crawler");
```

这在线程转储时可能很有用。

12.3.4 未捕获异常的处理器

线程的 run 方法不能抛出任何检查型异常，但是，非检查型异常可能会导致线程终止。
在这种情况下，线程会死亡。

不过，对于可以传播的异常，并没有任何 catch 子句。实际上，在线程死亡之前，异常
会传递到一个用于处理未捕获异常的处理器。

这个处理器必须属于一个实现了 Thread.UncaughtExceptionHandler 接口的类。这个接口只有

一个方法。

```
void uncaughtException(Thread t, Throwable e)
```

可以用 setUncaughtExceptionHandler 方法为任何线程安装一个处理器。也可以用 Thread 类的静态方法 setDefaultUncaughtExceptionHandler 为所有线程安装一个默认的处理器。替代处理器可以使用日志 API 将未捕获异常的报告发送到一个日志文件。

如果没有安装默认处理器，默认处理器则为 null。但是，如果没有为单个线程安装处理器，那么处理器就是该线程的 ThreadGroup 对象。

> 📰 **注释**：线程组是可以一起管理的线程的集合。默认情况下，创建的所有线程都属于同一个线程组，但是也可以建立其他的组。由于现在引入了更好的特性来处理线程集合，所以建议不要在你自己的程序中使用线程组。

ThreadGroup 类实现了 Thread.UncaughtExceptionHandler 接口。它的 uncaughtException 方法执行以下操作：

1. 如果该线程组有父线程组，那么调用父线程组的 uncaughtException 方法。

2. 否则，如果 Thread.getDefaultExceptionHandler 方法返回一个非 null 的处理器，则调用该处理器。

3. 否则，如果 Throwable 是 ThreadDeath 的一个实例，什么都不做。

4. 否则，将线程的名字以及 Throwable 的栈轨迹输出到 System.err。

你在程序中肯定看到过许多这样的栈轨迹。

API *java.lang.Thread 1.0*

- static void setDefaultUncaughtExceptionHandler(Thread.UncaughtExceptionHandler handler) **5**
- static Thread.UncaughtExceptionHandler getDefaultUncaughtExceptionHandler() **5**

  设置或获取未捕获异常的默认处理器。

- void setUncaughtExceptionHandler(Thread.UncaughtExceptionHandler handler) **5**
- Thread.UncaughtExceptionHandler getUncaughtExceptionHandler() **5**

  设置或获取未捕获异常的处理器。如果没有安装处理器，则将线程组对象作为处理器。

API *java.lang.Thread.UncaughtExceptionHandler 5*

- void uncaughtException(Thread t, Throwable e)

  当线程因一个未捕获异常而终止时，要记录一个定制报告。

API *java.lang.ThreadGroup 1.0*

- void uncaughtException(Thread t, Throwable e)

  如果有父线程组，调用父线程组的这个方法，或者，如果 Thread 类有默认处理器，就调用该处理器，否则，将栈轨迹打印到标准错误流（不过，如果 e 是一个 ThreadDeath 对象，则会抑制栈轨迹。ThreadDeath 对象由已经废弃的 stop 方法产生）。

12.3.5 线程优先级

在 Java 程序设计语言中，每一个线程有一个优先级。默认情况下，一个线程会继承构造它的那个线程的优先级。可以用 setPriority 方法提高或降低任何一个线程的优先级。可以将优先级设置为 MIN_PRIORITY（在 Thread 类中定义为 1）与 MAX_PRIORITY（定义为 10）之间的任何值。NORM_PRIORITY 定义为 5。

每当线程调度器有机会选择新线程时，它首先选择具有较高优先级的线程。但是，线程优先级高度依赖于系统。当虚拟机依赖于宿主机平台的线程实现时，Java 线程的优先级会映射到宿主机平台的优先级，平台的线程优先级别可能比上述的 10 个级别多，也可能更少。

例如，Windows 有 7 个优先级别。Java 的一些优先级会映射到同一个操作系统优先级。在 Oracle 为 Linux 提供的 Java 虚拟机中，会完全忽略线程优先级——所有线程都有相同的优先级。

在没有使用操作系统线程的 Java 早期版本中，线程优先级可能很有用。不过现在不要使用线程优先级了。

API `java.lang.Thread` **1.0**

- void setPriority(int newPriority)

  设置线程的优先级。优先级必须在 Thread.MIN_PRIORITY 与 Thread.MAX_PRIORITY 之间。一般使用 Thread.NORM_PRIORITY 优先级。

- static int MIN_PRIORITY

  是 Thread 可以有的最小优先级。最小优先级的值为 1。

- static int NORM_PRIORITY

  Thread 的默认优先级。默认优先级为 5。

- static int MAX_PRIORITY

  是 Thread 可以有的最大优先级。最大优先级的值为 10。

12.4 同步

在大多数实际的多线程应用中，两个或两个以上的线程需要共享对同一数据的存取。如果两个线程存取同一个对象，并且每个线程分别调用了一个修改该对象状态的方法，会发生什么呢？可以想见，这两个线程会相互覆盖。取决于线程访问数据的次序，可能会导致对象被破坏。这种情况通常称为竞态条件（race condition）。

12.4.1 竞态条件的一个例子

为了避免多线程破坏共享数据，必须学习如何同步存取。在本节中，你会看到如果没有使用同步会发生什么。在下一节中，你将会看到如何同步数据存取。

在下面的测试程序中，还是考虑我们模拟的银行。与 12.1 节中的例子不同，我们要随机地选择从哪个源账户转账到哪个目标账户。由于这会产生问题，所以下面再来仔细查看 Bank 类 transfer 方法的代码。

```java
public void transfer(int from, int to, double amount)
    // CAUTION: unsafe when called from multiple threads
{
    System.out.print(Thread.currentThread());
    accounts[from] -= amount;
    System.out.printf(" %10.2f from %d to %d", amount, from, to);
    accounts[to] += amount;
    System.out.printf(" Total Balance: %10.2f%n", getTotalBalance());
}
```

下面是 Runnable 实例的代码。run 方法不断地从一个给定银行账户取钱。在每次迭代中，run 方法选择一个随机的目标账户和一个随机金额，调用 bank 对象的 transfer 方法，然后休眠。

```java
Runnable r = () -> {
    try
    {
        while (true)
        {
            int toAccount = (int) (bank.size() * Math.random());
            double amount = MAX_AMOUNT * Math.random();
            bank.transfer(fromAccount, toAccount, amount);
            Thread.sleep((int) (DELAY * Math.random()));
        }
    }
    catch (InterruptedException e)
    {
    }
};
```

这个模拟程序运行时，我们不清楚在某一时刻某个银行账户中有多少钱，但是我们知道所有账户的总金额应该保持不变，因为我们所做的只是把钱从一个账户转移到另一个账户。

每一次交易结束时，transfer 方法会重新计算总金额并打印出来。

这个程序永远不会结束。只能按 CTRL+C 来终止这个程序。

下面是典型的输出：

```
. . .
Thread[Thread-11,5,main]     588.48 from 11 to 44 Total Balance:  100000.00
Thread[Thread-12,5,main]     976.11 from 12 to 22 Total Balance:  100000.00
Thread[Thread-14,5,main]     521.51 from 14 to 22 Total Balance:  100000.00
Thread[Thread-13,5,main]     359.89 from 13 to 81 Total Balance:  100000.00
. . .
Thread[Thread-36,5,main]     401.71 from 36 to 73 Total Balance:   99291.06
Thread[Thread-35,5,main]     691.46 from 35 to 77 Total Balance:   99291.06
Thread[Thread-37,5,main]      78.64 from 37 to 3 Total Balance:    99291.06
Thread[Thread-34,5,main]     197.11 from 34 to 69 Total Balance:   99291.06
Thread[Thread-36,5,main]      85.96 from 36 to 4 Total Balance:    99291.06
. . .
Thread[Thread-4,5,main]Thread[Thread-33,5,main]       7.31 from 31 to 32 Total Balance:
99979.24
    627.50 from 4 to 5 Total Balance:  99979.24
. . .
```

可以看到，这里出现了错误。对于最初的几次交易，银行余额保持在 $100 000，这是正确的，因为共 100 个账户，每个账户 $1 000。不过，经过一段时间后，余额有轻微的变化。运行这个程序的时候，可能很快就能发现出错了，有时可能需要很长的时间才能发现余额不对。这种情况很影响人们的信任，你可能不希望将辛苦挣来的钱存进这个银行。

看你能不能找出程序清单 12-2 和程序清单 12-3 中 Bank 类的问题。下一节就会揭开神秘的面纱。

程序清单 12-2　threads/Bank.java

```java
 1  package threads;
 2
 3  import java.util.*;
 4
 5  /**
 6   * A bank with a number of bank accounts.
 7   */
 8  public class Bank
 9  {
10     private final double[] accounts;
11
12     /**
13      * Constructs the bank.
14      * @param n the number of accounts
15      * @param initialBalance the initial balance for each account
16      */
17     public Bank(int n, double initialBalance)
18     {
19        accounts = new double[n];
20        Arrays.fill(accounts, initialBalance);
21     }
22
23     /**
24      * Transfers money from one account to another.
25      * @param from the account to transfer from
26      * @param to the account to transfer to
27      * @param amount the amount to transfer
28      */
29     public void transfer(int from, int to, double amount)
30     {
31        if (accounts[from] < amount) return;
32        System.out.print(Thread.currentThread());
33        accounts[from] -= amount;
34        System.out.printf(" %10.2f from %d to %d", amount, from, to);
35        accounts[to] += amount;
36        System.out.printf(" Total Balance: %10.2f%n", getTotalBalance());
37     }
38
39     /**
40      * Gets the sum of all account balances.
41      * @return the total balance
42      */
43     public double getTotalBalance()
```

```
44      {
45          double sum = 0;
46
47          for (double a : accounts)
48              sum += a;
49
50          return sum;
51      }
52
53      /**
54       * Gets the number of accounts in the bank.
55       * @return the number of accounts
56       */
57      public int size()
58      {
59          return accounts.length;
60      }
61  }
```

程序清单 12-3   unsynch/UnsynchBankTest.java

```
1   package unsynch;
2
3   /**
4    * This program shows data corruption when multiple threads access a data structure.
5    * @version 1.32 2018-04-10
6    * @author Cay Horstmann
7    */
8   public class UnsynchBankTest
9   {
10      public static final int NACCOUNTS = 100;
11      public static final double INITIAL_BALANCE = 1000;
12      public static final double MAX_AMOUNT = 1000;
13      public static final int DELAY = 10;
14
15      public static void main(String[] args)
16      {
17          var bank = new Bank(NACCOUNTS, INITIAL_BALANCE);
18          for (int i = 0; i < NACCOUNTS; i++)
19          {
20              int fromAccount = i;
21              Runnable r = () -> {
22                  try
23                  {
24                      while (true)
25                      {
26                          int toAccount = (int) (bank.size() * Math.random());
27                          double amount = MAX_AMOUNT * Math.random();
28                          bank.transfer(fromAccount, toAccount, amount);
29                          Thread.sleep((int) (DELAY * Math.random()));
30                      }
31                  }
32                  catch (InterruptedException e)
33                  {
```

```
34          }
35        };
36        var t = new Thread(r);
37        t.start();
38      }
39    }
40 }
```

12.4.2 竞态条件详解

上一节中运行了一个程序，其中有几个线程会更新银行账户余额。一段时间之后，不知不觉地出现了错误，可能有些钱会丢失，也可能几个账户同时有钱进账。当两个线程试图同时更新同一个账户时，就会出现这个问题。假设两个线程同时执行指令

```
accounts[to] += amount;
```

问题在于这不是原子操作。这个指令可能如下处理：

1. 将 accounts[to] 加载到寄存器。

2. 增加 amount。

3. 将结果写回 accounts[to]。

现在，假定第 1 个线程执行步骤 1 和 2，然后，它的运行权被抢占。再假设第 2 个线程被唤醒，更新 account 数组中的同一个元素。然后，第 1 个线程被唤醒并完成其第 3 步。

这个动作会抹去第 2 个线程所做的更新。这样一来，总金额就不再正确了（见图 12-2）。

图 12-2　两个线程同时访问

我们的测试程序可以检测到这种破坏。(当然，如果线程在完成测试时被中断，有可能出现假警报！)

> **注释：** 实际上可以查看执行这个类中每一个语句的虚拟机字节码。运行以下命令
>
> ```
> javap -c -v Bank
> ```
>
> 对 Bank.class 文件进行反编译。例如，代码行
>
> ```
> accounts[to] += amount;
> ```
>
> 会转换为下面的字节码：
>
> ```
> aload_0
> getfield          #2; //Field accounts:[D
> iload_2
> dup2
> daload
> dload_3
> dadd
> dastore
> ```
>
> 这些代码的含义无关紧要。重要的是这个增加命令是由多条指令组成的，执行这些指令的线程可以在任何一条指令上被中断。

出现这种破坏的可能性有多大呢？在一个有多个内核的现代处理器上，出问题的风险相当高。我们将打印语句和更新余额的语句交错执行，以提高观察到这种问题的概率。

如果删除打印语句，出问题的风险会降低，因为每个线程在再次休眠之前所做的工作很少，调度器不太可能在线程的计算过程中抢占它的运行权。但是，产生破坏的风险并没有完全消失。如果在负载很重的机器上运行大量线程，那么，即使删除了打印语句，程序依然会出错。这种错误可能几分钟、几小时或几天后才出现。坦白地说，对程序员而言，最糟糕的事情莫过于这种不定期地出现错误。

真正的问题是 transfer 方法可能会在执行到中间时被中断。如果能够确保线程失去控制之前方法已经运行完成，那么银行账户对象的状态就不会被破坏。

12.4.3 锁对象

有两种机制可防止并发访问代码块。Java 语言提供了一个 synchronized 关键字来达到这一目的，另外 Java 5 引入了 ReentrantLock 类。synchronized 关键字会自动提供一个锁以及相关的"条件"，对于大多数需要显式锁的情况，这种机制功能很强大，也很便利。不过，我们相信在分别了解锁和条件的内容之后，就能更容易地理解 synchronized 关键字。java.util.concurrent 框架为这些基础机制提供了单独的类，有关内容会在本节以及 12.4.4 节解释。一旦理解了这些基础，我们会在 12.4.5 节介绍 synchronized 关键字。

用 ReentrantLock 保护代码块的基本结构如下：

```
myLock.lock(); // a ReentrantLock object
try
{
    critical section
}
finally
{
    myLock.unlock(); // make sure the lock is unlocked even if an exception is thrown
}
```

这个结构确保任何时刻只有一个线程进入临界区。一旦一个线程锁定了锁对象，其他任何线程都无法通过 lock 语句。当其他线程调用 lock 时，它们会暂停，直到第一个线程释放这个锁对象。

⚠ **警告：** 要把 unlock 操作包括在 finally 子句中，这一点至关重要。如果在临界区的代码抛出一个异常，锁必须释放。否则，其他线程将永远阻塞。

📋 **注释：** 使用锁时，就不能使用 try-with-resources 语句。首先，解锁方法名不是 close。不过，即使将它重命名，try-with-resources 语句也无法正常工作。它的首部希望声明一个新变量。但是如果使用一个锁，你可能想使用多个线程共享的那个变量（而不是新变量）。

下面使用一个锁来保护 Bank 类的 transfer 方法。

```
public class Bank
{
    private var bankLock = new ReentrantLock();
    . . .
    public void transfer(int from, int to, int amount)
    {
        bankLock.lock();
        try
        {
            System.out.print(Thread.currentThread());
            accounts[from] -= amount;
            System.out.printf(" %10.2f from %d to %d", amount, from, to);
            accounts[to] += amount;
            System.out.printf(" Total Balance: %10.2f%n", getTotalBalance());
        }
        finally
        {
            bankLock.unlock();
        }
    }
}
```

假设一个线程调用了 transfer，但是在执行结束前被抢占。再假设第二个线程也调用了 transfer，由于第二个线程不能获得锁，将在调用 lock 方法时被阻塞。它会暂停，必须等待第一个线程执行完 transfer 方法。当第一个线程释放锁时，第二个线程才能开始运行（见图 12-3）。

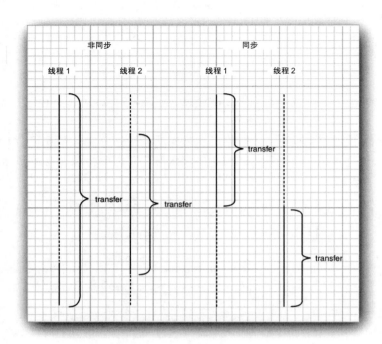

图 12-3　非同步线程与同步线程的比较

尝试一下。把加锁代码增加到 transfer 方法并再次运行程序。这个程序可以一直运行下去，银行余额绝对不会有错误。

注意每个 Bank 对象都有自己的 ReentrantLock 对象。如果两个线程试图访问同一个 Bank 对象，那么锁可以用来保证串行化访问。不过，如果两个线程访问不同的 Bank 对象，每个线程会得到不同的锁对象，两个线程都不会阻塞。本该如此，因为线程在操纵不同的 Bank 实例时，线程之间不会相互影响。

这个锁称为重入（reentrant）锁，因为线程可以反复获得已拥有的锁。锁有一个持有计数（hold count）来跟踪对 lock 方法的嵌套调用。线程每一次调用 lock 后都要调用 unlock 来释放锁。由于这个特性，被一个锁保护的代码可以调用另一个使用相同锁的方法。

例如，transfer 方法调用 getTotalBalance 方法，这也会封锁 bankLock 对象，此时 bankLock 对象的持有计数为 2。当 getTotalBalance 方法退出时，持有计数变回 1。当 transfer 方法退出的时候，持有计数变为 0，线程释放锁。

通常我们可能希望保护会更新或检查共享对象的代码块，从而能确信当前操作执行完之后其他线程才能使用同一个对象。

⚠ **警告：** 要注意确保临界区中的代码不要因为抛出异常而跳出临界区。如果在临界区代码结束之前抛出了异常，finally 子句将释放锁，但是对象可能处于被破坏的状态。

API **java.util.concurrent.locks.Lock** **5**

- void lock()

  获得这个锁；如果锁当前被另一个线程占有，则阻塞。

- void unlock()

  释放这个锁。

API **java.util.concurrent.locks.ReentrantLock** **5**

- ReentrantLock()

  构造一个重入锁，可以用来保护临界区。

- ReentrantLock(boolean fair)

  构造一个采用公平策略的锁。一个公平锁倾向于等待时间最长的线程。不过，这种公平保证可能严重影响性能。所以，默认情况下，不要求锁是公平的。

⚠️ **警告**：听起来公平锁很不错，但是公平锁要比常规锁**慢很多**。只有当你确实了解自己要做什么，而且对于你要解决的问题有一个特定的理由确实要考虑公平性时，才应使用公平锁。即使使用公平锁，也无法确保线程调度器是公平的。如果线程调度器选择忽略一个已经为锁等待很长时间的线程，它就没有机会得到公平处理。

12.4.4　条件对象

通常，线程进入临界区后却发现只有满足了某个条件之后它才能执行。可以使用一个条件对象来管理那些已经获得了一个锁却不能做有用工作的线程。在这一节里，我们会介绍 Java 库中条件对象的实现（由于历史原因，条件对象经常被称为条件变量（conditional variable））。

现在来优化银行的模拟程序。如果一个账户没有足够的资金转账，我们不希望从这样的账户转出资金。注意不能使用类似下面的代码：

```
if (bank.getBalance(from) >= amount)
    bank.transfer(from, to, amount);
```

在成功地通过这个测试之后，但在调用 transfer 方法之前，当前线程完全有可能被中断。

```
if (bank.getBalance(from) >= amount)
    // thread might be deactivated at this point
    bank.transfer(from, to, amount);
```

在线程再次运行前，账户余额可能已经低于提款金额。必须确保在检查余额与转账活动之间没有其他线程修改余额。为此，可以使用一个锁来保护这个测试和转账操作：

```
public void transfer(int from, int to, int amount)
{
    bankLock.lock();
    try
    {
```

```
        while (accounts[from] < amount)
        {
          // wait
          . . .
        }
        // transfer funds
        . . .
      }
      finally
      {
        bankLock.unlock();
      }
    }
```

现在，当账户中没有足够的资金时，我们应该做什么呢？我们要等待，直到另一个线程向账户中增加了资金。但是，这个线程刚刚获得了对 bankLock 的排他性访问权，因此别的线程没有存款的机会。这里就要引入条件对象。

一个锁对象可以有一个或多个相关联的条件对象。你可以用 newCondition 方法获得一个条件对象。习惯上会给每个条件对象一个合适的名字来反映它表示的条件。例如，在这里我们建立了一个条件对象来表示"资金充足"条件。

```
class Bank
{
    private Condition sufficientFunds;
    . . .
    public Bank()
    {
        . . .
        sufficientFunds = bankLock.newCondition();
    }
}
```

如果 transfer 方法发现资金不足，它会调用

```
sufficientFunds.await();
```

当前线程现在暂停，并放弃锁。这就允许另一个线程执行，我们希望它能增加账户余额。

等待获得锁的线程和已经调用了 await 方法的线程存在本质上的不同。一旦一个线程调用了 await 方法，它就进入这个条件的等待集（wait set）。当锁可用时，该线程并不会变为可运行状态。实际上，它仍保持非活动状态，直到另一个线程在同一条件上调用 signalAll 方法。

当另一个线程完成转账时，它应该调用

```
sufficientFunds.signalAll();
```

这个调用会重新激活等待这个条件的所有线程。当这些线程从等待集中移出时，它们再次成为可运行的线程，调度器最终将再次将它们激活。同时，它们会尝试重新进入该对象。一旦锁可用，它们中的某个线程将从 await 调用返回，得到这个锁，并从之前暂停的地方继续执行。

此时，线程应当再次测试条件。不能保证现在一定满足条件——signalAll 方法仅仅是通

知等待的线程：现在有可能满足条件，值得再次检查条件。

> 📄 **注释**：通常，await 调用应该放在如以下形式的循环中
>
> ```
> while (!(OK to proceed))
>     condition.await();
> ```

最终需要有某个其他线程调用 signalAll 方法，这一点至关重要。当一个线程调用 await 时，它没有办法重新自行激活。它寄希望于其他线程。如果没有其他线程来重新激活等待的线程，它就永远不再运行了。这将导致令人不快的死锁（deadlock）现象。如果所有其他线程都被阻塞，最后一个活动线程调用了 await 方法但没有先解除另外某个线程的阻塞，现在这个线程也会阻塞。此时没有线程可以解除其他线程的阻塞状态，程序会永远挂起。

应该什么时候调用 signalAll 呢？从经验上讲，只要一个对象的状态有变化，而且可能有利于等待的线程，就可以调用 signalAll。例如，当一个账户余额发生改变时，就应该再给等待的线程一个机会来检查余额。在这个例子中，完成转账时，我们就会调用 signalAll 方法。

```
public void transfer(int from, int to, int amount)
{
   bankLock.lock();
   try
   {
      while (accounts[from] < amount)
        sufficientFunds.await();
      // transfer funds
      . . .
      sufficientFunds.signalAll();
   }
   finally
   {
      bankLock.unlock();
   }
}
```

注意 signalAll 调用不会立即激活一个等待的线程。它只是解除等待线程的阻塞，使这些线程可以在当前线程释放锁之后竞争访问对象。

另一个方法 signal 只是随机选择等待集中的一个线程，并解除这个线程的阻塞状态。这比解除所有线程的阻塞更高效，但也存在危险。如果随机选择的线程发现自己仍然不能运行，它就会再次阻塞。如果没有其他线程再次调用 signal，系统就会进入死锁。

> ⚠️ **警告**：只有当线程拥有一个条件的锁时，它才能在这个条件上调用 await、signalAll 或 signal 方法。

如果运行程序清单 12-4 中的程序，你会注意到不再有任何错误。总余额永远是 $100 000。没有任何账户曾出现负的余额（还是需要按下 Ctrl + C 键来终止程序）。你可能还会注意到，这个程序运行起来要慢一些——这是为实现同步机制所涉及的额外工作付出的

代价。

实际上，正确使用条件很有挑战性。开始实现你自己的条件对象之前，应该考虑使用 12.5 节中描述的某个结构。

程序清单 12-4   synch/Bank.java

```java
1  package synch;
2
3  import java.util.*;
4  import java.util.concurrent.locks.*;
5
6  /**
7   * A bank with a number of bank accounts that uses locks for serializing access.
8   */
9  public class Bank
10 {
11     private final double[] accounts;
12     private Lock bankLock;
13     private Condition sufficientFunds;
14
15     /**
16      * Constructs the bank.
17      * @param n the number of accounts
18      * @param initialBalance the initial balance for each account
19      */
20     public Bank(int n, double initialBalance)
21     {
22        accounts = new double[n];
23        Arrays.fill(accounts, initialBalance);
24        bankLock = new ReentrantLock();
25        sufficientFunds = bankLock.newCondition();
26     }
27
28     /**
29      * Transfers money from one account to another.
30      * @param from the account to transfer from
31      * @param to the account to transfer to
32      * @param amount the amount to transfer
33      */
34     public void transfer(int from, int to, double amount) throws InterruptedException
35     {
36        bankLock.lock();
37        try
38        {
39           while (accounts[from] < amount)
40              sufficientFunds.await();
41           System.out.print(Thread.currentThread());
42           accounts[from] -= amount;
43           System.out.printf(" %10.2f from %d to %d", amount, from, to);
44           accounts[to] += amount;
45           System.out.printf(" Total Balance: %10.2f%n", getTotalBalance());
46           sufficientFunds.signalAll();
47        }
```

```
48      finally
49      {
50         bankLock.unlock();
51      }
52   }
53
54   /**
55    * Gets the sum of all account balances.
56    * @return the total balance
57    */
58   public double getTotalBalance()
59   {
60      bankLock.lock();
61      try
62      {
63         double sum = 0;
64
65         for (double a : accounts)
66            sum += a;
67
68         return sum;
69      }
70      finally
71      {
72         bankLock.unlock();
73      }
74   }
75
76   /**
77    * Gets the number of accounts in the bank.
78    * @return the number of accounts
79    */
80   public int size()
81   {
82      return accounts.length;
83   }
84 }
```

API *java.util.concurrent.locks.Lock* 5

- Condition newCondition()
  返回一个与这个锁相关联的条件对象。

API *java.util.concurrent.locks.Condition* 5

- void await()
  将该线程放在这个条件的等待集中。
- void signalAll()
  解除该条件等待集中所有线程的阻塞状态。
- void signal()
  从该条件的等待集中随机选择一个线程，解除其阻塞状态。

12.4.5　synchronized 关键字

在前面的小节中，我们已经了解了如何使用 Lock 和 Condition 对象。在进一步深入之前，先对锁和条件的要点做一个总结：

- 锁用来保护代码片段，一次只能有一个线程执行被保护的代码。
- 锁可以管理试图进入被保护代码段的线程。
- 一个锁可以有一个或多个相关联的条件对象。
- 每个条件对象管理那些已经进入被保护代码段但还不能运行的线程。

Lock 和 Condition 接口允许程序员充分控制锁定。不过，大多数情况下，你并不需要那样控制，完全可以使用 Java 语言内置的一种机制。从 1.0 版开始，Java 中的每个对象都有一个内部锁。如果一个方法声明时有 synchronized 关键字，那么对象的锁将保护整个方法。也就是说，要调用这个方法，线程必须获得内部对象锁。

换句话说，

```
public synchronized void method()
{
    method body
}
```

等价于

```
public void method()
{
    this.intrinsicLock.lock();
    try
    {
        method body
    }
    finally { this.intrinsicLock.unlock(); }
}
```

例如，可以简单地将 Bank 类的 transfer 方法声明为 synchronized，而不必使用一个显式的锁。

内部对象锁只有一个关联条件。wait 方法将一个线程增加到等待集中，notifyAll /notify 方法可以解除等待线程的阻塞。换句话说，调用 wait 或 notifyAll 等价于

```
intrinsicCondition.await();
intrinsicCondition.signalAll();
```

> 📄 **注释**：wait、notifyAll 以及 notify 方法是 Object 类的 final 方法。Condition 方法必须命名为 await、signalAll 和 signal，从而不会与那些方法发生冲突。

例如，可以用 Java 如下实现 Bank 类：

```
class Bank
{
    private double[] accounts;

    public synchronized void transfer(int from, int to, int amount)
        throws InterruptedException
```

```
    {
        while (accounts[from] < amount)
            wait(); // wait on intrinsic object lock's single condition
        accounts[from] -= amount;
        accounts[to] += amount;
        notifyAll(); // notify all threads waiting on the condition
    }

    public synchronized double getTotalBalance() { . . . }
}
```

可以看到，使用 synchronized 关键字可以得到更为简洁的代码。当然，要理解这个代码，你必须知道每个对象都有一个内部锁，并且这个锁有一个内部条件。这个锁会管理试图进入 synchronized 方法的线程，这个条件可以管理调用了 wait 的线程。

> ✅ 提示：同步方法相当简单。但是，初学者常常对条件感到困惑。在使用 wait/notifyAll 之前，应该考虑使用 12.5 节描述的某个结构。

将静态方法声明为同步也是合法的。如果调用这样一个方法，它会获得相关类对象的内部锁。例如，如果 Bank 类有一个静态同步方法，那么当调用这个方法时，Bank.class 对象的锁会锁定。因此，没有其他线程可以调用这个类的该方法或任何其他同步静态方法。

内部锁和条件存在一些限制。包括：

- 不能中断一个正在尝试获得锁的线程。
- 不能指定尝试获得锁时的超时时间。
- 每个锁仅有一个条件可能是不够的。

在代码中应该使用哪一种做法呢？ Lock 和 Condition 对象还是同步方法？下面是我们的一些建议：

- 最好既不使用 Lock/Condition 也不使用 synchronized 关键字。在许多情况下，可以使用 java.util.concurrent 包中的某种机制，它会为你处理所有的锁定。例如，在 12.5.1 节中，你会看到如何使用阻塞队列来同步完成一个共同任务的线程。还应当研究并行流，有关内容参见卷 Ⅱ 第 1 章。
- 如果 synchronized 关键字适合你的程序，那么尽量使用这种做法，这样可以减少编写的代码量，还能减少出错的概率。程序清单 12-5 给出了用同步方法实现的银行示例。
- 如果特别需要 Lock/Condition 结构提供的额外能力，则使用 Lock/Condition。

程序清单 12-5   synch2/Bank.java

```
1  package synch2;
2
3  import java.util.*;
4
5  /**
6   * A bank with a number of bank accounts that uses synchronization primitives.
7   */
8  public class Bank
9  {
```

```java
10      private final double[] accounts;
11
12      /**
13       * Constructs the bank.
14       * @param n the number of accounts
15       * @param initialBalance the initial balance for each account
16       */
17      public Bank(int n, double initialBalance)
18      {
19         accounts = new double[n];
20         Arrays.fill(accounts, initialBalance);
21      }
22
23      /**
24       * Transfers money from one account to another.
25       * @param from the account to transfer from
26       * @param to the account to transfer to
27       * @param amount the amount to transfer
28       */
29      public synchronized void transfer(int from, int to, double amount)
30            throws InterruptedException
31      {
32         while (accounts[from] < amount)
33            wait();
34         System.out.print(Thread.currentThread());
35         accounts[from] -= amount;
36         System.out.printf(" %10.2f from %d to %d", amount, from, to);
37         accounts[to] += amount;
38         System.out.printf(" Total Balance: %10.2f%n", getTotalBalance());
39         notifyAll();
40      }
41
42      /**
43       * Gets the sum of all account balances.
44       * @return the total balance
45       */
46      public synchronized double getTotalBalance()
47      {
48         double sum = 0;
49
50         for (double a : accounts)
51            sum += a;
52
53         return sum;
54      }
55
56      /**
57       * Gets the number of accounts in the bank.
58       * @return the number of accounts
59       */
60      public int size()
61      {
62         return accounts.length;
63      }
64   }
```

API `java.lang.Object` **1.0**

- void notifyAll()

  解除在这个对象上调用 wait 方法的那些线程的阻塞状态。该方法只能在同步方法或同步块中调用。如果当前线程不是对象锁的所有者,该方法会抛出一个 Illegal-MonitorStateException 异常。

- void notify()

  随机选择一个在这个对象上调用 wait 方法的线程,解除其阻塞状态。该方法只能在一个同步方法或同步块中调用。如果当前线程不是对象锁的所有者,该方法会抛出一个 IllegalMonitorStateException 异常。

- void wait()

  导致一个线程进入等待状态,直到它得到通知。该方法只能在一个同步方法或同步块中调用。如果当前线程不是对象锁的所有者,该方法会抛出一个 IllegalMonitor-StateException 异常。

- void wait(long millis)
- void wait(long millis, int nanos)

  导致一个线程进入等待状态,直到它得到通知或者经过了指定的时间。这些方法只能在一个同步方法或同步块中调用。如果当前线程不是对象锁的所有者,这些方法会抛出 IllegalMonitorStateException 异常。纳秒数不能超过 1 000 000。

12.4.6 同步块

正如刚刚讨论的,每一个 Java 对象都有一个锁。线程可以通过调用同步方法获得锁。还有另一种机制可以获得锁:即进入一个同步块。当线程进入如下形式的块时:

```
synchronized (obj) // this is the syntax for a synchronized block
{
    critical section
}
```

它会获得 obj 的锁。

有时我们会发现一些“专用”锁,例如:

```
public class Bank
{
    private double[] accounts;
    private var lock = new Object();
    . . .
    public void transfer(int from, int to, int amount)
    {
        synchronized (lock) // an ad-hoc lock
        {
            accounts[from] -= amount;
            accounts[to] += amount;
        }
        System.out.println(. . .);
    }
}
```

在这里，创建 lock 对象只是为了使用每个 Java 对象拥有的锁。

有时程序员使用一个对象的锁来实现额外的原子操作，这种做法称为客户端锁定（client-side locking）。例如，考虑 Vector 类，这是一个列表，它的方法是同步的。现在，假设我们将银行余额存储在一个 Vector <Double> 中。下面是 transfer 方法的一个原生实现：

```java
public void transfer(Vector<Double> accounts, int from, int to, int amount) // ERROR
{
    accounts.set(from, accounts.get(from) - amount);
    accounts.set(to, accounts.get(to) + amount);
    System.out.println(. . .);
}
```

Vector 类的 get 和 set 方法是同步的，但是，这对于我们并没有什么帮助。在第一次 get 调用完成之后，一个线程完全可能在 transfer 方法中被抢占。然后另一个线程可能会在相同的位置存储不同的值。不过，我们可以截获这个锁：

```java
public void transfer(Vector<Double> accounts, int from, int to, int amount)
{
    synchronized (accounts)
    {
        accounts.set(from, accounts.get(from) - amount);
        accounts.set(to, accounts.get(to) + amount);
    }
    System.out.println(. . .);
}
```

这个方法是可行的，但是完全依赖于这样一个事实：Vector 类会对自己的所有更改方法使用内部锁。不过，确实如此吗？ Vector 类的文档没有给出这样的承诺。你必须仔细研究源代码，而且还得希望将来的版本不会引入非同步的更改方法。可以看到，客户端锁定是非常脆弱的，通常不推荐使用。

> 📑 **注释**：Java 虚拟机对同步方法提供了内置支持。不过，同步块会编译为很长的字节码序列来管理内部锁。

12.4.7 监视器概念

锁和条件是实现线程同步的强大工具，但是，严格地讲，它们不是面向对象的。多年来，研究人员在努力寻找方法，希望不要求程序员考虑显式锁就可以保证多线程的安全性。最成功的解决方案之一是监视器（monitor），这一概念最早是由 Per Brinch Hansen 和 Tony Hoare 在 20 世纪 70 年代提出的。用 Java 的术语来讲，监视器具有如下特性：

- 监视器是只包含私有字段的类。
- 监视器类的每个对象有一个关联的锁。
- 所有方法由这个锁锁定。换句话说，如果客户端调用 obj.method()，那么 obj 对象的锁在方法调用开始时自动获得，并且当方法返回时自动释放该锁。因为所有的字段是私有的，这样的安排可以确保一个线程处理字段时，没有其他线程能够访问这些字段。
- 锁可以有任意多个相关联的条件。

监视器的早期版本只有单一的条件，使用一种很优雅的语法。可以简单地调用 await accounts[from] >= amount 而不使用任何显式的条件变量。不过，研究表明，盲目地重新测试条件是低效的。可以利用显式的条件变量解决这一问题，每一个条件变量管理单独的一组线程。

Java 设计者以不太严格的方式采用了监视器概念，Java 中的每一个对象都有一个内部锁和一个内部条件。如果一个方法用 synchronized 关键字声明，那么，它表现得就像是一个监视器方法。可以通过调用 wait/notifyAll/notify 来访问条件变量。

不过，Java 对象在以下 3 个重要方面不同于监视器，这削弱了线程的安全性：

- 字段不要求是 private。
- 方法不要求是 synchronized。
- 内部锁对客户是可用的。

对安全性的这种轻视让 Per Brinch Hansen 大为光火。在对 Java 中多线程原语的一个严厉评论中，他写道："这实在是令我震惊，在监视器和 Concurrent Pascal 出现四分之一个世纪后，Java 的这种不安全的并行机制仍被编程社区所接受。这没有任何益处。"[Java's Insecure Parallelism, ACM SIGPLAN Notices 34:38-45, April 1999.]

12.4.8 volatile 字段

有时，如果只是为了读写一两个实例字段而使用同步，所带来的开销好像有些划不来。毕竟，什么地方能出错呢？遗憾的是，使用现代的处理器与编译器，出错的可能性很大。

- 有多处理器的计算机能够暂时在寄存器或本地内存缓存中保存内存值。其结果是，运行在不同处理器上的线程可能看到同一个内存位置有不同的值。
- 编译器可以改变指令执行的顺序以使吞吐量最大化。编译器不会选择可能改变代码语义的顺序，但是编译器有一个假定，认为内存值只在代码中有显式的修改指令时才会改变。然而，内存值有可能被另一个线程改变！

如果你使用锁来保护可能被多个线程访问的代码，那么不存在这种问题。编译器被要求在必要的时候刷新本地缓存来支持锁，而且不能不相应地重新排列指令顺序。详细的解释见 JSR 133 的 Java 内存模型和线程规范（参看 http://www.jcp.org/en/jsr/detail?id=133）。该规范的大部分内容都很复杂而且技术性很强，但是文档中也包含了很多解释得很清晰的例子。www.ibm.com/developerworks/library/j-jtp02244 提供了 Brian Goetz 写的一个更易懂的概述文章。

> 📄 **注释**：Brian Goetz 创造了以下"同步格言"："如果写一个变量，而这个变量接下来可能会被另一个线程读取，或者，如果读一个变量，而这个变量可能已经被另一个线程写入值，那么必须使用同步。"

volatile 关键字为实例字段的同步访问提供了一种免锁机制。如果声明一个字段为 volatile，那么编译器和虚拟机就知道该字段可能被另一个线程并发更新。

例如，假设一个对象有一个 boolean 标记 done，它的值由一个线程设置，而由另一个线程查询，如同我们讨论过的那样，你可以使用锁：

```
private boolean done;
public synchronized boolean isDone() { return done; }
public synchronized void setDone() { done = true; }
```

或许使用内部对象锁不是个好主意。如果另一个线程已经对该对象加锁，isDone 和 setDone 方法可能会阻塞。如果这是个问题，可以只为这个变量使用一个单独的锁。但是，这会很麻烦。

在这种情况下，将字段声明为 volatile 就很合适：

```
private volatile boolean done;
public boolean isDone() { return done; }
public void setDone() { done = true; }
```

编译器会插入适当的代码，以确保如果一个线程对 done 变量做了修改，这个修改对读取这个变量的所有其他线程都可见。

⚠ 警告：volatile 变量不能提供原子性。例如，方法

```
public void flipDone() { done = !done; } // not atomic
```

不能确保翻转字段中的值。不能保证读取、翻转和写入不被中断。

12.4.9 final 变量

上一节已经了解到，除非使用锁或 volatile 修饰符，否则无法从多个线程安全地读取一个字段。

还有一种情况可以安全地访问一个共享字段，即这个字段声明为 final 时。考虑以下声明：

```
final var accounts = new HashMap<String, Double>();
```

其他线程会在构造器完成构造之后才看到这个 accounts 变量。

如果不使用 final，就不能保证其他线程看到的是 accounts 更新后的值，它们可能都只是看到 null，而不是新构造的 HashMap。

当然，对这个映射的操作并不是线程安全的。如果有多个线程更改和读取这个映射，仍然需要进行同步。

12.4.10 原子性

假设对共享变量除了赋值之外并不做其他操作，那么可以将这些共享变量声明为 volatile。

java.util.concurrent.atomic 包中有很多类使用了很高效的机器级指令（而没有使用锁）来保证其他操作的原子性。例如，AtomicInteger 类提供了方法 incrementAndGet 和 decrementAndGet，它们分别以原子方式将一个整数进行自增或自减。例如，可以安全地生成一个数值序列，如下所示：

```
public static AtomicLong nextNumber = new AtomicLong();
// in some thread...
long id = nextNumber.incrementAndGet();
```

incrementAndGet 方法以原子方式将 AtomicLong 自增，并返回自增后的值。也就是说，获得值、增 1 并设置然后生成新值的操作不会中断。可以保证即使是多个线程并发地访问同一个实例，也会计算并返回正确的值。

有很多方法可以以原子方式设置和增减值，不过，如果希望完成更复杂的更新，就必须使用 compareAndSet 方法。例如，假设希望跟踪不同线程观察的最大值。下面的代码是不可行的：

```
public static AtomicLong largest = new AtomicLong();
// in some thread. . .
largest.set(Math.max(largest.get(), observed)); // ERROR--race condition!
```

这个更新不是原子的。实际上，可以提供一个 lambda 表达式更新变量，它会为你完成更新。对于这个例子，我们可以调用：

```
largest.updateAndGet(x -> Math.max(x, observed));
```

或

```
largest.accumulateAndGet(observed, Math::max);
```

accumulateAndGet 方法利用一个二元操作符来合并原子值和所提供的参数。

还有 getAndUpdate 和 getAndAccumulate 方法可以返回原值。

> 📄 **注释：** 类 AtomicInteger、AtomicIntegerArray、AtomicIntegerFieldUpdater、AtomicLongArray、Atomic-LongFieldUpdater、AtomicReference、AtomicReferenceArray 和 AtomicReferenceFieldUpdater 也提供了这些方法。

如果有大量线程要访问相同的原子值，性能会大幅下降，因为乐观更新需要太多次重试。LongAdder 和 LongAccumulator 类解决了这个问题。LongAdder 包括多个变量（加数），其总和为当前值。可以有多个线程更新不同的加数，线程个数增加时会自动提供新的加数。通常情况下，只有当所有工作都完成之后才需要总和的值，对于这种情况，这种方法很高效。性能会有显著的提升。

如果预期可能存在大量竞争，只需要使用 LongAdder 而不是 AtomicLong。方法名稍有区别。要调用 increment 让计数器自增，或者调用 add 来增加一个量，另外调用 sum 来获取总和。

```
var adder = new LongAdder();
for (. . .)
   pool.submit(() -> {
      while (. . .) {
         . . .
         if (. . .) adder.increment();
      }
   });
. . .
long total = adder.sum();
```

> 📄 **注释：** 当然，increment 方法**不会**返回原值。这样做会消除将求和分解到多个加数所带来的性能提升。

LongAccumulator 将这种思想推广到任意的累加操作。在构造器中，可以提供这个操作以及它的零元素。要加入新的值，可以调用 accumulate。调用 get 来获得当前值。下面的代码可以得到与 LongAdder 同样的效果：

```
var adder = new LongAccumulator(Long::sum, 0);
// in some thread. . .
adder.accumulate(value);
```

在内部，这个累加器包含变量 a_1，a_2，…，a_n。每个变量初始化为零元素（这个例子中零元素为 0）。

调用 accumulate 并提供值 v 时，其中一个变量会以原子方式更新为 $a_i = a_i\ op\ v$，这里 op 是中缀形式的累加操作。在我们这个例子中，调用 accumulate 会对某个 i 计算 $a_i = a_i + v$。

get 的结果是 $a_1\ op\ a_2\ op\ \cdots\ op\ a_n$。在我们的例子中，这就是累加器的总和：$a_1 + a_2 + \cdots + a_n$。

如果选择一个不同的操作，可以计算最小值或最大值。一般来说，这个操作必须满足结合律和交换律。这说明，最终结果必须不依赖于以什么顺序结合这些中间值。

另外 DoubleAdder 和 DoubleAccumulator 也采用同样的方式，只不过处理的是 double 值。

12.4.11　死锁

锁和条件不能解决多线程中可能出现的所有问题。考虑下面的情况：

1. 账户 1：$200
2. 账户 2：$300
3. 线程 1：从账户 1 转 $300 到账户 2
4. 线程 2：从账户 2 转 $400 到账户 1

如图 12-4 所示，线程 1 和线程 2 显然都被阻塞。因为账户 1 以及账户 2 中的余额都不足以进行转账，两个线程都无法执行下去。

有可能会因为每一个线程要等待更多的钱款存入而导致所有线程都被阻塞。这样的状态称为死锁（deadlock）。

在这个程序里，死锁不会发生，原因很简单。每一次转账至多 $1 000。因为总共有 100 个账户，而且所有账户的总金额是 $100 000，在任意时刻，至少有一个账户的余额高于 $1 000。从该账户转账的线程可以继续运行。

但是，如果修改 run 方法，把每次转账至多 $1 000 的限制去掉，很快就会发生死锁。试试看。将 NACCOUNTS 设为 10。每次交易的金额上限 max 值设置为 2 * INITIAL_BALANCE，然后运行该程序。程序运行一段时间后就会挂起。

✅ **提示：**当程序挂起时，按下 Ctrl + \，将得到一个线程转储，这会列出所有线程。每一个线程有一个栈轨迹，告诉你线程当前在哪里阻塞。如第 7 章所述，可以运行 jconsole 并参考线程面板（见图 12-5）。

图 12-4 死锁情况

图 12-5 jconsole 中的线程面板

还有一种做法会导致死锁，让第 i 个线程负责向第 i 个账户存钱，而不是从第 i 个账户取钱。这样一来，有可能所有线程都集中到一个账户上，每一个线程都试图从这个账户中取出大于该账户余额的钱。试试看。在 SynchBankTest 程序中，转用 TransferRunnable 类的 run 方法。在 transfer 调用中，交换 fromAccount 和 toAccount。运行该程序，会看到它几乎会立即死锁。

还有一种很容易导致死锁的情况：在 SynchBankTest 程序中，将 signalAll 方法修改为 signal 方法，会发现该程序最终会挂起。（同样，将 NACCOUNTS 设为 10 可以更快地看到结果）。signalAll 方法会通知所有等待增加资金的线程，与此不同，signal 方法只解除一个线程的阻塞。如果该线程不能继续运行，所有的线程都会阻塞。考虑下面这种可能发生死锁的情况。

1. 账户 1：$1990

2. 所有其他账户：分别有 $990

3. 线程 1：从账户 1 转 $995 到账户 2

4. 所有其他线程：从它们的账户转 $995 到另一个账户

显然，除了线程 1，所有的线程都被阻塞，因为它们的账户中没有足够的金额。

线程 1 继续执行，现在情况如下：

1. 账户 1：$995

2. 账户 2：$1985

3. 所有其他账户：分别有 $990

然后，线程 1 调用 signal 方法。signal 方法随机选择一个线程将它解除阻塞。假定它选择了线程 3。该线程被唤醒，发现在它的账户里没有足够的金额，它再次调用 await。但是，线程 1 仍在运行，将随机地产生一个新的交易，例如，

1. 线程 1：从账户 1 转 $997 到账户 2

现在，线程 1 也调用 await，所有的线程都被阻塞。系统死锁。

问题的起因在于 signal 调用。它只为一个线程解除阻塞，而且，它很可能选择一个根本不能继续运行的线程（在我们的例子中，线程 2 必须从账户 2 中取钱）。

遗憾的是，Java 编程语言中没有任何东西可以避免或打破这种死锁。必须仔细设计程序，确保不会出现死锁。

12.4.12 线程局部变量

前面几节中，我们讨论了在线程间共享变量的风险。有时可能要避免共享变量，使用 ThreadLocal 辅助类为各个线程提供各自的实例。例如，SimpleDateFormat 类不是线程安全的。假设有一个静态变量：

```
public static final SimpleDateFormat dateFormat = new SimpleDateFormat("yyyy-MM-dd");
```

如果两个线程都执行以下操作：

```
String dateStamp = dateFormat.format(new Date());
```

结果可能很混乱，因为 dateFormat 使用的内部数据结构可能会被并发的访问所破坏。当然可

以使用同步，但开销很大；或者也可以在需要时构造一个局部 SimpleDateFormat 对象，不过这也太浪费了。

要为每个线程构造一个实例，可以使用以下代码：

```
public static final ThreadLocal<SimpleDateFormat> dateFormat
  = ThreadLocal.withInitial(() -> new SimpleDateFormat("yyyy-MM-dd"));
```

要访问具体的格式化方法，可以调用：

```
String dateStamp = dateFormat.get().format(new Date());
```

在一个给定线程中首次调用 get 时，会调用构造器中的 lambda 表达式。在此之后，get 方法会返回属于当前线程的那个实例。

在多个线程中生成随机数也存在类似的问题。java.util.Random 类是线程安全的，但是如果多个线程需要等待一个共享的随机数生成器，这会很低效。

可以使用 ThreadLocal 辅助类为各个线程提供一个单独的生成器，不过 Java 7 还另外提供了一个便利类。只需要做以下调用：

```
int random = ThreadLocalRandom.current().nextInt(upperBound);
```

ThreadLocalRandom.current() 调用会返回特定于当前线程的 Random 类的实例。

API **java.lang.ThreadLocal<T>** 1.2

- T get()

  得到这个线程的当前值。如果是首次调用 get，会调用 initialize 来得到这个值。

- void set(T t)

  为这个线程设置一个新值。

- void remove()

  删除对应这个线程的值。

- static <S> ThreadLocal<S> withInitial(Supplier<? extends S> supplier) 8

  创建一个线程局部变量，其初始值通过调用给定的提供者（supplier）生成。

API **java.util.concurrent.ThreadLocalRandom** 7

- static ThreadLocalRandom current()

  返回特定于当前线程的 Random 类的实例。

12.4.13 为什么废弃 stop 和 suspend 方法

最初的 Java 版本定义了一个 stop 方法来终止一个线程，以及一个 suspend 方法来阻塞一个线程直至另一个线程调用 resume。stop 和 suspend 方法有一些共同点：都试图控制一个给定线程的行为，而没有线程的互操作。

stop、suspend 和 resume 方法已经被废弃。stop 方法天生就不安全，经验证明 suspend 方法经常会导致死锁。在本节中，你将看到这些方法为什么有问题，以及怎样避免这些问题出现。

　　首先来看看 stop 方法，该方法会终止所有未结束的方法，包括 run 方法。当线程被终止，它会立即释放被它锁定的所有对象的锁。这会导致对象处于不一致的状态。例如，假设一个 TransferRunnable 在从一个账户向另一个账户转账的过程中被终止，钱已经取出，但还没有存入目标账户，现在银行对象就被破坏了。因为锁已经被释放，其他未停止的线程也会观察到这种破坏。

　　当一个线程要终止另一个线程时，它无法知道什么时候调用 stop 方法是安全的，而什么时候会导致对象被破坏。因此，该方法已经被废弃。希望停止一个线程的时候应该中断该线程，被中断的线程可以在安全的时候终止。

> 📓 **注释：** 一些作者声称 stop 方法被废弃是因为它会导致对象被一个已停止的线程永久锁定。但是，这一说法是错误的。从技术上讲，被停止的线程会抛出 ThreadDeath 异常，从而退出它调用的所有同步方法。因此，这个线程会释放它持有的内部对象锁。

　　接下来看看 suspend 方法有什么问题。与 stop 不同，suspend 不会破坏对象。但是，如果用 suspend 挂起一个持有锁的线程，那么，在线程恢复运行之前这个锁是不可用的。如果调用 suspend 方法的线程试图获得同一个锁，那么程序死锁：被挂起的线程等着被恢复，而将其挂起的线程等待获得锁。

　　在图形用户界面中经常出现这种情况。假设我们有一个图形化的银行模拟程序。Pause 按钮用来挂起转账线程，而 Resume 按钮用来恢复线程。

```
pauseButton.addActionListener(event -> {
    for (int i = 0; i < threads.length; i++)
        threads[i].suspend(); // don't do this
});
resumeButton.addActionListener(event -> {
    for (int i = 0; i < threads.length; i++)
        threads[i].resume();
});
```

　　假设有一个 paintComponent 方法，通过调用 getBalances 方法获得一个余额数组，从而为每一个账户绘制一个图表。

　　就像在 12.7.3 节将要看到的，按钮动作和重绘动作出现在同一个线程中，即事件分配线程（event dispatch thread）。考虑下面的情况：

　　1. 某个转账线程获得 bank 对象的锁。

　　2. 用户点击 Pause 按钮。

　　3. 所有转账线程被挂起；其中之一仍然持有 bank 对象的锁。

　　4. 因为某种原因，需要重新绘制该账户的图表。

　　5. paintComponent 方法调用 getBalances 方法。

　　6. 该方法试图获得 bank 对象的锁。

　　现在程序被冻结了。

　　事件分配线程不能继续运行，因为锁由一个被挂起的线程持有。因此，用户不能点击 Resume 按钮，这些线程无法恢复。

如果想安全地挂起线程，可以引入一个变量 suspendRequested，并在 run 方法的某个安全的地方测试它，安全的地方是指在这里该线程没有锁定其他线程需要的对象。当该线程发现 suspendRequested 变量已经设置，将会继续等待，直到再次可用。

12.5 线程安全的集合

如果多个线程要并发地修改一个数据结构，例如散列表，那么很容易破坏这个数据结构（有关散列表的详细信息见第 9 章）。例如，一个线程可能开始向表中插入一个新元素。假定在调整散列表各个桶之间的链接关系的过程中，这个线程的控制权被抢占。如果另一个线程开始遍历同一个链表，可能使用无效的链接并造成混乱，可能会抛出异常或者陷入无限循环。

可以通过提供锁来保护共享的数据结构，但是选择线程安全的实现可能更为容易。在下面各小节中，将讨论 Java 类库提供的另外一些线程安全的集合。

12.5.1 阻塞队列

很多线程问题可以使用一个或多个队列以优雅而安全的方式来描述。生产者线程向队列插入元素，消费者线程则获取元素。使用队列，可以安全地从一个线程向另一个线程传递数据。例如，考虑银行转账程序，转账线程将转账指令对象插入一个队列，而不是直接访问银行对象。另一个线程从队列中取出指令完成转账。只有这个线程可以访问银行对象的内部。因此不需要同步。（当然，线程安全的队列类的实现者必须考虑锁和条件，但那是他们的问题，而不是你的问题。）

当试图向队列添加元素而队列已满，或是想从队列移出元素而队列为空的时候，阻塞队列（blocking queue）将导致线程阻塞。在协调多个线程之间的合作时，阻塞队列是一个有用的工具。工作线程可以周期性地将中间结果存储在阻塞队列中。其他工作线程移除中间结果，并进一步进行修改。队列会自动地平衡负载。如果第一组线程运行得比第二组慢，第二组在等待结果时会阻塞。如果第一组线程运行得更快，队列会填满，直到第二组赶上来。表 12-1 给出了阻塞队列的方法。

表 12-1 阻塞队列方法

方法	正常动作	特殊情况下的动作
add	添加一个元素	如果队列满，则抛出 IllegalStateException 异常
element	返回队头元素	如果队列空，则抛出 NoSuchElementException 异常
offer	添加一个元素并返回 true	如果队列满，则返回 false
peek	返回队头元素	如果队列空，则返回 null
poll	移除并返回队头元素	如果队列空，则返回 null
put	添加一个元素	如果队列满，则阻塞
remove	移除并返回队头元素	如果队列空，则抛出 NoSuchElementException 异常
take	移除并返回队头元素	如果队列空，则阻塞

阻塞队列方法分为以下 3 类，这取决于当队列满或空时它们完成的动作。如果使用队列作为线程管理工具，将要用到 put 和 take 方法。当试图向满队列添加元素或者想从空队列得到队头元素时，add、remove 和 element 操作会抛出异常。当然，在一个多线程程序中，队列可能会在任何时候变空或变满，因此，应当使用 offer、poll 和 peek 方法作为替代。如果不能完成任务，这些方法只是给出一个错误提示而不会抛出异常。

> 📋 **注释：** poll 和 peek 方法返回 null 来指示失败。因此，向这些队列中插入 null 值是非法的。

还有带有超时时间的 offer 方法和 poll 方法。例如，下面的调用：

```
boolean success = q.offer(x, 100, TimeUnit.MILLISECONDS);
```

尝试在 100 毫秒的时间内在队尾插入一个元素。如果成功返回 true；否则，如果超时，则返回 false。类似地，下面的调用：

```
Object head = q.poll(100, TimeUnit.MILLISECONDS);
```

尝试在 100 毫秒的时间内移除队头元素；如果成功返回队头元素，否则，如果超时，则返回 null。

如果队列满，则 put 方法阻塞；如果队列空，则 take 方法阻塞。它们与不带超时参数的 offer 和 poll 方法等效。

java.util.concurrent 包提供了阻塞队列的几个变体。默认情况下，LinkedBlockingQueue 的容量没有上界，但是，也可以选择指定一个最大容量。LinkedBlockingDeque 是一个双端队列。ArrayBlockingQueue 在构造时需要指定容量，并且有一个可选的参数来指定是否需要公平性。若设置了公平参数，那么等待了最长时间的线程会优先得到处理。通常，公平性会降低性能，只有在确实非常需要时才使用公平参数。

PriorityBlockingQueue 是一个优先队列，而不是先进先出队列。元素按照它们的优先级顺序移除。这个队列没有容量上限，但是，如果队列是空的，获取元素的操作会阻塞。（有关优先队列的详细内容参看第 9 章。）

DelayQueue 包含实现了 Delayed 接口的对象：

```
interface Delayed extends Comparable<Delayed>
{
    long getDelay(TimeUnit unit);
}
```

getDelay 方法返回对象的剩余延迟。负值表示延迟已经结束。元素只有在延迟结束的情况下才能从 DelayQueue 移除。还需要实现 compareTo 方法。DelayQueue 使用该方法对元素排序。

Java 7 增加了一个 TransferQueue 接口，允许生产者线程等待，直到消费者准备就绪可以接收元素。如果生产者调用

```
q.transfer(item);
```

这个调用会阻塞，直到另一个线程将元素（item）删除。LinkedTransferQueue 类实现了这个接口。

程序清单 12-6 中的程序展示了如何使用阻塞队列来控制一组线程。程序在一个目录及其所有子目录下搜索所有文件，打印出包含指定关键字的行。

程序清单 12-6　blockingQueue/BlockingQueueTest.java

```java
package blockingQueue;

import java.io.*;
import java.nio.charset.*;
import java.nio.file.*;
import java.util.*;
import java.util.concurrent.*;
import java.util.stream.*;

/**
 * @version 1.03 2018-03-17
 * @author Cay Horstmann
 */
public class BlockingQueueTest
{
   private static final int FILE_QUEUE_SIZE = 10;
   private static final int SEARCH_THREADS = 100;
   private static final Path DUMMY = Path.of("");
   private static BlockingQueue<Path> queue = new ArrayBlockingQueue<>(FILE_QUEUE_SIZE);

   public static void main(String[] args)
   {
      try (var in = new Scanner(System.in))
      {
         System.out.print("Enter base directory (e.g. /opt/jdk-9-src): ");
         String directory = in.nextLine();
         System.out.print("Enter keyword (e.g. volatile): ");
         String keyword = in.nextLine();

         Runnable enumerator = () -> {
            try
            {
               enumerate(Path.of(directory));
               queue.put(DUMMY);
            }
            catch (IOException e)
            {
               e.printStackTrace();
            }
            catch (InterruptedException e)
            {
            }
         };

         new Thread(enumerator).start();
         for (int i = 1; i <= SEARCH_THREADS; i++) {
            Runnable searcher = () -> {
               try
               {
```

```
50              var done = false;
51              while (!done)
52              {
53                  Path file = queue.take();
54                  if (file == DUMMY)
55                  {
56                      queue.put(file);
57                      done = true;
58                  }
59                  else search(file, keyword);
60              }
61          }
62          catch (IOException e)
63          {
64              e.printStackTrace();
65          }
66          catch (InterruptedException e)
67          {
68          }
69      };
70      new Thread(searcher).start();
71   }
72 }
73 }
74
75 /**
76  * Recursively enumerates all files in a given directory and its subdirectories.
77  * See Chapters 1 and 2 of Volume II for the stream and file operations.
78  * @param directory the directory in which to start
79  */
80 public static void enumerate(Path directory) throws IOException, InterruptedException
81 {
82    try (Stream<Path> children = Files.list(directory))
83    {
84       for (Path child : children.collect(Collectors.toList()))
85       {
86          if (Files.isDirectory(child))
87             enumerate(child);
88          else
89             queue.put(child);
90       }
91    }
92 }
93
94 /**
95  * Searches a file for a given keyword and prints all matching lines.
96  * @param file the file to search
97  * @param keyword the keyword to search for
98  */
99 public static void search(Path file, String keyword) throws IOException
100 {
101    try (var in = new Scanner(file, StandardCharsets.UTF_8))
102    {
103       int lineNumber = 0;
```

```
104          while (in.hasNextLine())
105          {
106             lineNumber++;
107             String line = in.nextLine();
108             if (line.contains(keyword))
109                System.out.printf("%s:%d:%s%n", file, lineNumber, line);
110          }
111       }
112    }
113 }
```

生产者线程枚举所有子目录下的所有文件并把它们放到一个阻塞队列中。这个操作很快，如果队列没有上限的话，很快就会包含文件系统中的所有文件。

我们同时启动了大量搜索线程。每个搜索线程从队列中取出一个文件，打开它，打印所有包含该关键字的行，然后取出下一个文件。我们使用了一个小技巧在工作结束后终止这个应用。为了发出完成信号，枚举线程会在队列中放置一个虚拟对象（这就像在行李输送带上放一个标着"最后一个包"的虚拟包）。当搜索线程取到这个虚拟对象时，将其放回并终止。

注意，这里不需要显式的线程同步。在这个应用程序中，我们使用队列数据结构作为一种同步机制。

API *java.util.concurrent.ArrayBlockingQueue<E> 5*

- ArrayBlockingQueue(int capacity)
- ArrayBlockingQueue(int capacity, boolean fair)

  构造一个有指定的容量和公平性设置的阻塞队列。队列实现为一个循环数组。

API *java.util.concurrent.LinkedBlockingQueue<E> 5*

API *java.util.concurrent.LinkedBlockingDeque<E> 6*

- LinkedBlockingQueue()
- LinkedBlockingDeque()

  构造一个无上限的阻塞队列或双向队列，实现为一个链表。

- LinkedBlockingQueue(int capacity)
- LinkedBlockingDeque(int capacity)

  根据指定容量构建一个有限的阻塞队列或双向队列，实现为一个链表。

API *java.util.concurrent.DelayQueue<E extends Delayed> 5*

- DelayQueue()

  构造一个包含 Delayed 元素的无上限阻塞队列。只有那些延迟已经到期的元素可以从队列中移除。

API *java.util.concurrent.Delayed 5*

- long getDelay(TimeUnit unit)

得到该对象的延迟，用给定的时间单位度量。

API *java.util.concurrent.PriorityBlockingQueue<E>*   5

- PriorityBlockingQueue()
- PriorityBlockingQueue(int initialCapacity)
- PriorityBlockingQueue(int initialCapacity, Comparator<? super E> comparator)

  构造一个无上限阻塞优先队列，实现为一个堆。优先队列的默认初始容量为 11。如果没有指定比较器，则元素必须实现 Comparable 接口。

API *java.util.concurrent.BlockingQueue<E>*   5

- void put(E element)

  添加元素，在必要时阻塞。
- E take()

  移除并返回队头元素，必要时阻塞。
- boolean offer(E element, long time, TimeUnit unit)

  添加给定的元素，如果成功返回 true，必要时阻塞，直至元素已经添加或超时。
- E poll(long time, TimeUnit unit)

  移除并返回队头元素，必要时阻塞，直至元素可用或超时用完。失败时返回 null。

API *java.util.concurrent.BlockingDeque<E>*   6

- void putFirst(E element)
- void putLast(E element)

  添加元素，必要时阻塞。
- E takeFirst()
- E takeLast()

  移除并返回队头或队尾元素，必要时阻塞。
- boolean offerFirst(E element, long time, TimeUnit unit)
- boolean offerLast(E element, long time, TimeUnit unit)

  添加给定的元素，成功时返回 true，必要时阻塞，直至元素已经添加或超时。
- E pollFirst(long time, TimeUnit unit)
- E pollLast(long time, TimeUnit unit)

  移除并返回队头或队尾元素，必要时阻塞，直至元素可用或超时。失败时返回 null。

API *java.util.concurrent.TransferQueue<E>*   7

- void transfer(E element)
- boolean tryTransfer(E element, long time, TimeUnit unit)

  传输一个值，或者尝试在给定的超时时间内传输这个值，这个调用将阻塞，直到另一个线程将元素删除。第二个方法会在调用成功时返回 true。

12.5.2 高效的映射、集和队列

java.util.concurrent 包提供了映射、有序集和队列的高效实现：ConcurrentHashMap、Concurr-entSkipListMap、ConcurrentSkipListSet 和 ConcurrentLinkedQueue。

这些集合使用复杂的算法，通过允许并发地访问数据结构的不同部分尽可能减少竞争。

与大多数集合不同，这些类的 size 方法不一定在常量时间内完成操作。确定这些集合的当前大小通常需要遍历。

> 📋 **注释**：有些应用使用庞大的并发散列映射，这些映射太过庞大，以至于无法用 size 方法得到它的大小，因为这个方法只能返回 int。如果一个映射包含超过 20 亿个条目，该如何处理？ mappingCount 方法可以把大小作为 long 返回。

集合返回**弱一致性**（weakly consistent）的迭代器。这意味着迭代器不一定能反映出它们构造之后的所有更改，但是，它们不会将同一个值返回两次，也不会抛出 ConcurrentModificationException 异常。

> 📋 **注释**：与之形成对照的是，对于 java.util 包中的集合，如果集合在迭代器构造之后发生改变，集合的迭代器将抛出一个 ConcurrentModificationException 异常。

并发散列映射可以高效地支持大量阅读器和一定数量的书写器。默认情况下认为可以有至多 16 个同时运行的书写器线程。当然可以有更多的书写器线程，但是，同一时间如果多于 16 个，其他线程将暂时阻塞。可以在构造器中指定更大数目，不过，通常都没有这种必要。

> 📋 **注释**：散列映射将有相同散列码的所有条目放在同一个"桶"中。有些应用使用的散列函数不太好，以至于所有条目最后都放在很少的桶中，这会严重降低性能。即使是一般意义上还算合理的散列函数，如 String 类的散列函数，也可能存在问题。例如，攻击者可以制造大量能得出相同散列值的字符串，让程序速度减慢。在较新的 Java 版本中，并发散列映射将桶组织为树，而不是列表，键类型实现 Comparable，从而可以保证性能为 $O(\log(n))$。

API java.util.concurrent.ConcurrentLinkedQueue<E> 5

- ConcurrentLinkedQueue<E>()
  构造一个可以被多线程安全访问的无上限非阻塞的队列。

API java.util.concurrent.ConcurrentSkipListSet<E> 6

- ConcurrentSkipListSet<E>()
- ConcurrentSkipListSet<E>(Comparator<? super E> comp)
  构造一个可以被多线程安全访问的有序集。第一个构造器要求元素实现 Comparable 接口。

> **API** java.util.concurrent.ConcurrentHashMap<K, V>　5

> **API** java.util.concurrent.ConcurrentSkipListMap<K, V>　6

- ConcurrentHashMap<K, V>()
- ConcurrentHashMap<K, V>(int initialCapacity)
- ConcurrentHashMap<K, V>(int initialCapacity, float loadFactor, int concurrencyLevel)

　　构造一个可以被多线程安全访问的散列映射表。默认的初始容量为 16。如果每个桶的平均负载超过装载因子，表的大小会重新调整。默认值为 0.75。并发级别是估计的并发书写器的线程数。

- ConcurrentSkipListMap<K, V>()
- ConcurrentSkipListSet<K, V>(Comparator<? super K> comp)

　　构造一个可以被多线程安全访问的有序映像。第一个构造器要求键实现 Comparable 接口。

12.5.3　映射条目的原子更新

　　ConcurrentHashMap 原来的版本只有为数不多的方法可以实现原子更新，这使得编程有些麻烦。假设我们希望统计观察到某些特性的频度。作为一个简单的例子，假设多个线程会遇到单词，我们想统计它们的频率。

　　可以使用 ConcurrentHashMap<String, Long> 吗？考虑让计数自增的代码。显然，下面的代码不是线程安全的：

```
Long oldValue = map.get(word);
Long newValue = oldValue == null ? 1 : oldValue + 1;
map.put(word, newValue); // ERROR--might not replace oldValue
```

　　可能会有另一个线程在同时更新同一个计数。

> 📄 **注释：** 有些程序员很奇怪为什么原本线程安全的数据结构会允许非线程安全的操作。有两种完全不同的情况。如果多个线程修改一个普通的 HashMap，它们可能会破坏内部结构（一个链表数组）。有些链接可能丢失，或者甚至会构成循环，使得这个数据结构不再可用。对于 ConcurrentHashMap 绝对不会发生这种情况。在上面的例子中，get 和 put 代码永远不会破坏数据结构。不过，由于操作序列不是原子的，所以结果不可预知。

　　在老版本的 Java 中，必须使用 replace 操作，它会以原子方式用一个新值替换原值，前提是之前没有其他线程把原值替换为其他值。必须一直这么做，直到替换成功：

```
do
{
    oldValue = map.get(word);
    newValue = oldValue == null ? 1 : oldValue + 1;
}
while (!map.replace(word, oldValue, newValue));
```

　　或者，可以使用一个 ConcurrentHashMap<String, AtomicLong>，以及以下更新代码：

```
map.putIfAbsent(word, new AtomicLong());
map.get(word).incrementAndGet();
```

很遗憾，这会为每个自增构造一个新的 AtomicLong，而不管是否需要。

如今，Java API 提供了一些新方法，可以更方便地完成原子更新。调用 compute 方法时可以提供一个键和一个计算新值的函数。这个函数接收键和相关联的值（如果没有值，则为null），它会计算新值。例如，可以如下更新一个整数计数器的映射：

```
map.compute(word, (k, v) -> v == null ? 1 : v + 1);
```

📋 **注释**：ConcurrentHashMap 中不允许有 null 值。很多方法都使用 null 值来指示映射中某个给定的键不存在。

另外还有 computeIfPresent 和 computeIfAbsent 方法，它们分别只在已经有原值的情况下计算新值，或者只在没有原值的情况下计算新值。可以如下更新一个 LongAdder 计数器映射：

```
map.computeIfAbsent(word, k -> new LongAdder()).increment();
```

这与之前看到的 putIfAbsent 调用几乎是一样的，不过 LongAdder 构造器只在确实需要一个新的计数器时才会调用。

首次增加一个键时通常需要做些特殊的处理。利用 merge 方法可以非常方便地做到这一点。这个方法有一个参数表示键不存在时使用的初始值。否则，就会调用你提供的函数来结合原值与初始值。（与 compute 不同，这个函数不处理键。）

```
map.merge(word, 1L, (existingValue, newValue) -> existingValue + newValue);
```

或者，更简单地可以写为：

```
map.merge(word, 1L, Long::sum);
```

再不能比这更简洁了。

📋 **注释**：如果传入 compute 或 merge 的函数返回 null，将从映射中删除现有的条目。

⚠️ **警告**：使用 compute 或 merge 时，要记住你提供的函数不能做太多工作。这个函数运行时，可能会阻塞对映射的其他更新。当然，这个函数也不能更新映射的其他部分。

程序清单 12-7 中的程序使用了一个并发散列映射来统计一个目录树的 Java 文件中的所有单词。

程序清单 12-7　concurrentHashMap/CHMDemo.java

```
1  package concurrentHashMap;
2
3  import java.io.*;
4  import java.nio.file.*;
5  import java.util.*;
6  import java.util.concurrent.*;
7  import java.util.stream.*;
8
```

```
 9  /**
10   * This program demonstrates concurrent hash maps.
11   * @version 1.0 2018-01-04
12   * @author Cay Horstmann
13   */
14  public class CHMDemo
15  {
16     public static ConcurrentHashMap<String, Long> map = new ConcurrentHashMap<>();
17
18     /**
19      * Adds all words in the given file to the concurrent hash map.
20      * @param file a file
21      */
22     public static void process(Path file)
23     {
24        try (var in = new Scanner(file))
25        {
26           while (in.hasNext())
27           {
28              String word = in.next();
29              map.merge(word, 1L, Long::sum);
30           }
31        }
32        catch (IOException e)
33        {
34           e.printStackTrace();
35        }
36     }
37
38     /**
39      * Returns all descendants of a given directory--see Chapters 1 and 2 of Volume II.
40      * @param rootDir the root directory
41      * @return a set of all descendants of the root directory
42      */
43     public static Set<Path> descendants(Path rootDir) throws IOException
44     {
45        try (Stream<Path> entries = Files.walk(rootDir))
46        {
47           return entries.collect(Collectors.toSet());
48        }
49     }
50
51     public static void main(String[] args)
52           throws InterruptedException, ExecutionException, IOException
53     {
54        int processors = Runtime.getRuntime().availableProcessors();
55        ExecutorService executor = Executors.newFixedThreadPool(processors);
56        Path pathToRoot = Path.of(".");
57        for (Path p : descendants(pathToRoot))
58        {
59           if (p.getFileName().toString().endsWith(".java"))
60              executor.execute(() -> process(p));
61        }
62        executor.shutdown();
```

```
63        executor.awaitTermination(10, TimeUnit.MINUTES);
64        map.forEach((k, v) ->
65           {
66              if (v >= 10)
67                 System.out.println(k + " occurs " + v + " times");
68           });
69     }
70 }
```

12.5.4 对并发散列映射的批操作

Java API 为并发散列映射提供了批操作，即使有其他线程在处理映射，这些操作也能安全地执行。批操作会遍历映射，处理遍历过程中找到的元素。这里不会冻结映射的当前快照。除非你恰好知道批操作运行时映射不会被修改，否则就要把结果看作是映射状态的一个近似。

有 3 种不同的操作：

- search（搜索）为每个键或值应用一个函数，直到函数生成一个非 null 的结果。然后搜索终止，返回这个函数的结果。
- reduce（归约）组合所有键或值，这里要使用所提供的一个累加函数。
- forEach 为所有键或值应用一个函数。

每个操作都有 4 个版本：

- *operation*Keys：处理键。
- *operation*Values：处理值。
- *operation*：处理键和值。
- *operation*Entries：处理 Map.Entry 对象。

对于上述各个操作，需要指定一个参数化阈值（parallelism threshold）。如果映射包含的元素多于这个阈值，就会并行完成批操作。如果希望批操作在一个线程中运行，可以使用阈值 Long.MAX_VALUE。如果希望用尽可能多的线程运行批操作，可以使用阈值 1。

下面先来看 search 方法。有以下版本：

```
U searchKeys(long threshold, BiFunction<? super K, ? extends U> f)
U searchValues(long threshold, BiFunction<? super V, ? extends U> f)
U search(long threshold, BiFunction<? super K, ? super V,? extends U> f)
U searchEntries(long threshold, BiFunction<Map.Entry<K, V>, ? extends U> f)
```

例如，假设我们希望找出第一个出现次数超过 1000 次的单词。需要搜索键和值：

```
String result = map.search(threshold, (k, v) -> v > 1000 ? k : null);
```

result 会设置为第一个匹配的单词，或者如果搜索函数对所有输入都返回 null，则返回 null。

forEach 方法有两种形式。第一种形式只对各个映射条目应用一个消费者函数，例如：

```
map.forEach(threshold,
    (k, v) -> System.out.println(k + " -> " + v));
```

第二种形式还有一个额外的转换器函数作为参数，要先应用这个函数，其结果会传递到消费者：

```
map.forEach(threshold,
    (k, v) -> k + " -> " + v, // transformer
    System.out::println); // consumer
```

转换器可以用作一个过滤器。只要转换器返回 null，这个值就会被悄无声息地跳过。例如，下面只打印值很大的条目：

```
map.forEach(threshold,
    (k, v) -> v > 1000 ? k + " -> " + v : null, // filter and transformer
    System.out::println); // the nulls are not passed to the consumer
```

reduce 操作用一个累加函数组合其输入。例如，可以如下计算所有值的总和：

```
Long sum = map.reduceValues(threshold, Long::sum);
```

与 forEach 类似，也可以提供一个转换器函数。可以如下计算最长的键的长度：

```
Integer maxlength = map.reduceKeys(threshold,
    String::length, // transformer
    Integer::max); // accumulator
```

转换器可以作为一个过滤器，通过返回 null 来排除不想要的输入。在这里，我们要统计多少个条目的值 > 1000：

```
Long count = map.reduceValues(threshold,
    v -> v > 1000 ? 1L : null,
    Long::sum);
```

📑 **注释**：*如果映射为空，或者所有条目都被过滤掉，reduce 操作会返回 null。如果只有一个元素，则返回其转换结果，不会应用累加器。*

对于 int、long 和 double 输出还有相应的特殊化操作，分别有后缀 ToInt、ToLong 和 ToDouble。需要把输入转换为一个基本类型值，并指定一个默认值和一个累加器函数。映射为空时返回默认值。

```
long sum = map.reduceValuesToLong(threshold,
    Long::longValue, // transformer to primitive type
    0, // default value for empty map
    Long::sum); // primitive type accumulator
```

⚠️ **警告**：*这些特殊化版本与对象版本的操作有所不同，对于对象版本的操作，只需要考虑一个元素。这里不是返回转换得到的元素，而是要与默认值累加。因此，默认值必须是累加器的零元素。*

12.5.5　并发集视图

假设你想要的是一个很大的线程安全的集而不是映射。并没有 ConcurrentHashSet 类，而且你肯定不想自己创建这样一个类。当然，可以使用包含"假"值的 ConcurrentHashMap，不过这会得到一个映射而不是集，而且不能应用 Set 接口的操作。

静态 newKeySet 方法会生成一个 Set<K>，这实际上是 ConcurrentHashMap<K, Boolean> 的一个包装器。（所有映射值都为 Boolean.TRUE，不过因为只是要把它用作一个集，所以并不关心映射值。）

```
Set<String> words = ConcurrentHashMap.<String>newKeySet();
```

当然，如果原来有一个映射，keySet 方法可以生成这个映射的键集。这个集是可更改的。如果删除这个集的元素，键（以及相应的值）也会从映射中删除。不过，向键集增加元素没有意义，因为没有相应的值可以增加。ConcurrentHashMap 还有第二个 keySet 方法，它包含一个默认值，为集增加元素时可以使用这个方法：

```
Set<String> words = map.keySet(1L);
words.add("Java");
```

如果 "Java" 在 words 中不存在，现在它会有一个值 1。

12.5.6 写数组的拷贝

CopyOnWriteArrayList 和 CopyOnWriteArraySet 是线程安全的集合，其中所有更改器会建立底层数组的一个副本。如果迭代访问集合的线程数超过更改集合的线程数，这样的安排是很有用的。当构造一个迭代器的时候，它包含当前数组的一个引用。如果这个数组后来被更改了，迭代器仍然引用旧数组，但是，集合的数组已经替换。因而，原来的迭代器可以访问一致的（但可能过时的）视图，而且不存在任何同步开销。

12.5.7 并行数组算法

Arrays 类提供了大量并行化操作。静态 Arrays.parallelSort 方法可以对一个基本类型值或对象的数组排序。例如，

```
var contents = new String(Files.readAllBytes(
    Path.of("alice.txt")), StandardCharsets.UTF_8); // read file into string
String[] words = contents.split("[\\P{L}]+"); // split along nonletters
Arrays.parallelSort(words);
```

对对象排序时，可以提供一个 Comparator。

```
Arrays.parallelSort(words, Comparator.comparing(String::length));
```

对于所有方法都可以提供一个范围的边界，如：

```
values.parallelSort(values.length / 2, values.length); // sort the upper half
```

📋 **注释：** 乍一看，这些方法名中的 parallel 可能有些奇怪，因为用户不用关心排序具体怎样完成。不过，API 设计者希望清楚地指出这里的排序是并行化的。这样一来，用户就会注意避免使用有副作用的比较器。

parallelSetAll 方法会用由一个函数计算得到的值填充一个数组。这个函数接收元素索引，然后计算相应位置上的值。

```
Arrays.parallelSetAll(values, i -> i % 10);
    // fills values with 0 1 2 3 4 5 6 7 8 9 0 1 2 ...
```

显然，并行化对这个操作很有好处。这个操作对于所有基本类型数组和对象数组都有相应的版本。

最后还有一个 parallelPrefix 方法，它会用一个给定结合操作的相应前缀的累加结果替换各个数组元素。这是什么意思？这里给出一个例子。考虑数组 [1, 2, 3, 4, . . .] 和 × 操作。执行 Arrays.parallelPrefix(values, (x, y) -> x * y) 之后，数组将包含：

```
[1, 1
    × 2, 1
    × 2
    × 3, 1
    × 2
    × 3
    × 4, . . .]
```

看起来可能很奇怪，不过这个计算确实可以并行化。首先，结合相邻元素，如下所示：

```
[1, 1
    × 2, 3, 3
    × 4, 5, 5
    × 6, 7, 7
    × 8]
```

灰值保持不变。显然，可以在不同的数组区中并行完成这个计算。下一步中，更新所指示的元素，为此将它与下面一个或两个位置上的元素相乘：

```
[1, 1 × 2
   , 1 × 2 × 3, 1 × 2 × 3 × 4, 5, 5 × 6, 5 × 6 × 7, 5 × 6 × 7 × 8]
```

这同样可以并行完成。$\log(n)$ 步之后，这个过程结束。如果有足够多的处理器，这会远远胜过直接的线性计算。这个算法在特殊用途的硬件上很常用，使用这些硬件的用户很有创造力，会相应地调整算法来解决各种不同的问题。

12.5.8   较早的线程安全集合

从 Java 的初始版本开始，Vector 和 Hashtable 类就提供了动态数组和散列表的线程安全的实现。现在这些类被认为已经过时，而被 ArrayList 和 HashMap 类所取代。不过，那些类不是线程安全的，实际上，集合库中提供了一种不同的机制。任何集合类都可以通过使用同步包装器（synchronization wrapper）变成线程安全的：

```
List<E> synchArrayList = Collections.synchronizedList(new ArrayList<E>());
Map<K, V> synchHashMap = Collections.synchronizedMap(new HashMap<K, V>());
```

结果集合的方法使用锁加以保护，可以提供线程安全的访问。

应该确保没有任何线程通过原始的非同步方法访问数据结构。要确保这一点，最容易的方法是确定不保存原始对象的任何引用，简单地构造一个集合并立即传递给包装器，像我们的例子中所做的那样。

如果希望迭代访问一个集合，同时另一个线程仍有机会更改这个集合，那么仍然需要使用"客户端"锁定：

```
synchronized (synchHashMap)
{
    Iterator<K> iter = synchHashMap.keySet().iterator();
    while (iter.hasNext()) . . .;
}
```

如果使用"for each"循环，就必须使用同样的代码，因为循环使用了一个迭代器。注意：在迭代过程中，如果另一个线程更改了集合，迭代器会失效，抛出 Concurrent-ModificationException 异常。同步仍然是需要的，这样才能可靠地检测出并发修改。

通常最好使用 java.util.concurrent 包中定义的集合，而不是同步包装器。特别是，Concurrent-HashMap 经过了精心实现，假如多个线程访问的是不同的桶，它们都能访问 ConcurrentHashMap 而不会相互阻塞。经常更改的数组列表是一个例外。在这种情况下，同步的 ArrayList 要胜过 CopyOnWriteArrayList。

API `java.util.Collections 1.2`

- static <E> Collection<E> synchronizedCollection(Collection<E> c)
- static <E> List synchronizedList(List<E> c)
- static <E> Set synchronizedSet(Set<E> c)
- static <E> SortedSet synchronizedSortedSet(SortedSet<E> c)
- static <K, V> Map<K, V> synchronizedMap(Map<K, V> c)
- static <K, V> SortedMap<K, V> synchronizedSortedMap(SortedMap<K, V> c)

构造集合视图，其方法是同步的。

12.6　任务和线程池

构造一个新的线程开销有些大，因为这涉及与操作系统的交互。如果你的程序中创建了大量的生命期很短的线程，那么不应该把每个任务映射到一个单独的线程，而应该使用线程池（thread pool）。线程池中包含许多准备运行的线程。为线程池提供一个 Runnable，就会有一个线程调用 run 方法。当 run 方法退出时，这个线程不会死亡，而是留在池中准备为下一个请求提供服务。

在后面几节中，你将了解 Java 并发框架为协调并发任务所提供的一些工具。

12.6.1　Callable 与 Future

Runnable 封装一个异步运行的任务，可以把它想象成一个没有参数和返回值的异步方法。Callable 与 Runnable 类似，但是有返回值。Callable 接口是一个参数化的类型，只有一个方法 call。

```
public interface Callable<V>
{
    V call() throws Exception;
}
```

类型参数是返回值的类型。例如，Callable<Integer> 表示一个最终返回 Integer 对象的异步计算。

Future 保存异步计算的结果。可以启动一个计算，将 Future 对象交给某个线程，然后忘掉它。这个 Future 对象的所有者在结果计算好之后就可以获得结果。

Future<V> 接口有下面的方法：

```
V get()
V get(long timeout, TimeUnit unit)
void cancel(boolean mayInterrupt)
boolean isCancelled()
boolean isDone()
```

第一个 get 方法的调用会阻塞，直到计算完成。第二个 get 方法也会阻塞，不过如果在计算完成之前调用超时，会抛出一个 TimeoutException 异常。如果运行该计算的线程被中断，这两个方法都将抛出 InterruptedException。如果计算已经完成，那么 get 方法立即返回。

如果计算还在进行，isDone 方法返回 false；如果已经完成，则返回 true。

可以用 cancel 方法取消计算。如果计算还没有开始，它会被取消而且不再开始。如果计算正在进行，那么如果 mayInterrupt 参数为 true，它就会被中断。

⚠ **警告**：取消一个任务涉及两个步骤。必须找到并中断底层线程。另外任务实现（在 call 方法中）必须感知到中断，并放弃它的工作。如果一个 Future 对象不知道任务在哪个线程中执行，或者如果任务没有监视执行该任务的线程的中断状态，那么取消任务没有任何效果。

执行 Callable 的一种方法是使用 FutureTask，它实现了 Future 和 Runnable 接口，所以可以构造一个线程来运行这个任务：

```
Callable<Integer> task = . . .;
var futureTask = new FutureTask<Integer>(task);
var t = new Thread(futureTask); // it's a Runnable
t.start();
. . .
Integer result = task.get(); // it's a Future
```

更常见的情况是，可以将一个 Callable 传递到一个执行器。这个主题将在下一节介绍。

API *java.util.concurrent.Callable<V>* 5

- V call()

  运行一个将产生结果的任务。

API *java.util.concurrent.Future<V>* 5

- V get()
- V get(long time, TimeUnit unit)

  获取结果，这个方法会阻塞，直到结果可用或者超过了指定的时间。如果不成功，第二个方法会抛出 TimeoutException 异常。

- boolean cancel(boolean mayInterrupt)

  尝试取消这个任务的运行。如果任务已经开始，并且 mayInterrupt 参数值为 true，它就会被中断。如果成功执行了取消操作，则返回 true。
- boolean isCancelled()

  如果任务在完成前被取消，则返回 true。
- boolean isDone()

  如果任务结束，无论是正常完成、中途取消，还是发生异常，都返回 true。

API **java.util.concurrent.FutureTask<V>** **5**

- FutureTask(Callable<V> task)
- FutureTask(Runnable task, V result)

  构造一个既是 Future<V> 又是 Runnable 的对象。

12.6.2　执行器

执行器（Executors）类有许多静态工厂方法，用来构造线程池，表 12-2 中对这些方法进行了汇总。

表 12-2　执行者工厂方法

方法	描述
newCachedThreadPool	必要时创建新线程；空闲线程会保留 60 秒
newFixedThreadPool	池中包含固定数目的线程；空闲线程会一直保留
newWorkStealingPool	一种适合 "fork-join" 任务（参见 12.6.4 节）的线程池，其中复杂的任务会分解为更简单的任务，空闲线程会 "密取" 较简单的任务
newSingleThreadExecutor	只有一个线程的 "池"，会顺序地执行所提交的任务
newScheduledThreadPool	用于调度执行的固定线程池
newSingleThreadScheduledExecutor	用于调度执行的单线程 "池"

newCachedThreadPool 方法构造一个线程池，会立即执行各个任务，如果有空闲线程可用，就使用现有空闲线程执行任务；如果没有可用的空闲线程，则创建一个新线程。newFixedThreadPool 方法构造一个具有固定大小的线程池。如果提交的任务数多于空闲线程数，就把未得到服务的任务放到队列中。当其他任务完成以后再运行这些排队的任务。newSingleThreadExecutor 是一个退化了的大小为 1 的线程池：由一个线程顺序地执行所提交的任务（一个接着一个执行）。这 3 个方法返回实现了 ExecutorService 接口的 ThreadPoolExecutor 类的对象。

如果线程生存期很短，或者大量时间都在阻塞，那么可以使用一个缓存线程池。不过，如果线程工作量很大而且并不阻塞，你肯定不希望运行太多线程。

为了得到最优的运行速度，并发线程数等于处理器内核数。在这种情况下，就应当使用固定线程池，即并发线程总数有一个上限。

单线程执行器对于性能分析很有帮助。如果临时用一个单线程池替换缓存或固定线程池，就能测量不使用并发的情况下应用的运行速度会慢多少。

> 📋 **注释**: Java EE 提供了一个 ManagedExecutorService 子类，很适用于 Java EE 环境中的并发任务。类似地，诸如 Play 这样的 Web 框架也提供了适用于该框架内任务的执行器服务。

可用下面的方法之一将 Runnable 或 Callable 对象提交给 ExecutorService：

```
Future<T> submit(Callable<T> task)
Future<?> submit(Runnable task)
Future<T> submit(Runnable task, T result)
```

线程池会在方便的时候尽早执行提交的任务。调用 submit 时，会得到一个 Future 对象，可用来得到结果或者取消任务。

第二个 submit 方法返回一个看起来有些奇怪的 Future<?>。可以使用这样一个对象来调用 isDone、cancel 或 isCancelled。但是，get 方法在完成的时候只是简单地返回 null。

第三个版本的 Submit 也生成一个 Future，它的 get 方法在完成的时候返回指定的 result 对象。

使用完一个线程池时，调用 shutdown。这个方法启动线程池的关闭序列。被关闭的执行器不再接受新的任务。当所有任务都完成时，线程池中的线程死亡。另一种方法是调用 shutdownNow。线程池会取消所有尚未开始的任务。

下面总结了在使用连接池时所做的工作：

1. 调用 Executors 类的静态方法 newCachedThreadPool 或 newFixedThreadPool。
2. 调用 submit 提交 Runnable 或 Callable 对象。
3. 保存好返回的 Future 对象，以便得到结果或者取消任务。
4. 当不想再提交任何任务时，调用 shutdown。

ScheduledExecutorService 接口为调度执行或重复执行任务提供了一些方法。这是对支持建立线程池的 java.util.Timer 的泛化。Executors 类的 newScheduledThreadPool 和 newSingleThread-ScheduledExecutor 方法返回实现 ScheduledExecutorService 接口的对象。

可以调度 Runnable 或 Callable 在一个初始延迟之后运行一次。也可以调度 Runnable 定期运行。有关详细内容参见 API 注释。

API **java.util.concurrent.Executors 5**

- ExecutorService newCachedThreadPool()

  返回一个缓存线程池，会在必要的时候创建线程，如果线程已经空闲 60 秒则终止该线程。

- ExecutorService newFixedThreadPool(int threads)

  返回一个线程池，使用给定数目的线程执行任务。

- ExecutorService newSingleThreadExecutor()

返回一个执行器，它在一个单独的线程中顺序地执行任务。

- ScheduledExecutorService newScheduledThreadPool(int threads)

  返回一个线程池，使用给定数目的线程调度任务。

- ScheduledExecutorService newSingleThreadScheduledExecutor()

  返回一个执行器，在一个单独的线程中调度任务。

API *java.util.concurrent.ExecutorService* 5

- Future<T> submit(Callable<T> task)
- Future<T> submit(Runnable task, T result)
- Future<?> submit(Runnable task)

  提交指定的任务来执行。

- void shutdown()

  关闭服务，完成已经提交的任务但不再接受新的任务。

API *java.util.concurrent.ThreadPoolExecutor* 5

- int getLargestPoolSize()

  返回该执行器生命周期中线程池的最大大小。

API *java.util.concurrent.ScheduledExecutorService* 5

- ScheduledFuture<V> schedule(Callable<V> task, long time, TimeUnit unit)
- ScheduledFuture<?> schedule(Runnable task, long time, TimeUnit unit)

  调度在指定的时间之后执行任务。

- ScheduledFuture<?> scheduleAtFixedRate(Runnable task, long initialDelay, long period, TimeUnit unit)

  调度在初始延迟之后，周期性地运行给定的任务，周期长度是 period 个单位。

- ScheduledFuture<?> scheduleWithFixedDelay(Runnable task, long initialDelay, long delay, TimeUnit unit)

  调度在初始延迟之后周期性地运行给定的任务，在一次调用完成和下一次调用开始之间有长度为 delay 个单位的延迟。

12.6.3 控制任务组

我们已经了解了如何使用一个执行器服务作为线程池来提高任务执行的效率。有时，使用执行器有更策略性的原因：需要控制一组相关的任务。例如，可以在执行器中使用 shutdownNow 方法取消所有的任务。

invokeAny 方法提交一个 Callable 对象集合中的所有对象，并返回某个已完成任务的结果。我们不知道返回的究竟是哪个任务的结果，这往往是最快完成的那个任务。对于搜索问题，如果我们愿意接受任何一种答案，就可以使用这个方法。例如，假定需要对一个大整数进行因数分解，这是 RSA 解码时需要完成的一种计算。可以提交很多任务，每个任务尝试对不同范围内的数进行分解。只要其中一个任务得到了答案，计算就可以停止了。

invokeAll 方法提交一个 Callable 对象集合中的所有对象，这个方法会阻塞，直到所有任务都完成，并返回表示所有任务答案的一个 Future 对象列表。得到计算结果后，还可以像下面这样对结果进行处理：

```
List<Callable<T>> tasks = . . .;
List<Future<T>> results = executor.invokeAll(tasks);
for (Future<T> result : results)
    processFurther(result.get());
```

在 for 循环中，第一个 result.get() 调用会阻塞，直到第一个结果可用。如果所有任务几乎同时完成，这不会有问题。不过，很有必要按计算出结果的顺序得到这些结果。可以利用 ExecutorCompletionService 来管理。

首先以通常的方式得到一个执行器。然后构造一个 ExecutorCompletionService。将任务提交到这个完成服务。该服务会管理 Future 对象的一个阻塞队列，其中包含所提交任务的结果（一旦结果可用，就会放入队列）。因此，要完成之前的计算，以下组织更为高效：

```
var service = new ExecutorCompletionService<T>(executor);
for (Callable<T> task : tasks) service.submit(task);
for (int i = 0; i < tasks.size(); i++)
    processFurther(service.take().get());
```

程序清单 12-8 中的程序展示了如何使用 callable 和执行器。在第一个计算中，我们统计了一个目录树中包含一个给定单词的文件的个数。为每个文件建立了一个单独的任务：

```
Set<Path> files = descendants(Path.of(start));
var tasks = new ArrayList<Callable<Long>>();
for (Path file : files)
{
    Callable<Long> task = () -> occurrences(word, file);
    tasks.add(task);
}
```

然后把这些任务传递到一个执行器服务：

```
ExecutorService executor = Executors.newCachedThreadPool();
List<Future<Long>> results = executor.invokeAll(tasks);
```

为了得到组合后的统计结果，要将所有结果相加，这个工作会阻塞，直到所有结果都可用：

```
long total = 0;
for (Future<Long> result : results)
    total += result.get();
```

这个程序还会显示搜索过程所花费的时间。将 JDK 源代码解压缩并放在某个位置，然后运行这个搜索。再用一个单线程执行器替换执行器服务，再次尝试运行，看看并发计算是否更快。

在程序的第二部分，要搜索包含指定单词的第一个文件。我们使用 invokeAny 来并行化这个搜索。在这里，更要注意任务的建立。一旦有任务返回，invokeAny 方法就会终止。所以不能让搜索任务返回一个 boolean 来指示成功或失败。我们不希望一个任务失败时就停止搜索。实际上，失败的任务要抛出一个 NoSuchElementException 异常。另外，当一个任务成功时，其他任务就要取消。因此，我们要监视中断状态。如果底层线程被中断，搜索任务在终止之前要打印一个消息，使我们能看到其他任务确实已经取消。

```java
public static Callable<Path> searchForTask(String word, Path path)
{
    return () -> {
        try (var in = new Scanner(path))
        {
            while (in.hasNext())
            {
                if (in.next().equals(word)) return path;
                if (Thread.currentThread().isInterrupted())
                {
                    System.out.println("Search in " + path + " canceled.");
                    return null;
                }
            }
            throw new NoSuchElementException();
        }
    };
}
```

为了提供更多信息，这个程序会打印执行期间线程池的最大大小。这个信息无法由 ExecutorService 接口提供。出于这个原因，我们必须把线程池对象强制转换为 Thread-PoolExecutor 类。

> ✔ **提示**：读这个程序时，你会发现执行器服务非常有用。在你自己的程序中，应当使用执行器服务来管理线程而不要单个地启动线程。

程序清单 12-8   executors/ExecutorDemo.java

```java
1  package executors;
2
3  import java.io.*;
4  import java.nio.file.*;
5  import java.time.*;
6  import java.util.*;
7  import java.util.concurrent.*;
8  import java.util.stream.*;
9
10 /**
11  * This program demonstrates the Callable interface and executors.
12  * @version 1.0 2018-01-04
13  * @author Cay Horstmann
14  */
15 public class ExecutorDemo
16 {
17    /**
18     * Counts occurrences of a given word in a file.
19     * @return the number of times the word occurs in the given word
```

```
20        */
21      public static long occurrences(String word, Path path)
22      {
23          try (var in = new Scanner(path))
24          {
25              int count = 0;
26              while (in.hasNext())
27                  if (in.next().equals(word)) count++;
28              return count;
29          }
30          catch (IOException ex)
31          {
32              return 0;
33          }
34      }
35
36      /**
37       * Returns all descendants of a given directory--see Chapters 1 and 2 of Volume II.
38       * @param rootDir the root directory
39       * @return a set of all descendants of the root directory
40       */
41      public static Set<Path> descendants(Path rootDir) throws IOException
42      {
43          try (Stream<Path> entries = Files.walk(rootDir))
44          {
45              return entries.filter(Files::isRegularFile)
46                  .collect(Collectors.toSet());
47          }
48      }
49
50      /**
51       * Yields a task that searches for a word in a file.
52       * @param word the word to search
53       * @param path the file in which to search
54       * @return the search task that yields the path upon success
55       */
56      public static Callable<Path> searchForTask(String word, Path path)
57      {
58          return () -> {
59              try (var in = new Scanner(path))
60              {
61                  while (in.hasNext())
62                  {
63                      if (in.next().equals(word)) return path;
64                      if (Thread.currentThread().isInterrupted())
65                      {
66                          System.out.println("Search in " + path + " canceled.");
67                          return null;
68                      }
69                  }
70                  throw new NoSuchElementException();
71              }
72          };
73      }
74
```

```
75  public static void main(String[] args)
76      throws InterruptedException, ExecutionException, IOException
77  {
78    try (var in = new Scanner(System.in))
79    {
80      System.out.print("Enter base directory (e.g. /opt/jdk-9-src): ");
81      String start = in.nextLine();
82      System.out.print("Enter keyword (e.g. volatile): ");
83      String word = in.nextLine();
84
85      Set<Path> files = descendants(Path.of(start));
86      var tasks = new ArrayList<Callable<Long>>();
87      for (Path file : files)
88      {
89        Callable<Long> task = () -> occurrences(word, file);
90        tasks.add(task);
91      }
92      ExecutorService executor = Executors.newCachedThreadPool();
93      // use a single thread executor instead to see if multiple threads
94      // speed up the search
95      // ExecutorService executor = Executors.newSingleThreadExecutor();
96
97      Instant startTime = Instant.now();
98      List<Future<Long>> results = executor.invokeAll(tasks);
99      long total = 0;
100     for (Future<Long> result : results)
101       total += result.get();
102     Instant endTime = Instant.now();
103     System.out.println("Occurrences of " + word + ": " + total);
104     System.out.println("Time elapsed: "
105       + Duration.between(startTime, endTime).toMillis() + " ms");
106
107     var searchTasks = new ArrayList<Callable<Path>>();
108     for (Path file : files)
109       searchTasks.add(searchForTask(word, file));
110     Path found = executor.invokeAny(searchTasks);
111     System.out.println(word + " occurs in: " + found);
112
113     if (executor instanceof ThreadPoolExecutor) // the single thread executor isn't
114       System.out.println("Largest pool size: "
115         + ((ThreadPoolExecutor) executor).getLargestPoolSize());
116     executor.shutdown();
117   }
118  }
119 }
```

API *java.util.concurrent.ExecutorService* **5**

- T invokeAny(Collection<Callable<T>> tasks)

- T invokeAny(Collection<Callable<T>> tasks, long timeout, TimeUnit unit)

　　执行给定的任务，返回其中一个任务的结果。如果超时，第二个方法会抛出一个 TimeoutException 异常。

- List<Future<T>> invokeAll(Collection<Callable<T>> tasks)
- List<Future<T>> invokeAll(Collection<Callable<T>> tasks, long timeout, TimeUnit unit)

    执行给定的任务，返回所有任务的结果。如果超时，第二个方法会抛出一个 Timeout-Exception 异常。

API `java.util.concurrent.ExecutorCompletionService<V>` **5**

- ExecutorCompletionService(Executor e)

    构造一个执行器完成服务来收集给定执行器的结果。

- Future<V> submit(Callable<V> task)
- Future<V> submit(Runnable task, V result)

    提交一个任务给底层的执行器。

- Future<V> take()

    移除下一个已完成的结果，如果没有可用的已完成结果，则阻塞。

- Future<V> poll()
- Future<V> poll(long time, TimeUnit unit)

    移除并返回下一个已完成的结果，如果没有可用的已完成结果，则返回 null。第二个方法会等待给定的时间。

12.6.4 fork-join 框架

有些应用使用了大量线程，但其中大多数都是空闲的。举例来说，一个 Web 服务器可能会为每个连接分别使用一个线程。另外一些应用可能对每个处理器内核分别使用一个线程，以完成计算密集型任务，如图像或视频处理。Java 7 中新引入了 fork-join 框架，专门用来支持后一类应用。假设有一个处理任务，它可以很自然地分解为子任务，如下所示：

```
if (problemSize < threshold)
    solve problem directly
else
{
    break problem into subproblems
    recursively solve each subproblem
    combine the results
}
```

图像处理就是这样一个例子。要增强一个图像，可以变换上半部分和下部部分。如果有足够多空闲的处理器，这些操作可以并行运行（除了分解为两部分外，还需要做一些额外的工作，不过这属于技术细节，我们不做讨论）。

在这里，我们将讨论一个更简单的例子。假设想统计一个数组中有多少个元素满足某个特定的属性。可以将这个数组一分为二，分别对这两部分进行统计，再将结果相加。

要采用框架可用的一种方式完成这种递归计算，需要提供一个扩展 RecursiveTask<T> 的类（如果计算会生成一个类型为 T 的结果）或者提供一个扩展 RecursiveAction 的类（如果不生成任何结果）。再覆盖 compute 方法来生成并调用子任务，然后合并其结果。

```java
class Counter extends RecursiveTask<Integer>
{
    . . .
    protected Integer compute()
    {
        if (to - from < THRESHOLD)
        {
            solve problem directly
        }
        else
        {
            int mid = (from + to) / 2;
            var first = new Counter(values, from, mid, filter);
            var second = new Counter(values, mid, to, filter);
            invokeAll(first, second);
            return first.join() + second.join();
        }
    }
}
```

在这里，invokeAll 方法接收到很多任务并阻塞，直到所有这些任务全部完成。join 方法将生成结果。我们对每个子任务应用 join，并返回其总和。

> **注释**：还有一个 get 方法可以得到当前结果，不过一般不太使用，因为它可能抛出检查型异常，而在 compute 方法中不允许抛出这种异常。

程序清单 12-9 给出了完整的示例代码。

程序清单 12-9　forkJoin/ForkJoinTest.java

```java
 1  package forkJoin;
 2
 3  import java.util.concurrent.*;
 4  import java.util.function.*;
 5
 6  /**
 7   * This program demonstrates the fork-join framework.
 8   * @version 1.01 2015-06-21
 9   * @author Cay Horstmann
10   */
11  public class ForkJoinTest
12  {
13      public static void main(String[] args)
14      {
15          final int SIZE = 10000000;
16          var numbers = new double[SIZE];
17          for (int i = 0; i < SIZE; i++) numbers[i] = Math.random();
18          var counter = new Counter(numbers, 0, numbers.length, x -> x > 0.5);
19          var pool = new ForkJoinPool();
20          pool.invoke(counter);
21          System.out.println(counter.join());
22      }
```

```
23  }
24
25  class Counter extends RecursiveTask<Integer>
26  {
27      public static final int THRESHOLD = 1000;
28      private double[] values;
29      private int from;
30      private int to;
31      private DoublePredicate filter;
32
33      public Counter(double[] values, int from, int to, DoublePredicate filter)
34      {
35          this.values = values;
36          this.from = from;
37          this.to = to;
38          this.filter = filter;
39      }
40
41      protected Integer compute()
42      {
43          if (to - from < THRESHOLD)
44          {
45              int count = 0;
46              for (int i = from; i < to; i++)
47              {
48                  if (filter.test(values[i])) count++;
49              }
50              return count;
51          }
52          else
53          {
54              int mid = (from + to) / 2;
55              var first = new Counter(values, from, mid, filter);
56              var second = new Counter(values, mid, to, filter);
57              invokeAll(first, second);
58              return first.join() + second.join();
59          }
60      }
61  }
```

在后台，fork-join 框架使用了一种有效的智能方法来平衡可用线程的工作负载，这种方法称为工作密取（work stealing）。每个工作线程都有一个双端队列（deque）来完成任务。一个工作线程将子任务压入其双端队列的队头。（只有一个线程可以访问队头，所以不需要加锁。）一个工作线程空闲时，它会从另一个双端队列的队尾"密取"一个任务。由于大的子任务都在队尾，这种密取很少出现。

◆ 警告：fork-join 池是针对非阻塞工作负载优化的。如果向一个 fork-join 池增加很多阻塞任务，会让它无法有效工作。可以让任务实现 ForkJoinPool.ManagedBlocker 接口来解决这个问题，不过这是一种高级技术，在这里不作讨论。

12.7 异步计算

到目前为止，我们的并发计算方法都是先分解一个任务，然后等待，直到所有部分都已经完成。不过等待并不总是个好主意。在接下来几节中，你会了解如何实现无等待或异步的计算。

12.7.1 可完成 Future

当有一个 Future 对象时，需要调用 get 来获得值，这个方法会阻塞，直到值可用。CompletableFuture 类实现了 Future 接口，它提供了获得结果的另一种机制。你要注册一个回调，一旦结果可用，就会（在某个线程中）利用该结果调用这个回调。

```
CompletableFuture<String> f = . . .;
f.thenAccept(s -> Process the result string s);
```

通过这种方式，无须阻塞就可以在结果可用时对结果进行处理。

有一些 API 方法会返回 CompletableFuture 对象。例如，可以用试验性的 HttpClient 类异步地获取一个网页，这个类会在卷 II 的第 4 章介绍：

```
HttpClient client = HttpClient.newHttpClient();
HttpRequest request = HttpRequest.newBuilder(URI.create(urlString)).GET().build();
CompletableFuture<HttpResponse<String>> f = client.sendAsync(
    request, BodyHandler.asString());
```

如果能有方法生成一个现成的 CompletableFuture 就好了，不过，大多数情况下，你都需要建立自己的 CompletableFuture。要想异步运行任务并得到 CompletableFuture，不要把它直接提交给执行器服务，而应当调用静态方法 CompletableFuture.supplyAsync。如果不利用 HttpClient 类，可以如下读取网页：

```
public CompletableFuture<String> readPage(URL url)
{
    return CompletableFuture.supplyAsync(() ->
        {
            try
            {
                return new String(url.openStream().readAllBytes(), "UTF-8");
            }
            catch (IOException e)
            {
                throw new UncheckedIOException(e);
            }
        }, executor);
}
```

如果省略执行器，任务会在一个默认执行器（具体就是 ForkJoinPool.commonPool() 返回的执行器）上运行。通常你可能并不希望这么做。

⚠ **警告**：注意 supplyAsync 方法的第一个参数是一个 Supplier<T>，而不是 Callable<T>。这两个接口都描述了无参数而且返回值类型为 T 的函数，不过 Supplier 函数不能抛出检查型异常。从上面的代码可以看到，这不是一个令人鼓舞的选择。

CompletableFuture 可以采用两种方式完成：得到一个结果，或者有一个未捕获的异常。要处理这两种情况，可以使用 whenComplete 方法。要对结果（或者如果没有就为 null）和异常（或者如果没有就为 null）调用所提供的函数。

```
f.whenComplete((s, t) -> {
    if (t == null) { Process the result s; }
    else { Process the Throwable t; }
});
```

CompletableFuture 之所以被称为是可完成的，是因为你可以手动地设置一个完成值。（在其他并发库中，这样的对象称为承诺（promise）。）当然，用 supplyAsync 创建一个 Completable-Future 时，任务完成时就会隐式地设置完成值。不过，显式地设置结果可以提供更大的灵活性。例如，两个任务可以同时计算一个答案：

```
var f = new CompletableFuture<Integer>();
executor.execute(() ->
    {
        int n = workHard(arg);
        f.complete(n);
    });
executor.execute(() ->
    {
        int n = workSmart(arg);
        f.complete(n);
    });
```

要对一个异常完成 future，需要调用：

```
Throwable t = . . .;
f.completeExceptionally(t);
```

📋 **注释：** 可以在多个线程中在同一个 future 上安全地调用 complete 或 completeExceptionally。如果这个 future 已经完成，这些调用没有任何作用。

isDone 方法指出一个 Future 对象是否已经完成（正常完成或者产生一个异常）。在前面的例子中，如果结果已经由另一个方法得出，workHard 和 workSmart 方法可以使用这个信息停止工作。

⚠️ **警告：** 与普通的 Future 不同，调用 cancel 方法时，CompletableFuture 的计算不会中断。取消只会把这个 Future 对象设置为以异常方式完成（有一个 CancellationException 异常）。一般来讲，这是有道理的，因为 CompletableFuture 可能没有一个线程负责它的完成。不过，这个限制也适用于 supplyAsync 等方法返回的 CompletableFuture 实例，而这些对象原则上讲是可以中断的。

12.7.2 组合可完成 Future

非阻塞调用通过回调来实现。程序员为任务完成之后要出现的动作注册一个回调。当然，如果下一个动作也是异步的，在它之后的下一个动作就会在一个不同的回调中。尽管程序员会以"先做步骤 1,然后完成步骤 2,再完成步骤 3"的思路考虑,但实际上程序逻辑会分散到不同的回调中。如果必须增加错误处理,情况会更糟糕。假设步骤 2 是"用户登录"。可能需要重复这个步骤,因为用户输入凭据时可能会出错。要尝试在一组回调中实现这样一个控制流,或者想要理解所实现的控制流,会很有难度。

CompletableFuture 类提供了一种机制来解决这个问题,可以将异步任务组合为一个处理管线。

例如,假设我们希望从一个 Web 页面抽取所有图像。下面假设有这样一个方法:

```
public void CompletableFuture<String> readPage(URL url)
```

Web 页面可用时,这会生成这个页面的文本。如果方法:

```
public List<URL> getImageURLs(String page)
```

可以生成一个 HTML 页面中图像的 URL,可以调度当页面可用时要调用这个方法:

```
CompletableFuture<String> contents = readPage(url);
CompletableFuture<List<URL>> imageURLs = contents.thenApply(this::getLinks);
```

thenApply 方法不会阻塞。它会返回另一个 future。第一个 future 完成时,其结果会提供给 getImageURLs 方法,这个方法的返回值就是最终的结果。

利用可完成 future,可以指定你希望做什么,以及希望以什么顺序执行这些工作。当然,这不会立即发生,不过重要的是所有代码都放在一处。

从概念上讲,CompletableFuture 是一个简单 API,不过有很多不同的方法来组合可完成 future。下面先来看处理单个 future 的方法(如表 12-3 所示)。(对于这里所示的每个方法,还有相应的两个 Async 形式,不过这里没有给出,其中一种形式使用一个共享 ForkJoinPool,另一种形式有一个 Executor 参数。)在这个表中,我使用了简写记法来表示复杂的函数式接口,这里会把 Function<? super T, U> 写为 T -> U。当然这并不是真正的 Java 类型。

你已经见过 thenApply 方法。假设 f 是一个函数,接收类型为 T 的值,并返回类型为 U 的值。以下调用:

```
CompletableFuture<U> future.thenApply(f);
CompletableFuture<U> future.thenApplyAsync(f);
```

会返回一个 future,结果可用时,会对 future 的结果应用 f。第二个调用会在另一个线程中运行 f。

thenCompose 方法没有取将 T 映射到 U 的函数,而是接收一个将 T 映射到 CompletableFuture<U> 的函数。这听上去相当抽象,不过实际上也很自然。考虑从一个给定 URL 读取一个 Web 页面的动作。不用提供以下方法:

```
public String blockingReadPage(URL url)
```

更精巧的做法是让方法返回一个 future:

```
public CompletableFuture<String> readPage(URL url)
```

现在,假设我们还有一个方法可以从用户输入得到 URL,这可能从一个对话框得到,而在用户点击 OK 按钮之前不会得到答案。这也是将来的一个事件：

```
public CompletableFuture<URL> getURLInput(String prompt)
```

这里我们有两个函数 T -> CompletableFuture<U> 和 U -> CompletableFuture<V>。显然，如果第二个函数在第一个函数完成时调用，它们就可以组合为一个函数 T -> CompletableFuture<V>。这正是 thenCompose 所做的。

在上一节中，我们已经了解 whenComplete 方法用于处理异常。还有一个 handle 方法，它需要一个函数处理结果或异常，并计算一个新结果。在很多情况下，更简单的做法是调用 exceptionally 方法。出现一个异常时，这个方法会计算一个假值：

```
CompletableFuture<List<URL>> imageURLs = readPage(url)
    .exceptionally(ex -> "<html></html>")
    .thenApply(this::getImageURLs)
```

可以采用同样的方式处理超时：

```
CompletableFuture<List<URL>> imageURLs = readPage(url)
    .completeOnTimeout("<html></html>", 30, TimeUnit.SECONDS)
    .thenApply(this::getImageURLs)
```

或者，也可以在超时的时候抛出一个异常：

```
CompletableFuture<String> = readPage(url).orTimeout(30, TimeUnit.SECONDS)
```

表 12-3 中有 void 结果的方法通常都在处理管线的最后使用。

表 12-3　为 CompletableFuture<T> 对象增加一个动作

方法	参数	描述
thenApply	T -> U	对结果应用一个函数
thenAccept	T -> void	类似于 thenApply，不过结果为 void
thenCompose	T -> CompletableFuture<U>	对结果调用函数并执行返回的 future
handle	(T, Throwable) -> U	处理结果或错误，生成一个新结果
whenComplete	(T, Throwable) -> void	类似于 handle，不过结果为 void
exceptionally	Throwable -> T	从错误计算一个结果
completeOnTimeout	T, long, TimeUnit	如果超时，生成给定值作为结果
orTimeout	long, TimeUnit	如果超时，生成一个 TimeoutException 异常
thenRun	Runnable	执行 Runnable，结果为 void

下面来看组合多个 future 的方法（见表 12-4）。

表 12-4　组合多个组合对象

方法	参数	描述
thenCombine	CompletableFuture<U>, (T, U) -> V	执行两个动作并用给定函数组合结果
thenAcceptBoth	CompletableFuture<U>, (T, U) -> void	与 thenCombine 类似，不过结果为 void
runAfterBoth	CompletableFuture<?>, Runnable	两个都完成后执行 runnable
applyToEither	CompletableFuture<T>, T -> V	得到其中一个的结果时，传入给定的函数

（续）

方法	参数	描述
acceptEither	CompletableFuture<T>, T -> void	与 applyToEither 类似，不过结果为 void
runAfterEither	CompletableFuture<?>, Runnable	其中一个完成后执行 runnable
static allOf	CompletableFuture<?>...	所有给定的 future 都完成后完成，结果为 void
static anyOf	CompletableFuture<?>...	任意给定的 future 完成后则完成，结果为 void

前 3 个方法并发运行一个 CompletableFuture<T> 和一个 CompletableFuture<U> 动作，并组合结果。

接下来 3 个方法并发运行两个 CompletableFuture<T> 动作。一旦其中一个动作完成，就传递它的结果，并忽略另一个结果。

最后的静态 allOf 和 anyOf 方法取一组可完成 future（数目可变），并生成一个 CompletableFuture<Void>，它会在所有这些 future 都完成时或者其中任意一个 future 完成时结束。allOf 方法不会生成任何结果。anyOf 方法不会终止其余的任务。

> 📋 **注释**：理论上讲，这一节介绍的方法接受 CompletionStage 类型的参数，而不是 CompletableFuture。这个 CompletionStage 接口描述了如何组合异步计算，而 Future 接口强调的是计算的结果。CompletableFuture 既是 CompletionStage，也是 Future。

程序清单 12-10 给出了一个完整的程序，它会读取一个 Web 页面、扫描页面得到其中的图像，并保存在本地。注意所有耗费时间的方法都返回一个 CompletableFuture。为了启动异步计算，我们使用了一个小技巧。这里没有直接调用 readPage 方法，而是用 URL 参数建立了一个完成的 future，然后将这个 future 与 this::readPage 组合。这样一来，这个管线看起来很统一：

```
CompletableFuture.completedFuture(url)
    .thenComposeAsync(this::readPage, executor)
    .thenApply(this::getImageURLs)
    .thenCompose(this::getImages)
    .thenAccept(this::saveImages);
```

程序清单 12-10　completableFutures/CompletableFutureDemo.java

```
 1  package completableFutures;
 2
 3  import java.awt.image.*;
 4  import java.io.*;
 5  import java.net.*;
 6  import java.nio.charset.*;
 7  import java.util.*;
 8  import java.util.concurrent.*;
 9  import java.util.regex.*;
10
11  import javax.imageio.*;
12
13  public class CompletableFutureDemo
14  {
15      private static final Pattern IMG_PATTERN = Pattern.compile(
16          "[<]\\s*[iI][mM][gG]\\s*[^>]*[sS][rR][cC]\\s*[=]\\s*['\"]([^'\"]*)['\"][^>]*[>]");
```

```
17    private ExecutorService executor = Executors.newCachedThreadPool();
18    private URL urlToProcess;
19
20    public CompletableFuture<String> readPage(URL url)
21    {
22       return CompletableFuture.supplyAsync(() ->
23          {
24             try
25             {
26                var contents = new String(url.openStream().readAllBytes(),
27                   StandardCharsets.UTF_8);
28                System.out.println("Read page from " + url);
29                return contents;
30             }
31             catch (IOException e)
32             {
33                throw new UncheckedIOException(e);
34             }
35          }, executor);
36    }
37
38    public List<URL> getImageURLs(String webpage) // not time-consuming
39    {
40       try
41       {
42          var result = new ArrayList<URL>();
43          Matcher matcher = IMG_PATTERN.matcher(webpage);
44          while (matcher.find())
45          {
46             var url = new URL(urlToProcess, matcher.group(1));
47             result.add(url);
48          }
49          System.out.println("Found URLs: " + result);
50          return result;
51       }
52       catch (IOException e)
53       {
54          throw new UncheckedIOException(e);
55       }
56    }
57
58    public CompletableFuture<List<BufferedImage>> getImages(List<URL> urls)
59    {
60       return CompletableFuture.supplyAsync(() ->
61          {
62             try
63             {
64                var result = new ArrayList<BufferedImage>();
65                for (URL url : urls)
66                {
67                   result.add(ImageIO.read(url));
68                   System.out.println("Loaded " + url);
69                }
70                return result;
```

```
 71              }
 72           catch (IOException e)
 73           {
 74               throw new UncheckedIOException(e);
 75           }
 76        }, executor);
 77     }
 78
 79     public void saveImages(List<BufferedImage> images)
 80     {
 81        System.out.println("Saving " + images.size() + " images");
 82        try
 83        {
 84           for (int i = 0; i < images.size(); i++)
 85           {
 86              String filename = "/tmp/image" + (i + 1) + ".png";
 87              ImageIO.write(images.get(i), "PNG", new File(filename));
 88           }
 89        }
 90        catch (IOException e)
 91        {
 92           throw new UncheckedIOException(e);
 93        }
 94        executor.shutdown();
 95     }
 96
 97     public void run(URL url)
 98           throws IOException, InterruptedException
 99     {
100        urlToProcess = url;
101        CompletableFuture.completedFuture(url)
102           .thenComposeAsync(this::readPage, executor)
103           .thenApply(this::getImageURLs)
104           .thenCompose(this::getImages)
105           .thenAccept(this::saveImages);
106
107        /*
108        // or use the experimental HTTP client:
109
110        HttpClient client = HttpClient.newBuilder().executor(executor).build();
111        HttpRequest request = HttpRequest.newBuilder(urlToProcess.toURI()).GET()
112           .build();
113        client.sendAsync(request, BodyProcessor.asString())
114           .thenApply(HttpResponse::body).thenApply(this::getImageURLs)
115           .thenCompose(this::getImages).thenAccept(this::saveImages);
116        */
117     }
118
119     public static void main(String[] args)
120           throws IOException, InterruptedException
121     {
122        new CompletableFutureDemo().run(new URL("http://horstmann.com/index.html"));
123     }
124  }
```

12.7.3　用户界面回调中的长时间运行任务

在程序中使用线程的理由之一是提高程序的响应性能。当应用程序有用户界面时，这一点尤其重要。当程序需要做某些耗时的工作时，不能在用户界面线程完成这些工作，否则用户界面会冻结。应该启动另一个工作线程。

例如，当你希望用户点击一个按钮时就读取一个文件，不要这么做：

```
var open = new JButton("Open");
open.addActionListener(event ->
   { // BAD--long-running action is executed on UI thread
      var in = new Scanner(file);
      while (in.hasNextLine())
      {
         String line = in.nextLine();
         . . .
      }
   });
```

而应该在一个单独的线程中完成这个工作：

```
open.addActionListener(event ->
   { // GOOD--long-running action in separate thread
      Runnable task = () ->
         {
            var in = new Scanner(file);
            while (in.hasNextLine())
            {
               String line = in.nextLine();
               . . .
            }
         };
      executor.execute(task);
   });
```

不过，不能直接从执行长时间运行任务的工作线程更新用户界面。Swing、JavaFX 或 Android 等用户界面都不是线程安全的。不能从多个线程操纵用户界面元素，否则它们会被破坏。实际上，JavaFX 和 Android 会检查这一点，如果试图从 UI 线程以外的某个线程访问用户界面，会抛出一个异常。

因此，需要调度所有 UI 更新都在 UI 线程中执行。每个用户界面库都提供了一些机制，可以用来调度一个 Runnable 在 UI 线程执行。例如，在 Swing 中，要调用：

```
EventQueue.invokeLater(() -> label.setText(percentage + "% complete"));
```

在工作线程中实现用户反馈很烦琐，所以每个用户界面库都提供了某种辅助类来管理有关的细节，如 Swing 中的 SwingWorker、JavaFX 中的 Task 以及 Android 中的 AsyncTask。你要为长时间运行任务（在一个单独的线程中运行）指定动作，还要指定进度更新以及最终的布局（这在 UI 线程中运行）。

程序清单 12-11 中的程序有加载文本文件的命令和取消加载过程的命令。应该用一个长文件来测试这个程序，例如《The Count of Monte Cristo》（基督山伯爵）的全文，本书随附代码的 gutenberg 目录下提供了这个文件。该文件在一个单独的线程中加载。在读取文件的过程中，Open 菜单项被禁用，Cancel 菜单项为可用（见图 12-6）。读取每一行后，状态栏中的行计数器会更新。读取过程完成之后，Open 菜单项重新变为可用，Cancel 项被禁用，状态栏文本置为 Done。

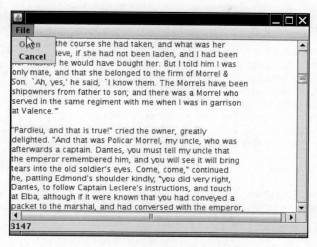

图 12-6　在一个单独的线程中加载文件

程序清单 12-11　swingWorker/SwingWorkerTest.java

```java
1  package swingWorker;
2
3  import java.awt.*;
4  import java.io.*;
5  import java.nio.charset.*;
6  import java.util.*;
7  import java.util.List;
8  import java.util.concurrent.*;
9
10 import javax.swing.*;
11
12 /**
13  * This program demonstrates a worker thread that runs a potentially time-consuming task.
14  * @version 1.12 2018-03-17
15  * @author Cay Horstmann
16  */
17 public class SwingWorkerTest
18 {
19    public static void main(String[] args) throws Exception
20    {
21       EventQueue.invokeLater(() -> {
22          var frame = new SwingWorkerFrame();
23          frame.setDefaultCloseOperation(JFrame.EXIT_ON_CLOSE);
24          frame.setVisible(true);
25       });
26    }
```

```
27  }
28
29  /**
30   * This frame has a text area to show the contents of a text file, a menu to open a file
31   * and cancel the opening process, and a status line to show the file loading progress.
32   */
33  class SwingWorkerFrame extends JFrame
34  {
35     private JFileChooser chooser;
36     private JTextArea textArea;
37     private JLabel statusLine;
38     private JMenuItem openItem;
39     private JMenuItem cancelItem;
40     private SwingWorker<StringBuilder, ProgressData> textReader;
41     public static final int TEXT_ROWS = 20;
42     public static final int TEXT_COLUMNS = 60;
43
44     public SwingWorkerFrame()
45     {
46        chooser = new JFileChooser();
47        chooser.setCurrentDirectory(new File("."));
48
49        textArea = new JTextArea(TEXT_ROWS, TEXT_COLUMNS);
50        add(new JScrollPane(textArea));
51
52        statusLine = new JLabel(" ");
53        add(statusLine, BorderLayout.SOUTH);
54
55        var menuBar = new JMenuBar();
56        setJMenuBar(menuBar);
57
58        var menu = new JMenu("File");
59        menuBar.add(menu);
60
61        openItem = new JMenuItem("Open");
62        menu.add(openItem);
63        openItem.addActionListener(event -> {
64           // show file chooser dialog
65           int result = chooser.showOpenDialog(null);
66
67           // if file selected, set it as icon of the label
68           if (result == JFileChooser.APPROVE_OPTION)
69           {
70              textArea.setText("");
71              openItem.setEnabled(false);
72              textReader = new TextReader(chooser.getSelectedFile());
73              textReader.execute();
74              cancelItem.setEnabled(true);
75           }
76        });
77
78        cancelItem = new JMenuItem("Cancel");
79        menu.add(cancelItem);
80        cancelItem.setEnabled(false);
```

```
81          cancelItem.addActionListener(event -> textReader.cancel(true));
82          pack();
83       }
84
85       private class ProgressData
86       {
87          public int number;
88          public String line;
89       }
90
91       private class TextReader extends SwingWorker<StringBuilder, ProgressData>
92       {
93          private File file;
94          private StringBuilder text = new StringBuilder();
95
96          public TextReader(File file)
97          {
98             this.file = file;
99          }
100
101         // the following method executes in the worker thread; it doesn't touch Swing components
102
103         public StringBuilder doInBackground() throws IOException, InterruptedException
104         {
105            int lineNumber = 0;
106            try (var in = new Scanner(new FileInputStream(file), StandardCharsets.UTF_8))
107            {
108               while (in.hasNextLine())
109               {
110                  String line = in.nextLine();
111                  lineNumber++;
112                  text.append(line).append("\n");
113                  var data = new ProgressData();
114                  data.number = lineNumber;
115                  data.line = line;
116                  publish(data);
117                  Thread.sleep(1); // to test cancellation; no need to do this in your programs
118               }
119            }
120            return text;
121         }
122
123         // the following methods execute in the event dispatch thread
124
125         public void process(List<ProgressData> data)
126         {
127            if (isCancelled()) return;
128            var builder = new StringBuilder();
129            statusLine.setText("" + data.get(data.size() - 1).number);
130            for (ProgressData d : data) builder.append(d.line).append("\n");
131            textArea.append(builder.toString());
132         }
133
134         public void done()
```

```
135        {
136          try
137          {
138            StringBuilder result = get();
139            textArea.setText(result.toString());
140            statusLine.setText("Done");
141          }
142          catch (InterruptedException ex)
143          {
144          }
145          catch (CancellationException ex)
146          {
147            textArea.setText("");
148            statusLine.setText("Cancelled");
149          }
150          catch (ExecutionException ex)
151          {
152            statusLine.setText("" + ex.getCause());
153          }
154
155          cancelItem.setEnabled(false);
156          openItem.setEnabled(true);
157        }
158      };
159  }
```

这个例子展示了后台任务的典型 UI 活动：

● 在每一个工作单元完成之后，更新 UI 来显示进度。

● 整个工作完成之后，对 UI 做最后的更新。

SwingWorker 类使得实现这个任务轻而易举。覆盖 doInBackground 方法来完成耗时的工作，不时地调用 publish 来报告工作进度。这个方法在工作线程中执行。publish 方法使得 process 方法会在事件分配线程中执行来处理进度数据。当工作完成时，在事件分配线程中调用 done 方法从而完成 UI 的更新。

每当要在工作线程中做一些工作时，构造一个新的工作器（每个工作器对象只能使用一次）。然后调用 execute 方法。通常在事件分配线程中调用 execute，但没有严格的要求。

假设工作器产生某种类型的结果；因此，SwingWorker<T, V> 实现 Future<T>。这个结果可以通过 Future 接口的 get 方法获得。由于 get 方法会阻塞，直到结果可用，因此不要在调用 execute 之后马上调用它。对此有一个好主意：只有当你知道工作已经完成时再调用 get。一般来说，可以从 done 方法调用 get。（没有要求必须调用 get，有时只需要处理进度数据。）

中间的进度数据以及最终的结果可以是任何类型。SwingWorker 类有 3 种类型作为类型参数。SwingWorker<T, V> 产生类型为 T 的结果以及类型为 V 的进度数据。

要取消正在进行的工作，使用 Future 接口的 cancel 方法。当该工作被取消的时候，get 方法抛出 CancellationException 异常。

正如前面已经提到的，工作线程中的 publish 调用会导致在事件分配线程中调用 process。

为了提高效率，几个 publish 调用的结果可以用一个 process 调用成批处理。process 方法接收一个 List<V>，其中包含所有中间结果。

下面利用这个机制来读取文本文件。正如我们所看到的，JTextArea 相当慢。从一个很长的文本文件（比如，《The Count of Monte Cristo》）追加文本行会花费相当长的时间。

为了向用户展示进度，要在状态栏中显示读入的行数。因此，进度数据包含当前行号以及当前文本行。我们将它们打包到一个简单的内部类中：

```
private class ProgressData
{
   public int number;
   public String line;
}
```

最后的结果是读入 StringBuilder 的文本。因此，需要一个 SwingWorker<StringBuilder, Progress-Data>。

在 doInBackground 方法中，读取一个文件，一次读入一行。在读取每一行之后，调用 publish 方法发布行号和当前行的文本。

```
@Override public StringBuilder doInBackground() throws IOException, InterruptedException
{
   int lineNumber = 0;
   var in = new Scanner(new FileInputStream(file), StandardCharsets.UTF_8);
   while (in.hasNextLine())
   {
      String line = in.nextLine();
      lineNumber++;
      text.append(line).append("\n");
      var data = new ProgressData();
      data.number = lineNumber;
      data.line = line;
      publish(data);
      Thread.sleep(1); // to test cancellation; no need to do this in your programs
   }
   return text;
}
```

在读取每一行之后还要休眠 1 毫秒，以便检测取消操作，而不会太紧张，不过，你肯定不希望休眠减慢程序的运行速度。如果对这一行加注释，会发现《The Count of Monte Cristo》的加载其实相当快，只有几次批量的用户接口更新。

在 process 方法中，忽略除最后一行之外的所有行号，然后，我们把所有的行拼接在一起来完成文本区的一次更新。

```
@Override public void process(List<ProgressData> data)
{
   if (isCancelled()) return;
   var b = new StringBuilder();
   statusLine.setText("" + data.get(data.size() - 1).number);
   for (ProgressData d : data) b.append(d.line).append("\n");
   textArea.append(b.toString());
}
```

在 done 方法中，文本区会更新为完整的文本，并且 Cancel 菜单项被禁用。

注意如何在 Open 菜单项的事件监听器中启动工作器。

利用这个简单的技术，就能在执行耗时任务的同时，保证用户界面仍能响应用户。

API *javax.swing.SwingWorker<T, V>* **6**

- abstract T doInBackground()

  要覆盖这个方法来执行后台的任务并返回这个工作的结果。

- void process(List<V> data)

  要覆盖这个方法在事件分配线程中处理中间进度数据。

- void publish(V... data)

  将中间进度数据转发到事件分配线程。从 doInBackground 调用这个方法。

- void execute()

  调度这个工作器在一个工作线程中执行。

- SwingWorker.StateValue getState()

  得到这个工作器的状态，可以是 PENDING、STARTED 或 DONE。

12.8　进程

到目前为止，我们已经了解了如何在同一个程序的不同线程中执行 Java 代码。有时你还需要执行另一个程序。为此，可以使用 ProcessBuilder 和 Process 类。Process 类在一个单独的操作系统进程中执行一个命令，允许我们与标准输入、输出和错误流交互。ProcessBuilder 类则允许我们配置 Process 对象。

> 📄 **注释**：ProcessBuilder 类可以取代 Runtime.exec 调用，而且更为灵活。

12.8.1　建立一个进程

首先指定你想要执行的命令。可以提供一个 List<String>，或者直接提供命令字符串。

```
var builder = new ProcessBuilder("gcc", "myapp.c");
```

> ⚠ **警告**：第一个字符串必须是一个可执行的命令，而不是一个 shell 内置命令。例如，要在 Windows 中运行 dir 命令，就需要提供字符串 "cmd.exe"、"/C" 和 "dir" 来建立进程。

每个进程都有一个工作目录，用来解析相对目录名。默认情况下，进程的工作目录与虚拟机相同，通常是启动 java 程序的那个目录。可以用 directory 方法改变工作目录：

```
builder = builder.directory(path.toFile());
```

> 📄 **注释**：配置 ProcessBuilder 的各个方法都返回其自身，所以可以把命令串起来。最终会调用：
> ```
> Process p = new ProcessBuilder(command).directory(file)....start();
> ```

接下来，要指定如何处理进程的标准输入、输出和错误流。默认情况下，它们分别是一个管道，可以用以下方法访问：

```
OutputStream processIn = p.getOutputStream();
InputStream processOut = p.getInputStream();
InputStream processErr = p.getErrorStream();
```

注意，进程的输入流是 JVM 的一个输出流！我们会写入这个流，而我们写的内容会成为进程的输入。与之相反，我们会读取进程写入输出和错误流的内容。对我们来说，它们都是输入流。

可以指定新进程的输入、输出和错误流与 JVM 相同。如果用户在一个控制台运行 JVM，所有用户输入都会转发到进程，而进程的输出将显示在控制台上。可以调用：

```
builder.redirectIO()
```

为这 3 个流建立这个设置。如果你只想继承某些流，可以把值：

```
ProcessBuilder.Redirect.INHERIT
```

传入 redirectInput、redirectOutput 或 redirectError 方法。例如，

```
builder.redirectOutput(ProcessBuilder.Redirect.INHERIT);
```

通过提供 File 对象，可以将进程流重定向到文件：

```
builder.redirectInput(inputFile)
  .redirectOutput(outputFile)
  .redirectError(errorFile)
```

进程启动时，会创建或删除输出和错误文件。要追加到现有的文件，可以使用：

```
builder.redirectOutput(ProcessBuilder.Redirect.appendTo(outputFile));
```

合并输出和错误流通常很有用，这样就能按进程生成这些消息的顺序显示输出和错误消息。可以调用：

```
builder.redirectErrorStream(true)
```

启用合并。如果这样做，就不能再在 ProcessBuilder 上调用 redirectError，也不能在 Process 上调用 getErrorStream。

你可能还想修改进程的环境变量。在这里，构建器的串链语法就不能用了。你需要得到构建器的环境（由运行 JVM 的那个进程的环境变量初始化），然后加入或删除环境变量条目。

```
Map<String, String> env = builder.environment();
env.put("LANG", "fr_FR");
env.remove("JAVA_HOME");
Process p = builder.start();
```

如果希望利用管道将一个进程的输出作为另一个进程的输入（类似于 shell 中的 | 操作符），Java 9 提供了一个 startPipeline 方法。可以传入一个进程构建器列表，并从最后一个进程读取结果。下面给出一个例子，这里会枚举一个目录树中的各个扩展：

```
List<Process> processes = ProcessBuilder.startPipeline(List.of(
  new ProcessBuilder("find", "/opt/jdk-9"),
```

```
    new ProcessBuilder("grep", "-o", "\\.[^./]*$"),
    new ProcessBuilder("sort"),
    new ProcessBuilder("uniq")
));
Process last = processes.get(processes.size() - 1);
var result = new String(last.getInputStream().readAllBytes());
```

当然，对于这个特定的任务，用 Java 建立目录遍历（directory walk）来解决要比运行 4 个进程更高效。卷 II 的第 2 章会介绍如何实现。

12.8.2 运行一个进程

配置了构建器之后，要调用它的 start 方法启动进程。如果把输入、输出和错误流配置为管道，现在可以写输入流，并读取输出和错误流。例如，

```
Process process = new ProcessBuilder("/bin/ls", "-l")
    .directory(Path.of("/tmp").toFile())
    .start();
try (var in = new Scanner(process.getInputStream())) {
    while (in.hasNextLine())
        System.out.println(in.nextLine());
}
```

> ⚠ **警告**：进程流的缓冲空间是有限的。不能写入太多输入，而且要及时读取输出。如果有大量输入和输出，可能需要在单独的线程中生产和消费这些输入输出。

要等待进程完成，可以调用：

```
int result = process.waitFor();
```

或者，如果不想无限期地等待，可以这样做：

```
long delay = . . .;
if (process.waitfor(delay, TimeUnit.SECONDS)) {
    int result = process.exitValue();
    . . .
} else {
    process.destroyForcibly();
}
```

第一个 waitFor 调用返回过程的退出值（按惯例，0 表示成功，或者返回一个非 0 的错误码）。如果进程没有超时，第二个调用返回 true。然后需要调用 exitValue 方法获取退出值。

你可能并不会等待进程结束，而只是让它继续运行，不时调用 isAlive 来查看进程是否仍存活。要杀死这个进程，可以调用 destroy 或 destroyForcibly。这两个调用之间的区别取决于平台。在 UNIX 上，前者会以 SIGTERM 终止进程，后者会以 SIGKILL 终止进程。（如果 destroy 方法可以正常终止进程，supportsNormalTermination 方法将返回 true。）

最后会在进程完成时接收到一个异步通知。调用 process.onExit() 会得到一个 Completable-Future<Process>，可以用来调度任何动作。

```
process.onExit().thenAccept(
    p -> System.out.println("Exit value: " + p.exitValue()));
```

12.8.3 进程句柄

要获得程序启动的一个进程的更多信息，或者想更多地了解你的计算机上正在运行的任何其他进程，可以使用 ProcessHandle 接口。可以用 4 种方式得到一个 ProcessHandle：

1. 给定一个 Process 对象 p，p.toHandle() 会生成它的 ProcessHandle。

2. 给定一个 long 类型的操作系统进程 ID，ProcessHandle.of(id) 可以生成这个进程的句柄。

3. Process.current() 是运行这个 Java 虚拟机的进程的句柄。

4. ProcessHandle.allProcesses() 可以生成对当前进程可见的所有操作系统进程的 Stream<ProcessHandle>。

给定一个进程句柄，可以得到它的进程 ID、父进程、子进程和后代进程：

```
long pid = handle.pid();
Optional<ProcessHandle> parent = handle.parent();
Stream<ProcessHandle> children = handle.children();
Stream<ProcessHandle> descendants = handle.descendants();
```

📋 **注释**：allProcesses、children 和 descendants 方法返回的 Stream<ProcessHandle> 实例只是当时的快照。流中的任何进程在你看到它们的时候可能已经终止了，而且可能已经启动了其他进程，而那些新启动的进程不在流中。

info 方法可以生成一个 ProcessHandle.Info 对象，它提供了一些方法来获得进程的有关信息。

```
Optional<String[]> arguments()
Optional<String> command()
Optional<String> commandLine()
Optional<String> startInstant()
Optional<String> totalCpuDuration()
Optional<String> user()
```

所有这些方法都返回 Optional 值，因为可能某个特定的操作系统不能报告这个信息。

要监视或强制进程终止，与 Process 类一样，ProcessHandle 接口也有 isAlive、supportsNormalTermination、destroy、destroyForcibly 和 onExit 方法。不过，没有对应 waitFor 的方法。

API java.lang.ProcessBuilder 5

- ProcessBuilder(String... command)
- ProcessBuilder(List<String> command)

  用给定的命令和参数构造一个进程构建器。

- ProcessBuilder directory(File directory)

  设置进程的工作目录。

- ProcessBuilder inheritIO() 9

  让进程使用虚拟机的标准输入、输出和错误流。

- ProcessBuilder redirectErrorStream(boolean redirectErrorStream)

  如果 redirectErrorStream 为 true，这个进程的标准错误流会与标准输出流合并。

- ProcessBuilder redirectInput(File file) 7

- ProcessBuilder redirectOutput(File file) **7**
- ProcessBuilder redirectError(File file) **7**

  将进程的标准输入、输出和错误流重定向到给定的文件。
- ProcessBuilder redirectInput(ProcessBuilder.Redirect source) **7**
- ProcessBuilder redirectOutput(ProcessBuilder.Redirect destination) **7**
- ProcessBuilder redirectError(ProcessBuilder.Redirect destination) **7**

  重定向进程的标准输入、输出和错误流，目标可以是：
  - Redirect.PIPE——默认行为，通过 Process 对象访问
  - Redirect.INHERIT——虚拟机的流
  - Redirect.DISCARD
  - Redirect.from(file)
  - Redirect.to(file)
  - Redirect.appendTo(file)
- Map<String,String> environment()

  生成一个可更改的映射，用于为进程设置环境变量。
- Process start()

  启动进程，并生成它的 Process 对象。
- static List<Process> startPipeline(List<ProcessBuilder> builders) **9**

  启动一个进程管线，将各个进程的标准输出连接到下一个进程的标准输入。

API **java.lang.Process** **1.0**

- abstract OutputStream getOutputStream()

  得到一个流，用于写进程的输入流。
- abstract InputStream getInputStream()
- abstract InputStream getErrorStream()

  得到一个输入流，用于读取进程的输出或错误流。
- abstract int waitFor()

  等待进程完成并生成退出值。
- boolean waitFor(long timeout, TimeUnit unit) **8**

  等待进程完成，不过不能超出给定的超时时间。如果进程退出，则返回 true。
- abstract int exitValue()

  返回进程的退出值。按惯例，非 0 的退出值表示一个错误。
- boolean isAlive() **8**

  检查这个进程是否仍存活。
- abstract void destroy()
- Process destroyForcibly() **8**

终止这个进程，可能正常终止，也可能强制终止。

- boolean supportsNormalTermination() **9**

  检查这个进程是否可以正常终止，或者是否必须强制销毁。

- ProcessHandle toHandle() **9**

  生成描述这个进程的 ProcessHandle。

- CompletableFuture<Process> onExit() **9**

  生成一个 CompletableFuture，会在这个进程退出时执行。

API *java.lang.ProcessHandle* 9

- static Optional<ProcessHandle> of(long pid)
- static Stream<ProcessHandle> allProcesses()
- static ProcessHandle current()

  生成有给定 PID 的进程、所有进程或者虚拟机进程的进程句柄。

- Stream<ProcessHandle> children()
- Stream<ProcessHandle> descendants()

  生成这个进程的子进程或后代进程的进程句柄。

- long pid()

  生成这个进程的 PID。

- ProcessHandle.Info info()

  生成这个进程的详细信息。

API *java.lang.ProcessHandle.Info* 9

- Optional<String[]> arguments()
- Optional<String> command()
- Optional<String> commandLine()
- Optional<Instant> startInstant()
- Optional<Instant> totalCpuDuration()
- Optional<String> user()

  生成给定的详细信息 (如果可用)。

现在你已经读完了这套书的卷 I。这一卷涵盖了 Java 程序设计语言的基础知识以及大多数编程项目所需要的标准库中的部分内容。希望你在学习 Java 基础知识的过程中感到愉快，并得到了有用的信息。有关高级主题，如 Java 平台模块系统、网络、高级用户界面和图形编程、安全性以及国际化，请阅读卷 II。

附录　Java 关键字

本附录列出了 Java 语言的所有关键字。有些关键字是"受限的"，它们只在某些特定场合（例如，在模块声明中）有特殊含义。在其他情况下，它们可以是标识符。

表 A-1　Java 关键字

关键字	含义	参见的章号
abstract	抽象类或方法	5
assert	用来查找内部程序错误	7
boolean	布尔类型	3
break	跳出一个选择语句或循环	3
byte	8 位整数类型	3
case	switch 的一个分支	3
catch	捕获异常的 try 块子句	7
char	Unicode 字符类型	3
class	定义一个类类型	4
const	未使用	
continue	在循环末尾继续	3
default	switch 的默认子句，或者接口的默认方法	3, 6
do	do/while 循环最前面的语句	3
double	双精度浮点数类型	3
else	if 语句的 else 子句	3
enum	枚举类型	3
exports	导出一个模块的包（受限）	9（卷 II）
extends	定义一个类的父类，或者一个通配符的上界	4
final	一个常量，或一个不能被覆盖的类或方法	5
finally	try 块中总会执行的部分	7
float	单精度浮点数类型	3
for	一种循环类型	3
goto	未使用	
if	一个条件语句	3
implements	定义一个类实现的接口	6
import	导入一个包	4
instanceof	测试一个对象是否为一个类的实例	5
int	32 位整数类型	3
interface	一种抽象类型，其中包含可以由类实现的方法	6
long	64 位长整数类型	3

（续）

关键字	含义	参见的章号
native	由宿主系统实现的一个方法	12（卷Ⅱ）
new	分配一个新对象或数组	3
null	一个空引用（需要说明的是，null 从技术上讲是一个字面量，而不是关键字）	3
module	声明一个模块（受限）	9（卷Ⅱ）
open	修改一个 module 声明（受限）	9（卷Ⅱ）
opens	打开一个模块的包（受限）	9（卷Ⅱ）
package	包含类的一个包	4
private	这个特性只能由该类的方法访问	4
protected	这个特性只能由该类、其子类以及同一个包中的其他类的方法访问	5
provides	指示一个模块使用一个服务（受限）	9（卷Ⅱ）
public	这个特性可以由所有类的方法访问	4
return	从一个方法返回	3
short	16 位整数类型	3
static	这个特性是类或接口特有的，而不属于类的实例	3，6
strictfp	对浮点数计算使用严格的规则	2
super	超类对象或构造器，或一个通配符的下界	5
switch	一个选择语句	3
synchronized	对线程而言是原子的方法或代码块	12
this	当前类的一个方法或构造器的隐含参数	4
throw	抛出一个异常	7
to	exports 或 opens 声明的一部分（受限）	9（卷Ⅱ）
throws	一个方法可能抛出的异常	7
transient	标记非永久的数据	2（卷Ⅱ）
transitive	修饰一个 requires 声明（受限）	9（卷Ⅱ）
try	捕获异常的代码块	7
uses	指示一个模块使用一个服务（受限）	9（卷Ⅱ）
var	声明一个变量的类型是推导得出的（受限）	3
void	指示一个方法不返回任何值	3
volatile	确保一个字段可以由多个线程访问	12
with	在一个 provides 语句中定义服务类（受限）	9（卷Ⅱ）
while	一种循环	3

Effective Java中文版 第2版

作者：Joshua Bloch ISBN：978-7-111-25583-3 定价：52.00元

本书介绍了在Java编程中78条极具实用价值的经验规则，这些经验规则涵盖了大多数开发人员每天所面临的问题的解决方案。通过对Java平台设计专家所使用的技术的全面描述，揭示了应该做什么，不应该做什么才能产生清晰、健壮和高效的代码。

本书中的每条规则都以简短、独立的小文章形式出现，并通过例子代码加以进一步说明。本书内容全面，结构清晰，讲解详细。可作为技术人员的参考用书。

Effective JavaScript: 编写高质量JavaScript代码的68个有效方法

作者：David Herman ISBN：978-7-111-44623-1 定价：49.00元

作者将在JavaScript标准化委员会工作和实践的多年经验浓缩为极具实践指导意义的68个有效方法，深刻辨析JavaScript的特性和内部运作机制，以及编码中的陷阱和最佳实践。

Effective Objective-C 2.0：编写高质量iOS与OS X代码的52个有效方法

作者：Matt Galloway ISBN：978-7-111-45129-7 定价：69.00元

本书是世界级C++开发大师Scott Meyers亲自担当顾问编辑的 "Effective Software Development Series" 系列丛书中的新作，Amazon全五星评价。从语法、接口与API设计、内存管理、框架等7大方面总结和探讨了Objective-C编程 中52个鲜为人知和容易被忽视的特性与陷阱。书中包含大量实用范例代码，为编写易于理解、便于维护、易于扩展和高效的Objective-C应用提供了解 决方案。